도로교통사고 감정사

1차 기출문제집

**Stand by
Strategy
Satisfaction**

새로운 출제경향에 맞춘 수험서의 완벽서

머리말

도로교통사고감정사 자격시험이 실시된 지도 10여년이 훌쩍 지나갔다. 그동안 출제된 문제들도 다듬어지고 세련되어지면서 발전되어가는 점도 충분히 느껴지고 있다.

이 기출문제집이 발간된 것은 평소 수험생들의 지도와 요청에 따라 수집한 자료와 매년 기출문제 풀이 강의 자료를 정리하기 시작한데서 출발하였다. 도로교통사고감정사 자격증을 취득하기 위해 바쁜 업무에도 불구하고 틈을 내어 공부하는 분들에게 효율적이고 실질적인 도움이 되도록 하려는 차원에서 원고작성을 시작하였다.

우선 필자 자신도 시험문제가 공개되지 않았던 제1회, 제2회 시험에 응시한 경험을 토대로 문제들을 복기하였다. 그러므로 제1회(2007년도) 및 제2회(2008년도)에 실시된 1차 시험(객관식) 문제는 실제 문제와 차이가 있을 수 있음을 이해하시기 바란다.

차량운동학, 교통사고재현론, 교통사고조사론 등 3과목은 계산문제와 물리학적 개념의 문제가 많고 과목들 사이에 서로 겹치는 부분도 많으므로 시험관리 기관에서 공개 및 발표한 각 학습항목에 따라 재분류하여 배열하였다. 그리하여 이 책에서 일부 문제들은 다른 과목에 이동 배치된 경우도 있음을 이해해 주기 바란다.

결국 이 책에서는 각 항목별로 모아 공부하는 셈이 되어 분류된 학습항목별 해법을 집중적으로 이해하면 어떤 유사한 문제가 출제되더라도 해결할 수 있을 것으로 본다.

부디 수험생 여러분에게 합격의 영광이 돌아가길 기원한다.

끝으로 이 수험서가 출간될 수 있도록 많은 배려를 아낌없이 해주신 김용관 회장님과 김용성 사장님께 먼저 감사드리며 또한 마지막까지 편집하느라 고생하신 편집부 직원 여러분께 감사드린다.

편저자 씀

시험가이드

1. 도로교통사고감정사란?

교통사고의 원인을 체계적으로 조사·분석·감정할 인력을 배출하기 위해 도입된 제도로 교통사고관련 당사자들의 주장이 상반되어 이를 판단하기 어려운 경우 과학적이고 체계적인 조사·분석으로 공정한 사고조사를 위한 공인자격이다.

2. 자격정보

- 자 격 명 : 도로교통사고감정사
- 자격종류 : 공인자격
- 공인번호 : 경찰청 제2020-1호
- 등록번호 : 제2009-0002호
- 발급기관 : 도로교통공단

※ 검정(응시)료 및 환불 규정은 "시험일정"에서 확인

3. 운영근거

「자격기본법」 제19조(민간자격의 공인)
「자격기본법」 제23조(공인자격의 취득)

4. 자격제도 변천과정

- 2001. 11. 30. : 도로교통사고감정사 민간자격 신설
- 2002. 10. 13. : 제1회 자격시험 시행
- 2006. 05. 02. : 도로교통사고감정사 국가공인 신청
- 2007. 04. 06. : 도로교통사고감정사 국가공인자격 획득

5. 자격 활용

① 도로교통사고감정사 학점은행제 10학점 인정
② 경찰공무원 채용시(4점), 승진시(0.3점) 가산점 인정(2010년 7월 시행)
③ 공인자격 소지자는 도로교통공단 채용 시 가산점을 부여하여 우대

시험가이드

6 직무내용 및 업무분야

직무내용	업무분야
• 도로상에서 발생하는 교통사고의 조사 • 교통관련법규에 대한 이해 • 교통사고의 정확한 원인 규명 및 과학적 해석 • 교통사고의 재현 • 교통사고에 대한 감정서 작성	• 교통사고와 관련하여 공무집행을 시행하는 경찰관, 군헌병, 검찰 및 법원 관련 공무원 등 • 국영기업체 및 정부 산하기관 • 일반 교통관련 기업체 또는 단체, 교통용역업체, 사설 감정인 등

7 시험절차안내

1. 응시자격

① 만 18세 이상인 자

② 자격이 취소된 후 1년이 경과된 자

③ 도로교통사고감정사 자격시험 부정행위자로 3년이 경과된 자

2. 검정기준

① 교통사고와 관련된 교통법규(도로교통법, 교통사고처리특례법, 특정범죄가중처벌법)에 대한 기본적 이해 수준

② 교통사고와 관련된 제반사항(차량, 사람, 도로)에 대한 조사 및 분석 능력

③ 다양한 형태의 교통사고 재현능력

④ 차량운동학 등에 대한 기초이론 이해도

⑤ 교통사고분석서 작성 능력

3. 검정절차

① 시험원서 접수(온라인)

② 자격시험 시행(전국 12개소)

③ 합격자 발표(홈페이지)

④ 자격증 신청(온라인)

시험가이드

4. 시험방법 및 합격자 결정

시험구분	시험문제형태	시험시간	합격기준
1차 시험(객관식)	4지선다형 100문제 (과목당 25문제)	150분	평균 60점 이상 (과목당 40점 미만 과락)
2차 시험(주관식)	5문제 (3문제 선택 기술)	150분	60점 이상

※ 1차 시험과 2차 시험은 같은 날 시행하며, 1차 시험에 불합격한 사람의 2차 시험은 무효화함

8 시험과목 및 출제기준

시험구분	시험과목	출제기준 주요항목	출제기준 세부항목
1차 시험	교통관련법규	도로교통법	• 도로교통법의 이해 • 용어의 정의 • 사고유형별 적용방법
		교통사고처리특례법	• 교통사고처리특례법의 이해 • 특례 예외단서 12개항의 성격 • 사고유형별 적용방법
		특정범죄가중처벌법	• 특정범죄가중처벌법의 이해 • 특정범죄가중처벌법의 구성요건
	교통사고조사론	현장조사	• 도로의 구조적 특성 이해 • 사고원인과 관련한 도로의 상황 • 사고흔적의 용어와 특성 • 사고현장의 측정방법 • 사고현장 사진촬영 방법
		인적조사	• 인터뷰조사의 개념 • 인터뷰조사의 방법 • 인체 상해도에 대한 이해
		차량조사	• 차량관련 용어의 이해 • 차량 내·외부 파손부위 조사방법 • 충격력의 작용방향 판단 • 차량의 구조적 결함 시 특성 이해 • 차량 사진촬영 방법

시험가이드

구분	과목	세부과목	세부내용
1차 시험	교통사고재현론	탑승자 및 보행자 거동분석	• 충돌현상에 따른 탑승자 거동의 특성 • 사고유형별 탑승자의 운동 이해 • 탑승자의 상해도 이해 • 충돌 후 보행자의 거동특성 • 사고유형별 보행자의 거동 유형 • 보행자의 상해도 이해 • 보행자 충돌 속도의 분석 • 충돌속도와 보행자 전도거리 간의 관계
		차량의 속도분석 및 운동특성	• 충돌과정 및 방향에 따른 차량 운동 특성 • 사고유형별 차량의 속도분석 • 자동차의 일반적 운동특성 • 선회시의 자동차 운동특성 • 타이어 흔적의 종류 • 추락 및 전복시 속도분석
		충돌현상의 이해	• 사고흔적과 차량 운동의 이해 • 충돌 시 발생되는 사고흔적의 종류 및 특성 • 사고유형별 충돌현상의 특성
		교통사고재현 프로그램	• 관련용어의 이해 • 사고재현프로그램의 기본원리 이해
	차량운동학	기초물리학	• 벡터와 스칼라의 이해 • 속도, 가속도의 이해
		운동역학	• 운동량과 충격량의 이해 • 일과 에너지의 관계 이해
		마찰계수 및 견인계수	• 마찰계수 및 견인계수의 정의 • 사고사례별 견인계수의 산출 및 적용 • 사고유형별 속도분석
2차 시험	교통사고 조사 분석서 작성 및 재현실무	교통사고조사 분석서 작성 방법	• 분석의뢰내용별 주요 분석사항 • 분석서의 내용 전개요령
		교통사고조사의 종합적인 지식	• 사고흔적의 이해와 적용 • 물리학적 근거의 이해 • 교통공학 적용 • 사고유형별 법규 적용 • 종합적인 사고분석 능력
		도면작성 능력	• 축척의 이해 • 좌표법 및 삼각법의 이해 • 현장측정 도면작성의 정확도

시험가이드

9 시험일정

※ 교통사고조사의 과학적 분석능력 배양을 통한 교통사고감정 전문인력 배출과 정확한 발생원인 규명 및 교통사고 당사자 간의 분쟁을 최소화를 위한 도로교통사고감정사 자격검정 시행계획을 아래와 같이 공지합니다.

1. 응시자격

① 2022년 시험접수 종료일 기준, 만 18세 이상인 자(학력제한 없음)
② 자격이 취소된 후 1년이 경과되지 아니한 자, 시험 부정행위로 당해 시험 시행년도로부터 3년이 경과되지 아니한 자는 응시 제한

2. 시험일정

시험구분	시험접수 기간	시험시행일	시험시간		정답가안 발표	합격자 발표
			입실시간	시험시간		
1차	'22.7.25(월), 09:00~ '22.8.4(목), 18:00(11일간)	'22.8.28(일) 1차·2차 시험 같은 날 시행	09:00까지	09:30~12:00 (150분)	'22.8.29(월), 11:00 (감정사 홈페이지)	'22.10.7(금) (예정)
2차			13:00까지	13:30~16:00 (150분)	발표하지 않음	

3. 응시지역

서울	부산	대구	인천	경기(성남)	강원(춘천)	충남(대전)
충북(청주)	전북(전주)	전남(광주)	경북(구미)	경남(창원)	제주(제주)	

① 시험은 전국 13개 지역에서 실시하며 응시원서 접수시, 신청자가 편리한 지역 선택
※ 주의사항 : 시험 접수기간 이후 응시지역 변경은 불가하므로 신중히 지역을 선택하여야 하며, 변경하고자 할 경우 접수기간 내 취소 후 재접수 요망
② 접수내용 수정 : 감정사 홈페이지에서의 증명사진 등 수정기간 제공(8.9 09:00 ~ 8.10 18:00 예정)
※ 수정내용 : 접수자 본인의 증명사진, 영문이름, 휴대폰 번호

4. 시험접수

① 접수방법 : 인터넷 온라인접수(방문, 팩스, 우편접수 불가)
※ 본인 명의의 휴대전화 또는 아이핀 인증으로 본인확인 후 접수가능

시험가이드

② 감정사 홈페이지 : www.koroad.or.kr/kl_web/index.do
※ 시험접수는 '22.07.25.(월) 09:00부터 시작하며 '22.08.04.(목) 18:00 접수마감, 접수기간 중에는 별도 시간제한 없이 접수가능

5. 제출서류 및 응시수수료

① 제출서류(공통사항)
㉠ 응시원서 : 감정사 홈페이지를 통한 작성 및 접수
㉡ 컬러사진 : 최근 6개월 이내 촬영한 여권용 사진 1매(3.5cm×4.5cm)

② 1차 시험 일부면제자 제출서류

면제대상자	제출서류
국내·외의 공공 교통안전 전문기관 또는 외국의 4년제 대학 부설연구소에서 **교통사고조사에 관한 교육과정**을 연속된 일련의 교육으로 **105시간 이상 이수한 자**	교육이수증 사본 ※ 외국의 교육 이수증은 한글 번역문 함께 제출
공공기관에서 교통사고조사 실무경력 10년 이상인 자	경력증명서(공단 양식) ※ 행정기관 또는 공공기관의 장 발행

※ 컬러사진 및 1차 시험 일부면제자 제출서류는 시험접수시 스캔하여 JPG파일로 첨부

③ 응시수수료
㉠ 일반응시자 및 1차 시험 일부면제자 : 77,000원(부가세 포함)
㉡ 1차 시험 전부면제자 : 44,000원(부가세 포함)

④ 결제방법
㉠ 감정사 홈페이지를 통한 온라인 결제 - (주)나이스페이 대행
㉡ 신용카드, 실시간 계좌이체(인터넷 뱅킹), 가상계좌(무통장 입금)
㉢ 가상계좌(무통장 입금)의 경우 시험접수 후 접수마감일자 다음날 16:00까지 입금완료(입금하지 않은 경우, 응시원서 접수는 자동 취소)

6. 접수취소 및 환불

① 기간 및 금액

취소(환불) 신청기간	환불금액	환불기간
'22.7.25 ~ '22.8.4(24:00까지)	납입한 응시료의 100%	취소 신청일로부터 15일 이내 (승인취소 또는 계좌환불)
'22.8.5 ~ '22.8.22(24:00까지)	납입한 응시료의 50%	

시험가이드

② 환불방법 등

환불금액	결제구분	환불방법	비고
100% 환불	신용카드	승인취소	- 접수자 본인 또는 직계가족 명의 계좌로 환불(입금 수수료 공제) - 접수취소 신청기간 이후에는 응시수수료 환불 불가 - 본인 사망 또는 가족 경조사 등 불가피한 사유로 응시하지 못한 경우 증빙자료 제출 시 50% 환불
	가상계좌, 실시간 계좌이체	계좌환불	
50% 환불	신용카드, 실시간 계좌이체, 가상계좌	계좌환불	

※ 접수취소 및 응시수수료 환불은 감정사 홈페이지를 통하여 신청
※ 시험접수 기간 중의 접수 취소 후 재접수는 가능하나, 접수기간 종료 후 취소한 자의 재접수는 불가

7. 시험과목 및 합격기준

구분	시험과목	시간	문제형태	합격기준
1차	교통관련법규, 교통사고조사론 교통사고재현론, 차량운동학	150분	객관식 100문제 (4지선다형)	평균 60점 이상 (각 과목 40점 미만 과락)
2차	교통사고분석서 작성 및 재현 실무	150분	주관식 5문제 (3문제 선택 작성)	평균 60점 이상

※ 1차 시험과 2차 시험을 구분하여 같은 날에 시행하며, 1차 시험에 불합격한 응시자의 2차 시험은 무효로 함

8. 시험면제 및 대상자

면제구분	면제과목	면제대상자	시험시간
1차 시험 일부면제	교통관련법규, 교통사고조사론	• 국내·외의 공공 교통안전 전문기관 또는 외국의 4년제 대학 부설연구소에서 교통사고조사에 관한 교육과정을 연속된 일련의 교육으로 105시간 이상 이수한 자 • 공공기관에서 교통사고조사 실무경력 10년 이상인 자	1차 시험 75분/ 2차 시험 150분
1차 시험 전부면제	1차 시험 전 과목	• 2021년도 1차 시험 합격 후, 2차 시험 불합격자	2차 시험 150분

※ 면제대상자는 시험접수시, 반드시 1차 시험 일부면제 또는 1차 시험 전부면제를 신청하여야 함
※ 1차 시험 전부면제 대상자가 일반응시(1차·2차 시험대상자)로 접수 및 응시하여 1차 시험에 불합격한 경우, 2차 시험에서 합격점수를 상회하는 득점을 하였더라도 공단 "도로교통사고감정사 자격

시험가이드

관리규칙" 제19조 제2항에 의거, 2차 시험을 무효로 함
※ 1차 시험 합격 후 2차 시험에 불합격한 경우, 다음회차 1회에 한하여 1차 시험을 전부면제함
※ 1차 일부면제의 경우, 시험시작시간은 일반응시자와 동일

9. 응시자 준비물

① 신분증[주민등록증, 운전면허증, 복지카드(장애인등록증), 국가유공자증, 여권 등 사진, 이름(성명), 주민등록번호를 확인할 수 있고 정부 및 공공기관에서 발행한 유효기간 이내의 신분증] 및 수험표
※ 신분증 미지참자는 시험장 입실 제한
② 공학용 계산기, 필기구(볼펜, 연필 등), 각도기, 삼각자, 스케일자, 컴퍼스 등
※ 공학용 계산기, 필기구(볼펜, 연필 등) 지참은 필수이며, 각도기, 삼각자, 스케일자, 컴퍼스 등은 시험문제에 따라 사용할 수 있음

10. 1차시험 정답가안 발표 및 이의신청 접수

① 1차 시험 정답발표 및 이의신청 접수 일정

정답가안 발표	이의신청 접수	최종 정답 발표(1차)	정답발표 및 이의신청
'22.8.29(월), 11:00	'22.8.29(월), 11:00~ '22.8.30(화), 18:00	'22.9.2(금), 16:00	감정사 홈페이지 (www.koroad.or.kr/kl_web/index.do)

㉠ 1차 시험 정답가안 발표 및 이의신청 접수는 감정사 홈페이지에서 실시
정답가안에 대한 의견 제시는 이의신청 접수기간에만 가능하며, 1차 시험 응시자만 접수 가능 (접수 취소자, 결시자 등은 접수 불가)
㉡ 이의신청시 제출양식에 따라야 하며, 해당과목 문제번호와 이의신청 내용이 일치하지 않거나 불명확할 경우에는 제외
㉢ 신청내용은 입력한 본인만 열람이 가능하며, 입력된 글에 대한 추가·수정은 불가하므로 충분히 검토 후 등록 요함
㉣ 정답가안에 대한 의견 제시는 감정사 홈페이지에서 주어진 양식에 따라 작성해야 하며, 유선·방문·우편·팩스접수는 불가
㉤ 이의신청에 대한 개별회신은 하지 않으며, 최종 정답발표로 갈음
㉥ 2차 시험에 대해서는 정답가안 발표 및 이의신청 접수를 받지 않음
㉦ 1차·2차 시험문제 공개는 시험종료 후 응시자가 문제지를 가져갈 수 있도록 한 조치로 대체 (시험종료 후 응시자의 문제지를 회수하지 않음)

시험가이드

11. 합격발표(자격발급)

① 합격자 발표 및 자격증(또는 증서) 발급신청은 감정사 홈페이지(www.koroad.or.kr/kl_web/index.do)에서 실시하며, 신청자에 한해 자격증이 발급됨

② 공인자격증 또는 자격증서 발급 신청자는 소정의 수수료를 부담해야 하며, 자격증 발송비용(택배비 3,500원)은 수취인 부담(배달사고 방지)으로 함

자격증 발급비(부가세 포함)	납부 방법(감정사 홈페이지)	비 고
• 공인자격증(기본) : 5,500원 • 공인자격증서(게시용) : 11,000원	신용카드, 계좌이체(인터넷뱅킹)	합격자에 해당되며 신청자에 한하여 발급

※ 자격증 제작 및 발송 이전 취소시 100% 환불, 이후 취소시 환불 불가

③ 시험채점 진행상 부득이한 사유로 인해 합격자 발표가 지연될 수 있으며, 지연시에는 신속히 홈페이지에 공지하고 문자메세지(SMS)로 개별 통지

12. 응시자 유의사항

① 응시원서 작성 및 기타 서류제출시 제출서류 미비, 착오·누락, 허위기재, 답안 판독 불가 등의 사유로 인한 불이익은 응시자의 책임이며, 접수된 응시원서, 제출서류는 일체 반환하지 않음

② 장애인 응시자가 원서접수시 편의를 제공받고자 할 경우, 본인의 장애 여부를 증빙할 수 있는 자료를 감정사 홈페이지에 첨부(스캔하여 JPG파일 업로드)하고, 시험 당일 증빙자료를 제출하여야 함

③ 합격자 발표 후 제출서류의 허위작성, 위조, 자격미달 또는 1차 시험 일부 또는 전부면제자로 응시하여 자격시험에 합격하였으나, 사실 확인 결과 그 대상자가 아닌 것으로 판명된 때에는 합격을 무효 처리함

④ 접수취소 및 환불신청 기간 이후에는 응시수수료를 일체 환불하지 않음. 다만, 본인 사망 또는 가족 경조사 등 불가피한 사유로 응시하지 못한 경우에는 증빙자료 제출시 응시수수료의 50% 환불

⑤ 시험과목 일부 면제 또는 전부면제자 서류심사 결과 서류 및 자격 미흡 등으로 심사 부적합 판정을 받는 경우 1차 시험 전 과목에 응시하여야 하며, 1차 시험 전부면제 신청자는 추가 응시료를 납부하셔야 함. 서류심사 결과는 부적합으로 판정된 자에 한해 개별 통보

⑥ 코로나19 확산방지를 위하여 확진환자는 시험에 응시할 수 없으며, 시험장 출입을 금지

※ 코로나19 관련 사항은 방역당국의 지침을 준수하여 운영하며, 자세한 사항은 도로교통공단 교육운영처로 문의하여 주기 바람

시험가이드

⑦ 전염병(코로나19 등) 발생과 관련하여 시험일정이 연기 또는 취소될 수 있으므로 긴급연락(문자발송)을 위한 개인정보를 정확히 기재하여 주기 바람

⑧ 응시자는 지정한 입실시간에 시험장소로 입실 완료하여야 하며, 입실 지정시간 내에 입실하지 않은 사람은 미응시자로 처리함

※ 지정 입실시간을 경과하여 도착한 자는 시험장 입실이 불가하며, 응시자는 시험시작 1시간 이후 퇴실 가능

⑨ 시험시간 중에는 휴대전화(스마트워치 포함), 호출기, 전자사전 등을 소지하거나 사용할 수 없으므로 감독관의 지시에 따라 전원을 차단 후 지정장소에 별도 보관하여야 함. 응시자는 이를 위반하거나 검색에 불응하는 경우 부정행위로 간주하여 퇴실조치하고 당해 시험을 무효로 함

⑩ 시험 중 부정행위로 적발된 사람은 공단 "도로교통사고감정사 자격관리규칙" 제37조(시험부정행위자에 대한 조치)에 의거, 그 시험을 무효로 하고 당해시험 시행년도로부터 3년간 응시자격이 제한

⑪ 1차 시험 객관식 답안지 표기는 반드시 시험당일 제공하는 **컴퓨터용 수성사인펜**으로 사용하여야 하며, 답안지의 불완전한 표기(수정) 등으로 인한 불이익은 응시자의 책임으로 함

⑫ 2차 시험 주관식 답안은 반드시 정자로 한글 맞춤법 및 외래어 표기법에 따라 표기하여야 하며, 흘림자 또는 난해자 등으로 표기하여 채점자가 판독 불가함에 따른 불이익은 응시자의 책임으로 함

⑬ 시험 중 화장실 사용이 금지되나, 2시간 경과 후 응시자가 요청할 경우 이용 긴급성을 판단하여 시험감독관과 동행하여 화장실 이용 후 재입실 가능하며, 임신부는 2회 화장실 사용 가능

13. 기타사항

① 본 자격시험은 선발 인원을 정하지 않고 절대평가제로 시행함

② 기타 자세한 내용은 도로교통사고감정사 홈페이지 → 자격정보 또는 자격시험 등을 참고하고, 궁금한 사항은 도로교통공단 교육운영처(033-749-5311)로 문의

③ 공인자격 소지자는 경찰공무원, 도로교통공단 직원 신규채용시 일정의 가산점을 부여하여 우대

④ 본 자격검정은 공인자격을 취득하는 시험이므로 우리 공단에서 교재판매 및 자격관련 교육을 진행하지 아니하며, 자격 취득자에 대한 취업을 알선하거나 보장하지 않음

⑤ 시험장 내에 주차가 불가하거나, 공간이 부족할 수 있으므로 가급적 대중교통을 이용

차례

1과목 교통관련법규

제1장 도로교통법 /3
1. 도로교통법의 이해 /3
2. 용어의 정의 /49
3. 사고유형별 적용방법 /62

제2장 교통사고처리 특례법 /121
1. 교통사고처리 특례법의 이해 /121
2. 특례 예외단서 12개항의 성격 /142
3. 사고유형별 적용방법 /147

제3장 특정범죄 가중처벌 등에 관한 법률 /179
1. 특정범죄가중처벌법의 이해 /179
2. 특정범죄가중처벌법의 구성요건 /195

2과목 교통사고 조사론

제1장 현장조사 /203
1. 도로의 구조적 특성 이해 /203
2. 사고원인과 관련한 도로의 상황 /209
3. 사고흔적의 용어와 특성 /212
4. 사고현장의 측정방법 /223
5. 사고현장 사진촬영 방법 /232

제2장 인적조사 /233
1. 인터뷰조사의 개념 /233
2. 인터뷰조사의 방법 /234
3. 인체 상해도에 대한 이해 /236

제3장 차량조사 /243
1. 차량관련 용어의 이해 /243
2. 차량 내·외부 파손부위 조사방법 /267
3. 충격력의 작용방향 판단 /277

차례

  4 차량의 구조적 결함시 특성 이해 / 280
  5 차량 사진촬영 방법 / 283

3과목 교통사고 재현론

제1장 탑승자 및 보행자 거동분석 / 287
1 충돌현상에 따른 탑승자 거동의 특성 / 287
2 사고유형별 탑승자의 운동 이해 / 291
3 탑승자의 상해도 이해 / 292
4 충돌 후 보행자의 거동특성 / 293
5 사고유형별 보행자의 거동유형 / 298
6 보행자의 상해도 이해 / 304
7 보행자 충돌속도의 분석 / 307
8 충돌속도와 보행자 전도거리간의 관계 / 309

제2장 차량의 속도분석 및 운동특성 / 310
1 충돌과정 및 방향에 따른 차량 운동특성 / 310
2 사고유형별 차량의 속도분석 / 318
3 자동차의 일반적 운동특성 / 341
4 선회시의 자동차 운동특성 / 346
5 타이어 흔적의 종류 / 352
6 추락 및 전복시 속도분석 / 359

제3장 충돌현상의 이해 / 371
1 사고흔적과 차량 운동의 이해 / 371
2 충돌시 발생되는 사고흔적의 종류 및 특성 / 375
3 사고유형별 충돌현상의 특성 / 380

제4장 교통사고재현 프로그램 / 383
1 관련용어의 이해 / 383
2 사고재현 프로그램의 기본원리 이해 / 384

차례

4과목 차량운동학

제1장 기초물리학 / 391
1 벡터와 스칼라의 이해 / 391
2 속도, 가속도의 이해 / 401

제2장 운동역학 / 436
1 운동량과 충격량의 이해 / 436
2 일과 에너지의 관계 이해 / 464

제3장 마찰계수 및 견인계수 / 478
1 마찰계수 및 견인계수의 정의 / 478
2 사고사례별 견인계수의 산출 및 적용 / 495
3 사고유형별 속도분석 / 501

1차 1과목

교통관련법규

제1장 도로교통법

제2장 교통사고처리 특례법

제3장 특정범죄 가중처벌 등에 관한 법률

출제기준에 의한 출제빈도분석표

교통관련법규

주요 항목	세부 항목	시행 년월일											
		2021.9.5.	2020.9.20.	2019.9.22.	2018.9.16.	2017.9.24.	2016.10.23.	2015.11.8.	2014.9.28.	2013.9.15.	2012.9.16.	2011.9.25.	2010.8.29.
도로교통법	① 도로교통법의 이해	8	8	7	4	6	10	5	7	6	5	3	5
	② 용어의 정의	1	4	2	2	2	0	2	3	2	0	2	1
	③ 사고유형별 적용방법	8	2	7	10	11	5	10	10	8	5	10	7
	소 계	17	14	16	16	19	15	17	20	16	10	15	13
교통사고처리특례법	① 교통사고처리 특례법의 이해	2	3	5	2	2	4	3	2	2	4	1	0
	② 특례 예외단서 12개항의 성격	0	1	0	1	1	0	3	1	0	1	0	0
	③ 사고유형별 적용방법	4	4	4	4	2	4	2	0	6	6	4	8
	소 계	6	8	9	7	5	8	8	3	8	11	5	8
특정범죄가중법	① 특정범죄가중법의 이해	1	1	0	2	1	1	0	1	0	2	5	4
	② 특정범죄가중법의 구성요건	1	2	0	0	0	1	0	1	1	2	0	0
	소 계	2	3	0	2	1	2	0	2	1	4	5	4
	총 계	25	25	25	25	25	25	25	25	25	25	25	25

제1장 도로교통법

1 도로교통법의 이해

01 [2010년 기출]

도로교통법의 목적으로 알맞은 것은?

① 교통법규 위반자의 처벌
② 교통위반자의 지도와 단속
③ 교통의 안전과 원활한 교통 확보
④ 도로의 안전한 관리

해설 교통의 안전과 원활한 교통 확보
도로교통법은 도로에서 일어나는 교통상의 모든 위험과 장해를 방지하고 제거하여 안전하고 원활한 교통을 확보함을 목적으로 한다.

02 [2012년 기출]

다음 중 도로교통법의 목적으로 맞는 것은?

① 교통안전에 관하여 종합적, 계획적으로 추진함으로써 교통안전 증진에 이바지
② 도로에서 일어나는 교통상의 모든 위험과 장해를 방지하고 제거하여 안전하고 원활한 교통 확보
③ 교통사고로 인한 피해의 신속한 회복을 촉진하고 국민생활의 편익을 증진
④ 교통약자가 안전하고 편리하게 이동할 수 있도록 시설을 확충하고 보행환경을 개선

해설 안전하고 원활한 교통 확보
① 교통안전법의 목적
   교통안전에 관하여 종합적, 계획적으로 추진함으로써 교통안전 증진에 이바지
② 도로교통법의 목적
   도로상에서 일어나는 교통상의 모든 위험과 장해를 방지하고 제거하여 안전하고 원활한 교통 확보
③ 교통사고처리 특례법의 목적
   교통사고로 인한 피해의 신속한 회복을 촉진하고 국민생활의 편익을 증진
④ 교통약자의 이동편의 증진법의 목적
   교통약자가 안전하고 편리하게 이동할 수 있도록 시설을 확충하고 보행환경을 개선

정답 01 ③ 02 ②

수정 03 [2008년 기출]

사색등화로 표시하는 신호등의 신호 순서로 맞는 것은?

① 녹색등화 → 황색등화 → 적색 및 녹색화살표 등화 → 적색 및 황색등화 → 적색등화 순
② 적색 및 녹색화살표 등화 → 황색등화 → 적색등화 → 황색등화 → 녹색등화 순
③ 적색등화 → 황색등화 → 적색 및 녹색화살표 → 황색등화 → 녹색등화 순
④ 적색등화 → 황색등화 → 녹색등화 → 황색등화 → 적색 및 녹색화살표 등화 순

[해설] 2010년 이후 현재는 도로교통법 시행규칙 개정에 따라 순서가 바뀜
1) 신호등의 신호 순서는 2010. 8. 24.자 도로교통법 시행령 개정으로 사색등화로 표시되는 신호등 순서가 녹색등화 → 황색등화 → 적색 및 녹색화살표등화 → 적색 및 황색등화 → 적색등화 순으로 바뀌었다.

[심화] 해설

1) 도로교통법 시행규칙 별표 4(신호등의 등화의 배열순서)

신호등 배열	횡형 신호등	종형 신호등
• 적색·황색·녹색화살표·녹색의 사색등화로 표시되는 신호등	• 좌로부터 적색·황색·녹색 화살표·녹색의 순서로 한다. • 좌로부터 적색·황색·녹색의 순서로 하고, 적색등화 아래에 녹색화살표 등화를 배열한다.	• 위로부터 적색·황색·녹색화살표·녹색의 순서로 한다.
• 적색·황색 및 녹색(녹색화살표)의 삼색등화로 표시되는 신호등	• 좌로부터 적색·황색·녹색(녹색화살표)의 순서로 한다.	• 위로부터 적색·황색·녹색(녹색화살표)의 순서로 한다.
• 적색화살표·황색화살표 및 녹색화살표의 삼색등화로 표시되는 신호등	• 좌로부터 적색화살표·황색 화살표·녹색화살표의 순서로 한다.	• 위로부터 적색화살표·황색화살표·녹색화살표의 순서로 한다.
• 적색 및 녹색의 이색등화로 표시되는 신호등		• 위로부터 적색·녹색의 순서로 한다.

2) 도로교통법 시행규칙 별표 5(신호등의 신호 순서)

신호등	신호 순서
적색·황색·녹색화살표·녹색의 사색등화로 표시되는 신호등	녹색등화·황색등화·적색 및 녹색화살표등화·적색 및 황색등화·적색등화의 순서로 한다.
적색·황색·녹색(녹색화살표)의 삼색등화로 표시되는 신호등	녹색(적색 및 녹색화살표) 등화·황색등화·적색등화의 순서로 한다.
적색화살표·황색화살표·녹색화살표의 삼색등화로 표시되는 신호등	녹색화살표등화·황색화살표등화·적색화살표등화의 순서로 한다.
적색 및 녹색의 이색등화로 표시되는 신호등	녹색등화·녹색등화의 점멸·적색등화의 순서로 한다.
(주) 교차로와 교통여건상 특별히 필요하다고 인정되는 장소는 신호의 순서를 달리하거나 녹색화살표 및 녹색등화를 동시에 표시할 수 있다.	

[중요도] ●●●
신호등의 배열순서와 신호등의 신호순서는 주의깊게 살펴보아야 한다.

정답 03 ①

04 2013년 기출

도로에 설치된 교통안전시설이 교통사고로 파손된 경우에는 그 시설의 원상회복 조치를 해야 할 것이다. 이에 대한 설명으로 틀린 것은?

① 교통사고를 야기한 자가 파손된 시설의 원상회복에 소요되는 비용 전부를 부담해야 하며, 만일 이를 기한 내에 납부하지 아니한 때에는 국세체납의 예에 의하여 징수한다.
② 교통사고를 야기한 자가 파손된 시설의 원상회복에 소요되는 비용으로 부담할 금액은 교통안전시설이 파손정도·내구연한 경과정도 등을 고려하여 산출한다.
③ 갑이 1차 교통사고로 교통안전시설을 일부 파손하였고, 그 직후 을이 2차 교통사고로 전부 파손한 경우에 파손된 시설의 원상회복 비용은 갑, 을 공히 파손의 유발 정도에 따라 부담하게 할 수 있다.
④ 교통안전시설의 파손된 정도가 경미하거나 일부 보수작업만으로 수리할 수 있는 경우 또는 부담금의 총액이 20만원 미만인 경우에는 비용부과를 면제할 수 있다.

해설 시설파손 비용 미납부시 지방세 체납 예로 징수한다.

심화 해설

1) **도로교통법 제3조(신호기 등의 설치 및 관리)**
   ① 특별시장·광역시장·제주특별자치도지사 또는 시장·군수(광역시의 군수는 제외한다. 이하 "시장등"이라 한다)는 도로에서의 위험을 방지하고 교통의 안전과 원활한 소통을 확보하기 위하여 필요하다고 인정하는 경우에는 신호기 및 안전표지(이하 "교통안전시설"이라 한다)를 설치·관리하여야 한다. 다만, 「유료도로법」 제6조에 따른 유료도로에서는 시장등의 지시에 따라 그 도로관리자가 교통안전시설을 설치·관리하여야 한다.
   ② 시장등 및 도로관리자는 제1항에 따라 교통안전시설을 설치·관리할 때에는 제4조에 따른 교통안전시설의 설치·관리기준에 적합하도록 하여야 한다.
   ③ 도(道)는 제1항에 따라 시장이나 군수가 교통안전시설을 설치·관리하는 데에 드는 비용의 전부 또는 일부를 시(市)나 군(郡)에 보조할 수 있다.
   ④ 시장등은 대통령령으로 정하는 사유로 도로에 설치된 교통안전시설을 철거하거나 원상회복이 필요한 경우에는 그 사유를 유발한 사람으로 하여금 해당 공사에 드는 비용의 전부 또는 일부를 부담하게 할 수 있다.
   ⑤ 제4항에 따른 부담금의 부과기준 및 환급에 관하여 필요한 사항은 대통령령으로 정한다.
   ⑥ 시장등은 제4항에 따라 부담금을 납부하여야 하는 사람이 지정된 기간에 이를 납부하지 아니하면 지방세 체납처분의 예에 따라 징수한다.

2) **도로교통법 시행령 제5조(부담금의 부과기준 및 환급)**
   ① 특별시장·광역시장·제주특별자치도지사 또는 시장·군수(광역시의 군수는 제외한다. 이하 "시장등"이라 한다)는 법 제3조 제4항에 따른 교통안전시설의 철거나 원상회복을 위한 공사 비용 부담금(이하 "부담금"이라 한다)의 금액을 교통안전시설의 파손 정도 및 내구연한 경과 정도 등을 고려하여 산출하고, 그 사유를 유발한 사람이 여러 명인 경우에는 그 유발 정도에 따라 부담금을 분담하게 할 수 있다. 다만, 파손된 정도가 경미하거나 일상 보수작업만으로 수리할 수 있는 경우 또는 부담금 총액이 20만원 미만인 경우에는 부담금 부과를 면제할 수 있다.

3) **국세와 지방세의 구분**
   • 국세 : 국가의 경비로 쓰기 위하여 국민으로부터 징수하는 세금(예 : 소득세, 법인세, 상속세, 주세, 관세 등)
   • 지방세 : 지방공공단체가 재정상의 필요에 따라 그 지방의 주민에게 물리는 조세

정답 04 ①

05 2016년 기출

도로교통법상 신호등의 설치기준에 대한 설명으로 맞는 것은?

① 교통사고가 연간 3회 이상 발생한 장소로 신호등의 설치로 사고를 방지할 수 있을 경우
② 1일 중 교통이 집중되는 8시간 동안의 주도로 통행량 300대/시 이상, 부도로 200대/시 이상인 교차로
③ 학교 앞 300m 이내에 신호등이 없고, 통학시간의 자동차 통행시간 간격이 3분 이내인 경우
④ 어린이 보호구역 내 초, 중학교 또는 유치원의 주출입문과 가장 가까운 거리에 위치한 횡단보도

해설 어린이 보호구역 내 초등학교 또는 유치원의 주 줄입문과 가까운 거리에 위치한 횡단보도

심화 해설
도로교통법 시행규칙 별표 3(신호등의 설치기준)
① 교통사고가 연간 "5회 이상" 발생한 장소로 신호등의 설치로 사고를 방지할 수 있다고 인정되는 경우(차량등)
② 1일 중 교통이 가장 빈번한 8시간 동안의 주도로 통행량 시간당 600대(양방향 합계) 이상이고 부도로에서의 차동차 진입량이 시간당 200대 이상의 교차로에 설치(차량등)
③ 학교 앞 300미터 이내에 신호등이 없고 통학시간의 자동차 통행시간 간격이 1분 이내인 경우에 설치(경보형 경보등)
④ 어린이 보호구역 내 초등학교 또는 유치원 등의 주출입문과 가까운 거리에 위치한 횡단보도(보행등)

참고 사항
어린이에 대한 정의가 도로교통법에서는 13세 미만의 사람을 의미한다고 명시하고 있고 아동복지법에서 아동은 18세 미만인 사람을 말하고 있으며 유엔이 채택하고 있는 어린이의 정의는 18세 미만인 사람을 말하고 있고 연령그룹에서 0~14세로 구분 통계치를 사용하고 있다. 따라서 우리나라도 OECD 기준에 맞추어 14세 이하 통계치로 발표하고 있다.
우리나라 2017년 어린이 교통사고 사망자 현황보고서에 통계현황은 다음과 같다.

2017년 학년별 어린이 교통사고 사망자수

합계	미취학 아동	유치원 아동	초 등 학 교							중학교
			소계	1	2	3	4	5	6	
62	19	5	24	6	4	7	3	3	1	14

※ 어린이 사망자는 14세 이하 어린이이며 중학생은 14세 이하만을 집계한 것임
결론적으로 OECD(경제협력개발기구)에서 사용하고 있는 어린이 교통사고 통계에 따라 우리나라도 도로교통법상의 어린이 개념은 만 13세이나 OECD 기준으로 사고 통계작성 사용하고 있어 중학생사고 중 14세 미만(만 13세)의 경우 어린이사고로 집계되고 있은 것이다. 따라서 어린이 보호구역 내 초, 중학교 또는 유치원의 주, 출입문과 가장 가까운 거리에 위치한 횡단보도는 잘못된 설명이라고 볼 수는 없을 것으로 보인다. 그러나 문제출제시 초, 중학교 또는 유치원 등의 주 출입문과 가장 가까운 거리에 위치한 횡단보도에서 중학교는 어린이의 정의상 문제될 수 있는 소지가 있으므로 중학교는 문제 내용에서 빼는 것이 타당하다고 본다.

중요도 ●●●
어떠한 경우에 신호등을 설치할 수 있는지의 기준을 기억하고 있어야 한다.

정답 05 ④

06 2012년 기출

도로에 사용하고 있는 노면표시에 대한 설명이다. 바르지 못한 것은?

① 도로 중앙에 그려진 황색점선은 반대방향의 교통에 주의하면서 일시적으로 반대편 차로로 넘어갈 수 있는 선으로 다른 교통에 주의하면서 좌회전할 수 있다.
② 길가장자리 구역에 설치된 황색실선은 주·정차를 금지하고, 길가장자리 구역에 설치된 황색점선은 주차를 금지한다.
③ 버스전용차로 표시로 청색실선은 차마가 넘어서는 아니 되는 것임을 표시한 선으로 버스전용차로를 진행할 수 있는 차마도 넘어서는 아니 된다.
④ 진행하는 과정에서 진로변경을 금지하는 진로변경 제한선 표시는 백색으로 표시한다. 따라서 백색실선이 있는 쪽에서는 진로변경이 제한된다.

[해설] 황색점선 중앙선을 넘어 좌회전은 할 수 없다(원래차로로 돌아와야).
① 황색점선은 반대방향의 교통에 주의하면서 일시적으로 반대편 차로로 넘어갈 수 있으나 진행방향 차로로 다시 돌아와야 함을 표시한 선이다. 따라서 황색점선에서 좌회전하는 것은 중앙선침범에 해당한다.
② 길가장자리 구획선(505번)은 차도와 보도를 구획하는 길가장자리 구역을 표시하는 것으로 도로의 외측에 설치한다. 주차금지는 황색점선(515번), 정차와 주차 금지는 황색실선(516번)을 설치하며 이 경우 길가장자리 구역선 표시는 생략한다.
③ 버스전용차로(504번) 청색실선은 차마가 넘어가서는 아니 되는 것임을 표시하는 것이다. 출·퇴근시간에만 운영하는 구간은 단선으로, 그 외의 시간까지 운영하는 구간은 복선으로 설치한다.
※ 도로교통법 시행규칙 별표 6 안전표지 중 노면표시 504호는 전용차로 표시와 504의2 노면전차 전용차로 표시 2가지가 있는데 이 중 504의2 노면전차 전용차로 표시는 현재 시행하고 있지 않다.
따라서 504 전용차로(청색실선과 청색점선)만 버스전용차로로 시행하고 있고 통상 광역시 지역에서만 설치·운영되고 있는 실정이다. 결국 전용차로 두 가지 중 노면전차 전용차로는 현재 시행하지 않아 청색의 버스전용차로만 유일한 전용차로로 쉽게 인식되고 있어 문제 ③에 예시되었으나 이는 전용차로라는 용어보다 현실적인 면에서 버스전용차로로 쉽게 설명한 것으로 보인다.
④ 진로변경 제한선(506번)은 통행하고 있는 차의 진로변경을 제한하는 것으로 교차로 또는 횡단보도 등 차의 진로변경을 금지하는 도로구간에 백색실선을 설치한다.【도로교통법 시행규칙(별표 6)】

[중요도] ●●●
도로에 사용된 노면표시 중 황색, 청색, 백색에 따른 의미를 파악하고 있어야 한다.

정답 06 ①

07 2011년 기출

다음 중 노면표시 색채를 연결한 것 중 틀린 것은?

① 안전지대 표시 - 황색
② 노상장애물 중 도로중앙장애물 표시 - 백색
③ 다인승차량 전용차로표시 - 청색
④ 정차·주차 금지표시 - 황색

해설 도로중앙장애물 표시-황색(노면표시 색채에 있어서 노상장애물 중 도로중앙장애물 표시는 황색이다)

심화 해설

도로교통법 시행규칙 별표 6 안전표지 중 노면표시는 다음의 구분에 따라 색채를 표시한다.
① 중앙선표시, 주차금지표시, 정차·주차 금지표시 및 안전지대 중 양방향 교통을 분류하는 표시 : 노란색
② 전용차로표시 및 노면전차 전용도로 표시 : 파란색
③ 시행령 제10조의3 제2항에 따라 설치하는 소방시설 주변 정차·주차금지표시 및 어린이보호구역 또는 주거지역 안에 설치되는 속도제한표시의 테두리 선 : 빨간색
④ 노면색깔 유도선표시 : 분홍색, 연한 녹색 또는 녹색
⑤ 그 밖의 표시 : 흰색
⑥ 노면표시의 색체에 관한 세부기준은 경찰청장이 정한다.
※ 유의사항 2020. 10. 7. 도로교통법 시행규칙이 개정되며 노상장애물 표시가 삭제되고 기존 509 노상장매물 표시는(백색과 노란색 2종) 531번 안전지대에 포함되어 2021. 4. 17부터 시행하고 잇다.
   현재의 노면표시 중 531 안전지대표시 내용은 다음과 같다.

• 도로교통법 시행규칙 제8조 별표 6 노면표시 531호(시행 : 2021. 4. 17)

일련번호	종류	만드는 방식	표시하는 뜻	설치기준 및 장소
531	안전지대 표시		• 노상에 장애물이 있거나 안전확보가 필요한 안전지대로서 이 지대에 들어가지 못함을 표시하는 것	• 광장·교차로지점·노폭이 넓은 도로의 중앙지대, 도로가 분리·합류되는 지점, 장애물이 있는 것 등 차마의 진입을 금지할 필요가 있는 장소에 설치 • 안전지대를 중심으로 양방 교통을 이를 때에는 노란색으로 설치 • 동일방향으로 진행하는 도로에 있어서는 흰색으로 설치

정답 07 ②

08 2009년 기출

다음 '지시표시' 내용을 설명하고 있는 것은?

① 도로상태가 위험하거나 위험물이 있는 경우
② 모든 표지의 내용을 보충하여 도로 사용자에게 알리는 표지
③ 도로교통의 안전을 위하여 각종 제한, 금지하는 경우 이를 도로 사용자에게 알리는 표지
④ 도로교통의 안전을 위하여 필요한 통행방법, 통행구분 등을 사용자에게 알리는 표지

해설 지시표시는 도로의 통행방법, 통행구분 등 도로교통의 안전을 위하여 필요한 지시를 하는 경우에 도로 사용자가 이에 따르도록 알리는 표지를 말한다.

심화 해설
1) 도로교통법 제4조(교통안전시설의 종류 및 설치·관리기준 등)
   ① 교통안전시설의 종류, 교통안전시설의 설치·관리기준, 그 밖에 교통안전 시설에 관하여 필요한 사항은 행정안전부령으로 정한다.
   ② 제1항에 따른 교통안전시설의 설치·관리기준은 주·야간이나 기상상태 등에 관계없이 교통안전시설이 운전자 및 보행자의 눈에 잘 띄도록 정한다.
2) 도로교통법 시행규칙 제8조(안전표지)
   ① 법 제4조 제1항에 따른 안전표지는 다음 각 호와 같이 구분한다.
      1. 주의표지 : 도로상태가 위험하거나 도로 또는 그 부근에 위험물이 있는 경우에 필요한 안전조치를 할 수 있도록 이를 도로 사용자에게 알리는 표지
      2. 규제표지 : 도로교통의 안전을 위하여 각종 제한·금지 등의 규제를 하는 경우에 이를 도로 사용자에게 알리는 표지
      3. 지시표지 : 도로의 통행방법, 통행구분 등 도로교통의 안전을 위하여 필요한 지시를 하는 경우에 도로 사용자가 이에 따르도록 알리는 표지
      4. 보조표지 : 주의표지·규제표지 또는 지시표지의 주기능을 보충하여 도로 사용자에게 알리는 표지
      5. 노면표시 : 도로교통의 안전을 위하여 각종 주의, 규제, 지시 등의 내용을 노면에 기호, 문자 또는 선으로 도로 사용자에게 알리는 표지

중요도 ●●●
안전표지 중 지시표지에 관한 내용이다.

09 2018년 기출

다음 중 도로교통의 안전을 위한 각종 제한 금지 등의 규제를 하는 경우에 이를 도로사용자에게 알리는 표지는 무엇인가?

①
②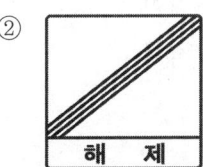
③
④

해설
① 좌측차로 없어짐의 주의표지 120번
② 해제표지로 보조표지 427번
③ 비보호 좌회전표지로 지시표지 329번
④ 천천히 표지로 규제표지 226번임

중요도 ●●●

정답 08 ④ 09 ④

10 2021년 기출

교통안전표지 중 노면표시이다. 이 노면표시의 뜻은?

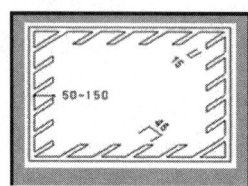

① 보행자가 안전하게 통행할 수 있는 안전지대 표시
② 도로상에 장애물이 있음을 나타내는 표시
③ 어린이 보호구역 내에 설치된 횡단보도 예고 표시
④ 광장이나 교차로 중앙지점 등에 설치된 구획 부분에 차가 들어가 정차하는 것을 금지하는 표시

해설 교통안전표지 제524호
- 정차금지지대 표시

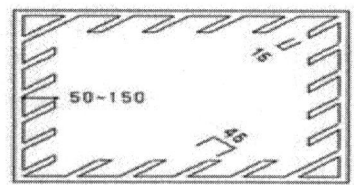

- 표시하는 뜻
  광장이나 교차로 중앙지점 등 차가 정차하는 것을 금지하도록 지정한 장소에 설치

11 2012년 기출

도로교통법의 교통안전표지 중 도로교통의 안전을 위하여 각종 제한·금지 등을 도로 사용자에게 알리는 안전표지는?

① 주의표지
② 규제표지
③ 지시표지
④ 보조표지

해설 규제표지 : 각종 제한·금지를 알리는 표지

심화 해설
도로교통법 시행규칙 제8조(안전표지)
1. 주의표지 : 도로상태가 위험하거나 도로 또는 그 부근에 위험물이 있는 경우에 필요한 안전조치를 할 수 있도록 이를 도로 사용자에게 알리는 표지
2. 규제표지 : 도로교통의 안전을 위하여 각종 제한·금지 등의 규제를 하는 경우에 이를 도로 사용자에게 알리는 표지
3. 지시표지 : 도로의 통행방법·통행구분 등 도로교통의 안전을 위하여 필요한 지시를 하는 경우에 도로사용자가 이에 따르도록 알리는 표지
4. 보조표지 : 주의표지·규제표지 또는 지시표지의 주기능을 보충하여 도로 사용자에게 알리는 표지
5. 노면표시 : 도로교통의 안전을 위하여 각종 주의·규제·지시 등의 내용을 노면에 기호·문자 또는 선으로 도로 사용자에게 알리는 표지

정답 10 ④ 11 ②

12 2015년 기출

황색점선의 길가장자리 노면표시의 뜻으로 맞는 것은?

① 주차금지, 정차가능
② 주차금지, 정차금지
③ 주차가능, 정차금지
④ 주차가능, 정차가능

해설) 도로교통법 시행규칙 별표 6(안전표지의 종류 및 표시하는 뜻)

심화 해설 노면표시
- 주차금지표시(515번) : 주차를 금지하는 도로구간 길가장자리 또는 연석 측면에 황색점선
- 정차·주차금지 표시(516번) : 정차 및 주차를 금지하는 도로구간 길가장자리 또는 연석 측면에 황색실선 설치

> 중요도 ●●●
> 길가장자리에 표시하는 황색실선과 점선의 의미에 대한 내용이다.

13 2015년 기출

도로교통법상 규정된 교통안전표지의 종류로 맞는 것은?

① 지시표지, 규제표지, 안전표지, 경고표지, 노면표시
② 주의표지, 규제표지, 지시표지, 안전표지, 노면표시
③ 주의표지, 규제표지, 보조표지, 경고표지, 노면표시
④ 주의표지, 규제표지, 지시표지, 보조표지, 노면표시

해설) 안전표지 = 주, 규, 지, 보, 노(주의, 규제, 지시, 보조, 노면)

심화 해설
도로교통법 시행규칙 제8조(안전표지)
1. 주의표지 : 위험 있는 경우 도로 사용자에게 알리는 표지
2. 규제표지 : 각종 제한·금지 등의 규제를 알리는 표지
3. 지시표지 : 도로 통행방법 등 안전 위해 필요한 지시를 하는 표지
4. 보조표지 : 각종 주의·규제·지시 등의 내용을 알리는 표지(주기능 보충)
5. 노면표시 : 주의·규제·지시 등의 내용을 노면에 알리는 표지

> 중요도 ●●

정답 12 ① 13 ④

14 [2017년 기출]

도로교통법상 다음 교통안전표지 중 규제표지에 해당하는 것은 모두 몇 개인가?

ⓐ 진입 금지표지	ⓑ 일방통행표지
ⓒ 차간거리확보 표지	ⓓ 양보표지
ⓔ 주차 금지표지	ⓕ 차 높이 제한표지

① 5개　　　　　　　　② 4개
③ 3개　　　　　　　　④ 2개

해설 일방통행표지(326-328)는 지시표지임
예시된 문제 중 ⓐ 진입 금지표지는 규제표지 211번, ⓒ 차간거리확보 표지는 규제표지 223번, ⓓ 양보표지는 규제표지 228번, ⓔ 주차금지표지는 규제표지 219번, ⓕ 차 높이제한 표지는 규제표지 221번 계 5개이며, ⓑ 일방통행은 326번 지시표지임

중요도 ●●
규제표지는 각종 제한·금지 등의 규제를 알리는 표지

심화 해설
규제표지 현황
1) 201 통행금지표지
2) 202 자동차 통행금지표지
3) 203 화물차 통행금지표지
4) 204 승합자동차 통행금지표지
5) 205 이륜차 및 원동기장치 자전거 등 통행금지표지
6) 206 자동차 이륜차 및 원동기장치 자전거 통행금지표지
7) 207 경운기 트렉터 및 손수레 통행금지표지
8) 210 자전거 통행금지표지
9) 211 진입 금지표지
10) 212 직진 금지표지
11) 213 우회전 금지표지
12) 214 좌회전 금지표지
13) 216 유턴 금지표지
14) 217 앞지르기 금지표지
15) 218 정차·주차 금지표지
16) 219 주차 금지표지
17) 220 차 중량 제한표지
18) 221 차 높이 제한표지
19) 222 차폭 제한표지
20) 223 차간거리확보 표지
21) 224 최고속도 제한표지
22) 225 최저속도 제한표지
23) 226 서행표지
24) 227 일시정지표지
25) 228 양보표지
26) 230 보행자 보행금지표지
27) 231 위험물 적재차량 통행금지표지
이상 27개 규제표지를 적용하였으나
28) 205의2 개인형 이동장치 통행금지표지
29) 206의2 이륜자동차·원동기장치자전거 및 개인형이동장치 통행금지표지
이상 2가지 표지가 2021.7.13. 시행규칙 개정으로 추가되어 현재 규제표지는 총 29가지이다.

15 [2021년 기출]

다음 교통안전표지 중 규제표지가 <u>아닌</u> 것은?

① 정차·주차 금지표지　　　② 차간거리확보 표지
③ 양보표지　　　　　　　　④ 자동차 전용도로 표지

해설
1. 주의표지
2. 규제표지 : 양보표지, 정차 및 주차금지, 차간거리확보 표지
3. 지시표지 : 자동차 전용도로
4. 보조표지
5. 노면표시

중요도 ●●
자동차 전용도로 표지는 지시표지임

정답 14 ①　15 ④

16 [2009년 기출]

다음 신호의 뜻으로 바르지 못한 것은?

① 적색등화의 점멸은 차마는 정지선이나 횡단보도가 있을 때에는 그 직전이나 교차로의 직전에 일시정지한 후 다른 교통에 주의하면서 진행할 수 있다.
② 황색등화의 점멸은 차마는 다른 교통 또는 안전표지의 표시에 주의하면서 진행할 수 있다.
③ 적색 X표 표시등화의 점멸은 차마는 X표가 있는 차로로 진입할 수 없고, 이미 진입한 경우에는 신속히 그 차로 밖으로 진로를 변경하여야 한다.
④ 황색등화는 신호에 따라 진행하는 다른 차마의 교통을 방해하지 않는다면 일시정지한 후 주의하면서 진행할 수 있다.

해설 황색 등화신호시 횡단보도 전 정지나 교차로 직전에 정지하고 진입한 경우에는 신속 통과해야 한다. 황색등화의 뜻은 차마는 정지선이 있거나 횡단보도가 있을 때에는 그 직전이나 교차로의 직전에 정지하여야 한다는 의미이다. 이미 교차로에 차마의 일부라도 진입한 경우에는 신속히 교차로 밖으로 진행하여야 한다. 또한 차마는 우회전할 수 있고 우회전하는 경우에는 보행자의 횡단을 방해하지 못한다.

심화 해설
도로교통법 시행규칙 별표 2(신호기가 표시하는 신호의 종류 및 신호의 뜻)

구분	신호의 종류		신호의 뜻
차량신호등	원형등화	녹색의 등화	1. 차마는 직진 또는 우회전할 수 있다. 2. 비보호좌회전표지 또는 비보호좌회전표시가 있는 곳에서는 좌회전할 수 있다.
		황색의 등화	1. 차마는 정지선이 있거나 횡단보도가 있을 때에는 그 직전이나 교차로의 직전에 정지하여야 하며, 이미 교차로에 차마의 일부라도 진입한 경우에는 신속히 교차로 밖으로 진행하여야 한다. 2. 차마는 우회전할 수 있고 우회전하는 경우에는 보행자의 횡단을 방해하지 못한다.
		적색의 등화	차마는 정지선, 횡단보도 및 교차로의 직전에서 정지하여야 한다. 다만, 신호에 따라 진행하는 다른 차마의 교통을 방해하지 아니하고 우회전할 수 있다.
		황색 등화의 점멸	차마는 다른 교통 또는 안전표지의 표시에 주의하면서 진행할 수 있다.
		적색 등화의 점멸	차마는 정지선이나 횡단보도가 있을 때에는 그 직전이나 교차로의 직전에 일시정지한 후 다른 교통에 주의하면서 진행할 수 있다.
	화살표등화	녹색 화살표의 등화	차마는 화살표시 방향으로 진행할 수 있다.
		황색 화살표의 등화	화살표시 방향으로 진행하려는 차마는 정지선이 있거나 횡단보도가 있을 때에는 그 직전이나 교차로의 직전에 정지하여야 하며, 이미 교차로에 차마의 일부라도 진입한 경우에는 신속히 교차로 밖으로 진행하여야 한다.
		적색 화살표의 등화	화살표시 방향으로 진행하려는 차마는 정지선, 횡단보도 및 교차로의 직전에서 정지하여야 한다.
		황색 화살표 등화의 점멸	차마는 다른 교통 또는 안전표지의 표시에 주의하면서 화살표시 방향으로 진행할 수 있다.
		적색 화살표 등화의 점멸	차마는 정지선이나 횡단보도가 있을 때에는 그 직전이나 교차로의 직전에 일시정지한 후 다른 교통에 주의하면서 화살표시 방향으로 진행할 수 있다.
	사각형등화	녹색 화살표의 등화(하향)	차마는 화살표로 지정한 차로로 진행할 수 있다.
		적색x표 표시의 등화	차마는 x표가 있는 차로로 진행할 수 없다.
		적색x표 표시 등화의 점멸	차마는 x표가 있는 차로로 진입할 수 없고, 이미 차마의 일부라도 진입한 경우에는 신속히 그 차로 밖으로 진로를 변경하여야 한다.

정답 16 ④

17 2012년 기출

신호기가 표시하는 신호의 뜻을 설명한 것이다. 틀린 것은?

① 보행신호등이 녹색등화의 점멸 – 횡단보도에 있는 보행자는 신속하게 횡단을 완료하거나 중지하고 보도로 되돌아 와야 한다.
② 차량신호등 녹색 화살표의 등화 – 차마는 화살표시 방향으로 진행할 수 있다.
③ 차량신호등 적색 x표 표시의 등화 – x표가 있는 차로로 진행할 수 없다.
④ 차량신호등 황색등화의 점멸 – 차마는 교차로 직전에서 일시정지 후 진행해야 한다.

해설 황색점멸 등화 - 다른 교통에 주의하며 진행할 수 있다.
차량신호등 원형 황색등화의 점멸은 차마는 다른 교통 또는 안전표지에 주의하면서 진행할 수 있다. 그러나 적색등화 점멸신호는 교차로 직전에서 일시정지 후 다른 교통에 주의하며 진행해야 한다는 뜻이다.

심화 해설
도로교통법 시행규칙 별표 2(신호기가 표시하는 신호의 종류 및 신호의 뜻)

구분		신호의 종류	신호의 뜻
차량신호등	원형등화	녹색의 등화	1. 차마는 직진 또는 우회전할 수 있다. 2. 비보호좌회전표지 또는 비보호좌회전표시가 있는 곳에서는 좌회전할 수 있다.
		황색의 등화	1. 차마는 정지선이 있거나 횡단보도가 있을 때에는 그 직전이나 교차로의 직전에 정지하여야 하며, 이미 교차로에 차마의 일부라도 진입한 경우에는 신속히 교차로 밖으로 진행하여야 한다. 2. 차마는 우회전할 수 있고 우회전하는 경우에는 보행자의 횡단을 방해하지 못한다.
		적색의 등화	차마는 정지선, 횡단보도 및 교차로의 직전에서 정지하여야 한다. 다만, 신호에 따라 진행하는 다른 차마의 교통을 방해하지 아니하고 우회전할 수 있다.
		황색 등화의 점멸	차마는 다른 교통 또는 안전표지의 표시에 주의하면서 진행할 수 있다.
		적색 등화의 점멸	차마는 정지선이나 횡단보도가 있을 때에는 그 직전이나 교차로의 직전에 일시정지한 후 다른 교통에 주의하면서 진행할 수 있다.
	화살표등화	녹색 화살표의 등화	차마는 화살표시 방향으로 진행할 수 있다.
		황색 화살표의 등화	화살표시 방향으로 진행하려는 차마는 정지선이 있거나 횡단보도가 있을 때에는 그 직전이나 교차로의 직전에 정지하여야 하며, 이미 교차로에 차마의 일부라도 진입한 경우에는 신속히 교차로 밖으로 진행하여야 한다.
		적색 화살표의 등화	화살표시 방향으로 진행하려는 차마는 정지선, 횡단보도 및 교차로의 직전에서 정지하여야 한다.
		황색 화살표 등화의 점멸	차마는 다른 교통 또는 안전표지의 표시에 주의하면서 화살표시 방향으로 진행할 수 있다.
		적색 화살표 등화의 점멸	차마는 정지선이나 횡단보도가 있을 때에는 그 직전이나 교차로의 직전에 일시정지한 후 다른 교통에 주의하면서 화살표시 방향으로 진행할 수 있다.
	사각형등화	녹색 화살표의 등화(하향)	차마는 화살표로 지정한 차로로 진행할 수 있다.
		적색x표 표시의 등화	차마는 x표가 있는 차로로 진행할 수 없다.
		적색x표 표시 등화의 점멸	차마는 x표가 있는 차로로 진입할 수 없고, 이미 차마의 일부라도 진입한 경우에는 신속히 그 차로 밖으로 진로를 변경하여야 한다.

중요도 ●●●
신호등의 종류별 신호의 의미를 기억하고 있어야 한다.

정답 17 ④

18 2013년 기출

도로교통법상 수신호를 할 수 있는 사람으로 맞는 것은?

⑦ 경찰공무원　　　　　　　　　　　④ 의무경찰
④ 제주특별자치도의 자치경찰공무원　　④ 교통안전 봉사활동 중인 모범운전자
⑤ 주차단속 시청공무원　　　　　　　⑥ 백화점의 주차안내원

① ⑦ - ④ - ④ - ④
② ⑦ - ④ - ④ - ⑤
③ ⑦ - ④ - ④ - ⑥
④ ⑦ - ④ - ④ - ⑤

[해설] 경찰, 의경, 자치경찰, 모범운전자임

[심화 해설]
1) **도로교통법 시행령 제6조(경찰공무원을 보조하는 사람의 범위)**
   법 제5조 제1항 제2호에서 대통령령으로 정하는 사람이란 다음 각 호의 어느 하나에 해당하는 사람을 말한다.
   1. 모범운전자
   2. 군사훈련 및 작전에 동원되는 부대의 이동을 유도하는 군사경찰
   3. 본래의 긴급한 용도로 운행하는 소방차, 구급차를 유도하는 소방공무원
2) **도로교통법 제5조(신호 또는 지시에 따를 의무)**
   1. 교통정리를 하는 경찰공무원(의무경찰을 포함한다) 및 제주특별자치도의 자치경찰공무원
   2. 경찰공무원(자치경찰공무원을 포함한다)을 보조하는 사람으로서 대통령령으로 정하는 사람(경찰보조자)
3) **도로교통법상 수신호의 권한이 없는 자**
   1. 주차단속 시청공무원
   2. 백화점의 주차안내원 등

* **중요도** ●●●
법규상 수신호를 할 수 있는 사람과 수신호의 법적 권한이 없는 사람을 구분할 수 있어야 한다.

19 2014년 기출

도로교통법상 신호의 뜻에 관한 설명이다. 틀린 것은?

① 비보호좌회전 안전표지가 있는 교차로에서는 신호와 관계없이 좌회전할 수 있다.
② 적색등화 점멸시 차마는 정지선이나 횡단보도 직전에 일시정지해야 한다.
③ 적색 X표 표시의 등화시 차마는 X표가 있는 차로로 진행할 수 없다.
④ 황색등화 점멸시 차마는 다른 교통 또는 안전표지의 표시에 주의하면서 진행할 수 있다.

[해설] 비보호좌회전은 녹색신호에만 가능하며 적색신호에 좌회전은 신호위반

[심화 해설]
도로교통법 시행규칙 별표 2(신호기가 표시하는 신호의 종류 및 신호의 뜻)
① 비보호좌회전 안전표지가 있는 교차로에서는 직진신호에 좌회전할 수 있고 적색신호에서는 좌회전할 수 없다.
② 적색등화의 점멸시 차마는 정지선이나 횡단보도 직전에 일시정지하여야 한다.
③ 적색 X표시의 등화시 차마는 X표가 있는 차로로 진행할 수 없다.
④ 황색등화의 점멸시 차마는 다른 교통 또는 안전표지에 주의하면서 진행할 수 있다.

* **중요도** ●●

정답 18 ① 19 ①

20 [2020년 기출]

도로교통법상 신호의 뜻에 관한 설명 중 틀린 것은?

① 녹색의 등화 : 비보호좌회전 표지가 있는 곳에서는 다른 교통에 방해되지 않도록 좌회전할 수 있다. 다만 다른 교통에 방해가 된 때에는 신호위반으로 처리된다.
② 황색의 등화 : 이미 교차로에 차마의 일부라도 진입한 경우에는 신속히 교차로 밖으로 진행하여야 한다.
③ 적색등화의 점멸 : 차마는 정지선이나 횡단보도가 있을 때에는 그 직전이나 교차로의 직전에 일시정지한 후 다른 교통에 주의하면서 진행할 수 있다.
④ 황색등화의 점멸 : 차마는 다른 교통에 주의하면서 진행할 수 있다.

[해설] 녹색의 등화 : 비보호좌회전 표지가 있는 곳에서는 녹색신호에 좌회전할 수 있다. 다만 다른 교통에 방해가 된 때에는 신호위반을 적용하지 않고 교차로 통행방법이나 안전운전 불이행을 적용한다.

[중요도] 예전에는 비보호좌회전의 경우 다른 교통에 방해가 된 때에 신호위반을 적용했으나 2010.8.24. 관계규정이 개정되어 현재는 신호위반을 적용치 않음

21 [2016년 기출] (수정)

도로교통법에 규정된 통행의 금지 및 제한에 관한 설명으로 틀린 것은?

① 특별시장, 광역시장 등은 도로에서의 위험을 방지하고 교통의 안전과 원활한 소통을 확보하기 위하여 필요하다고 인정하는 때에는 우선 보행자나 차마의 통행을 금지하거나 제한한 후 그 도로관리자와 협의하여 금지 또는 제한의 대상과 구간 및 기간을 정하여 도로의 통행을 금지하거나 제한할 수 있다.
② 시·도경찰청장은 도로에서의 위험을 방지하고 교통의 안전과 원활한 소통을 확보하기 위하여 필요하다고 인정하는 때에는 구간을 정하여 보행자나 차마의 통행을 금지하거나 제한할 수 있다.
③ 시·도경찰청장이나 경찰서장은 제1항이나 제2항에 따른 금지 또는 제한을 하려는 경우에는 행정안전부령으로 정하는 바에 따라 그 사실을 공고하여야 한다.
④ 시·도경찰청장이 교통의 안전과 원활한 소통을 확보하기 위하여 구간을 정하여 보행자나 차마의 통행을 금지하거나 제한을 한 때에는 그 도로의 관리청에 그 사실을 알려야 한다.

[해설] 보행자나 차마의 통행금지 제한은 시·도경찰청장이나 경찰서장이 할 수 있음
③ 국가경찰공무원 및 자치경찰공무원은 2020.12.22. 법률개정으로 시·도경찰청장이나 경찰서장으로 개정 시행되었음

[심화 해설]
도로교통법 제6조(통행의 금지 및 제한)
① 시·도경찰청장은 도로에서의 위험을 방지하고 교통의 안전과 원활한 소통을 확보하기 위하여 필요하다고 인정할 때에는 구간(區間)을 정하여 보행자, 차마 또는 노면전차의 통행을 금지하거나 제한할 수 있다. 이 경우 시·도경찰청장은 보행자, 차마 또는 노면전차의 통행을 금지하거나 제한한 도로의 관리청에 그 사실을 알려야 한다.
② 경찰서장은 도로에서의 위험을 방지하고 교통의 안전과 원활한 소통을 확보하기 위하여 필요하다고 인정할 때에는 우선 보행자, 차마 또는 노면전차의 통행을 금지하거나 제한한 후 그 도로관리자와 협의하여 금지 또는 제한의 대상과 구간 및 기간을 정하여 도로의 통행을 금지하거나 제한할 수 있다.
③ 시·도경찰청장이나 경찰서장은 제1항이나 제2항에 따른 금지 또는 제한을 하려는 경우에는 행정안전부령으로 정하는 바에 따라 그 사실을 공고하여야 한다.
④ 경찰공무원은 도로의 파손, 화재의 발생이나 그 밖의 사정으로 인한 도로에서의 위험을 방지하기 위하여 긴급히 조치할 필요가 있을 때에는 필요한 범위에서 보행자, 차마 또는 노면전차의 통행을 일시 금지하거나 제한할 수 있다.

정답 20 ① 21 ①

22 2016년 기출

도로교통법상 보행자의 횡단방법 등에 대한 설명으로 맞는 것은?

① 보행자는 안전표지 등에 의해 횡단이 금지되어 있는 도로라도 보행자 우선이므로 횡단해도 된다.
② 지하도·육교 등 도로횡단 시설물을 이용할 수 없는 지체 장애인은 보조원이 있어야만 도로를 횡단할 수 있다.
③ 보행자가 도로를 횡단할 때에는 모든 차와 노면전차의 바로 앞이나 뒤로 신속하게 하여야 한다.
④ 횡단보도가 설치되어 있지 아니한 도로에서는 가장 짧은 거리로 횡단하여야 한다.

해설 횡단보도가 설치되지 않은 도로에서는 가장 짧은 거리로 횡단해야 한다.

심화 해설
도로교통법 제10조(도로의 횡단)
① 시·도경찰청장은 도로를 횡단하는 보행자의 안전을 위하여 행정안전부령으로 정하는 기준에 따라 횡단보도를 설치할 수 있다.
② 보행자는 제1항에 따른 횡단보도, 지하도, 육교나 그 밖의 도로 횡단시설이 설치되어 있는 도로에서는 그 곳으로 횡단하여야 한다. 다만, 지하도나 육교 등의 도로 횡단시설을 이용할 수 없는 지체장애인의 경우에는 다른 교통에 방해가 되지 아니하는 방법으로 도로 횡단시설을 이용하지 아니하고 도로를 횡단할 수 있다.
③ 보행자는 제1항에 따른 횡단보도가 설치되어 있지 아니한 도로에서는 가장 짧은 거리로 횡단하여야 한다.
④ 보행자는 차와 노면전차의 바로 앞이나 뒤로 횡단하여서는 아니 된다. 다만 횡단보도를 횡단하거나 신호기 또는 경찰공무원들의 신호나 지시에 따라 도로를 횡단하는 경우에는 그러하지 아니하다.
⑤ 보행자는 안전표지 등에 의하여 횡단이 금지되어 있는 도로의 부분에서는 그 도로를 횡단하여서는 아니 된다.

23 2009년 기출

도로교통법상 앞을 보지 못하는 사람(이에 준하는 사람을 포함한다)의 보호자는 그 사람이 도로를 보행하는 때에는 흰색지팡이를 가지도록 하거나 장애인 보조견을 동반하도록 하여야 한다. 다음 중 앞을 보지 못하는 사람에 준하는 사람이 <u>아닌</u> 것은?

① 지적·정신적 장애 등 정신적 장애가 있는 사람
② 듣지 못하는 사람
③ 신체의 평형기능에 장애가 있는 사람
④ 의족 등을 사용하지 아니하고는 보행을 할 수 없는 사람

해설 지적·정신적 장애가 있는 사람

심화 해설
도로교통법 시행령 제8조(앞을 보지 못하는 사람에 준하는 사람의 범위)
법 제11조 제2항에 따른 앞을 보지 못하는 사람에 준하는 사람은 다음 각 호의 어느 하나에 해당하는 사람을 말한다.
1. 듣지 못하는 사람
2. 신체의 평형기능에 장애가 있는 사람
3. 의족 등을 사용하지 아니하고는 보행을 할 수 없는 사람

정답 22 ④ 23 ①

24 [2016년 기출]

어린이의 보호자는 도로에서 어린이가 위험성이 큰 움직이는 놀이기구를 탈 때 어린이의 안전을 보호하기 위하여 인명보호 장구를 착용하도록 하여야 한다. 다음 중 인명보호 장구를 착용하여야만 하는 것으로 도로교통법에 명시적으로 규정된 것이 <u>아닌</u> 것은?

① 유아용 세발자전거
② 인라인스케이트
③ 킥보드
④ 롤러스케이트

해설 유아용 세발자전거는 위험성이 큰 놀이기구가 아니다.

심화 해설
1) **도로교통법 제11조 제3항(어린이 등에 대한 보호)**
   ③ 어린이의 보호자는 도로에서 어린이가 자전거를 타거나 행정안전부령으로 정하는 위험성이 큰 움직이는 놀이기구를 타는 경우에는 어린이의 안전을 위하여 행정안전부령으로 정하는 인명보호 장구를 착용하도록 하여야 한다.
2) **도로교통법 시행규칙 제13조(어린이의 보호)**
   ① 법 제11조 제3항에서 "행정안전부령이 정하는 위험성이 큰 놀이기구"라 함은 다음 각 호의 어느 하나에 해당하는 놀이기구를 말한다.
   1. 킥보드
   2. 롤러스케이트
   3. 인라인스케이트
   4. 스케이트보드
   5. 그 밖에 제1호 내지 제4호의 놀이기구와 비슷한 놀이기구
   ② 법 제11조 제3항에서 "행정안전부령이 정하는 인명보호 장구"란 제32조 제1항 제1호 및 제3호로부터 제7호까지의 따른 기준에 적합한 안전모를 말한다.

● 어린이가 도로에서 인명보호 장구를 착용해야 하는 놀이기구를 알고 있어야 한다.

25 [2019년 기출]

도로교통법상 인명보호장구(승차용 안전모)의 기준에 해당되지 <u>않는</u> 것은?

① 좌, 우 상하로 충분한 시야를 가질 것
② 청력에 현저하게 장애를 주지 아니할 것
③ 무게는 4kg 이하일 것
④ 인체에 상처를 주지 아니하는 구조일 것

해설 무게는 2kg 이하여야 한다.

심화 해설
도로교통법 시행규칙 제32조(인명보호장구)
인명보호장구라 함은 다음 각 호의 기준에 적합한 승차용 안전모를 말한다.
1. 좌우, 상하로 충분한 시야를 가질 것
2. 풍압에 의하여 차광용 앞창이 시야를 방해하지 아니할 것
3. 청력에 현저하게 장애를 주지 아니할 것
4. 충격 흡수성이 있고 내관통성이 있을 것
5. 충격으로 쉽게 벗어지지 아니하도록 고정시킬 수 있을 것
6. 무게는 2kg 이하일 것
7. 인체에 상처를 주지 아니하는 구조일 것
8. 안전모 뒷부분에는 야간 운행에 대비하여 반사체가 부착되어 있을 것

● 어린이가 도로에서 인명보호 장구를 착용해야 하는 놀이기구를 알고 있어야 한다.

정답 24 ① 25 ③

26 2015년 기출

도로교통법상 보기 (ㄱ), (ㄴ)에 알맞은 것은?

보기
- 영유아 : (ㄱ)세 미만인 사람
- 어린이 : (ㄴ)세 미만인 사람

① (ㄱ) : 6, (ㄴ) : 13
② (ㄱ) : 8, (ㄴ) : 13
③ (ㄱ) : 6, (ㄴ) : 15
④ (ㄱ) : 8, (ㄴ) : 15

해설 유아 6세 / 어린이 13세

심화 해설
1) 도로교통법 제11조(어린이 등에 대한 보호)
   영유아란 6세 미만인 사람을 말한다.
2) 도로교통법 제2조 제23호(어린이 통학버스)
   어린이는 13세 미만인 사람을 말한다.

중요도 ●●●
영유아와 어린이의 법적나이를 파악하고 있어야 한다.

27 2013년 기출

도로교통법상 어린이 및 유아에 대한 보호를 설명한 내용이다. 틀린 것은?

① 어린이의 보호자는 교통이 빈번한 도로에서 어린이를 놀게 하여서는 아니 된다.
② 유아의 보호자는 교통이 빈번한 도로에서 유아만을 보행하게 하여서는 아니 된다.
③ 경찰공무원에게는 교통이 빈번한 도로에서 놀고 있는 어린이를 발견한 때에 그의 안전을 위하여 적절한 조치를 하여야 할 도로교통법상 의무는 없다.
④ 어린이의 보호자는 도로에서 어린이가 자전거를 타는 경우 행정안전부령으로 정한 인명보호 장구를 착용하도록 해야 한다.

해설 경찰관의 적절한 조치 의무는 "없다"가 아니고, "있다"이다.

심화 해설
도로교통법 제11조 제1항·제3항·제6항(어린이등에 대한 보호)
① 어린이의 보호자는 교통이 빈번한 도로에서 어린이를 놀게 하여서는 아니 되며, 영유아(6세 미만인 사람을 말한다. 이하 같다)의 보호자는 교통이 빈번한 도로에서 영유아가 혼자 보행하게 하여서는 아니 된다.
③ 어린이의 보호자는 도로에서 어린이가 자전거를 타거나 행정안전부령으로 정하는 위험성이 큰 움직이는 놀이기구를 타는 경우에는 어린이의 안전을 위하여 행정안전부령으로 정하는 인명보호 장구를 착용하도록 하여야 한다.
⑥ 경찰공무원은 다음 각 호의 어느 하나에 해당하는 사람을 발견한 경우에는 그들의 안전을 위하여 적절한 조치를 하여야 한다.
1. 교통이 빈번한 도로에서 놀고 있는 어린이
2. 보호자 없이 도로를 보행하는 영유아
3. 앞을 보지 못하는 사람으로서 흰색지팡이를 가지지 아니하거나 장애인 보조견을 동반하지 아니하는 등 필요한 조치를 하지 아니하고 다니는 사람
4. 횡단보도나 교통이 빈번한 도로에서 보행에 어려움을 겪고 있는 노인(65세 이상인 사람을 말한다. 이하 같다)

중요도 ●●

정답 26 ① 27 ③

28 [2016년 기출]

교통사고 위험으로부터 어린이를 보호하기 위하여 보육시설 주변 도로를 어린이 보호구역으로 지정할 수 있는데, 도로교통법상 정원이 몇 명 이상인 보육시설을 어린이 보호구역으로 지정할 수 있는가?

① 정원 100명 이상
② 정원 120명 이상
③ 정원 140명 이상
④ 정원 160명 이상

[해설] 100명 이상 단, 필요한 경우는 100명 미만도 지정할 수 있다.

[심화해설]
도로교통법 시행규칙 제14조(보육시설 및 학원의 범위)
① 법 제12조 제1항 제2호에서 "행정안전부령이 정하는 보육시설"이란 정원 100명 이상의 보육시설을 말한다. 다만, 시장 등이 관할 경찰서장과 협의하여 보육시설이 소재한 지역의 교통여건 등을 고려하여 교통사고의 위험으로부터 어린이를 보호할 필요가 있다고 인정하는 경우에는 정원이 100명 미만의 보육시설 주변도로 등에 대하여도 어린이 보호구역을 지정할 수 있다.
② 법 제12조 제1항 제3호에서 "행정안전부령으로 정하는 학원"이란 「학원의 설립·운영 및 과외교습에 관한 법률 시행령」 별표 1의 학교교과 교습학원 중 학원 수강생이 100명 이상인 학원을 말한다. 다만, 시장 등이 관할 경찰서장과 협의하여 학원이 소재한 지역의 교통여건 등을 고려하여 교통사고의 위험으로부터 어린이를 보호할 필요가 있다고 인정하는 경우에는 정원이 100명 미만의 학원 주변도로 등에 대해서도 어린이 보호구역을 지정할 수 있다.

29 [2019년 기출]

도로교통법상 노인보호구역을 지정하고 관리하여야 하는 주체는?

① 경찰서장
② 시장 등
③ 시·도경찰청장
④ 교육감

[해설] 어린이보호구역과 노인 및 장애인 보호구역의 지정은 시장 등이 할 수 있다.

[심화해설]
도로교통법 제12조의2(노인 및 장애인 보호구역의 지정 및 관리)
① 시장 등은 교통사고의 위험으로부터 노인 또는 장애인을 보호하기 위하여 필요하다고 인정하는 경우에는 제1호부터 제3호까지 및 제3호의2에 따른 시설의 주변도로 가운데 일정 구간을 노인 보호구역으로, 제4호에 따른 시설의 주변도로 가운데 일정 구간을 장애인 보호구역으로 각각 지정하여 차마와 노면전차의 통행을 제한하거나 금지하는 등 필요한 조치를 할 수 있다. 〈개정 2021. 10. 19〉

정답 28 ① 29 ②

30 2016년 기출

어린이 보호구역 내에서 시·도경찰청장 또는 경찰서장이 할 수 있는 조치로 틀린 것은?

① 이면도로를 일방통행로로 지정, 운영하는 것
② 자동차의 정차나 주차를 금지하는 것
③ 자동차의 운행속도를 40km/h 이내로 제한하는 것
④ 자동차의 통행을 금지하거나 제한하는 것

해설 자동차의 운행속도를 30km/h 이내로 제한임

심화 해설
어린이·노인 및 장애인 보호구역의 지정 및 관리에 관한 규칙 제9조(보호구역 안에서의 필요한 조치)
① 시·도경찰청장이나 경찰서장은 「도로교통법」 제12조(어린이 보호구역) 제1항 또는 제12조의2(노인 및 장애인 보호구역 지정 및 관리) 제1항에 따라 보호구역에서 구간별·시간대별로 다음 각 호의 조치를 할 수 있다.
1. 차마의 통행을 금지하거나 제한하는 것
2. 차마의 정차나 주차를 금지하는 것
3. 운행속도를 시속 30km 이내로 제한하는 것
4. 이면도로(도시지역에 있어서 간선도로가 아닌 도로로서 일반의 교통에 사용되는 도로를 말한다)를 일방통행로로 지정·운영하는 것
② 시·도경찰청장이나 경찰서장이 제1항에 따른 조치를 하려는 경우에는 그 뜻을 표시하는 안전표지를 설치하여야 한다.

중요도 ●●●
어린이 보호구역에서 시·도경찰청장 또는 경찰서장이 해야하는 조치를 파악해야 한다.

31 2010년 기출

특별교통안전교육을 받아야 할 대상이 아닌 사람은?

① 신규면허취득자
② 법규 위반으로 면허정지 처분된 자
③ 보복운전으로 면허정지 처분된 자
④ 주취운전으로 면허정지 처분된 자

해설 신규면허취득자는 특별안전교육의 대상이 아님(시행규칙 별표 16 참조)

심화 해설
도로교통법 시행령 제38조(특별교통안전교육)

구분	대상	내용	교육시간
1. 의무교육	1) 음주운전교육	음주로 인한 면허정지 또는 취소처분자	6~16시간
	2) 배려운전교육	보복운전으로 인한 면허정지 또는 취소처분자	6시간
	3) 법규준수교육	음주·보복운전 외의 사유로 인한 면허정지 또는 취소처분자	6시간
2. 권장교육	1) 법규준수교육(권장)	교통법규 위반으로 인한 면허정지처분자	6시간
	2) 벌점감경교육	음주·보복·난폭 외의 교통법규위반으로 면허정지처분을 받게 되거나 교육받기를 원하는 사람	4시간
	3) 현장참여교육	교통법규위반의 의무교육을 받은 자나 교육받기를 원하는 사람	8시간
	4) 고령운전교육	65세 이상자로 교육받기를 원하는 사람	3시간

※ 권장교육은 1년 이내 해당교육을 받지 아니한 자에 한정
※ 면허처분 벌점 및 정지처분 집행일자 감경
  가) 벌점감경교육을 마친 경우 : 20점 감경
  나) 의무교육을 마친 경우 : 20점 감경
  다) 현장참여교육을 마친 경우 : 30점 감경

중요도 ●●●
특별교통안전교육 종류별 교육을 받아야 하는 사람을 기억해야 한다.

정답 30 ③ 31 ①

32 [2012년 기출]

누산점수가 없는 승용차 운전자가 최근 1주일 간격으로 중앙선침범과 고속도로 버스전용차로 위반으로 경찰관에게 범칙금 통지서를 부과받았다. 교통소양교육과 교통참여교육을 이수하였을 때 실제로 받게 되는 운전면허 정지기간은?

① 운전면허 정지처분을 받지 않는다.
② 운전면허 정지처분을 10일간 받는다.
③ 운전면허 정지처분을 20일간 받는다.
④ 운전면허 정지처분을 30일간 받는다.

[해설] 60일 정지 - 50점 감경 = 10일간 정지처분을 받게 된다.
교통소양교육은 법규준수교육, 교통참여교육은 현장참여교육으로 변경

[심화 해설]
1) 중앙선침범과 고속도로 버스전용차로 위반의 벌점
도로교통법 시행규칙 별표 28(운전면허 정지처분기준)

위반사항	적용법조(도로교통법)	벌점
중앙선침범	제13조 제3항	30점
고속도로 버스전용차로 위반	제61조 제2항	30점
계		60점

2) 교통소양교육과 교통참여교육 이수시 운전면허 정지기간
총 정지처분 벌점(60점) - 교통소양교육이수 감경(20점) - 교통참여교육 이수감경(30점) = 잔여점수 10점

33 [2014년 기출]

운전자 "A"는 경찰서에서 무위반 무사고 서약을 하고 2년간 실천하여 특혜점수를 부여받았는데, 그 후 난폭운전으로 형사입건되었다. 이때 "A"의 행정처분은 어떻게 되는가?

① 면허취소　　　　　　　　② 벌점 80점
③ 벌점 40점　　　　　　　　④ 벌점 20점

[해설] A의 행정처분 : 40점 - 20점 감점 = 20점

[심화 해설]
1) 난폭운전으로 형사입건될 때 운전면허 벌점 40점
2) 경찰서에서 무위반 무사고 서약하고 2년간 실천한 경우
 - 특혜점수는 1년간 10점씩 부여 계 20점
 ※ 운전면허취소, 정지처분 기준 1. 일반기준 나. 벌점의 종합관리 (3) 벌점공제 (나)
  - 무위반 무사고 서약을 하고 1년간 이를 실천한 운전자에게 실천할 때마다 10점의 특혜 점수 부여한다.

34 [2021년 기출]

무위반·무사고 서약에 의한 벌점 공제에 대한 설명으로 틀린 것은?

① 무위반·무사고 서약을 하고 1년간 이를 실천하여야 한다.
② 매년 10점의 특혜점수를 부여한다.
③ 취소처분을 받게 될 경우 누산점수에서 특혜점수를 공제한다.
④ 사망사고·난폭운전·음주운전의 경우는 특혜점수를 이용하여 공제하지 아니한다.

해설 운전면허 벌점 공제
- 무위반·무사고시 서약하고 1년 실천시 10점 특혜부여
- 정지처분시에 누산점수에서 10점 공제(면허취소 처분시는 배제)
- 예외 단서
  - 사망 사고, 면허취소시
  - 음주운전, 난폭운전, 보복운전
  - 자동차범죄, 면허시험 부정 응시

중요도 ●●
무위반·무사고 서약 이행시 매년 10점씩 특례점수 부여는 면허정지처분시만 부여됨

35 [2017년 기출]

보복운전으로 면허정지 처분을 받고 특별교통안전교육을 받으려고 할 때 해당되는 교육은?

① 의무교육 중 법규준수교육
② 권장교육 중 법규준수교육
③ 의무교육 중 배려운전교육
④ 의무교육 중 음주운전교육

해설 보복운전으로 면허정지 또는 취소처분자는 의무교육을 받아야 함

중요도 ●●

심화 해설
도로교통법 시행령 제38조(특별교통안전교육)

구분	대상		내용	교육시간
1. 의무교육	1) 음주운전교육		음주로 인한 면허정지 또는 취소처분자	12~48시간
	2) 배려운전교육		보복운전으로 인한 면허정지 또는 취소처분자	6시간
	3) 법규준수교육		음주·보복운전 외의 사유로 인한 면허정지 또는 취소처분자	6시간
2. 권장교육	1) 법규준수교육(권장)		교통법규 위반으로 인한 면허정지처분자	6시간
	2) 벌점감경교육		음주·보복·난폭 외의 교통법규위반으로 면허정지처분을 받게 되거나 교육받기를 원하는 사람	4시간
	3) 현장참여교육		교통법규위반의 의무교육을 받은 자나 교육받기를 원하는 사람	8시간
	4) 고령운전교육		65세 이상자로 교육받기를 원하는 사람	3시간

※ 권장교육은 1년 이내 해당교육을 받지 아니한 자에 한정
※ 면허처분 벌점 및 정지처분 집행일자 감경
  가) 벌점감경교육을 마친 경우 : 20점 감경
  나) 의무교육을 마친 경우 : 20점 감경
  다) 현장참여교육을 마친 경우 : 30점 감경

36 [2019년 기출]

도로교통법상 특별 교통안전 의무교육 중 음주운전 교육에 대한 설명으로 틀린 것은?

① 최근 5년 동안 처음으로 음주운전을 한 사람은 6시간의 교육을 받아야 한다.
② 최근 5년 동안 2번 음주운전을 한 사람은 10시간의 교육을 받아야 한다.
③ 최근 5년 동안 3번 이상 음주운전을 한 사람은 16시간의 교육을 받아야 한다.
④ "최근 5년" 해당 처분의 원인이 된 음주운전을 한 날을 기준으로 기산한다.

해설 최근 5년 동안 2번 음주운전을 한 사람은 8시간의 교육을 받아야 한다.

심화 해설
정답은 "최근 5년 동안 2번 음주운전을 한 사람은 8시간의 교육을 받아야 한다."이나 근간 음주운전이 근절되지 않아 사회적 문제로 제기되고 있어 음주운전 교통안전의무교육이 2021. 10. 21 개정 교육시간이 크게 강화되어 2022. 7. 1.부터 시행하게 된다. 종전 규정과 개정시행 내용을 비교해 보면 다음과 같다.

구분	종전	개정 시행(2022.7.1)
최근 5년 동안 처음 음주운전	6시간 교육	12시간(3회 회당 4시간)
최근 5년 동안 2번 음주운전	8시간 교육	16시간(4회 회당 4시간)
최근 5년 동안 3번 이상 음주운전	16시간 교육	48시간(12회 회당 4시간)

참고로 2022. 7. 1.부터 시행되는 음주운전 특별의무교육 내용(별표 16)을 소개하면 다음과 같다.

교육과정	교육 대상자		교육시간	교육 과목 및 내용	교육 방법
음주운전교육	(1) 음주운전이 원인이 되어 법 제73조 제2항 제1호부터 제3호까지에 해당하는 사람	최근 5년 동안 처음으로 음주운전을 한 사람	12시간(3회, 회당 4시간)	• 음주운전 위험요인 • 음주운전과 교통사고 • 안전운전과 교통법규 • 음주운전 성향 진단 및 해설	강의 · 시청각 · 발표 · 토의 · 영화상영 · 진단 등
		최근 5년 동안 2번 음주운전을 한 사람	16시간(4회, 회당 4시간)	• 음주운전 위험요인 • 음주운전과 교통사고 • 안전운전과 교통법규 • 음주운전 성향 진단 및 해설 • 음주운전 가상 체험 및 참여	강의 · 시청각 · 발표 · 토의 · 영화상영 · 진단 · 필기검사 · 과제작성 등
		최근 5년 동안 3번 이상 음주운전을 한 사람	48시간(12회, 회당 4시간)	• 음주운전 위험요인 • 음주운전과 교통사고 • 안전운전과 교통법규 • 음주운전 성향 진단 및 해설 • 음주운전 가상 체험 및 참여 • 행동변화를 위한 상담	강의 · 시청각 · 발표 · 토의 · 영화상영 · 진단 · 필기검사 · 과제작성 · 실습 · 상담 등

정답 36 ②

37 2021년 기출

도로교통법령상 특별교통안전 의무교육 중 음주운전 교육에 대한 설명으로 틀린 것은?

① 최근 5년 동안 처음으로 음주운전을 한 사람은 6시간의 교육을 받아야 한다.
② 최근 5년 동안 2번 음주운전을 한 사람은 10시간의 교육을 받아야 한다.
③ 최근 5년 동안 3번 이상 음주운전을 한 사람은 16시간의 교육을 받아야 한다.
④ "최근 5년"은 해당 처분의 원인이 된 음주운전을 한 날을 기준으로 가산한다.

심화 해설

교통안전 교육의 대상자와 교육시간(개정내용)

1. 교통안전교육

교육 대상자	교육 시간
운전면허를 신규로 받는 사람	1시간

2. 특별교통안전 교육

가. 특별교통안전 의무교육

교육 과정		교육 대상자	교육 시간
음주운전 교육	음주운전 면허정지·취소자	최근 5년 동안 처음 음주운전	12시간(3회 4시간)
		최근 5년 동안 2번 음주운전	16시간(4회 4시간)
		최근 5년 동안 3번 이상 음주운전	48시간(12회 4시간)
배려운전 교육		보복운전 면허정지, 취소	6시간
법규준수 교육(의무)		음주, 보복 외 면허정지, 취소	6시간

나. 특별교통안전 권장 교육

교육 과정	교육 대상자	교육 시간
법규 준수교육	교육 받기를 원하는 사람	6시간
벌점 감경교육	교육 받기를 원하는 사람	4시간
현장 참여교육	교육 받기를 원하는 사람	8시간
고령 운전교육	교육 받기를 원하는 사람	3시간

3. 긴급자동차 교통안전교육 ( )는 신규 교통안전교육

교육 대상자	교육 시간
긴급자동차 운전업무에 종사하는 사람	2시간(3시간)

4. 75세 이상인 사람에 대한 교통안전교육

교육 대상자	교육 시간
75세 이상자가 운전면허를 받으려는 자	2시간

※ 음주운전 교육은 2022. 7.1.부터 강화 시행됨

중요도 ●●
종전에는 6/8/16시간이었으나 2022.7.1.부터는 12/16/48시간으로 강화되었음

정답 37 ②

38 [2020년 기출]

특별한 교통안전교육을 의무적으로 받아야 할 사람이 아닌 것은?

① 한 건의 교통사고로 인하여 50점의 행정처분을 받을 사람
② 혈중알코올농도가 0.03 퍼센트 이상의 상태에서 운전
③ 면허를 취득한 지 2년이 경과하지 않은 상태에서 신호위반과 중앙선 침범 위반으로 인하여 면허가 정지된 사람
④ 사고 및 법규위반으로 인한 벌점이 40점 미만인 사람

해설 사고 및 법규위반으로 인한 벌점이 40점 미만이 경우는 특별안전의무교육 대상이 아님.

심화 해설
특별 교통안전 의무교육

교육과정	교육 대상
1. 음주운전교육	(1) 음주운전이 원인이 되어 운전면허 효력정지 또는 운전면허 취소처분을 받은 사람 • 최근 5년 동안 처음으로 음주운전을 한 사람(12시간) • 최근 5년 동안 2번 음주운전을 한 사람(16시간) • 최근 5년 동안 3번 이상 음주운전을 한 사람(48시간)
2. 배려운전교육	(2) 보복운전이 원인이 되어 운전면허 효력정지 또는 운전면허 취소처분을 받은 사람(6시간)
3. 법규준수교육	(3) 음주운전, 보복운전 이외의 원인으로 운전면허 효력정지 또는 운전면허 취소처분을 받은 사람(6시간)

중요도 ●●●
• 벌점이 40점 미만인 경우는 정지집행 대상이 아니므로 특별한 교통안전 교육을 받을 의무가 없음.

정답 38 ④

39 2020년 기출

도로교통법상 운전면허 결격기간에 대한 설명 중 맞는 것은?

① 원동기장치자전거를 이용하여 도로교통법 제46조의 공동위험행위를 한 경우 6개월
② 자동차를 무면허 상태에서 운전하다가 5번째 적발된 경우 3년
③ 술에 취한 상태에서 사람을 다치게 하는 교통사고를 야기한 후 아무런 조치를 하지 아니하고 도주한 경우 4년
④ 술에 취한 상태에서 사람을 사망케 하는 교통사고를 발생시킨 경우 5년

해설 위반내용에 따라 운전면허 결격기간이 상이하나 주취운전으로 사람을 사망케 한 사람은 결격기간이 5년임.

심화 해설
운전면허의 결격사유
• 5년
  ① 무면허, 음주, 마약 인사사고 후 사고 조치 없이 도주한 경우
  ② 음주사고로 사람을 사망에 이르게 한 경우
• 4년 : 음주, 무면허, 마약 운전 외 사유로 인사사고 후 도주한 경우
• 3년
  ① 음주 2회 이상 사고 야기한 경우
  ② 자동차 등을 훔치거나 빼앗아 운전한 경우
• 2년
  ① 무면허 운전, 정지기간 중 운전 2회 이상
  ② 음주와 측정거부 2회 이상
  ③ 음주운전 사고 야기한 경우
  ④ 부정면허 취득, 자동차 이용 범죄행위한 자
  ⑤ 공동위험행위 2회 이상
• 1년
  ① 무면허 운전(원동기장치 자전거는 6월)
  ② 정지기간 중 운전(원동기장치 자전거는 6월)
  ③ 음주운전, 약물복용 운전(원동기장치 자전거는 6월)

정답 39 ④

40 2009년 기출

도로교통법을 위반하여 단속되었을 때 형사상 처벌이 <u>다른</u> 경우는?

① 운전면허 시험에 최종 합격하고 운전면허를 교부받기 전에 자동차를 운전한 경우
② 제2종 보통 운전면허로 12인승 승합자동차를 운전한 경우
③ 제2종 자동변속기를 조건으로 취득한 면허로 수동변속기 승용자동차를 운전한 경우
④ 허위나 그 밖의 부정한 수단으로 운전면허를 받거나 운전면허증 또는 운전면허증에 갈음하는 증명서를 교부받은 사람

해설 조건 위반
도로교통법에서의 운전면허 조건위반자는 6월 이하의 징역이나 200만원 이하의 벌금 또는 구류의 처분을 받는다. 운전면허조건은 운전면허를 받을 사람 또는 적성검사를 받은 사람의 신체상태, 운전 능력에 따라 행정안전부령이 정하는 바에 의하여 운전할 수 있는 자동차 등의 구조를 한정하는 등 운전면허의 일반적인 효과를 제한하는 것을 말한다. 이런 운전면허 조건위반은 형사처벌은 되나 면허가 취소되거나 정지되는 등의 행정처분은 받지 않는다.
① 운전면허 시험에 최종 합격하고 운전면허를 교부받기 전에 자동차를 운전한 경우에는 무면허운전에 해당되어 1년 이하의 징역이나 300만원 이하의 벌금형 처분을 받는다. '운전면허의 효력은 운전면허증을 본인 또는 그 대리인에게 교부한 때부터 발생한다'라고 규정하고 있으므로 운전면허시험에 합격한 후라도 운전면허증을 교부받기 전에 운전한 경우에는 무면허운전으로 처벌된다.
② 제2종 보통운전면허로 12인승 승합자동차를 운전한 경우 무면허운전에 해당되어 1년 이하의 징역이나 300만원 이하의 벌금형 처분을 받는다. 면허취득 기간이 제한되나 2종 보통운전면허는 그대로 유효하다.
④ 허위나 그 밖의 부정한 수단으로 운전면허를 받거나 운전면허증 또는 운전면허증에 갈음하는 증명서를 교부받은 사람은 1년 이하의 징역이나 300만원 이하의 벌금형 처분을 받는다.

심화 해설
도로교통법 제152조(벌칙)
다음 각 호의 어느 하나에 해당하는 사람은 1년 이하의 징역이나 300만원 이하의 벌금에 처한다.
1. 제43조를 위반하여 제80조에 따른 운전면허(원동기장치자전거면허는 제외한다. 이하 이 조에서 같다)를 받지 아니하거나(운전면허의 효력이 정지된 경우를 포함한다) 또는 제96조에 따른 국제운전면허증을 받지 아니하고(운전이 금지된 경우와 유효기간이 지난 경우를 포함한다) 자동차를 운전한 사람
2. 제56조 제2항을 위반하여 운전면허를 받지 아니한 사람(운전면허의 효력이 정지된 사람을 포함한다)에게 자동차를 운전하도록 시킨 고용주 등
3. 거짓이나 그 밖의 부정한 수단으로 운전면허를 받거나 운전면허증 또는 운전면허증을 갈음하는 증명서를 발급받은 사람

41 2020년 기출

제1종 보통 운전면허를 소지한 운전자가 운전면허 정지기간 중 원동기장치자전거를 운전하다가 단속되었을 때 벌칙은?

① 30만원 이하의 벌금이나 구류
② 6개월 이하의 징역이나 200만원 이하의 벌금
③ 1년 이하의 징역이나 300만원 이하의 벌금
④ 2년 이하의 징역이나 500만원 이하의 벌금

해설

심화 해설
도로교통법 제154조(벌칙)
2. 제43조(무면허 운전 등의 금지)를 위반하여 제80조(시·도경찰청장으로부터 면허취득)에 따른 원동기장치자전거 면허를 받지 아니하거나, 정지된 경우 원동기장치자전거를 운전한 경우 30만원 이하의 벌금이나 구류에 처한다.

정답 40 ③ 41 ①

42 2018년 기출

자동차 운전면허 취소사유에 해당되는 항목으로 옳은 것은?

(a) 자동차 등을 이용하여 형법상 특수상해(보복운전)로 구속된 때
(b) 공동위험행위로 형사입건된 때
(c) 난폭운전으로 형사입건된 때
(d) 운전면허 정지기간 중 운전한 때
(e) 자동차 등을 강도, 강간, 강제추행에 이용한 때
(f) 운전자가 단속하는 경찰공무원 및 시·군·구 공무원을 폭행하여 형사입건된 때

① (a) (b) (c) (d)
② (a) (c) (d)
③ (a) (d) (e) (f)
④ (b) (c) (d) (e)

해설
1) 운전면허 취소사유
   (a) 자동차 등을 이용하여 형법상 특수상해(보복운전)로 구속된 때
   (d) 운전면허 정지기간 중 운전한 때
   (e) 자동차 등을 강도, 강간, 강제추행에 이용한 때(2018. 12. 31. 법규개정 법정형 유기징역 10년을 초과하는 범죄의 도구나 장소로 이용한 경우)
   (f) 운전자가 단속하는 경찰공무원 및 시, 군, 구 공무원을 폭행하여 형사입건된 때
2) 운전면허 취소사유가 아닌 경우
   (b) 공동위험행위로 구속된 때는 면허취소이나 형사입건된 때는 면허정지 40일임
   (c) 난폭운전도 형사입건 구속된 때는 면허취소이나 형사입건된 때는 면허정지 40일임

43 2021년 기출

운전면허를 받은 사람이 자동차 등을 이용하여 범죄행위를 한 때 운전면허를 취소할 수 있는 범죄가 아닌 것은?

① 약취·유인 또는 감금
② 살인·사체유기 또는 방화
③ 강도·강간 또는 강제추행
④ 업무상횡령·배임

해설 범죄행위로 운전면허가 취소 될 수 있는 경우
가. 국가 보안법 : 유기징역 10년 초과범죄
나. 형법 중 다음 하나의 범죄
  ① 살인, 사체유기, 방화
  ② 강도, 강간, 강제추행
  ③ 약취, 유인, 감금
  ④ 상습절도(절취 물건 운전경우로 한정)
  ⑤ 교통방해(단체 또는 다중의 위력위반)

• 자동차 등을 이용 범죄로 면허취소는 중대한 사회범죄에 대해 적용됨

정답 42 ③ 43 ④

44 2019년 기출

도로교통법상 운전면허 취소사유가 아닌 것은?

① 승용자동차를 운전하던 중 교통사고로 사람을 죽게 하거나 다치게 하고 구호조치를 하지 아니한 때
② 승용자동차를 혈중알코올농도 0.08% 이상의 상태에서 운전한 때
③ 단속하는 경찰공무원 등 및 시, 군, 구 공무원을 폭행하여 형사입건된 때
④ 승용자동차를 운전하던 중 공동위험행위로 형사입건된 때

해설 공동위험행위로 구속된 때만 운전면허 취소사유임

심화 해설
도로교통법 시행규칙 별표 28

운전면허취소, 정지처분의 기준(제91조 제1항 관련)

2. 취소처분 개별 기준

일련번호	위반 사항	적용법조 (도로교통법)	내 용
1	교통사고를 일으키고 구호조치를 하지 아니한 때	제93조	• 교통사고로 사람을 죽게 하거나 다치게 하고, 구호조치를 하지 아니한 때
2	술에 취한 상태에서 운전한 때	제93조	• 술에 취한 상태의 기준(혈중알코올농도 0.03% 이상)을 넘어서 운전을 하다가 교통사고로 사람을 죽게 하거나 다치게 한 때 • 술에 만취한 상태(혈중알코올농도 0.08% 이상)에서 운전한 때 • 2회 이상 술에 취한 상태의 기준을 넘어 운전하거나 술에 취한 상태의 측정에 불응한 사람이 다시 술에 취한 상태(혈중알코올농도 0.03% 이상)에서 운전한 때
3	술에 취한 상태의 측정에 불응한 때	제93조	• 술에 취한 상태에서 운전하거나 술에 취한 상태에서 운전하였다고 인정할 만한 상당한 이유가 있음에도 불구하고 경찰공무원의 측정 요구에 불응한 때
4	다른 사람에게 운전면허증 대여 (도난, 분실 제외)	제93조	• 면허증 소지자가 다른 사람에게 면허증을 대여하여 운전하게 한 때 • 면허 취득자가 다른 사람의 면허증을 대여받거나 그밖에 부정한 방법으로 입수한 면허증으로 운전한 때
5	결격사유에 해당	제93조	• 교통상의 위험과 장해를 일으킬 수 있는 정신질환자 또는 뇌전증 환자로서 영 제42조 제1항에 해당하는 사람 • 앞을 보지 못하는 사람(한쪽 눈만 보지 못하는 사람의 경우에는 제1종 운전면허 중 대형면허, 특수면허로 한정한다) • 듣지 못하는 사람(제1종 운전면허 중 대형면허, 특수면허로 한정한다) • 양 팔의 팔꿈치 관절 이상을 잃은 사람, 또는 양팔을 전혀 쓸 수 없는 사람. 다만, 본인의 신체장애 정도에 적합하게 제작된 자동차를 이용하여 정상적으로 운전할 수 있는 경우는 제외한다. • 다리, 머리, 척추, 그 밖의 신체장애로 인하여 앉아 있을 수 없는 사람 • 교통상의 위험과 장해를 일으킬 수 있는 마약, 대마, 항정신성 의약품 또는 알코올 중독자로서 영 제42조 제3항에 해당하는 사람

정답 44 ④

6	약물을 사용한 상태에서 자동차 등을 운전한 때	제93조	• 약물(마약, 대마, 향정신성 의약품 및 「유해화학물질 관리법 시행령」 제25조에 따른 환각물질)의 투약, 흡연, 섭취, 주사 등으로 정상적인 운전을 하지 못할 염려가 있는 상태에서 자동차 등을 운전한 때
6의2	공동위험행위	제93조	• 법 제46조 제1항을 위반하여 공동위험행위로 구속된 때
6의3	난폭운전	제93조	• 법 제46조의3을 위반하여 난폭운전으로 구속된 때
6의4	속도위반	제93조	• 법 제17조 제3항을 위반하여 최고속도보다 100km/h를 초과한 속도로 3회 이상 운전한 때
7	정기적성검사 불합격 또는 정기적성검사 기간 1년 경과	제93조	• 정기적성검사에 불합격하거나 적성검사 기간 만료일 다음 날부터 적성검사를 받지 아니하고 1년을 초과한 때
8	수시적성검사 불합격 또는 수시적성검사 기간 경과	제93조	• 수시적성검사에 불합격하거나 수시적성검사 기간을 초과한 때
9	삭제〈2011.12.9〉		
10	운전면허 행정처분 기간 중 운전행위	제93조	• 운전면허 행정처분 기간 중에 운전한 때
11	허위 또는 부정한 수단으로 운전면허를 받은 경우	제93조	• 허위, 부정한 수단으로 운전면허를 받은 때 • 법 제82조에 따른 결격사유에 해당하여 운전면허를 받은 자격이 없는 사람이 운전면허를 받은 때 • 운전면허 효력의 정지기간 중에 면허증 또는 운전면허증에 갈음하는 증명서를 교부받은 사실이 드러난 때
12	등록 또는 임시운행허가를 받지 아니한 자동차를 운전한 때	제93조	• 「자동차관리법」에 따라 등록되지 아니하거나 임시운행 허가를 받지 아니한 자동차(이륜자동차를 제외한다)를 운전 한 때
12의2	자동차 등을 이용하여 형법상 특수상해 등을 행한 때(보복운전)	제93조	• 자동차 등을 이용하여 형법상 특수상해, 특수폭행, 특수협박, 특수손괴를 행하여 구속된 때
13	삭제〈2018.9. 28〉		
14	삭제〈2018.9. 28〉		
15	다른 사람을 위하여 운전면허 시험에 응시한 때	제93조	• 운전면허를 가진 사람이 다른 사람을 부정하게 합격시키기 위하여 운전면허 시험에 응시한 때
16	운전자가 단속 경찰공무원 등에 대한 폭행	제93조	• 단속하는 경찰공무원 등 및 시, 군, 구 공무원을 폭행하여 형사 입건된 때
17	연습면허 취소사유가 있었던 경우	제93조	• 제1종 보통 및 제2종 보통면허를 받기 이전에 연습면허의 취소사유가 있었던 때(연습면허에 대한 취소절차 진행 중 제1종 보통 및 제2종 보통 및 제2종 보통면허를 받은 경우를 포함한다)

45 [2010년 기출]

운전면허 취소사유에 해당되는 항목으로 옳은 것만 고른 것은?

보기
- Ⓐ 과속으로 운전한 경우
- Ⓑ 타인에게 운전면허를 대여한 경우
- Ⓒ 신호를 위반한 경우
- Ⓓ 중앙선을 침범한 경우
- Ⓔ 경찰공무원의 술에 취한 상태의 측정에 불응한 때
- Ⓕ 술에 취한 상태(혈중알코올 농도 0.08% 이상)에서 운전한 때
- Ⓖ 교통사고로 사람을 죽게 하거나 다치게 하고, 구호조치 및 신고의무를 하지 아니한 때

① Ⓐ, Ⓑ, Ⓔ, Ⓕ, Ⓖ
② Ⓑ, Ⓔ, Ⓕ, Ⓖ
③ Ⓑ, Ⓓ, Ⓔ, Ⓕ, Ⓖ
④ Ⓑ, Ⓒ, Ⓔ, Ⓖ

중요도 ●●●
운전면허가 취소되는 처분 기준은 기억하고 있어야 한다.

해설 타인에게 면허대여, 주취운전 측정불응, 주취운전 0.08% 이상, 인사 사고 후 도주

심화 해설
운전면허 취소처분 개별기준(18가지)

번호	위반사항	적용법조 (도로교통법)	비고
1	사고야기 도주(뺑소니)	제93조	제54조 제1항
2	술에 취한 상태 운전	제93조	• 0.03% 이상에 인사사고 야기 • 0.08% 이상 주취운전 • 주취위반 2회
3	음주 측정 불응	제93조	제44조 제2항
4	다른 사람에 면허 대여	제93조	
5	결격사유에 해당	제93조	
6	약물복용 운전	제93조	
7	공동위험행위로 구속된 때	제93조	제46조 제1항
8	난폭운전으로 구속된 때	제93조	제46조의3
9	속도위반	제93조	제17조 제3항
10	적성검사불합격, 기간 1년 경과	제93조	
11	수시적성검사 불합격	제93조	
12	면허 행정처분 기간 중 운전	제93조	
13	허위, 부정한 면허 취득	제93조	
14	등록, 임시운행허가 미취득 운전	제93조	
15	보복운전으로 구속된 때	제93조	
16	다른 사람 위해 면허시험 응시	제93조	
17	교통단속공무원 폭행 형사입건된 때	제93조	
18	연습면허 취소사유 있는 경우	제93조	

정답 45 ②

46 2020년 기출

도로교통법상 자동차운전면허를 취소시키는 경우에 해당하지 <u>않는</u> 경우는?

① 혈중알코올농도 0.03 퍼센트 이상으로 운전하다가 사람이 다치는 교통사고를 발생시켰을 때
② 혈중알코올농도 0.08 퍼센트 이상인 상태에서 운전하다가 음주단속에 적발되었을 때
③ 도로에서 교통사고로 사람을 다치게 한 후 구호조치를 하지 않고 현장을 이탈한 때
④ 제한속도가 매시 60킬로미터인 도로에서 매시 110킬로미터로 주행 중 전방 주시 태만으로 보행자 1명이 사망하는 교통사고를 발생시켰을 때

해설 과속 50km 초과사고에 보행자 사망한 경우
과속 50km 초과 벌점(30점)+사망사고(90점) = 계 120점으로 면허취소에는 해당되지 않음

심화 해설
운전면허가 취소되는 경우
① 혈중알코올농도 0.03% 이상으로 인사사고 야기한 경우
② 혈중알코올농도 0.08% 이상인 상태에 운전하다 단속된 경우
③ 인사사고를 야기하고 환자 구호조치 없이 현장 이탈한 경우(도주)

중요도 ●●
• 사망은 90점, 50km/h 과속은 30점 합계 120점은 취소에 해당되지 않음

47 2011년 기출

벌점 또는 누산점수 초과로 인한 면허취소 기준에서 2년간의 벌점 또는 누산점수가 몇 점 이상이면 면허가 취소되는가?

① 100점
② 121점
③ 201점
④ 271점

해설 2년간은 201점
1회의 위반 사고로 인한 벌점 또는 연간 누산점수가 다음의 벌점 또는 누산점수에 도달한 때에는 (1년 121점, 2년 201점, 3년 271점) 그 운전면허를 취소한다.

중요도 ●●

정답 46 ④ 47 ③

48 2013년 기출

운전면허 정지처분 중 정지처분이 시작되는 점수는?

① 40점 이상
② 70점 이상
③ 100점 이상
④ 131점 이상

해설) 40점 이상시 정지처분 시작

심화 해설
도로교통법 시행규칙 별표 28(운전면허의 취소·정지처분 기준 등)
1. 일반기준
   다. 벌점 등 초과로 인한 면허취소·정지
   (2) 벌점·처분벌점 초과로 인한 면허정지
      운전면허 정지처분은 1회의 위반·사고로 인한 벌점 또는 처분벌점이 40점 이상된 때부터 결정하여 집행하되 원칙적으로 1점을 1일로 계산하여 집행한다.

49 2013년 기출

도로교통법상 각각의 운전면허 결격기간으로 맞는 것은?

㉮ 음주운전 규정을 3회 이상 위반하여 운전면허 취소된 경우 (년)
㉯ 면허정지기간 중 자동차를 운전하다 구호조치가 필요한 인명피해 사고야기 후 구호조치를 취하지 아니하고 도주하여 운전면허가 취소된 경우 (년)
㉰ 다른 사람의 자동차를 훔치거나 빼앗은 사람이 무면허로 운전하다 단속된 경우 (년)

① ㉮ 3년, ㉯ 4년, ㉰ 2년
② ㉮ 2년, ㉯ 5년, ㉰ 3년
③ ㉮ 3년, ㉯ 5년, ㉰ 2년
④ ㉮ 2년, ㉯ 4년, ㉰ 3년

해설) 음주운전 2회 결격 2년, 무면허 도주 결격 5년, 자동차 절도 무면허 결격 3년

심화 해설
도로교통법 제82조(운전면허의 결격사유)

결격기간	위반내용
5년	• 무면허 운전, 주취운전, 과로, 공동위험행위로 사람을 사상한 후 사고조치 없이 도주한 경우 • 주취운전으로 사망사고를 야기한 경우
4년	• 무면허 운전, 주취운전, 과로, 공동위험행위 외의 사유로 사람을 사상한 후 사고조치 없이 도주한 경우
3년	• 주취운전 2회 이상 교통사고를 야기한 경우 • 다른 사람의 자동차를 훔치거나, 빼앗은 사람이 무면허운전 규정을 위반 그 자동차를 운전한 경우
2년	• 3회 이상 무면허 운전한 경우 • 주취운전 2회 이상 위반 면허가 취소된 경우 • 주취운전으로 사고를 야기한 경우 • 허위 부정한 수단으로 면허받거나 갈음하는 증명서를 받은 자 • 자동차를 이용 살인, 강간 등 행정안전부령이 정한 범죄행위를 한 때 • 다른 사람의 자동차 등을 훔치거나 빼앗은 때
1년	• 운전면허 취소된 경우(주취운전, 누산점수 초과 등) • 무면허(정지기간 포함) 운전한 경우(단, 원동기장치 자전거 면허는 6개월, 공동위험행위 금지 위반한 경우는 1년)

※ 벌금 이상의 형(집행유예 포함)을 선고받은 사람에게만 적용

정답 48 ① 49 ②

50 2014년 기출

음주운전으로 운전면허 취소처벌 또는 정지처분을 받았으나 운전이 가족의 생계를 유지할 중요한 수단일 경우 그 처분을 감경할 수 있다. 이에 대한 설명으로 **틀린** 것은?

① 음주운전 중 인적피해 교통사고를 일으킨 경우는 제외한다.
② 과거 5년 이내에 음주운전 교통사고를 일으킨 경우는 제외된다.
③ 혈중알코올 농도가 0.08%를 초과하여 운전한 경우는 제외된다.
④ 경찰관의 음주측정요구에 불응하거나 도주한 때는 제외한다.

해설 혈중알코올 농도 0.1%을 초과하여 운전한 경우는 제외

심화 해설
도로교통법 시행규칙 별표 28(운전면허 취소·정지처분 기준)
 1. 일반 기준
  바. 처분기준의 감경
   (1) 감경사유
    (가) 음주운전으로 운전면허 취소처분 또는 정지처분을 받은 경우
     운전이 가족의 생계를 유지할 중요한 수단이 되거나 모범운전자로서 처분당시 3년 이상 교통봉사활동에 종사하고 있거나, 교통사고를 일으키고 도주한 운전자를 검거하여 경찰서장 이상의 표창을 받은 사람으로서 다음의 어느 하나에 해당되는 경우가 없어야 한다.
     1) 혈중알코올 농도가 0.1%를 초과하여 운전한 경우
     2) 음주운전 중 인적피해 교통사고를 일으킨 경우
     3) 경찰관의 음주측정요구에 불응하거나 도주한 때 또는 단속경찰관을 폭행한 경우
     4) 과거 5년 이내에 3회 이상의 인적피해 교통사고의 전력이 있는 경우
     5) 과거 5년 이내에 음주운전의 전력이 있는 경우

운전면허처분 감경을 받을 수 없는 배제사유 5가지를 기억하고 있어야 한다.

51 2020년 기출

운전이 가족의 생계를 유지할 중요한 수단이 되는 사람이 음주운전으로 면허 정지처분을 받은 경우, 도로교통법상 다음에 해당하지 않아야 처분을 감경받을 수 있다. 다음의 내용 중 빈칸에 들어갈 것으로 맞는 것은?

㉠ 혈중알코올농도가 (ⓐ) 퍼센트를 초과하여 운전한 경우
㉡ 음주운전 중 인적피해 교통사고를 일으킨 경우
㉢ 경찰관의 음주측정 요구에 불응하거나 도주한 때 또는 단속경찰관을 폭행한 경우
㉣ 과거 (ⓑ)년 이내에 (ⓒ)회 이상의 인적피해 교통사고의 전력이 있는 경우
㉤ 과거 (ⓓ)년 이내에 음주운전 전력이 있는 경우

① ⓐ : 0.08 ⓑ : 3 ⓒ : 2 ⓓ : 3
② ⓐ : 0.1   ⓑ : 5 ⓒ : 3 ⓓ : 5
③ ⓐ : 0.12 ⓑ : 5 ⓒ : 3 ⓓ : 5
④ ⓐ : 0.15 ⓑ : 3 ⓒ : 2 ⓓ : 3

해설 음주운전으로 운전면허 취소처분 또는 정지처분을 받은 경우 감경사유 중 다음에 해당되지 아니한 경우
 ① 혈중알코올농도가 0.1 퍼센트를 초과하여 운전한 경우
 ② 음주운전 중 인적피해 교통사고를 일으킨 경우
 ③ 경찰관의 음주측정 요구에 불응하거나 도주한 때, 단속경찰관을 폭행한 때
 ④ 과거 5년 이내 3회 이상 인적피해 교통사고의 전력이 있는 경우
 ⑤ 과거 5년 이내 음주운전의 전력이 있는 경우

음주운전자의 운전면허 처분이 생계수단인 경우 감경기준 5가지

정답 50 ③ 51 ②

52 2019년 기출

음주운전으로 운전면허 취소처분은 받은 경우에 운전이 가족의 생계를 유지할 중요한 수단이 되는 때에는 이의신청절차를 통하여 처분의 감경을 받을 수도 있다. 다음 중 감경사유(이의신청)의 대상이 되는 경우는?

① 혈중알코올농도 0.12%로 운전한 경우
② 과거 5년 이내에 2회 인적피해 교통사고의 전력이 있는 경우
③ 음주운전 중 인적피해 교통사고를 일으킨 경우
④ 과거 5년 이내에 음주운전의 전력이 있는 경우

해설 과거 5년 이내에 3회 인적피해 교통사고의 전력이 있는 경우에 감경이 배제된다.

심화 해설
도로교통법 시행규칙 별표 28 운전면허 취소, 정지처분의 기준에 의거 이의 신청 대상이 될 수 없는 경우(5가지)
1) 혈중알코올농도가 0.10%를 초과하여 운전한 경우
2) 음주운전 중 인적피해 교통사고를 일으킨 경우
3) 경찰관의 음주측정 요구에 불응하거나 도주한 때 또는 단속경찰관을 폭행한 경우
4) 과거 5년 이내에 3회 이상 인적피해 교통사고의 전력이 있는 경우
5) 과거 5년 이내 음주운전의 전력이 있는 경우

운전면허처분 감경을 받을 수 없는 배제사유 5가지를 기억하고 있어야 한다.

53 2014년 기출

혈중알코올 농도가 0.07%로 단속되었던 사람이 이로부터 10개월 뒤 다음 법규 위반으로 단속되었을 때 면허가 취소되지 <u>않는</u> 경우는?

① 중앙선 침범
② 승객의 차내 소란행위 방치운전
③ 운전 중 휴대전화 사용
④ 고속도로 버스전용차로 위반

해설 1년간 벌점 또는 누산점수가 121점 이상이면 그 운전면허를 취소한다.

심화 해설
1) 도로교통법 시행규칙 별표 28(운전면허 취소·정지처분 기준)
   3. 정지처분 개별 기준

위반내용	적용법조(도로교통법)	벌점
2. 주취운전(0.03% 이상 0.08% 미만)	제44조 제1항	100점
8. 중앙선 침범	제13조 제3항	30점
6. 승객의 차내 소란행위 방치운전	제49조 제1항 제9호	40점
17. 운전 중 휴대용 전화사용	제49조 제1항 제10호	15점
12. 고속도로 버스전용차로 위반	제61조 제2항	30점

2) 운전면허 취소되지 않는 경우(주취운전 100점 + ?)
   주취운전(100점) + 운전 중 휴대전화 사용(15점) = 115점

정답 52 ② 53 ③

54 2014년 기출

도로교통법상 운전면허 취소·정지 처분에 대한 이의 신청은 처분을 받은 날로부터 며칠 이내로 규정되어 있는가?

① 30일 ② 60일
③ 100일 ④ 180일

해설 도로교통법 시행규칙 제95조(운전면허 처분에 대한 이의신청의 절차)
법 제94조 제1항에 따라 운전면허 처분에 이의가 있는 사람은 그 처분을 받은 날 부터 60일 이내에 별지 제87호 서식의 운전면허처분 이의신청서에 운전면허 처분서를 첨부하여 시·도경찰청에게 제출하여야 한다.

55 2021년 기출

도로교통법령상 승용자동차 운전자의 위반행위에 대한 벌점으로 틀린 것은?

① 고속도로·자동차전용도로 갓길 통행 : 30점
② 속도위반(100km/h 초과) : 100점
③ 공동위험행위로 형사입건된 때 : 50점
④ 앞지르기 금지시기·장소위반 : 15점

공동위험행위 벌점은 40점임

해설

승용차 위반 내용	벌 점
① 고속도로·자동차 전용도로 갓길 통행	30점
② 속도위반 100km/h 초과	100점
③ 공동위험행위로 형사입건된 때	40점
④ 앞지르기 금지시기·장소위반	15점

56 (수정) 2015년 기출

자동차 등을 운전한 경우 다음 위반행동 중 벌점이 가장 적은 것은?

① 속도위반(60km/h 초과)
② 승객의 차내 소란행위 방치 운전
③ 신호·지시위반
④ 어린이 통학버스 특별보호 위반

해설 문제가 출제되었던 당시는 ④ 어린이 통학버스 특별보호위반 10점이었으나 개정으로 인해 30점으로 변경되었다.

심화 해설 도로교통법 시행규칙 별표 28(운전면허 취소·정지처분 기준)
3. 정지처분 개별 기준

위반내용	적용법조(도로교통법)	벌점
① 속도위반(60km/h 초과)	제17조 제3항	60점
② 승객의 차내 소란행위 방치운전	제49조 제1항 제19호	40점
③ 신호·지시위반	제5조	15점
④ 어린이 통학버스 특별보호위반	제51조	30점

정답 54 ② 55 ③ 56 ③

57 〔2021년 기출〕

도로교통법령상 승용자동차 기준 위반행위에 대한 벌점과 범칙금의 연결로 맞지 <u>않는</u> 것은?

① 앞지르기 방법위반 ──────── 10점 - 6만원
② 어린이통학버스 특별보호위반 ──── 30점 - 9만원
③ 운전 중 영상표시장치 조작 ───── 15점 - 6만원
④ 속도위반(60km/h 초과 80km/h 이하) ── 80점 - 16만원

해설) 승용차의 경우

위반 행위	벌 점	범칙금
① 앞지르기 방법위반	10점	6만원
② 어린이 통학버스 특별보호	30점	9만원
③ 운전중 영상표시장치 조작	15점	6만원
④ 속도위반 60km/h 초과 80km/h 이하	60점	12만원

- 속도위반 60km/h 초과 : 60점 범칙금 승용 12만원
- 속도위반 80km/h 초과 : 80점 벌금 30만원
- 속도위반 100km/h 초과 : 100점 벌금 100만원 이하 벌금
- 속도위반 100km/h 초과 3회 이상 : 면허취소 1년 이하 징역 500만원 이하 벌금

중요도 ●●●
과속 60km 초과부터 100km 초과까지 처벌 크게 강화

58 〔2019년 기출〕

도로교통법상 승용자동차 운전자의 위반행위에 대한 벌점으로 <u>틀린</u> 것은?

① 고속도로, 자동차전용도로 갓길 통행 : 30점
② 제한속도 60km/h 초과 속도위반 : 60점
③ 난폭운전으로 형사입건된 때 : 50점
④ 앞지르기 금지시기, 장소위반 : 15점

해설) 난폭운전으로 형사입건된 때 : 40점

심화 해설
- 고속도로, 자동차 전용도로 갓길 통행위반 : 벌점 30점
- 제한속도 60km/h 초과 : 벌점 60점
- 앞지르기 금지시기, 장소위반 : 벌점 15점
- 난폭운전으로 형사입건된 때 : 벌점 40점

중요도 ●●

정답 57 ④ 58 ③

59 [2020년 기출]

A는 승용차를 골목길에서 주행 중 실수로 주차되어 있는 차량의 운전석 문을 충격하여 파손시켰다. A는 이 교통사고에 대해 인식했지만 현장에서 연락처를 제공하거나 신고를 하는 등의 조치를 하지 않고 도주했다. 피해자의 신고에 의해 다음 날 경찰관이 주변 CCTV를 분석하여 A를 검거하였을 때 A에게 최종적으로 부과하는 벌점은?

① 15점 ② 25점
③ 10점 ④ 20점

[해설]
- 대물사고조치 불이행(도주) : 15점
- 위반행위 안전운전 불이행 : 10점
   계   25점

중요도 ○○
● 대물사고도주 검거 15점, 주차차충돌 안전운전 불이행 10점

60 [2015년 기출]

다륜형 원동기장치자전거(ATV)로 운전면허 시험에 합격한 사람의 운전면허 기재방법으로 맞는 것은?

① J ② A
③ B ④ Z

[해설] 다륜형 원동기장치자전거는 J임
A = 자동변속기, B = 의수, Z = 해당 없음

중요도 ○○

심화 해설

1) **도로교통법 제80조 제3항(운전면허의 조건)**
   ③ 시·도경찰청장은 운전면허를 받을 사람의 신체상태 또는 운전능력에 따라 행정안전부령으로 정하는 바에 따라 운전할 수 있는 자동차 등의 구조를 한정하는 등 운전면허에 필요한 조건을 붙일 수 있다.
2) **도로교통법 시행규칙 별표 20(신체상태에 따라 받을 수 있는 운전면허 및 조건부과기준)에 의한 면허증 기재방법)**

   가. 신체상태별

면허 조건	기재 방법	비고
자동변속기	A	
의수	B	
의족	C	
보청기	D	
청각장애인표지 및 볼록 거울	E	
수동제동기·가속기	F	
특수제작·승인차	G	
우측 방향지시기	H	
왼쪽 엑셀 레이터	I	

   나. 운전능력별

	기재 방법	비고
① 자동변속기	A	
② 다륜형 원동기장치자전거	J	

정답 59 ② 60 ①

61 2016년 기출

연습운전면허는 그 면허를 받은 날로부터 얼마동안 유효한가?

① 6개월
② 1년
③ 1종은 1년, 2종은 6개월
④ 2년

해설 1년(연습운전면허 유효기간은 1년)

> **심화 해설**
> 1) **도로교통법 제81조(연습운전면허의 효력)**
>   연습운전면허는 그 면허를 받은 날로부터 1년 동안 효력을 가진다. 다만, 연습운전면허를 받은 날부터 1년 이전이라도 연습운전면허를 받은 사람이 제1종 보통면허 또는 제2종 보통면허를 받은 경우 연습운전면허는 그 효력을 잃는다.
> 2) **도로교통법 시행규칙 제55조(연습운전면허를 받은 사람의 준수사항)**
>   법 제80조 제2항 제3호에 따른 연습운전면허를 받은 사람이 도로에서 주행연습을 하는 때에는 다음 각 호의 사항을 지켜야 한다.
>   1. 운전면허(연습하고자 하는 자동차를 운전할 수 있는 운전면허에 한한다)를 받은 날부터 2년이 경과된 사람(소지하고 있는 운전면허의 효력이 정지기간 중인 사람을 제외한다)과 함께 승차하여 그 사람의 지도를 받아야 한다.
>   2. 「여객자동차 운수사업법」 또는 「화물자동차 운수사업법」에 따른 사업용 자동차를 운전하는 등 주행연습 외의 목적으로 운전하여서는 아니 된다.
>   3. 주행연습 중이라는 사실을 다른 차의 운전자가 알 수 있도록 연습 중인 자동차에 별표 21의 표지를 붙여야 한다.

※ 중요도 ●●
● 연습운전면허 유효기간과 지켜야 할 준수사항에 대한 내용이다.

62 2016년 기출

운전면허 소지자들에게 안전운전을 유도하기 위하여 자동차 운전면허 행정처분 벌점 제도를 시행하고 있다. 이에 관한 설명으로 **틀린** 것은?

① 벌점은 행정처분 기준을 적용하고자 하는 당해 위반 또는 사고가 있었던 날을 기준으로 과거 5년간 누산관리한다.
② 처분벌점이 40점 미만인 경우 최종 위반일 또는 사고일로부터 위반 및 사고 없이 1년이 경과한 때에는 그 처분벌점은 소멸한다.
③ 인피 야기 도주차량을 검거하거나 신고하여 검거하게 한 운전자(교통사고의 피해자가 아닌 경우에 한함)에 대하여 40점의 특례점수를 부여한다.
④ 1회의 위반이나 사고로 인한 벌점 또는 연간 누산점수가 1년간 121점, 2년간 201점, 3년간 271점 이상인 경우 운전면허를 취소한다.

해설 과거 3년간 누산관리
운전면허 행정처분제도에 대한 설명 중 틀린 것은 ①
벌점의 처분기준을 적용하는 것은 당해 위반 또는 사고가 있었던 날을 기준하여 과거 3년간을 누산관리하는데 5년간 누산관리는 틀린 설명이고 ②, ③, ④의 설명은 타당하므로 정답은 1번이다.

※ 중요도 ●●

정답 61 ② 62 ①

63 2016년 기출

다음은 1회의 법규 위반으로 운전면허 정지처분을 받는 경우이다. 정지처분 벌점이 다른 하나는?

① 공동위험행위로 형사입건된 때
② 승객의 차내 소란행위를 방치하고 운전한 때
③ 보복운전으로 형사입건된 때
④ 난폭운전으로 형사입건된 때

해설 보복운전 형사입건된 때 100일 정지처분

심화 해설
도로교통법 시행규칙 별표 28(운전면허 취소 · 정지처분 기준)
3. 정지처분 개별 기준

위반내용	적용법조 도로교통법	벌점
공동위험행위로 형사입건된 때	제46조 제1항	40점
승객의 차내 소란행위 방치 운전	제49조 제1항 제9호	40점
보복운전으로 형사입건된 때	제93조	100점
난폭운전으로 형사입건된 때	제46조의3	40점

중요도 ●●●

64 2017년 기출

연습운전면허의 취소사유로 맞는 것은?

① 전문학원의 강사 또는 기능검정원의 지시에 따라 운전하던 중 교통사고를 일으킨 경우
② 도로가 아닌 곳에서 교통사고를 일으킨 경우
③ 교통사고를 일으켰으나 물적피해만 발생한 경우
④ 교통사고를 일으켜 인적피해가 발생하였으나 합의한 경우

해설 도로에서 인적피해 발생한 경우는 연습운전면허 취소사유임

심화 해설
1) **도로교통법 제93조 제3항(연습운전면허의 취소)**
   ③ 시·도경찰청장은 연습운전면허를 발급받은 사람이 운전 중 고의 또는 과실로 교통사고를 일으키거나 이 법이나 이 법에 따른 명령 또는 처분을 위반한 경우에는 연습운전면허를 취소하여야 한다. 다만, 본인에게 귀책사유가 없는 경우 등 대통령령으로 정하는 경우에는 그러하지 아니하다.
2) **도로교통법 시행령 제59조(연습운전면허 취소의 예외 사유)**
   법 제93조 제3항 단서에서 "대통령령으로 정하는 경우"란 다음 각 호의 어느 하나에 해당하는 경우를 말한다.
   1. 도로교통공단에서 도로주행시험을 담당하는 사람, 자동차 운전학원의 강사, 전문학원의 강사 또는 기능검정원의 지시에 따라 운전하던 중 교통사고를 일으킨 경우
   2. 도로가 아닌 곳에서 교통사고를 일으킨 경우
   3. 교통사고를 일으켰으나 물적피해만 발생한 경우

중요도 ●●●
연습운전면허 취소사유와 취소의 예외 사유 3가지에 대한 내용이다.

정답 63 ③ 64 ④

65 [2017년 기출]

다음 중 자동차 운전자의 운전면허가 취소되지 않는 것은?

① 혈중알코올 농도 0.07% 상태로 운전 중에 보행자를 충돌하여 보행자가 부상을 입게 되는 사고가 발생한 경우
② 술에 취한 상태에서 운전하거나 술에 취한 상태에서 운전하였다고 인정할 만한 상당한 이유가 있음에도 불구하고 경찰공무원의 측정 요구에 불응한 때
③ 혈중알코올 농도 0.073% 상태로 운전 중에 주차된 차량과 충돌로 차량만 파손된 경우
④ 혈중알코올 농도 0.093% 상태로 운전 중에 단속된 경우

[해설] 혈중알콜 농도 0.03% 이상~0.08% 미만에 단순대물사고 경우

[심화 해설]
주취운전의 면허행정처분
① 혈중알콜 농도 : 0.03% 이상~0.08% 미만 면허정지 100일
② 혈중알콜 농도 : 0.03% 이상~0.08% 미만이라도 인사사고시는 면허취소
③ 혈중알콜 농도 : 0.08% 이상 면허취소

> 주취운전시 운전면허 행정처분의 기준을 알고 있어야 한다.

66 [2014년 기출]

도로교통법상 벌칙에 대한 설명으로 틀린 것은?

① 거짓이나 그 밖의 부정한 수단으로 운전면허를 받은 경우 2년 이하의 징역이나 500만원 이하의 벌금
② 혈중알코올 농도 0.2% 이상인 사람이 자동차 등을 운전한 경우 2년 이상 5년 이하의 징역이나 1천만원 이상 2천만원 이하의 벌금
③ 함부로 신호기를 조작하거나 교통안전시설을 철거·이전하거나 손괴한 경우 3년 이하의 징역이나 700만원 이하의 벌금
④ 자동차 등을 이용하여 공동위험행위를 하거나 주도한 경우 2년 이하의 징역이나 500만원 이하의 벌금

[해설] 1년 이하의 징역이나 3백만원 이하 벌금

[심화 해설]
도로교통법 제148조의2~제152조(벌칙)

적용 법조(도로교통법)	내용	벌칙
제152조 제3호	거짓 그 밖의 부정수단 면허취득	1년 이하의 징역 300만원 이하의 벌금
제148조의2	혈중알코올 농도 0.2% 운전한 경우(제44조 제1항 위반)	2년 이상 5년 이하 징역 1천만원 이상 2천만원 이하 벌금
제149조 제1항	신호기, 안전시설 철거 이전 손괴(제68조 제1항 위반)	3년 이하의 징역 700만원 이하 벌금
제150조 제1호	자동차등 이용 공동위험행위나 주도한 경우(제46조 제1항 위반)	2년 이하의 징역이나 500만원 이하 벌금

67 2010년 기출

도로교통법상 양벌규정에 관한 설명이다. 틀린 것은?

① 행위자를 벌하는 외에 그 행위자가 다른 사람, 즉 법인이나 개인의 업무에 관하여 위법행위를 한 경우에 그 업무의 주체인 법인이나 개인도 벌금형 등으로 처벌하는 규정이다.
② 도로교통법상의 양벌규정은 법인 또는 개인(사업주)의 처벌에 아무런 조건이나 면책 사유를 규정하지 않고 있다.
③ 도로교통법상의 양벌규정은 운전자가 자동차의 속도위반(법 제17조), 승차 또는 적재의 제한위반(법 제39조), 정비불량 차량 운전(법 제40조), 무면허운전(법 제43조), 주취운전(법 제44조), 과로 등 운전(법 제45조), 사고발생시 조치 불이행 및 신고의무위반(법 제54조)에 한하여 차주의 귀책사유로 인한 것이 구증되었을 때에 적용되도록 하고 있다.
④ 대법원은 교통사고 후 신고의무를 위반한 운전자의 소속 법인 대표자에 대해서도 무과실 책임설 입장에서 양벌규정을 적용하였다.

해설 행위자와 같은 조문으로 처벌한다. 다만, 상당한 주의와 감독을 게을리하지 않은 때에는 그러하지 아니하다.
도로교통법에서는 법인의 대표자나 법인 또는 개인의 대리인·사용인 그 밖의 종업원이 법인 또는 개인의 업무에 관하여 법이 정한 위반 행위를 하면 그 행위자를 벌하는 외의 그 법인 또는 개인에 대하여도 각 해당 조문의 벌금 또는 과료의 형을 과한다고 양벌규정 되어 있다.

심화 해설
도로교통법 제159조(양벌규정)
법인의 대표자나 법인 또는 개인의 대리인, 사용인, 그 밖의 종업원이 법인 또는 개인의 업무에 관하여 제148조, 제148조의2, 제149조부터 제157조까지의 어느 하나에 해당하는 위반 행위를 하면 그 행위자를 벌하는 외에 그 법인 또는 개인에게도 해당 조문의 벌금 또는 과료의 형을 과한다. 다만, 법인 또는 개인이 그 위반 행위를 방지하기 위하여 해당업무에 관하여 상당한 주의와 감독을 게을리 아니한 때에는 그러하지 아니하다.

정답 67 ②

68 [2014년 기출]

승용자동차가 평일 오전 10시 제한속도 30km/h 구간인 "어린이보호구역"을 60km/h 속도로 진행하여 과태료가 부과되었다. 과태료의 금액으로 맞는 것은?

① 6만원
② 8만원
③ 10만원
④ 12만원

해설 승용차 10만원(30km/h 초과)

심화 해설
도로교통법 시행령 별표 7(어린이 보호구역에서의 과태료 부과기준)

위반행위 및 행위자	근거법조문 (도로교통법)	차량 종류별 과태료금액
1. 법 제5조를 위반하여 신호 또는 지시를 따르지 않은 차 또는 노면전차의 고용주 등	제160조 제3항	1) 승합자동차등 : 14만원 2) 승용자동차등 : 13만원 3) 이륜자동차등 : 9만원
2. 법 제17조 제3항을 위반하여 제한속도를 준수하지 않은 차 또는 노면전차의 고용주 등 가. 60km/h 초과	제160조 제3항	1) 승합자동차등 : 17만원 2) 승용자동차등 : 16만원 3) 이륜자동차등 : 11만원
나. 40km/h 초과(60km/h 이하)		1) 승합자동차등 : 14만원 2) 승용자동차등 : 13만원 3) 이륜자동차등 : 9만원
다. 20km/h 초과(40km/h 이하)		1) 승합자동차등 : 11만원 2) 승용자동차등 : 10만원 3) 이륜자동차등 : 7만원
라. 20km/h 이하		1) 승합자동차등 : 7만원 2) 승용자동차등 : 7만원 3) 이륜자동차등 : 5만원
3. 법 제32조부터 제34조까지의 규정을 위반하여 정차 또는 주차를 한 차의 고용주등 가. 어린이보호구역에서 위반한 경우	제160조 제3항	1) 승합자동차등 : 13만원(14만원) 2) 승용자동차등 : 12만원(13만원)
나. 노인·장애인보호구역에서 위반한 경우		1) 승합자동차등 : 9만원(10만원) 2) 승용자동차등 : 8만원(9만원)

〈비고〉
1. 위 표에서 "승합자동차등"이란 승합자동차, 4톤 초과 화물자동차, 특수자동차 및 건설기계 및 노면전차를 말한다.
2. 위 표에서 "승용자동차등"이란 승용자동차 및 4톤 이하 화물자동차를 말한다.
3. 위 표에서 "이륜자동차등"이란 이륜자동차 및 원동기장치자전거를 말한다.
4. 위 표 제3호의 과태료 금액에서 괄호 안의 것은 같은 장소에서 2시간 이상 정차 또는 주차 위반을 하는 경우에 적용한다.

중요도 ●●●
어린이 보호구역에서의 과태료 부과기준에 대한 내용이다.

정답 68 ③

69 2019년 기출

자동차 운전시 위반사실이 영상기록매체에 의하여 입증이 되는 등 도로교통법상 고용주 등에게 과태료를 부과할 수 있는 조건을 충족할 때 고용주 등에게 과태료를 부과할 수 있는 법규위반은 〈보기〉 중 몇 개인가?

보기
- 가. 지정차로 통행위반(법 제14조 제2항)
- 나. 교차로 통행방법 위반(법 제25조 제1항, 제2항, 제5항)
- 다. 적재물 추락방지 위반(법 제39조 제4항)
- 라. 운전 중 휴대용 전화 사용(법 제49조 제1항 제10호)
- 마. 보행자 보호 불이행(법 제27조 제1항)
- 바. 앞지르기 금지시기, 장소위반(법 제22조)

① 5개 ② 4개
③ 3개 ④ 2개

심화 해설
고용주에게 과태료 부과할 수 있는 사항은 총 40개항으로 해당되는 조항은
- 가. 지정차로 통행방법(제14조 제2항)
- 나. 교차로 통행방법 위반(제25조 제1항, 제2항, 제5항)
- 다. 적재물 추락방지 위반(제39조 제4항)
- 마. 보행자 보호 불이행(제27조 제1항)

이상 4개이고
- 라. 운전 중 휴대전화 사용(제49조 제1항 제10호)
- 바. 앞지르기 금지시기, 장소위반(제22조)

이상 2개는 해당되지 않음.

— 중요도 ●●●
— 어린이 보호구역에서의 과태료 부과 기준과 상이한 점 유의

정답 69 ②

70 2016년 기출

도로교통법의 내용에 대한 설명으로 맞는 것은?

① 신용카드, 직불카드 등으로 과태료를 납부할 수 없다.
② 국제운전면허 소지자에 대해서는 범칙금 통고처분을 할 수 없다.
③ 자동차 등의 운전자가 아닌 동승자는 공동위험행위로 처벌되지 않는다.
④ 모든 차의 운전자는 교차로의 가장자리 5m 이내인 곳에 주차를 하여서는 아니 된다.

해설 공동위험행위 주도자가 아닌 동승자의 처벌규정은 없음

심화해설
1) **과태료 납부방법 등(도로교통법 제161조의2)**
   ① 과태료 납부금액이 대통령령으로 정하는 금액 이하인 경우에는 대통령령으로 정하는 과태료 납부대행 기관을 통하여 신용카드, 직불카드 등으로 낼 수 있다.
2) **국제운전면허증 소지자의 자동차등의 운전금지(도로교통법 제97조)**
   국제운전면허증을 가지고 국내에서 운전하는 사람은 자동차 등의 운전에 관하여 이 법이나 이 법에 따른 명령 또는 처분을 위반한 경우 운전을 금지시킬 수 있다.
3) **공동위험행위의 금지(도로교통법 제46조)**
   ① 자동차등의 운전자는 도로에서 2명 이상이 공동으로 2대 이상의 자동차등을 정당한 사유 없이 앞·뒤 또는 좌·우로 줄지어 통행하면서 다른 사람에게 위해를 끼치거나 교통상의 위험을 발생하게 하여서는 아니 된다.
   ② 자동차등의 동승자는 제1항에 따른 공동위험행위를 주도하여서는 아니 된다.
   ※ 벌칙(제150조) 공동위험행위를 하거나 주도한 사람(2년 이하의 징역이나 500만원 이하 벌금)
4) **교차로 가장자리 5m 이내 정차 및 주차의 금지장소(도로교통법 제32조)**

71 2017년 기출

범칙금 통고처분 불이행자의 처리에 관한 설명이다. 틀린 것은?

① 범칙금 납부통고서를 받고 1차 납부기일 내에 범칙금을 내지 아니한 사람은 납부기간이 끝나는 날의 다음날부터 20일 이내에 통고받은 범칙금에 100분의 20을 더한 금액을 내야 한다.
② 경찰서장은 범칙금을 2차 납부기간 내에 납부하지 아니한 통고처분 불이행자에 대하여는 지체없이 즉결심판을 청구하여야 한다.
③ 즉결심판이 청구되기 전까지 통고받은 범칙금액에 그 100분의 50을 더한 금액을 납부한 사람에 대하여 법원은 궐석재판을 실시한다.
④ 출석기간 또는 범칙금 납부기간 만료일부터 60일이 경과될 때까지 즉결심판을 받지 아니한 때는 운전면허의 효력을 정지시킬 수 있다.

해설 즉결심판 청구를 취소하여야 한다.

심화해설
1) **도로교통법 제164조(범칙금의 납부)**
   ① 제163조에 따라 범칙금 납부통고서를 받은 사람은 10일 이내에 경찰청장이 지정하는 국고은행, 지점, 대리점, 우체국 또는 제주특별자치도지사가 지정하는 금융회사 등이나 그 지점에 범칙금을 내야 한다.
   다만, 천재지변이나 그 밖의 부득이한 사유로 말미암아 그 기간에 범칙금을 낼 수 없는 경우에는 부득이한 사유가 없어지게 된 날부터 5일 이내에 내야 한다.

② 제1항에 따른 납부기간에 범칙금을 내지 아니한 사람은 납부기간이 끝나는 날의 다음날부터 20일 이내에 통고받은 범칙금에 100분의 20을 더한 금액을 내야 한다.
③ 제1항이나 제2항에 따라 범칙금을 낸 사람은 범칙행위에 대하여 다시 벌 받지 아니 한다.

2) 도로교통법 제165조(통고처분 불이행자 등의 처리)
① 경찰서장 또는 제주특별자치도지사는 다음 각 호의 어느 하나에 해당하는 사람에 대하여는 지체없이 즉결심판을 청구하여야 한다. 다만, 제2호에 해당하는 사람으로서 즉결심판이 청구되기 전까지 통고받은 범칙금액에 100분의 50을 더한 금액을 납부한 사람에 대하여는 그러하지 아니하다.
1. 제163조 제1항 각 호의 어느 하나에 해당하는 사람
2. 제164조 제2항에 따른 납부기간에 범칙금을 납부하지 아니한 사람
② 제1항 제2호에 따라 즉결심판이 청구된 피고인이 즉결심판의 선고 전까지 통고받은 범칙금액에 100분의 50을 더한 금액을 내고 납부를 증명하는 서류를 제출하면 경찰서장 또는 제주특별자치도지사는 피고인에 대한 즉결심판 청구를 취소하여야 한다.
③ 제1항 각 호 외의 부분 단서 또는 제2항에 따라 범칙금을 납부한 사람은 그 범칙행위에 대하여 다시 벌 받지 아니 한다.

72 [2013년 기출]

도로교통법에 승용차의 운전자가 어린이 보호구역에서 평일 오후 4시에 신호 위반으로 단속된 경우의 벌칙은?

① 범칙금 6만원, 벌점 15점
② 범칙금 10만원, 벌점 15점
③ 범칙금 12만원, 벌점 30점
④ 범칙금 15만원, 벌점 30점

해설 범칙금 12만원(승용) / 벌점 30점

심화 해설
도로교통법 시행령 별표 10(어린이 보호구역의 범칙금과 면허벌점)

구분	조항	차종별 범칙금액				벌점
		승합차 등	승용 등	이륜 등	자전거 등	
60km/h 초과	제17조 제3항	160,000	150,000	100,000		120점
60km/h 이하 40km/h 초과	제17조 제3항	130,000	120,000	80,000		60점
40km/h 이하 20km/h 초과	제17조 제3항	100,000	90,000	60,000		30점
20km/h 이하	제17조 제3항	60,000	60,000	40,000		15점
신호・지시 위반	제5조	130,000	120,000	80,000	60,000	30점
횡단보도 보행자 보호의무 위반	제27조 제1항・제2항	130,000	120,000	80,000	60,000	20점

73 2017년 기출

승용자동차 운전자가 평일 오전 10~11시 사이 어린이 보호구역에서 위반에 따른 범칙금과 벌점으로 틀린 것은?

① 신호위반 - 12만원 - 벌점 30점
② 속도위반(60km/h 초과) - 20만원 - 벌점 60점
③ 속도위반(20km/h 초과 40km/h 이하) - 9만원 - 벌점 30점
④ 주·정차 금지위반 - 12만원 - 벌점 0점

[해설] 60km/h 초과 속도위반 승용차 15만원에 벌점 120점

[심화 해설]
도로교통법 시행령 별표 10(어린이 보호구역의 범칙금과 면허벌점)

구분	조항	차종별 범칙금액				벌점
		승합차등	승용 등	이륜 등	자전거등	
60km/h 초과	제17조 제3항	160,000	150,000	100,000		120점
60km/h 이하 40km/h 초과	제17조 제3항	130,000	120,000	80,000		60점
40km/h 이하 20km/h 초과	제17조 제3항	100,000	90,000	60,000		30점
20km/h 이하	제17조 제3항	60,000	60,000	40,000		15점
신호·지시위반	제5조	130,000	120,000	80,000	60,000	30점
횡단보도 보행자 보호 의무위반	제27조 제1항·제2항	130,000	120,000	80,000	60,000	20점
주·정차금지위반 주·정차방법위반 주·정차위반조치불이행	제32조·제33조· 제34조 제35조 제1항	130,000	120,000	90,000	60,000	0점

74 2021년 기출

어린이 보호구역에서 평일 오전 10시경 승용자동차 운전 중 다음 위반사항에서 범칙금이 가중되는 것으로 맞는 것은 몇 개인가?

가. 신호위반
나. 중앙선침범
다. 횡단보도 보행자 횡단 방해
라. 속도위반(20km/h 이하)
마. 주·정차 위반
바. 앞지르기 방법 위반

① 1개
② 2개
③ 3개
④ 4개

[해설] 어린이 보호구역 위반사항 범칙금 가중되는 경우
• 단속시간 : 08:00~20:00
• 범칙금 가중 처분
① 신호위반 ② 과속 ③ 주·정차 ④ 횡단보도

[요점] 어린이 보호구역 법규위반 가중처벌은 신호위반, 과속, 횡단보도, 주·정차 위반 4가지 사항에 적용됨

정답 73 ② 74 ④

2. 용어의 정의

01 [2020년 기출]

도로교통법상 "앞지르기"의 정의를 바르게 설명한 것은?

① 차와 차가 차로를 달리하여 나란히 주행하는 것
② 차와 앞서가는 차의 후미를 일정한 거리를 두고 따라가는 것
③ 차가 앞서가는 다른 차를 보면서 운행하는 것
④ 차의 운전자가 앞서가는 다른 차의 옆을 지나서 그 차의 앞으로 나가는 것

해설 앞지르기는 앞서가는 앞차의 옆을 지나 그 차의 앞으로 나가는 것

심화 해설
도로교통법 제2조(정의)
29. '앞지르기'라 함은 차의 운전자가 앞서가는 다른 차의 옆을 지나서 그 차의 앞으로 나가는 것을 말한다.

02 [2018년 기출]

도로교통법상 도로교통에 관하여 문자·기호 또는 등화로서 진행·정지·방향전환·주의 등의 신호를 표시하기 위하여 사람이나 전기의 힘에 의하여 조작되는 장치는?

① 안전표지
② 신호기
③ 노면표시
④ 도로안내표지

심화 해설
1) 안전표지 : 교통안전에 필요한 주의·규제·지시 등을 표시하는 표지판이나 도로의 바닥에 표시하는 기호·문자 또는 선 등을 말한다.
2) 신호기 : 도로교통에서 문자, 기호 또는 등화를 사용하여 진행, 정지, 방향전환, 주의 등의 신호를 표시하기 위하여 사람이나 전기의 힘에 의하여 조작하는 장치를 말한다.
3) 노면표시 : 도로교통의 안전을 위하여 각종 주의, 규제, 지시 등의 내용을 노면에 기호, 문자, 또는 선으로 도로사용자에게 알리는 표시
4) 도로안내표지 : 도로를 안내하거나 알리는 표지 시설

정답 01 ④ 02 ②

03 2020년 기출

도로교통법상 "안전지대"의 정의에 대한 설명으로 맞는 것은?

① 교통약자의 휴식공간을 위하여 설치한 도로의 일부분을 말한다.
② 도로를 횡단하는 보행자나 통행하는 차마의 안전을 위하여 안전표지나 이와 비슷한 인공구조물로 표시한 도로의 부분을 말한다.
③ 차량충돌을 방지하기 위해 설치한 도로의 일부분을 말한다.
④ 고장차량의 안전 등을 위하여 설치한 도로의 일부분을 말한다.

해설 안전지대는 보행자나 차마의 안전을 위해 안전표지 등으로 표시된 도로의 부분

심화 해설
도로교통법 제2조(정의)
14. '안전지대'란 도로를 횡단하는 보행자나 통행하는 차마의 안전을 위하여 안전표지나 이와 비슷한 인공구조물로 표시한 도로의 부분을 말한다.

04 2009년 기출

도로교통법에 사용되는 용어의 정의이다. 틀린 것은?

① 길가장자리구역 – 보도와 차도가 구분되지 아니한 도로에서 보행자의 안전을 확보하기 위하여 안전표지 등으로 경계를 표시한 도로의 가장자리 부분
② 안전지대 – 도로를 횡단하는 보행자나 통행하는 차마의 안전을 위하여 안전표시나 그와 비슷한 공작물로서 표시한 도로의 부분
③ 서행 – 차의 운전자가 앞서가는 다른 차의 옆을 지나서 그 차의 앞으로 나가는 것
④ 정지 – 운전자가 5분을 초과하지 아니하고 차를 정지시키는 것으로서 주차 외의 정지 상태

해설 ③은 앞지르기에 대한 설명임
서행은 운전자가 차를 즉시 정지시킬 수 있는 정도의 느린 속도로 진행하는 것을 말한다.

심화 해설
도로교통법 제2조(정의)
28. '서행'이라 함은 운전자가 차를 즉시 정지시킬 수 있는 정도의 느린 속도로 진행하는 것을 말한다.
29. '앞지르기'라 함은 차의 운전자가 앞서가는 다른 차의 옆을 지나서 그 차의 앞으로 나가는 것을 말한다.

정답 03 ② 04 ③

05 2020년 기출

도로교통법이 규정하고 있는 용어의 정의 또는 설명으로 맞는 것은 몇 개인가?

> ㉠ 가변차로의 모든 황색점선은 중앙선이다.
> ㉡ 차마란 자동차와 우마를 말한다.
> ㉢ 보행자전용도로란 보행자만 다닐 수 있도록 안전표지나 그와 비슷한 인공구조물로 표시한 도로를 말한다.
> ㉣ 안전표지란 교통안전에 필요한 주의·규제·지시 등을 표시하는 표지판이나 도로의 바닥에 표시하는 기호·문자 또는 선 등을 말한다.
> ㉤ 도로교통법상 유아는 만 5세 미만자이다.
> ㉥ 차선이란 차로와 차로를 구분하기 위하여 그 경계지점을 안전표지로 표시한 선을 말한다.
> ㉦ 고속도로, 유료도로, 특별시도로도 도로에 속한다.

① 2개
② 3개
③ 4개
④ 5개

해설 차마는 차와 우마를 말한다.

심화 해설
도로교통법 제2조(정의)
① 가변차로 : 일정 시간대에 양방향 통행차량이 뚜렷하게 다른 도로에서 교통량이 많은 쪽으로 차로의 수를 확대할 때 차로의 진행하는 방향을 신호기로 지시하는 경우 이를 가변차로라 한다.
② 차마 : 차란 자동차, 건설기계, 원동기장치 자전거, 자전거, 사람 또는 가축, 그 밖의 동력으로 도로에서 운전되는 것을 말하며 우마란 교통이나 운수에 사용되는 가축을 말한다.
③ 보행자 전용도로 : 보행자만이 다닐 수 있도록 안전표지, 비슷한 공작물로 표시된 도로
④ 안전표지 : 교통안전에 필요한 주의, 규제, 지시 등을 표시하는 표지판과 도로바닥에 표시한 기호·문자 또는 선 등을 말한다.
⑤ 유아 : 6세 미만인 사람(도로교통법 제11조)
⑥ 차선 : 차로와 차로를 구분하기 위해 그 경계지점을 표시한 선
⑦ 도로 : 도로법에 따른 도로, 유료도로법에 따른 유료도로, 농어촌정비법에 따른 농어촌도로 그 밖에 불특정 다수인에게 공개된 장소로 원활한 교통을 확보할 필요가 있는 장소

정답 05 ③

06 2013년 기출

도로교통법 제2조 제26호에 의한 도로 외의 곳을 포함하는 "운전"에 해당되지 않는 것은?

① 도로교통법 제45조(과로운전 등)
② 도로교통법 제43조(무면허 운전)
③ 도로교통법 제54조 제1항(사고발생시 미조치)
④ 도로교통법 제44조(음주운전)

해설 무면허 운전은 도로 외는 적용치 않음

심화 해설
1) **도로교통법 제2조(정의)**
   26. 운전이란 도로[제44조(술에 취한 상태에서의 운전 금지), 제45조(과로한 때 등의 운전 금지), 제54조 제1항(사고발생시의 조치 없이 도주), 제148조·제148조의2(벌칙), 제156조 제10호(벌칙)의 경우에는 도로 외의 곳을 포함한다]에서 차마를 그 본래의 방법에 따라 사용하는 것(조종을 포함한다)을 말한다.
2) **도로 외의 곳을 포함하는 경우**
   1. 주취운전
   2. 과로운전 등
   3. 사고발생시의 조치 여부
3) **도로 외의 곳이 포함되지 않는 경우**
   1. 도로교통법 제43조 무면허 운전
   2. 운전면허 행정처분

※ 중요도 ●●●
● 도로가 아닌 경우 적용할 수 없는 경우와 적용되는 경우를 파악해야 한다.

07 2013년 기출

도로교통법상 보도의 정의로써 맞는 것은?

① 보행자의 통행을 위하여 연석선, 안전표지, 기타 이와 비슷한 인공구조물로 구획된 도로의 부분
② 차도가 구분되지 않은 도로의 부분
③ 보행자가 도로를 횡단할 수 있도록 안전표지로 표시한 도로의 부분을 말한다.
④ 보도와 차도가 구분되지 아니한 도로에서 보행자의 안전을 확보하기 위하여 안전표지 등으로 그 경계를 표시한 도로의 가장자리 부분을 말한다.

해설 보행자 통행 위해 안전시설로 구획된 부분

심화 해설
1) **도로교통법 제2조 제10호(보도)**
   "보도"란 연석선, 안전표지나 그와 비슷한 인공구조물로 경계를 표시하여 보행자(유모차, 보행보조용 의자차, 노약자용 보행기 등 행정안전부령으로 정하는 기구·장치를 이용하여 통행하는 사람을 포함한다)가 통행할 수 있도록 한 도로의 부분을 말한다. 〈2021.10.19. 개정, 2022.4.20. 시행〉
2) **도로교통법 제2조 제11호(길가장자리구역)**
   "길가장자리구역"이란 보도와 차도가 구분되지 아니한 도로에서 보행자의 안전을 확보하기 위하여 안전표지 등으로 경계를 표시한 도로의 가장자리 부분을 말한다.
3) **도로교통법 제2조 제12호(횡단보도)**
   "횡단보도"란 보행자가 도로를 횡단할 수 있도록 안전표지로 표시한 도로의 부분을 말한다.

※ 중요도 ●●

정답 06 ② 07 ①

08 2020년 기출

도로교통법에서 규정하고 있는 "길가장자리구역"의 뜻은?

① 보도와 차도가 구분되지 아니한 도로에서 보행자의 안전을 확보하기 위하여 안전표지 등으로 경계를 표시한 도로의 가장자리 부분
② 보행자가 도로를 횡단할 수 있도록 안전표지로 표시한 도로의 부분
③ 도로를 횡단하는 보행자나 통행하는 차마의 안전을 위하여 안전표지나 이와 비슷한 인공구조물로 표시한 도로의 부분
④ 도로를 보호하고 비상시에 이용하기 위하여 차도에 접속하여 설치하는 도로의 부분

> **심화 해설**
> 도로교통법 제2조(정의)
> 11. 길가장자리구역 : 보도와 차도가 구분되지 아니한 도로에서 보행자의 안전을 확보하기 위하여 안전표지 등으로 경계를 표시한 도로의 가장자리 부분을 말한다.

• 중요도 ●●
• 도로교통법 제2조 정의에 대한 내용

09 2018년 기출

다음 중 도로교통법상 중앙선에 대한 설명으로 틀린 것은?

① 차마의 통행 방향을 구분하기 위하여 도로에 표시한 황색점선은 중앙선이다.
② 가변차로가 설치된 경우에는 신호기가 지시하는 진행 방향의 제일 왼쪽 황색 실선의 중앙선이다.
③ 도로 중앙에 울타리가 설치되어 있으면 이 울타리는 중앙선이다.
④ 고속도로, 자동차 전용도로에서의 중앙분리대는 중앙선이다.

> **심화 해설**
> 도로교통법 제2조 제5호(중앙선)
> 차마의 통행 방법을 명확하게 구분하기 위하여 도로에 황색 실선이나 황색 점선 등의 안전표지로 표시한 선 또는 중앙분리대나 울타리 등으로 설치한 시설물을 말한다.
> 다만 제14조 제1항 후단에 따라 가변차로가 설치된 경우에는 신호기가 지시하는 진행 방향의 가장 왼쪽 황색 점선을 말한다.

• 중요도 ●●

정답 08 ① 09 ②

10 `2014년 기출`

도로교통법상 각 용어에 대한 설명 중 틀린 것은?

① "자동차 등"이란 자동차와 원동기장치자전거를 말한다.
② "우마"란 교통이나 운수에 사용되는 가축을 말한다.
③ "차로"란 차마가 한 줄로 도로의 정하여진 부분을 통행하도록 차선으로 구분한 차도의 부분을 말한다.
④ "자동차전용도로"란 자동차의 고속운행에만 사용하기 위하여 지정된 도로를 말한다.

해설 자동차전용도로는 자동차만이 다닐 수 있는 도로
① 자동차 등(도로교통법 제2조 제21호)
② 우마(도로교통법 제2조 제17호 나목)
③ 차로(도로교통법 제2조 제6호)
④ 자동차전용도로(도로교통법 제2조 제2호)
자동차전용도로란 자동차만 다닐 수 있도록 설치된 도로를 말한다.

11 `2015년 기출`

〈보기〉에서 말하는 도로교통법상 정의로 맞는 것은?

> **보기**
> 자동차만 다닐 수 있도록 설치된 도로

① 국도
② 지방도
③ 시도
④ 자동차전용도로

해설 자동차만 다닐 수 있는 도로는 자동차전용도로

심화 해설
1) 도로법 제10조(도로의 종류와 등급)
   도로의 종류 및 등급은 다음에 열거한 순위에 따른다.
   ㉠ 고속국도(고속국도의 지선을 포함)
   ㉡ 일반국도(일반국도의 지선을 포함)
   ㉢ 특별시도·광역시도
   ㉣ 지방도
   ㉤ 시도
   ㉥ 군도
   ㉦ 구도
2) 도로교통법 제2조 제2호(자동차전용도로)
   자동차전용도로란 자동차만 다닐 수 있도록 설치된 도로를 말한다.

정답 10 ④ 11 ④

12 2015년 기출

도로교통법상 자동차 등이 아닌 것은?

① 자전거
② 원동기장치자전거
③ 승용차
④ 덤프트럭

해설 자전거는 자동차 등(자동차와 원동기장치자전거)이 아님

심화 해설

1) **도로교통법 제2조 제18호(자동차)**
   자동차란 철길이나 가설된 선을 이용하지 아니하고 원동기를 사용하여 운전되는 차(견인되는 자동차도 자동차의 일부로 본다)로서 다음 각목의 차를 말한다.
   가. 자동차관리법 제3조에 따른 다음의 자동차 다만, 원동기장치자전거는 제외한다.
      1) 승용자동차
      2) 승합자동차
      3) 화물자동차
      4) 특수자동차
      5) 이륜자동차
   나. 건설기계관리법 제26조 제1항 단서에 따른 건설기계(10종)
      1) 덤프트럭
      2) 아스팔트 살포기
      3) 노상안정기
      4) 콘크리트 믹서 트럭
      5) 콘크리트 펌프
      6) 천공기(트럭 적재식)
      7) 콘크리트 믹서 트레일러
      8) 아스팔트 콘크리트 재생기
      9) 도로보수트럭
      10) 3톤 미만의 지게차
2) **도로교통법 제2조 제21호(자동차등)**
   자동차와 원동기장치자전거를 말한다.
3) **도로교통법 제2조 제19호(원동기장치자전거)**
   원동기장치자전거란 다음 각목의 어느 하나에 해당하는 차를 말한다.
   가. 「자동차관리법」 제3조에 따른 이륜자동차 가운데 배기량 125cc 이하(전기를 동력으로 하는 경우에는 최고정격출력 11킬로와트 이하)의 이륜자동차
   나. 그 밖에 배기량 125cc 이하(전기를 동력으로 하는 경우에는 최고정격출력 11킬로와트 이하)의 원동기를 단 차(「자전거 이용 활성화에 관한 법률」 제2조 제1호의2에 따른 전기자전거는 제외)
4) **도로교통법 제2조 제20호(자전거)**
   자전거란 자전거 이용활성화에 관한 법률 제2조 제1호 및 제1호의2에 따른 자전거 및 전기자전거를 말한다.

중요도 ●●●
자동차 종류와 원동기장치자전거의 종류에 대한 내용이다.

정답 12 ①

13 2017년 기출

도로교통법상 용어의 정의로 틀린 것은?

① 차로 : 차마가 한 줄로 도로의 정하여진 부분을 통행하도록 차선으로 구분한 차도의 부분을 말한다.
② 안전지대 : 도로를 횡단하는 보행자나 통행하는 차마의 안전을 위하여 안전표지나 이와 비슷한 인공구조물로 표시한 도로의 부분을 말한다.
③ 서행 : 운전자가 차를 즉시 정지시킬 수 있는 정도의 느린 속도로 진행하는 것을 말한다.
④ 고속도로 : 자동차만 다닐 수 있도록 설치된 도로를 말한다.

해설 ④는 자동차전용도로의 설명임

심화 해설
도로교통법 제2조(정의)
① 차로(제6호) : 차마가 한 줄로 도로의 정하여진 부분을 통행하도록 차선으로 구분한 차도의 부분을 말 한다.
② 안전지대(제14호) : 도로를 횡단하는 보행자나 통행하는 차마의 안전을 위하여 안전표지나 이와 비슷한 인공구조물로 표시한 도로의 부분을 말한다.
③ 서행(제28호) : 운전자가 차 또는 노면전차를 즉시 정지시킬 수 있는 정도의 느린 속도로 진행하는 것을 말한다.
④ 고속도로(제3호) : 자동차의 고속운행에만 사용하기 위하여 지정된 도로를 말한다.
※ ④번은 자동차전용도로에 대한 내용임
⑤ 자동차전용도로(제2호) : 자동차만 다닐 수 있도록 설치된 도로를 말한다.

14 2008년 기출

긴급자동차는 긴급한 용도로 사용되고 있는 자동차를 말하는 것으로 다음 중 긴급자동차가 아닌 것은?

① 환자를 수송 중인 구급자동차
② 피 관찰자 후송 중인 보호관찰소 자동차
③ 교통단속에 사용되는 경찰용 자동차
④ 교통사고 차량을 견인하는 견인자동차

해설 견인자동차는 긴급자동차가 아님
견인자동차는 긴급자동차가 아니다. 견인자동차는 긴급자동차처럼 황색 경광등을 부착하였어도 긴급자동차로 지정되어 있는 것은 아니다.

심화 해설
1) **도로교통법 제2조 제22호(긴급자동차의 정의)**
'긴급자동차'란 소방차・구급차・혈액 공급차량 그 밖의 대통령령으로 정하는 자동차로서 그 본래의 긴급한 용도로 사용되고 있는 자동차를 말한다.
2) **도로교통법 시행령 제2조(긴급자동차의 종류)**
① 도로교통법 제2조 제22호 라목에서 대통령령으로 정하는 자동차란 긴급한 용도로 사용되는 다음 각 호의 어느 하나에 해당하는 자동차를 말한다. 다만, 제6호에서 제11호까지의 자동차는 이를 사용하는 사람 또는 기관 등의 신청에 의하여 시・도경찰청장이 지정하는 경우로 한정한다.
1. 경찰용 자동차 중 범죄수사, 교통단속, 그 밖에 긴급한 경찰업무 수행에 사용되는 자동차
2. 국군 및 주한 국제연합군용 자동차 중 군내부의 질서유지나 부대의 질서 있는 이동을 유도하는데 사용되는 자동차
3. 수사기관의 자동차 중 범죄수사를 위하여 사용되는 자동차

● 긴급자동차의 종류와 긴급자동차로 간주되는 차를 알고 있어야 한다.

정답 13 ④ 14 ④

4. 다음 각 목의 어느 하나에 해당하는 시설 또는 기관의 자동차 중 도주자의 체포 또는 수용자, 보호관찰 대상자의 호송·경비를 위하여 사용되는 자동차
   가. 교도소·소년교도소 또는 구치소
   나. 소년원 또는 소년 분류심사원
   다. 보호관찰소
5. 국내외 요인에 대한 경호업무수행에 공무로 사용되는 자동차
6. 전기사업, 가스사업 그 밖의 공익사업을 하는 기관에서 위험방지를 위한 응급작업에 사용되는 자동차
7. 민방위 업무를 수행하는 기관에서 긴급예방 또는 복구를 위한 출동에 사용되는 자동차
8. 도로관리를 위하여 사용되는 자동차 중 도로상의 위험을 방지하기 위한 응급작업에 사용되거나 운행이 제한되는 자동차를 단속하기 위하여 사용되는 자동차
9. 전신·전화의 수리공사 등 응급작업에 사용되는 자동차
10. 긴급한 우편물의 운송에 사용되는 자동차
11. 전파감시업무에 사용되는 자동차
② 제1항 각 호에 따른 자동차 외에 다음 각 호의 어느 하나에 해당하는 자동차는 긴급자동차로 본다.
1. 제1항 제1호에 따른 경찰용 긴급자동차에 의하여 유도되고 있는 자동차
2. 제1항 제2호에 따른 국군 및 주한 국제연합군용의 긴급자동차에 의하여 유도되고 있는 국군 및 주한 국제연합군의 자동차
3. 생명이 위급한 환자 또는 부상자나 수혈을 위한 혈액을 운반 중인 자동차

15 2009년 기출

긴급자동차로 지정받을 수 없는 자동차는?

① 긴급배달 우편물의 운송에 사용되는 자동차
② 민방위 업무를 수행하는 기관에서 재해의 긴급예방 또는 복구를 위한 출동에 사용되는 자동차
③ 소음 및 공해방지를 위해 사용되는 자동차
④ 전기사업에서 위험방지를 위한 응급작업에 사용되는 자동차

해설) 소음 및 공해 방지를 위한 자동차는 긴급자동차로 지정 불가
긴급자동차로 지정받을 수 있는 자동차는 ①, ②, ④이다. 이를 사용하는 사람 또는 기관 등의 신청에 의하여 시·도경찰청장이 지정하는 경우에 긴급자동차로 지정받을 수 있다. 소음 및 공해방지를 위해 사용되는 자동차는 긴급자동차로 지정받을 수 없다.

심화 해설
도로교통법 시행령 제2조(긴급자동차의 종류)
① 도로교통법 제2조 제22호 라목에서 대통령령으로 정하는 자동차란 긴급한 용도로 사용되는 다음 각 호의 어느 하나에 해당하는 자동차를 말한다. 다만, 제6호에서 제11호까지의 자동차는 이를 사용하는 사람 또는 기관등의 신청에 의하여 시·도경찰청장이 지정하는 경우로 한정한다.
(1.~5.호 대통령령으로 정하는 자동차 생략)
6. 전기사업, 가스사업, 그 밖의 공익사업 기관에서 위험방지를 위한 응급작업에 사용되는 자동차
7. 민방위 업무를 수행하는 기관에서 긴급예방 또는 복구를 위한 출동에 사용되는 자동차
8. 도로관리를 위하여 사용되는 자동차 중 도로상의 위험을 방지하기 위한 응급작업에 사용되거나 운행이 제한되는 자동차를 단속하기 위하여 사용되는 자동차
9. 전신·전화의 수리공사 등 응급작업에 사용되는 자동차
10. 긴급한 우편물의 운송에 사용되는 자동차
11. 전파감시업무에 사용되는 자동차

정답 15 ③

16 | 2010년 기출

다음 중 긴급자동차로 지정받을 수 없는 자동차는?

① 사설 경비업체의 출동에 사용되는 자동차
② 전기사업, 가스사업, 그 밖의 공익사업 기관에서 위험방지를 위한 응급작업에 사용되는 자동차
③ 민방위 업무를 수행하는 기관에서 긴급예방 또는 복구를 위한 출동에 사용되는 자동차
④ 도로관리를 위하여 사용되는 자동차 중 도로상의 위험을 방지하기 위한 응급작업에 사용되는 자동차

해설 사설 경비업체의 출동에 사용되는 자동차
사설 경비업체 출동에 사용되는 자동차는 긴급자동차로 지정받을 수 없다. 전기사업, 가스사업, 그 밖의 공익사업 기관에서 위험방지를 위한 응급작업에 사용되는 자동차, 민방위 업무를 수행하는 기관에서 긴급예방 또는 복구를 위한 출동에 사용되는 자동차, 도로관리를 위하여 사용되는 자동차 중 도로상의 위험을 방지하기 위한 응급작업에 사용되는 자동차 등은 사용하는 사람 또는 기관 등의 신청에 의하여 시·도경찰청장이 지정하는 경우에 한하여 긴급자동차가 된다.

심화 해설
도로교통법 시행령 제2조(긴급자동차의 종류)
① 「도로교통법」(이하 이"법"이라 한다) 제2조 제22호 라목에서 대통령령으로 정하는 자동차란 긴급한 용도로 사용되는 다음 각 호의 어느 하나에 해당하는 자동차를 말한다. 다만, 제6호에서 제11호까지의 자동차는 이를 사용하는 사람 또는 기관 등의 신청에 의하여 시·도경찰청장이 지정하는 경우로 한정한다.
6. 전기사업, 가스사업 그 밖의 공익사업 기관에서 위험방지를 위한 응급작업에 사용되는 자동차
7. 민방위 업무를 수행하는 기관에서 긴급예방 또는 복구를 위한 출동에 사용되는 자동차
8. 도로관리를 위하여 사용되는 자동차 중 도로상의 위험을 방지하기 위한 응급작업 및 운행이 제한되는 자동차를 단속하기 위하여 사용되는 자동차
9. 전신, 전화의 수리공사 등 응급작업에 사용되는 자동차
10. 긴급한 우편물의 운송에 사용되는 자동차
11. 전파감시업무에 사용되는 자동차

17 | 2021년 기출

도로교통법령상 긴급자동차에 대한 특례사항 중 모든 긴급자동차에 대해 적용하는 것은?

① 신호위반
② 중앙선침범
③ 앞지르기 금지
④ 보도침범

● 모든 긴급자동차(17종)는 속도제한, 앞지르기 금지, 끼어들기 금지의 특례가 적용됨

심화 해설
1) **도로교통법 제30조(긴급자동차에 대한 특례)**
• 모든 긴급차에 대하여 다음 각 호의 사항을 적용하지 아니한다.
  ① 제17조에 따른 자동차 등의 속도제한. 다만, 제17조에 따라 긴급자동차에 대하여 속도를 제한한 경우에는 같은 조의 규정을 규정을 적용한다.
  ② 제22조에 따른 앞지르기의 금지
  ③ 제23조에 따른 끼어들기의 금지
• 긴급자동차 중 가) 소방차, 나) 구급차, 다) 혈액공급차, 라) 경찰용 자동차는 다음 각 호의 사항을 적용하지 아니한다.
  ④ 제5조에 따른 신호위반
  ⑤ 제13조 제1항에 따른 보도침범
  ⑥ 제13조 제3항에 중앙선 침범
  ⑦ 제18조에 따른 횡단 등의 금지
  ⑧ 제19조에 따른 안전거리 확보 등
  ⑨ 제21조 제1항에 따른 앞지르기 방법 등
  ⑩ 제32조에 따른 정차 및 주차의 금지
  ⑪ 제33조에 따른 주차위반
  ⑫ 제66조에 따른 고장 등의 조치

정답 16 ① 17 ③

18 2011년 기출

생명이 위급한 환자를 운반 중인 자동차의 긴급자동차 인정 여부에 관한 설명이다. 맞는 것은?

① 위급성 여부에는 주관적인 판단이 개재되므로 긴급자동차로 인정해서는 아니 된다.
② 당연 긴급자동차이므로 특별한 조건 없이 도로교통법상 긴급자동차의 특례를 적용 받는다.
③ 탈착식 비상경광등을 작동시킴과 동시에 사이렌을 울리고 운행하여야만 긴급자동차가 될 수 있다.
④ 전조등 또는 비상표시등을 켜거나 그 밖에 적당한 방법으로 긴급한 목적으로 운행되고 있음을 표시하여야 긴급자동차로 본다.

해설 전조등 또는 비상표시등 적당한 방법으로 긴급 운행 표시해야 한다.
긴급자동차에 대한 우선 통행 및 긴급자동차에 대한 특례에 대해 법에서 규정된 특례의 적용을 받으려는 때에는 사이렌을 울리거나 경광등을 켜거나 그 밖의 전조등 또는 비상표시등을 켜거나 그 밖의 적당한 방법으로 긴급한 목적으로 운행되고 있음을 표시하여야 한다.

심화 해설
1) 도로교통법 시행령 제2조 제2항(긴급자동차의 종류)
   ② 제1항 각 호에 따른 자동차 외에
   1. 경찰용 긴급자동차에 의하여 유도되고 있는 자동차
   2. 국군 및 주한국제연합군용의 긴급자동차에 의하여 유도되고 있는 국군 및 주한국제연합군의 자동차
   3. 생명이 위급한 환자나 부상자를 운반 중인 자동차, 수혈을 위한 혈액을 운반 중인 자동차는 긴급자동차로 본다.
2) 도로교통법 시행령 제3조 제2항(긴급자동차의 준수사항)
   ② 제2조 제1항 제5호의 긴급자동차와 같은 조 제2항에 따라 긴급자동차로 보는 자동차는 전조등 또는 비상표시등을 켜거나 그 밖의 적당한 방법으로 긴급한 목적으로 운행되고 있음을 표시하여야 한다.

19 2011년 기출

긴급자동차가 사이렌을 울리거나 경광등을 켜지 않고 우선 통행 및 긴급자동차에 대한 특례의 적용을 받을 수 있는 경우는?

① 범죄수사를 위하여 사용되는 경찰차
② 속도위반차량을 단속하는 경찰차
③ 도로상의 위험을 방지하기 위한 응급작업에 사용되는 자동차
④ 민방위 업무를 수행하는 기관에서 긴급복구를 위한 출동에 사용되는 자동차

해설 속도위반을 단속하는 경찰차
속도위반 차량을 단속하는 경찰차는 사이렌을 울리거나 경광등을 켜지 않아도 된다.

심화 해설
도로교통법 시행령 제3조(긴급자동차의 준수사항)
① 긴급자동차(제2조 제2항에 따라 긴급자동차로 보는 자동차는 제외한다)는 다음 각 호의 사항을 준수해야 한다. 다만, 법 제17조 제3항의 속도에 관한 규정을 위반하는 자동차등(개인형 이동장치는 제외한다) 및 노면전차를 단속하는 긴급자동차와 제2조 제1항 제5호에 따른 긴급자동차는 그렇지 않다.
1. 자동차관리법 제29조에 따른 자동차의 안전운행에 필요한 기준에서 정한 긴급자동차의 구조를 갖출 것
2. 사이렌을 울리거나 경광등을 켤 것(법 제29조에 따른 우선 통행, 법 제30조에 따른 특례 및 그 밖에 법에 규정된 특례를 적용받으려는 경우에만 해당한다)
② 제2조 제1항 제5호의 긴급자동차와 같은 조 제2항에 따라 긴급자동차로 보는 자동차는 전조등 또는 비상표시등을 켜거나 그 밖에 적당한 방법으로 긴급한 목적으로 운행되고 있음을 표시하여야 한다.

정답 18 ④ 19 ②

20 2015년 기출

다음 중 사용하는 사람 또는 기관의 신청에 의하여 시·도경찰청장이 지정하는 긴급자동차인 것은?

① 수사기관의 자동차 중 범죄수사를 위하여 사용되는 자동차
② 전신·전화의 수리공사 등 응급작업에 사용되는 자동차
③ 보호관찰소 자동차 중 도주자의 체포를 위하여 사용되는 자동차
④ 국내외 요인에 대한 경호업무수행에 공무로 사용되는 자동차

해설 전신, 전화의 수리공사 등 응급작업에 사용되는 자동차

심화 해설
도로교통법 시행령 제2조(긴급자동차 중 시·도경찰청장이 지정하는 경우)
사람 또는 기관 등의 신청에 의하여 시·도경찰청장이 지정하는 경우
6. 전기사업, 가스사업, 그 밖의 공익사업을 하는 기관에서 위험방지를 위한 응급작업에 사용되는 자동차
7. 민방위 업무를 수행하는 기관에서 긴급예방 또는 복구를 위한 출동에 사용되는 자동차
8. 도로관리를 위하여 사용되는 자동차 중 도로상의 위험을 방지하기 위한 응급작업에 사용되거나 운행이 제한되는 자동차를 단속하기 위하여 사용되는 자동차
9. 전신, 전화의 수리공사 등 응급작업에 사용되는 자동차
10. 긴급한 우편물의 운송에 사용되는 자동차
11. 전파감시업무에 사용되는 자동차

21 2019년 기출

도로교통법상 자동차를 이용하는 사람 또는 기관 등의 신청에 의하여 시·도경찰청장이 지정한 긴급자동차(본래의 긴급한 용도로 사용될 때)로 분류되는 자동차는?

① 국내의 요인에 대한 경호업무 수행에 공무로 사용되는 자동차
② 수사기관의 자동차 중 범죄 수사를 위하여 사용되는 자동차
③ 보호관찰소에서 보호관찰 대상자의 호송, 경비를 위하여 사용되는 자동차
④ 전신, 전화의 수리공사 등 응급작업에 사용되는 자동차

심화 해설
긴급자동차의 종류(17종)
1) 지정 없이 긴급 자동차인 차(3종)
   ① 소방차
   ② 구급차
   ③ 혈액 공급차량
2) 대통령령으로 정하는 긴급자동차(5종)
   ① 경찰용 자동차
   ② 국군 및 주한 국제연합군용 자동차
   ③ 수사기관의 범죄 수사용 자동차
   ④ 교도소, 교도기관의 호송, 경비용 자동차
   ⑤ 국내외 요인 경호 업무에 사용되는 자동차
3) 신청에 의하여 시·도경찰청장이 지정하는 차(6종)
   ① 전기, 가스 사업용 자동차
   ② 민방위 업무용 자동차

정답 20 ② 21 ④

③ 도로관리 응급작업용 자동차
④ 전신, 전화 수리공사 등 응급 작업용차
⑤ 긴급 우편을 운송하는 차
⑥ 전파 감시업무용 자동차
4) 기타 긴급자동차로 간주 되는 차(3종)
① 경찰차에 유도되는 차
② 국군 및 주한국제 연합군용 자동차에 유도되는 차
③ 생명이 위급한 환자나 부상자를 후송 중인 차 또는 수혈혈액을 운송 중인 차

22 2019년 기출

도로교통법상 "모범운전자"란 무사고운전자 또는 유공운전자의 표시장을 받거나 (　) 이상 사업용 자동차 운전에 종사하면서 교통사고를 일으킨 전력이 없는 사람으로서 경찰청장이 정하는 바에 따라 선발되어 교통안전 봉사 활동에 종사하는 사람을 말한다. (　)에 맞는 것은?

① 6개월　　　　　　　　　　② 1년
③ 1년 6개월　　　　　　　　④ 2년

해설

도로교통법 제2조(정의) 33(모범운전자)
모범운전자란 제146조에 따라 무사고 운전자 또는 유공운전자의 표시장을 받거나 2년 이상 사업용 자동차 운전에 종사하면서 교통사고를 일으킨 전력이 없는 사람으로서 경찰청장이 정하는 바에 따라 선발되어 교통안전 봉사활동에 종사하는 사람을 말한다.

● 도로교통법 제2조 (정의)의 상세한 숙지를 요한다.

정답 22 ④

3. 사고유형별 적용방법

01 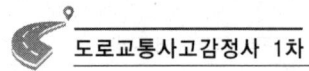

차마의 운전자는 도로의 중앙(중앙선) 우측부분을 통행하여야 한다. 다만, 예외적으로 도로의 중앙이나 좌측으로 통행할 수 있는 경우가 아닌 것은?

① 도로가 일방통행인 경우
② 도로 우측부분의 폭이 6m가 되지 않고, 좌측부분을 확인할 수 없는 곳에서 다른 차를 앞지르려는 경우
③ 도로의 파손, 도로공사나 그 밖의 장애 등으로 도로의 우측부분을 통행할 수 없는 경우
④ 도로 우측부분의 폭이 차마의 통행에 충분하지 아니한 경우

해설 도로의 좌측부분을 확인할 수 없는 경우는 아님

심화 해설
1) **도로교통법 제13조 제3항(차마의 통행 - 우측통행)**
   ③ 차마의 운전자는 도로(보도와 차도가 구분된 도로에서는 차도를 말한다)의 중앙(중앙선이 설치되어 있는 경우에는 그 중앙선을 말한다) 우측부분을 통행하여야 한다.
2) **도로교통법 제13조 제4항(부득이한 경우 좌측통행)**
   ④ 차마의 운전자는 제3항에도 불구하고 다음 각 호의 어느 하나에 해당하는 경우에는 도로의 중앙이나 좌측부분을 통행할 수 있다.
   1. 도로가 일방통행인 경우
   2. 도로의 파손, 도로공사나 그 밖의 장애 등으로 도로의 우측부분을 통행할 수 없는 경우
   3. 도로 우측부분의 폭이 6m가 되지 아니하는 도로에서 다른 차를 앞지르려는 경우. 다만, 다음 각 목의 어느 하나에 해당하는 경우에는 그러하지 아니하다.
      가. 도로의 좌측부분을 확인할 수 없는 경우
      나. 반대방향의 교통을 방해할 우려가 있는 경우
      다. 안전표지 등으로 앞지르기를 금지하거나 제한하고 있는 경우
   4. 도로 우측부분의 폭이 차마의 통행에 충분하지 아니한 경우
   5. 가파른 비탈길의 구부러진 곳에서 교통의 위험을 방지하기 위하여 시·도경찰청장이 필요하다고 인정하여 구간 및 통행방법을 지정하고 있는 경우에 그 지정에 따라 통행하는 경우

정답 01 ②

02 [2014년 기출]

도로교통법상 자전거에 대한 설명으로 맞는 것은?

① 자전거 운전자는 자전거 전용도로가 설치되지 아니한 곳에서는 좌측 가장자리에 붙어서 통행하여야 한다.
② 자전거 운전자는 안전표지로 통행을 금지한 구간을 제외하고는 길가장자리로 통행할 수 있다.
③ 자전거 운전자가 횡단보도를 이용하여 도로를 횡단할 때에는 자전거를 타고 통행해야 한다.
④ 술에 취한 상태에서 자전거를 운전해도 형사처벌되지 않는다.

해설 자전거 도로가 아닌 곳에서는 우측 가장자리에 붙어서 통행해야 한다.

심화 해설

1) 도로교통법 제13조의2(자전거의 통행방법의 특례)
    ① 자전거등의 운전자는 자전거도로(제15조 제1항에 따라 자전거만 통행할 수 있도록 설치된 전용차로를 포함한다. 이하 이 조에서 같다)가 따로 있는 곳에서는 그 자전거도로로 통행하여야 한다.
    ② 자전거등의 운전자는 자전거도로가 설치되지 아니한 곳에서는 도로 우측 가장자리에 붙어서 통행하여야 한다.
    ③ 자전거등의 운전자는 길가장자리구역(안전표지로 자전거등의 통행을 금지한 구간은 제외한다)을 통행할 수 있다. 이 경우 자전거등의 운전자는 보행자의 통행에 방해가 될 때에는 서행하거나 일시정지하여야 한다.
    ④ 자전거등의 운전자는 제1항 및 제13조 제1항에도 불구하고 다음 각 호의 어느 하나에 해당하는 경우에는 보도를 통행할 수 있다. 이 경우 자전거등의 운전자는 보도 중앙으로부터 차도 쪽 또는 안전표지로 지정된 곳으로 서행하여야 하며, 보행자의 통행에 방해가 될 때에는 일시정지하여야 한다.
        1. 어린이, 노인, 그 밖에 행정안전부령으로 정하는 신체장애인이 자전거를 운전하는 경우. 다만, 「자전거 이용 활성화에 관한 법률」 제2조 제1호의2에 따른 전기자전거의 원동기를 끄지 아니하고 운전하는 경우는 제외한다.
        2. 안전표지로 자전거등의 통행이 허용된 경우
        3. 도로의 파손, 도로공사나 그 밖의 장애 등으로 도로를 통행할 수 없는 경우
    ⑤ 자전거등의 운전자는 안전표지로 통행이 허용된 경우를 제외하고는 2대 이상이 나란히 차도를 통행하여서는 아니 된다.
    ⑥ 자전거등의 운전자가 횡단보도를 이용하여 도로를 횡단할 때에는 자전거등에서 내려서 자전거등을 끌거나 들고 보행하여야 한다.

2) 자전거의 범칙행위와 범칙금액(시행령 제93조 제1항 관련 별표 8)

범칙행위	조문	범칙금액
64의2. 술에 취한 상태에서의 자전거 등 운전	제44조 제1항	3만원
64의3. 술에 취한 상태에 있다고 인정할 만한 상당한 이유가 있는 자전거 등 운전자가 경찰공무원의 호흡조사 측정에 불응	제44조 제2항	10만원

> 중요도 ○○○
> 자전거의 도로 통행방법과 주취운전시 처벌 여부에 대한 내용이다.

03 [2021년 기출]

다음 교통사고를 발생시킨 제1종 보통면허를 가진 자전거 운전자에 대한 벌점으로 맞는 것은?

사고 유형 : 자전거와 보행자 충돌사고
사고 원인 : 보도 내 자전거 운전자의 부주의로 인한 사고
사고 결과 : 가) 자전거 운전자 상해 3주 진단
           나) 자전거 동승자 1명 상해 2주 진단
           다) 보행자 1명 상해 3주 진단

① 벌점 없음　　　　　　　　② 20점
③ 30점　　　　　　　　　　④ 45점

> 중요도 ○○
> 자전거는 운전면허 없이 운전가능하므로 면허벌점 없음

정답 02 ② 03 ①

해설 자전거 사고의 운전자에 대한 면허처분
자전거 운전은 운전면허 없이 운전 가능하므로 운전면허 행정처분이 없음

04 2021년 기출

도로교통법령상 다음 각 행위에 대한 범칙금으로 틀린 것은?

① 개인형 이동장치 무면허 운전 - 범칙금 20만원
② 약물의 영향으로 정상적으로 운전하지 못할 우려가 있는 상태에서 자전거 등 운전 - 범칙금 10만원
③ 승차정원을 초과하여 동승자를 태우고 개인형 이동장치 운전 - 범칙금 4만원
④ 술에 취한 상태에서 자전거 운전 - 범칙금 3만원

해설

도로교통법 위반 행위	범칙금
① 개인형 이동장치 무면허 운전	10만원
② 약물영향으로 정상우려 상태 자전거 운전	10만원
③ 승차정원 초과 개인형 이동장치 운전	4만원
④ 술체 취한 상태에서 자전거 운전	3만원

중요도 ●●●
개인형 이동장치 무면허 운전은 범칙금 10만원임

05 2018년 기출

도로교통법상 차마의 통행방법에 대한 설명 중 가장 옳지 않은 것은?

① 도로가 일방통행인 경우에는 차마는 도로의 중앙이나 좌측부분을 통행할 수 있다.
② 차마의 운전자는 길가의 건물이나 주차장 등에서 도로에 들어갈 때에는 일단 정지한 후에 안전한지 확인하면서 서행하여야 한다.
③ 차마의 운전자는 차도와 보도가 구분된 도로에서 보도를 횡단하고자 할 때에는 서행하여 보행자의 통행을 방해하지 않도록 하여야 한다.
④ 차마는 중앙선이 설치되어 있는 경우는 중앙선으로부터 우측부분으로 중앙선이 설치되어 있지 아니한 경우도 도로의 중앙으로부터 우측으로 통행하여야 한다.

해설 보도를 횡단하고자 할 때는 "일시정지"인데, "서행"하여로 명시되어 있으므로 옳지 않다.

심화 해설
1) 도로교통법 제13조(차마의 통행)
   ① 차마의 운전자는 차도와 보도가 구분된 도로에서는 차도를 통행하여야 한다. 다만 도로 외의 곳으로 출입할 때에는 보도를 횡단하여 통행할 수 있다.
   ② 차마의 운전자는 보도를 횡단하기 직전에 일시정지하여 좌측과 우측부분 등을 살핀 후 보행자의 통행을 방해하지 아니하도록 횡단하여야 한다.
   ③ 차마의 운전자는 도로의 중앙(중앙선이 설치된 경우는 중앙선) 우측부분을 통행하여야 한다.
   ④ 차마의 운전자는 도로가 일방통행인 경우에는 도로의 중앙이나 좌측 부분을 통행할 수 있다.
2) 도로교통법 제18조(횡단 등의 금지)
   ③ 차마의 운전자는 길가의 건물이나 주차장 등에서 도로에 들어갈 때에는 일단 정지한 후에 안전한지 확인하면서 서행하여야 한다.

중요도 ●●●
차마의 우측통행과 도로 진입방법에 대해 숙지하고 있어야 한다.

정답 04 ① 05 ③

06 [2015년 기출]

도로교통법상 자전거가 일반도로를 횡단할 수 있도록 안전표지로 표시한 도로의 부분은?

① 횡단보도
② 자전거 횡단도
③ 자전거 도로
④ 자전거 전용도로

해설 자전거 횡단도 : 자전거가 일반도로를 횡단할 수 있도록 표시한 도로

심화 해설
도로교통법 제2조(정의)
① 횡단보도(제12호)
 횡단보도란 보행자가 도로를 횡단할 수 있도록 안전표지로 표시한 도로의 부분을 말한다.
② 자전거 횡단도(제9호)
 자전거가 일반도로를 횡단할 수 있도록 안전표지로 표시한 도로의 부분을 말한다.
③ 자전거 도로(제8호)
 자전거 도로란 안전표지, 위험방지용 울타리나 그와 비슷한 인공구조물로 경계를 표시하여 자전거가 통행할 수 있도록 설치된「자전거 이용 활성화에 관한 법률」제3호 각호의 도로를 말한다.
④ 자전거 전용도로
 도로교통법 제2조(정의)상에 명시된 바는 없으나 자전거만이 다닐 수 있도록 설치된 도로를 말한다.

중요도 ●●

07 [2017년 기출]

도로교통법상 자전거의 통행방법과 자전거 운전자의 준수사항에 대한 설명으로 틀린 것은?

① 자전거의 운전자는 안전표지로 통행이 허용된 경우를 제외하고는 2대 이상이 나란히 차도를 통행하여서는 아니 된다.
② 자전거의 운전자는 횡단보도를 이용하여 도로를 횡단할 때에는 자전거에서 내려서 자전거를 끌고 보행하여야 한다.
③ 자전거의 운전자는 밤에 도로를 통행하는 때에는 전조등과 미등을 켜거나 야광띠 등 발광장치를 착용하여야 한다.
④ 자전거의 운전자는 술에 취한 상태로 정상적으로 운전하지 못할 우려가 있는 상태에서 자전거를 운전하여서는 안 되며 이를 위반한 경우 30만원은 이하의 벌금으로 처벌된다.

해설 현재 자전거 음주운전은 20만원 이하의 벌금 또는 구류에 처한다.

심화 해설
1) 도로교통법 제13조의2(자전거의 통행방법의 특례)
 ① 자전거등의 운전자는 자전거도로(제15조 제1항에 따라 자전거만 통행할 수 있도록 설치된 전용차로를 포함한다. 이하 이 조에서 같다)가 따로 있는 곳에서는 그 자전거도로로 통행하여야 한다.
 ② 자전거등의 운전자는 자전거도로가 설치되지 아니한 곳에서는 도로 우측 가장자리에 붙어서 통행하여야 한다.
 ③ 자전거등의 운전자는 길가장자리구역(안전표지로 자전거등의 통행을 금지한 구간은 제외한다)을 통행할 수 있다. 이 경우 자전거등의 운전자는 보행자의 통행에 방해가 될 때에는 서행하거나 일시정지하여야 한다.
 ④ 자전거등의 운전자는 제1항 및 제13조 제1항에도 불구하고 다음 각 호의 어느 하나에 해당하는 경우에는 보도를 통행할 수 있다. 이 경우 자전거등의 운전자는 보도 중앙으로부터 차도 쪽 또는 안전표지로 지정된 곳으로 서행하여야 하며, 보행자의 통행에 방해가 될 때에는 일시정지하여야 한다.
  1. 어린이, 노인, 그 밖에 행정안전부령으로 정하는 신체장애인이 자전거를 운전하는 경우. 다만,「자전거 이용 활성화에 관한 법률」제2조 제1호의2에 따른 전기자전거의 원동기를 끄지 아니하고 운전하는 경우는 제외한다.

중요도 ●●●
도로교통법상 자전거 운전자의 통행방법과 준수사항에 대한 내용이다.

정답 06 ② 07 ④

2. 안전표지로 자전거등의 통행이 허용된 경우
3. 도로의 파손, 도로공사나 그 밖의 장애 등으로 도로를 통행할 수 없는 경우
⑤ 자전거등의 운전자는 안전표지로 통행이 허용된 경우를 제외하고는 2대 이상이 나란히 차도를 통행하여서는 아니 된다.
⑥ 자전거등의 운전자가 횡단보도를 이용하여 도로를 횡단할 때에는 자전거등에서 내려서 자전거등을 끌거나 들고 보행하여야 한다.

2) 자전거의 처벌행위(도로교통법 제156조)
다음 각 호의 어느 하나에 해당하는 사람은 20만원 이하의 벌금이나 구류 또는 과료(科料)에 처한다.
11. 제44조 제1항을 위반하여 술에 취한 상태에서 자전거를 운전한 사람
12. 술에 취한 상태에 있다고 인정할 만한 상당한 이유가 있는 사람으로서 제44조 제2항에 따른 경찰공무원의 측정에 응하지 아니한 사람(자전거를 운전한 사람으로 한정한다)

3) 자전거의 범칙행위와 범칙금액(시행령 제93조 제1항 관련 별표 8)

범칙행위	조문	범칙금액
64의2. 술에 취한 상태에서의 자전거 등 운전	제44조 제1항	3만원
64의3. 술에 취한 상태에 있다고 인정할만한 상당한 이유가 있는 자전거 등 운전자가 경찰공무원의 호흡조사 측정에 불응	제44조 제2항	10만원

08 2021년 기출

도로교통법령상 "개인형 이동장치"에 대한 설명으로 틀린 것은?

① 도로교통법상 개인형 이동장치에 속하는 전기자전거와 자전거 이용 활성화에 관한 법령상 전기자전거는 그 의미가 다르다.
② 운전면허가 필요하므로 도로 여부를 묻지 않고 어린이는 개인형 이동장치를 운전하면 아니 된다.
③ 시속 25km 이상으로 운행할 경우 전동기가 작동하지 않아야 한다.
④ 차체 중량이 30kg 미만이어야 한다.

해설
가. 개인형 이동장치 면허 = 원동기장치 자전거 이상 면허 취득해야 한다.
나. 자전거(전기자전거 포함) 면허없이 운전가능
다. 개인형 이동장치요건 = 시속 25km 이상으로 운행할 경우 전동기가 작동하지 않아야 한다.
라. 개인형 이동장치 무게 = 30kg 미만이어야 한다.

중요도 ●●●
도로 아니면 무면허 적용 불가

정답 08 ②

09 2008년 기출

차로가 설치된 도로의 통행방법을 설명한 것이다. 틀린 것은?

① 차 넓이가 차로의 너비보다 넓은 경우 도착지를 관할하는 경찰서장의 허가를 받은 경우에는 도로를 통행할 수 있다.
② 차마가 법령에 특별한 규정이 있는 경우를 제외하고는 그 차로에 따라 통행하여야 한다.
③ 통행허가를 받은 운전자는 그 길이 또는 폭의 양끝에 너비 30cm, 길이 50cm 이상의 빨간 헝겊으로 된 표지를 달아야 한다.
④ 차의 너비가 차로의 너비보다 넓은 경우 당해 차의 운전자는 그 도로를 통행하여서는 아니 된다.

해설 출발지 경찰서장의 허가를 받아야 한다.

심화 해설
1) 도로교통법 제14조 제2항(차로의 설치)
   차마의 운전자는 차로가 설치되어 있는 도로에서는 이 법이나 이 법에 따른 명령에 특별한 규정이 있는 경우를 제외하고는 그 차로를 따라 통행하여야 한다. 다만, 시·도경찰청장이 통행방법을 따로 지정한 경우에는 그 방법으로 통행하여야 한다.
2) 도로교통법 제14조 제3항(차로의 설치)
   차로가 설치된 도로를 통행하려는 경우로서 차의 너비가 행정안전부령으로 정하는 차로의 너비보다 넓어 교통의 안전이나 원활한 소통에 지장을 줄 우려가 있는 경우 그 차의 운전자는 도로를 통행하여서는 아니된다. 다만, 행정안전부령으로 정하는 바에 따라 그 차의 출발지를 관할하는 경찰서장의 허가를 받은 경우에는 그러하지 아니하다.
3) 도로교통법 시행규칙 제26조 제3항(안전기준을 넘는 승차 및 적재의 허가신청)
   안전기준을 넘는 화물의 적재허가를 받은 사람은 그 길이 또는 폭의 양끝에 너비 30cm, 길이 50cm 이상의 빨간 헝겊으로 된 표지를 달아야 한다. 다만, 밤에 운행하는 경우에는 반사체로 된 표지를 달아야 한다.

정답 09 ①

10 2011년 기출

도로교통법상 차로의 설치에 관한 설명 중 **틀린** 것은?

① 설치권자는 시·도경찰청장이다.
② 도로에 차로를 설치하고자 하는 때에는 노면표시로 표시하여야 한다.
③ 보도와 차도의 구분이 없는 도로에는 차로를 설치할 수 없다.
④ 차로는 횡단보도, 교차로 및 철길 건널목에는 설치할 수 없다.

해설 길가장자리구역 선을 설치해야 한다.
보도와 차도의 구분이 없는 도로에 차로를 설치하는 때에는 보행자가 안전하게 통행할 수 있도록 그 도로의 양쪽에 길가장자리구역을 설치하여야 한다.

심화 해설
1) 도로교통법 제14조 제1항(차로의 설치 등)
   ① 시·도경찰청장은 차마의 교통을 원활하게 하기 위하여 필요한 경우에는 도로에 행정안전부령으로 정하는 차로를 설치할 수 있다. 이 경우 시·도경찰청장은 시간대에 따라 양방향의 통행량이 뚜렷하게 다른 도로에는 교통량이 많은 쪽으로 차로의 수가 확대될 수 있도록 신호기에 의하여 차로의 진행방향을 지시하는 가변차로를 설치할 수 있다.
2) 도로교통법 시행규칙 제15조(차로의 설치)
   ① 시·도경찰청장은 법 제14조 제1항에 따라 도로에 차로를 설치하고자 하는 때에는 별표 6에 따른 노면표시로 표시하여야 한다.
   ② 제1항에 따라 설치되는 차로의 너비는 3m 이상으로 하여야 한다. 다만, 좌회전 전용차로의 설치 등 부득이하다고 인정되는 때에는 275cm 이상으로 할 수 있다.
   ③ 차로는 횡단보도, 교차로 및 철길 건널목에는 설치할 수 없다.
   ④ 보도와 차도의 구분이 없는 도로에 차로를 설치하는 때에는 보행자가 안전하게 통행할 수 있도록 그 도로의 양쪽에 길가장자리구역을 설치하여야 한다.

11 2012년 기출

다음 중 도로교통법상 차로를 설치할 수 있는 곳은?

① 다리 위
② 횡단보도
③ 교차로
④ 철길 건널목

해설 다리 위는 차로를 설치할 수 있다.

심화 해설
도로교통법 시행규칙 제15조(차로의 설치)
① 시·도경찰청장은 법 제14조 제1항에 따라 도로에 차로를 설치하고자 하는 때에는 별표 6에 따른 노면표시로 표시하여야 한다.
② 제1항에 따라 설치되는 차로의 너비는 3m 이상으로 하여야 한다. 다만, 좌회전 전용차로의 설치 등 부득이하다고 인정되는 때에는 275cm 이상으로 할 수 있다.
③ 차로는 횡단보도, 교차로 및 철길 건널목에는 설치할 수 없다.
④ 보도와 차도의 구분이 없는 도로에 차로를 설치하는 때에는 보행자가 안전하게 통행할 수 있도록 그 도로의 양쪽에 길가장자리구역을 설치하여야 한다.

차로의 설치와 설치할 수 없는 곳을 파악하여야 한다.

정답 10 ③ 11 ①

12 2012년 기출

시장 등은 원활한 교통을 확보하기 위하여 특히 필요한 때에는 누구와 협의하여 도로에 전용차로를 설치할 수 있는가?

① 국토교통부장관
② 시·도경찰청장 또는 경찰서장
③ 국무총리
④ 차량운전자

해설 시·도경찰청장 또는 경찰서장

심화 해설
도로교통법 제15조 제1항(전용차로의 설치)
① 시장 등은 원활한 교통을 확보하기 위하여 특히 필요한 경우에는 시·도경찰청장이나 경찰서장과 협의하여 도로에 전용차로(차의 종류나 승차인원에 따라 지정된 차만 통행할 수 있는 차로를 말한다)를 설치할 수 있다.

13 2015년 기출

일반도로 전용차로와 고속도로 전용차로 설치권자에 대한 설명으로 맞는 것은?

① 일반도로-시장등, 고속도로-시장등
② 일반도로-시장등, 고속도로-시·도경찰청장
③ 일반도로-경찰서장, 고속도로-시·도경찰청장
④ 일반도로-시장등, 고속도로-경찰청장

해설 시장등과 경찰청장

심화 해설
도로교통법 시행령 제9조 제3항(전용차로의 종류 등)
③ 시장등과 경찰청장은 전용차로를 설치하거나 폐지한 경우에는 그 구간과 기간 및 통행시간 등을 정하여(폐지하는 경우에는 통행시간은 제외한다) 고시하고 신문·방송 등을 통해 널리 알려야 한다.

14 2016년 기출

고속도로 편도 3차로에서 통행차의 기준으로 <u>틀린</u> 것은 모두 몇 개인가?

보기
㉠ 1차로 : 앞지르기를 하려는 승용자동차 및 앞지르기를 하려는 경형·소형·중형 승합자동차
㉡ 왼쪽 차로 : 승용자동차 및 경형·소형·중형 승합자동차
㉢ 오른쪽 차로 : 대형 승합자동차, 화물자동차, 특수자동차, 법 제2조 제18호 나목에 따른 건설기계

① 0개
② 1개
③ 2개
④ 3개

※ 버스전용차로가 없는 고속도로에서 차로에 따른 통행차의 기준을 파악해야 한다.

정답 12 ② 13 ④ 14 ①

심화해설
도로교통법 시행규칙 별표 9(차로에 따른 통행차의 기준)

도로		차로구분	통행할 수 있는 차종
고속도로 외의 도로		왼쪽 차로	승용자동차 및 경형·소형·중형 승합자동차
		오른쪽 차로	대형승합자동차, 화물자동차, 특수자동차, 법 제2조 제18호 나목에 따른 건설기계, 이륜자동차, 원동기장치자전거(개인형 이동장치는 제외한다)
고속도로	편도 2차로	1차로	앞지르기를 하려는 모든 자동차. 다만, 차량통행량 증가 등 도로상황으로 인하여 부득이하게 시속 80킬로미터 미만으로 통행할 수밖에 없는 경우에는 앞지르기를 하는 경우가 아니라도 통행할 수 있다.
		2차로	모든 자동차
	편도 3차로 이상	1차로	앞지르기를 하려는 승용자동차 및 앞지르기를 하려는 경형·소형·중형 승합자동차. 다만, 차량통행량 증가 등 도로상황으로 인하여 부득이하게 시속 80킬로미터 미만으로 통행할 수밖에 없는 경우에는 앞지르기를 하는 경우가 아니라도 통행할 수 있다.
		왼쪽 차로	승용자동차 및 경형·소형·중형 승합자동차
		오른쪽 차로	대형 승합자동차, 화물자동차, 특수자동차, 법 제2조 제18호 나목에 따른 건설기계

※ 비고
1. 위 표에서 사용하는 용어의 뜻은 다음 각 목과 같다.
    가. "왼쪽 차로"란 다음에 해당하는 차로를 말한다.
        1) 고속도로 외의 도로의 경우 : 차로를 반으로 나누어 1차로에 가까운 부분의 차로. 다만, 차로수가 홀수인 경우 가운데 차로는 제외한다.
        2) 고속도로의 경우 : 1차로를 제외한 차로를 반으로 나누어 그 중 1차로에 가까운 부분의 차로. 다만, 1차로를 제외한 차로의 수가 홀수인 경우 그 중 가운데 차로는 제외한다.
    나. "오른쪽 차로"란 다음에 해당하는 차로를 말한다.
        1) 고속도로 외의 도로의 경우 : 왼쪽 차로를 제외한 나머지 차로
        2) 고속도로의 경우 : 1차로와 왼쪽 차로를 제외한 나머지 차로
2. 모든 차는 위 표에서 지정된 차로보다 오른쪽에 있는 차로로 통행할 수 있다.
3. 앞지르기를 할 때에는 위 표에서 지정된 차로의 왼쪽 바로 옆 차로로 통행할 수 있다.
4. 도로의 진출입 부분에서 진출입하는 때와 정차 또는 주차한 후 출발하는 때의 상당한 거리 동안은 이 표에서 정하는 기준에 따르지 아니할 수 있다.
5. 이 표 중 승합자동차의 차종 구분은 「자동차관리법 시행규칙」 별표 1에 따른다.
6. 다음 각 목의 차마는 도로의 가장 오른쪽에 있는 차로로 통행하여야 한다.
    가. 자전거등
    나. 우마
    다. 법 제2조 제18호 나목에 따른 건설기계 이외의 건설기계
    라. 다음의 위험물 등을 운반하는 자동차
        1) 「위험물안전관리법」 제2조 제1항 제1호 및 제2호에 따른 지정수량 이상의 위험물
        2) 「총포·도검·화약류 등의 안전관리에 관한 법률」 제2조 제3항에 따른 화약류
        3) 「화학물질관리법」 제2조 제2호에 따른 유독물질
        4) 「폐기물관리법」 제2조 제4호에 따른 지정폐기물과 같은 조 제5호에 따른 의료폐기물
        5) 「고압가스 안전관리법」 제2조 및 같은 법 시행령 제2조에 따른 고압가스
        6) 「액화석유가스의 안전관리 및 사업법」 제2조 제1호에 따른 액화석유가스
        7) 「원자력안전법」 제2조 제5호에 따른 방사성물질 또는 그에 따라 오염된 물질
        8) 「산업안전보건법」 제37조 제1항 및 같은 법 시행령 제29조에 따른 제조 등의 금지 유해물질과 「산업안전보건법」 제38조 제1항 및 같은 법 시행령 제30조에 따른 허가대상 유해물질
        9) 「농약관리법」 제2조 제3호에 따른 원제
    마. 그 밖에 사람 또는 가축의 힘이나 그 밖의 동력으로 도로에서 운행되는 것
7. 좌회전 차로가 2차로 이상 설치된 교차로에서 좌회전하려는 차는 그 설치된 좌회전 차로 내에서 위 표 중 고속도로 외의 도로에서의 차로 구분에 따라 좌회전하여야 한다.

15 2019년 기출

도로교통법상 차로에 따른 통행차의 기준과 관련하여 다음 용어에 대한 설명 중 틀린 것은?

① "왼쪽 차로"란 고속도로 외의 도로의 경우 차로를 반으로 나누어 1차로에 가까운 부분의 차로. 다만, 차로수가 홀수인 경우 가운데 차로는 제외한다.
② "오른쪽 차로"란 고속도로의 경우 1차로를 제외한 나머지 차로
③ "오른쪽 차로"란 고속도로 외의 도로의 경우 왼쪽차로를 제외한 나머지 차로
④ "왼쪽 차로"란 고속도로의 경우 1차로를 제외한 차로를 반으로 나누어 그 중 1차로의 수가 홀수인 경우 그 중 가운데 차로를 제외한다.

해설 "오른쪽 차로"란 고속도로의 경우 1차로와 왼쪽차로를 제외한 나머지 차로를 말한다.

심화 해설
도로교통법 시행규칙 별표 9(차로에 따른 통행차의 기준)

도로	차로구분		통행할 수 있는 차종
고속도로 외의 도로	왼쪽차로		승용자동차 및 경형, 소형, 중형 승합자동차
	오른쪽 차로		대형승합자동차, 화물자동차, 특수자동차, 법 제2조 제18호 나목에 따른 건설기계, 이륜자동차, 원동기장치자전거(개인형 이동장치는 제외한다)
고속도로	편도 2차로	1차로	앞지르기를 하려는 모든 자동차, 다만 차량통행량 증가 등 도로상황으로 인하여 부득이하게 시속 80km 미만으로 통행할 수 밖에 없는 경우에는 앞지르기를 하는 경우가 아니라도 통행할 수 있다.
		2차로	모든 자동차
	편도 3차로	1차로	앞지르기를 하려는 승용자동차 및 앞지르기를 하려는 경형, 소형, 중형승합자동차, 다만 차량통행량 증가 등 도로상황으로 인하여 부득이하게 시속 80km 미만으로 통행할 수 밖에 없는 경우에는 앞지르기를 하는 경우가 아니라도 통행할 수 있다.
		왼쪽차로	승용자동차 및 경형, 소형, 중형 승합자동차
		오른쪽 차로	대형 승합자동차, 화물자동차, 특수자동차, 법 제2조 제18호 나목에 따른 건설기계

※ 비고
1. 위 표에서 사용하는 용어의 뜻은 다음 각 목과 같다.
   가. "왼쪽 차로"란 다음에 해당하는 차로를 말한다.
      1) 고속도로 외의 도로의 경우 : 차로를 반으로 나누어 그 중 1차로에 가까운 부분의 차로, 다만, 차로수가 홀수인 경우 가운데 차로는 제외한다.
      2) 고속도로의 경우 : 1차로를 제외한 반으로 나누어 그 중 1차로에 가까운 부분의 차로, 다만, 1차로를 제외한 차로의 수가 홀수인 경우 그 중 가운데 차로는 제외한다.
   나. "오른쪽 차로"란 다음에 해당하는 차로를 말한다.
      1) 고속도로 외의 도로의 경우 : 왼쪽 차로를 제외한 나머지 차로
      2) 고속도로의 경우 : 1차로와 왼쪽 차로를 제외한 나머지 차로
2. 모든 차는 위 표에서 지정된 차로보다 오른쪽에 있는 차로로 통행할 수 있다.
3. 앞지르기를 할 때에는 위 표에서 지정된 차로의 왼쪽 바로 옆 차로로 통행할 수 있다.
4. 도로의 진출입 부분에서 진출입하는 때와 정차 또는 주차한 후 출발하는 때의 상당한 거리 동안은 이표에서 정하는 기준에 따르지 아니할 수 있다.

정요도 ●●●

고속도로와 고속도로 외의 도로로 구분하여 통행차량이 상이한점을 유의해야 한다.

정답 15 ②

16 2010년 기출

견인자동차가 아닌 자동차로 다른 차를 견인할 경우 "총중량 2,000kg에 미달하는 차를 그의 3배 이상의 총중량인 자동차로 견인할 때 통행속도는?

① 매시 25km 이내
② 매시 30km 이내
③ 매시 40km 이내
④ 매시 60km 이내

해설
총중량 2,000kg 미달차를 그의 3배 이상 중량차로 견인할 때 : 매시 30km 이내
총중량 2,000kg 미달하는 차를 그의 3배 이상의 총중량인 자동차로 견인할 때 통행속도는 시속 30km 이내이고 그 외 또는 이륜자동차가 견인하는 경우는 25km 이내이다.

심화 해설
도로교통법 시행규칙 제20조(자동차를 견인할 때의 속도)
견인자동차가 아닌 자동차로 다른 자동차를 견인하여 도로(고속도로를 제외한다)를 통행하는 때의 속도는 제19조에 불구하고 다음 각 호에서 정하는 바에 의한다.

구분	속도
1) 총중량 2000kg 미만인 자동차를 총중량이 그의 3배 이상인 자동차로 견인하는 경우	매시 30km 이내
2) 그 밖의 경우 및 이륜자동차가 견인하는 경우	매시 25km 이내

중요도 ●●●
견인자동차의 통행속도와 이륜자동차가 견인하는 경우 통행속도에 대한 내용이다.

17 2011년 기출

이상기후시 감속운행에 대한 설명 중 틀린 것은?

① 노면이 얼어붙은 때는 최고속도의 50/100 감속
② 폭우, 폭설, 안개 등으로 가시거리가 100m 이내인 경우에는 최고속도의 50/100 속도
③ 비가 내려 노면에 습기가 있을 때 최고속도의 20/100 감속
④ 눈이 20mm 미만 쌓인 때 최고속도의 50/100 감속

해설 눈이 20mm 미만 쌓인 때는 최고속도의 20/100 감속해야 한다.

심화 해설
도로교통법 시행규칙 제19조 제2항(이상기후시 감속운행 기준)

감속기준	감속사유
1. 최고속도의 100분의 20을 줄인 속도로 운행하여야 할 경우	• 비가 내려 노면이 젖어 있는 경우 • 눈이 20mm 미만 쌓인 경우
2. 최고속도의 100분의 50을 줄인 속도로 운행하여야 할 경우	• 폭우, 폭설, 안개 등으로 가시거리가 100m 이내인 경우 • 노면이 얼어붙은 경우 • 눈이 20mm 이상 쌓인 경우

중요도 ●●●
이상기후시 감속운행 규정(20/100과 50/100 경우)

정답 16 ② 17 ④

18 2013년 기출

〈보기〉에서 승용자동차를 운전할 때 ㉮, ㉯에 맞는 속도는?

보기
㉮ 자동차전용도로 최저 속도
㉯ 자동차전용도로에 눈이 20mm 이상 쌓였을 경우 최고속도

① ㉮ 매시 30km, ㉯ 매시 72km
② ㉮ 매시 30km, ㉯ 매시 45km
③ ㉮ 매시 40km, ㉯ 매시 72km
④ ㉮ 매시 40km, ㉯ 매시 45km

해설 자동차전용도로 최저속도 매시 30km, 눈이 20mm 이상 쌓인 때 매시 45km
① 도로교통법 시행규칙 제19조 제1항 도로별 제한속도
   2. 자동차전용도로의 속도 : 최고속도 90km, 최저속도 30km
② 도로교통법 시행규칙 제19조 제2항(이상기후시 감속규정)
   2-다. 눈이 20mm 이상 쌓인 경우 최고속도의 100분의 50을 줄인 속도로 운행해야 한다.

중요도 ●●

19 2014년 기출

도로교통법상 자동차 등의 고속도로 통행속도 규정권자로 맞는 것은?

① 고속도로 순찰대
② 경찰서장
③ 시·도경찰청장
④ 경찰청장

해설 고속도로 속도제한 : 경찰청장

심화 해설
도로교통법 제17조(자동차 등과 노면전차의 속도)
① 자동차등(개인형 이동장치는 제외한다)과 노면전차의 도로통행 속도는 행정안전부령으로 정한다.
② 경찰청장이나 시·도경찰청장은 도로에서 일어나는 위험을 방지하고 교통의 안전과 원활한 소통을 확보하기 위하여 필요하다고 인정하는 경우에 다음 각 호의 구분에 따라 구역이나 구간을 지정하여 제1항에 따라 정한 속도를 제한할 수 있다.
1. 경찰청장 : 고속도로
2. 시·도경찰청장 : 고속도로를 제외한 도로

중요도 ●●●
고속도로와 그외 도로의 통행속도를 제한할 수 있는지에 대한 내용이다.

정답 18 ② 19 ④

20 2014년 기출

도로교통법상 일반도로에서 견인자동차가 아닌 자동차로 다른 자동차를 견인시 속도에 관한 설명이다. ㉮, ㉯에 맞는 것은?

> **보기**
> ㉮ 총중량 2천킬로그램 미만인 자동차를 총중량이 그 차의 3배 이상의 자동차로 견인하는 경우
> ㉯ 이륜자동차가 견인하는 경우

① ㉮ 매시 30km 이내, ㉯ 매시 25km 이내
② ㉮ 매시 40km 이내, ㉯ 매시 30km 이내
③ ㉮ 매시 50km 이내, ㉯ 매시 35km 이내
④ ㉮ 매시 60km 이내, ㉯ 매시 40km 이내

해설 총중량 2,000kg 미만 매시 30km, 이륜차로 견인시 25km

심화 해설
도로교통법 시행규칙 제20조(자동차를 견인할 때의 속도)
견인자동차가 아닌 자동차로 다른 자동차를 견인하여 도로(고속도로를 제외한다)를 통행하는 때의 속도는 제19조에 불구하고 다음 각 호에서 정하는 바에 의한다.
1. 총중량 2천킬로그램 미만인 자동차를 총중량이 그의 3배 이상인 자동차로 견인하는 경우에는 매시 30킬로미터 이내
2. 제1호 외의 경우 및 이륜자동차가 견인하는 경우는 매시 25킬로미터 이내

21 2015년 기출

도로교통법상 일반도로에서 자동차 등의 속도 규정권자는?

① 경찰청장
② 시·도경찰청장
③ 경찰서장
④ 시장 등

해설 일반도로의 속도제한 : 시·도경찰청장

심화 해설
도로교통법 제17조(자동차 등과 노면전차의 속도)
① 자동차등(개인형 이동장치는 제외한다)과 노면전차의 도로통행 속도는 행정안전부령으로 정한다.
② 경찰청장이나 시·도경찰청장은 도로에서 일어나는 위험을 방지하고 교통의 안전과 원활한 소통을 확보하기 위하여 필요하다고 인정하는 경우에 다음 각 호의 구분에 따라 구역이나 구간을 지정하여 제1항에 따라 정한 속도를 제한할 수 있다.
1. 경찰청장 : 고속도로
2. 시·도경찰청장 : 고속도로를 제외한 도로

정답 20 ① 21 ②

22 [2021년 기출]

도로교통법령상 승용자동차를 최고속도보다 시속 100km를 초과한 속도로 3회 이상 운전한 사람에 대한 처벌규정으로 맞는 것은?

① 1년 이하의 징역이나 500만원 이하의 벌금
② 100만원 이하의 벌금
③ 30만원 이하의 벌금이나 구류
④ 범칙금 16만원

해설
1) 80km/h 초과 과속 = 30만원 이하 벌금
2) 100km/h 초과 과속 = 100만원 이하 벌금
3) 100km/h 초과 3회 이상 과속 = 1년 이하 징역이나 500만원 이하 벌금

● 중요도 ○○○
● 80km 초과 과속 – 30만원 이하 벌금

23 [2017년 기출]

자동차 등의 운행속도를 최고속도의 100분의 20을 줄인 속도로 운행하여야 하는 경우는?

① 눈이 20mm 미만 쌓인 경우
② 안개로 가시거리가 100m 이내인 경우
③ 노면이 얼어붙은 경우
④ 폭우·폭설로 가시거리가 100m 이내인 경우

해설 눈이 20mm 미만인 경우는 20/100임

● 중요도 ○○

심화 해설
도로교통법 시행규칙 제19조 제2항(자동차 등과 노면전차의 속도)
② 비·안개·눈 등으로 인한 악천후시에는 제1항에 불구하고 다음 각 호의 기준에 의하여 감속 운행하여야 한다. 다만, 경찰청장 또는 시·도경찰청장이 별표 6. 제1호 타목에 따른 가변형 속도제한표지를 최고속도로 정한 경우에는 이에 따라야 하며, 가변형 속도제한표지로 정한 최고속도와 그 밖의 안전표지로 정한 최고속도가 다를 때에는 가변형 속도제한표지에 따라야 한다.
1. 최고속도의 100분의 20을 줄인 속도로 운행하여야 하는 경우
    가. 비가 내려 노면이 젖어있는 경우
    나. 눈이 20mm 미만 쌓인 경우
2. 최고속도의 100분의 50을 줄인 속도로 운행하여야 하는 경우
    가. 폭우·폭설·안개 등으로 가시거리가 100m 이내인 경우
    나. 노면이 얼어붙은 경우
    다. 눈이 20mm 이상 쌓인 경우

정답 22 ① 23 ①

24 [2011년 기출]

앞지르기에 대한 설명 중 틀린 것은?

① 뒤차는 앞차가 다른 차를 앞지르고 있거나 앞지르고자 하는 때에는 그 차를 앞지르지 못한다.
② 앞지르고자 하는 모든 차는 방향지시기, 등화 또는 경음기를 사용하는 등 안전한 속도와 방법으로 앞지르기를 하여야 한다.
③ 모든 차는 다른 차를 앞지르고자 하는 때에는 앞차의 좌측을 통행하여야 한다.
④ 자전거의 운전자는 다른 차를 앞지르기할 수 없다.

> **해설** 자전거는 다른 차의 우측으로 앞지르기를 할 수 있다.
> 자전거의 운전자는 서행하거나 정지한 다른 차를 앞지르려면 앞차의 우측으로도 통행할 수 있다.

심화해설
도로교통법 제21조(앞지르기 방법 등)
① 모든 차의 운전자는 다른 차를 앞지르려면 앞차의 좌측으로 통행하여야 한다.
② 자전거등의 운전자는 서행하거나 정지한 다른 차를 앞지르려면 제1항에도 불구하고 앞차의 우측으로 통행할 수 있다. 이 경우 자전거등의 운전자는 정지한 차에서 승차하거나 하차하는 사람의 안전에 유의하여 서행하거나 필요한 경우 일시정지하여야 한다.
③ 제1항과 제2항의 경우 앞지르려고 하는 모든 차의 운전자는 반대방향의 교통과 앞차 앞쪽의 교통에도 주의를 충분히 기울여야 하며 앞차의 속도·진로와 그 밖의 도로 상황에 따라 방향지시기·등화 또는 경음기를 사용하는 등 안전한 속도와 방법의 앞지르기를 하여야 한다.
④ 모든 차의 운전자는 제1항부터 제3항까지 또는 제60조 제2항에 따른 방법으로 앞지르기를 하는 차가 있을 때에는 속도를 높여 경쟁하거나 그 차의 앞을 가로막는 등의 방법으로 앞지르기를 방해하여서는 아니 된다.

정답 24 ④

25 2013년 기출

앞지르기 금지규정이다. 틀린 것은?

① 교차로, 다리 위, 터널 안에서는 다른 차를 앞지르기 못한다.
② 앞차가 다른 차를 앞지르고 있거나 앞지르려고 하는 경우 앞지르지 못한다.
③ 편도 1차로 도로를 주행하고 있는 화물자동차가 저속진행하면 후행차량은 중앙선이 실선인 경우에도 앞지르기 할 수 있다.
④ 앞차의 좌측에 다른 차가 앞차와 나란히 가고 있는 경우 앞지르지 못한다.

해설 편도 1차로 저속차량 피해 실선의 중앙선 넘어 앞지르기 불가

심화 해설
도로교통법 제22조(앞지르기 금지의 시기 및 장소)
① 모든 차의 운전자는 다음 각 호의 어느 하나에 해당하는 경우에는 앞차를 앞지르지 못한다.
1. 앞차의 좌측에 다른 차가 앞차와 나란히 가고 있는 경우
2. 앞차가 다른 차를 앞지르고 있거나, 앞지르려고 하는 경우
② 모든 차의 운전자는 다음 각 호의 어느 하나에 해당하는 다른 차를 앞지르지 못한다.
1. 이 법이나 이 법에 따른 명령에 따라 정지하거나 서행하고 있는 차
2. 경찰공무원의 지시에 따라 정지하거나 서행하고 있는 차
3. 위험을 방지하기 위하여 정지하거나 서행하고 있는 차
③ 모든 차의 운전자는 다음 각 호의 어느 하나에 해당하는 곳에서는 다른 차를 앞지르지 못한다.
1. 교차로
2. 터널 안
3. 다리 위
4. 도로의 구부러진 곳, 비탈길의 고갯마루 부근 또는 가파른 비탈길의 내리막 등 시·도경찰청장이 도로에서의 위험을 방지하고 교통의 안전과 원활한 소통을 확보하기 위하여 필요하다고 인정하는 곳으로서 안전표지로 지정한 곳

26 2018년 기출

도로교통법상 앞지르기가 금지된 곳이 아닌 것은?

① 터널 안
② 편도 2차로 도로
③ 교차로
④ 다리 위

심화 해설
도로교통법 제22조 제3항(앞지르기 금지의 시기와 장소)
③ 모든 차의 운전자는 다음 각호의 어느 하나에 해당하는 곳에서는 다른 차를 앞지르지 못한다.
1. 교차로
2. 터널 안
3. 다리 위
4. 도로의 구부러진 곳, 비탈길의 고갯마루 부근 또는 가파른 비탈길의 내리막 등 시·도경찰청장이 도로에서의 위험을 방지하고 교통의 안전과 원활한 소통을 확보하기 위하여 필요하다고 인정하는 곳으로서 안전표지로 지정한 곳

정답 25 ③ 26 ②

27 2009년 기출

교차로를 통행하고자 하는 운전자의 교차로 통행방법에 대하여 설명한 것이다. 설명이 잘못된 것은?

① 교차로에서 우회전을 하고자 하는 때에는 미리 도로의 우측 가장자리를 서행하면서 우회전하여야 한다.
② 교차로에서 좌회전하려고 하는 때에는 미리 도로의 중앙선을 따라 서행하면서 교차로의 중심 안쪽을 이용하여 좌회전하여야 한다.
③ 우회전 또는 좌회전을 하기 위하여 손이나 방향지시기 또는 등화로서 신호를 하는 차가 있는 경우에 그 뒤차의 운전자는 신호를 한 앞차의 진행을 방해하여서는 아니 된다.
④ 신호기가 설치된 교차로에 들어가려는 때에는 진행하고자 하는 진로의 앞쪽에 있는 차의 상황에 따라 교차로에 정지하게 되어 다른 차의 통행에 방해가 될 우려가 있어도 신속히 통행한다.

해설 교차로 상황이 다른 차의 통행방해 우려시 진입 금지
통행에 방해가 될 우려가 있는 경우에는 그 교차로에 들어가서는 아니 된다.

심화 해설
도로교통법 제25조(교차로 통행방법)
① 모든 차의 운전자는 교차로에서 우회전을 하려는 경우에는 미리 도로의 우측 가장자리를 서행하면서 우회전하여야 한다. 이 경우 우회전하는 차의 운전자는 신호에 따라 진행하는 보행자 또는 자전거등에 주의하여야 한다.
② 모든 차의 운전자는 교차로에서 좌회전을 하려는 경우에는 미리 도로의 중앙선을 따라 서행하면서 교차로의 중심 안쪽을 이용하여 좌회전하여야 한다. 다만 시·도경찰청장이 교차로의 상황에 따라 특히 필요하다고 인정하여 지정한 곳에서는 교차로의 중심 바깥쪽을 통과할 수 있다
③ 제2항에도 불구하고 자전거등의 운전자는 교차로에서 좌회전하려는 경우에는 미리 도로의 우측 가장자리로 붙어 서행하면서 교차로의 가장자리 부분을 이용하여 좌회전하여야 한다.
④ 제1항부터 제3항까지의 규정에 따라 우회전이나 좌회전을 하기 위하여 손이나 방향지시기 또는 등화로서 신호를 하는 차가 있는 경우에 그 뒤차의 운전자는 신호를 한 앞차의 진행을 방해하여서는 아니 된다.
⑤ 모든 차 또는 노면전차의 운전자는 신호기로 교통정리를 하고 있는 교차로에 들어가려는 경우에는 진행하려는 진로의 앞쪽에 있는 차의 상황에 따라 교차로(정지선이 설치되어 있는 경우에는 그 정지선을 넘은 부분을 말한다)에 정지하게 되어 다른 차 또는 노면전차의 통행에 방해가 될 우려가 있는 경우에는 그 교차로에 들어가서는 아니 된다.
⑥ 모든 차의 운전자는 교통정리를 하고 있지 아니하고 일시정지나 양보를 표시하는 안전표지가 설치되어 있는 교차로에 들어가려고 할 때에는 다른 차의 진행을 방해하지 아니하도록 일시정지하거나 양보하여야 한다.

> 모든 차의 운전자가 교차로 통행시 준수해야 할 사항에 대한 내용이다.

정답 27 ④

28 2008년 기출

신호기가 없고, 또 교통량이 적어 비교적 한산하나 좌우측을 확인할 수 없는 교차로 통행방법에 관한 설명이다. 옳은 것은?

① 교차로 직전에서 일시정지하여 안전을 확인한 후 통행한다.
② 한산한 교차로이므로 속도를 내어 통과한다.
③ 횡단보도에 보행자가 없으면 그대로 통과한다.
④ 교차로에 진입할 때에는 속도를 줄여 서행하여야 한다.

해설 신호기가 없고, 또 교통량이 적어 비교적 한산하나 좌우측을 확인할 수 없는 교차로를 통행할 때는 일시정지하여, 안전 확인 후 통행해야 한다.
① 교통정리를 하고 있지 아니하고 좌우를 확인할 수 없거나 교통이 빈번한 교차로 또는 시·도경찰청장이 도로에서의 위험을 방지하고 교통의 안전과 원활한 소통을 확보하기 위하여 필요하다고 인정하여 안전표지로 지정한 곳에서는 일시정지해야 한다고 명시되어 있다.
② 도로가 한산하더라도 좌우 확인할 수 없는 교차로에서는 일시정지 후 통과해야 안전을 확보할 수 있다. 속도를 내어 통과하는 것은 위험하기 그지없다.
③ 횡단보도를 그대로 통과한다는 것은 속도를 줄이지 않았다는 뜻이다. 보행자가 없다고 하더라도 서행하여 혹시 있을 보행자의 보행에 방해를 주어서는 안 된다.
④ 신호기가 없는 교차로는 서행 또는 일시정지하여야 한다.

> 중요도 ●●●
> 교통정리가 없는 교차로에서 안전한 통행방법에 대한 내용이다.

29 2011년 기출

교통정리가 없는 교차로에서의 양보운전에 대한 설명 중 **틀린** 것은?

① 이미 교차로에 들어가 있는 다른 차가 있는 때에는 그 차에 진로를 양보하여야 한다.
② 동시에 교차로에 들어가고자 하는 경우에는 좌측도로의 차에 진로를 양보하여야 한다.
③ 좌회전하고자 하는 차의 운전자는 직진하거나 우회전 하려는 차에 진로를 양보하여야 한다.
④ 통행하고 있는 도로의 폭보다 교차하는 도로의 폭이 넓은 경우에는 서행하여야 한다.

해설 동시에 교차로에 들어가고자 하는 경우에는 우측도로의 차에 진로를 양보하여야 한다.

> **심화 해설**
> **도로교통법 제26조(교통정리가 없는 교차로에서의 양보운전)**
> ① 교통정리를 하고 있지 아니하는 교차로에 들어가려고 하는 차의 운전자는 이미 교차로에 들어가 있는 다른 차가 있을 때에는 그 차에 진로를 양보하여야 한다. (선 진입 차 우선)
> ② 교통정리를 하고 있지 아니하는 교차로에 들어가려고 하는 차의 운전자는 그 차가 통행하고 있는 도로의 폭보다 교차하는 도로의 폭이 넓은 경우에는 서행하여야 하며, 폭이 넓은 도로로부터 교차로에 들어가려고 하는 다른 차가 있을 때에는 그 차에 진로를 양보하여야 한다. (도로폭이 넓은 대로 차 우선)
> ③ 교통정리를 하고 있지 아니하는 교차로에 동시에 들어가려고 하는 차의 운전자는 우측도로의 차에 진로를 양보하여야 한다. (동시 진입시 우측도로차 우선)
> ④ 교통정리를 하고 있지 아니하는 교차로에서 좌회전하려고 하는 차의 운전자는 그 교차로에서 직진하거나 우회전하려는 다른 차가 있을 때에는 그 차에 진로를 양보하여야 한다. (직진이나 우회전 차 우선)

> 중요도 ●●

정답 28 ① 29 ②

30 [2021년 기출]

도로교통법령상 교통정리가 없는 교차로에서의 양보운전에 대한 설명으로 틀린 것은?

① 교통정리를 하고 있지 아니하는 교차로에 들어가려고 하는 차의 운전자는 이미 교차로에 들어가 있는 다른 차가 있을 때에는 그 차에 진로를 양보하여야 한다.
② 교통정리를 하고 있지 아니하는 교차로에 들어가려고 하는 차의 운전자는 그 차가 통행하고 있는 도로의 폭보다 교차하는 도로의 폭이 넓은 경우에는 서행하여야 하며, 폭이 넓은 도로로부터 교차로에 들어가려고 하는 다른 차가 있을 때에는 그 차에 진로를 양보하여야 한다.
③ 교통정리를 하고 있지 아니하는 교차로에서 우회전하려고 하는 차의 운전자는 그 교차로에서 직진하거나 좌회전하려는 다른 차가 있을 때에는 그 차에 진로를 양보하여야 한다.
④ 교통정리를 하고 있지 아니하는 교차로에 동시에 들어가려고 하는 차의 운전자는 우측도로의 차에 진로를 양보하여야 한다.

해설 교통정리가 없는 교차로에서의 양보운전
1. 선진입차량에 대해 후진입차량이 통행우선권을 양보해야 한다.
2. 넓은 도로에서 진입하는 차량에 대해 소로에서 진입하는 차가 통행우선권을 양보해야 한다.
3. 교차로에 동시에 진입할 때는 우측도로 차에 통행우선권을 양보해야 한다.
4. 좌회전차는 직진이나 우회전차에 통행우선권을 양보해야 한다.

교통정리가 없는 교차로 통행우선권은 안전상 매우 중요 정확한 숙지요

31 [2012년 기출]

다음 중 도로교통법상 교통정리가 없는 교차로에 들어가고자 하는 차의 운전자가 지켜야 할 양보운전 방법이다. 틀린 것은?

① 이미 교차로에 들어가 있는 다른 차가 있는 경우에는 진로를 양보하여야 한다.
② 폭이 넓은 도로에 있는 다른 차가 교차로에 들어가려고 하는 경우 진로를 양보하여야 한다.
③ 도로 폭이 같고 우선순위가 같은 차가 동시에 들어가고자 하는 경우에는 좌측도로의 차에게 진로를 양보하여야 한다.
④ 좌회전하고자 하는 차의 운전자는 직진하거나 우회전하려는 다른 차가 있는 경우 진로를 양보하여야 한다.

해설 동시 진입할 때는 우측도로 차에 진로 양보

심화 해설
도로교통법 제26조(교통정리가 없는 교차로에서의 양보운전)
① 교통정리를 하고 있지 아니하는 교차로에 들어가려고 하는 차의 운전자는 이미 교차로에 들어가 있는 다른 차가 있을 때에는 그 차에 진로를 양보하여야 한다. (선 진입 차 우선)
② 교통정리를 하고 있지 아니하는 교차로에 들어가려고 하는 차의 운전자는 그 차가 통행하고 있는 도로의 폭보다 교차하는 도로의 폭이 넓은 경우에는 서행하여야 하며, 폭이 넓은 도로부터 교차로에 들어가려고 하는 다른 차가 있을 때에는 그 차에 진로를 양보하여야 한다. (도로폭이 넓은 대로 차 우선)
③ 교통정리를 하고 있지 아니하는 교차로에 동시에 들어가려고 하는 차의 운전자는 우측도로의 차에 진로를 양보하여야 한다. (동시 진입시 우측도로차 우선)
④ 교통정리를 하고 있지 아니하는 교차로에서 좌회전하려고 하는 차의 운전자는 그 교차로에서 직진하거나 우회전하려는 다른 차가 있을 때에는 그 차에 진로를 양보하여야 한다. (직진이나 우회전 차 우선)

정답 30 ③ 31 ③

32 2016년 기출

도로교통법상 운전자의 보행자 보호에 대한 설명으로 틀린 것은?

① 운전자는 보행자가 횡단보도를 통행하고 있는 때에는 정지선에서 일시정지하여야 한다.
② 운전자는 교차로에서 좌회전 또는 우회전을 하고자 하는 경우에 신호기에 따라 도로를 횡단하는 보행자의 통행을 방해하여서는 아니 된다.
③ 운전자는 보행자가 횡단보도가 설치되어 있지 아니한 도로를 가장 짧은 거리로 횡단하고 있는 때에 안전거리를 두고 서행하여야 한다.
④ 운전자는 교통정리가 행하여지고 있지 아니하는 교차로 또는 그 부근의 도로를 횡단하는 보행자의 통행을 방해하여서는 아니 된다.

해설 서행이 아니고 일시정지하여 보행자가 안전하게 횡단할 수 있도록 하여야 한다.

심화 해설
1) **도로교통법 제27조(보행자의 보호)**
① 모든 차 또는 노면전차의 운전자는 보행자(제13조의2 제6항에 따라 자전거등에서 내려서 자전거등을 끌거나 들고 통행하는 자전거 운전자를 포함한다)가 횡단보도를 통행하고 있을 때에는 보행자의 횡단을 방해하거나 위험을 주지 아니하도록 그 횡단보도 앞(정지선이 설치되어 있는 곳에서는 그 정지선을 말한다)에서 일시정지하여야 한다.
② 모든 차 또는 노면전차의 운전자는 교통정리를 하고 있는 교차로에서 좌회전이나 우회전을 하려는 경우에는 신호기 또는 경찰공무원등의 신호나 지시에 따라 도로를 횡단하는 보행자의 통행을 방해하여서는 아니 된다.
③ 모든 차의 운전자는 교통정리를 하고 있지 아니하는 교차로 또는 그 부근의 도로를 횡단하는 보행자의 통행을 방해하여서는 아니 된다.
④ 모든 차 또는 노면전차의 운전자는 보행자가 제10조 제3항에 따라 횡단보도가 설치되어 있지 아니한 도로를 횡단하고 있을 때에는 안전거리를 두고 일시정지하여 보행자가 안전하게 횡단할 수 있도록 하여야 한다.

정답 32 ③

33 [2013년 기출]

도로교통법상 모든 긴급자동차에 대한 특례에 해당되지 않는 것은?

① 앞지르기의 금지장소
② 앞지르기의 금지의 시기
③ 중앙선 침범
④ 끼어들기의 금지

해설 중앙선 침범(긴급자동차의 우선통행)

심화 해설

1) 도로교통법 제30조(긴급자동차에 대한 특례)
   긴급자동차에 대하여는 다음 각 호의 사항을 적용하지 아니한다. 다만, 제4호부터 제12호까지의 사항은 긴급자동차 중 제2조 제22호 가목부터 다목까지의 자동차와 대통령령으로 정하는 경찰용 자동차에 대해서만 적용하지 아니한다.
   1. 제17조에 따른 자동차등의 속도 제한. 다만, 제17조에 따라 긴급자동차에 대하여 속도를 제한한 경우에는 같은 조의 규정을 적용한다.
   2. 제22조에 따른 앞지르기의 금지
   3. 제23조에 따른 끼어들기의 금지
   4. 제5조에 따른 신호위반
   5. 제13조 제1항에 따른 보도침범
   6. 제13조 제3항에 따른 중앙선 침범
   7. 제18조에 따른 횡단 등의 금지
   8. 제19조에 따른 안전거리 확보 등
   9. 제21조 제1항에 따른 앞지르기 방법 등
   10. 제32조에 따른 정차 및 주차의 금지
   11. 제33조에 따른 주차금지
   12. 제66조에 따른 고장 등의 조치

2) 도로교통법 제29조(긴급자동차의 우선통행)
   ① 긴급자동차는 제13조 제3항에도 불구하고 긴급하고 부득이한 경우에는 도로의 중앙이나 좌측 부분을 통행할 수 있다.
   ② 긴급자동차는 이 법이나 이 법에 따른 명령에 따라 정지하여야 하는 경우에도 불구하고 긴급하고 부득이한 경우에는 정지하지 아니할 수 있다.
   ③ 긴급자동차의 운전자는 제1항이나 제2항의 경우에 교통안전에 특히 주의하면서 통행하여야 한다.
   ④ 교차로나 그 부근에서 긴급자동차가 접근하는 경우에는 차마와 노면전차의 운전자는 교차로를 피하여 일시정지하여야 한다.
   ⑤ 모든 차와 노면전차의 운전자는 제4항에 따른 곳 외의 곳에서 긴급자동차가 접근한 경우에는 긴급자동차가 우선통행할 수 있도록 진로를 양보하여야 한다.
   ⑥ 제2조 제22호 각 목의 자동차 운전자는 해당 자동차를 그 본래의 긴급한 용도로 운행하지 아니하는 경우에는 「자동차관리법」에 따라 설치된 경광등을 켜거나 사이렌을 작동하여서는 아니 된다. 다만, 대통령령으로 정하는 바에 따라 범죄 및 화재 예방 등을 위한 순찰·훈련 등을 실시하는 경우에는 그러하지 아니하다.

중요도 ●●●
- 긴급자동차의 특례와 우선통행권(특히 교차로와 그 외 곳에서 긴급자동차가 접근할 때)

정답 33 ③

34 [2008년 기출]

일시정지라 함은 반드시 차마가 멈추어야 하는 행위 자체를 의미한다. 운전자가 일시정지해야 하는 경우를 기술한 것으로 맞는 것은?

① 노면표시 제530호의 정지선이 설치되어 있는 곳
② 신호기에 따라 철길 건널목을 통과하고자 할 때
③ 횡단보도가 설치되지 아니한 도로를 보행자가 횡단하고 있을 때
④ 교통정리가 행하여지고 있는 교차로를 통과할 때

[해설] 횡단보도가 없는 도로에서 보행자가 횡단할 때 반드시 일시정지해야 한다.
① 노면표시 제530호는 운행 중 정지해야 할 경우 정지해야 할 지점을 표시한 곳으로 횡단보도에 보행자가 없거나, 신호 없는 교차로에서 진행하는 차가 없거나, 차량신호등이 녹색인 경우 서행하면서 진행할 수 있다. 따라서 정지선이 있다고 하여 반드시 일시정지할 필요는 없다.
② 신호기에 따르는 경우에는 정지하지 아니하고 통과할 수 있다. 도로교통법 제24조(철길 건널목의 통과) 제1항에서 모든 차 또는 노면전차의 운전자는 철길 건널목(이하 '건널목'이라 한다)을 통과하려는 경우에는 건널목 앞에서 일시정지하여 안전한지 확인한 후에 통과하여야 한다. 다만 신호기 등이 표시하는 신호에 따르는 경우에는 정지하지 아니하고 통과할 수 있다고 규정하였다. 반드시 일시정지할 필요는 없다
③ 횡단보도가 설치되지 아니한 도로를 보행자가 횡단하고 있을 때 반드시 일시정지하여야 한다. 도로교통법 제27조(보행자의 보호) 제5항에 보행자가 횡단보도가 설치되어 있지 아니한 도로를 횡단하고 있을 때에는 안전거리를 두고 일시정지하여 보행자가 안전하게 횡단할 수 있도록 하여야 한다라고 규정되어 있다.
④ 교통정리가 행하여지고 있는 교차로는 통상 서행의무가 있고 다만 좌·우 확인할 수 없거나, 교통이 빈번한, 일시정지 표지가 설치된 곳에서만 일시정지 의무가 있다.

심화 해설
도로교통법 제31조(서행 또는 일시정지할 장소)
① 모든 차 또는 노면전차의 운전자는 다음 각 호의 어느 하나에 해당하는 곳에서는 서행하여야 한다.
1. 교통정리를 하고 있지 아니하는 교차로
2. 도로가 구부러진 부근
3. 비탈길의 고갯마루 부근
4. 가파른 비탈길의 내리막
5. 시·도경찰청장이 도로에서의 위험을 방지하고 교통의 안전과 원활한 소통을 확보하기 위하여 필요하다고 인정하여 안전표지로 지정한 곳
② 모든 차 또는 노면전차의 운전자는 다음 각 호의 어느 하나에 해당하는 곳에서는 일시정지하여야 한다.
1. 교통정리를 하고 있지 아니하고 좌우를 확인할 수 없거나 교통이 빈번한 교차로
2. 시·도경찰청장이 도로에서의 위험을 방지하고 교통의 안전과 원활한 소통을 확보하기 위하여 필요하다고 인정하여 안전표지로 지정한 곳

중요도 ●●●
일시정지해야 할 장소와 서행해야 할 장소

정답 34 ③

35 [2018년 기출]

도로교통법상 반드시 일시정지해야 하는 장소는?

① 신호 없는 교차로
② 도로가 구부러진 부근
③ 교통정리가 행하여지고 있지 아니하고 교통이 빈번한 교차로
④ 비탈길의 고갯마루 부근

> **해설** 도로교통법 제31조 제2항(일시정지해야 할 장소)
> 1. 교통정리를 하고 있지 아니하고 좌, 우를 확인할 수 없거나 교통이 빈번한 교차로
> 2. 시·도경찰청장이 도로에서의 위험을 방지하고 교통의 안전과 원활한 소통을 하기 위하여 필요하다고 인정하여 안전표지로 지정한 곳

36 [2021년 기출]

도로교통법령상 일시정지하여야 할 장소로 규정된 곳은?

① 가파른 비탈길의 내리막
② 도로가 구부러진 부근
③ 교통정리가 행하여지고 있지 아니하고 교통이 빈번한 교차로
④ 비탈길의 고갯마루 부근

> **심화 해설**
> ① 일시정지를 해야 할 장소(도로교통법 제31조 제2항)
>   1. 교통정리를 하고 있지 아니하고 좌·우를 확인할 수 없거나 교통이 빈번한 교차로
>   2. 시·도 경찰청장이 안전과 소통을 위해 안전표지로 지정한다.
> ② 서행해야 할 장소(도로교통법 제31조 제1항)
>   1. 교통정리를 하고 있지 아니하는 교차로
>   2. 도로의 구부러진 부근
>   3. 비탈길의 고갯마루 부근
>   4. 가파른 비탈길의 내리막
>   5. 시·도 경찰청장이 안전표지로 지정한 곳

일시정지와 서행해야 할 장소는 매우 중요하므로 시험문제로 다수 출제

정답 35 ③ 36 ③

37 2014년 기출

도로교통법상 교통정리가 행하여지고 있지 아니하고 좌·우를 확인할 수 없거나 교통이 빈번한 교차로에서의 운전 방법으로 맞는 것은?

① 서행한다.
② 경음기를 사용해야 한다.
③ 신속하게 통과한다.
④ 일시정지한다.

해설 좌·우 확인할 수 없는 교통정리가 없는 교차로 진입시 반드시 일시정지해야 한다.

심화 해설
도로교통법 제31조(서행 또는 일시정지할 장소)
① 모든 차 또는 노면전차의 운전자는 다음 사항에 해당하는 곳에서는 서행하여야 한다.
1. 교통정리를 하고 있지 아니하는 교차로
2. 도로가 구부러진 부근
3. 비탈길의 고갯마루 부근
4. 가파른 비탈길의 내리막
5. 시·도경찰청장이 도로에서의 위험을 방지하고 교통의 안전과 원활한 소통을 확보하기 위하여 필요하다고 인정하여 안전표지로 지정한 곳
② 모든 차 또는 노면전차의 운전자는 다음 사항에 해당하는 곳에서는 일시정지하여야 한다.
1. 교통정리를 하고 있지 아니하고 좌·우를 확인할 수 없거나 교통이 빈번한 교차로
2. 시·도경찰청장이 도로에서의 위험을 방지하고 교통의 안전과 원활한 소통을 확보하기 위하여 필요하다고 인정하여 안전표지로 지정한 곳

정답 37 ④

38 [2008년 기출]

주, 정차에 대해 설명한 것이다. 틀린 것은?

① 차량의 고장으로 계속 정지하고 있는 것은 주차이다.
② 화재경보기로부터 3m 이내의 곳은 주·정차 금지구역이다.
③ 횡단보도로부터 10m 이내의 곳에서는 주·정차를 할 수 없다.
④ 터널 안 및 다리 위에서는 주차를 할 수 없다.

해설
- 도로교통법 제2조 제24호에서 "주차"란 운전자가 승객을 기다리거나 화물을 싣거나 차가 고장나거나 그 밖의 사유로 차를 계속 정지상태에 두는 것 또는 운전자가 차에서 떠나서 즉시 그 차를 운전할 수 없는 상태에 두는 것을 말한다.
- 동조 제25호 "정차"란 운전자가 5분을 초과하지 아니하고 차를 정지시키는 것으로서 주차 외의 정지상태를 말한다. 횡단보도로부터 10m 이내의 곳에서는 주·정차를 할 수 없는 곳이고 터널 안 및 다리 위에서는 주차만 할 수 없다.

심화 해설

1) **도로교통법 제32조(정차 및 주차의 금지)**
   모든 차의 운전자는 다음 각 호의 어느 하나에 해당하는 곳에서는 차를 정차하거나 주차하여서는 아니 된다. 다만, 이 법이나 이 법에 따른 명령 또는 경찰공무원의 지시를 따르는 경우와 위험방지를 위하여 일시정지하는 경우에는 그러하지 아니하다.
   ① 교차로·횡단보도·건널목이나 보도와 차도가 구분된 도로의 보도(「주차장법」에 따라 차도와 보도에 걸쳐서 설치된 노상주차장은 제외한다)
   ② 교차로의 가장자리나 도로의 모퉁이로부터 5미터 이내인 곳
   ③ 안전지대가 설치된 도로에서는 그 안전지대의 사방으로부터 각각 10미터 이내인 곳
   ④ 버스여객자동차의 정류지(停留地)임을 표시하는 기둥이나 표지판 또는 선이 설치된 곳으로부터 10미터 이내인 곳. 다만, 버스여객자동차의 운전자가 그 버스여객자동차의 운행시간 중에 운행노선에 따르는 정류장에서 승객을 태우거나 내리기 위하여 차를 정차하거나 주차하는 경우에는 그러하지 아니하다.
   ⑤ 건널목의 가장자리 또는 횡단보도로부터 10미터 이내인 곳
   ⑥ 다음 각 목의 곳으로부터 5미터 이내인 곳
      가. 「소방기본법」 제10조에 따른 소방용수시설 또는 비상소화장치가 설치된 곳
      나. 「화재예방, 소방시설 설치·유지 및 안전관리에 관한 법률」 제2조 제1항 제1호에 따른 소방시설로서 대통령령으로 정하는 시설이 설치된 곳
   ⑦ 시·도경찰청장이 도로에서의 위험을 방지하고 교통의 안전과 원활한 소통을 확보하기 위하여 필요하다고 인정하여 지정한 곳
   ⑧ 시장 등이 제12조 제1항에 따라 지정한 어린이 보호구역

2) **도로교통법 제33조(주차금지의 장소)**
   ① 터널 안 및 다리 위
   ② 다음 각 목의 곳으로부터 5미터 이내인 곳
      가. 도로공사를 하고 있는 경우에는 그 공사 구역의 양쪽 가장자리
      나. 「다중이용업소의 안전관리에 관한 특별법」에 따른 다중이용업소의 영업장이 속한 건축물로 소방본부장의 요청에 의하여 시·도경찰청장이 지정한 곳
   ③ 시·도경찰청장이 도로에서의 위험을 방지하고 교통의 안전과 원활한 소통을 확보하기 위하여 필요하다고 인정하여 지정한 곳

정답 38 ②

39 2010년 기출

도로교통법에서 주차와 정차가 모두 금지되는 장소는?

① 화재경보기로부터 5m 이내의 곳
② 터널 안 및 다리 위
③ 소방용 기계기구가 설치된 곳에서부터 5m 이내의 곳
④ 횡단보도 부근으로부터 10m 이내의 곳

[해설] 횡단보도 부근 10m 이내는 주차와 정차 모두 금지
도로교통법 제32조 제5호에서 건널목의 가장자리 또는 횡단보도로부터 10m 이내 곳에서는 정차 및 주차를 금지한다고 규정하였다. ①, ②, ③은 주차금지의 장소이다.

40 2010년 기출

정차에 대한 도로교통법상 정의다. 옳은 것은?

① 화물을 내리기 위하여 5분 이상 정지한 상태
② 운전자가 잠시 차량을 떠난 상태
③ 운전자가 5분을 초과하지 아니하고 차를 정지시키는 것으로서 주차외의 정지 상태를 말한다.
④ 차량의 고장으로 인해 정지한 상태

[해설] 5분 초과하지 아니한 주차 외의 정지상태
①, ②, ④는 주차에 대한 설명이다.

심화 해설
도로교통법 제2조(정의)
25. "정차"란 운전자가 5분을 초과하지 아니하고 차를 정지시키는 것으로서 주차 외의 정지상태를 말한다.
24. "주차"란 운전자가 승객을 기다리거나 화물을 싣거나 차가 고장나거나 그 밖의 사유로 차를 계속 정차상태에 두는 것 또는 운전자가 차에서 떠나서 즉시 그 차를 운전할 수 없는 상태에 두는 것을 말한다.

정답 39 ④ 40 ③

41 2014년 기출

도로교통법상 주·정차금지 장소로 틀린 것은?

① 교차로의 가장자리나 도로의 모퉁이로부터 10m 이내의 곳
② 안전지대가 설치된 도로에서는 그 안전지대 사방으로부터 각각 10m 이내의 곳
③ 건널목의 가장자리 또는 횡단보도로부터 10m 이내의 곳
④ 버스여객자동차의 정류지임을 표시하는 기둥이나 표지판이 설치된 곳으로부터 10m 이내의 곳

해설 도로교통법 제32조 제2항 참조

심화 해설

1) **도로교통법 제32조(정차 및 주차의 금지)**
   모든 차의 운전자는 다음 각 호의 어느 하나에 해당하는 곳에서는 차를 정차하거나 주차하여서는 아니 된다. 다만, 이 법이나 이 법에 따른 명령 또는 경찰공무원의 지시를 따르는 경우와 위험방지를 위하여 일시정지하는 경우에는 그러하지 아니하다.
   ① 교차로·횡단보도·건널목이나 보도와 차도가 구분된 도로의 보도(「주차장법」에 따라 차도와 보도에 걸쳐서 설치된 노상주차장은 제외한다)
   ② 교차로의 가장자리나 도로의 모퉁이로부터 5미터 이내인 곳
   ③ 안전지대가 설치된 도로에서는 그 안전지대의 사방으로부터 각각 10미터 이내인 곳
   ④ 버스여객자동차의 정류지(停留地)임을 표시하는 기둥이나 표지판 또는 선이 설치된 곳으로부터 10미터 이내인 곳. 다만, 버스여객자동차의 운전자가 그 버스여객자동차의 운행시간 중에 운행노선에 따르는 정류장에서 승객을 태우거나 내리기 위하여 차를 정차하거나 주차하는 경우에는 그러하지 아니하다.
   ⑤ 건널목의 가장자리 또는 횡단보도로부터 10미터 이내인 곳
   ⑥ 다음 각 목의 곳으로부터 5미터 이내인 곳
      가. 「소방기본법」 제10조에 따른 소방용수시설 또는 비상소화장치가 설치된 곳
      나. 「화재예방, 소방시설 설치·유지 및 안전관리에 관한 법률」 제2조 제1항 제1호에 따른 소방시설로서 대통령령으로 정하는 시설이 설치된 곳
   ⑦ 시·도경찰청장이 도로에서의 위험을 방지하고 교통의 안전과 원활한 소통을 확보하기 위하여 필요하다고 인정하여 지정한 곳
   ⑧ 시장 등이 제12조 제1항에 따라 지정한 어린이 보호구역

2) **도로교통법 제33조(주차금지의 장소)**
   ① 터널 안 및 다리 위
   ② 다음 각 목의 곳으로부터 5미터 이내인 곳
      가. 도로공사를 하고 있는 경우에는 그 공사 구역의 양쪽 가장자리
      나. 「다중이용업소의 안전관리에 관한 특별법」에 따른 다중이용업소의 영업장이 속한 건축물로 소방본부장의 요청에 의하여 시·도경찰청장이 지정한 곳
   ③ 시·도경찰청장이 도로에서의 위험을 방지하고 교통의 안전과 원활한 소통을 확보하기 위하여 필요하다고 인정하여 지정한 곳

정답 41 ①

42 [2019년 기출]

도로교통법상 주차 및 정차 금지구역에 대한 설명으로 맞는 것은?

① 교차로의 가장자리나 도로의 모퉁이로부터 10m 이내인 곳
② 안전지대가 설치된 도로에서는 그 안전지대의 사방으로부터 각각 5m 이내인 곳
③ 소방기본법에 따른 소방용수시설 또는 비상소화장치가 설치된 곳으로부터 5m 이내인 곳
④ 건널목의 가장자리 또는 횡단보도로부터 5m 이내인 곳

심화 해설

도로교통법 제32조(정차 및 주차의 금지)

모든 차의 운전자는 다음 각 호의 어느 하나에 해당하는 곳에서는 차를 정차하거나 주차하여서는 아니 된다. 다만, 이 법이나 이 법에 따른 명령 또는 경찰공무원의 지시를 따르는 경우와 위험방지를 위하여 일시정지하는 경우에는 그러하지 아니하다.

① 교차로, 횡단보도, 건널목이나 보도와 차도가 구분된 도로의 보도(「주차장법」에 따라 차도와 보도에 걸쳐서 설치된 노상 주차장은 제외한다)
② 교차로의 가장자리나 도로의 모퉁이로부터 5m 이내인 곳
③ 안전지대가 설치된 도로에서는 그 안전지대의 사방으로부터 각각 10m 이내인 곳
④ 버스여객자동차의 정류지임을 표시하는 기둥이나 표지판 또는 선이 설치된 곳으로부터 10m 이내인 곳. 다만, 버스여객자동차의 운전자가 그 버스 여객자동차의 운행시간 중에 운행노선에 따르는 정류장에서 승객을 태우거나 내리기 위하여 차를 정차하거나 주차하는 경우에는 그러하지 아니하다.
⑤ 건널목의 가장자리 또는 횡단보도로부터 10m 이내인 곳
⑥ 다음 각 목의 곳으로부터 5m 이내인 곳
　가. 「소방기본법」 제10조에 따른 소방용수시설 또는 비상소화장치가 설치된 곳
　나. 「화재예방, 소방시설 설치, 유지 및 안전관리에 관한 법률」 제2조 제1항 제1호에 따른 소방시설로서 대통령령으로 정하는 시설이 설치된 곳
⑦ 시·도경찰청장이 도로에서의 위험을 방지하고 교통의안전과 원활한 소통을 확보하기 위하여 필요하다고 인정하여 지정한 곳
⑧ 시장 등이 제12조 제1항에 따라 지정한 어린이 보호구역

정요도 ○○○
주, 정차 금지장소에서 10m인지 5m인지 유의해야 한다.

43 [수정] [2015년 기출]

도로교통법상 주·정차에 대한 설명으로 맞는 것은?

① 터널 안 및 다리 위 - 주차금지, 정차금지
② 비상소화장치로부터 5m 이내인 곳 - 주차금지, 정차금지
③ 소방용수시설로부터 5m 이내인 곳 - 주차금지, 정차가능
④ 건널목의 가장자리 또는 횡단보도로부터 10m 이내인 곳 - 주차금지, 정차가능

심화 해설

1) 도로교통법 제32조(정차 및 주차의 금지)

모든 차의 운전자는 다음 각 호의 어느 하나에 해당하는 곳에서는 차를 정차하거나 주차하여서는 아니 된다. 다만, 이 법이나 이 법에 따른 명령 또는 경찰공무원의 지시를 따르는 경우와 위험방지를 위하여 일시정지하는 경우에는 그러하지 아니하다.

① 교차로·횡단보도·건널목이나 보도와 차도가 구분된 도로의 보도(「주차장법」에 따라 차도와 보도에 걸쳐서 설치된 노상 주차장은 제외한다)
② 교차로의 가장자리나 도로의 모퉁이로부터 5미터 이내인 곳
③ 안전지대가 설치된 도로에서는 그 안전지대의 사방으로부터 각각 10미터 이내인 곳
④ 버스여객자동차의 정류지(停留地)임을 표시하는 기둥이나 표지판 또는 선이 설치된 곳으로부터 10미터 이내인 곳. 다만, 버스여객자동차의 운전자가 그 버스여객자동차의 운행시간 중에 운행노선에 따르는 정류장에서 승객을 태우거나 내리기 위하여 차를 정차하거나 주차하는 경우에는 그러하지 아니하다.
⑤ 건널목의 가장자리 또는 횡단보도로부터 10미터 이내인 곳

정요도 ○○○
주차만 금지된 장소와 주·정차 모두 금지된 장소를 파악해야 한다.

정답 42 ③ 43 ②

⑥ 다음 각 목의 곳으로부터 5미터 이내인 곳
  가. 「소방기본법」 제10조에 따른 소방용수시설 또는 비상소화장치가 설치된 곳
  나. 「화재예방, 소방시설 설치·유지 및 안전관리에 관한 법률」 제2조 제1항 제1호에 따른 소방시설로서 대통령령으로 정하는 시설이 설치된 곳
⑦ 시·도경찰청장이 도로에서의 위험을 방지하고 교통의 안전과 원활한 소통을 확보하기 위하여 필요하다고 인정하여 지정한 곳
⑧ 시장 등이 제12조 제1항에 따라 지정한 어린이 보호구역
2) 도로교통법 제33조(주차금지의 장소)
① 터널 안 및 다리 위
② 다음 각 목의 곳으로부터 5미터 이내인 곳
  가. 도로공사를 하고 있는 경우에는 그 공사 구역의 양쪽 가장자리
  나. 「다중이용업소의 안전관리에 관한 특별법」에 따른 다중이용업소의 영업장이 속한 건축물로 소방본부장의 요청에 의하여 시·도경찰청장이 지정한 곳
③ 시·도경찰청장이 도로에서의 위험을 방지하고 교통의 안전과 원활한 소통을 확보하기 위하여 필요하다고 인정하여 지정한 곳

44 [2017년 기출]

도로교통법상 정차와 주차를 모두 금지하는 장소가 아닌 것은?

① 안전지대가 설치된 도로에서는 그 안전지대의 사방으로부터 각각 10m 이내인 곳
② 교차로의 가장자리나 도로의 모퉁이로부터 5m 이내인 곳
③ 건널목의 가장자리 또는 횡단보도로부터 10m 이내인 곳
④ 도로공사를 하고 있는 경우 그 공사구역의 양쪽 가장자리부터 5m 이내인 곳

해설

1) 도로교통법 제32조(정차 및 주차의 금지)
  모든 차의 운전자는 다음 각 호의 어느 하나에 해당하는 곳에서는 차를 정차하거나 주차하여서는 아니 된다. 다만, 이 법이나 이 법에 따른 명령 또는 경찰공무원의 지시를 따르는 경우와 위험방지를 위하여 일시정지하는 경우에는 그러하지 아니하다.
  ① 교차로·횡단보도·건널목이나 보도와 차도가 구분된 도로의 보도(「주차장법」에 따라 차도와 보도에 걸쳐서 설치된 노상주차장은 제외한다)
  ② 교차로의 가장자리나 도로의 모퉁이로부터 5미터 이내인 곳
  ③ 안전지대가 설치된 도로에서는 그 안전지대의 사방으로부터 각각 10미터 이내인 곳
  ④ 버스여객자동차의 정류지(停留地)임을 표시하는 기둥이나 표지판 또는 선이 설치된 곳으로부터 10미터 이내인 곳. 다만, 버스여객자동차의 운전자가 그 버스여객자동차의 운행시간 중에 운행노선에 따르는 정류장에서 승객을 태우거나 내리기 위하여 차를 정차하거나 주차하는 경우에는 그러하지 아니하다.
  ⑤ 건널목의 가장자리 또는 횡단보도로부터 10미터 이내인 곳
  ⑥ 다음 각 목의 곳으로부터 5미터 이내인 곳
    가. 「소방기본법」 제10조에 따른 소방용수시설 또는 비상소화장치가 설치된 곳
    나. 「화재예방, 소방시설 설치·유지 및 안전관리에 관한 법률」 제2조 제1항 제1호에 따른 소방시설로서 대통령령으로 정하는 시설이 설치된 곳
  ⑦ 시·도경찰청장이 도로에서의 위험을 방지하고 교통의 안전과 원활한 소통을 확보하기 위하여 필요하다고 인정하여 지정한 곳
  ⑧ 시장 등이 제12조 제1항에 따라 지정한 어린이 보호구역
2) 도로교통법 제33조(주차금지의 장소)
  ① 터널 안 및 다리 위
  ② 다음 각 목의 곳으로부터 5미터 이내인 곳
    가. 도로공사를 하고 있는 경우에는 그 공사 구역의 양쪽 가장자리
    나. 「다중이용업소의 안전관리에 관한 특별법」에 따른 다중이용업소의 영업장이 속한 건축물로 소방본부장의 요청에 의하여 시·도경찰청장이 지정한 곳
  ③ 시·도경찰청장이 도로에서의 위험을 방지하고 교통의 안전과 원활한 소통을 확보하기 위하여 필요하다고 인정하여 지정한 곳

정답 44 ④

45 [2021년 기출]

도로교통법령상 정차는 허용하나 주차를 금지하는 장소는?

① 교차로
② 건널목
③ 다리 위
④ 횡단보도

해설 정차 허용하나 주차를 금지하는 장소 : 다리 위

심화 해설

1) 도로교통법 제33조(주차금지의 장소)
  1. 터널 안 및 다리 위
  2. 다음 각 목의 곳으로부터 5m 이내의 곳
     가. 도로공사를 하고 있는 경우에는 그 공사 구역의 양쪽 가장자리
     나. 「다중 이용업소의 안전관리에 관한 특별법」에 따른 다중이용업소의 영업장이 속한 건축물로 소방본부장의 요청에 의하여 시·도 경찰청장이 지정한 곳
  3. 시·도 경찰청장이 도로에서의 위험을 방지하고 교통의 안전과 원활한 소통을 확보하기 위하여 필요하다고 인정하여 지정한 곳

2) 도로교통법 제32조(정차 및 주차 금지)
   다음 각 호의 어느 하나에 해당하는 곳에서는 차를 정차하거나 주차하여서는 아니된다. 다만 경찰공무원의 지시에 따르는 경우와 위험방지를 위하여 일시정지하는 경우에는 그러하지 아니하다.
  1. 교차로·횡단보도·건널목이나 보도와 차도가 구분된 도로의 보도
  2. 교차로 가장자리나 도로의 모퉁이로부터 5m 이내인 곳
  3. 안전지대가 설치된 도로에서는 그 안전지대의 사방으로부터 각각 10m 이내인 곳
  4. 버스 여객자동차의 정류지임을 표시하는 기둥이나 표지판 또는 선이 설치된 곳으로부터 10m 이내인 곳
  5. 건널목의 가장자리 또는 횡단보도로부터 10m 이내인 곳
  6. 다음 각 목의 곳으로부터 5m 이내의 곳
     가. 소방기본법 제10조에 따른 소방용수시설 또는 비상소화장치가 설치된 곳
     나. 소방시설 설치 및 관리에 관한 법률 제2조 제1항 제1호에 따른 소방시설로서 대통령령으로 정하는 시설이 설치된 곳
  7. 시·도 경찰청장이 필요하다고 인정하여 지정한 곳
  8. 시장 등이 제12조 제1항에 따라 지정한 어린이 보호구역

※ 도로교통법 제32조(정차 및 주차의 금지)
  8호 시장 등이 제12조 제1항에 따라 지정한 어린이 보호구역은 2020. 10. 20 개정되어 2021. 10. 21부터 시행되므로 중요사항

중요도 ●●●
주차금지장소와 주·정차 모두 금지장소 구분 숙지

정답 45 ③

46 2014년 기출

도로교통법상 주차에 위반한 차를 매각 또는 폐차한 경우 소요된 비용을 충당하고 잔액이 있는 때에는 이를 그 차의 사용자에게 지급하여야 한다. 다만, 그 차의 사용자에게 지급할 수 없는 경우 맞는 처리방법은?

① 공탁법에 따른 공탁
② 국고 환수조치
③ 지방자치단체장에게 송부
④ 지급할 수 있을 때까지 경찰서에 보관

해설 공탁법에 따른 공탁

심화 해설
도로교통법 제35조(주차위반에 대한 조치)
① 다음 각 호의 어느 하나에 해당하는 사람은 제32조(정차 및 주차의 금지), 제33조(주차금지의 장소) 또는 제34조(정차 또는 주차의 방법 및 시간의 제한)을 위반하여 주차하고 있는 차가 교통에 위험을 일으키게 하거나 방해될 우려가 있을 때에는 차의 운전자 또는 관리 책임이 있는 사람에게 주차 방법을 변경하거나 그 곳으로부터 이동할 것을 명할 수 있다.
1. 경찰공무원
2. 시장 등(도지사를 포함한다. 이하 이 조에서 같다)이 대통령령으로 정하는 바에 따라 임명하는 공무원(이하 "시·군 공무원"이라 한다)
② 경찰서장이나 시장 등은 제1항의 경우 차의 운전자나 관리책임이 있는 사람이 현장에 없을 때에는 도로에서 일어나는 위험을 방지하고 교통의 안전과 원활한 소통을 확보하기 위하여 필요한 범위에서 그 차의 주차방법을 직접 변경하거나 변경에 필요한 조치를 할 수 있으며 부득이한 경우에는 관할 경찰서나 경찰서장 또는 시장 등이 지정하는 곳으로 이동하게 할 수 있다.
③ 경찰서장이나 시장 등은 제2항에 따라 주차위반 차를 관할 경찰서나 경찰서장 또는 시장 등이 지정하는 곳으로 이동시킨 경우에는 선량한 관리자로서의 주의의무를 다하여 보관하여야 하며 그 사실을 차의 사용자(소유자 또는 소유자로부터 차의 관리에 관한 위탁을 받은 사람을 말한다. 이하 같다)나 운전자에게 신속히 알리는 등 반환에 필요한 조치를 하여야 한다.
④ 제3항의 경우 차의 사용자나 운전자의 성명·주소를 알 수 없을 때에는 대통령령으로 정하는 방법에 따라 공고하여야 한다.
⑤ 경찰서장이나 시장 등은 제3항과 제4항에 따라 차의 반환에 필요한 조치 또는 공고를 하였음에도 불구하고 그 차의 사용자나 운전자가 조치 또는 공고를 한 날부터 1개월 이내에 그 반환을 요구하지 아니할 때에는 대통령령으로 정하는 바에 따라 그 차를 매각하거나 폐차할 수 있다.
⑥ 제2항부터 제5항까지의 규정에 따른 주차위반 차의 이동·보관·공고·매각 또는 폐차 등에 들어간 비용은 그 차의 사용자가 부담한다. 이 경우 그 비용의 징수에 관하여는 「행정대집행법」 제5조 및 제6조를 적용한다.
⑦ 제5항에 따라 차를 매각하거나 폐차한 경우 그 차의 이동·보관·공고·매각 또는 폐차 등에 들어간 비용을 충당하고 남은 금액이 있는 경우에는 그 금액을 그 차의 사용자에게 지급하여야 한다. 다만, 그 차의 사용자에게 지급할 수 없는 경우에는 「공탁법」에 따라 그 금액을 공탁하여야 한다.

47 2008년 기출

여객운송사업용 승합자동차가 밤에 도로를 통행할 때 켜야 할 등화는?

① 전조등, 차폭등, 미등, 번호등, 실내조명등
② 전조등, 차폭등, 번호등, 실내조명등
③ 전조등, 차폭등, 미등, 실내조명등
④ 전조등, 차폭등, 미등, 번호등

해설 전조등, 차폭등, 미등, 번호등, 실내조명등 5가지
모든 자동차는 밤에 도로를 통행할 때 전조등, 차폭등, 미등, 번호등을 켜야 하며 승합자동차와 여객자동차운수사업용 승용자동차(택시 등)는 실내조명등까지 추가로 켜야 한다.

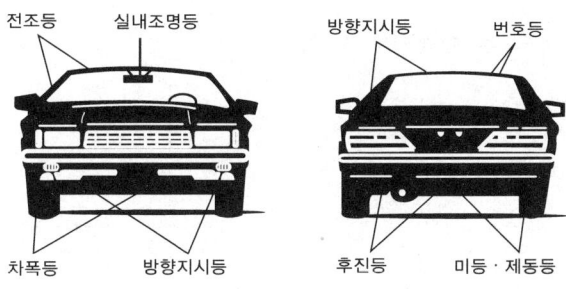

> **심화 해설**
> **도로교통법 시행령 제19조(밤에 도로에서 차를 운행하는 경우 등의 등화)**
> ① 차 또는 노면전차의 운전자가 법 제37조 제1항 각 호에 따라 도로에서 차 또는 노면전차를 운행할 때 켜야 하는 등화(燈火)의 종류는 다음 각 호의 구분에 따른다.
> 1. 자동차 : 자동차안전기준에서 정하는 전조등(前照燈), 차폭등(車幅燈), 미등(尾燈), 번호등과 실내조명등(실내조명등은 승합자동차와 「여객자동차 운수사업법」에 따른 여객자동차운송사업용 승용자동차만 해당한다)
> 2. 원동기장치자전거 : 전조등 및 미등
> 3. 견인되는 차 : 미등·차폭등 및 번호등
> 4. 노면전차 : 전조등, 차폭등, 미등 및 실내조명등
> 5. 제1호부터 제4호까지의 규정 외의 차 : 시·도경찰청장이 정하여 고시하는 등화
> ② 차 또는 노면전차의 운전자가 법 제37조 제1항 각 호에 따라 도로에서 정차하거나 주차할 때 켜야 하는 등화의 종류는 다음 각 호의 구분에 따른다.
> 1. 자동차(이륜자동차는 제외한다) : 자동차안전기준에서 정하는 미등 및 차폭등
> 2. 이륜자동차 및 원동기장치자전거 : 미등(후부 반사기를 포함한다)
> 3. 노면전차 : 차폭등 및 미등
> 4. 제1호부터 제3호까지의 규정 외의 차 : 시·도경찰청장이 정하여 고시하는 등화

48 `2011년 기출`

밤에 도로에서 차를 운행하는 경우와 정차 또는 주차하는 경우에 켜야 하는 등화를 설명한 것이다. 다음 중 틀린 것은?

① 운행 중인 자동차 - 전조등, 차폭등, 미등, 번호등과 실내조명등(실내조명등은 승합자동차와 여객자동차운송사업용 승용자동차에 한함)
② 운행 중인 원동기장치자전거 - 전조등 및 미등
③ 이륜자동차를 제외한 자동차가 정차 또는 주차하는 경우 - 미등, 차폭등
④ 견인되는 자동차 - 미등, 차폭등

해설 견인되는 자동차 미등, 차폭등, 번호등

> **심화 해설**
> **도로교통법 시행령 제19조(밤에 도로에서 차를 운행하는 경우 등의 등화)**
> ① 차 또는 노면전차의 운전자가 법 제37조 제1항 각 호에 따라 도로에서 차 또는 노면전차를 운행할 때 켜야 하는 등화(燈火)의 종류는 다음 각 호의 구분에 따른다.
> 1. 자동차 : 자동차안전기준에서 정하는 전조등(前照燈), 차폭등(車幅燈), 미등(尾燈), 번호등과 실내조명등(실내조명등은 승합자동차와 「여객자동차 운수사업법」에 따른 여객자동차운송사업용 승용자동차만 해당한다)
> 2. 원동기장치자전거 : 전조등 및 미등
> 3. 견인되는 차 : 미등·차폭등 및 번호등
> 4. 노면전차 : 전조등, 차폭등, 미등 및 실내조명등

정답 48 ④

5. 제1호부터 제4호까지의 규정 외의 차 : 시·도경찰청장이 정하여 고시하는 등화
② 차 또는 노면전차의 운전자가 법 제37조 제1항 각 호에 따라 도로에서 정차하거나 주차할 때 켜야 하는 등화의 종류는 다음 각 호의 구분에 따른다.
1. 자동차(이륜자동차는 제외한다) : 자동차안전기준에서 정하는 미등 및 차폭등
2. 이륜자동차 및 원동기장치자전거 : 미등(후부 반사기를 포함한다)
3. 노면전차 : 차폭등 및 미등
4. 제1호부터 제3호까지의 규정 외의 차 : 시·도경찰청장이 정하여 고시하는 등화

49 [2015년 기출]

야간 주행시 등화의 조작으로 잘못된 것은?

① 승합자동차 - 전조등, 차폭등, 미등, 번호등, 실내조명등
② 승용자동차 - 전조등, 차폭등, 번호등
③ 원동기장치자전거 - 전조등, 미등
④ 견인되는 차 - 차폭등, 미등, 번호등

해설 전조등, 차폭등, 미등, 번호등

심화 해설
도로교통법 시행령 제19조(밤에 도로에서 차를 운행하는 경우 등의 등화)
① 차 또는 노면전차의 운전자가 법 제37조 제1항 각 호에 따라 도로에서 차 또는 노면전차를 운행할 때 켜야 하는 등화(燈火)의 종류는 다음 각 호의 구분에 따른다.
1. 자동차 : 자동차안전기준에서 정하는 전조등(前照燈), 차폭등(車幅燈), 미등(尾燈), 번호등과 실내조명등(실내조명등은 승합자동차와 「여객자동차 운수사업법」에 따른 여객자동차운송사업용 승용자동차만 해당한다)
2. 원동기장치자전거 : 전조등 및 미등
3. 견인되는 차 : 미등·차폭등 및 번호등
4. 노면전차 : 전조등, 차폭등, 미등 및 실내조명등
5. 제1호부터 제4호까지의 규정 외의 차 : 시·도경찰청장이 정하여 고시하는 등화
② 차 또는 노면전차의 운전자가 법 제37조 제1항 각 호에 따라 도로에서 정차하거나 주차할 때 켜야 하는 등화의 종류는 다음 각 호의 구분에 따른다.
1. 자동차(이륜자동차는 제외한다) : 자동차안전기준에서 정하는 미등 및 차폭등
2. 이륜자동차 및 원동기장치자전거 : 미등(후부 반사기를 포함한다)
3. 노면전차 : 차폭등 및 미등
4. 제1호부터 제3호까지의 규정 외의 차 : 시·도경찰청장이 정하여 고시하는 등화

차종별 야간 주행시 등화를 조작해야 하는 경우에 대한 내용이다.

50 [2019년 기출]

도로교통법상 밤에 도로에서 차를 운행하는 경우 "실내조명등"을 켜지 않아도 되는 것은?

① 비 사업용 승용자동차
② 승합자동차
③ 노면전차
④ 여객자동차 운송사업용 승용자동차

해설 실내조명등은 승합자동차와 「여객자동차 운수사업법」에 따른 여객자동차운송사업용 승용자동차만 해당한다.

차종별 야간 주행시 등화를 조작해야 하는 경우에 대한 내용이다.

정답 49 ② 50 ①

심화 해설
도로교통법 시행령 제19조(밤에 도로에서 차를 운행하는 경우 등의 등화)
① 차 또는 노면전차의 운전자가 법 제37조 제1항 각 호에 따라 도로에서 차 또는 노면전차를 운행할 때 켜야 하는 등화의 종류는 다음 각 호의 구분에 따른다.
1. 자동차 : 자동차안전기준에서 정하는 전조등, 차폭등, 미등, 번호등과 실내 조명등(실내조명등은 승합자동차와 「여객자동차 운수사업법」에 따른 여객자동차운송사업용 승용자동차만 해당한다)
2. 원동기장치자전거 : 전조등 및 미등
3. 견인되는 차 : 미등, 차폭등및 번호등
4. 노면전차 : 전조등, 차폭등, 미등 및 실내조명등
5. 제1호부터 제4호까지의 규정 외의 차 : 시·도경찰청장이 정하여 고시하는 등화

51 [2017년 기출]

도로교통법상 운전자가 밤에 도로에서 차를 운행할 때 켜야 하는 등화의 종류로 바르지 <u>못한</u> 것은?

① 승합자동차 : 전조등, 차폭등, 미등, 실내조명등, 번호등
② 원동기장치자전거 : 전조등, 미등
③ 견인되는 차 : 전조등, 차폭등, 미등
④ 여객자동차운송사업용 승용자동차 : 전조등, 차폭등, 미등, 실내조명등, 번호등

해설 미등, 차폭등, 번호등

심화 해설
도로교통법 시행령 제19조(밤에 도로에서 차를 운행하는 경우 등의 등화)
① 차 또는 노면전차의 운전자가 법 제37조 제1항 각 호에 따라 도로에서 차 또는 노면전차를 운행할 때 켜야 하는 등화(燈火)의 종류는 다음 각 호의 구분에 따른다.
1. 자동차 : 자동차안전기준에서 정하는 전조등(前照燈), 차폭등(車幅燈), 미등(尾燈), 번호등과 실내조명등(실내조명등은 승합자동차와 「여객자동차 운수사업법」에 따른 여객자동차운송사업용 승용자동차만 해당한다)
2. 원동기장치자전거 : 전조등 및 미등
3. 견인되는 차 : 미등·차폭등 및 번호등
4. 노면전차 : 전조등, 차폭등, 미등 및 실내조명등
5. 제1호부터 제4호까지의 규정 외의 차 : 시·도경찰청장이 정하여 고시하는 등화
② 차 또는 노면전차의 운전자가 법 제37조 제1항 각 호에 따라 도로에서 정차하거나 주차할 때 켜야 하는 등화의 종류는 다음 각 호의 구분에 따른다.
1. 자동차(이륜자동차는 제외한다) : 자동차안전기준에서 정하는 미등 및 차폭등
2. 이륜자동차 및 원동기장치자전거 : 미등(후부 반사기를 포함한다)
3. 노면전차 : 차폭등 및 미등
4. 제1호부터 제3호까지의 규정 외의 차 : 시·도경찰청장이 정하여 고시하는 등화

52 [2018년 기출]

도로교통법상 차량 승차정원의 110%까지 탑승할 수 있는 경우는?

① 일반도로에서의 화물자동차
② 일반도로에서의 고속버스
③ 일반도로에서의 비사업용 버스
④ 고속도로에서의 고속버스

정답 51 ③ 52 ③

심화해설
도로교통법 시행령 제22조(운행상의 안전기준)
1. 일반자동차는 승차정원의 110% 이내
   다만 고속도로에서는 승차정원을 넘어서는 아니 된다.
2. 고속버스와 화물자동차는 승차정원 이내일 것

수정 53 2014년 기출

도로교통법상 운행상의 안전기준으로 틀린 것은?

① 고속버스운송사업용 자동차 및 화물자동차의 승차인원은 승차정원 이내
② 화물자동차의 적재중량은 구조 및 성능에 따르는 적재중량의 130% 이내
③ 이륜자동차 적재용량의 길이는 그 승차장치의 길이 또는 적재장치의 길이에 30cm를 더한 길이 이내
④ 화물자동차의 적재용량 길이는 자동차 길이에 그 길이의 10분의 1을 더한 길이

해설 적재중량의 110% 이내

심화해설
1) **도로교통법 제39조(승차 또는 적재의 방법과 제한)**
   ① 모든 차의 운전자는 승차인원, 적재중량 및 적재용량에 관하여 대통령령으로 정하는 운행상의 안전기준을 넘어서 승차시키거나 적재한 상태로 운전하여서는 아니 된다. 다만, 출발지를 관할하는 경찰서장의 허가를 받은 경우에는 그러하지 아니하다.
   ② 제1항 단서에 따른 허가를 받으려는 차가 「도로법」 제77조 제1항 단서에 따른 운행허가를 받아야 하는 차에 해당하는 경우에는 제14조 제4항을 준용한다.
   ③ 모든 차 또는 노면전차의 운전자는 운전 중 타고 있는 사람 또는 타고 내리는 사람이 떨어지지 아니하도록 하기 위하여 문을 정확히 여닫는 등 필요한 조치를 하여야 한다.
   ④ 모든 차의 운전자는 운전 중 실은 화물이 떨어지지 아니하도록 덮개를 씌우거나 묶는 등 확실하게 고정될 수 있도록 필요한 조치를 하여야 한다.
   ⑤ 모든 차의 운전자는 영유아나 동물을 안고 운전 장치를 조작하거나 운전석 주위에 물건을 싣는 등 안전에 지장을 줄 우려가 있는 상태로 운전하여서는 아니 된다.
   ⑥ 시·도경찰청장은 도로에서의 위험을 방지하고 교통의 안전과 원활한 소통을 확보하기 위하여 필요하다고 인정하는 경우에는 차의 운전자에 대하여 승차인원, 적재중량 또는 적재용량을 제한할 수 있다.
2) **도로교통법 시행령 제22조(운행상의 안전기준)**
   법 제39조 제1항 본문에서 "대통령령으로 정하는 운행상의 안전기준"이란 다음 각 호를 말한다.
   1. 자동차(고속버스운송사업용 자동차 및 화물자동차는 제외한다)의 승차인원은 승차정원의 110% 이내일 것. 다만, 고속도로에서는 승차정원을 넘어서 운행할 수 없다.
   2. 고속버스운송사업용 자동차 및 화물자동차의 승차인원은 승차정원 이내일 것
   3. 화물자동차의 적재중량은 구조 및 성능에 따르는 적재중량의 110% 이내일 것
   4. 자동차(화물자동차, 이륜자동차 및 소형 3륜 자동차만 해당한다)의 적재용량은 다음 각목의 구분에 따른 기준을 넘지 아니할 것
      가. 길이 : 자동차 길이에 그 길이의 10분의 1을 더한 길이. 다만, 이륜자동차는 그 승차장치의 길이 또는 적재장치의 길이에 30cm를 더한 길이를 말한다.
      나. 너비 : 자동차의 후사경으로 뒤쪽을 확인할 수 있는 범위(후사경의 높이보다 화물을 낮게 적재한 경우에는 그 화물을, 후사경의 높이보다 화물을 높게 적재한 경우에는 뒤쪽을 확인할 수 있는 범위를 말한다)의 너비
      다. 높이 : 화물자동차는 지상으로부터 4m(도로구조의 보전과 통행의 안전에 지장이 없다고 인정하여 고시한 도로노선의 경우에는 4m 20cm), 소형 3륜 자동차는 지상으로부터 2m 50cm, 이륜자동차는 지상으로부터 2m의 높이

중요도 ●●●
자동차의 종류별 운행상의 안전기준을 파악하고 있어야 한다.

정답 53 ②

54 2017년 기출

도로교통법상 화물자동차의 운행상의 안전기준에 대한 설명으로 틀린 것은?

① 길이 : 자동차 길이에 그 길이의 1/10을 더한 길이
② 너비 : 자동차의 후사경으로 뒤쪽을 확인할 수 있는 범위의 너비
③ 승차인원 : 승차정원의 110% 이내
④ 적재중량 : 구조 및 성능에 따르는 적재중량의 110% 이내

해설 화물차는 승차정원 이내

심화 해설
도로교통법 시행령 제22조(운행상의 안전기준)
법 제39조 제1항 본문에서 "대통령령으로 정하는 운행상의 안전기준"이란 다음 각 호를 말한다.
1. 자동차(고속버스운송사업용 자동차 및 화물자동차는 제외한다)의 승차인원은 승차정원의 110% 이내일 것. 다만, 고속도로에서는 승차정원을 넘어서 운행할 수 없다.
2. 고속버스운송사업용 자동차 및 화물자동차의 승차인원은 승차정원 이내일 것
3. 화물자동차의 적재중량은 구조 및 성능에 따르는 적재중량의 110% 이내일 것
4. 자동차(화물자동차, 이륜자동차 및 소형 3륜 자동차만 해당한다)의 적재용량은 다음 각목의 구분에 따른 기준을 넘지 아니할 것
   가. 길이 : 자동차 길이에 그 길이의 10분의 1을 더한 길이. 다만, 이륜자동차는 그 승차장치의 길이 또는 적재장치의 길이에 30cm를 더한 길이를 말한다.
   나. 너비 : 자동차의 후사경으로 뒤쪽을 확인할 수 있는 범위(후사경의 높이보다 화물을 낮게 적재한 경우에는 그 화물을, 후사경의 높이보다 화물을 높게 적재한 경우에는 뒤쪽을 확인할 수 있는 범위를 말한다)의 너비
   다. 높이 : 화물자동차는 지상으로부터 4m(도로구조의 보전과 통행의 안전에 지장이 없다고 인정하여 고시한 도로노선의 경우에는 4m 20cm), 소형 3륜 자동차는 지상으로부터 2m 50cm, 이륜자동차는 지상으로부터 2m의 높이

55 2010년 기출

도로교통법상 금지된 도장이나 표지가 아닌 것은?

① 긴급자동차로 오인할 수 있는 색칠 또는 표지
② 현란한 광고표지
③ 음란한 행위를 묘사하는 문자
④ 사람에게 혐오감을 주는 그림

해설 현란한 광고표지
유사표지의 제한 및 운행금지에서 '현란한 광고표지'는 규제대상에 포함되지 않는다.

심화 해설
1) **도로교통법 제42조(유사표지의 제한 및 운행금지)**
   ① 누구든지 자동차등(개인형 이동장치는 제외한다)에 교통단속용자동차·범죄수사용자동차나 그 밖의 긴급자동차와 유사하거나 혐오감을 주는 도색이나 표지등을 하거나 그러한 도색이나 표지등을 한 자동차 등을 운전하여서는 아니 된다.
   ② 제1항에 따라 제한되는 도색이나 표지 등의 범위는 대통령령으로 정한다.
2) **도로교통법 시행령 제27조(유사표지 및 도장 등의 범위)**
   법 제42조 제2항에 따라 제한되는 도색이나 표지 등은 다음 각 호와 같다.
   1. 긴급자동차로 오인할 수 있는 색칠 또는 표지
   2. 욕설을 표시하거나 음란한 행위를 묘사하는 등 다른 사람에게 혐오감을 주는 그림·기호 또는 문자

정답 54 ③ 55 ②

56 [2018년 기출]

도로교통법상 운전면허증을 대신할 수 있는 것이 아닌 것은?

① 범칙금 납부통고서
② 임시운전증명서
③ 운전면허 합격통지서
④ 출석고지서

해 설
1) 운전면허증에 대신할 수 있는 것은
   ① 국제운전면허증, 건설기계조종사면허증
   ② 임시운전증명서
   ③ 범칙금 납부통고서
   ④ 출석지시서
   ⑤ 출석고지서
2) 운전면허 합격통지서는 운전면허증을 대신할 수 없음

> 운전면허증을 대신할 수 있는 경우에 대한 내용이다.

57 [2018년 기출]

도로교통법상 제1종 보통운전면허로 운전할 수 있는 차량이 아닌 것은?

① 승차정원 12명의 긴급자동차
② 승차정원 15명의 승합자동차
③ 적재중량 10톤의 화물차
④ 총중량 10톤의 견인자동차

해설 제1종 보통면허로 운전할 수 있는 차량

면허 종별	운전할 수 있는 차량
제1종 보통면허	1. 승용자동차 2. 승차정원 15명 이하의 승합자동차 3. 적재중량 12톤 미만의 화물자동차 4. 건설기계(도로를 운행하는 3톤 미만의 지게차에 한정한다) 5. 총중량 10톤 미만의 특수자동차(구난차 등은 제외) 6. 원동기장치자전거

정답 56 ③ 57 ④

58 2010년 기출

도로교통법을 위반하여 단속되었을 때 형사상 처벌이 다른 경우는?

① 운전면허 시험에 최종합격하고 운전면허를 교부받기 전에 자동차를 운전할 경우
② 제2종 보통 운전면허로 12인승 승합자동차를 운전한 경우
③ 제2종 보통 자동변속기를 조건으로 취득한 면허로 수동변속기 승용자동차를 운전한 경우
④ 허위나 그 밖의 부정한 수단으로 운전면허를 받거나 운전면허증 또는 운전면허증에 갈음하는 증명서를 교부받은 사람

해설 무면허운전과 면허조건 위반은 상이
자동변속기 면허 취득자가 수동변속기 자동차를 운전한 경우를 조건위반이라고 한다. 조건위반시는 6개월 이하의 징역이나 200만원 이하의 벌금 또는 구류의 형사처분을 받는다.
① 운전면허시험에 합격하고 본인 또는 대리 그 대리인이 교부받기 전 운전하면 무면허적용
② 제2종 보통운전면허는 10인 이하 승합차 운전이 가능한데 12인승 승합자동차를 운전한 경우 무면허적용
③ 제2종 보통 자동변속기 면허로 수동변속기 차량을 운전한 경우 이는 무면허가 아니고 면허조건위반으로 조건 위반자는 6개월 이하의 징역이나 200만원 이하의 벌금 또는 구류의 형사처분을 받게 된다.
④ 부정한 수단으로 면허증 또는 갈음하는 증명서를 교부받은 경우 1년 이하의 징역이나 300만원 이하의 벌금에 처해지고 운전면허는 취소처분에 해당된다.

59 2014년 기출

도로교통법상 운전할 수 있는 차의 종류에 대한 설명으로 틀린 것은?

① 제1종 보통면허로 15인 이하의 승합자동차를 운전할 수 있다.
② 제1종 대형면허로 덤프트럭을 운전할 수 있다.
③ 제2종 보통면허로 승용자동차를 운전할 수 있다.
④ 연습면허로 원동기장치자전거를 운전할 수 있다.

해설 연습면허로 원동기장치자전거 운전은 할 수 없다.

심화 해설
도로교통법 시행규칙 별표 18(운전할 수 있는 차의 종류)

운전면허		운전할 수 있는 차량
종별	구분	
제1종	대형면허	1. 승용자동차 2. 승합자동차 3. 화물자동차 4. 삭제 〈2018. 4. 25.〉 5. 건설기계(10) 　가. 덤프트럭, 아스팔트살포기, 노상안정기 　나. 콘크리트믹서트럭, 콘크리트펌프, 천공기(트럭 적재식) 　다. 콘크리트믹서트레일러, 아스팔트 콘크리트 재생기 　라. 도로보수트럭, 3톤 미만의 지게차 6. 특수자동차[대형견인차, 소형견인차 및 구난차(이하 "구난차 등"이라 한다)는 제외] 7. 원동기장치자전거
	보통면허	1. 승용자동차 2. 승차정원 15명 이하의 승합자동차

정답 58 ③ 59 ④

제1종	보통면허	3. 삭제 〈2018. 4. 25.〉 4. 적재중량 12톤 미만의 화물자동차 5. 건설기계(도로를 운행하는 3톤 미만의 지게차에 한정한다) 6. 총중량 10톤 미만의 특수자동차(구난차 등은 제외한다) 7. 원동기장치자전거	
	소형면허	1. 3륜 화물자동차 2. 3륜 승용자동차 3. 원동기장치자전거	
	특수면허	1. 대형 견인차	1. 견인형 특수자동차 2. 제2종 보통면허로 운전할 수 있는 차량
		2. 소형 견인차	1. 총중량 3.5톤 이하의 견인형 자동차 2. 제2종 보통면허로 운전할 수 있는 차량
		3. 구난차	1. 구난형 특수자동차 2. 제2종 보통면허로 운전할 수 있는 차량
제2종	보통면허	1. 승용자동차 2. 승차정원 10명 이하의 승합자동차 3. 적재총량 4톤 이하의 화물자동차 4. 총중량 3.5톤 이하의 특수자동차(구난차 등은 제외한다) 5. 원동기장치자전거	
	소형면허	1. 이륜자동차(운반차를 포함한다) 2. 원동기장치자전거	
	원동기장치 자전거면허	원동기장치자전거	
연습면허	제1종 보통	1. 승용자동차 2. 승차정원 15명 이하의 승합자동차 3. 적재중량 12톤 미만의 화물자동차	
	제2종 보통	1. 승용자동차 2. 승차정원 10명 이하의 승합자동차 3. 적재중량 4톤 이하의 화물자동차	

60 [2020년 기출]

도로교통법상 제1종 보통운전면허로 운전할 수 있는 차량이 아닌 것은?

① 총중량 10톤의 견인차
② 적재중량 10톤의 화물자동차
③ 승차정원 12명의 긴급자동차
④ 승차정원 15명의 승합자동차

해설 제1종 보통면허로는 10톤 미만의 견인차 운전 가능

심화 해설
제1종 보통면허를 운전할 수 있는 차량
① 승용자동차
② 승차정원 15명 이하의 승합자동차
③ 적재중량 12톤 미만의 화물자동차
④ 건설기계(3톤 미만의 지게차에 한정)
⑤ 총중량 10톤 미만의 특수자동차(구난차 등은 제외)
⑥ 원동기장치자전거

정답 60 ①

61 [2021년 기출]

다음 중 도로교통법령상 무면허 운전에 해당되지 않는 경우는?

① 제1종 보통면허로 125cc 이하의 원동기장치자전거를 운전한 때
② 제2종 보통면허로 구난차를 운전한 때
③ 제1종 특수면허로 덤프트럭을 운전한 때
④ 제2종 소형면허로 승용자동차를 운전한 때

> 해설 제1종 보통면허로 125cc 이하 원동기장치자전거 운전 가능
> ② 구난차는 제1종 특수면허로 운전 가능
> ③ 덤프트럭은 제1종 대형면허로 운전 가능
> ④ 승용자동차는 제1종 대형, 제1종 보통, 제2종 보통면허로 운전 가능

62 [2015년 기출]

도로교통법상 운전면허의 종류가 아닌 것은?

① 제1종 운전면허
② 제2종 운전면허
③ 연습운전면허
④ 제3종 운전면허

> 해설 3종 운전면허 없음

심화 해설
도로교통법 제80조(운전면허의 종류)

제1종 운전면허	제2종 운전면허	연습운전면허
가. 대형면허 나. 보통면허 다. 소형면허 라. 특수면허 　1) 대형견인차 　2) 소형견인차 　3) 구난차	가. 보통면허 나. 소형면허 다. 원동기장치자전거면허	가. 제1종 보통연습면허 나. 제2종 보통연습면허

63 [2019년 기출]

제1종 보통연습면허를 소지한 운전자가 운전할 수 없는 것은?

① 승용자동차
② 원동기장치자전거
③ 승차정원 15명 이하의 승합자동차
④ 적재중량 12톤 미만의 화물자동차

> 해설 원동기장치자전거는 원동기장치자전거면허가 필요하다.

정답 61 ① 62 ④ 63 ②

심화 해설
도로교통법 시행규칙 별표 18(연습면허로 운전할 수 있는 차의 종류)

면허 종별	구분	운전할 수 있는 차량
연습면허	제1종보통	1. 승용자동차 2. 승차정원 15명 이하의 승합자동차 3. 적재중량 12톤 미만의 화물자동차
	제2종보통	1. 승용자동차 2. 승차정원 10명 이하의 승합자동차 3. 적재중량 4톤 이하의 화물자동차

64 [2016년 기출]

A는 운전면허 취소 후 특수면허인 소형견인차 면허만을 취득하였다. 다음 중 A가 운전했을 때 무면허로 처벌되는 경우는?

① 적재중량 2.5톤의 화물자동차
② 원동기장치자전거
③ 12인승 승합자동차
④ 총중량 3톤의 견인형 특수자동차

해설 10명 이하의 승합자동차만 운전 가능

심화 해설 도로교통법 시행규칙 제53조(운전면허에 따라 운전할 수 있는 자동차 등의 종류)
[특수면허인 소형견인차 면허]

종별	구분	운전할 수 있는 차량
제1종	특수면허증 소형견인차	① 총중량 3.5톤 이하의 견인형 특수자동차 ② 제2종 보통면허로 운전할 수 있는 차량 　(1) 승용자동차 　(2) 승차정원 10명 이하의 승합자동차 　(3) 적재중량 4톤 이하의 화물자동차 　(4) 총중량 3.5톤 이하의 특수자동차(구난차등은 제외한다) 　(5) 원동기장치자전거

65 [2017년 기출]

도로교통법상 운전면허의 범위를 구분할 때 제1종 특수면허에 해당하지 <u>않는</u> 것은?

① 구난차 면허
② 긴급자동차 면허
③ 소형견인차 면허
④ 대형견인차 면허

해설 긴급자동차는 1종 대형면허와 보통면허(승차정원 12인승 이하)의 긴급자동차(승용 및 승합차에 한함)임

심화 해설
도로교통법 시행규칙 별표 18(면허종류별 운전할 수 있는 차의 종류)

종별	구분		운전할 수 있는 차량
1종	특수면허	대형견인차	1. 견인형 특수자동차 2. 제2종 보통면허로 운전할 수 있는 차량
		소형견인차	1. 총중량 3.5톤 이하의 견인형 특수자동차 2. 제2종 보통면허로 운전할 수 있는 차량
		구난차	1. 구난형 특수자동차 2. 제2종 보통면허로 운전할 수 있는 차량

66 2019년 기출

최초의 운전면허증 갱신기간 설명 중 틀린 것은?

① 운전면허 시험에 합격한 날부터 기산하여 10년이 되는 날이 속하는 해의 1월 1일부터 12월 31일까지
② 운전면허시험 합격일에 65세 이상 75세 미만인 사람은 5년이 되는 날이 속하는 해의 1월 1일부터 12월 31일까지
③ 운전면허 시험 합격일에 75세 이상인 사람은 3년이 되는 날이 속하는 해의 1월 1일부터 12월 31일까지
④ 운전면허시험 합격일에 한쪽 눈만 보지 못하는 사람으로서 제1종 운전면허 중 보통면허를 취득한 사람은 2년이 되는 날이 속하는 해의 1월 1일부터 12월 31일까지

해설 운전면허의 최초 갱신기간?
2종 운전면허를 받은 사람은 시험에 합격한 날로부터 가산하여 10년이 되는 날이 속하는 1년내에 운전면허증을 갱신하여야 한다. 단 65세 이상 75세는 5년, 75세 이상 3년, 70세 이상은 적성검사를 받아야 한다.

> 운전면허 갱신기간과 적성검사 기간이 면허종별에 따라 다른 점 유의해야 한다.

67 2018년 기출 (수정)

음주운전자가 단순 음주운전 중 적발되었는데, 경찰공무원의 정당한 음주측정 요구에 대해 응하지 않으면 받게 되는 도로교통법상 형사처벌과 행정처분은?

① 1년 이상 2년 이하의 징역이나 500만원 이상 1천만원 이하의 벌금, 면허결격 1년
② 1년 이상 1년 이하의 징역이나 500만원 이상 1천만원 이하의 벌금, 면허결격 2년
③ 2년 이상 5년 이하의 징역이나 1천만원 이상 2천만원 이하의 벌금, 면허결격 1년
④ 2년 이상 5년 이하의 징역이나 1천만원 이상 2천만원 이하의 벌금, 면허결격 2년

심화 해설
1) 단순 음주운전으로 적발되었는데 경찰공무원의 측정에 불응한 경우 : 형사처벌 – 2년 이상 5년 이하 징역, 1천만원 이상 2천만원 이하 벌금
2) 음주측정 불응 행정처분 : 면허 취소, 면허결격 1년

> 음주측정 불응에 대한 처벌내용이다.

정답 66 ④ 67 ③

68 2013년 기출

도로교통법상 음주운전으로 처벌될 수 있는 운전자는?

① 아스팔트살포기 운전자
② 경운기 운전자
③ 손수레 운전자
④ 자전거 운전자

해설 아스팔트살포기 운전자는 대형면허 취득해야 운전 가능

심화 해설
도로교통법 제44조(술에 취한 상태에서의 운전 금지)
누구든지 술에 취한 상태에서는 자동차 등, 노면전차 또는 자전거를 운전하여서는 아니된다. (건설기계 관리법 제26조 제1항 단서에 따른 건설기계 외의 건설기계를 포함한다)(자동차등 = 자동차 + 원동기장치자전거)
가. 자동차
　(1) 승용차
　(2) 승합자동차
　(3) 화물자동차
　(4) 특수자동차
　(5) 이륜자동차
　(6) 건설기계 관리법 제26조 제1항 단서에 따른 건설기계(10종)
　　① 덤프트럭, ② 아스팔트살포기, ③ 노상안정기, ④ 콘크리트 믹서트럭, ⑤ 콘크리트 펌프, ⑥ 천공기(트럭 적재식),
　　⑦ 콘크리트 믹서트레일러, ⑧ 아스팔트 콘크리트 재생기, ⑨ 도로보수트럭, ⑩ 3톤 미만의 지게차
나. 원동기장치자전거
다. 건설기계(27종)
라. 노면전차
마. 자전거
2) 자전거운전자의 주취운전 처벌(도로교통법 제156조)
　가. 제11호 자전거 주취운전 : 3만원
　나. 제12호 자전거 운전자의 음주측정불응 : 10만원

중요도 ●●●

69 2019년 기출

도로교통법상 음주운전으로 단속할 수 없는 것은?

① 노면전차
② 굴삭기
③ 자전거
④ 경운기

해설 경운기는 자동차등에 해당하지 않는다.

심화 해설
도로교통법 제44조 제1항(술에 취한 상태에서 운전금지)
누구든지 술에 취한 상태에서 자동차 등(건설기계를 포함한다), 노면전차 또는 자전거를 운전하여서는 아니 된다.

중요도 ●●
현재는 노면전차도 금지대상임

정답 68 ①, ④ 69 ④

70 2013년 기출

도로교통법상 자동차의 운전자가 도로에서 혈중알코올 농도 0.15%의 음주운전으로 단속되었을 때의 벌칙은? (단, 음주전력 없음)

① 6개월 이하의 징역이나 300만원 이하의 벌금
② 2년 이하의 징역이나 500만원 이하의 벌금
③ 1년 이상 2년 이하의 징역이나 500만원 이상 1천만원 이하의 벌금
④ 2년 이상 5년 이하의 징역이나 1천만원 이상 2천만원 이하의 벌금

심화 해설
도로교통법 제148조의2(음주운전자 형사처벌)

위반 횟수	처벌기준	
1회	0.2% 이상	2~5년 / 1천만원 ~ 2천만원
	0.08 ~ 0.2%	1~2년 / 500만원 ~ 1천만원
	0.03 ~ 0.08%	1년 이하 / 500만원 이하
측정 거부	1~5년 / 500만원 ~ 2천만원	
2회 이상 위반	2~5년 / 1천만원 ~ 2천만원	

71 2019년 기출

도로교통법상 자동차 등의 음주운전 처벌 규정(벌칙)에 대한 설명으로 틀린 것은?

① 측정거부의 경우 1년 이상 5년 이하의 징역 또는 500만원 이상 2천만원 이하의 벌금
② 혈중알코올농도 0.2% 이상의 경우 2년 이상 5년 이하의 징역 또는 1천만원 이상 2천만원 이하의 벌금
③ 혈중알코올 농도 0.08% 이상 0.2% 미만의 경우 1년 이상 2년 이하의 징역 또는 500만원 이상 1천만원 이하의 벌금
④ 혈중알코올농도 0.03% 이상 0.08% 미만의 경우 1년 이하의 징역 또는 300만원 이하의 벌금

해설 혈중알코올농도 0.03% 이상 0.08% 미만의 경우 1년 이하의 징역 또는 500만원 이하의 벌금

심화 해설
도로교통법 제148조의2(주취 운전 벌칙)

위반 내용	처벌 기준	
1회 위반	0.20% 이상	2~5년 이하 징역 1~2천만원 벌금
	0.08~0.20%	1~2년 이하 징역 500~1천만원 벌금
	0.03~0.08%	1년 이하 징역 500만원 벌금
측정 거부	1~5년 징역 500만원~2천만원 벌금	
2회 위반	2~5년 이하 징역 1천만원~2천만원벌금	

정답 70 ③ 71 ④

72 [2013년 기출]

도로교통법상 공동위험행위 금지에 관한 내용이나 ㉮, ㉯에 맞는 내용과 공동위험행위를 하여 단속된 경우의 벌칙(㉰)으로 맞는 것은?

> 자동차 등의 운전자는 도로에서 (㉮) 이상이 공동으로 (㉯) 이상 자동차 등을 정당한 사유없이 앞·뒤로 또는 좌·우로 줄지어 통행하면서 다른 사람에게 위해를 끼치거나 교통상의 위험을 발생하게 하여서는 아니 된다.

① ㉮ 2명, ㉯ 2대, ㉰ 1년 이하의 징역이나 300만원 이하의 벌금
② ㉮ 2명, ㉯ 2대, ㉰ 2년 이하의 징역이나 500만원 이하의 벌금
③ ㉮ 3명, ㉯ 2대, ㉰ 1년 이하의 징역이나 300만원 이하의 벌금
④ ㉮ 5명, ㉯ 5대, ㉰ 2년 이하의 징역이나 500만원 이하의 벌금

해설 2년 이하 징역 / 500만원 이하 벌금

심화 해설
1) 도로교통법 제46조(공동위험행위의 금지)
   ① 자동차등(개인형 이동장치는 제외한다)의 운전자는 도로에서 2명 이상이 공동으로 2대 이상의 자동차등을 정당한 사유없이 앞·뒤로 또는 좌·우로 줄지어 통행하면서 다른 사람에게 위해를 끼치거나 교통상의 위험을 발생하게 하여서는 아니 된다.
   ② 자동차등의 동승자는 제1항에 따른 공동위험행위를 주도하여서는 아니 된다.
2) 도로교통법 제150조(벌칙)
   공동위험행위를 하거나 주도한 사람은 2년 이하의 징역이나 500만원 이하의 벌금에 처한다.

73 [2016년 기출]

다음 중 도로교통법상 '운전자의 의무'로 규정되어 있는 것은 몇 가지인가?

> ⓐ 무면허 운전의 금지
> ⓑ 주취운전의 금지
> ⓒ 과로한 때 운전 금지
> ⓓ 공동위험행위의 금지
> ⓔ 난폭운전 금지

① 없음
② 3개
③ 4개
④ 5개

해설 5개 모두 해당
1) 도로교통법상 운전자의 의무? - 운전자 및 고용주 등의 의무
   ① 도로교통법 제43조 무면허운전 등의 금지
   ② 도로교통법 제44조 술에 취한 상태에서의 운전 금지
   ③ 도로교통법 제45조 과로한 때 등의 운전 금지
   ④ 도로교통법 제46조 공동위험행위의 금지
   ⑤ 도로교통법 제46조의3 난폭운전 금지

정답 72 ② 73 ④

74 2017년 기출

도로교통법상 자동차 등의 운전자가 둘 이상의 "행위"를 연달아 하거나 하나의 "행위"를 지속 또는 반복하여 다른 사람에게 위협 또는 위해를 가하거나 교통상의 위험을 발생하게 하는 것을 난폭운전이라 한다. 위 "행위"에 해당되지 않는 것은?

① 신호 또는 지시위반
② 횡단, 유턴, 후진 금지위반
③ 앞지르기 방법 위반
④ 끼어들기의 금지위반

해설 난폭운전 조항에 끼어들기의 금지는 해당되지 않음

심화 해설
1) 2015. 8. 11. 도로교통법 개정시 제46조의3(난폭운전 금지) 신설
   아래와 같은 내용으로 신설되었고, 2016. 2. 12. 시행하였다.
2) 도로교통법 제46조의3(난폭운전 금지)
   자동차등(개인형 이동장치는 제외한다)의 운전자는 다음 각 호 중 둘 이상의 행위를 연달아 하거나 하나의 행위를 지속 또는 반복하여 다른 사람에게 위협 또는 위해를 가하거나 교통상의 위험을 발생하게 하여서는 아니 된다고 명시되어 있다.
   1) 제5조에 따른 신호 또는 지시위반
   2) 제13조 제3항에 따른 중앙선침범
   3) 제17조 제3항에 따른 속도위반
   4) 제18조 제1항에 따른 횡단, 유턴, 후진 금지위반
   5) 제19조에 따른 안전거리미확보, 진로변경 금지위반, 급제동 금지위반
   6) 제21조 제1항, 제3항, 및 제4항에 따른 앞지르기 방법 또는 앞지르기의 방해 금지위반
   7) 제49조 제1항 제8호에 따른 정당한 사유 없는 소음발생
   8) 제60조 제2항에 따른 고속도로에서의 앞지르기 방법 위반
   9) 제62조에 따른 고속도로 등에서의 횡단, 유턴, 후진 금지 위반
   • 난폭운전의 처벌 – 1년 이하의 징역이나 500만원 이하의 벌금(도로교통법 제151조의2 벌칙)
   • 난폭운전의 행정처분
     – 형사입건시 : 면허정지 40일
     – 구속된 때 : 면허취소

중요도 ●●●
난폭운전의 유형과 적용할 수 있는 행위에 대한 내용이다.

75 2015년 기출

도로교통법상 자동차의 창유리 가시광선 투과율 기준으로 맞는 것은?

① 앞면 창유리 – 40% 미만
② 운전석 좌우 옆면 창유리 – 30% 미만
③ 뒷좌석 좌우 옆면 창유리 – 규정 없음
④ 후면 창유리 – 70% 미만

해설 뒷좌석 좌우 옆면 창유리는 규정 없음

심화 해설
1) 도로교통법 제49조 제3호(자동차 창유리 가시광선 투과율 준수)
   3. 자동차의 앞면 창유리와 운전석 좌우 옆면 창유리의 가시광선의 투과율이 대통령령으로 정하는 기준보다 낮아 교통안전 등에 지장을 줄 수 있는 차를 운전하지 아니할 것. 다만, 요인 경호용, 구급용 및 장의용 자동차는 제외한다.
2) 도로교통법 시행령 제28조(자동차 창유리 가시광선 투과율의 기준)
   법 제49조 제1항 제3호 본문에서 "대통령령으로 정하는 기준"이란 다음 각 호를 말한다.
   1. 앞면 창유리 : 70% 미만
   2. 운전석 좌우 옆면 창유리 : 40% 미만

중요도 ●●●
자동차 창유리별 가시광선 투과율 기준에 대한 내용이다.

정답 74 ④ 75 ③

76 [2011년 기출]

도로교통법상 자동차 등의 운전 중에 휴대용 전화를 사용할 수 <u>없는</u> 경우는?

① 자동차 등이 정지하고 있는 경우
② 긴급자동차를 운전하는 경우
③ 자동차 등을 서행 운전하고 있는 경우
④ 재해 신고 등 긴급한 필요가 있는 경우

해설 서행운전하고 있는 경우
자동차 등 운전자는 서행운전하고 있는 경우에는 휴대용 전화를 사용할 수 없다.

심화 해설
도로교통법 제49조 제1항 제10호(모든 운전자 준수사항 등)
① 모든 차 또는 노면전차의 운전자는 다음 각 호의 사항을 지켜야 한다.
10. 운전자는 자동차등 또는 노면전차의 운전 중에는 휴대용 전화(자동차용 전화를 포함한다)를 사용하지 아니할 것. 다만, 다음 각 목의 어느 하나에 해당하는 경우에는 그러하지 아니하다.
　가. 자동차등이 정지하고 있는 경우
　나. 긴급자동차를 운전하는 경우
　다. 각종 범죄 및 재해 신고 등 긴급한 필요가 있는 경우
　라. 안전운전에 장애를 주지 아니하는 장치로서 대통령령으로 정하는 장치를 이용한 경우

77 [2017년 기출]

자동차 운전 중에는 휴대용 전화사용이 원칙적으로 금지되어 있다. 예외적으로 휴대용 전화사용이 가능한 경우가 <u>아닌</u> 것은?

① 안전운전에 장애를 주지 아니하는 장치를 이용하는 경우
② 긴급한 상황으로 출동 중인 긴급자동차를 운전하는 경우
③ 각종 범죄 및 재해신고 등 긴급한 필요가 있는 경우
④ 자동차가 서행하고 있는 경우

해설 자동차가 서행하고 있는 경우

심화 해설
1) **도로교통법 제49조 제1항 제10호(모든 운전자의 준수사항 등)**
운전자는 자동차 등 또는 노면전차의 운전 중에는 휴대용 전화(자동차용 전화를 포함한다)를 사용하지 아니할 것. 다만, 다음 각 목의 어느 하나에 해당하는 경우에는 그러하지 아니하다.
　가. 자동차등이 정지하고 있는 경우
　나. 긴급자동차를 운전하는 경우
　다. 각종 범죄 및 재해 신고 등 긴급한 필요가 있는 경우
　다. 안전운전에 장애를 주지 아니하는 장치로서 대통령령으로 정하는 장치를 이용하는 경우
2) **도로교통법 시행령 제29조(안전운전에 장애를 주지 아니하는 장치)**
법 제49조 제1항 제10호 라목에서 "대통령령으로 정하는 장치"란 손으로 잡지 아니하고도 휴대용 전화(자동차용 전화를 포함한다)를 사용할 수 있도록 해주는 장치를 말한다.

정답 76 ③ 77 ④

78 [2008년 기출]

다음 중 안전띠를 매어야 하는 경우는?

① 자동차를 후진시키기 위하여 운전하는 때
② 긴급자동차가 그 본래의 용도로 운행되고 있는 때
③ 부상, 질병, 장애 또는 임신 등으로 인하여 좌석안전띠의 착용이 적당하지 아니한 때
④ 고속도로를 통행하는 고속버스의 승객

해설 고속버스 승객
고속도로를 통행하는 고속버스의 승객 모두 안전띠를 착용해야 한다. 다만 질병 등으로 인하여 좌석안전띠를 매는 것이 곤란하거나 행정안전부령이 정하는 사유가 있을 때에는 착용하지 않아도 된다.
① 자동차를 후진시키기 위하여 운전하는 때는 안전띠 착용의무 없다.
② 긴급자동차가 그 본래의 용도로 운행되고 있는 때는 안전띠 착용의무 없다.
③ 부상·질병·장애 또는 임신 등으로 인하여 좌석안전띠의 착용이 적당하지 아니한 때는 안전띠 착용의무 없다.

심화 해설
도로교통법 시행규칙 제31조(좌석안전띠 미착용 사유)
가) 부상·질병·장애 또는 임신 등으로 인하여 좌석안전띠의 착용이 적당하지 아니하다고 인정된 자가 자동차를 운전하거나 승차하는 때.
나) 자동차를 후진시키기 위하여 운전하는 때
다) 신장·비만, 그 밖의 신체의 상태에 의하여 좌석안전띠의 착용이 적당하지 아니 하다고 인정되는 자가 자동차를 운전하거나 승차하는 때
라) 긴급자동차가 그 본래의 용도로 운행되고 있는 때
마) 경호 등을 위한 경찰용 자동차에 의하여 호위되거나 유도되고 있는 자동차를 운전하거나 승차하는 때
바) 「국민투표법」 및 공직선거관계법령에 의하여 국민투표운동, 선거운동 및 국민투표·선거관리업무에 사용되는 자동차를 운전하거나 승차하는 때
사) 우편물의 집배, 폐기물의 수집, 그 밖에 빈번히 승강하는 것을 필요로 하는 업무에 종사하는 자가 해당 업무를 위하여 자동차를 운전하거나 승차하는 때
아) 「여객자동차운수사업법」에 의한 여객자동차 운송사업용 자동차의 운전자가 승객의 주취, 약물복용 등으로 좌석안전띠를 매도록 할 수 없거나 승객에게 좌석안전띠 착용을 안내하였음에도 불구하고 승객이 착용하지 않는 때

중요도 ●●●
좌석안전띠를 착용해야 하는 경우와 착용하지 않아도 되는 8가지 경우를 기억해야 한다.

정답 78 ④

79 2015년 기출

도로교통법상 운전자가 좌석안전띠를 반드시 착용해야 하는 경우는?

① 부상·질병·장애 등으로 좌석안전띠 착용이 적당하지 않은 사람이 운전할 때
② 자동차를 후진시키기 위하여 운전할 때
③ 중요한 계약을 위해 급히 운전할 때
④ 우편물 집배, 폐기물의 수집 그 밖의 빈번히 승강하는 업무를 위하여 운전할 때

해설 중요한 계약을 위해 급히 운전할 때 안전띠를 착용해야 한다.

심화 해설

1) **도로교통법 제50조(특정 운전자의 준수사항)**
   ① 자동차(이륜자동차는 제외한다)의 운전자는 자동차를 운전할 때에는 좌석안전띠를 매어야 하며, 모든 좌석의 동승자에게도 좌석안전띠(영유아인 경우에는 유아보호용 장구를 장착한 후의 좌석안전띠를 말한다. 이하 이 조 및 제160조 제2항 제2호에서 같다)를 매도록 하여야 한다. 다만 질병 등으로 인하여 좌석안전띠를 매는 것이 곤란하거나 행정안전부령으로 정하는 사유가 있는 경우에는 그러하지 아니하다.

2) **도로교통법 시행규칙 제31조(좌석안전띠 미착용 사유)**
   법 제50조 제1항 단서 및 법 제53조 제2항 단서에 따라 좌석안전띠를 매지 아니하거나 승차자에게 좌석안전띠를 매도록 하지 아니하여도 되는 경우는 다음 각 호의 어느 하나에 해당하는 경우로 한다.
   1. 부상·질병·장애 또는 임신 등으로 인하여 좌석안전띠의 착용이 적당하지 아니하다고 인정되는 자가 자동차를 운전하거나 승차하는 때
   2. 자동차를 후진시키기 위하여 운전하는 때
   3. 신장·비만, 그 밖의 신체의 상태에 의하여 좌석안전띠의 착용이 적당하지 아니하다고 인정되는 자가 자동차를 운전하거나 승차하는 때
   4. 긴급자동차가 그 본래의 용도로 운행되고 있는 때
   5. 경호 등을 위한 경찰용 자동차에 의하여 호위되거나 유도되고 있는 자동차를 운전하거나 승차하는 때
   6. 「국민투표법」 및 공직선거관계법령에 의하여 국민투표운동·선거운동 및 국민투표·선거관리업무에 사용되는 자동차를 운전하거나 승차하는 때
   7. 우편물의 집배, 폐기물의 수집 그 밖에 빈번히 승강하는 것을 필요로 하는 업무에 종사하는 자가 해당업무를 위하여 자동차를 운전하거나 승차하는 때
   8. 「여객자동차운수사업법」에 의한 여객자동차 운송사업용 자동차의 운전자가 승객의 주취·약물복용 등으로 좌석안전띠를 매도록 할 수 없거나 승객에게 좌석안전띠 착용을 안내하였음에도 불구하고 승객이 착용하지 않는 때

중요도 ●●●
자동차 운전자가 반드시 좌석 안전띠를 착용해야 하는 경우에 대한 내용이다.

정답 79 ③

80 2020년 기출

도로교통법상 좌석안전띠를 매야 하는 경우는?

① 승객을 태우고 운전 중인 택시운전자
② 경찰용 차량에 호위되거나 유도되고 있는 자동차의 운전자
③ 긴급자동차가 그 본래의 용도로 운행될 때
④ 자동차를 후진시켜 주차한 때

해설 승객을 태우고 택시를 운전 중인 운전자는 좌석 안전띠 매야한다.

심화 해설

도로교통법 시행규칙 제31조(좌석 안전띠 미착용 사유)
법 제50조 제1항 단서 및 법 제53조 제2항 단서에 따라 좌석 안전띠를 매지 아니하거나 승차자에게 좌석 안전띠를 매도록 하지 아니하여도 되는 경우는 다음 각호의 어느 하나에 해당 하는 경우로 한다.
1. 부상, 질병, 장애 또는 임신 등으로 인하여 좌석 안전띠의 착용이 적당하지 아니하다고 인정되는 자가 자동차를 운전하거나 승차하는 때.
2. 자동차 후진시키기 위하여 운전하는 때
3. 신장, 비만, 그 밖의 신체의 상태에 의하여 좌석 안전띠의 착용이 적당하지 아니하다고 인정되는 자가 자동차를 운전하거나 승차하는 때
4. 긴급자동차가 그 본래의 용도로 운행되고 있는 때
5. 경호 등을 위한 경찰용 자동차에 의하여 호위 되거나 유도되고 있는 자동차를 운전하거나 승차하는 때.
6. 「국민투표법」 및 공직선거관계법령에 의하여 국민투표운동, 선거운동 및 국민투표, 선거관리업무에 사용되는 자동차를 운전하거나 승차하는 때
7. 우편물의 집배, 폐기물의 수집 그 밖에 빈번히 승강하는 것을 필요로 하는 업무에 종사하는 자가 해당업무를 위하여 자동차를 운전하거나 승차하는 때
8. 「여객자동차 운수사업법」에 의한 여객자동차 운송사업용 자동차의 운전자가 승객의 주취, 약물복용 등으로 좌석 안전띠를 매도록 할 수 없거나 승객에게 좌석 안전띠 착용을 안내하였음에도 불구하고 승객이 착용하지 않은 때.

정답 80 ①

81 [2017년 기출]

자동차를 운전하거나 탑승 중 고속도로 등을 제외한 도로에서 운전자 또는 동승자에 대하여 좌석안전띠 착용의무가 있는 경우는?

① 긴급자동차가 그 본래의 긴급한 용도로 운행되고 있는 때
② 자동차를 후진시키기 위하여 운전하는 때
③ 부상·질병·장애 또는 임신 등으로 인하여 좌석안전띠의 착용이 적당하지 아니하다고 인정되는 때
④ 승용자동차 운전자 옆 좌석 외의 좌석에 영유아가 승차하는 때(유아보호용 장구를 장착한 후의 좌석안전띠)

해설 승용차 뒷좌석에 영유아 승차 때

심화 해설

1) **도로교통법 제50조(특정 운전자의 준수사항)**
   ① 자동차(이륜자동차는 제외한다)의 운전자는 자동차를 운전할 때에는 좌석안전띠를 매어야 하며, 모든 좌석의 동승자에게도 좌석안전띠(영유아인 경우에는 유아보호용 장구를 장착한 후의 좌석안전띠를 말한다. 이하 이 조 및 제160조 제2항 제2호에서 같다)를 매도록 하여야 한다. 다만, 질병 등으로 인하여 좌석안전띠를 매는 것이 곤란하거나 행정안전부령으로 정하는 사유가 있는 경우에는 그러하지 아니하다.

2) **도로교통법 시행규칙 제30조(유아보호용 장구)**
   법 제50조 제1항 본문에 따라 영유아가 좌석안전띠를 매어야 할 때에는 「품질경영 및 공산품 안전 관리법」 제11조에 따른 안전검사기준에 적합한 유아보호용 장구를 착용하여야 한다.

3) **도로교통법 시행규칙 제31조(좌석안전띠 미착용 사유)**
   법 제50조 제1항 단서 및 법 제53조 제2항 단서에 따라 좌석안전띠를 매지 아니하거나 승차자에게 좌석안전띠를 매도록 하지 아니하여도 되는 경우는 다음 각 호의 어느 하나에 해당하는 경우로 한다.
   1. 부상·질병·장애 또는 임신 등으로 인하여 좌석안전띠의 착용이 적당하지 아니하다고 인정되는 자가 자동차를 운전하거나 승차하는 때
   2. 자동차를 후진시키기 위하여 운전하는 때
   3. 신장·비만, 그 밖의 신체의 상태에 의하여 좌석안전띠의 착용이 적당하지 아니하다고 인정되는 자가 자동차를 운전하거나 승차하는 때
   4. 긴급자동차가 그 본래의 용도로 운행되고 있는 때
   5. 경호 등을 위한 경찰용 자동차에 의하여 호위되거나 유도되고 있는 자동차를 운전하거나 승차하는 때
   6. 「국민투표법」 및 공직선거관계법령에 의하여 국민투표운동·선거운동 및 국민투표·선거관리업무에 사용되는 자동차를 운전하거나 승차하는 때
   7. 우편물의 집배, 폐기물의 수집 그밖에 빈번히 승강하는 것을 필요로 하는 업무에 종사하는 자가 해당업무를 위하여 자동차를 운전하거나 승차하는 때
   8. 「여객자동차운수사업법」에 의한 여객자동차 운송사업용 자동차의 운전자가 승객의 주취·약물복용 등으로 좌석안전띠를 매도록 할 수 없거나 승객에게 좌석안전띠 착용을 안내하였음에도 불구하고 승객이 착용하지 않는 때

정답 81 ④

82 2014년 기출

도로교통법상 이륜자동차 운전자는 행정안전부령에서 정하는 인명보호 장구를 착용하고 운전하여야 한다. 이 때 승차용 안전모에 대한 기준으로 틀린 것은?

① 무게는 5kg 이하일 것
② 충격 흡수성이 있고 내관통성이 있을 것
③ 청력에 현저하게 장애를 주지 아니할 것
④ 풍압에 의하여 차광용 앞창이 시야를 방해하지 아니할 것

해설 무게는 2kg 이하일 것

심화 해설
1) 도로교통법 제50조 제3항(이륜차 운전자의 인명보호 장구)
   ③ 이륜자동차와 원동기장치자전거(개인형 이동장치는 제외한다)의 운전자는 행정안전부령으로 정하는 인명보호 장구를 착용하고 운행하여야 하며, 동승자에게도 착용하도록 하여야 한다.
2) 도로교통법 시행규칙 제32조(인명보호 장구)
   ① 법 제50조 제3항에서 "행정안전부령이 정하는 인명보호 장구"라 함은 다음 각 호의 기준에 적합한 승차용 안전모를 말한다.
   1. 좌·우, 상·하로 충분한 시야를 가질 것
   2. 풍압에 의하여 차광용 앞창이 시야를 방해하지 아니할 것
   3. 청력에 현저하게 장애를 주지 아니할 것
   4. 충격 흡수성이 있고, 내관통성이 있을 것
   5. 충격으로 쉽게 벗어지지 아니하도록 고정시킬 수 있을 것
   6. 무게는 2kg 이하일 것
   7. 인체에 상처를 주지 아니하는 구조일 것
   8. 안전모의 뒷부분에는 야간 운행에 대비하여 반사체가 부착되어 있을 것

중요도 ●●●
이륜자동차의 인명보호 장구 중 안전모의 기준에 대한 내용이다.

정답 82 ①

83 2013년 기출

어린이 통학버스에 관한 설명 중 틀린 것은?

① 모든 차의 운전자는 어린이나 유아를 태우고 있다는 표시를 한 상태로 도로를 통행하는 어린이 통학버스를 앞지르지 못한다.
② 어린이 통학버스로 신고한 자동차는 도색·표지, 보험가입, 소유관계 등 시·도경찰청장이 정하는 요건을 갖추어야 한다.
③ 어린이 통학버스를 운영하는 자는 어린이 통학버스 안에 신고증명서를 항상 갖추어야 한다.
④ 어린이의 통학 등에 이용되는 자동차를 운영하는 자가 도로교통법 제51조(어린이 통학버스의 특별보호)에 따른 보호를 받으려는 경우에는 미리 관할 경찰서장에게 신고하고 신고증명서를 발급받아야 한다.

해설 시·도경찰청장이 정하는 요건이 아닌 대통령령으로 정하는 요건임

심화 해설

1) 도로교통법 제51조(어린이 통학버스의 특별보호)
 ① 어린이 통학버스가 도로에 정차하여 어린이나 영유아가 타고 내리는 중임을 표시하는 점멸등 등의 장치를 작동 중일 때에는 어린이 통학버스가 정차한 차로와 그 차로의 바로 옆 차로로 통행하는 차의 운전자는 어린이 통학버스에 이르기 전에 일시정지하여 안전을 확인한 후 서행하여야 한다.
 ② 제1항의 경우 중앙선이 설치되지 아니한 도로와 편도 1차로인 도로에서는 반대방향에서 진행하는 차의 운전자도 어린이 통학버스에 이르기 전에 일시정지하여 안전을 확인한 후 서행하여야 한다.
 ③ 모든 차의 운전자는 어린이나 영유아를 태우고 있다는 표시를 한 상태로 도로를 통행하는 어린이 통학버스를 앞지르지 못한다.

2) 도로교통법 제52조(어린이 통학버스의 신고 등)
 ① 어린이 통학버스(여객자동차 운수사업법 제4조 제3항에 따른 한정면허를 받아 어린이 여객대상으로 하여 운행되는 운송사업용자동차는 제외된다)를 운영하려는 자는 행정안전부령으로 정하는 바에 따라 미리 관할 경찰서장에게 신고하고 신고증명서를 발급받아야 한다.
 ② 어린이 통학버스를 운영하는 자는 어린이 통학버스 안에 제1항에 따라 발급받은 신고증명서를 항상 갖추어 두어야 한다.
 ③ 어린이 통학버스로 사용할 수 있는 자동차는 행정안전부령으로 정하는 자동차로 한정한다. 이 경우 그 자동차는 도색·표지, 보험가입, 소유관계 등 대통령령으로 정하는 요건을 갖추어야 한다.
 ④ 누구든지 제1항에 따른 신고를 하지 아니하거나 「여객자동차 운수사업법」 제4조 제3항에 따라 어린이를 여객대상으로 하는 한정면허를 받지 아니하고 어린이 통학버스와 비슷한 도색 및 표지를 하거나 이러한 도색 및 표지를 한 자동차를 운전하여서는 아니 된다.

3) 도로교통법 시행령 제31조(어린이 통학버스의 요건 등)
 법 제52조 제3항에서 "대통령령으로 정하는 요건"이란 다음 각 호의 요건을 말한다.
 1. 자동차안전기준에서 정한 어린이운송용 승합자동차의 구조를 갖출 것
 2. 어린이 통학버스 앞면 창유리 우측상단과 뒷면 창유리 중앙하단의 보기 쉬운 곳에 행정안전부령이 정하는 어린이 보호표지를 부착할 것
 3. 교통사고로 인한 피해를 전액 배상할 수 있도록 「보험업법」 제4조에 따른 보험 또는 「여객자동차 운수사업법」 제61조에 따른 공제조합에 가입되어 있을 것
 4. 「자동차 등록령」 제8조에 따른 등록원부에 법 제2조 제23호 각 목의 시설(이하 "어린이교육시설등"이라 한다)의 장의 명의로 등록되어 있는 자동차 또는 어린이교육시설등의 장이 「여객자동차 운수사업법 시행령」 제3조 제2호 가목 단서에 따라 전세버스운송사업자와 운송계약을 맺은 자동차일 것

84 2012년 기출

어린이 통학버스로 사용할 수 있는 자동차는 승차정원 (　)인승(어린이 1명을 승차정원 1명으로 본다) 이상의 자동차로 하고 여기서 어린이는 (　)세 미만을 말한다. (　)에 알맞은 것은?

① 9인승, 12세
② 12인승, 12세
③ 9인승, 13세
④ 12인승, 13세

심화 해설

1) 도로교통법 시행규칙 제34조(어린이 통학버스로 사용할 수 있는 자동차)
   법 제52조 제3항(어린이 통학버스의 신고 등)에 따라 어린이 통학버스로 사용할 수 있는 자동차는 승차정원 9인승(어린이 1명을 승차정원 1명으로 본다) 이상의 자동차로 한다.
2) 도로교통법 제2조 제23호
   어린이는 13세 미만인 사람을 말한다.

85 2017년 기출 (수정)

도로교통법상 어린이 통학버스로 사용할 수 있는 자동차는 승차정원 (　)(어린이 (　)을 승차정원 1명으로 본다) 이상의 자동차로 한다. 여기서 어린이는 (　) 미만을 말한다. (　)에 알맞은 것은? (단, 튜닝된 어린이 통학버스 제외)

① 9인승, 1.5명, 12세
② 12인승, 1.5명, 12세
③ 9인승, 1명, 13세
④ 12인승, 1명, 13세

심화 해설

1) 도로교통법 제2조 제23호
   어린이는 13세 미만인 사람을 말한다.
2) 도로교통법 제52조(어린이 통학버스의 신고 등)
   ① 어린이 통학버스(「여객자동차 운수사업법」 제4조 제3항에 따른 한정면허를 받아 어린이를 여객대상으로 하여 운행되는 운송사업용 자동차는 제외한다)를 운영하려는 자는 행정안전부령으로 정하는 바에 따라 미리 관할 경찰서장에게 신고하고 신고증명서를 발급받아야 한다.
   ② 어린이 통학버스를 운영하는 자는 어린이 통학버스 안에 제1항에 따라 발급받은 신고증명서를 항상 갖추어 두어야 한다.
   ③ 어린이 통학버스로 사용할 수 있는 자동차는 행정안전부령으로 정하는 자동차로 한정한다. 이 경우 그 자동차는 도색·표지·보험가입 소유관계 등 대통령령으로 정하는 요건을 갖추어야 한다.
   ④ 누구든지 제1항에 따른 신고를 하지 아니하거나 「여객자동차 운수사업법」 제4조 제3항에 따라 어린이를 여객대상으로 하는 한정면허를 받지 아니하고 어린이 통학버스와 비슷한 도색 및 표지를 하거나 이러한 도색 및 표지를 한 자동차를 운전하여서는 아니 된다.
3) 도로교통법 시행규칙 제34조(어린이 통학버스로 사용할 수 있는 자동차)
   법 제52조 제3항에 따라 어린이 통학버스로 사용할 수 있는 자동차는 승차정원 9인승(어린이 1명을 승차정원 1명으로 본다) 이상의 자동차로 한다.

정답 84 ③ 85 ③

86 2017년 기출

도로교통법상 어린이 통학버스 운전자의 의무가 아닌 것은?

① 어린이나 영유아가 타고 내리는 경우에만 어린이와 영유아가 타고 내리는 중임을 표시하는 점멸등 등의 장치를 작동하여야 한다.
② 승차한 모든 어린이와 영유아가 좌석안전띠를 매도록 한 후에 출발하여야 한다.
③ 어린이 통학버스에 어린이나 영유아를 태운 때에는 보호자를 함께 태우고 운행하여야 한다.
④ 어린이 통학버스 운행을 마친 후 어린이나 영유아가 모두 하차하였는지를 확인해야 한다.

해설 보호자를 함께 태우고 운행해야 한다는 의무규정은 운영자의 의무임
어린이 통학버스 운전자, 운영자, 동승 보호자의 의무

운전자의 의무	운영자의 의무
1. 어린이가 타고 내리는 경우 점멸등 작동(제53조 제1항) 2. 어린이 탑승시 좌석안전띠를 매도록 하고 출발해야 함 3. 운행을 마친 후 어린이나 영유아가 모두 하차하였는지 확인 4. 운행을 마친 후 어린이 하차확인하고 확인장치 작동해야 함	1. 운영자는 성년인 사람 중 보호자를 지명 함께 태우고 운행시켜야 함 2. 운영자는 보호자를 태우고 운행하는 경우 보호자 동승표지 부착하여야 함 3. 운영자는 좌석안전띠 착용 및 보호자 동승확인기록을 작성 보관 매분기 운행기록 제출

동승 보호자의 의무
1. 어린이나 영유아가 승차 또는 하차하는 때에는 자동차에서 내려서 어린이가 안전하게 승하차하는 것을 확인하고 2. 운행 중에는 어린이나 영유아가 좌석 안전띠를 매고 있도록 하는 등 어린이 보호에 필요한 조치를 하여야 함

심화해설
도로교통법 제53조(어린이 통학버스 운전자 및 운영자의 의무)
① 어린이 통학버스를 운전하는 사람은 어린이나 영유아가 타고 내리는 경우에만 제51조 제1항에 따른 점멸등 등의 장치를 작동하여야 하며 어린이나 영유아를 태우고 운행 중인 경우에만 제51조 제3항에 따른 표시를 하여야 한다.
② 어린이 통학버스를 운전하는 사람은 어린이나 영유아가 어린이 통학버스를 탈 때에는 승차한 모든 어린이나 영유아가 좌석안전띠(어린이나 영유아의 신체구조에 따라 적합하게 조절될 수 있는 안전띠를 말한다. 이하 이 조 및 제156조 제1호, 제160조 제2항 제4호의2에서 같다)를 매도록 한 후에 출발하여야 하며 내릴 때에는 보도나 길가장자리구역 등 자동차로부터 안전한 장소에 도착한 것을 확인한 후에 출발하여야 한다. 다만, 좌석안전띠 착용과 관련하여 질병 등으로 인하여 좌석안전띠를 매는 것이 곤란하거나 행정안전부령으로 정하는 사유가 있는 경우에는 그러하지 아니하다.
③ 어린이 통학버스를 운영하는 자는 어린이 통학버스에 어린이나 영유아를 태울 때에는 성년인 사람 중 어린이 통학버스를 운영하는 자가 지명한 보호자를 함께 태우고 운행하여야 하며, 동승한 보호자는 어린이나 영유아가 승차 또는 하차하는 때에는 자동차에서 내려서 어린이나 영유아가 안전하게 승하차하는 것을 확인하고 운행 중에는 어린이나 영유아가 좌석에 앉아 좌석안전띠를 매고 있도록 하는 등 어린이 보호에 필요한 조치를 하여야 한다.
④ 어린이 통학버스를 운전하는 사람은 어린이 통학버스 운행을 마친 후 어린이나 영유아가 모두 하차하였는지를 확인하여야 한다.
⑤ 어린이 통학버스를 운전하는 사람이 제4항에 따라 어린이와 영유아의 하차여부를 확인할 때에는 행정안전부령으로 정하는 어린이나 영유아의 하차를 확인할 수 있는 장치(이하 "어린이 하차확인 장치"한다)를 작동하여야 한다.

중요도 ○○○
어린이 통학버스 운전자가 지켜야 할 의무에 대한 내용이다.

정답 86 ③

87 2010년 기출

차의 운전자를 고용하고 있는 사람이나 직접 이를 관리하는 지위에 있는 사람 또는 차의 사용자는 운전자에게 도로교통법령을 준수하도록 항상 주의시키고 감독하여야 한다. 그러나 고용주가 종업원인 운전자에게 운전을 시켜도 문제가 되지 <u>않는</u> 경우는?

① 제1종 보통면허를 소지한 자에게 15인승 승합자동차를 운전하도록 지시
② 상품 주문이 폭주하자 면허정지처분 중인 자에게 운전 지시
③ 술에 취한 종업원에게 원동기장치자전거로 상품 배달 지시
④ 제2종 보통면허소지자에게 5톤 화물자동차 운전 지시

해설 1종보통 면허자에 15인승 승합차 운전 지시는 적법
제1종 보통면허를 소지한 운전자는 승차정원 15인 이하의 승합자동차를 운전할 수 있다. 15인승 승합자동차를 운전하도록 지시한 것은 문제될 게 없다. 도로교통법은 제59조에서 고용주 등은 무면허운전금지(제43조), 술에 취한 상태에서의 운전금지(제44조), 과로시 운전금지(제45조), 등에 대하여 고용주 관리자에게도 주의 감독 소홀에 따른 형사책임을 묻고 있다. 따라서 고용주 등이 종업원의 무면허운전 사실을 알면서도 운전을 시키거나(운전을 시키기 위해서는 운전면허 정지여부를 확인할 책임이 있다) 음주운전인 사실을 알면서도 운전하는 것을 시키거나 방치한 행위가 있다면 운전하지 않았더라도 형사처벌 대상이다.

심화 해설
1) 도로교통법 제56조(고용주 등의 의무)
① 차 또는 노면전차의 운전자를 고용하고 있는 사람이나 직접 운전자나 차 또는 노면전차를 관리하는 지위에 있는 사람 또는 차 또는 노면전차의 사용자(이하 '고용주 등'이라 한다)는 운전자에게 이 법이나 이 법에 따른 명령을 지키도록 항상 주의시키고 감독하여야 한다.
② 고용주 등은 제43조부터 제45조까지의 규정에 따라 운전을 하여서는 아니 되는 운전자가 자동차등 또는 노면전차를 운전하는 것을 알고도 말리지 아니하거나 그러한 운전자에게 자동차등 또는 노면전차를 운전하도록 시켜서는 아니 된다.
2) 도로교통법 제152조(벌칙)
다음 각 호의 어느 하나에 해당하는 사람은 1년 이하의 징역이나 300만원 이하의 벌금에 처한다.
2. 제56조 제2항을 위반하여 운전면허를 받지 아니한 사람(운전면허의 효력이 정지된 사람을 포함한다)에게 자동차를 운전하도록 시킨 고용주등
3) 도로교통법 제154조(벌칙)
다음 각 호의 어느 하나에 해당하는 사람은 30만원 이하의 벌금이나 구류에 처한다.
5. 제56조 제2항을 위반하여 원동기장치자전거를 운전할 수 있는 운전면허를 받지 아니하거나(원동기장치자전거를 운전할 수 있는 운전면허의 효력이 정지된 경우를 포함한다) 국제운전면허증 중 원동기장치자전거를 운전할 수 있는 것으로 기재된 국제운전면허증을 발급받지 아니한 사람(운전이 금지된 경우와 유효기간이 지난 경우를 포함한다)에게 원동기장치자전거를 운전하도록 시킨 고용주등

88 2018년 기출

도로교통법 규정에 자동차가 진로를 변경하고자 할 때에는 진로변경을 하려는 지점으로부터 일반도로에서는 (가) 이상, 고속도로에서는 (나) 이상의 지점에 이르렀을 때 신호를 한다고 되어 있다 '가'와 '나'에 들어갈 것은?

① 가 : 10미터, 나 : 50미터
② 가 : 30미터, 나 : 100미터
③ 가 : 10미터, 나 : 100미터
④ 가 : 30미터, 나 : 50미터

진로변경시 일반도로와 고속도로 방향지시등을 켜는 구간에 관한 문제이다.

정답 87 ① 88 ②

심화 해설

도로교통법 시행령 별표 2 제21조(신호의 시기와 방법) 관련

신호를 하는 경우	신호를 하는 시기
좌·우회전, 횡단, 유턴 또는 같은 방향 진행 중 진로변경할 때	그 행위를 하려는 지점에 이르기 전 일반도로는 30m, 고속도로는 100m 이상의 지점에 이르렀을 때

89 [2011년 기출]

고속도로 및 자동차전용도로 통행 등에 관한 설명이다. 가장 타당하지 못한 것은?

① 자동차의 운전자가 운전으로 쌓인 피로를 회복하기 위하여 잠시 갓길에 주차하여 휴식을 할 수 있다.
② 자동차의 운전자는 자동차의 고장 등의 부득이한 사유가 있는 경우에는 갓길을 통행할 수 있다.
③ 자동차의 운전자는 그 차를 운전하여 자동차전용도로를 횡단하거나 유턴 또는 후진해서는 아니 된다.
④ 교통이 밀리거나 그 밖의 부득이한 사유로 움직일 수 없는 때에는 자동차전용도로의 차로에 일시 정차 또는 주차할 수 있다.

해설 피로 회복을 위한 갓길 주차는 할 수 없다.

심화 해설

1) **도로교통법 제60조(갓길 통행금지 등)**
   ① 자동차의 운전자는 고속도로 등에서 자동차의 고장 등 부득이한 사정이 있는 경우를 제외하고는 행정안전부령으로 정하는 차로에 따라 통행하여야 하며 갓길(「도로법」에 의한 길어깨를 말한다)로 통행하여서는 아니 된다. 다만, 다음 각 호의 어느 하나에 해당하는 경우에는 그러하지 아니하다.
      1. 긴급자동차와 고속도로등의 보수·유지 등의 작업을 하는 자동차를 운전하는 경우
      2. 차량정체시 신호기 또는 경찰공무원등의 신호나 지시에 따라 갓길에서 자동차를 운전하는 경우
   ② 자동차의 운전자는 고속도로에서 다른 차를 앞지르려면 방향지시기, 등화 또는 경음기를 사용하여 행정안전부령이 정하는 차로로 안전하게 통행하여야 한다.

2) **도로교통법 제62조(횡단 등의 금지)**
   자동차의 운전자는 그 차를 운전하여 고속도로 등을 횡단하거나 유턴 또는 후진하여서는 아니 된다. 다만 긴급자동차 또는 도로의 보수·유지 등의 작업을 하는 자동차 가운데 고속도로 등에서의 위험을 방지·제거하거나 교통사고에 대한 응급조치 작업을 위한 자동차로서 그 목적을 위하여 반드시 필요한 경우에는 그러하지 아니하다.

3) **도로교통법 제63조(통행 등의 금지)**
   자동차(이륜자동차는 긴급자동차만 해당한다) 외의 차마의 운전자 또는 보행자는 고속도로 등을 통행하거나 횡단하여서는 아니 된다.

4) **통행 금지의 대상**
   건설기계 20종, 경운기, 일반오토바이, 자전거 등이며 자동차에 해당하는 덤프트럭 등 건설기계 7종과 경찰 오토바이는 통행이 가능하다. 여기서 자동차라 함은 자동차관리법 제2조 제1호의 규정에 의한 자동차와 건설기계관리법 제2조 제1항 제1호의 규정에 의한 건설기계 중 고속국도를 운행할 수 있는 것으로서 대통령령이 정하는 것을 말한다. 여기서 대통령령이 정하는 건설기계(7종 : ① 덤프트럭, ② 콘크리트믹서트럭, ③ 콘크리트펌프(트럭적재식), ④ 아스팔트살포기, ⑤ 노상안정기, ⑥ 천공기(트럭 적재식) ⑦ 기중기(트럭 적재식)를 말한다.

정답 89 ①

90 2018년 기출

도로교통법상 버스전용차로에 대한 설명으로 틀린 것은?

① 일반도로 버스전용차로에 24인승의 노선버스는 통행할 수 있다.
② 고속도로 버스전용차로에 긴급자동차를 제외한 다른 승용차동차는 통행할 수 없다.
③ 고속도로에 버스전용차로가 설치되어 운용되는 경우는 그 전용차로를 제외하고 차로를 계산한다.
④ 고속도로 버스전용차로에 15인승 승합자동차는 승차 인원과 상관없이 통행할 수 있다.

심화 해설
도로교통법 시행령 별표 1(전용차로의 종류와 통행할 수 있는 차량)

전용차로의 종류	통행할 수 있는 차량	
	고속도로	고속도로 외의 도로
버스 전용차로	*9인승 이상 승용자동차 및 승합자동차(승용자동차 또는 12인승 이하의 승합자동차는 6명 이상이 승차한 경우로 한정한다)	1. 「자동차관리법」 제3조에 따른 36인승 이상의 대형승합자동차 2. 「여객자동차운수사업법」 제3조 및 같은 법 시행령 제3조 제1호에 따른 36인승 미만의 사업용 승합자동차 3. 법 제52조에 따라 증명서를 발급받아 어린이를 운송할 목적으로 운행 중인 어린이 통학버스 4. 대중교통수단으로 이용하기 위한 자율주행 자동차로서 「자동차관리법」 제27조 제1항 단서에 따라 시험·연구 목적으로 운행하기 위하여 국토교통부장관의 임시운행허가를 받은 자율주행자동차 5. 제1호부터 제4호까지에서 규정한 차 외의 차로서 도로에서의 원활한 통행을 위하여 시·도경찰청장이 지정한 다음의 어느 하나에 해당하는 승합자동차 가. 노선을 지정하여 운행하는 통학·통근용 승합자동차 중 16인승 이상 승합자동차 나. 국제행사 참가인원 수송 등 특히 필요하다고 인정되는 승합자동차(시·도경찰청장이 정한 기간 이내로 한정한다) 다. 「관광진흥법」 제3조 제1항 제2호에 따른 관광숙박업자 또는 「여객 자동차 운수 사업법 시행령」 제3조 제2호 가목에 따른 전세버스운송사업자가 운행하는 25인승 이상의 외국인 관광객 수송용 승합자동차(외국인관광객이 승차한 경우만 해당한다)

① 일반도로 버스 전용차로 : 24인승 노선버스는 통행 가능
③ 고속도로 버스 전용차로 설치된 경우 전용차로 제외하고 차로 계산
④ 고속도로 버스 전용차로 15인승 승합차는 승차인원 관계없이 운행가능(12인승 이하는 승합차는 6인 이상 승차 경우만 통행가능)

91 2015년 기출

다음 중 고속도로 통행이 허용되지 않는 것은?

① 이륜자동차(긴급자동차 제외)
② 승용자동차
③ 승합자동차
④ 화물자동차

해설 자동차 외 차마(이륜차는 긴급자동차만 해당)는 통행할 수 없다.

심화 해설
도로교통법 제63조(통행 등의 금지)
　자동차(이륜자동차는 긴급자동차만 해당한다) 외의 차마의 운전자 또는 보행자는 고속도로 등을 통행하거나 횡단하여서는 아니 된다.

정답 90 ② 91 ①

92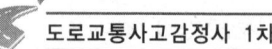

고속도로에서 자동차 고장으로 운행할 수 없을 때 고장자동차 표지를 설치하고 야간에는 적색 섬광신호나 불꽃신호를 설치하도록 하고 있다. 도로교통법상 고장자동차 표지 및 불꽃신호의 적정한 설치 거리는?

① 자동차로부터 고장자동차 표지와 불꽃신호는 100m 이상 뒤쪽
② 자동차로부터 고장자동차 표지와 불꽃신호는 200m 이상 뒤쪽
③ 안전삼각대를 후방자동차운전자가 확인할 수 있는 위치에 설치 및 사방 500m 지점에 식별할 수 있는 불꽃신호
④ 자동차로부터 고장자동차 표지는 200m 이상 뒤쪽, 불꽃신호는 400m 이상 뒤쪽

[해설] 2017.6.2. 개정되어 현재는 안전삼각대를 후방 자동차 운전자가 확인할 수 있는 위치에 설치

심화 해설

1) 도로교통법 제66조(고장 등의 조치)
   자동차의 운전자는 고장이나 그 밖의 사유로 고속도로 등에서 자동차를 운행할 수 없게 되었을 때에는 행정안전부령으로 정하는 표지(이하 "고장자동차의 표지"라 한다)를 설치하여야 하며, 그 자동차를 고속도로 등이 아닌 다른 곳으로 옮겨 놓는 등의 필요한 조치를 하여야 한다.

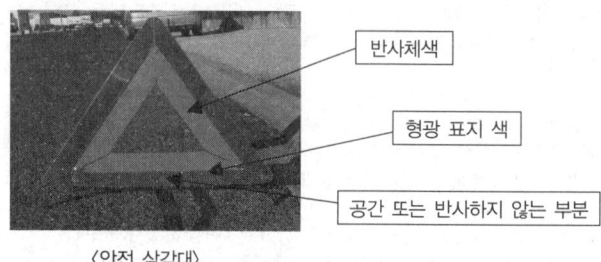

〈안전 삼각대〉

2) 도로교통법 시행규칙 제40조(고속도로 등에서 고장자동차의 표시)의 개정내용〈2017. 6. 2.〉

현행
도로교통법 시행규칙 제40조(고장자동차의 표지) ① 법 제66조에 따라 자동차의 운전자는 고장이나 그 밖의 사유로 고속도로 등에서 자동차를 운행할 수 없게 되었을 때에는 다음의 각호의 표지를 설치하여야 한다. 　1. 「자동차관리법 시행령」, 「자동차 및 자동차부품의 성능과 기준에 관한 규칙」 등에 따른 안전삼각대 　2. 사방 500m 지점에 식별할 수 있는 적색의 섬광신호·전기제등 또는 불꽃신호. 다만, 밤에 고장이나 그 밖의 사유로 고속도로 등에서 자동차를 운행할 수 없게 되었을 때로 한정한다. ② 자동차의 운전자는 제1항에 따른 표지를 설치하는 경우 그 자동차의 후방에서 접근하는 자동차의 운전자가 확인할 수 있는 위치에 설치하여야 한다.

정답 92 ③

제2장 교통사고처리 특례법

1 교통사고처리 특례법의 이해

01 [2016년 기출]

교통사고처리 특례법의 목적은?

① 도로상에서 발생하는 교통상의 위험과 장해를 방지하여 안전하고 원활한 교통을 확보하기 위하여
② 중대한 과실사고로 인한 인명과 재산의 손실을 방지하기 위하여
③ 교통사고를 낸 가해자의 처벌을 강화하기 위하여
④ 교통사고 피해의 신속한 회복을 촉진하고 국민생활의 편익을 증진하기 위하여

해설 피해의 신속한 회복을 촉진하고 국민생활의 편익 증진

심화 해설

1) **교통사고처리 특례법 제1조(목적)**
   이 법은 업무상 과실 또는 중대한 과실로 교통사고를 일으킨 운전자에 관한 형사처벌 등의 특례를 정함으로써 교통사고로 인한 피해자의 신속한 회복을 촉진하고 국민생활의 편익을 증진함을 목적으로 한다.
2) **도로교통법 제1조(목적)**
   이 법은 도로에서 일어나는 교통상의 모든 위험과 장해를 방지하고 제거하여 안전하고 원활한 교통을 확보함을 목적으로 한다.
3) **자동차관리법 제1조(목적)**
   이 법은 자동차의 등록, 안전기준, 자기인증, 제작결함 시정, 점검, 정비, 검사 및 자동차 관리사업 등에 관한 사항을 정하여 자동차를 효율적으로 관리하고 자동차의 성능 및 안전을 확보함으로써 공공의 복리를 증진함을 목적으로 한다.
4) **자동차 손해배상 보장법 제1조(목적)**
   이 법은 자동차의 운행으로 사람이 사망 또는 부상하거나 재물이 멸실 또는 훼손된 경우에 손해배상을 보장하는 제도를 확립하여 피해자를 보호하고 자동차 사고로 인한 사회적 손실을 방지함으로써 자동차 운송의 건전한 발전을 촉진함을 목적으로 한다.
5) **특정범죄 가중처벌 등에 관한 법률 제1조(목적)**
   이 법은 「형법」, 「관세법」, 「조세범 처벌법」, 「지방세기본법」, 「산림자원의 조성 및 관리에 관한 법률」 및 「마약류관리에 관한 법률」에 규정된 특정범죄에 대한 가중처벌 등을 규정함으로써 건전한 사회질서의 유지와 국민경제의 발전에 이바지함을 목적으로 한다.

중요도 ●●●
교통사고처리 특례법의 목적과 도로교통법의 목적을 파악해야 한다.

정답 01 ④

02 2018년 기출

교통사고처리 특례법상 교통사고로 볼 수 없는 것은?

① 운행 중인 화물차에 적재되어 있던 화물이 떨어져 뒤차 운전자가 다친 사고
② ATV(All Terrain Vehicle)의 일종인 LT-160을 운행하던 중 일어난 인피사고
③ 경운기를 운전해서 가다가 신호위반으로 사람을 다치게 한 사고
④ 신체장애인용 수동 휠체어를 타고 가다가 보도에서 걷던 보행자를 다치게 한 사고

해설 수동 휠체어를 타고 가는 경우는 보행자임

심화 해설

도로교통법 제2조 제17호(차마)
가. "차" 1) 자동차, 2) 건설기계, 3) 원동기장치자전거, 4) 자전거, 5) 사람 또는 가축의 힘이나 그 밖의 동력으로 도로에서 운전하는 것. 다만, 철길이나 가설(架設)된 선을 이용하여 운전되는 것, 유모차, 보행보조용 의자차, 노약자용 보행기 등 행정안전부령으로 정하는 기구·장치는 제외한다.
나. "우마"란 교통운수에 사용되는 가축을 말한다. 따라서 화물차 LT-160(원동기장치자전거), 경운기는 차마에 해당된다.

도로교통법 제2조(정의) 10.(보도)
- 10. 보도란 연석선, 안전표지나 그와 비슷한 인공구조물로 경계를 표시하여 보행자가 통행할 수 있도록 한 도로의 부분을 말한다.
- 보행자 : 유모차, 보행보조용 의자차, 노약자용 보행기 등 행정안전부령으로 정하는 기구·장치를 이용하여 통행하는 사람을 포함한다.

교통사고의 해당 여부

교통 사고	교통사고로 볼 수 없는 경우
① 화물차 적재물 추락 치상사고	④ 장애인용 수동 휠체어 타고 가다 보행자 충돌 부상사고
② LT-160 운행 중 치상사고	
③ 경운기 신호위반 치상사고	

03 2019년 기출

교통규칙을 자발적으로 준수하는 운전자는 다른 사람도 교통규칙을 준수할 것이라고 신뢰하는 것으로, 다른 사람이 비이성적인 행동을 하거나 규칙을 위반하여 행동하는 것을 미리 예견하여 조치할 의무는 없다는 것과 관련된 것은?

① 신뢰의 원칙
② 의무의 충돌
③ 합리성의 원칙
④ 상당성의 원칙

해설 운전자의 주의의무에 적용되는 원칙 중 중대하게 적용되고 있는 것이 "신뢰의 원칙"인데 이는 교통법규를 준수하는 운전자는 상대방도 교통법규를 준수하리라는 것을 신뢰하면 족하고 상대방이 교통법규를 위반하는 비정상적인 행동을 하는 경우까지 예상하여 통상의 수준을 넘는 방어조치를 취할 의무는 없다고 본다는 원칙이다.

운전자의 주의의무에 대한 적용원칙

정답 02 ④ 03 ①

04 2013년 기출

다음 설명 중 틀린 것은?

① 교통사고처리 특례법 제3조 제2항의 "피해자의 명시적인 의사에 반하여 공소를 제기할 수 없다"는 반의사불벌의 원칙을 선언한 것이다.
② 처벌불원의 의사표시는 원칙적으로 피해자 본인이다.
③ 처벌불원의 의사표시는 명시적·무조건적이어야 한다.
④ 처벌불원의 의사표시는 공소제기 전까지 하여야 한다.

해설 처벌불원의 의사표시는 1심 판결 전까지 하여야 한다.

심화 해설
교통사고 피해자의 의사표시(합의)
(1) 의사표시 기한 : 법원의 1심 판결 선고 전까지
(2) 의사표시 효력 : 한번 의사표시하면 특별한 상황이 아닌 한 번복 불가
(3) 의사표시 내용 : 명시적 의사표시로 무조건적이어야 한다. 만약 조건부의 의사표시 하면 처벌불원 의사표시 배제
   (예 : 치료가 된다면, 보상이 된다면 처벌 원치 않는다)
(4) 합의 시행자 : 원칙적으로 피해자 본인, 20세 미만 미성년자의 경우, 법정 대리인, 대물피해 사고시는 피해물 소유자
(5) 합의서 제출의 의미 : 처벌불원의 명시적 의사표시

● 중요도 ●●●
● 반의사불벌죄의 의사표시기한, 효력, 내용, 시행자, 합의서의 의미를 알아야 한다.

05 2020년 기출

교통사고처리 특례법에 대한 설명 중 틀린 것은?

① 형사처벌의 특례를 정함으로써 교통사고로 인한 피해의 신속한 회복을 촉진하기 위해 제정되었다.
② 교통사고란 차의 교통으로 인하여 사람을 사상하거나 물건을 손괴한 것을 말한다.
③ 교통사고 발생시 업무상 과실치사상죄를 범한 차의 운전자에 대하여 피해자의 명시적인 의사에 반하여 공소를 제기할 수 없다.
④ 신호위반으로 교통사고가 발생하였는데 피해자에게 중상해의 결과가 발생하였다면 사고를 낸 차의 운전자는 신호위반의 책임을 진다.

해설 ③ 교통사고 발생시 업무상 과실치상죄만 운전자에 대하여 피해자의 명시적인 의사에 반하여 공소를 제기할 수 없다. 문제는 업무상 과실치상죄만이며 업무상 과실치사죄는 공소를 제기해야 하므로 틀린 것임.

● 중요도 ●●
● 교특법상 반의사 불법죄는 업무상 과실치상죄를 범한 운전자에 적용

06 [2008년 기출]

다음 〈보기〉 중 교통사고처리 특례법상 형사처벌되는 경우만을 고른 것은?

보기
ⓐ 피해자가 사망한 경우
ⓑ 단순 교통사고이나 피해자가 부상을 입어, 보험처리를 거부하고 처벌을 원하는 경우
ⓒ 도주하거나 유기한 경우
ⓓ 교통사고처리 특례법 제3조 제2항 단서 12개항에 해당하는 경우

① ⓐ, ⓑ, ⓒ, ⓓ
② ⓐ, ⓒ, ⓓ
③ ⓑ, ⓔ, ⓓ
④ ⓐ, ⓑ, ⓒ

해설 3가지 경우
ⓐ 피해자가 사망한 경우 유족의 처벌불원 의사와 관계없이 형사처벌된다.
ⓑ 단순 교통사고로 부상을 입었다면 교통사고처리 특례법 제4조 제1항에서는 일반 사고의 경우 종합보험에 가입되어 있다면 사망 등의 결과가 발생하지 않는 한 형사처벌을 할 수 없도록 규정되어 있으므로 피해자가 형사처벌을 원하더라도 형사처벌되지 않는다.
ⓒ 도주하거나 유기한 경우는 특정범죄 가중처벌 등에 관한 법률로 형사처벌된다.
ⓓ 교통사고처리 특례법상 중과실 12개항에 해당되는 경우에는 피해자의 처벌 의사와 관계없이 형사처벌된다. 교통사고처리 특례법 제3조 제2항에서 교통사고로 인하여 사람을 상해하거나 물적 피해를 입힌 경우 피해자의 명시적인 의사에 반하여 처벌할 수 없도록 규정한 반면, 사망이나 뺑소니 인피 교통사고, 유기도주 교통사고, 인피사고 후 음주측정 불응, 중과실 12개항 인피사고 등은 피해자의사와 관계없이 형사처벌 대상이다.

07 [2009년 기출]

다음 사고로 인하여 인적피해가 발생하였으나 가해자가 종합보험에 가입한 경우 형사처벌할 수 없는 것은?

① 제한속도 13km/h 초과상태에서의 사고
② 횡단보도에서 보행자를 충격한 사고
③ 약물복용 운전 중 사고
④ 일시정지 지시 위반사고

해설 제한속도 13km/h 초과에서의 사고
① 20km/h 미만인 상태에서의 사고는 과속에 따른 중과실을 적용받지 않고 20km/h 초과된 상태에서 인적피해가 발생된 경우에 한한다.
② 횡단보도에서 보행자를 충격하여 인적피해를 발생케 한 경우, 횡단보도 신호등이 있는 경우에는 횡단보도 보행신호인 경우에만 중과실 횡단보도 사고로 처리된다.
③ 약물복용 운전 중 인적피해를 발생케 한 경우 중과실 약물 운전사고로 처리된다.
④ 일시정지 표지판이 설치된 곳에서 운전자가 일시정지하지 않고 진행하다 교통사고를 야기하여 인적피해가 발생되었다면 중과실 신호지시위반 사고로 처리된다.

정답 06 ② 07 ①

08 2009년 기출

다음의 교통사고처리 요령 중 틀린 것은?

① 치사사고는 기소(공소권 있음)의견으로 처리한다.
② 신호위반으로 중상해 인적피해 교통사고를 야기한 경우 종합보험에 가입되어 있으면 불기소(공소권 없음)의견으로 처리한다.
③ 안전거리 미확보로 진단 3주의 인적피해 교통사고를 야기한 경우 종합보험에 가입되어 있으면 불기소(공소권 없음)의견으로 처리된다.
④ 피해액 20만원 이상의 물적피해 교통사고를 야기한 경우 종합보험에 가입되어 있지 않고, 합의하지 않으면 기소(공소권 있음)의견으로 처리된다.

[해설] 신호위반은 12대 중과실 사고로 기소대상
신호위반으로 인적피해가 발생한 경우 종합보험에 가입되었거나 피해자 처벌불원 의사가 있어도 중과실 신호위반에 따른 형사처벌 대상이다. 이와 별도로 중상해는 피해자의 처벌 불원의사가 없으면 형사처벌된다.

중요도 ●●

09 2012년 기출

도로교통법상 물피 교통사고에 관한 설명이다. 맞는 것은?

① 중과실로 타인의 재물을 손괴한 경우는 가중처벌한다.
② 타인의 재물이란 타인의 건조물만을 말한다.
③ 가해운전자가 종합보험 등에 가입하고 있었다면 공소를 제기할 수 없다.
④ '자동차'로 인한 사고의 경우에만 물피 교통사고가 성립한다.

[해설] 종합보험 가입시 불기소
① 중과실 가중처벌 대상은 인적피해만 해당된다.
② 다른 사람의 건조물 외에 그 밖의 재물을 손괴한 경우를 말한다.
③ 단순 물적피해 교통사고는 종합보험에 가입되어 있다면 신호위반이나 중앙선 침범을 하였다고 하더라도 형사처벌되지 않는다.
④ '자동차'가 아닌 '차'의 교통으로 인한 사고가 교통사고이다.

중요도 ●●●
단순대물교통사고에 종합보험이 가입된 경우 사고처리에 대한 내용이다.

정답 08 ② 09 ③

10 [2012년 기출]

다음 중 교통사고처리 특례법상 피해자의 처벌불원 의사와 관계없이 공소를 제기해야 하는 경우는?

① 신호등 없는 교차로에서 일시정지하지 않고 진행하다가 일어난 경상사고
② 어린이 보호구역 내 제한속도 30km/h인 도로에서 55km/h 속도로 주행 중 발생한 보행자 경상사고
③ 신호위반으로 발생된 물적피해 교통사고
④ 비포장도로에서 도로의 중앙으로 진행하다가 일어난 사고

해설 과속사고

심화 해설
교통사고의 처리 현황(기소여부)

형사처벌 면제되는 사고(불기소) (일반적 과실사고 : 15종)	형사입건 처벌되는 사고(기소) (사망, 도주, 12대 중과실, 중상해 : 15종)
1. 안전운전 불이행 사고 2. 안전거리 미확보 사고 3. 차로변경 중 사고 4. 교차로 통행방법 위반 사고 5. 교통정리가 없는 교차로 사고 6. 통행우선권 양보불이행 사고 7. 후진사고 8. 개문사고 9. 서행·일시정지위반 사고 10. 주·정차시 안전조치 불이행 사고 11. 과로·졸음운전 중 사고 12. 차내사고 13. 정비불량 사고 14. 고속도로·전용도로사고, 일반적 과실사고 15. 중앙버스 전용차로사고, 일반적 과실사고	1. 사망사고 2. 도주사고 〈12대 중과실 사고〉 1. 신호·지시위반 사고 2. 중앙선침범 사고 / 고속도로등을 횡단, 유턴 또는 후진한 경우 3. 과속(20km/h 초과)사고 4. 앞지르기 방법·금지위반 사고 5. 철길건널목 통과방법 위반 사고 6. 횡단보도 보행자보호 의무위반 사고 7. 무면허운전 중 사고 8. 주취·약물 복용운전 중 사고 9. 보도침범·통행방법위반 사고 10. 승객추락방지의무위반 사고 11. 어린이 보호구역에서 안전운전의무위반 12. 화물추락방지 조치 위반사고 〈중상해 사고〉 일반사고 중 피해자 중상해 사고

정답 10 ②

11 2020년 기출

교통사고처리 특례법상 피해자의 처벌불원 의사표시가 있거나 종합보험에 가입되어 있어도 처벌받는 사람은?

① 제한속도를 매시 15킬로미터 초과하여 주행 중 앞차를 추돌하여 앞차 운전자에게 부상을 입힌 승용차 운전자
② 약물의 영향으로 인해 정상적으로 운전하지 못할 우려가 있는 상태에서 운전 중 옆 차로에 주행 중인 승용차 운전자에게 경상을 입힌 화물차 운전자
③ 보·차도 구분이 없는 곳에서 길가장자리구역을 침범하여 보행자에게 경상을 입힌 승합차 운전자
④ 곡선 도로에서 운전 부주의로 미끄러져 승객 3명에게 부상을 입힌 버스 운전자

> **해설** 이하 사고는 처벌되지 않는 사고
> - 제한속도 15km/h 초과 사고
> - 길 가장구역 침범사고
> - 커브길 미끄러져 승객 부상 사고

중요도 ●●
피해자의 처벌 요구가 없어도 처벌 받는 경우

12 2019년 기출

교통사고처리 특례법 제3조 제2항 단서 12개항이 아닌 것은?

① 승객 추락방지의무위반 인적피해 발생 교통사고
② 보도침범 인적피해 발생 교통사고
③ 철길건널목 통과방법위반 인적피해 발생 교통사고
④ 교차로 통행방법위반 인적피해 발생 교통사고

중요도 ●●

> **심화 해설**
> 교통사고 피해자의 의사와 관계없이 형사입건 처벌되는 교통사고처리 특례법 제3조 제2항 단서 12개항은
>
> **형사입건 처벌되는 사고(12대 중과실사고)**
> ① 신호, 지시위반 사고
> ② 중앙선침범 사고 / 고속도로 등을 횡단, 유턴 또는 후진한 경우
> ③ 과속(20km/h 초과)사고
> ④ 앞지르기 방법, 금지위반 사고
> ⑤ 철길 건널목 통과방법 위반 사고
> ⑥ 횡단보도 보행자보호 의무위반 사고
> ⑦ 무면허운전 중 사고
> ⑧ 주취, 약물 복용운전 중 사고
> ⑨ 보도침범, 통행방법위반 사고
> ⑩ 승객추락방지 의무위반 사고
> ⑪ 어린이 보호구역에서 안전운전의무위반
> ⑫ 화물추락방지 조치위반 사고

정답 11 ② 12 ④

13 2021년 기출

다음 중 교통사고처리 특례법 제3조 제2항 단서 각호에 규정된 것에 해당하지 않는 것은?

① 중앙선 침범 운전
② 난폭운전 및 보복운전
③ 혈중알코올농도 0.04% 운전
④ 속도위반 운전(30km/h 초과)

해설 교통사고처리 특례법 제3조 제2항 단서 12개 사고
① 신호위반
② 중앙선 침범
③ 속도위반(20km/h 초과)
④ 앞지르기 방법 및 금지위반
⑤ 철길건널목 통과방법위반
⑥ 횡단보도 보행자보호 의무위반
⑦ 무면허운전
⑧ 주취 및 약물복용 운전
⑨ 보도침범, 통행방법위반
⑩ 승객추락방지 의무위반
⑪ 어린이 보호구역 내 안전운전의무위반
⑫ 화물추락방지 조치위반

중요도 ○○○
난폭운전 및 보복운전은 특례단서 조항이 아님

14 2012년 기출

교통사고처리 특례법상 교통사고로 처리하는 경우는?

① 공장 안에서 자전거를 끌고 가던 사람이 안전시설물에 부딪쳐 부상을 당한 경우
② 트럭운전자가 길가장자리에 잠시 정차하여 문을 열다가 지나가는 이륜자동차를 충돌하여 부상을 입힌 사고인 경우
③ 학교 울타리가 무너지며 지나가던 차량과 승객에게 부상을 입힌 사고의 경우
④ 시내버스 종점에서 주차된 버스에 오르던 승객이 발을 헛짚으며 넘어져 부상을 당한 경우

해설 트럭운전자의 개문사고임
① 공장 안에서 자전거 끌고 가던 사람이 안전시설에 부딪쳐 부상을 당한 경우 사고는 장소 불문코 적용되나 자전거를 끌고간 경우는 차의 사고로 볼 수 없고 아울러 자전거 끌고 가던 본인이 다친 경우 교통사고는 타인이 부상인 경우 적용되므로 본 건은 교통사고로 처리될 수 없음
② 트럭운전자가 길가장자리에 정차. 문을 열다가 지나가는 이륜차를 충돌하여 부상을 입힌 경우 차의 본래 용법에 따라 사용 중 사고이므로 교통사고에 해당되어 사고처리하게 됨
③ 학교 울타리가 무너지며 지나가던 차량과 충돌. 부상을 입힌 경우는 차의 교통으로 인한 교통사고가 아니고 일반 안전사고이다. 교통사고로 처리될 수 없음
④ 시내버스가 종점에 주차되어 있는데 승객이 승차하다 발을 헛짚으며 전도 부상의 경우는 차의 운행으로 인한 사고라 볼 수 없는 승객의 과실에 의한 사고이므로 교통사고로 처리될 수 없음

중요도 ○○

정답 13 ② 14 ②

15 2014년 기출

종합보험에 가입된 상태로 인적피해 교통사고가 발생한 경우 교통사고처리 특례법상 처벌의 특례를 적용받는 유형이 아닌 것은?

① 안전운전의무 위반 사고
② 진로변경방법 위반 사고
③ 고속도로에서 후진 사고
④ 교차로 통행방법 위반 사고

해설 고속도로에서 후진 사고
① 안전운전의무 위반 사고
② 진로변경방법 위반 사고
④ 교차로 통행방법 위반 사고 이상사고는 일반적 과실사고이므로 종합보험에 가입된 경우 불기소 처리
③은 고속도로에서 횡단·유턴·후진 중 인적피해사고는 특례예외단서 제2호에 해당되어 기소되어, 형사입건 5년 이하의 금고 또는 2천만원 이하의 벌금으로 처벌

형사처벌 면제되는 사고(불기소) (일반적 과실사고 : 15종)	형사입건 처벌되는 사고(기소) (사망, 도주, 12대 중과실, 중상해 : 15종)
1. 안전운전 불이행 사고 2. 안전거리 미확보 사고 3. 차로변경 중 사고 4. 교차로 통행방법 위반 사고 5. 교통정리가 없는 교차로 사고 6. 통행우선권 양보불이행 사고 7. 후진사고 8. 개문사고 9. 서행·일시정지위반 사고 10. 주·정차시 안전조치 불이행 사고 11. 과로·졸음운전 중 사고 12. 차내사고 13. 정비불량 사고 14. 고속도로·전용도로사고, 일반적 과실사고 15. 중앙버스 전용차로사고, 일반적 과실사고	1. 사망사고 2. 도주사고 〈12대 중과실 사고〉 1. 신호·지시위반 사고 2. 중앙선침범 사고 / 고속도로등을 횡단, 유턴 또는 후진한 경우 3. 과속(20km/h 초과)사고 4. 앞지르기 방법·금지위반 사고 5. 철길건널목 통과방법 위반 사고 6. 횡단보도 보행자보호 의무위반 사고 7. 무면허운전 중 사고 8. 주취·약물 복용운전 중 사고 9. 보도침범·통행방법위반 사고 10. 승객추락방지의무위반 사고 11. 어린이 보호구역에서 안전운전의무위반 12. 화물추락방지 조치 위반사고 〈중상해 사고〉 일반사고 중 피해자 중상해 사고

> 12대 중과실 사고와 일반적인 과실사고 유형의 구분에 대한 내용이다.

16 2015년 기출

교통사고처리 특례법상 피해자의 처벌불원 의사와 관계없이 공소를 제기할 수 있는 경우는?

① 진로변경에 후방을 살피지 아니하여 일어난 경상사고
② 어린이 보호구역 내 제한속도 30km/h 도로에서 55km/h 속도로 주행 중 발생한 20세 보행자 경상사고
③ 신호위반으로 발생한 물적피해 교통사고
④ 안전운전 불이행으로 인한 중상해 교통사고

해설 제한속도를 25km/h 초과 과속한 치상사고로 기소사고
① 진로변경시 후방을 살피지 아니하여 일어난 차로변경 중 사고는 일반적 과실에 의한 사고로 불기소
② 어린이 보호구역 내 제한속도 30km/h 도로에서 55km/h 속도로 주행 중 20세 보행자 경상사고는 제한속도에서 25km/h 초과한 과속사고로 기소
③ 신호위반으로 발생된 사고는 중과실 사고이다. 그러나 물적 피해사고이므로 불기소
④ 안전운전 불이행으로 인한 중상해 발생사고는 피해자가 처벌 원하는 경우는 처벌할 수 있으나 합의되거나 처벌 원치 않는 경우는 불기소. 따라서 반드시 공소제기된다고는 볼 수 없음

정답 15 ③ 16 ②

17 2016년 기출

교통사고처리 특례법 제4조 제1항 본문에 규정에 따른 보험 또는 공제에 가입한 경우 특례를 정하고 있다. 여기서 말하는 특례에 대한 해석으로 맞는 것은?

① 중과실 12개항의 사고에 대해서는 처벌을 해달라는 명시적 의사가 있는 것으로 간주한다.
② 피해자의 의사와 상관없이 민사상 보상에 관하여 합의한 것으로 간주한다.
③ 피해자가 처벌을 원하지 않는 것으로 일단 간주하고 피해자가 처벌을 명시적으로 원할 경우 처벌한다.
④ 피해자의 의사와 상관없이 공소를 제기할 수 없다.

해설 피해자의 의사와 상관없이 공소를 제기할 수 없다.

> **심화 해설**
> **교통사고처리 특례법 제4조(보험 등에 가입된 경우의 특례)**
> ① 교통사고를 일으킨 차가 「보험업법」제4조, 제126조, 제127조 및 제128조, 「여객자동차 운수사업법」제60조, 제61조 또는 「화물자동차 운수사업법」제51조에 따른 보험 또는 공제에 가입된 경우에는 업무상 과실치상죄 또는 중과실치상죄와 도로교통법 제151조의 죄를 범한 차의 운전자에 대하여 공소를 제기할 수 없다. 다만, 보험 등에 가입되었다 할지라도 다음의 경우 특례법 적용 배제
> 1. 신호위반 등 12개항의 위반행위로 차상사고를 낸 때(중과실 위반행위 12개 항목)
> 2. 피해자가 신체의 상해로 인하여 생명에 대한 위험이 발생하거나 불구가 되거나 불치 또는 난치의 질병에서 생긴 경우
> 3. 보험계약 또는 공제계약이 무효로 되거나 해지되거나 계약상의 면책 규정 등으로 인하여 보험회사, 공제조합 또는 공제사업자의 보험금 또는 공제금 지급의무가 없어진 경우
> ② 보험 또는 공제란?
> 교통사고의 경우, 「보험업법」에 따른 보험사나 「여객자동차 운수사업법」 또는 「화물자동차 운수사업법」에 따른 공제조합 또는 공제사업자가 인가된 보험약관 또는 승인된 공제약관에 따라 피보험자와 피해자 간 또는 공제조합원과 피해자 간의 손해배상에 관한 합의 여부와 상관없이 피보험자나 공제조합원에 갈음하여 피해자의 치료비에 관하여는 통상비용의 전액을, 그 밖의 손해에 관하여는 보험약관이나 공제약관으로 정한 지급기준금액을 대통령령으로 정하는 바에 따라 우선 지급하되, 종국적으로는 확정판결이나 그 밖에 이에 준하는 집행권원상 피보험자 또는 공제조합원의 교통사고로 인한 손해배상금 전액을 보상하는 보험 또는 공제를 말함

18 2019년 기출

보험회사, 공제조합 또는 공제조합의 사무를 처리하는 사람이 보험 또는 공제에 가입된 사실을 거짓으로 작성한 경우 벌칙은?

① 2년 이하의 징역 또는 1천만원 이하의 벌금
② 2년 이하의 징역 또는 2천만원 이하의 벌금
③ 3년 이하의 징역 또는 1천만원 이하의 벌금
④ 3년 이하의 징역 또는 3천만원 이하의 벌금

해설 보험 또는 공제에 가입된 사실을 거짓으로 작성한 경우 처벌은?
3년 이하의 징역 또는 1천만원 이하의 벌금

● 공제가입 사실증명서의 허위 작성시 벌칙에 대한 내용이다.

정답 17 ④ 18 ③

19 2008년 기출

교통사고처리 특례법상 불기소처분의 조건이 되는 보험가입사실의 증명에 관한 설명이다. <u>틀린 것은?</u>

① 보험가입사실증명서 또는 공제가입사실증명서에 의하여야 하며, 보험료 지급 사실을 증명하는 보험료 영수증은 해당되지 않는다.
② 사고운전자가 처벌 특례의 적용을 받으려면 반드시 보험공제가입사실증명서를 수사 기관에 제출하여야 한다.
③ 약관상의 책임범위를 넘는 손해가 발생하여 피해자가 완전한 보상을 받을 수 없게 되는 경우에는 공소권이 발생한다.
④ 보험가입사실이 증명되어 공소권이 없는 경우라도 위반행위에 대하여 도로교통법상 범칙자 적발 보고서를 발부하여야 한다.

[해설] 보험, 공제가입 사실 증명 반드시 제출은 아님
① 보험료 영수증은 보험가입사실증명서 등에 포함되지 않는다.
② 사고운전자가 아닌 보험회사, 공제조합 또는 공제사업자가 서면으로 증명해야 한다. 그러나 반드시 제출의무는 아니고 가입이 사실이면 불기소처리된다.
③ 약관상 인적 물적 피해의 범위가 초과된 상태에서 따로 합의되지 않아 피해자가 처벌을 원한다면 기소처분한다. 특히 물적 피해의 경우 책임보험이 가입되어 있으면 1000만원까지 보상이 되나 초과하여 물적 피해가 발생되는 경우가 있는데 이 경우 미합의되면 형사처벌 대상이 된다.
④ 불기소 사건은 도로교통법상 범칙자 적발 보고서를 발부한다.

심화 해설
교통사고처리 특례법 제4조(보험 등에 가입된 경우의 특례) 제1항 · 제3항
① 교통사고를 일으킨 차가 「보험업법」 제4조, 제126조, 제127조, 제128조, 「여객자동차 운수사업법」 제60조, 제61조 또는 「화물자동차 운수사업법」 제51조에 따른 보험 또는 공제에 가입된 경우에는 제3조 제2항 본문에 규정된 죄를 범한 차의 운전자에 대하여 공소를 제기할 수 없다.
③ 제1항의 보험 또는 공제에 가입된 사실은 보험회사, 공제조합 또는 공제사업자가 제2항의 취지를 적은 서면에 의하여 증명되어야 한다.

정답 19 ②

20 [2009년 기출]

'갑'은 운전실수로 도로를 횡단하는 보행자를 충돌하였다. 문제는 종합보험의 미가입으로 피해자와 합의가 성립되지 않아서 형사처벌을 받을 처지에 놓였다. 따라서 평소에 알고 지내던 보험사 직원 '을'에게 사고 바로 전일에 종합보험에 가입한 것으로 공모하였고, 그리고 '을'이 보험가입(일명 종합보험)사실을 확인하는 증명서를 발급하였다. 이에 형법상의 범죄에 따른 처벌은 변론하고, 교통사고처리 특례법상의 법정형은?

① 3년 이하의 징역 또는 1천만원 이하의 벌금
② 1년 이하의 징역 또는 300만원 이하의 벌금
③ 2년 이하의 징역 또는 500만원 이하의 벌금
④ 6월 이하의 징역 또는 200만원 이하의 벌금

해설 3년 이하의 징역 또는 1천만원 이하의 벌금
사무처리자가 거짓으로 보험가입사실 확인서를 발부할 경우에는 3년 이하의 징역 또는 1천만원 이하의 벌금에 해당하는 처벌을 받는다.

심화 해설
교통사고처리 특례법 제5조(거짓으로 보험가입증명서 발급하는 행위 - 벌칙)
① 보험회사, 공제조합 또는 공제사업자의 사무를 처리하는 사람이 제4조 제3항의 서면을 거짓으로 작성한 경우에는 3년 이하의 징역 또는 1천만원 이하의 벌금에 처한다.

21 [2017년 기출]

교통사고처리 특례법 시행령 제4조에서 손해배상금의 우선 지급절차 중 손해배상금 우선 지급의 청구를 받은 보험사업자 또는 공제사업자는 그 청구를 받은 날부터 몇 일 이내에 지급하여야 하는가?

① 5일
② 7일
③ 10일
④ 14일

해설 7일

심화 해설
1) 교통사고처리 특례법 시행령 제2조(우선 지급할 치료비에 관한 통상비용의 범위)
① 법 제4조 제2항에 따라 우선 지급해야 할 치료비에 관한 통상비용의 범위는 다음 각 호와 같다.
1. 진찰료
2. 일반병실의 입원료, 다만, 치료상 필요로 일반병실보다 입원료가 비싼 병실에 입원한 경우에는 그 병실의 입원료
3. 처치·투약·수술 등 치료에 필요한 모든 비용
4. 인공팔다리·의치·안경·보청기·보철구 및 그 밖에 치료에 부수하여 필요한 기구 등의 비용
5. 호송, 다른 보호시설로의 이동, 퇴원 및 통원에 필요한 비용
6. 보험약관 또는 공제약관에서 정하는 환자식대·간병료 및 기타 비용
② 치료비에 관한 통상비용의 계산에 있어서 피해자가 외국에서 치료를 받은 경우의 제1항 각 호의 비용은 국내의료기관에서 동일한 치료를 하는 경우 그에 상당한 비용으로 한다. 다만, 국내의료기관에서 치료가 불가능하여 외국에서 치료를 받은 경우에는 그에 소요되는 비용으로 한다.

정답 20 ① 21 ②

2) 교통사고처리 특례법 시행령 제3조(우선 지급할 치료비 외의 손해배상금의 범위)
   ① 법 제4조 제2항의 규정에 의하여 우선지급하여야 할 치료비 외의 손해배상금의 범위는 다음 각 호와 같다.
   1. 부상의 경우
      보험약관 또는 공제약관에서 정한 지급기준에 의하여 산출한 위자료의 전액과 휴업손해액의 100분의 50에 해당하는 금액
   2. 후유장애의 경우
      보험약관 또는 공제약관에서 정한 지급기준에 의하여 산출한 위자료 전액과 상실수익액의 100분의 50에 해당하는 금액
   3. 대물손해의 경우
      보험약관 또는 공제약관에서 정한 지급기준에 의하여 산출한 대물배상액의 100분의 50에 해당하는 금액
   ② 제1항 제1호 및 제2호의 규정에 의한 위자료가 중복되는 경우에는 보험약관 또는 공제약관이 정하는 바에 의하여 지급한다.
3) 교통사고처리특례법 시행령 제4조(손해배상금의 우선지급절차)
   ① 피해자가 제2조 및 제3조의 규정에 의한 손해배상금의 우선지급을 받고자 하는 때에는 금융위원회 또는 국토교통부장관이 정하는 바에 의하여 보험사업자 또는 공제사업자에게 손해배상금 우선지급의 청구를 하여야 한다.
   ② 제1항의 규정에 의하여 손해배상금 우선지급의 청구를 받은 보험사업자 또는 공제사업자는 그 청구를 받은 날로부터 7일 이내에 이를 지급하여야 한다.
   ③ 피해자가 「자동차 손해배상 보장법」 제10조 및 제11조에 따라 손해배상액 또는 가불금을 지급받은 때에는 보험사업자 또는 공제사업자는 손해배상금의 우선지급액에서 이를 공제할 수 있다.

22 [2021년 기출]

교통사고처리 특례법 시행령 제4조에서 손해배상금의 우선 지급절차 중 손해배상금 우선지급의 청구를 받은 보험사업자 또는 공제사업자는 그 청구를 받은 날부터 (   ) 이내에 이를 지급하여야 한다. (   )에 맞는 것은?

① 7일
② 5일
③ 10일
④ 15일

해설
교통사고처리 특례법 시행령 제4조(손해배상금의 우선지급절차)
② 손해배상우선지급의 청구를 받은 보험사업자 또는 공제사업자는 그 청구를 받은 날로부터 7일 이내에 이를 지급하여야 한다.

23 [2016년 기출]

교통사고처리 특례법에서 규정하고 있는 우선 지급할 치료비에 관한 통상비용의 범위에 해당하지 않는 것은?

① 보험약관 또는 공제약관에서 정하는 환자식대, 간병료 및 기타비용
② 의치, 안경, 보청기 기타 치료에 부수하여 필요한 기구 등의 비용
③ 진료상 필요하지는 않지만 일반 병실보다 비싼 병실에 입원한 경우의 그 병실의 입원료
④ 퇴원 및 통원에 필요한 비용

해설 일반 병실보다 비싼 병실 입원료는 우선 지급대상이 아님

정답 22 ① 23 ③

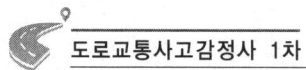

심화 해설
교통사고처리 특례법 시행령 제2조(우선 지급할 치료비에 관한 통상비용의 범위)
① 법 제4조 제2항에 따라 우선지급해야 할 치료비에 관한 통상비용의 범위는 다음 각 호와 같다.
  1. 진찰료
  2. 일반병실의 입원료. 다만, 진료상 필요로 일반병실보다 입원료가 비싼 병실에 입원한 경우에는 그 병실의 입원료
  3. 처치·투약·수술 등 치료에 필요한 모든 비용
  4. 인공팔다리·의치·안경·보청기·보철구 및 그 밖에 치료에 부수하여 필요한 기구등의 비용
  5. 호송, 다른 보호시설로의 이동, 퇴원 및 통원에 필요한 비용
  6. 보험약관 또는 공제약관에서 정하는 환자식대·간병료 및 기타비용
② 치료비에 관한 통상비용의 계산에 있어서 피해자가 외국에서 치료를 받은 경우의 제1항 각 호의 비용은 국내의료기관에서 동일한 치료를 하는 경우 그에 상당한 비용으로 한다. 다만, 국내의료기관에서 치료가 불가능하여 외국에서 치료를 받은 경우에는 그에 소요되는 비용으로 한다.

24 [2020년 기출]

교통사고처리 특례법상 우선 지급할 치료비 외의 손해배상금의 범위에 대한 설명으로 틀린 것은?

① 부상의 경우 보험약관 또는 공제약관에서 정한 지급기준에 의하여 산출한 위자료의 전액과 휴업손해액의 100분의 50에 해당하는 금액
② 후유장애의 경우 보험약관 또는 공제약관에서 정한 지급기준에 의하여 산출한 위자료의 전액과 상실수익액의 100분의 50에 해당하는 금액
③ 사망의 경우 보험약관 또는 공제약관에서 정한 지급기준에 의하여 산출한 위자료 및 상실수익액의 전액
④ 대물손해의 경우 보험약관 또는 공제약관에서 정한 지급기준에 의하여 산출한 대물배상액의 100분의 50에 해당하는 금액

해설 우선 지급 치료비와 손해배상금은 사망사고의 경우는 제외

심화 해설
교통사고처리 특례법 시행령 제3조(우선 지급할 치료비 외의 손해배상금의 범위)
① 법 제4조 제2항의 규정에 의하여 우선 지급하여야 할 치료비 외의 손해배상금의 범위는 다음 각 호와 같다.
  1. 부상의 경우
     보험약관 또는 공제약관에서 정한 지급기준에 의하여 산출한 위자료의 전액과 휴업손해액의 100분의 50에 해당하는 금액
  2. 후유장애의 경우
     보험약관 또는 공제약관에서 정한 지급기준에 의하여 산출한 위자료 전액과 상실수익액의 100분의 50에 해당하는 금액
  3. 대물손해의 경우
     보험약관 또는 공제약관에서 정한 지급기준에 의하여 산출한 대물배상액의 100분의 50에 해당하는 금액
② 제1항 제1호 및 제2호의 규정에 의한 위자료가 중복되는 경우에는 보험약관 또는 공제 약관이 정하는 바에 의하여 지급한다.

정답 24 ③

25 [2019년 기출]

교통사고처리 특례법상 우선 지급할 치료비에 관한 통상 비용의 범위가 <u>아닌</u> 것은?

① 위자료 전액
② 진찰료
③ 처치, 투약, 수술 등 치료에 필요한 모든 비용
④ 통원에 필요한 비용

심화 해설
교통사고처리 특례법 시행령 제2조(우선 지급할 치료비에 관한 통상 비용의 범위)
① 법 제4조 제2항의 규정에 따라 우선지급해야 할 치료비에 관한 통상비용의 범위는 다음 각 호와 같다.
 1. 진찰료
 2. 일반병실의 입원료, 다만, 진료상 필요로 일반병실보다 입원료가 비싼 병실에 입원한 경우에는 그 병실의 입원료.
 3. 처치, 투약, 수술 등 치료에 필요한 모든 비용
 4. 인공팔다리, 의치, 안경, 보청기, 보철구 및 그 밖에 치료에 부수하여 필요한 기구 등의 비용
 5. 호송, 다른 보호시설로의 이동, 퇴원 및 통원에 필요한 비용
 6. 보험 약관 또는 공제약관에서 정하는 환자식대, 간병료 및 기타 비용
② 치료비에 관한 통상비용의 계산에 있어서 피해자가 외국에서 치료를 받은 경우의 제1항 각호의 비용은 국내의료기관에서 동일한 치료를 하는 경우 그에 상당한 비용으로 한다. 다만, 국내의료기관에서 치료가 불가능하여 외국에서 치료를 받은 경우에는 그에 소요되는 비용으로 한다.

중요도 ●●
우선 지급할 치료비에 관한 통상비용을 말하므로 위자료 전액, 비싼 병실 입원 등은 배제됨

26 [2014년 기출]

종합보험에 가입된 승용차의 운전자가 편도 2차로 일반도로에서 앞서가던 자전거를 충격하여 자전거 운전자를 중상해에 이르게 하였다. 승용차 운전자에 대한 교통사고처리로 맞는 것은?

① 종합보험에 가입되어 있으므로 공소를 제기하지 못한다.
② 피해자의 의사와 관계없이 공소를 제기할 수 없다.
③ 피해자의 의사에 따라 공소 제기 여부가 결정된다.
④ 피해자가 중상해를 입었으므로 무조건 공소를 제기하여야 한다.

해설 피해자의 의사에 따라 공소 제기 여부 결정, 합의하면 불기소

심화 해설
1) 교통사고처리 특례법 제4조(보험 등에 가입된 경우의 특례)
 사고차량이 보험 또는 공제에 가입된 경우 운전자에 대하여 공소를 제기할 수 없다. 다만 다음의 경우는 특례법 적용배제
 1. 신호위반 등 12개항 위반 차상사고 야기한 때
 2. <u>피해자가 신체의 상해로 인하여 생명에 대한 위험이 발생하거나 불구 또는 불치나 난치의 질병에 이르게 된 경우</u>
 3. 보험계약 또는 공제계약이 무효 또는 해지되거나 계약상의 면책 규정 등으로 인하여 보험회사, 공제 조합 또는 공제사업자의 보험금 또는 공제금 지급 의무가 없어진 경우
2) 교통사고처리 특례법 제3조 제2항(처벌의 특례)
 차의 교통으로 업무상 과실치상죄 또는 중과실치상죄와 「도로교통법」 제151조의 죄를 범한 운전자에 대하여 <u>피해자의 명시적인 의사에 반하여 공소를 제기할 수 없다.</u>

중요도 ●●●

정답 25 ① 26 ③

27 2009년 기출

운전자 갑이 중앙선을 침범하여 주행하다가 반대방향 차량을 충격하여 그 차량의 운전자 및 동승자 2명에게 각각 전치 3주 상해를 입히고 도주하였다가 1시간만에 경찰서에 자수한 경우, 운전자 갑의 운전면허 행정처분의 내용은? (운전자 갑의 누산벌점은 없다)

① 60일 정지
② 90일 정지
③ 120일 정지
④ 면허취소

 90일 정지

교통사고 벌점은 원인과 피해결과와 사고조치 결과를 합산하게 된다. 원인은 도로교통법 위반행위를 말하며 중앙선 침범은 30점이다. 피해결과 전치 3주는 15점이다. 사고조치는 도주하였으나 자수한 경우는 30점이다. 이를 합산하면 벌점 90점으로 90일간 정지처분을 받는다.
- 원인 : 법규 30점(중앙선 침범)
- 상해결과 : 상해 30점(진단 3주 중상, 중상은 15점, 2명이므로 30점)
- 조치불이행 : 30점(교통사고를 일으키고 사상자를 구호하는 등의 조치를 하지 않았으나 3시간 이내에 자진신고를 한 때)

1) 법규 위반 : 중앙선 침범 : 30점
2) 인적피해결과 : 운전자 및 동승자 2명 : 각각 중상(15점) = 계 30점
3) 조치결과 : 도주 후 1시간에 자수 30점(3시간 내)
   계 30 + 30 + 30 = 90점
4) 사고 후 조치 등 불이행에 따른 벌점 기준

불이행 사항	적용법조 (도로교통법)	벌점	내용
교통사고 야기시 조치불이행	제54조 제1항	15	1. 물적 피해가 발생한 교통사고를 일으킨 후 도주한 때
		30	2. 교통사고를 일으킨 즉시(그때, 그 자리에서 곧) 사상자를 구호하는 등의 조치를 하지 아니하였으나 그 후 자진신고를 한 때 가. 고속도로, 특별시·광역시·및 시의 관할 구역과 군(광역시의 군을 제외한다)의 관할 구역 중 경찰관서가 위치하는 리 또는 동 지역에서 3시간(그 밖의 지역에서는 12시간) 이내에 자진신고를 한 때
		60	나. 가목에 따른 시간 후 48시간 이내에 자진신고를 한 때

중요도 ●●●
- 교통사고시 사고운전자에 대한 운전면허 행정처분에 대한 내용이다(원인 + 상해결과 + 조치결과 = 합계)

정답 27 ②

28 · 2011년 기출

다음 〈보기〉 중 '가'와 '나'의 운전자가 받게 되는 운전면허 행정처분의 벌점은?

> **보기**
> 가. 원인 : 중앙선 침범 사고
>   결과 : 피해자 2명은 5주 진단, 2명은 2주 진단
> 나. 원인 : 안전거리 미확보 사고
>   결과 : 피해자 1명은 현장 사망, 1명 8주 진단

① 가 : 70점, 나 : 115점
② 가 : 11점, 나 : 105점
③ 가 : 90점, 나 : 105점
④ 가 : 70점, 나 : 120점

해설 70점과 115점
법규 위반으로 교통사고를 야기한 경우에는 정지처분 개별기준 중 다음의 각 벌점을 모두 합산하여 행정처분을 부과한다. 법규위반시의 벌점 가장 중한 것 하나만 적용한다. 사고야기시의 사고결과에 따른 상해벌점 + 사고야기시의 조치 등 불이행에 따른 벌점을 모두 합산한다.
가. 70점 = 30(중앙선 침범 30점) + 40(2명 중상 30점, 2명 경상 10점)
나. 115점 = 10(안전거리 미확보 10점) + 105(1명 사망 90점, 1명 중상 15점)

심화 해설

1) 법규 위반 벌점

NO	위반 내용	벌점	비고
1	중앙선 침범	30점	
2	안전거리 미확보	10점	

2) 인적피해 결과 벌점

NO	피해 정도	벌점	비고
1	사망	90점	
2	중상	15점	
3	경상	5점	

정답 28 ①

29 [2013년 기출]

신호위반으로 교통사고를 야기하여 피해자를 사망에 이르게 하고 도주하거나 도주 후에 피해자가 사망한 경우 특정범죄 가중처벌 등에 관한 법률에 의거한 벌칙(㉮)과 도로교통법상 운전면허 행정처분(㉯)은?

① ㉮ 5년 이하의 징역 또는 2,000만원 이하의 벌금
   ㉯ 운전면허 취소, 결격기간 4년
② ㉮ 무기 또는 5년 이상의 징역
   ㉯ 운전면허 취소, 결격기간 4년
③ ㉮ 1년 이상의 유기징역 또는 500만원 이상 3,000만원 이하의 벌금
   ㉯ 운전면허 취소, 결격기간 5년
④ ㉮ 무기 또는 3년 이상의 징역
   ㉯ 운전면허 취소, 결격기간 5년

[해설] 무기 또는 5년 이상 징역, 면허취소, 결격기간 4년

체크포인트
사망사고를 야기하고 도주한 경우 형사처벌 내용과 운전면허 행정처분 및 면허취득 결격기간에 대한 내용이다.

심화 해설
1) 교통사고로 피해자를 사망시키고 도주하거나, 도주 후 사망한 경우 처벌은?
   - 특정범죄 가중처벌 등에 관한 법률 제5조의3(도주차량 운전자의 가중처벌) 사망사고 후 가해운전자 도주 – 무기 또는 5년 이상의 징역
   - 운전면허 행정처분 : 운전면허 취소와 결격기간 4년
2) 도로교통법 제82조(운전면허 결격사유)

결격기간	위반내용
5년	• 무면허 운전, 주취운전, 과로, 공동위험행위로 사람을 사상한 후 사고조치 없이 도주한 경우 • 주취운전으로 사망사고를 야기한 경우
4년	• 무면허 운전, 주취운전, 과로, 공동위험행위 외의 사유로 사람을 사상한 후 사고조치 없이 도주한 경우
3년	• 주취운전 2회 이상 교통사고를 야기한 경우 • 다른 사람의 자동차를 훔치거나, 빼앗은 사람이 무면허운전 규정을 위반 그 자동차를 운전한 경우
2년	• 3회 이상 무면허 운전한 경우 • 주취운전 2회 이상 위반 면허가 취소된 경우 • 주취운전으로 사고를 야기한 경우 • 허위 부정한 수단으로 면허받거나 갈음하는 증명서를 받은 자 • 자동차를 이용 살인, 강간 등 행정안전부령이 정한 범죄행위를 한 때 • 다른 사람의 자동차 등을 훔치거나 빼앗은 때
1년	• 운전면허 취소된 경우(주취운전, 누산점수 초과 등) • 무면허(정지기간 포함) 운전한 경우(단, 원동기장치자전거 면허는 6개월, 공동위험행위 금지 위반한 경우는 1년)

※ 벌금 이상의 형(집행유예 포함)을 선고받은 사람에게만 적용

정답 29 ②

30 2015년 기출

자동차등의 운전 중 교통사고를 일으킨 때 적용되는 사고결과에 따른 벌점으로 틀린 것은?

① 사고발생시부터 72시간 이내 사망 1명당 90점
② 3주 이상의 치료를 요하는 의사의 진단이 있는 중상 1명당 15점
③ 3주 미만 5일 이상의 치료를 요하는 의사의 진단이 있는 경상 1명당 5점
④ 5일 미만의 치료를 요하는 의사의 진단이 있는 부상신고 1명당 3점

해설 5일 미만의 부상은 2점

심화 해설
사고발생 결과 인적피해 상황에 따른 벌점 기준

구분		벌점	내용
인적피해 교통사고	사망 1명마다	90점	사고발생시부터 72시간 내에 사망한 때
	중상 1명마다	15점	3주 이상의 치료를 요하는 의사의 진단이 있는 사고
	경상 1명마다	5점	3주 미만 5일 이상의 치료를 요하는 의사의 진단이 있는 사고
	부상신고 1명마다	2점	5일 미만의 치료를 요하는 의사의 진단이 있는 사고

31 2015년 기출

자동차 운전자 A가 안전운전의무 불이행을 원인으로 교통사고를 발생시켜 본인 경상, 본인차량 탑승자 중상 1명, 피해차량 운전자 경상, 피해차량 탑승자 중상 1명의 사고결과를 야기하였을 경우 A에 대한 벌점은 얼마인가?

① 25점
② 45점
③ 30점
④ 50점

해설 10 + 35 = 45점
1) 법규 위반 안전운전 불이행 10점
2) 인적피해 결과
　• 중상 2명 = 15 × 2 = 30점
　• 경상 1명 = 5 × 1 = 5점
　　계 = 45점

정답 30 ④ 31 ②

32 2019년 기출

〈보기〉의 교통사고를 낸 제1종 보통면허를 가진 자전거 운전자에 대한 운전면허행정처분 벌점으로 맞는 것은?

> **보기**
> 사고유형 : 자전거와 보행자 충돌사고
> 사고원인 : 보도 내 자전거 운전자의 부주의로 인한 사고
> 사고결과 : 자전거 운전자 상해 3주 진단
>   자전거 동승자 1명 상해 2주 진단
>   보행자 1명 상해 3주 진단

① 벌점 없음 ② 15점
③ 20점 ④ 30점

해설 운전면허행정처분은 자동차 등을 운전한 경우 적용됨.

심화 해설
자전거 운전 중 사고는 교통사고처리특례법 적용 사고처리를 할 수는 있어도 자전거 면허는 없으므로 자전거와 보행자 사고에 대한 운전면허 행정처분이 없음

중요도 ●●●

33 2016년 기출

청소년들이 오토바이를 타고 무리지어 다니면서 굉음, 과속, 난폭운전을 하던 중에 도로를 횡단 중인 보행자와 충돌하는 교통사고를 야기하고 도주하였지만 결국은 검거되었다. 가해 청소년들은 깊이 반성하고, 피해자의 피해도 경미할 뿐 아니라 처벌을 원하지 않았다. 그래서 검찰에서는 기소유예처분을 하였지만, 시·도경찰청장은 이들의 운전면허를 취소하였다. 이들이 자동차 운전면허를 다시 취득하고자 할 때의 결격기간은?

① 취소된 날로부터 5년 ② 취소된 날로부터 4년
③ 취소된 날로부터 2년 ④ 취소된 날로부터 1년

해설 원동기장치자전거 운전면허는 6개월로 하되 제46조(공동위험행위의 금지 위반한 경우는 1년)

심화 해설
1) **도로교통법 제82조(운전면허의 결격사유)**
   제2항 제3호 제46조(공동위험행위의 금지)위반하고 사고야기 도주한 경우 운전면허의 결격사유기간 5년으로 형의 선고나 집행유예처분을 받은 경우 적용되는데 기소유예를 받은 경우는 결격기간 배제됨
2) **교통사고야기 도주자 선고유예 판결에 대한 운전면허 결격기간**(경찰청교기63340-1501.98.9.22)
   형법 제3절의 형의 선고유예 판결을 받은 사람은 법문 해석상 도로교통법 제70조 제2항 본문의 "벌금 이상의 형(집행유예를 포함한다)의 선고 받은 자로 볼 수 없으므로 본건 사례의 경우 응시결격기간은 도로교통법 제70조 제2항 제6호의 규정에 의해 운전면허 취소일로부터 1년으로 한다.

중요도 ●●

공동위험행위 사고에 도주 사고가 난 경우 면허결격기간에 대한 내용이다 (기소유예 처분시).

정답 32 ① 33 ④

34 2018년 기출

보기의 교통사고를 낸 운전자 "A"와 운전자 "B"의 운전자 면허 행정처분 벌점은?

> 보기
> A. 원인 : 신호위반
>   결과 : 가해자 본인 6주 진단
>   피해자 2명은 각각 4주 진단
>   다른 피해자 2명은 각각 1주 진단
> B. 원인 : 안전운전의무 위반
>   결과 : 피해자 1명은 5일 후 사망

① A : 55점, B : 25점
② A : 70점, B : 100점
③ A : 55점, B : 100점
④ A : 70점, B : 25점

해설

- A의 경우
  원인벌점 : 신호위반 15점
  가해자 : 벌점 계산하지 않으며
  피해자 : 2명 중상 2×15점 = 30점
  다른 피해자 : 2명 경상 2×5점 = 10점
  계 : 55점

- B의 경우
  원인벌점 : 안전운전 불이행 10점
  피해결과 : 1명 5일 후 사망 = 중상 1명 15점
  계 : 25점

사고벌점 계산시 가해자 본인의 피해는 배제됨

정답 34 ①

2 특례 예외단서 12개항의 성격

01 [2012년 기출]

도로교통법상 차의 운전자가 업무상 필요한 주의를 게을리하거나 중대한 과실로 다른 차량의 건조물이나 그 밖의 재물을 손괴한 때에는?

① 2년 이하의 금고나 500만원 이하의 벌금에 처한다.
② 3년 이하의 징역이나 1천만원 이하의 벌금에 처한다.
③ 5년 이하의 징역이나 2천만원 이하의 벌금에 처한다.
④ 1년 이하의 금고나 300만원 이하의 벌금에 처한다.

해설 2년 이하의 금고 또는 500만원 이하의 벌금

심화 해설
1) 교통사고처리 특례법 제3조(처벌의 특례)
   ① 차의 운전자가 교통사고로 인하여 형법 제268조의 죄를 범한 경우에는 5년 이하의 금고 또는 2천만원 이하의 벌금에 처한다.
2) 도로교통법 제151조(벌칙)
   차 또는 노면전차의 운전자가 업무상 필요한 주의를 게을리하거나 중대한 과실로 다른 사람의 건조물이나 그 밖의 재물을 손괴한 경우에는 2년 이하의 금고나 500만원 이하의 벌금에 처한다.

02 [2014년 기출]

다음 교통법규 위반, 인적피해 사고 중 교통사고처리 특례법 제3조 제2항 단서의 규정된 12개 위반 행위로 맞는 것은?

> 가. 중앙선침범
> 나. 앞지르기 금지 위반
> 다. 어린이 통학버스 특별보호 위반
> 라. 교차로 통행방법 위반
> 마. 신호 위반
> 바. 승객추락방지의무 위반

① 가, 나, 다, 마
② 가, 다, 마, 바
③ 가, 나, 마, 바
④ 가, 다, 라, 바

해설 가, 나, 마, 바

심화 해설
1) 12대 중과실 사고 해당 : 4가지 해당
   가. 중앙선침범
   나. 앞지르기 금지 위반
   마. 신호 위반
   바. 승객추락방지의무 위반

정답 01 ① 02 ③

2) 일반적 과실사고
　다. 어린이 통학버스 특별보호 위반(도로교통법 제51조)
　　① 어린이가 타고, 내리는 등 점멸등 작동 중 옆차로 통행 중인 차는 일시정지 후 안전 확인
　　② 중앙선이 없는 1차도로 반대진행차도 일시정지 후 안전 확인
　　③ 어린이 태우고 있다는 표시한 어린이 통학버스 앞지르기 금지
　라. 교차로 통행방법 위반(도로교통법 제25조)
3) 교통사고의 처리 현황(기소여부)

형사처벌 면제되는 사고(불기소) (일반적 과실사고 : 15종)	형사입건 처벌되는 사고(기소) (사망, 도주, 12대 중과실, 중상해 : 15종)
1. 안전운전 불이행 사고 2. 안전거리 미확보 사고 3. 차로변경 중 사고 4. 교차로 통행방법 위반 사고 5. 교통정리가 없는 교차로 사고 6. 통행우선권 양보불이행 사고 7. 후진사고 8. 개문사고 9. 서행·일시정지위반 사고 10. 주·정차시 안전조치 불이행 사고 11. 과로·졸음운전 중 사고 12. 차내사고 13. 정비불량 사고 14. 고속도로·전용도로사고, 일반적 과실사고 15. 중앙버스 전용차로사고, 일반적 과실사고	1. 사망사고 2. 도주사고 〈12대 중과실 사고〉 1. 신호·지시위반 사고 2. 중앙선침범 사고 / 고속도로등을 횡단, 유턴 또는 후진한 경우 3. 과속(20km/h 초과)사고 4. 앞지르기 방법·금지 위반 사고 5. 철길건널목 통과방법 위반 사고 6. 횡단보도 보행자보호 의무 위반 사고 7. 무면허운전 중 사고 8. 주취·약물 복용운전 중 사고 9. 보도침범·통행방법위반 사고 10. 승객추락방지의무 위반 사고 11. 어린이 보호구역에서 안전운전 의무위반 12. 화물추락방지 조치 위반사고 〈중상해 사고〉 일반사고 중 피해자 중상해 사고

03 2020년 기출

교통사고처리 특례법 제3조 제2항 단서 중 12개 중과실 행위에 포함되지 <u>않는</u> 것은? (인적피해 있다고 가정)

① 보도를 침범하여 교통사고를 발생시킨 경우
② 혈중알코올농도 0.035 퍼센트의 상태로 운전 중 교통사고를 발생시킨 경우
③ 일반도로에서 횡단, 유턴, 후진 중 교통사고를 발생시킨 경우
④ 화물차가 주행 중 적재함에서 화물이 떨어져 교통사고를 발생시킨 경우

해설 ③ 횡단, 유턴, 후진의 교통사고를 일으킨 경우 12대 중과실 행위에 포함되는 것은 고속도로와 자동차 전용도로에 한해 적용되며 일반도로는 적용대상이 아님.

● 중요도 ●
● 12대 중과실에 해당되지 않는 사고 = 일반적 과실사고

04 2015년 기출

자동차등의 운전시 교통사고처리특례법 제3조 제2항 단서 각호에서 규정한 사고에 해당하지 않는 것은?

① 중앙선침범 운전
② 속도위반(30km/h 초과)
③ 혈중알코올 농도 0.099% 운전
④ 교차로 통행방법 위반 운전

해설 교차로 통행방법 위반 운전

심화 해설
교통사고의 처리 현황(기소여부)

형사처벌 면제되는 사고(불기소) (일반적 과실사고 : 15종)	형사입건 처벌되는 사고(기소) (사망, 도주, 12대 중과실, 중상해 : 15종)
1. 안전운전 불이행 사고 2. 안전거리 미확보 사고 3. 차로변경 중 사고 4. 교차로 통행방법 위반 사고 5. 교통정리가 없는 교차로 사고 6. 통행우선권 양보불이행 사고 7. 후진사고 8. 개문사고 9. 서행·일시정지위반 사고 10. 주·정차시 안전조치 불이행 사고 11. 과로·졸음운전 중 사고 12. 차내사고 13. 정비불량 사고 14. 고속도로·전용도로사고, 일반적 과실사고 15. 중앙버스 전용차로사고, 일반적 과실사고	1. 사망사고 2. 도주사고 〈12대 중과실 사고〉 1. 신호·지시위반 사고 2. 중앙선침범 사고 / 고속도로등을 횡단, 유턴 또는 후진한 경우 3. 과속(20km/h 초과)사고 4. 앞지르기 방법·금지 위반 사고 5. 철길건널목 통과방법 위반 사고 6. 횡단보도 보행자보호 의무 위반 사고 7. 무면허운전 중 사고 8. 주취·약물 복용운전 중 사고 9. 보도침범·통행방법위반 사고 10. 승객추락방지의무 위반 사고 11. 어린이 보호구역에서 안전운전 의무위반 12. 화물추락방지 조치 위반사고 〈중상해 사고〉 일반사고 중 피해자 중상해 사고

05 2018년 기출

차의 운전자가 업무상 필요한 주의를 게을리하거나 중대한 과실로 다른 사람의 건조물이나 그 밖의 재물을 손괴한 때 도로교통법상 형사처벌의 규정은?

① 2년 이하의 금고나 500만원 이하의 벌금형
② 2년 이하의 금고나 1천만원 이하의 벌금형
③ 1년 이하의 금고나 500만원 이하의 벌금형
④ 1년 이하의 금고나 1천만원 이하의 벌금형

해설 2년 이하의 금고와 500만원 이하의 벌금

12대 중과실사고와 대물손괴사고 처벌내용을 구분 숙지하여야 한다.

정답 04 ④ 05 ①

심화 해설
1) 차의 운전자가 중대한 과실로 건조물이나 그 밖의 재물을 손괴한 경우 처벌 규정은?
   2년 이하의 금고나 500만원 이하의 벌금
2) 치상사고의 경우는?
   5년 이하의 금고 또는 2천만원 이하의 벌금

- 도로교통법 제151조(벌칙)
  차 또는 노면전차의 운전자가 업무상 필요한 주의를 게을리하거나 중대한 과실로 다른 사람의 건조물이나 그 밖의 재물을 손괴한 경우는 2년 이하의 금고나 500만원 이하의 벌금에 처한다.
- 교통사고 운전자 처벌

구분	처벌 내용	관계 규정
치사·상 사고	5년 이하의 금고 또는 2천만원 이하의 벌금	교통사고처리특례법 제3조 제1항
단순대물사고	2년 이하의 금고 또는 500만원 이하의 벌금	도로교통법 제151조

06 [2015년 기출]

종합보험에 가입된 자동차를 혈중알코올 농도 0.029% 상태로 도로 아닌 지하주차장에서 후진하여 피해자에게 중상해를 발생시키는 교통사고를 일으킨 경우 운전자에 대한 교통사고 처리로 맞는 것은?

① 피해자의 의사에 따라 공소제기 여부가 결정된다.
② 도로가 아닌 곳의 교통사고이므로 공소제기를 하지 못한다.
③ 음주운전에 해당하므로 공소를 제기하여야 한다.
④ 종합보험에 가입되어 있으므로 공소제기를 하지 못한다.

해설 중상해사고는 피해자의 의사에 따라 공소제기 여부 결정
1. 종합보험 가입차량 혈중알코올 농도 0.029%는 한계수치(0.03%) 이하이므로 주취운전을 적용할 수 없으며
2. 도로가 아닌 지하주차장에서 후진 중 피해자에게 중상해를 입힌 경우 사고 처리
   - 사고 장소가 도로가 아닌 지하주차장이라도 교통사고처리 특례법이 적용되므로 사고 처리할 수 있고
   - 후진 중 사고는 위반내용이 12대 중과실사고는 아니므로 일반적 과실 사고로 처리되며
   - 피해자가 중상해를 입은 경우 피해자의 의사에 따라 기소여부가 결정되는데
     피해자와 합의된 경우 : 불기소
     피해자와 합의되지 않은 경우 : 기소로 처리됨

정답 06 ①

07 [2017년 기출]

교통사고처리 특례법 제3조 제2항 단서에서 규정한 12개항 항목에 해당되지 않는 것은?

① 특수자동차 운전자가 술을 마신 다음날 새벽 혈중알코올 농도 0.06% 상태로 운전하다 앞차를 추돌한 사고
② 배기량 125cc 원동기장치자전거의 운전자가 주유소로부터 나오면서 보도의 보행자를 충격한 사고
③ 승용자동차 운전자가 일시정지를 내용으로 하는 안전표지가 표시하는 지시를 위반하여 운행하다 충돌한 사고
④ 승합자동차 운전자가 2차로에서 3차로로 진로변경 중 정상주행 자동차와 충돌하여 중상해 피해자가 발생한 사고

해설 진로변경 등 중상해 사고 야기 - 12대 중과실 사고와는 상이

심화 해설
교통사고처리 특례법 제3조 제2항 예외단서 12개항 사고
 1) 신호·지시위반 사고
 2) 중앙선침범, 고속도로 등 횡단·유턴·후진 사고
 3) 20km/h 초과 과속사고
 4) 앞지르기 방법 및 금지 위반사고
 5) 철길건널목 통과방법 위반 사고
 6) 횡단보도에서 보행자 보호의무 위반 사고
 7) 무면허 운전 중 사고
 8) 주취·약물복용 운전 중 사고
 9) 보도침범·통행방법 위반 사고
 10) 승객추락방지조치 위반 사고
 11) 어린이 보호구역에서 안전운전의무위반
 12) 화물추락방지조치 위반사고

정답 07 ④

3. 사고유형별 적용방법

01 [2018년 기출]

비보호 좌회전이 허용되는 곳에서의 운행방법이다. **틀린** 것은?

① 전방 차량신호등이 녹색일 경우 좌회전할 수 있다.
② 전방 차량신호등이 녹색일 때 좌회전 중 맞은편 정상 진행 차와 충돌될 경우 좌회전 차량 운전자는 신호위반의 사고책임을 진다.
③ 전방의 차량신호 등이 적색일 경우 좌회전은 신호위반에 해당한다.
④ 비보호 좌회전은 비보호 좌회전 표지가 설치되어 있는 곳에서만 가능하다.

심화 해설
도로교통법 시행규칙 제6조 제2항 관련(신호기가 표시하는 신호의 뜻)

신호의 종류	신호의 뜻
녹색의 등화	2. 비보호 좌회전 표지 또는 비보호 좌회전 표시가 있는 곳에서는 좌회전할 수 있다

※ 2010. 8. 24. 법규 개정으로 비보호 좌회전 중 대항차와의 사고는 신호위반에 해당하지 않음

02 [2008년 기출]

교통사고처리 특례법 제3조 제2항 단서 제1호의 신호위반에 관한 판례의 입장이 **아닌** 것은?

① 횡단보도 보행자용 신호기는 보행자를 위한 신호기일지라도 보행자의 보호를 위해 이를 위반한 차량도 신호위반을 적용한다.
② 교차로에 녹·황·적색의 삼색신호기만 설치되어 있고 이와 달리 비보호 좌회전이나 유턴을 허용하는 신호표시가 없음에도 좌회전이나 유턴을 하다 사고가 발생했다면 신호위반의 책임이 있다.
③ 차량신호는 없이 보행자의 신호만 있는 경우 또는 차량신호기가 고장인 경우 횡단보도 보행자용 신호기는 차량의 운행용 신호기가 아니므로 신호위반사고로 볼 수 없다.
④ 교차로상에서 우회전 중 차량 정지신호인 경우(횡단보도에 차량 보조신호등이 없는 경우) 제차는 횡단보도 앞에서 정지의무가 있으므로 녹색신호에 횡단보도를 오토바이를 타고 건너가는 것을 충돌하였다면 신호위반에 해당된다.

해설 보행자 신호를 자동차 운전자에게 위반 적용은 불가
① 횡단보도 보행용 신호기는 있고 차량용 신호기가 없는 곳에서 횡단보도 사고의 경우 차량의 신호위반은 적용되지 않는다(대법원 1988.8.23. 선고 88도632 판결).
② 교차로에서 녹색, 황색, 적색의 삼등 신호기가 설치되어 있고 따로 비보호 좌회전 표시가 없는 경우 차마의 좌회전은 원칙적으로 허용되지 않는다고 보아야 한다(대법원 1992.1.21. 선고 91도2330 판결, 대법원 1996.5.31. 선고 95도3093 판결).
③ 차량신호기가 없고 횡단보도의 보행자 신호등 위반사고의 경우에 신호등 설치 목적은 보행자만을 위한 신호기이고, 차량의 경우는 차량을 위한 신호기가 없으면 보행자 신호등을 확대 적용할 수 없으므로 횡단보도 보행자용 신호기는 보행자를 위한 신호기이므로 차량운행 신호기로 볼 수 없다(대법원 1988.8.23. 선고 88도632 판결).

정답 01 ② 02 ①

④ 승용차 운전자가 횡단보도 보행신호를 무시하고 교차로에 진입하여 교차로에서 우회전하던 가운데 교차로 좌측에서 우측으로 직진하는 자전거 운전자를 들이받아 자전거 운전자에게 전치 10주간의 치료를 요하는 상처를 입힌 사건에 있어서 교차로 차량 신호등에 적색, 교차로 진입 전 횡단보도 신호등에 녹색불이 들어온 경우 횡단보도 정지선에서 정지해야 하며 이를 위반, 교차로에서 진입해 우회전하다 사고나면 교차로의 차량용 적색신호를 위반한 것이므로 교통사고처리 특례법상 신호위반에 해당한다(대법원 2011.7.28. 선고 2009도8222 판결, 대법원 1997.10.10. 선고 97도1835 판결).

03 [2020년 기출]

다음 설명 중 맞는 것은? (판례 입장을 따름)

① 차량이 교차로에 진입하기 전 황색등화로 바뀐 경우 물리적으로 정지선 전에 정지할 수 없는 상황이라면 운전자는 정지할 것인지 진행할 것인지 여부에 대해 선택할 수 있다.
② 전방 교차로 차량 신호등은 적색이고, 교차로 전 횡단보도 보행등이 녹색인 상태에서 우회전을 하려고 주행하다가 횡단보도를 조금 벗어난 곳을 건너는 자전거 운전자를 충격하였다면 사고 차량 운전자는 신호위반의 책임을 진다.
③ 긴급한 상황에서 긴급자동차가 사이렌을 울리고 경광등을 켠 상태로 적색점멸신호의 교차로를 서행으로 주행하다가 교차로에서 상대차와 충격하였을 때 신호위반의 책임을 물을 수는 없다.
④ 차량이 정지선이나 횡단보도가 없는 신호교차로를 주행하는 상황에서 교차로에 진입하기 전에 교차로 신호가 황색등화로 바뀐 경우, 차량이 교차로 직전에 정지하지 않았다고 하여 신호위반의 책임을 물을 수는 없다.

해설
① 교차로 전 황색 등화시 정지해야 한다.
② 교차로에서 차량 신호등이 적색에 교차로 전 횡단보도 신호등이 녹색인데 우회전하다 횡단보도 벗어난 곳에서 자전거 운전자를 충격한 경우 사고 차량은 신호 위반 책임을 진다(2011.7.28. 대법원 2009도8222).
③ 긴급자동차가 적색 점멸 신호일 때 교차로에서 일시 정지 없이 서행으로 주행 중 상대차를 충격한 사고는 신호 위반 책임을 묻는다.
④ 차량은 황색 등화에서 교차로에 정지선이나 횡단보도가 없어도 교차로 직전에 정지하여야 한다(2018.12.27. 대법원 2018도14262).

중요도 ●●●
신호등이 적색일 때 우회전시 첫 번째 횡단보도 보행 시에는 통행 금지, 이를 위반시 신호 위반

정답 03 ②

04 `2009년 기출`

신호 또는 지시위반으로 볼 수 없는 것은?

① 적색등화 점멸시 일시정지를 무시하고 진행 중 사고
② 범죄 신고를 받고 출동 중인 112순찰차가 교차로 정지신호를 무시하고 진행하다가 사고
③ 직진 또는 정지신호시 좌회전 중 사고
④ 비보호 좌회전 중 다른 교통에 방해가 되어 사고

해설 ④ 보기의 경우 2009년에는 비보호 좌회전 신호위반 적용하였으나 현재는 적용 배제

심화 해설

도로교통법 시행규칙 별표 2(신호의 종류와 뜻)

구분	신호의 종류	신호의 뜻
차량신호등 (원형등화)	황색등화의 점멸	차마는 다른 교통 또는 안전표시의 표지에 주의하면서 진행할 수 있다.
차량신호등 (원형등화)	적색등화의 점멸	차마는 정지선이나 횡단보도가 있을 때는 그 직전이나 교차로의 직전에 일시정지한 후 다른 교통에 주의하여 진행할 수 있다.

〈관련 판례〉
① 적색점멸신호가 설치된 교차로에서 일시정지위반 진행 중 치상사고 야기한 경우 특례 예외단서 제1호 신호·지시위반에 해당된다(제주지법 2013.4.4. 선고 2012노490 판결, 의정부지법 2013.5.10. 선고 2012노2600 판결).
② 범죄신고 받고 출동 중인 112순찰차가 정지신호를 무시하고 진행하다 사고. 2009년 당시는 긴급자동차가 정지신호를 무시하고 주의·의무를 다하지 않고 진행한 경우는 신호위반사고에 해당 된다고 보았다. 이에 대해 법원은 긴급자동차의 통행 우선권과 특례규정이 있으나 이는 도로교통법이 정하는 일체의 의무규정의 적용을 배제하는 것은 아니라고 판결하였다. 그러나 2016.1.26. 개정된 도로교통법 제158조의2(긴급자동차 사고 형의 감면) 긴급자동차(제2조 제22호 가목부터 다목까지의 자동차와 대통령령으로 정하는 경찰용 자동차만 해당한다)의 운전자가 그 차를 본래의 긴급한 용도로 운행하는 중에 교통사고를 일으킨 경우에는 그 긴급활동의 시급성과 불가피성 등 정상을 참작하여 제151조 또는 교통사고처리 특례법 제3조 제1항에 따른 형을 감경하거나 면제할 수 있다고 개정되어 현재는 긴급자동차가 본래의 업무수행을 위해 부득이한 경우 긴급자동차의 통행우선권을 인정하여 처리하고 있다.
 • 긴급자동차인 경찰서 형사기동대 차량이 택시 강도 2명을 추격하는 과정에서 적색 점멸신호 교차로를 일시정지하지 아니한 채 진행하다가 치상사고 야기되었으나 당시 부득이한 경우에 긴급자동차의 통행우선권 인정하여 공소기각 하였다(광주지방법원 2016.10.13.선고 2016고단1822판결).
③ 직진 또는 정지신호시 좌회전 중 사고는 신호위반 적용
 • 도로교통법 시행규칙 별표 2(신호위반 적용)

구분	신호의 종류	신호의 뜻
차량신호등 (원형등화)	직진 (녹색의 등화)	1. 차마는 직진 또는 우회전할 수 있다. 2. 비보호 좌회전표지 또는 비보호 좌회전표시가 있는 곳에서는 좌회전할 수 있다.
차량신호등 (화살표등화)	좌회전(녹색 화살표의 등화)	차마는 화살표시 방향으로 진행할 수 있다.

④ 비보호 좌회전 중 다른 교통에 방해되어 난 사고 – 2009년은 신호위반 적용. 2010.8.24. 도로교통법 개정으로 비보호 좌회전 중 사고는 신호위반 적용을 배제하고 교차로 통행방법위반(도로교통법 제25조) 또는 안전운전 불이행(도로교통법 제48조) 등으로 적용처리된다.
 • 도로교통법 시행규칙 개정 내용(2010. 8. 24.)

구분	신호의 종류	개정 전	개정 후
차량 신호등	녹색의 등화	1. 차마는 직진할 수 있고 다른 교통에 방해 되지 않도록 천천히 우회전할 수 있다. 2. 비보호 좌회전 표시가 있는 곳에서는 신호에 따르는 다른 교통에 방해가 되지 않을 때에는 좌회전할 수 있다. 다만 다른 교통에 방해가 된 때에는 신호위반 책임을 진다.	1. 차마는 직진 또는 우회전할 수 있다. 2. 비보호좌회전표지 또는 비보호좌회전 표시가 있는 곳에서는 좌회전할 수 있다.

정답 04 ②, ④

※ 개정이유 : 국제기준에 맞춰 녹색신호에 조건 없이 우회전할 수 있도록 하고, 좌회전의 경우 비보호좌회전 표지가 설치된 장소에서만 허용하되, 좌회전 과정에서 다른 교통에 방해가 된 경우라도 신호위반의 과중한 책임을 지지 않도록 함(조건 및 단서 삭제)

05 [2012년 기출]

비보호 좌회전 지점에서의 운행 방법이다. 틀린 것은?

① 전방의 차량신호등이 녹색이 될 경우 좌회전할 수 있다.
② 전방의 차량신호등이 녹색일 때 좌회전 중 맞은 편 정상 진행 차와 충돌될 경우 신호위반의 책임을 진다.
③ 전방의 차량신호등이 적색일 경우 좌회전은 신호위반에 해당한다.
④ 비보호 좌회전이 가능하려면 비보호 좌회전 표지판이 반드시 설치되어 있어야 한다.

해설 녹색신호 비보호 좌회전 중 사고 신호위반 적용은 틀린 내용임(2010. 8. 24. 개정)

심화해설 비보호 좌회전 신호내용 개정시행
도로교통법 시행규칙 개정 내용

구분	신호의 종류	신호의 뜻	
		개정 전	개정 후(현행)
차량 신호등	녹색의 등화	1. 차마는 직진할 수 있고 다른 교통에 방해 되지 않도록 천천히 우회전할 수 있다. 2. 비보호 좌회전 표시가 있는 곳에서는 신호에 따르는 다른 교통에 방해가 되지 않을 때에는 좌회전할 수 있다. 다만, 다른 교통에 방해가 된 때에는 신호위반 책임을 진다.	1. 차마는 직진 또는 우회전할 수 있다. 2. 비보호 좌회전표지 또는 비보호 좌회전 표시가 있는 곳에서는 좌회전할 수 있다.

※ 개정이유 : 국제기준에 맞춰 녹색신호에 조건 없이 우회전할 수 있도록 하고, 좌회전의 경우 비보호 좌회전 표지가 설치된 장소에서만 허용하되, 좌회전 과정에서 다른 교통에 방해가 된 경우라도 신호위반의 과중한 책임을 지지 않도록 함(조건 및 단서 삭제)

정답 05 ②

06 2021년 기출

다음 중 교통사고처리 특례법상 신호 또는 지시위반 교통사고로 처리되지 않는 것은? (인적피해 발생)

① 경찰공무원의 수신호를 위반하여 진행 중 발생한 교통사고
② 비보호좌회전 표지가 있는 곳에서 진행방향 녹색신호에 좌회전 중 발생한 교통사고
③ 쌍방이 적색신호를 위반하여 발생한 교통사고
④ 진입금지 표지판이 있는 도로를 진입하여 진행 중 발생한 교통사고

해설
가. 신호 또는 지시위반 사고
- 신호기 위반 사고 = 적색 황색등 신호기 내용 위반
- 교통경찰관 등의 수신호위반(교통경찰관, 모범운전자, 군사경찰, 소방공무원)
- 지시표지위반 = 통행금지, 진입금지, 일시정지표지 등

나. 신호지시위반 적용되지 않는 사고
- 비보호 좌회전
  - 2010.8.24. 법규개정으로 신호위반 적용 배제되고 예전은 비보호 좌회전 사고 신호위반이었으나 법규개정되어 교차로 통행방법이나 안전운전 불이행 적용

중요도 ●●●
신호위반=신호기위반+경찰관 등 수신호위반+지시표지위반

07 2012년 기출

다음 중 교통사고처리 특례법상 신호·지시위반 사고에 해당하지 않는 것은?

① 교통경찰관의 수신호를 위반하여 진행한 사고
② 진입금지 표지판이 설치된 일방통행도로를 역주행하다 정상 진행 차량 충돌한 사고
③ 지선도로의 진행방향에 신호등이 없는 교차로에서 간선도로의 황색신호에 교차로 진입하던 중 사고
④ 긴급자동차가 주의를 다하지 않은 상태에서 신호위반하여 진행하던 중 발생된 사고

해설 신호 없는 골목에서 대로 신호보고 진입 중 사고 신호위반 적용 배제

심화 해설
1) 교통사고처리 특례법 제3조 제2항 제1호(신호·지시위반)
도로교통법 제5조에 따른 신호기를 표시하는 신호 또는 교통정리를 하는 경찰공무원등의 신호를 위반하거나 통행금지 또는 일시정지를 내용으로 하는 안전표지가 표시하는 지시를 위반하여 운전한 경우

| 특례단서 제1호 | = | 신호기 내용 위반 | + | 경찰공무원 등의 수신호 위반 | + | 통행금지 또는 일시정지 내용의 안전표지 위반 |

① 신호기내용 위반
② 수신호위반 = 경찰공무원(의경포함), 모범운전자, 군사경찰, 소방공무원
③ 지시위반 = 통행의 금지와 일시정지 내용의 안전표지위반
2) 긴급자동차의 경우 우선통행권과 특례 부여되지만 긴급업무 중이라도 주의를 다하지 않은 경우는 신호위반 적용

중요도 ●●

정답 06 ② 07 ③

08 2013년 기출

교차로에서 자전거 운전자가 신호를 위반하여 정상 진행 중인 승용자동차를 충격하였으며 이로 인하여 자전거 운전자가 중상을 입었고, 승용자동차는 단순히 차량만 부서졌다. 교통사고의 처리와 관련한 설명 중 맞는 것은?

① 자전거 운전자가 중상을 입었으므로 승용자동차 운전자에게 교통사고의 형사책임이 있다.
② 자전거 운전자에게 신호위반의 책임을 물어 교통사고처리 특례법상 중과실 12개항 사고로 처리한다.
③ 자전거 운전자는 승용자동차의 손괴부분에 대한 책임을 진다.
④ 자전거는 자동차에 포함되지 않으므로 교통사고처리 특례법이 적용되지 않는다.

해설 자전거 신호위반 대물만 손괴된 사고로 책임진다.

심화 해설 교차로에서 자전거가 신호를 위반하여 정상 진행 승용차 충돌사고시 사고처리?
① 자전거가 교차로에서 신호위반 사고 야기한 경우
 • 자전거도 제차이므로 특례법 적용 자전거 운전자를 가해자로 하여 신호위반 적용
② 교통사고 가해자의 경우 본인 부상과 자차 파손은?
 • 가해운전자의 부상과 자차손괴는 적용되지 않음
③ 자전거 운전자의 처리
 • 자전거 운전자의 신호위반 사고이나 피해 승용차가 단순 자동차 손괴이므로 손괴부분에 대한 책임만 부여됨

09 2013년 기출

교통사고처리 특례법상의 신호 및 지시위반 사고에 해당하지 않는 것은?

① 경찰공무원의 수신호를 위반하여 진행 중 발생한 사고
② 양보표지가 설치된 교차로에서 양보표지를 위반하여 진행 중 발생한 사고
③ 황색신호에 비보호 좌회전 중 정상 진행 자동차와의 사고
④ 일시정지 안전표지를 위반하여 진행 중 발생한 사고

해설 양보표지 위반 사고는 일반적 과실 사고

심화 해설
1) 교통사고처리 특례법상 신호 지시위반 사고?

| 교통신호기 내용위반 | + | 경찰관등의 수신호위반 | + | 통행금지, 일시정지, 표지위반 |

2) 교통신호기 내용 위반
 • 적색신호에 직진
 • 좌회전 직진의 신호 내용 위반
 • 비보호 좌회전 지역에서 적색, 황색신호에 좌회전(녹색에서만 비보호 좌회전 가능)
 ⇒ 신호위반 적용
3) 경찰관등의 수신호 위반
 • 교통경찰, 의경
 • 모범운전자
 • 군사경찰(부대 이동을 유도하는 군사경찰)
 • 소방차·구급차를 유도하는 소방공무원

정답 08 ③ 09 ②

4) 통행의 금지와 일시정지 표지 위반
   - 통행의 금지, 진입금지 표지 위반
   - 일시정지 표지 위반
5) 양보표지판 설치 교차로 양보표지 위반
   - 양보표지는 통행우선권 관련 표지로 이를 위반시 일반적 과실사고로 처리된다.

10 2020년 기출

일방통행 도로를 역주행하던 차량이 걸어가던 보행자를 충격하여 다치게 하는 교통사고를 낸 경우, 운전자 처벌에 대한 설명으로 맞는 것은?

① 진입금지를 위반하였기 때문에 신호위반의 책임을 진다.
② 피해자의 명시적인 의사에 반하여 공소를 제기할 수 없다.
③ 역주행을 하였기 때문에 중앙선침범을 적용하여 처벌한다.
④ 자동차종합보험에 가입되어 있으면 통고처분 대상이다.

[해설] 일방통행 도로를 역주행하여 보행자를 충격한 경우 진입금지 위반으로 신호·지시위반을 적용하여 사고처리된다.

※ 일방통행 역주행은 신호 지시 위반에 해당

11 2013년 기출

비보호 좌회전 안전표지가 설치된 교차로에서 승용자동차가 녹색등화에 좌회전 중 반대방향에서 정상 진행하는 원동기장치자전거와 충돌하여 원동기장치자전거 운전자가 하반신 마비의 불구가 된 경우의 처리로 맞는 것은?

① 신호위반 교통사고로 처리되기 때문에 합의를 해도 형사처벌의 대상이다.
② 교통사고처리 특례법상의 신호위반 교통사고가 아니기 때문에 종합보험 가입만으로 형사처벌이 면제된다.
③ 교통사고처리 특례법상의 신호위반 교통사고는 아니나 합의를 해야만 형사처벌이 면제된다.
④ 교통사고처리 특례법상의 신호위반 교통사고는 아니지만, 종합보험 외의 합의를 해도 형사처벌의 대상이다.

[해설] 피해자 불구의 중상해사고로 합의하면 불기소, 합의되지 않으면 기소

심화 해설
1) 비보호 좌회전(녹색신호) 중 반대방향 정상 진행 중인 원동기장치자전거와 충돌된 경우 사고처리?
   - 2010. 8. 24. 도로교통법 시행규칙 개정으로 비보호 좌회전 중 사고는 신호위반 적용치 않고 교차로 통행방법이나 안전운전 의무 위반으로 적용. 일반적 과실사고로 처리됨
2) 비보호 좌회전 중 사고는 일반적 과실사고이나 정상 진행한 원동기장치자전거 운전자가「하반신마비 불구」이 된 경우 사고처리
   - 하반신마비는 중상해에 해당되어 피해자와 형사합의하여야 하며,
   - 합의되면 형사처벌 면제되나 합의하지 않으면 형사입건, 5년 이하의 금고 또는 2천만원 이하의 벌금으로 처벌된다.

정답 10 ① 11 ③

12 [2015년 기출]

가변차로가 설치된 도로에서 신호기가 지시하는 진행방향의 가장 왼쪽 황색점선을 좌측으로 넘어 운전하다 맞은편 대향 차량과 충돌한 경우 사고책임 유형은?

① 신호위반 사고
② 지시위반 사고
③ 중앙선 침범사고
④ 앞지르기 금지 위반 사고

해설 가변차로 신호등은 통행구분의 의미로 보아 중앙선 침범 적용

심화 해설
도로교통법 제2조 제5호
중앙선이란 차마의 통행방향을 명확하게 구분하기 위하여 도로에 황색실선이나 황색점선 등의 안전표지로 표시한 선 또는 중앙분리대나 울타리 등으로 설치한 시설물을 말한다. 다만, 제14조 제1항 후단에 따라 가변차로가 설치된 경우에는 신호기가 지시하는 진행방향의 가장 왼쪽에 있는 황색점선을 말한다.
※ 가변차로의 진행방향 왼쪽 황색점선은 진행방향을 구분하는 중앙선의 역할이므로 중앙선 침범을 적용한다.

중요도 ●●●
가변차로 설치 도로에서 신호위반 사고시 처리에 대한 내용이다.

13 [2016년 기출]

신호위반 사고에 대한 설명 중 맞는 것은?

① 비보호 좌회전 표시가 있는 곳에서 녹색신호에 좌회전하다가 사고가 났다면 신호위반 책임을 진다.
② 지선도로에서 나오는 차의 진행방향에 신호기가 설치되어 있지 않은 교차로에서 좌회전하다가 사고가 난 경우 신호위반이 적용되지 않는다.
③ 교차로 전방 차량신호가 적색등화일 때 우회전을 하다가 사고가 나면 항상 신호위반 책임을 진다.
④ 교차로 진입 전에 황색신호로 변경되었지만 진입, 주행하다 사고를 야기한 경우에는 신호위반에 해당하지 않는다.

해설 신호 없는 골목에서 대로진입시 신호위반 적용배제
① 비보호 좌회전 지역에서 녹색신호에 좌회전 중 사고라면 2010.8.24. 법률 개정되어 신호위반 적용치 않고 교차로 통행방법 위반이나 안전운전 불이행등을 적용 처리한다.
② 신호 없는 지선도로에서 나오는 차는 진행방향에 고유의 신호기가 설치되어 있는 경우가 아니므로 좌회전 중 사고의 경우 신호위반을 적용할 수 없다.
③ 교차로 전방 차량신호가 적색등화일 때 우회전하다가 사고가 나면 교차로 진입 전 횡단보도 보행신호인 때는 신호위반이 적용되지만 첫 번째 횡단보도가 없거나 횡단보도가 있어도 보행신호가 적색신호인 경우는 신호위반이 적용되지 않는다.
④ 교차로 진입 전에 차량신호가 황색신호로 변경되었으면 정지하여야 하며 이를 위반하여 진입·주행하다가 사고 야기한 경우에는 신호위반이 적용된다.

중요도 ●●

심화 해설
도로교통법 시행규칙 별표 2(신호의 종류 및 신호의 뜻)

구분	신호의 종류	신호의 뜻
차량신호등 원형등화	황색의 등화	① 차마는 정지선이 있거나 횡단보도가 있을 때에는 그 직전이나 교차로의 직전에 정지하여야 하며, 이미 교차로에 차마의 일부라도 진입한 경우에는 신속히 교차로 밖으로 진행하여야 한다. ② 차마는 우회전할 수 있고 우회전하는 경우에는 보행자의 횡단을 방해하지 못한다.

정답 12 ③ 13 ②

14 2016년 기출

A차량 운전자는 교차로에서 신호위반으로 인적피해 없이 물적피해만 발생한 교통사고를 냈다. A차량 운전자에 대한 검찰의 조치로 틀린 것은?

① 피해에 관계없이 합의되거나 종합보험 또는 공제에 가입되어 있으면 형사 입건을 하지 않는다.
② 피해액이 20만원 이상인 경우 합의되지 않거나 종합보험 또는 공제에 가입되어 있지 않으면 형사 입건 기소의견으로 검찰에 송치한다.
③ 피해액이 20만원 미만인 경우 합의되지 않고, 종합보험 또는 공제에 가입되어 있지 않으면 즉결심판을 청구한다.
④ 중요법규 위반행위인 신호위반을 하였으므로 피해자와 합의하여도 교통사고처리 특례법에 따라 기소의견으로 검찰에 송치한다.

해설 신호위반사고이나 단순대물 사고이므로 합의시 불기소
1) 신호위반에 물적피해사고만 발생된 경우 사고차량이 종합보험 또는 공제에 가입된 경우는 형사입건하지 않고 불기소로 처리된다. 신호위반의 중대법규 위반으로 형사입건은 인적피해가 발생된 경우에 기소할 수 있는 것이다.
2) 신호위반에 물적피해 20만원 이상의 경우는 종합보험 또는 공제에 가입되어 있지 않거나 피해자와 합의되지 않은 경우는 형사입건하여 기소의견으로 송치한다.
3) 신호위반에 물적피해 20만원 미만인 경우는 합의되지 않거나 종합보험 또는 공제에 가입되어 있지 않으면 즉결심판을 청구한다.
4) 신호위반은 중대법규 위반 사항이라도 인적피해 사항이 없는 단순 물적피해만 발생된 경우에는 교통사고처리 특례법에 따라 기소의견으로 검찰에 송치할 수 없는 것이다.

15 2007년 기출

트럭운전사가 진행방향 앞에 정차 중인 버스를 추월하기 위하여 황색점선인 중앙선을 침범하여 운행 중 마주 오던 차와의 충돌을 피하기 위하여 급히 자기차로로 들어왔으나 자기차로 앞의 버스를 충돌한 경우 트럭 운전사의 교통사고 책임은? (다툼이 있는 경우 판례에 따름)

① 급차로 변경
② 중앙선 침범
③ 안전운전의무 위반
④ 부득이해서 피해 책임 없다.

해설 중앙선 침범 적용
중과실 중앙선 침범으로 처리된다. 전방 정차버스를 앞지르기 위해 중앙선을 넘었다가 본래 차로로 복귀하여 막 출발하고 있는 버스를 충돌한 경우 특례 예외단서 제2호 중과실 중앙선 침범에 해당한다(대법원 1990.4.10. 선고 89도1792 판결). 황색점선의 적법한 침범요건은 중앙선을 넘을 객관적인 필요성의 존재와 반대방향의 교통에 주의를 기울일 것의 두 가지라고 할 수 있다. 이 두 가지의 요건 중 어느 하나라도 결한 상태에서 중앙선을 넘은 경우에는 중과실 중앙선 침범 사고가 성립되는 것으로 해석해야 한다.

정답 14 ④ 15 ②

16 2010년 기출

교통사고처리 특례법 제3조 제2항 제2호의 중앙선에 해당하는 것은?

① 가변차로가 설치된 경우 신호기가 지시하는 진행방향의 가장 왼쪽의 황색점선
② 공군 부대장이 부대 노면에 표시한 황색실선의 중앙선
③ 왕복 2차로 도로의 눈에 덮여 보이지 않는 황색실선 중앙선
④ 도로의 한쪽만을 포장함으로써 도로의 중앙에 턱이 생겨 그 턱이 사실상 중앙선의 역할을 하는 경우

해설 가변차로 신호위반은 통행구분 의미로 보아 중앙선 침범 적용

심화 해설
1) 가변차로가 설치된 경우 신호기가 지시하는 진행방향의 가장 왼쪽 황색점선?
   도로교통법 제2조 제5호
   중앙선이란 차마의 통행방향을 명확하게 구분하기 위하여 도로에 황색실선이나 황색점선 등의 안전표지로 표시한 선 또는 중앙분리대나 울타리 등으로 설치한 시설물을 말한다. 다만, 제14조 제1항 후단에 따라 가변차로가 설치된 경우에는 신호기가 지시하는 진행방향의 가장 왼쪽에 있는 황색점선을 말한다.
   ※ 가변차로의 진행방향 왼쪽 황색점선은 진행방향을 구분하는 중앙선의 역할이므로 중앙선 침범을 적용
2) 공군부대장이 부대 내 노면에 표시한 황색 실선의 중앙선
   - 군부대 내의 안전관리를 위해 설치한 안전표지는 법령에 근거한 것이 아니므로 특례법 단서조항에 해당되지 않는다(대법원 1991.5.28. 선고 91도159 판결).
   - 따라서 시·도경찰청장이 법 규정에 의해 중앙선을 설치한 경우 인정되는 것이며 학교, 군부대, 아파트 등에서 개인이 내부의 질서 유지를 위해 임의로 설치한 중앙선 등은 법령에 의한 것이 아니므로 도로교통법상 중앙선에는 해당되지 않는다.
3) 왕복 1차로 도로의 눈에 덮여 보이지 않는 황색실선 중앙선
   - 눈이 완전히 덮여 중앙선을 전혀 인식할 수 없거나 오랜 시간 경과로 중앙선이 일부 마모되었거나 흙이 덮여 중앙선을 객관적으로 보아 인식할 수 없는 경우라면 중앙선 침범사고로 처리될 수 없겠으나
   - 편도 2차로 이상 도로로 도로 중앙에 중앙선이 설치되어 있다는 것을 쉽게 인식할 수 있거나 눈이 일부만 덮였고, 커브길 등에 중앙선이 일부 마모되어 있어도 도로 전후 상황으로 보아 중앙선이 계속 연결된 것을 알 수 있는 상황이라면 이는 대항차량 운전자의 신뢰보호를 위해 중앙선침범으로 보는 것이 타당하다는 것이다. 특히 대법원은 횡단보도에 중앙선이 설치되어 있지 않았어도 대항차량 운전자의 신뢰보호를 위해 횡단보도에서의 회전, 유턴 중 대항차량과 충돌된 경우 중앙선 침범으로 적용되어야 한다고 판결(대법원 1995.5.12. 선고 95도512 판결)하고 있다.
4) 도로의 한쪽만을 포장함으로써 도로의 중앙에 턱이 생겨 그 턱이 사실상 중앙선의 역할을 하고 있는 경우 중앙선은 법령에 의거한 권한 있는 기관에서 설치한 황색실선, 복선, 점선의 중앙선과 중앙분리대 등이며 이외의 라바콘, 피드럼, 야간 전구나 포장공사로 인한 턱 등의 경우는 사실상 중앙선의 역할을 하였다 하더라도 중앙선침범 적용할 수 없다.

17 2010년 기출

중앙선이 설치되기 위해서는 도로 폭이 6m 이상이어야 한다. 그러나 도로 폭이 6m가 되지 아니하는 골목길에서 마주 오는 자동차와 사고가 발생하였다. 이 사고에서 제1차량, 제2차량을 결정하여야 한다. 가장 적합한 방법은?

① 두 자동차 모두 잘못했기 때문에 두 차량 모두를 제1차량으로 한다.
② 승용자동차와 화물자동차의 경우는 무조건 화물자동차가 제1차량이다.
③ 자가용 자동차와 사업용 자동차가 서로 충돌한 경우는 사업용 자동차가 제1차량이다.
④ 중앙선이 설치되지 않은 도로는 도로 폭을 측정한 후 가상의 중앙선을 그려서 결정한다.

해설 가상의 중앙선을 그어 좌측을 통행한 차량에 과실을 적용한다.

정답 16 ① 17 ④

심화 해설
도로교통법 제13조 제3항(차마의 통행)
① 차마의 운전자는 도로(보도와 차도가 구분된 도로에서는 차도)의 중앙(중앙선이 설치되어 있는 경우에는 그 중앙선을 말한다) 우측부분을 통행하여야 한다. 따라서 도로 폭 6m 이하의 골목길에서 마주 오는 자동차의 사고라면 누가 도로 우측부분으로 통행치 않고 좌측부분을 침범 진행하였는지가 관건이 된다.
② ①, ②, ③, ④ 중 가장 적합한 방법은 ④ 도로 폭을 측정한 후 가상의 중앙부분을 넘어 진행한 차량에 사고의 책임을 물어야 할 것이다.

18 [2010년 기출]

편도 1차로 도로의 오른쪽은 도로공사 중이다. 공사에 따른 안전을 위하여 공사장 인부가 수신호를 하고 있고, 그 수신호를 따라 진행하던 운전자는 공사로 인하여 중앙선을 넘어 진행하는 과정에서 마주 오는 자동차와 충돌하는 교통사고가 발생되었다. 공사장 인부의 수신호에 따라 진행한 운전자의 형사책임으로 적합한 것은?

① 수신호는 신호기에 의한 신호보다 우선하므로 수신호에 따라 진행하였기 때문에 책임이 없다.
② 도로공사 등은 부득이한 사유에 해당하기 때문에 좌측통행 중에 발생한 사고는 책임이 없다.
③ 중앙선이 설치된 도로에서 중앙선을 침범하여 진행하였기 때문에 중앙선 침범 책임이 있다.
④ 수신호에 따라 진행한 운전자는 책임이 없지만 상대방 자동차 운전자에게는 책임이 있다.

> **[중요도] ●●●**
> 도로공사등으로 부득이한 중앙선침범 사고처리시 요령에 대한 내용이다.

해설 부득이한 좌측통행이라도 대향방향은 주의했어야 하므로 사고의 책임은 부여되어야 함.

심화 해설
1) 도로공사로 부득이 중앙선 넘은 경우 사고처리?
   • **도로교통법 제13조 제4항(부득이한 좌측통행)**
     차마의 운전자는 제3항에도 불구하고 다음 각호의 어느 하나에 해당하는 경우에는 도로의 중앙이나 좌측 부분을 통행할 수 있다.
   1. 도로가 일방통행인 경우
   2. 도로의 파손, 도로공사나 그 밖의 장애 등으로 도로의 우측 부분을 통행할 수 없는 경우
   3. 도로 우측 부분의 폭이 6m가 되지 아니하는 도로에서 다른 차를 앞지르려는 경우. 다만, 다음 각목의 어느 하나에 해당하는 경우에는 그러하지 아니하다.
      가. 도로의 좌측 부분을 확인할 수 없는 경우
      나. 반대 방향의 교통을 방해할 우려가 있는 경우
      다. 안전표지 등으로 앞지르기를 금지하거나 제한하고 있는 경우
   4. 도로 우측 부분의 폭이 차마의 통행에 충분하지 아니한 경우
   5. 가파른 비탈길의 구부러진 곳에서 교통의 위험을 방지하기 위하여 시·도경찰청장이 필요하다고 인정하여 구간 및 통행방법을 지정하고 있는 경우에 그 지정에 따라 통행하는 경우
2) 문제 풀이
   ① 공사장 인부의 수신호
      신호기보다 우선하는 수신호는 교통경찰관, 의경, 모범운전자, 군사경찰, 소방공무원에 한해 적용되므로 공사장 인부의 수신호는 권한이 없는 경우이다.
   ② 도로공사 등 부득이한 중앙선 침범의 경우 사고책임
      편도 1차로 도로의 오른쪽 도로공사로 통행할 수 없는데 공사장 인부가 수신호를 하고 있어 그 수신호에 따라 중앙선을 넘어 좌측통행 중에 사고 발생된 경우라면 부득이한 경우로 보아 좌측통행은 허용하므로 중앙선 침범은 적용할 수 없겠으나 일반적 과실에 의한 사고책임은 있다고 본다.
   ③ 도로공사로 인한 부득이한 중앙선 침범인 경우 중앙선 침범 적용 여부
      도로교통법 제13조 제4항(부득이한 좌측통행)은 12대 중과실의 중앙선 침범은 적용할 수 없고 아울러 공사장 인부의 수신호에 따르더라도 전방 특히 대향방향 정상 진행차량을 예의 주시 안전한 대처로 사고방지 되었어야 하므로 중앙선 침범에 따른 책임은 있다고 본다(단, 일반적 과실 적용이 타당).

정답 18 ④

④ 공사장 인부의 수신호에 따랐으므로 과실 없고 상대방차량의 과실적용여부?
특별한 사정이 아닌한 정상차로(우측통행)따라 진행하는 차량운전자에 과실 있다고 볼 수 없고 중앙선을 넘어 좌측통행하는 차량운전자에 과실 있다고 보아야 할 것이다.

3) 장애물 등으로 우측통행할 수 없어 부득이 좌측통행한 경우 중앙선 침범 적용배제(관련 판례)
① 장시간 불법 주차된 여러 대의 차량 때문에 도로 우측 부분으로는 통행할 수 없어 부득이 도로 좌측 부분으로 통행할 수밖에 없는 경우에도 중앙선 침범에 해당하는지 여부(소극). 이 사건 도로의 노폭 주변 상황이 불법 주차된 차량수와 주차 형태 내지는 주차된 거리 등에 비추어 볼 때 피고인이 위 황색점선을 넘어 반대 차선으로 진행한 점은 도로교통법 제13조 제4항 제2호 소정의 '도로의 파손도로 공사나 그 밖의 장애 등으로 도로의 우측 부분을 통행할 수 없는 경우'에 해당하여 도로교통법 제13조 제3항의 규정에 불구하고 도로의 중앙이나 좌측 부분을 통행할 수 있는 경우에 해당하는 만큼 위 특례법 제3조 제2항 단서 제2호 소정의 도로교통법 제13조 제3항에 위반하여 차선이 설치된 도로의 중앙을 침범한 경우에는 해당하지 않는다고 봄이 상당하다(2008.11.21. 대구지방법원 2008고정2443).
② 편도 1차로 주차된 차량을 피해 진행하기 위해 중앙선을 살짝 넘은 상태 주행 중 대항 차선 오토바이가 진행해와 충돌된 사고는 당시 우측 부분의 폭이 차마 통행에 충분한 경우가 아니므로 특례법 단서 제2호 중앙선 침범 사고에는 해당되지 않는다고 본다(부산지방법원 2015.11.2. 선고 2015 고정2004).

이상의 관계 규정과 판례 등을 종합하면, 도로공사로 인한 좌측통행이 부득이한 경우 중과실의 중앙선 침범은 적용할 수 없어도 대향방향의 정상차에 주의할 의무는 있으므로 "대향방향에 주의의무를 소홀히 한 일반적 과실사고"로 보는 것이 합당하다.

19 [2012년 기출]

중앙선 침범에 대한 설명이다. 잘못된 것은?

① 중앙선 침범 사고는 교통사고의 발생지점이 중앙선을 넘어선 모든 경우를 가리키는 것이 아니라 부득이한 사유가 없이 중앙선을 침범하여 교통사고를 발생케 한 경우이다.
② 중앙선 침범 사고는 중앙선 침범 행위가 교통사고 발생의 직접적인 원인이 된 이상 사고 장소가 중앙선을 넘어선 반대차선이어야 할 필요는 없다.
③ 중앙선 침범 행위가 교통사고 발생의 직접적인 원인이 아니라면 교통사고가 중앙선 침범 운행 중에 일어났다고 하여 모두 중앙선 침범 사고에 포함되는 것은 아니다.
④ 속도를 줄이는 앞차로 인해 중앙선을 넘어 반대 방향에서 정상 진행 중인 차와 발생된 사고는 중앙선 침범 사고로 볼 수 없다.

[해설] 사전 대비 소홀로 보아 중앙선 침범 적용

[심화해설] 중앙선 침범의 적용
① 중앙선 침범의 중과실 적용은 부득이한 사유가 없음에도 중앙선을 침범하여 교통 사고를 발생케 한 경우이고 중앙선 침범 행위가 교통사고 발생의 직접적인 원인이 된 이상 사고 장소가 중앙선을 넘어선 반대차로이어야 할 필요는 없다(대법원 1985.6.11. 선고 85도384 판결).
• 중앙선 침범 사고는 발생지점이 중앙선을 넘어선 모든 경우를 가르치는 것은 아니다.
• 중앙선 침범 행위가 교통사고 발생의 직접적인 원인이 아니라면 교통사고가 중앙선 침범운행 중에 일어났다고 하여 모두 중앙선 침범 사고에 해당되는 것은 아니다(대법원 1996.6.11. 선고 96도1049 판결).
② 속도를 줄이는 앞차 등으로 인해 중앙선을 넘은 것은 대비 소홀로 보아 중앙선 침범을 부득이한 사유로 볼 수 없어 중앙선 침범의 중과실 적용된다.

정답 19 ④

20 2016년 기출

자동차 전용도로에서 불법 유턴하던 중 인적피해 교통사고를 야기한 경우의 처리는?

① 보험에 가입된 경우에는 처벌할 수 없다.
② 피해자의 의사와 관계없이 공소를 제기한다.
③ 피해자와 합의 또는 보험에 가입되었으면 형사입건할 수 없다.
④ 피해자와 합의된 경우에 한하여 공소를 제기할 수 없다.

해설 피해자의 의사와 관계없이 12대 중과실 기소

심화 해설
1) 교통사고처리 특례법 제3조 제2항 제2호(중앙선 침범)
   도로교통법 제13조 제3항을 위반하여 중앙선을 침범하거나 같은 법 제62조를 위반하여 횡단·유턴 또는 후진한 경우

   [특례단서 제2호] = [중앙선 침범] + [고속·전용도로에서 횡단·유턴·후진]

2) 자동차전용도로에서 횡단·유턴·후진 차상사고 경우
   ① 종합보험에 가입되어 있어도 형사입건 처벌(기소)
   ② 피해자의 의사에 관계없이 형사입건 처벌(기소)
   ③ 피해자와 합의한 경우에도 형사입건 처벌(기소)

21 2017년 기출

다음 중 교통사고처리특례법 제3조 제2항 단서에서 규정한 12개 항목의 사고에 해당하지 않는 것은?

① 고속도로에서 횡단 중 사고
② 고속도로에서 갓길 통행 중 사고
③ 고속도로에서 유턴 중 사고
④ 고속도로에서 후진 중 사고

해설 고속도로 갓길 통행 중 사고는 일반적 과실사고

심화 해설
1) 교통사고처리 특례법 제3조 제2항 제2호(중앙선 침범)
   도로교통법 제13조 제3항을 위반하여 중앙선을 침범하거나 같은 법 제62조를 위반하여 횡단·유턴 또는 후진한 경우

   [특례단서 제2호] = [중앙선 침범] + [고속·전용도로에서 횡단·유턴·후진]

2) 고속도로 갓길 통행사고는 특례단서에 해당되지 않음(일반적 과실사고)

정답 20 ② 21 ②

22 2021년 기출

교통사고처리 특례법상 고속도로에서 운전 중 인적피해(3주 상해) 교통사고 야기시 종합보험에 가입되었으면 형사처벌할 수 없는 것은?

① 횡단
② 유턴
③ 진로변경
④ 후진

해설 교통사고처리 특례법에 의한 처벌 단서 12가지 중 2번째인 중앙선침범사고에 고속도로나 자동차 전용도로에서 횡단·유턴·후진으로 치상사고 야기한 경우 종합보험에 가입하였어도 형사입건 처벌(5년 이하의 금고 또는 2천만원 이하의 벌금)된다.

> **중요도** ●●
> 고속도로에서 진로변경 중 사고는 일반적 과실 사고이므로 형사처벌 대상이 아님

23 2009년 기출

다음 중 12대 중과실 사고에 해당되는 것은?

① 자동차전용도로에서 눈이 30mm 쌓여있는 도로에서 매시 70km/h로 운행 중 사고
② 경부고속도로에 눈이 10mm 내린 상태에서 4.5톤 화물차로 매시 80km/h로 운행 중 사고
③ 편도 3차로의 국도에 눈이 30mm 쌓여 있는 도로에서 매시 40km/h 운행 중 사고
④ 편도 2차로 국도를 화물차가 매시 100km/h로 운행 중 사고

해설 자동차전용도로에 눈이 30mm 쌓인 경우 제한속도 45km/h. 당시 70km/h 주행 중이면 25km/h 초과 과속

심화 해설
도로교통법 시행규칙 제19조 제2항(이상기후시 감속운행 기준)

감속기준	감속사유
1. 최고속도의 100분의 20을 줄인 속도로 운행하여야 할 경우	• 비가 내려 노면이 젖어있는 경우 • 눈이 20mm 미만 쌓인 경우
2. 최고속도의 100분의 50을 줄인 속도로 운행하여야 할 경우	• 폭우, 폭설, 안개 등으로 가시거리가 100m 이내인 경우 • 노면이 얼어붙은 경우 • 눈이 20mm 이상 쌓인 경우

① 자동차전용도로의 법정속도는 최고 90km/h, 최저 30km/h이다. 눈이 20mm 이상 쌓이면 50%를 감속 운행해야 한다. 눈이 30mm 쌓인 경우 제한속도는 45km/h이다. 중과실 과속사고로 처리하기 위해서는 법정속도에서 20km/h가 초과되어야 하므로 65km/h 이상이어야 한다. 70km/h로 진행하다 속도위반의 사고 원인이 된 경우에는 중과실로 처리된다.
② 경부고속도로에서 4.5톤(1.5톤 초과) 화물차의 법정속도는 최고 80km/h, 최저 50km/h이다. 눈이 20mm 미만 쌓이면 20%를 감속 운행하여야 한다. 눈이 10mm 쌓인 경우 법정속도는 64km/h이다. 중과실 과속사고로 처리하기 위해서는 법정 속도에서 20km/h가 초과되어야 하므로 84km/h가 초과되어야 한다. 80km/h로 진행하다 사고가 발생한 경우에는 속도위반 중과실을 적용할 수 없다.
③ 편도 3차로(2차로 이상)의 국도 법정속도는 80km/h이다. 눈이 20mm 이상 쌓이면 50%를 감속 운행해야 한다. 눈이 30mm 쌓인 경우 제한속도는 40km/h이다. 중과실 과속사고로 처리하기 위해서는 법정속도에서 20km/h가 초과되어야 하므로 60km/h 초과된 경우만 속도위반 중과실을 적용한다. 40km/h로 진행하다 사고가 발생한 경우에는 속도위반 중과실을 적용할 수 없다.
④ 편도 3차로(2차로 이상)의 국도 법정속도는 80km/h이다. 중과실 과속사고로 처리하기 위해서는 법정속도에서 20km/h가 초과되어야 한다. 100km/h가 아닌 101km/h부터이다.

> **중요도** ●●●
> 이상기후시 제한속도를 적용하여 12대 중과실 과속 사고에 해당하는 것에 대한 내용이다.

정답 22 ③ 23 ①

24 [2010년 기출]

비가 내려 노면이 젖은 편도 3차로 일반도로에서 제한속도 (가)와 교통사고를 야기하여, 피해자가 5주 진단이 나온 사고를 야기했을 때, 종합보험에 가입된 경우에는 형사처벌이 되는 속도 (나)의 기준은?

① 가 : 64km/h, 나 : 74km/h 초과
② 가 : 80km/h, 나 : 90km/h 초과
③ 가 : 64km/h, 나 : 84km/h 초과
④ 가 : 80km/h, 나 : 100km/h 초과

해설 노면 젖은 경우 64km/h, 84km/h 초과
가 : 64km/h, 나 : 84km/h 초과가 맞다.
노면이 젖어 있으면 최고속도 100분의 20을 줄인 속도로 운행하여야 한다. 편도 3차로 일반도로 제한속도는 80km/h이므로 20% 감한 속도는 64km/h이다. 과속사고에 대한 중과실 처벌 조항은 교통사고처리 특례법 제3조 제2항 단서 제3호에서 도로교통법 제17조(자동차의 속도) 제1항 또는 제2항의 규정에 의한 제한속도를 매시 20km를 초과하여 운전한 경우라고 규정하였으므로 20km/h 초과된 84km/h 초과되어야 중과실 과속사고가 된다.

심화 해설

1) 자동차 등의 도로별 규정 속도(법정속도)

도로별		최고속도	최저속도
일반도로	편도 1차로	매시 60km/h 이내	최저속도 규정 없음
	편도 2차로 이상	매시 80km/h 이내	
자동차전용도로		매시 90km/h 이내	매시 30km/h 이내
고속도로	편도 1차로 고속도로	매시 80km/h 이내	매시 50km/h 이내
	편도 2차로 이상 고속도로	• 매시 100km/h 이내 • 적재중량 1.5톤 초과 화물자동차 · 특수자동차 · 위험물운반차 · 건설기계 매시 80km/h	매시 50km/h
	편도 2차로 이상의 고속도로로서 경찰청장이 지정 고시한 노선 또는 구간	• 매시 120km/h 이내 • 화물자동차 · 특수자동차 · 위험물 운반차 · 건설기계 매시 90km/h	매시 50km/h

2) 이상기후시 감속운행

최고속도의 100분의 20을 줄인 속도를 운행	최고속도의 100분의 50을 줄인 속도로 운행
• 비가 내려 습기가 있을 때 • 눈이 20mm 미만 쌓인 때	• 폭우 · 폭설 · 안개 등으로 가시거리 100m 이내인 때 • 노면이 얼어붙은 때 • 눈이 20mm 이상 쌓인 때

25 [2011년 기출]

교통사고처리 특례법상의 중요 12개 항목 위반사고에 해당되는 것은?

① 서행표지가 있는 편도 1차로 지역에서 40km/h 주행하다가 발생한 인적피해 사고
② 양보표지가 있는 도로에서 일시정지하지 않고 진입함으로써 발생한 인적피해 사고
③ 최고속도 매시 60km인 편도 1차로 도로에서 80km/h로 주행 중에 발생한 인적피해 사고
④ 비가 내려 노면이 젖어 있는 편도 1차로의 일반도로에서 70km/h로 주행 중 발생한 인적피해 사고

[해설] 편도 1차로 일반도로 노면 젖은 때 48km/h, 70km/h 사고시 22km/h 초과
① 서행표지는 차가 서행하여야 할 장소임을 지정한 곳이다. 서행표지는 표지판 자체로서 금지하는 등의 규제를 뜻하지 않는다. 일반도로 편도 1차로 제한속도는 60km/h이다. 서행의 의미는 운전자가 차를 즉시 정지시킬 수 있는 정도의 느린 속도를 말하고 있어 40km/h로 진행한 경우 중과실의 20km/h 초과 과속사고라고는 할 수 없다.
② 양보표지는 차가 도로를 양보할 장소임을 지정한 곳이다. 양보표지는 표지판 자체로서 금지하는 등의 규제를 뜻하지 않는다. 일시정지 역시 일시정지표지와 일시정지할 곳을 따라 규정해 두고 있다. 양보표지가 있는 곳에서 양보하지 않아 발생된 인적피해 사고는 일반사고로 처리된다.
③ 중과실 과속사고가 되기 위해서는 제한속도에서 20km/h가 초과되어야 한다. 제한속도가 60km/h라면 81km/h부터 중과실사고로 처리된다. 80km/h로 주행 중 발생한 인적피해 사고는 일반사고로 처리된다.
④ 일반도로 편도 1차로는 제한속도가 60km/h이다. 비가 내려 노면에 습기가 있을 때는 제한속도에서 100분의 20을 줄인 속도로 운행하여야 하므로 제한속도는 48km/h이다. 중과실 과속사고가 되기 위해서는 제한속도에서 20km/h가 초과되어야 한다. 70km/h로 주행 중 발생한 인적피해 사고는 22km/h 초과하여 중과실사고로 처리된다.

> **중요도 ●●●**
> 12대 중과실의 제한속도 20km/h 초과과속을 적용할 수 있는 경우를 알고 있어야 한다.

26 [2010년 기출]

다음은 앞지르기에 대한 설명이다. 가장 바르지 못한 것은?

① 앞지르기는 앞서가는 다른 차의 옆을 지나서 그 차의 앞으로 나가는 것을 말한다.
② 앞지르기하는 과정에서 물적피해가 발생한 교통사고를 야기하면 형사처벌된다.
③ 앞지르기하고자 할 때에는 앞차의 좌측으로 통행하여야 한다.
④ 앞차가 다른 차를 앞지르고자 하는 경우는 앞지르기할 수 없다.

[해설] 앞지르기 중 물적피해만 발생한 사고는 보험가입시 불기소
① "앞지르기"라 함은 차의 운전자가 앞서가는 다른 차의 옆을 지나서 그 차의 앞으로 나가는 것을 말한다(도로교통법 제2조 제29호).
② 교통사고처리 특례법에서 중과실 12개항은 인적피해 결과발생을 전제로 한다.
③ 앞지르기하고자 할 때에는 앞차의 좌측으로 통행하여야 한다.
④ 앞차가 다른 차를 앞지르고자 하는 경우는 앞지르기할 수 없다.

> **중요도 ●**

정답 25 ④ 26 ②

27 [2011년 기출]

다음 중 교통사고처리 특례법상 횡단보도 보행자보호의무 위반사고의 보행자에 해당하는 것은?

① 자전거를 타고 횡단하는 사람
② 오토바이를 타고 횡단하는 사람
③ 손수레를 끌고 횡단하는 사람
④ 횡단보도에 누워 있는 사람

해설 손수레를 끌고 횡단하는 사람
③ 손수레를 끌고 횡단보도를 건너는 경우 손수레는 사람의 힘에 의하여 도로에서 운전되어지는 것으로서 차에 해당한다. 따라서 이를 끌고 가는 행위를 차의 운전행위로 볼 수 있다고 하더라도 손수레를 끌고 가는 사람이 횡단보도를 횡단할 때는 걸어서 횡단보도를 통행하는 보행자로 보아야 할 것이다. 대법원은 횡단보도를 이용하며 손수레를 끌고 가던 중 자동차와 충돌된 사고에 있어 손수레는 보행자로 간주되어 횡단보도 보행자보호의무 위반을 적용받는다고 판시한 바 있다(대법원 1990.10.16. 선고 90도761 판결).

> **심화 해설**
> 1) 보행자에 해당하는 경우
>   • 기본적으로 횡단보도를 건너고 있는 경우
>   • 자전거, 오토바이를 끌고 건너고 있는 경우
>   • 인라인스케이트를 타고 건너는 경우
>   • 손수레를 끌고 가는 경우
> 2) 보행자가 아닌 경우
>   • 자전거, 오토바이를 타고 횡단하는 경우
>   • 횡단보도에 누워 있거나 앉아 있거나 엎드려 있는 경우
>   • 횡단보도 내에서 교통정리를 하고 있는 경우
>   • 횡단보도 내에서 싸우고 있는 경우
>   • 횡단보도 내에서 택시를 잡는 경우
>   • 횡단보도 내에서 적재물 하역 작업을 하는 경우
>   • 보도에 서 있다가 횡단보도 내로 넘어진 경우

28 [2020년 기출]

교통사고처리 특례법 제3조 제2항 단서 제6호의 횡단보도 보행자 보호의무 위반 사고에서 "보행자"에 해당하는 사람은?

① 교통정리를 하고 있는 사람
② 자전거를 타고 있는 사람
③ 술에 취해 도로에 누워있는 사람
④ 손수레를 끌고 가는 사람

해설 횡단보도에서 보행자 보호의무 위반시 보행자는 "횡단보도를 걸어가고 있는 사람"(자전거 등에서 내려 자전거 등을 끌거나, 들고 통행하는 자전거 등의 운전자 포함)을 말한다.

횡단보도를 걸어 건너는 사람에 대해 적용(손수레 끌고가는 사람 포함)

정답 27 ③ 28 ④

29 [2018년 기출]

편도 1차로를 진행하는 승용차량이 신호등 없는 횡단보도에 이르러 피해자를 충격, 경상을 입게 하였다. 가해차량 운전자가 피해자와 합의해도 형사처벌 받는 사고는?

① 횡단보도를 이용하여 이륜차를 끌고 가는 사람을 충격한 사고
② 횡단보도를 이용하여 자전거를 타고 가는 사람을 충격한 사고
③ 횡단보도에서 3m 벗어난 지점을 건너던 사람을 충격한 사고
④ 술에 취해 횡단보도와 보도에 걸쳐 누워있는 사람을 충격한 사고

심화 해설
승용차가 신호등 없는 횡단보도에서 피해자 충격 경상 입히고 합의해도 형사처벌을 받는 경우는?
① 횡단보도를 이륜차 끌고 가는 사람을 충격한 사고이며
② 자전거를 타고 가는 사람은(보행자로 볼 수 없고)
③ 횡단보도를 3m 벗어난 지점으로 건너는 사람은 횡단보도 사고로 볼 수 없고
④ 술에 취해 횡단보도에 누워 있는 사람은 횡단보도를 건너는 보행자로 볼 수 없음

• 횡단보도 사고는 12대 중과실로 적용되는 것을 알아야 한다.

30 [2019년 기출]

운전자 "갑"은 신호등이 없는 횡단보도를 보행하던 "을"을 충격하여 8주 진단의 상해를 입혔다. 운전자 "갑"의 처벌에 대한 설명으로 맞는 것은?

① 보행자 "을"이 처벌을 원해야만 공소를 제기할 수 있다.
② 보행자 "을"이 처벌을 원치 않으면 공소를 제기할 수 없다.
③ 보행자 "을"의 처벌 불원의사와 관계없이 공소를 제기할 수 없다.
④ 보행자 "을"의 처벌 불원의사와 관계없이 공소를 제기할 수 있다.

심화 해설
교통사고처리특례법 제3조 제2항 제6호(횡단보도 보행자 보호의무위반)
 6. 도로교통법 제27조 제1항에 따른 횡단보도에서의 보행자 보호의무를 위반하여 운전한 경우

• 횡단보도 사고는 12대 중과실로 적용되는 것을 알아야 한다.

정답 29 ① 30 ④

31 [2018년 기출]

긴급자동차가 신호등 없는 횡단보도에서 보행 중이던 보행자를 충격하여 보행자가 다쳤다. 긴급자동차 운전자의 처벌에 대한 설명 중 가장 맞는 것은?

① 피해자와 합의 및 보험 가입된 경우에 한하여 공소를 제기할 수 없다.
② 보행자 보호의무 위반에 해당하므로 공소를 제기해야 한다.
③ 도로교통법상 긴급자동차는 우선권 및 특례를 규정하고 있으므로 공소를 제기할 수 없다.
④ 피해자와 합의하면 과태료 처분을 받는다.

심화 해설
긴급자동차의 경우 긴급한 용도로 운행 중 사고 야기한 경우, 긴급활동의 시급성과 불가피성 등 정상 참작하여 교통사고처리 특례법 제3조 제1항에 따른 형을 감경하거나 면제할 수 있으나 (도로교통법 제158조의2 형의 감면) 교통사고처리 특례법 제3조 제2항에 따른 단서조항에 대한 특례를 인정하고 있지 아니하므로 문제 내용과 같이 횡단보도에서 보행자를 충격 치상 사고 야기한 경우는 종합보험가입 여부 피해자와의 합의 여부에 관계없이 형사입건 기소된다.

중요도 ●●●
진입자동차의 12대 중과실 사고는 형사처벌 대상임을 유의해야 한다.

32 [2011년 기출]

교통사고처리 특례법 제3조 제2항 단서 제7호의 무면허운전 사고에 관한 설명이다. 틀린 것은?

① 자동차운전면허를 받지 아니한 경우에만 무면허운전 죄가 성립하고, 건설기계 조종사면허를 받지 않고 운전하는 경우는 건설기계관리법 위반죄만 성립하고 무면허 운전 사고에는 해당하지 않는다.
② 외국인이 국내운전면허뿐 아니라 국제운전면허증을 소지하지 아니하고 운전한 경우에도 해당한다.
③ 도로에서 운전하지 않는 경우 무면허운전 사고로 처벌되지 않는다.
④ 자전거는 무면허운전 죄를 적용할 수 없다.

해설 건설기계조종사 면허 없이 사고 - 무면허 적용

심화 해설
교통사고처리 특례법 제3조 제2항 제7호(무면허운전)
도로교통법 제43조, 건설기계관리법 제26조 또는 도로교통법 제96조를 위반하여 운전면허 또는 건설기계조종사 면허를 받지 아니하거나 국제운전면허증을 소지하지 아니하고 운전한 경우. 이 경우 운전면허 또는 건설기계조종사 면허의 효력이 정지 중이거나 운전의 금지 중인 때에는 운전면허 또는 건설기계조종사 면허를 받지 아니하거나 국제운전면허증을 소지하지 아니한 것으로 본다.

도로교통법 제43조 시·도경찰청장 면허	+	건설기계관리법 제26조 건설기계조종사 면허	+	도로교통법 제96조 국제운전면허증

도로교통법 제43조(무면허 운전)
누구든지 시·도경찰청장으로부터 운전면허를 받지 아니하거나 운전면허가 효력이 정지된 경우에는 자동차 등을 운전하여서는 아니 된다.

건설기계관리법 제26조(건설기계조종사 면허)
① 건설기계를 조종하려는 사람은 시장·군수 또는 구청장에게 건설기계 조종사면허를 받아야 한다. 다만, 국토교통부령으로 정하는 건설기계를 조종하려는 사람은 「도로교통법」 제80조에 따른 운전면허를 받아야 한다.
② 제1항 본문에 따른 건설기계조종사 면허는 국토교통부령으로 정하는 바에 따라 건설기계의 종류별로 받아야 한다.
③ 제1항 본문에 따른 건설기계조종사 면허를 받으려는 사람은 「국가기술 자격법」에 따른 해당분야의 기술자격을 취득하고 적성검사에 합격하여야 한다.
④ 국토교통부령으로 정하는 소형건설기계의 건설기계조종사 면허의 경우에는 시·도지사가 지정한 교육기관에서 실시하는 소형건설기계의 조종에 관한 교육과정의 이수로 제3항의 「국가기술자격법」에 따른 기술 자격의 취득을 대신할 수 있다.

중요도 ●●●
12대 중과실의 무면허 운전을 적용하여 사고처리해야 하는 경우를 파악해야 한다.

정답 31 ② 32 ①

⑤ 건설기계조종사면허증의 발급·적성검사의 기준, 그 밖에 건설기계조종사 면허에 필요한 사항은 국토교통부령으로 정한다.

도로교통법 제96조(국제운전면허증에 의한 자동차등의 운전)
① 외국의 권한 있는 기관에서 다음의 각 호의 어느 하나에 해당하는 협약·협정 또는 약정에 따른 운전면허증(국제운전면허증이라 한다)을 발급받은 사람은 국내에 입국한 날부터 1년 동안만 그 국제운전면허 증으로 자동차 등을 운전할 수 있다.

도로교통법 제2조(정의) 운전
운전이란 도로에서 차마 또는 노면전차를 그 본래의 사용방법에 따라 사용하는 것(조종 또는 자율 주행시스템을 사용하는 것을 포함한다)을 말한다. 따라서 도로 아닌 곳에서 운전한 경우 무면허를 적용할 수 없다.

도로교통법 제2조(정의) 자전거
자전거란 「자전거 이용 활성화에 관한 법률」 제2조 제1호 및 제1호의2에 따른 자전거 및 전기자전거를 말한다. 자전거의 경우 운전면허 없이 운전할 수 있어 무면허를 적용할 수 없다.

33 [2019년 기출]

승용자동차 운전자가 면허정지 기간 내 도로 위의 장소에서 운전하던 중 부주의로 경상(피해자)의 인적피해 교통사고를 일으켰고, 운전자는 피해자와 합의하였다. 이에 대한 설명으로 맞는 것은?

① 도로교통법상 무면허운전이 적용되고, 교통사고처리 특례법상 무면허운전사고로 공소가 제기된다.
② 도로교통법상 무면허운전이 적용되고, 교통사고처리 특례법상 공소권 없으므로 처리된다.
③ 도로교통법상 무면허운전이 적용되지 않으며, 교통사고처리 특례법상 무면허운전사고로 공소가 제기된다.
④ 도로교통법상 무면허운전이 적용되지 않으며, 교통사고처리 특례법상 공소권 없음으로 처리된다.

해설
교통사고처리 특례법 제3조 제2항 제7호(무면허운전)
도로교통법 제43조, 건설기계 관리법 제26조 또는 도로교통법 제96조를 위반하여 운전면허 또는 건설기계 조종사 면허를 받지 아니하거나 국제운전 면허증을 소지하지 아니하고 운전한 경우, 이 경우 운전면허 또는 건설기계 조종사면허의 효력이 정지 중이거나 운전의 금지 중인 때에는 운전면허 또는 건설기계 조종자 면허를 받지 아니하거나, 국제운전면허증을 소지하지 아니한 것으로 본다.

> 12대 중과실의 무면허 운전을 적용하여 사고처리해야 하는 경우를 파악해야 한다.

34 [2012년 기출]

안전운전불이행 사고를 야기하여 피해자 1명에게 진단 3주의 상해를 입힌 경우 교통사고처리 특례법상 종합보험에 가입되어 있거나 합의하였더라도 형사처벌 대상이 되는 것은?

① 제1종 보통면허만 소지한 자가 9인승 승합자동차로 된 긴급자동차를 운전하다가 사고 야기한 경우
② 제1종 보통면허만 소지한 자가 15인승 승합자동차를 운전하다가 사고 야기한 경우
③ 제2종 보통면허만 소지한 자가 9인승 승합자동차를 운전하다가 사고 야기한 경우
④ 제2종 보통면허만 소지한 자가 5인승 승용자동차로 된 긴급자동차를 운전하다가 사고 야기한 경우

> 면허 종류별 운전할 수 있는 차의 종류와 무면허로 처벌되는 경우를 알고 있어야 한다.

정답 33 ① 34 ④

해설 2018.4.25. 취업기회를 제한하는 규제를 완화하자는 취지에서 종전 긴급자동차 관련 운전면허는 1종 대형면허, 1종 보통면허로 국한되었으나 이를 개정(삭제)하여 현재는 1종 보통, 2종 보통운전면허 등 해당면허로 운전할 수 있는 차량이면 긴급자동차를 운전할 수 있다. 다만, 2종 보통(자동)면허는 수동차량을 운전할 수 없다.

심화 해설
도로교통법 시행규칙 별표 18(운전할 수 있는 차의 종류)

운전면허		운전할 수 있는 차량
종별	구분	

제1종	대형 면허	• 승용자동차
		• 승합자동차
		• 화물자동차
		• 삭제 〈2018. 4. 25.〉
		• 건설기계(10)
		  - 덤프트럭, 아스팔트살포기, 노상안전기
		  - 콘크리트믹서트럭, 콘크리트펌프, 천공기(트럭 적재식)
		  - 콘크리트믹서트레일러, 아스팔트 콘크리트 재생기
		  - 도로보수트럭, 3톤 미만의 지게차
		• 특수자동차(대형견인차, 소형견인차 및 구난차는 제외)
		• 원동기장치자전거

제1종	보통 면허	• 승용자동차 • 승차정원 15명 이하 승합자동차 • 삭제 〈2018. 4. 25.〉 • 적재중량 12톤 미만 화물자동차 • 건설기계(도로를 운행하는 3톤 미만의 지게차로 한정한다) • 총중량 10톤 미만의 특수자동차(구난차등은 제외한다) • 원동기장치자전거
제1종	소형 면허	• 3륜 화물자동차 • 3륜 승용자동차 • 원동기장치자전거
제1종	특수 면허 — 대형 견인차	1. 견인형 특수자동차 2. 제2종 보통면허로 운전할 수 있는 차량
제1종	특수 면허 — 소형 견인차	1. 총중량 3.5톤 이하의 견인형 특수자동차 2. 제2종 보통면허로 운전할 수 있는 차량
제1종	특수 면허 — 구난차	1. 구난형 특수자동차 2. 제2종 보통면허로 운전할 수 있는 차량
제2종	보통 면허	• 승용자동차 • 승차정원 10명 이하의 승합자동차 • 적재중량 4톤 이하 화물자동차 • 총중량 3.5톤 이하의 특수자동차(구난차 등은 제외한다) • 원동기장치자전거
제2종	소형 면허	• 이륜자동차(측차부를 포함한다) • 원동기장치자전거
제2종	원동기장치자전거면허	• 원동기장치자전거

35 [2012년 기출]

승용차 운전자가 면허정지 기간 중 도로 외의 장소를 운전하다가 부주의로 경상의 인적피해 교통사고를 일으켰다. 운전자는 피해자와 합의한 상태였다. 이에 대한 처벌로 맞는 것은?

① 도로교통법상 무면허운전이 적용되고, 교통사고는 무면허운전 사고로 공소가 제기된다.
② 도로교통법상 무면허운전이 적용되고, 교통사고는 공소권 없음으로 처리된다.
③ 도로교통법상 무면허운전이 적용되지 않으며, 교통사고는 무면허운전 사고로 공소가 제기된다.
④ 도로교통법상 무면허운전이 적용되지 않으며, 교통사고는 공소권 없음으로 처리된다.

해설 도로 외는 무면허 적용 배제되고 공소권 없음으로 처리

심화 해설
1) 운전의 개념

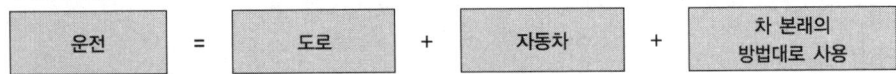

운전 = 도로 + 자동차 + 차 본래의 방법대로 사용

※ 도로 아닌 곳에서 운전한 경우는 무면허 처벌 불가
※ 자동차와 원동기장치자전거만 적용
※ 자동차등에 승차 시동 켜고 발진조작 완료한 경우에 적용가능

2) 도로 아닌 곳 무면허운전 사고 처리
 • 피해자와 합의되었으므로 공소권 없음으로 불기소처리

36 [2013년 기출]

인적피해 교통사고를 발생시켰을 경우 교통사고처리 특례법 제3조 제2항 단서에서 규정한 무면허운전에 해당되지 <u>않는</u> 것은?

① 제1종 보통면허만을 소지한 운전자가 배기량 250cc의 이륜자동차를 운전 중 야기한 교통사고
② 제2종 보통면허(자동변속기)만을 소지한 운전자가 수동변속기인 1톤 화물자동차를 운전 중 야기한 교통사고
③ 제1종 대형면허만을 소지한 운전자가 레커를 운전 중 야기한 교통사고
④ 제1종 특수면허(견인·구난면허)만을 소지한 운전자가 긴급자동차를 운전 중 야기한 교통사고

해설 자동변속기 면허로 수동변속기 차량 운전한 조건위반 경우

심화 해설
1) 무면허운전에 해당되는 경우?
 ① 250cc의 이륜차 운전은 소형면허로 운전해야
  • 제1종 보통면허로 이륜차 운전은 – 무면허
 ② 트레일러와 레커는 특수면허로 운전해야
  • 제1종 대형면허로 레커차 운전은 – 무면허
 ③ 긴급자동차 운전은 차종에 따른 해당 면허로 운전해야
2) 무면허운전에 해당되지 않는 경우?
 ① 제2종 보통면허로 4톤 이하 화물자동차 운전할 수 있으며
 ② 자동변속기 면허만으로 수동변속기 차량 운전한 것은 면허조건 위반이지 무면허 운전은 아닌 것임

정답 35 ④ 36 ②

37 2010년 기출

도로교통법상 술에 취한 상태에서의 운전에 대한 설명 중 틀린 것은?

① 운전이 금지되는 술에 취한 상태의 기준은 혈중알코올 농도 0.03%이다.
② 2회 이상 술에 취한 상태의 기준을 넘어 운전한 사람이 다시 술에 취한 상태에서 운전한 때에는 운전면허가 취소된다.
③ 혈중알코올 농도 0.03% 이상을 넘어서 운전을 하다가 교통사고로 사람을 죽게 한 때에는 운전면허가 취소된다.
④ 혈중알코올 농도 0.03% 이상을 넘어서 운전을 하다가 교통사고로 사람을 다치게 한 때에는 운전면허가 110일 정지된다.

해설 0.03% 이상 사람을 다치게 한 경우 면허취소(종전 0.05%)
① 술에 취한 상태 기준은 혈중알코올 농도 0.03% 이상이다.
② 2회 이상 술에 취한 상태의 기준을 넘어 운전하거나, 술에 취한 상태의 측정에 불응한 사람이 다시 술에 취한 상태(혈중알코올 농도 0.03% 이상)에서 운전한 때 취소처분 기준에 해당한다.
③ 술에 취한 상태의 기준(혈중알코올 농도 0.03% 이상)을 넘어서 운전을 하다가 교통사고로 사람을 죽게 하거나 다치게 한 때 취소처분 기준에 해당한다.
④ 혈중알코올 농도 0.03% 이상인 상태에서 사람을 다치게 한 교통사고를 야기하였다면 운전면허는 취소된다. 취소처분 받은 후 2년 후에 취득 자격이 부여된다.

심화 해설

1) 도로교통법 제44조 제1·4항(술에 취한 상태에서의 운전 금지)
① 누구든지 술에 취한 상태에서 자동차등(「건설기계관리법」 제26조 제1항 단서에 따른 건설기계 외의 건설기계를 포함한다. 이하 이 조, 제45조, 제47조, 제93조 제1항 제1호부터 제4호까지 및 제148조의2에서 같다), 노면전차 또는 자전거를 운전하여서는 아니 된다.
④ 제1항에 따라 운전이 금지되는 술에 취한 상태의 기준은 운전자의 혈중알코올농도가 0.03퍼센트 이상인 경우로 한다.

2) 도로교통법 제148조의2(음주운전자 형사처벌)

위반 횟수	처벌기준	
1회	0.2% 이상	2~5년 / 1천만원 ~ 2천만원
1회	0.08 ~ 0.2%	1~2년 / 500만원 ~ 1천만원
1회	0.03 ~ 0.08%	1년 이하 / 500만원 이하
측정 거부	1~5년 / 500만원 ~ 2천만원	
2회 이상 위반	2~5년 / 1천만원 ~ 2천만원	

정답 37 ④

38 [2011년 기출]

운전면허 없는 사람이 주취상태로 자전거를 타고 가다 중앙선을 넘어가서 마주 오던 차량과 충돌하였다. 자전거 운전자에 대한 사고처리로 가장 합당한 것은?

① 교통사고처리 특례법상 주취운전, 중앙선 침범 사고야기
② 교통사고처리 특례법상 중앙선 침범, 무면허운전 사고야기
③ 교통사고처리 특례법상 무면허운전 사고야기
④ 교통사고처리 특례법상 중앙선 침범 사고야기

해설 자전거의 중앙선 침범과 주취운전 적용처리

심화해설
1) **교통사고처리 특례법 제3조 제2항 제7호(무면허운전)**
   도로교통법 제43조, 건설기계관리법 제26조 또는 도로교통법 제96조를 위반하여 운전면허 또는 건설기계조종사 면허를 받지 아니하거나 국제운전면허증을 소지하지 아니하고 운전한 경우. 이 경우 운전면허 또는 건설기계조종사 면허의 효력이 정지 중이거나 운전의 금지 중에 있는 때에는 운전면허 또는 건설기계조종사 면허를 받지 아니하거나 국제운전면허증을 소지하지 아니한 것으로 본다.

   | 도로교통법 제43조
시·도경찰청장 면허 | + | 건설기계관리법 제26조
건설기계조종사 면허 | + | 도로교통법 제96조
국제운전면허증 |

2) **도로교통법 제43조(무면허운전 등의 금지)**
   누구든지 제80조에 따라 시·도경찰청장으로부터 운전면허를 받지 아니하거나 운전면허의 효력이 정지된 경우에는 자동차 등을 운전하여서는 아니 된다.
   (※ 무면허는 자동차와 원동기장치자전거의 경우만 적용)

3) **도로교통법 제44조 제1항(술에 취한 상태에서의 운전 금지)**
   ① 누구든지 술에 취한 상태에서 자동차등(「건설기계관리법」 제26조 제1항 단서에 따른 건설기계 외의 건설기계를 포함한다. 이하 이 조, 제45조, 제47조, 제93조 제1항 제1호부터 제4호까지 및 제148조의2에서 같다), 노면전차 또는 자전거를 운전하여서는 아니 된다.

39 [2013년 기출]

도로가 아닌 빌딩 지하주차장에서 이중 주차를 하고 술을 마시던 중 자동차를 옮겨 달라는 전화를 받고 50m를 운전하다가 물적피해 교통사고를 야기하였다. 음주측정 결과 혈중알코올 농도 0.22% 상태였을 때 처리는? (물적피해 합의 완료)

① 음주운전에 따른 형사처벌을 받고 운전면허 행정처분은 받지 않는다.
② 음주운전에 따른 형사처벌을 받고 운전면허 행정처분으로 면허가 취소된다.
③ 음주운전에 따른 형사처벌을 받지 않고 운전면허 행정처분으로 면허가 취소된다.
④ 음주운전에 따른 형사처벌을 받지 않고 운전면허 행정처분도 받지 않는다.

해설 음주운전은 형사처벌 받으나 도로 외라면 행정처분은 받지 않음

심화해설 빌딩 지하주차장에서 음주운전(0.22%)한 경우 사고처리?
- 빌딩 지하주차장은 「도로」이 아니지만 음주운전은 도로 외의 곳도 적용되므로 형사입건 처벌된다.
- 그러나 음주운전 장소가 도로가 아닌 빌딩 지하주차장이므로 운전면허 행정처분은 하지 않는다.

도로가 아닌 곳에서의 주취운전 사고처리와 면허행정처분 여부에 대해 파악해야 한다.

정답 38 ① 39 ①

40 2014년 기출

혈중알코올 농도 0.05% 이상인 상태에서 자동차를 운전하다 사람을 다치게 한 경우의 처리에 맞는 것은?

① 합의여부에 관계없이 형사처벌을 받게 된다.
② 반의사 불벌죄이다.
③ 피해자의 의사에 따라 공소권 유무가 결정된다.
④ 종합보험 가입만으로 처벌되지 않는다.

> **해설** 음주 인사사고 합의 여부 관계없이 형사처벌

심화 해설
1) 관계규정
  (1) 교통사고처리 특례법 제3조 제2항 제8호(주취·약물복용 운전)
    도로교통법 제44조 제1항을 위반하여 술에 취한 상태에서 운전을 하거나 같은 법 제45조를 위반하여 약물의 영향으로 정상적으로 운전하지 못할 염려가 있는 상태에서 운전한 경우

    | 단서 제8호
(주취 운전) | = | 주취 중 운전 | + | 약물복용 운전 |

  (2) 도로교통법 제44조 제4항(술에 취한 상태의 기준)
    제1항에 따라 운전이 금지되는 술에 취한 상태의 기준은 운전자의 혈중알코올 농도가 0.03% 이상인 경우로 한다.
2) 사고처리
  • 혈중알코올 농도 0.03% 상태에서 자동차 운전 치상사고 야기
  • 합의여부와 관계없이 형사처벌 – 운전면허 취소

41 2019년 기출

약물(마약, 대마 등)의 영향으로 정상적인 운전이 곤란한 상태에서 자동차를 운전하다 인적피해 교통사고(피해자 경상 1명)를 야기하였다. 이 사고 운전자의 처벌에 대한 설명으로 맞는 것은?

① 안전운전 불이행으로 범칙금 통고처분만 받으면 된다.
② 피해자와 합의하면 무죄이다.
③ 종합보험에 가입되어 있다고 하더라도 형사처벌 대상이 된다.
④ 운전자 의무불이행으로 과태료 처분을 받는다.

심화 해설
교통사고처리특례법 제3조 제2항(처벌의 특례) 예외단서 제8호
8. 도로교통법 제44조 제1항을 위반하여 술에 취한 상태에서 운전을 하거나 같은 법 제45조를 위반하여 약물의 영향으로 정상적으로 운전하지 못할 우려가 있는 상태에서 운전한 경우.
따라서 약물(마약, 대마 등)의 영향으로 정상적인 운전이 곤란한 상태에서 운전하다 사고야기(치상 사고)한 경우라면 이는 12대 중과실 사고에 해당되어 형사처벌 대상인 사고이다.

정답 40 ① 41 ③

42 [2010년 기출]

보도침범 사고에 해당하는 것은?

① 일반인의 출입이 통제된 대학 구내 보도를 침범하여 보행자를 충격한 사고
② 사고차량이 우회전 중 내륜차의 영향으로 보도에 서 있는 사람을 충격한 사고
③ 백색실선으로 차도와 보도를 구분한 가장자리구역을 보행하는 자를 충격한 사고
④ 황색실선으로 차도와 보도를 구분한 가장자리구역을 보행하는 자를 충격한 사고

해설 사고차량이 우회전 중 내륜차로 보도상 사람을 충격한 경우

심화 해설

1) 관계규정
   (1) 교통사고처리 특례법 제3조 제9호(보도침범, 통행방법 위반사고)
   도로교통법 제13조 제1항을 위반하여 보도가 설치된 도로의 보도를 침범하거나 같은 법 제13조 제2항에 따른 보도횡단방법을 위반하여 운전한 경우

   단서 제9호(보도침범 사고) = 보도 침범 + 보도 횡단방법 위반

   (2) 도로교통법 제2조 제4호, 제10호, 제11호(차도와 보도, 길가장자리구역의 정의)
   • 제4호 : "차도"란 연석선(차도와 보도를 구분하는 돌 등으로 이어진 선을 말한다. 이하 같다), 안전표지 또는 그와 비슷한 인공구조물을 이용하여 경계를 표시하여 모든 차가 통행할 수 있도록 설치된 도로의 부분을 말한다.
   • 제10호 : "보도"란 연석선, 안전표지나 그와 비슷한 인공구조물로 경계를 표시하여 보행자(유모차, 보행보조용 의자차, 노약자용 보행기 등 행정안전부령으로 정하는 기구 · 장치를 이용하여 통행하는 사람을 포함한다)가 통행할 수 있도록 한 도로의 부분을 말한다.
   • 제11호 : "길가장자리구역"이란 보도와 차도가 구분되지 아니한 도로에서 보행자의 안전을 확보하기 위하여 안전표지 등으로 경계를 표시한 도로의 가장자리 부분을 말한다.

2) 보도침범사고의 처리
   ① 보도는 법령에 의한 설치 권한이 있는 기관에서 설치한 경우에만 적용되므로 학교 · 아파트 등 단지 내 보도는 자체 내부의 소통과 안전을 위한 시설이므로 보도 침범사고에 해당되지 않고
   ② 사고차량이 우회전하면서 우측 앞 · 뒤 바퀴 내륜차에 의해 보도에 서 있는 사람을 충격하였다면 이는 사고차량이 보도에 들어서거나 차체가 걸친 경우로 이는 보도침범사고에 해당된다.
   ③ 백색실선으로 차도와 보도를 구분한 가장자리구역을 보행하는 자를 충격한 경우는 보도와 차도가 구분되지 않은 도로이므로 이는 보도침범이 적용되지 않는다. 왜냐하면 보도침범사고는 보도 · 차도가 연석 등으로 구분된 보도를 침범한 경우 적용되기 때문이다.
   ④ 황색실선으로 차도와 보도를 구분한 주 · 정차 금지의 길가장자리구역을 보행하는 자를 충격한 경우도 보도와 차도가 연석 등으로 구분된 보도를 침범한 경우가 아니므로 이 또한 보도침범 사고가 적용되지 않는 것이다.

3) 보도침범 사고의 성립요건
   • 보도와 차도가 구분된 도로의 보도 내에서의 사고이어야 한다.
   • 길가장자리구역선이나 갓길 등에서의 사고는 보도침범 사고에 해당되지 않으며, 보도를 침범한 후 공터나 주차장에서 발생한 사고 또한 보도침범 사고에 해당하지 않는다.
   • 보도상에서 보행자가 차에 충격되어 사상자가 발생한 경우이어야 한다. 자전거를 타고 가는 사람을 충격한 경우 보도침범 사고에 해당하지 않는다.
   • 과실에 의한 보도침범뿐만 아니라 고의에 의한 보도침범도 포함한다. 다만 불가항력적 상황에서 행하여진 보도침범은 이에 해당하지 않는다.
   • 보도를 통과하던 중 발생한 사고이어야 한다. 보도를 벗어난 지점에서의 사고는 본 사고에 해당되지 않는다.

점요트 ○○○
• 12대 중과실의 보도침범사고 적용과 적용배제되는 경우를 파악해야 한다.

정답 42 ②

43 [2016년 기출]

교통사고처리 특례법 제3조 제2항 단서 제9호의 보도침범 사고에 관한 설명으로 틀린 것은?

① 차도에서 보도상에 설치된 통행로를 통해 주유소 주차장 등으로 출입을 하는 과정에서 발생한 보행자 사고를 의미한다.
② 긴급자동차가 긴급한 용도를 위하여 보도를 주행 중 보행자를 충격한 사고는 보도침범 사고에 해당하지 않는다.
③ 연석이 없고 보도블럭이 깔려 있지 않으며, 객관적으로 보아 보도와 차도가 구분되어 있지 않으면 보도침범 사고로 볼 수 없다.
④ 보도 횡단 후 건물 앞 공터로 진행하던 중 보행자를 충돌한 경우, 사고 장소가 보도에서 벗어났다면 보도침범 사고에 해당하지 않는다.

해설 긴급자동차의 보도상 보행자 충격 사고는 보도침범 사고

심화 해설
1) 관계규정
   (1) 교통사고처리 특례법 제3조 제9호(보도침범, 통행방법 위반사고)
       도로교통법 제13조 제1항을 위반하여 보도가 설치된 도로의 보도를 침범하거나 같은 법 제13조 제2항 따른 보도횡단방법을 위반하여 운전한 경우

       단서 제9호 (보도침범 사고) = 보도 침범 + 보도 횡단방법 위반

2) 보도침범 사고 성립요건
   • 보도와 차도가 구분된 도로의 보도 내에서의 사고이어야 한다.
   • 길가장자리구역선이나 갓길 등에서의 사고는 보도침범 사고에 해당되지 않으며, 보도를 침범한 후 공터나 주차장에서 발생한 사고 또한 보도침범 사고에 해당하지 않는다.
   • 보도상에서 보행자가 차에 충격되어 사상자가 발생한 경우이어야 한다. 자전거를 타고 가는 사람을 충격한 경우 보도침범 사고에 해당하지 않는다.
   • 과실에 의한 보도침범뿐만 아니라 고의에 의한 보도침범도 포함한다. 다만 불가항력적 상황에서 행하여진 보도침범은 이에 해당하지 않는다.
   • 보도를 통과하던 중 발생한 사고이어야 한다. 보도를 벗어난 지점에서의 사고는 본 사고가 성립되지 않는다.

3) 긴급자동차의 보도침범 사고처리
   긴급자동차도 12대 중과실 사고의 경우 교통사고처리 특례법 적용을 받아 보도침범 사고처리되나 긴급한 용무로 주의의무를 다했으나 부득이한 경우는 그 처벌을 감면 받을 수 있는 것이다.

정답 43 ②

44 2008년 기출

다음 사례에 대한 판례로서 올바른 것은?

> 시내버스에서 내려 두발을 딛고 선 후, 운전자가 문을 닫는 과정에서 치맛자락이 걸렸으나, 그대로 출발하여 도로상에 넘어져 부상을 입었다.

① 승객추락 방지의무를 위반하였으므로 종합보험에 가입되어 있더라도 공소권 있음으로 처리한다.
② 승객추락 방지의무에 해당하지 않으므로 종합보험 가입시 공소권 없음으로 처리한다.
③ 운전 중 발생한 사고라 할 수 없으므로 안전사고로 처리한다.
④ 민사관계이므로 민사소송으로 해결한다.

[해설] 버스에서 내려 두발 딛고 선 후, 버스 문을 닫는 과정에서 치마가 걸려 도로상에 넘어진 사고는 추락사고로 볼 수 없다.

[심화 해설]
1) 관계규정
  (1) 교통사고처리 특례법 제3조 제2항 제10호(승객추락 방지의무 위반)
    도로교통법 제39조 제3항에 따른 승객의 추락방지의무를 위반하여 운전한 경우

    단서 제10호 (승객추락사고) = 개문발차로 승객추락 + 차문으로 승객 충격 추락한 경우

  (2) 도로교통법 제39조 제3항(승객추락 방지의무 위반)
    모든 차 또는 노면전차의 운전자는 운전 중 타고 있는 사람 또는 타고 내리는 사람이 떨어지지 아니하도록 하기 위하여 문을 정확히 여닫는 등 필요한 조치를 하여야 한다.

    운전 중 타고 내리는 사람 = 추락되지 않도록 + 문을 정확히 여닫는 등 필요한 조치

2) 사고처리
  ① 개문 당시 승객의 손이나 발, 옷자락 등이 끼어 사고 난 경우는 운전자 준수사항 위반에 해당하고 추락사고시 적용되는 승객추락 방지의무 위반사고로 볼 수 없어 종합보험 가입시 공소권 없음으로 처리한다.
  ② 차의 운전자가 문을 여닫는 과정에서 발생한 일체의 주의 의무를 위반한 경우를 의미하는 것이 아닌 것은 분명하고 승객이 차에서 내려 도로상에 발을 딛고 선 뒤에 일어난 사고는 비록 운전자가 안전여부를 확인하지 아니한 채 문을 서둘러 닫고 출발하다가 치맛자락이 문에 끼이면서 승객이 보도 상에 넘어져 부상을 입게 되었다고 하더라도 승객의 추락방지의무를 위반하여 운전함으로써 일어난 사고에 해당하지 않는다(대법원 1997.6.13. 선고 96도3266 판결).
  ③ 승객 치맛자락이 걸린 상태를 모르고 출발하여 상해가 발생되었다면 교통사고로 처리된다. 도로교통법 제49조 제7호에서 운전자는 안전을 확인하지 아니하고 차의 문을 열거나 내려서는 아니 되며, 승차자가 교통의 위험을 일으키지 아니하도록 필요한 조치를 취하여야 한다고 규정하였고, 동법 제48조에서 모든 운전자는, 차의 조향장치와 제동장치, 그 밖의 장치를 정확하게 조작하여야 하며, 도로의 교통상황과 차의 구조 및 성능에 따라 다른 사람에게 위험과 장해를 주는 속도나 방법으로 운전하여서는 아니 된다고 규정하였다.
  ④ 교통사고처리 특례법에서 차의 운전자가 교통사고로 인하여 형법 제268조의 죄를 범한 경우 5년 이하의 금고 또는 2천만 원 이하의 벌금에 처한다고 규정되었다. 여기서의 교통사고란 차의 교통으로 사람을 사상하거나 물건을 손괴한 것을 말하는 것으로 사례의 사고는 교통사고의 범주에 포함된다.

● **중요도** ●●●
● 12대 중과실의 승객추락 방지의무 위반적용과. 사고처리에 대한 내용이다.

정답 44 ②

45 2018년 기출

평일 오전 09시 30분경 어린이 보호구역에서 60km/h로 주행하다 어린이 1명에게 2주 진단의 경상을 입힌 사고에 대해 차량 운전자는 어떻게 처리되는가?

① 보험에 가입되어 있으면 처벌받지 않는다.
② 피해자의 의사에 따라 처리된다.
③ 피해자의 처벌의사에 관계없이 형사입건된다.
④ 피해자와 합의하면 통고처분을 받는다.

심화 해설
어린이 보호구역에서 60km/h 주행 중 어린이 1명에게 2주 경상 사고를 야기한 경우?
이는 교통사고처리 특례법 예외단서 제11호에 해당되어 종합가입여부와 피해자의 의사를 불문하고 형사입건하여 처벌하게 된다.

중요도 ●●●
어린이 보호구역 어린이 사고는 12대 중과실 사고로 형사처벌 대상

46 2021년 기출

평일 오전 09시 30분경 제한속도 매시 30km인 어린이 보호구역에서 매시 60km/h로 주행하다 도로를 횡단하는 어린이에게 2주 진단의 경상을 입힌 승용자동차 운전자에 대한 처리로 맞는 것은? (사고원인은 운전자 부주의 및 과속운전)

① 종합보험에 가입되어 있으면 처벌받지 않는다.
② 피해자의 처벌의사에 따라 처리된다.
③ 피해자의 처벌의사 또는 합의여부에 관계없이 형사입건된다.
④ 피해자와 합의하면 통고처분을 받는다.

해설 어린이 보호구역에서 제한속도 초과 과속하다 도로를 횡단하는 어린이를 충돌 2주 진단의 경상을 입힌 경우 사고처리
- 어린이 보호구역 내에서 운전부주의 및 과속운전으로 어린이 충돌 치상사고의 경우는 12대 중과실사고에 해당되어
- 피해자의 처벌의사 또는 합의여부와 종합보험(공제조합) 가입여부에 관계없이 사고운전자를 형사입건 특가법 적용 처벌한다.

중요도 ●●●
어린이 보호구역 어린이 치상사고는 12대 중과실 사고임

정답 45 ③ 46 ③

47 2008년 기출

교통사고처리 특례법상 사망사고에 대한 정의로서 바르게 설명한 것은?

① 교통사고로 중상을 입었지만 노환으로 사망한 경우
② 교통사고 발생시부터 72시간 이내에 사망한 경우
③ 교통사고 발생시부터 30일 내에 사망한 경우
④ 교통사고가 직접적인 원인이 되어 사망한 경우

해설 교통사고가 직접적인 원인이 되어 사망한 경우
① 노환으로 사망한 경우에는 교통사고가 아니다.
② 교통사고 발생시 72시간 이후에도 사망사고로 처리된다. 행정처분에 있어서 사망에 대한 기준을 72시간 이내로 규정하였을 뿐이다. 72시간 이내 사망할 경우 사고결과에 대한 벌점은 90점이고, 이후는 중상에 해당하는 15점만 부과한다.
③ 경찰청 교통사고 통계에서 사망이란 교통사고 발생시부터 30일 이내에 사망한 경우(1999년까지는 72시간 내 사망)라고 규정하고 있다.
④ 교통사망사고란, 교통사고가 직접 원인이 되어 사망한 경우로 72시간 이후라도 교통사망사고에 해당된다.

중요도 ●●●
사망사고의 시간적용과 사고처리(형사적, 행정적)

48 2020년 기출

"대형사고"란 (ⓐ)명 이상이 사망(교통사고 발생일부터 (ⓑ)일 이내에 사망한 것을 말한다)하거나 (ⓒ)명 이상의 사상자가 발생한 사고를 말한다. ⓐ, ⓑ, ⓒ에 각각 맞는 것은?

① ⓐ : 5 ⓑ : 30 ⓒ : 30
② ⓐ : 5 ⓑ : 20 ⓒ : 30
③ ⓐ : 3 ⓑ : 30 ⓒ : 20
④ ⓐ : 3 ⓑ : 20 ⓒ : 20

심화 해설
교통사고조사규칙 제2조(용어의 정의)
 3. 대형사고란 3명 이상 사망(교통사고 발생일로부터 30일 이내 사망한 것)하거나 20명 이상의 사상자가 발생한 사고

중요도 ●●
대형사고의 정의는 교통사고조사 규칙 제2조(정의)에 명시

정답 47 ④ 48 ③

49 2012년 기출

"갑" 운전자는 보행자 "을"에 대하여 안전운전불이행으로 교통사고를 일으켰다. 사고 후 의식불명으로 병원에 입원해 있던 "을"은 교통사고가 원인이 되어 10일 후 사망하였다. "갑"은 피해자 가족과 합의를 하였다. "갑"의 처리와 관련된 설명으로 맞는 것은?

① 교통사고 벌점은 100점으로 100일간 면허정지 처분한다.
② 합의가 되었으므로 공소제기할 수 없다.
③ 사망 교통사고에 해당하므로 교통사고처리 특례법에 따라 공소를 제기한다.
④ 특정범죄 가중처벌 등에 관한 법률상 위험운전치사상죄로 처리한다.

해설 교통사고로 인한 사망사고는 공소 제기해야 한다.
① 교통사망사고의 행정처분 벌점의 기준은 72시간이므로 10일 후 사망의 경우는 중상으로 보아 15점 부여된다.
② 사망사고는 피해자 측과 합의되었어도 사고운전자를 형사입건 기소되어 5년 이하의 금고 또는 2천만원 이하의 벌금으로 처벌된다.
③ 사고발생 후 10일 후에 사망하였어도 사고의 직접원인이 교통사고라면 사고운전자를 교통사고처리 특례법에 따라 형사입건 기소된다.
④ 특정 범죄가중처벌 등에 관한 법률상 위험운전 치사상죄는 주취·약물복용으로 정상적인 운전이 곤란한 상태에서 운전한 운전자에 대해 적용되는 것이며 안전운전불이행에 의한 사망사고와는 관련이 없다.

50 2017년 기출

"갑" 운전자는 보행자 "을"에 대하여 안전운전의무 위반으로 교통사고를 일으켰다("갑"운전자 과실 100%). 사고 후 의식불명으로 병원에 있던 "을"은 위 교통사고가 원인이 되어 10일 후 사망하였다. "갑"은 피해자 유족과 합의를 하였다. "갑"에 대한 교통사고처리와 관련한 설명으로 맞는 것은?

① 사고 발생시로부터 72시간 이후에 사망하였으므로 교통사고처리 특례법상 사망사고로 처리하지 않는다.
② 합의가 되었으므로 공소를 제기할 수 없다.
③ 법규 위반으로 교통사고를 야기한 경우이므로 위반행위 벌점 10점과 사고 결과에 따른 벌점 15점이다.
④ 특정범죄 가중처벌 등에 관한 법률상 위험운전치사죄로 처리한다.

해설 법규 위반 10점, 피해결과 15점

심화 해설 교통사고 10일 후 사망한 경우 사고 처리?
① 교통사고 후 10일 후 사망이라도 형사상 책임은 교통사고로 인한 사망으로 교통사고처리 특례법 적용 형사입건 처리된다.
② 사망교통사고는 피해 유가족 측과 형사합의 되었어도 형사입건 처리되며 합의 여부는 운전자의 처벌 적용에 참조될 뿐이다.
③ 단, 행정적 처분인 면허 벌점은 72시간 경과하였으므로 벌점 15점 중상으로 처리된다.
④ 사고원인이 안전운전 불이행 사고이므로 음주·만취사고의 경우 적용되는 위험 운전 치사상죄인 특정범죄 가중처벌 등에 관한 법률은 적용할 수 없는 것이다.

정답 49 ③ 50 ③

51 2021년 기출

운전자는 보행자 보호의무위반으로 교통사고(보행자 무과실)를 발생시켰고 보행자는 본 교통사고를 원인으로 치료 중 10일 후 사망하였으며 그 후 운전자는 유족과 합의하였다. 이에 대한 설명으로 맞는 것은?

① 사고발생시로부터 72시간 이후에 사망하였으므로 교통사고처리 특례법상 사망사고로 처리하지 않는다.
② 합의가 되었으므로 공소를 제기할 수 없다.
③ 법규위반으로 교통사고를 야기한 경우이므로 위반행위 벌점 10점, 사고결과에 따른 벌점 15점이다.
④ 특정범죄 가중처벌 등에 관한 법률상 위험운전치사죄로 처리한다.

해설 횡단보도를 건너는 보행자(무과실)를 충돌 사고 10일 후 사망한 경우
- 피해자가 10일 후 사망하였어도 형사상 책임은 부여되며
- 유족과 합의되었어도 사망사고는 형사입건 처벌되며
- 횡단보도 보행자 사망사고는 특가법 적용되지 않고 교통사고처리 특례법 적용되며
- 면허행정처분은 원인행위 보행자보호의무 불이행 10점과 피해자 72시간 지난 10일 후 사망으로 중상벌점 15점, 계 25점 벌점이 부여됨

사망사고의 벌점은 72시간 내 사망한 경우에 90점, 72시간이 지난 경우는 15점이 부여된다.

52 2019년 기출

벌점 누산 점수가 0점인 제2종 보통면허를 소지한 승용자동차 운전자가 신호위반 교통사고를 야기하였다. 교통사고를 야기한 운전자는 3주 상해를, 상대방 운전자는 사고발생시부터 72시간 이내 사망하였다. 이 사고로 교통사고 야기 운전자에 대한 운전면허 행정처분으로 맞는 것은?

① 운전면허 90일 정지
② 운전면허 105일 정지
③ 운전면허 120일 정지
④ 운전면허 취소

심화 해설
사고야기시 운전면허 벌점은
| 법규위반 | + | 피해결과 | + | 사고조치 | = 합계점수이므로
- 신호위반 : 15점
- 사망 : 90점
- 사고조치 : 미조치 사실 없음 계 105점임
※ 가해자 자신의 피해와 자차 대물 피해는 적용되지 않으므로 사고운전자 3주 상해는 벌점 계산치 않음

정답 51 ③ 52 ②

제3장 특정범죄 가중처벌 등에 관한 법률

1. 특정범죄가중처벌법의 이해

01 [2007년 기출]

다음 중 전형적인 뺑소니 사범에 해당하는 것은?

① 횡단보도 보행자를 충격한 운전자가 피해 경미하다는 피해자가 병원에 가기를 거부하므로 차량번호와 연락처를 피해자에게 알려주고 현장을 이탈하였다.
② 무단횡단 보행자를 충격한 운전자가 피해 경미한 것으로 판단되므로 그대로 귀가하였다.
③ 3명의 보행자를 충격한 화물차 운전자가 2명의 피해자를 차에 태워 병원으로 후송한 후 나머지 피해자를 후송하려고 현장에 갔으나 피해자를 찾지 못하여 그대로 귀가하였다.
④ 6세 어린이를 충격한 운전자가 어린이가 울면서 병원에 가려고 하지 않고 연락처를 받으려고 하지 않으므로 112 전화신고 후 현장을 이탈하였다.

[해설] 보행자 충격 피해 확인 없이 경미한 것으로 보고 조치 없이 가버린 경우
도주사고 관련 법원판례를 중심으로 뺑소니 인정되는 경우와 인정되지 않는 경우를 개념적으로 구분하여 보면 다음과 같다. (단, 구체적 내용에 따라 일부 다른 의견이 있을 수 있음)

[심화 해설]
1) 뺑소니(도주)가 인정되는 경우
   ① 사고사실을 인식(미필적 포함)하고도 조치 없이 가버린 경우(95도883, 99도5023)
   ② 사고 원인 제공(특히 비접촉)하여 사고발생 사실 인식하고도 조치 없이 가버린 경우(83도1328, 88도1945, 98도297)
   ③ 사고로 인한 부상 피해자를 인식하고도 방치한 채 사고현장 이탈한 경우(79도2900, 85도1462, 92도3437, 95도1680)
   ④ 경미사고라도 정차하여 부상여부 확인하지 아니하고 괜찮겠지하고 사고현장 이탈한 경우(87도1118, 93도1384)
   ⑤ 사고현장에 정차할 공간 있는데도 정차하지 않고 가버리거나 상당한 거리 진행한 후에 되돌아온 경우(96도2407)
   ⑥ 사고발생 후 구호조치 없이 차주 또는 보호자에게 사고 사실을 알리러 현장을 떠난 경우(74도2013, 84도1144)
   ⑦ 사고현장에 있었어도 적극적 구호조치 없이 장시간 경과 후 입원 조치된 경우(96누5773)
   ⑧ 피해자를 병원까지만 후송하고 가해자를 밝히지 않아 계속 치료를 받을 수 있는 조치 없이 가버린 경우(97도2475, 99도2869, 2004도5227, 2005도8264)
   ⑨ 어린이가 괜찮다고 하여 별일 없다고 생각하고 가버린 경우(94도1651, 94도1461, 2001도3089, 2005도1483, 2007도5549)
   ⑩ 피해자가 이미 사망 하였어도 사체 안치 후송 등 조치 없이 가버린 경우(91도52, 95도1605)
   ⑪ 사고현장에 있었어도 사고사실 은폐 위해 목격자 등이라고 거짓 진술, 신고한 경우(91도2134, 96도1997, 97도770, 2002도5748)
   ⑫ 사고 운전자를 바꿔치기하여 신고한 경우(97도3781)
   ⑬ 가해자의 신분을 확인하기에 불충분한 자동차등록증만을 주고 가버린 경우(96도1415)
   ⑭ 사고 난 후 피해자에게 가해자의 연락처를 거짓으로 알려주고 가버린 경우
2) 뺑소니(도주)가 인정되지 않는 경우
   ① 피해자가 부상 입은 사실이 없거나, 경미부상으로 사실상 구호조치가 필요치 않은 경우(93도656, 93도2596, 97도2396, 99도3910)
   ② 성인 피해자가 부상피해 없어 괜찮다고 하여 가버린 경우(94도1850)

중요도 ●●●
뺑소니가 인정되는 경우와 인정되지 않는 경우의 구분(판례중심)

정답 01 ②

③ 가·피해자 일행 또는 경찰관이 환자 후송 조치하는 것 보고 연락처 주고 가버린 경우(80도1492)
④ 사고운전자가 심한 부상 입어 타인 의뢰 피해자를 후송 조치한 경우(85노602)
⑤ 사고 장소 교통 혼잡하여 정지할 수 없어 일부 진행 후 정지하고 되돌아와 조치한 경우(81도2175, 97노5592)
⑥ 급한 용무로 탑승자에 사고처리 위임하고 운전자가 가버리고 탑승차가 사고 처리한 경우(96도2843)
⑦ 피해자 일행의 구타·폭언·폭행 두려워 현장 이탈한 경우(85도1616)
⑧ 환자후송과 현장조치하고 피해자 일행에게 가해자의 연락처 등을 건네주고 가버린 경우(91도1831)
⑨ 사고운전자 자신과 자기차량 사고시 조치 없이 가버린 경우(79도444)
⑩ 피해자가 피해 경미하다며 병원가기를 거부해 피해자에게 가해자의 연락처 건네주고 헤어진 경우
⑪ 피해자 3명중 중한 피해자 2명만 화물차로 후송하고 다시 나머지 1명을 후송하러 현장으로 왔으나 피해자를 찾지 못해 가버린 경우
⑫ 주차차량을 받아 손괴된 경우 피해차량 주인을 만날 수 없어 주차관리인에게 자신의 연락처와 차량번호를 적어주거나, 차량에 연락처를 남기고 온 경우(90도2462)
⑬ 사고운전자를 알고 있는 동승 피해자에 대해 조치 없이 가버린 경우
⑭ 피해자에 대한 고의 상해 후 도주하거나 경찰관에 대한 공무집행 방해하고 도주한 경우(고의사고이므로 특수상해, 특수폭행, 특수협박, 특수손괴, 폭력행위 등 처벌에 관한 법률위반, 특수공무집행방해죄 등 적용)

02   2008년 기출

특정범죄 가중처벌 등에 관한 법률상 도주차량 운전자 가중처벌 규정의 보호법익으로 볼 수 있는 것은?

① 피해를 당하고 유기된 자의 생명, 신체의 안전을 보호하려는 개인적 법익
② 책임 있는 자의 처벌 및 운전면허의 취소 등 적절한 예방조치를 통하여 교통의 안전을 고양하려는 공공의 이익과 사상을 당한 피해자의 생명·신체의 안전이란 개인의 법익
③ 순전히 교통사고로 인하여 피해를 입은 자들의 손해배상청구를 확보하기 위한 민사법적인 이익
④ 도주운전에서 명백히 나타나는 운전자의 무정한 태도의 처벌을 요청하는 교통공동체의 이익

해설 사고운전자의 처벌과 행정처분으로 인한 예방조치 등 교통안전 고양과 공공의 안전법익
특가법 도주차량의 보호법익은
첫째, 피해자 보호의 필요성이다. 교통사고로 피해를 당하여 긴급한 구호가 요구되는 피해자로 하여금 빠르고 적절한 구호를 받을 수 있도록 하므로 교통사고 후 방치됨으로 인한 피해의 가중을 예방하고자 함이다.
둘째, 사고처리의 확보이다. 교통사고 발생시 피해자의 적절한 구호뿐 아니라 교통사고의 책임이 누구에게 있다는 것을 확정할 수 있도록 함으로서 교통사고의 피해자에게 필연적으로 따르는 사고 후 조치 비용을 부담시킬 수 있을 뿐 아니라 사고경위에 대하여 정확한 사실을 밝혀 민·형사상 적절한 책임을 지도록 하고, 자동차 운전면허 행정처분 등 그에 적절한 교통안전에 필요한 조치를 취할 수 있도록 하자는 것이다.

정답 02 ②

03 [2008년 기출]

특정범죄 가중처벌 등에 관한 법률의 도주차량 운전자의 성립요건이다. 틀린 것은?

① 도로교통법 제2조에 규정된 자동차, 원동기장치자전거 운전자일 것
② 교통으로 인하여 발생한 사고로 도로교통법상 도로에 해당하지 않는 곳이나 주정차 중에 발생한 사고 등 비전형적인 운전인 경우도 포함된다고 본다.
③ 업무상 과실 또는 중과실 치사상죄(형법 제268조)를 범한 경우에 적용되고 그 외에는 특정범죄 가중처벌 등에 관한 법률(도주차량)죄가 성립되지 않는다.
④ 당해 운전자는 물론 승무원 등 다른 사람에게도 특정범죄 가중처벌 등에 관한 법률이 적용된다.

해설 도주사고는 사고차량 운전자만 적용
① 특정범죄 가중처벌 등에 관한 법률상 도주차량 적용대상은 자동차, 원동기장치자전거만 해당된다. (궤도차는 2010.3.31. 법 개정으로 삭제되었음)
② 교통사고처리 특례법과 특정범죄 가중처벌 등에 관한 법률상 도주차량은 도로에 관계없이 적용된다. 정차시킨 상태에서 차문을 열다가 진행하는 자전거나 보행자를 충돌하여 상해를 입힌 상태임에도 구호조치 없이 도주하였다면 특가법상 도주차량으로 처벌된다. 교통의 의미는 운전과 운행까지 포함하는 포괄적인 개념으로 해석되어지고 있다.
③ 교통사고는 차의 운전자가 과실로 사람을 치고 구호조치 없이 도주한 행위자를 처벌하는 법이다. 승용차 운전자가 음주 단속중인 경찰관을 고의로 충돌하고 도주한 경우에는 특가법상 도주차량이 아닌 특수공무집행방해죄를 적용받게 된다.
④ 특가법상 도주차량은 당해 차량 운전자(진정신분범)만 해당된다. 승무원의 범죄 행위는 도로교통법 제54조 제1항에서 논의된다. 운전자 외 다른 사람까지 동법을 적용한 것은 틀린 것이다.

심화 해설

1) 도주(뺑소니)사고의 종류

```
              도주(뺑소니)사고
              /            \
① 특가법상의 도주사고        ② 도로교통법상의 도주사고
(도주차량 운전자의 가중 처벌)    (사고조치불이행)
특가법 제5조의3               도로교통법 제54조 제1항
```

2) 특가법 도주와 도로교통법 조치불이행죄의 적용개념 구분

구분 \ 내용	① 행위 주체	② 행위 장소	③ 피해 내용	④ 과실 유무	⑤ 적용 대상
특가법상 도주	자동차와 원동기장치자전거(2종)	차의 교통으로 인한 (도로 불문)	인적피해 결과 발생 (인피로 제한)	형법 제268조 위반 (과실 전제)	당해 차량 운전자 (진정신분범)
도로교통법상 조치불이행	차의 운전 등 교통 (모든 차)	도로로 한정되었으나 2011.1.24부터 도로 외의 곳도 적용	인적피해나 물적피해 발생(물피만도 적용)	과실불문(피해차도 적용)	운전자나 그 밖의 승무원(승무원까지 적용)

정답 03 ④

04 _{2008년 기출}

교통사고 야기 후 조치불이행한 경우에 대한 설명이다. 틀린 것은?

① 차의 교통으로 사람을 사상하게 한 운전자가 경찰관서에 신고하는 것을 방해한 사람은 6월 이하의 징역이나 200만원 이하의 벌금 또는 구류에 처해질 수 있다.
② 인명피해 사고를 야기한 후 도주하였을 때는 특정범죄 가중처벌 등에 관한 법률 제5조의3을 적용하여 형사입건한다.
③ 인명피해 사고를 야기하고 도주한 후 자수한 때에도 특정범죄 가중처벌 등에 관한 법률 제5조의3을 적용하여 형사입건한다.
④ 상해의 의사로서 자동차로 타인을 충격하고 구호조치 없이 도주한 경우에는 특가법상의 도주차량에 해당한다.

> **해설** 상해의사를 가지고 고의로 충격 도주한 경우 형법 적용
> ① 도로교통법 제55조(사고발생시 조치에 대한 방해의 금지)에서 교통사고가 일어난 경우에는 누구든지 제54조 제1항 및 제2항에 따른 운전자 등의 조치 또는 신고행위를 방해하여서는 아니 되며, 도로교통법 제153조 제1항 제5호에서 6개월 이하의 징역이나 200만원 이하의 벌금 또는 구류에 처한다고 규정하였다.
> ② 인명피해 교통사고를 야기하고 조치를 취하지 않고 도주한 경우에는 도로교통법이 아닌 특정범죄 가중처벌 등에 관한 법률위반을 적용하여 처리된다. 그러나 자동차, 원동기장치자전거가 아닌 건설기계나 자전거, 경운기 등도 인명피해 교통사고를 야기하고 도주할 수 있는데 이 때는 특가법이 아닌 도로교통법 제148조, 제54조 제1항 사고 후 미조치를 적용한다.
> ③ 특가법상 도주차량은 인명피해 사실을 알고도 구호조치 없이 현장을 떠남으로 성립된다. 자수는 형사처벌에 양형조건이 되며, 행정처분에 있어 감경처분 대상일 뿐이다.
> ④ 고의로 상해를 입히고 구호조치 없이 현장을 떠나면 형법 제261조(특수폭행죄) 또는 폭력행위 등 처벌에 관한 법률을 적용하여 중하게 처리된다. 따라서 고의로 상해를 입히면 교통사고가 아닌 일반 형법을 적용받는다. 특가법상 도주 차량의 죄를 묻기 위해서는 자동차나 원동기 + 교통으로 인하여 + 인적피해 결과 발생 + 형법 제268조 업무상 과실 + 당해 차량 운전자 등의 조건이 존재해야 한다.

05 _{2009년 기출}

치상사고 후 현장을 이탈한 사례이다. 특정범죄 가중처벌 등에 관한 법률 제5조의3 도주차량운전자로 인정되지 않는 사례는?

① 긴급자동차가 사고야기 후 동승자에게 사고처리를 부탁하고 현장을 이탈한 경우
② 피해자를 병원까지만 후송하고 신원을 밝히지 않은 채 가버린 경우
③ 의사능력 없는 피해 어린이의 '괜찮다'는 답변을 듣고 조치 없이 가버린 경우
④ 사고차량만 현장에 두고 조치 없이 가버린 경우

> **해설** 긴급자동차가 동승자에게 처리 부탁하고 현장을 이탈한 경우
> 뺑소니(도주)사고 심화해설 참조
> ②, ③, ④는 뺑소니 인정되는 경우이고 ①은 뺑소니 인정되지 않는 경우임

정답 04 ④ 05 ①

06 2009년 기출

특정범죄 가중처벌 등에 관한 법률 위반(도주차량 운전자의 가중처벌) 적용 내용이 <u>아닌</u> 것은?

① 과실 유무 - 운전자 과실이 전제되어야
② 적용 대상 - 당해 차량운전자
③ 위반행위 장소 - 모든 장소
④ 피해 결과 - 물적피해 결과 발생

해설 특가법은 단순 물적피해의 경우는 적용 배제
물적피해 야기 후 도주는 도로교통법 제148조 제54조 제1항(사고조치 불이행)을 적용한다. 인적피해 결과 발생은 특정범죄 가중처벌 등에 관한 법률 위반(도주차량 운전자의 가중처벌)을 적용하며 ①, ②, ③은 모두 본 법 구성요건이다.

심화 해설

1) 도주(뺑소니)사고의 종류

```
                    도주(뺑소니)사고
                   /               \
   ① 특가법상의 도주사고        ② 도로교통법상의 도주사고
   (도주차량 운전자의 가중 처벌)      (사고조치불이행)
   특가법 제5조의3              도로교통법 제54조 제1항
```

2) 특가법 도주와 도로교통법 조치불이행죄의 적용개념 구분

구분 \ 내용	① 행위 주체	② 행위 장소	③ 피해 내용	④ 과실 유무	⑤ 적용 대상
특가법상 도주	자동차와 원동기장치자전거(2종)	차의 교통으로 인한 (도로 불문)	인적피해 결과 발생 (인피로 제한)	형법 제268조 위반 (과실 전제)	당해 차량 운전자 (진정신분범)
도로교통법상 조치불이행	차의 운전 등 교통 (모든 차)	도로로 한정되었으나 2011.1.24부터 도로 외의 곳도 적용	인적피해나 물적피해 발생(물피만도 적용)	과실불문(피해차도 적용)	운전자나 그 밖의 승무원(승무원까지 적용)

07 2009년 기출

인적피해 교통사고 후 적절한 조치를 취하지 않고 도주한 것으로 볼 수 있는 운전자는?

① 피해자의 일행으로부터 구타, 폭행을 피하기 위하여 사고현장을 이탈한 경우
② 구호조치를 종료한 후 피해자의 경찰관서에의 동행 요구에 거부한 경우
③ 피해자가 직접 병원으로 가자 운전자가 자기의 행선지를 향해 그대로 간 경우
④ 긴급한 구호조치가 필요하지 않은 상태에서 진정한 이름과 전화번호를 피해자에게 알려주고 현장을 떠난 경우

해설 피해자가 병원으로 가자 조치 없이 가버린 경우
뺑소니(도주)사고 심화해설 참조

정답 06 ④ 07 ③

08 [2009년 기출]

특정범죄 가중처벌 등에 관한 법률 제5조의3(도주차량 운전자의 가중처벌)의 도주 사고시 가중처벌에 관한 내용이다. 맞는 것은?

① 피해자를 치사하고 도주하거나, 도주 후에 피해자가 사망한 때에는 3년 이하의 징역에 처한다.
② 피해자를 치상하고 도주한 때에는 5년 이하의 유기징역 또는 2천만원 이하의 벌금에 처한다.
③ 사고운전자가 피해자를 사고 장소로부터 옮겨 유기하고 도주 – 피해자를 치사하고 도주하거나 도주 후에 피해자가 사망한 때에는 사형·무기 또는 5년 이상의 징역에 처한다.
④ 사고운전자가 피해자를 사고 장소로부터 옮겨 유기하고 도주 – 피해자를 치상한 때에는 5년 이상의 유기징역에 처한다.

해설 사망유기 도주 : 사형, 무기 또는 5년 이상 징역
사고운전자가 피해자를 치사한 후 피해자를 사고 장소로부터 옮겨 유기하고 도주한 경우 또는 유기하여 사망한 때에는 사형·무기 또는 5년 이상의 징역에 처한다.
① 무기 또는 5년 이상의 징역에 처한다.
② 1년 이상의 유기징역 또는 500만원 이상 3천만원 이하의 벌금에 처한다.
④ 3년 이상의 유기징역에 처한다.

심화 해설
도주(뺑소니)사고의 유형별 적용법조와 처벌내용

NO	구분	적용법조	처벌내용
1	사망사고 후 가해 운전자의 도주	특정범죄 가중처벌 등에 관한 법률 제5의3	무기 또는 5년 이상의 징역
2	치상사고 후 가해 운전자의 도주	특정범죄 가중처벌 등에 관한 법률 제5의3	1년 이상의 유기징역이나 5백만원 이상 3천만원 이하의 벌금
3	가해운전자의 사망사고 후 유기도주	특정범죄 가중처벌 등에 관한 법률 제5의3	사형, 무기, 또는 5년 이상의 징역
4	가해운전자의 치상사고 후 유기도주	특정범죄 가중처벌 등에 관한 법률 제5의3	3년 이상의 유기징역
5	단순 대물사고 후 도주	도로교통법 제54조 제1항, 제148조	5년 이하의 징역이나 벌금 1천 5백만원 이하
6	건설기계 10종 외 17종 인사 또는 대물사고 후 도주	도로교통법 제54조 제1항, 제148조	5년 이하의 징역이나 벌금 1천 5백만원 이하

중요도 ●●●
도주차량 운전자의 가중처벌 규정에 따른 뺑소니 사고의 유형별 처벌에 대한 내용이다.

정답 08 ③

09 2010년 기출

도주사고로 처벌할 수 없는 경우이다. 옳은 것은?

① 피해자를 병원 응급실에 구호조치한 후 운전자가 누구인지 알리지 않고 병원을 떠난 경우
② 피해자 일행이 구타, 폭행하려고 하여 이를 피하기 위하여 현장을 떠난 경우
③ 급차로 변경이 원인이 되어 다른 차가 이를 피하면서 사고가 발생한 것을 인식하고도 현장을 떠난 경우
④ 어린이가 아프지 않다고 대답하자 별일 없다고 생각하고 현장을 떠난 경우

해설 피해자 일행이 구타, 폭행으로 현장을 떠난 경우
뺑소니 인정되는 경우와 인정되지 않는 경우는 뺑소니(도주)사고 심화해설 참조

10 2011년 기출

특정범죄 가중처벌 등에 관한 법률 적용(도주차량) 대상에 해당되지 않는 것은?

① 긴급자동차를 운전하다가 인명피해 사고를 야기하고 도주한 때
② 트레일러를 운전하다가 인명피해 사고를 야기하고 도주한 때
③ 배기량 49cc 원동기장치자전거를 운전하다가 인명피해 사고를 야기하고 도주한 때
④ 경운기를 운전하다가 인명피해 사고를 야기하고 도주한 때

해설 경운기 운전 중 치상사고 내고 도주한 때

심화 해설
1) **특정범죄 가중처벌 등에 관한 법률 제5조의3** (도주차량 운전자의 가중처벌)의 대상차량은?
   ① 자동차와 원동기장치자전거
      가. 자동차는
         (1) 승용자동차 (2) 승합자동차 (3) 화물자동차 (4) 특수자동차 (5) 이륜자동차
      나. 건설기계 관리법 제26조 제1항 단서에 따른 자동차(10종)
         (1) 덤프트럭 (2) 아스팔트 살포기 (3) 노상안정기 (4) 콘크리트 믹서트럭 (5) 콘크리트 펌프 (6) 천공기(트럭적재식) (7) 콘크리트 믹서 트레일러 (8) 아스팔트 콘크리트 재생기 (9) 도로보수트럭 (10) 3톤 미만의 지게차
   ② 원동기장치자전거
      가. 「자동차관리법」 제3조에 따른 이륜자동차 가운데 배기량 125cc 이하(전기를 동력으로 하는 경우에는 최고정격출력 11킬로와트 이하)의 이륜자동차
      나. 그 밖에 배기량 125cc 이하(전기를 동력으로 하는 경우에는 최고정격출력 11킬로와트 이하)의 원동기를 단 차(「자전거 이용 활성화에 관한 법률」 제2조 제1호의2에 따른 전기자전거는 제외한다)
2) 경운기는 특가법(도주차량운전자의 가중처벌) 대상 차량에 해당되지 않음

정답 09 ② 10 ④

11 2011년 기출

뺑소니 사고의 성립요건으로 바르지 못한 것은?

① 사상자에 대한 인식
② 피해자 구호조치 불이행
③ 사고 야기자 미확정
④ 사고에 대한 신고불이행

해설 사고에 대한 신고불이행

심화 해설

1) 도주(뺑소니)사고의 성립요건

① 피해자의 사상 사실 인식(예견가능) + ② 병원 후송 등 필요한 조치 없이 + ③ 피해자를 방치한 채 사고현장을 이탈한 경우

④ 사고야기자로서 확정될 수 없는 상태를 초래한 경우
 • 부상자를 병원까지만 후송하고 도주한 경우
 • 현장 출동 경찰관에게 사고운전자가 아니라고 거짓 진술한 경우
 • 사고운전자를 바꿔 신고한 경우(범인도피죄 추가 적용)
 • 사고운전자의 연락처(전화나 명함 등)를 거짓으로 알려준 경우 등

⑤ 부상 피해자를 적극적으로 구호조치하지 않은 경우
 • 버스출발지에서 종점까지 환자를 원거리로 이송한 경우
 • 부상 피해자 중태로 응급 후송 요구됨에도 명함만 주고 간 경우
 • 어린이 부상사고에 괜찮다고 하여 그냥 가버린 경우
 • 중상 피해자 조치 없이 자차 경상자만 신고간 경우 등

2) 사고에 대한 신고불이행은 뺑소니 사고의 성립요건과는 무관함

12 2018년 기출

특정범죄 가중처벌 등에 관한 법률 제5조의3에 따른 각 유형별 가중 처벌을 설명한 것이다. 옳은 것은 몇 개인가?

(a) 사고운전자가 도주 후에 피해자가 사망한 경우에는 무기 또는 3년 이하의 징역에 처한다.
(b) 사고운전자가 구호조치를 하지 않고 피해자를 상해에 이르게 한 경우에는 1년 이상의 유기징역 또는 500만원 이상 3천만원 이하의 벌금에 처한다.
(c) 사고운전자가 피해자를 사고 장소로부터 옮겨 유기한 후 피해자를 사망에 이르게 하고 도주한 경우에는 사형, 무기, 또는 5년 이상의 징역에 처한다.
(d) 사고운전자가 피해자를 상해에 이르게 한 후 사고 장소로부터 옮겨 유기하고 도주한 경우에는 5년 이상의 유기징역에 처한다.

① 4개
② 3개
③ 2개
④ 1개

심화 해설
도주차량 운전자의 가중처벌 규정인 「특정범죄 가중처벌 등에 관한 법률」 제5조의3에 따른 유형별 처벌 내용은

구 분	처벌 내용
사망사고 야기 후 운전자 도주	무기 또는 5년 이상의 징역
치상사고 야기 후 운전자 도주	1년 이상의 유기징역이나 5백만원 이상 3천만원 이하 벌금
사망사고 야기 후 유기 도주	사형, 무기 또는 5년 이상의 징역
사치상사고 야기 후 유기 도주	3년 이상의 유기징역

따라서 a는 3년이 아니고 5년, d는 5년이 아니고 3년

13 [2018년 기출]

도로교통법 제54조 제1항의 규정에 의한 교통사고 발생시 조치를 하지 않은 사람에 대한 처벌 규정은?

① 5년 이하의 징역이나 1천 500만원 이하의 벌금에 처한다.
② 3년 이하의 징역이나 1천만원 이하의 벌금에 처한다.
③ 2년 이하의 금고나 500만원 이하의 벌금에 처한다.
④ 1년 이하의 금고나 300만원 이하의 벌금에 처한다.

해설

심화 해설
도로교통법 제54조 제1항(교통사고발생시 조치)을 하지 않은 사람에 대한 처벌은?
도로교통법 제148조(벌칙)에 의하면, 5년 이하의 징역이나 1500만원 이하의 벌금에 처한다.

◦ 도로교통법상 사고조치 불이행에 대한 처벌내용이다.

14 [2011년 기출]

교통사고 발생시의 조치사항 등에 대한 설명이다. 다음 중 **틀린** 것은?

① 법적 취지는 원활한 교통의 확보와 피해자의 물적피해의 회복이 최선이다.
② 운전자가 취해야 할 조치는 사고의 내용, 피해의 태양과 정도 등 사고 현장의 상황에 따라 적절히 강구되어야 할 것이며, 그 정도는 건전한 상식에 비추어 통상 요구되는 정도의 조치를 말하며, 사고 야기자 신원확인 조치를 포함한다.
③ 사고운전자는 사고즉시 정차하여야 하고, 피해자의 상해여부 및 정도를 확인해야 한다.
④ 즉시 피해자를 병원이나 약국으로 후송하여 치료를 받도록 하고, 피해자의 중상, 치료수속 여부 등을 알아보고 치료비 등 경비부담 의사를 밝혀야 한다.

해설 피해자의 물적피해의 회복이 최선이다가 틀린 답이다.
본법은 사람을 사상하거나 물건을 손괴한 운전자에게 일정한 구호조치 의무를 부과하여 도로에서 일어나는 교통상의 위험과 장애를 방지, 제거하여 안전하고 원활한 교통을 확보함을 목적으로 하는 것이다. 교통사고로 사람을 사상하게 한 후 구호조치를 취하지 아니하고 도주한 경우에는 특가법(도주차량)으로 엄하게 처벌된다.

정답 13 ① 14 ①

심화 해설

1) 도로교통법 제54조 제1항(교통사고 발생시의 조치)
   ① 제1항 : 환자 구호 등 조치
      차 또는 노면전차의 운전 등 교통으로 인하여 사람을 사상하거나 물건을 손괴(이하 "교통사고"라 한다)한 경우에는 그 차의 운전자나 그 밖의 승무원(이하 "운전자"등이라고 한다)은 즉시 정차하여 다음 각 호의 조치를 하여야 한다.
      1. 사상자를 구호하는 등 필요한 조치
      2. 피해자에게 인적사항(성명, 전화번호, 주소 등을 말한다. 이하 제148조 및 제156조 제10호에서 같다) 제공
   ② 제2항(교통사고 발생시 신고 등 조치)
      제1항의 경우 그 차의 운전자 등은 경찰공무원이 현장에 있는 때에는 그 경찰공무원에게 경찰공무원이 현장에 없을 때에는 가장 가까운 국가 경찰관서(지구대, 파출소 및 출장소를 포함한다)에 다음 각 호의 사항을 지체 없이 신고하여야 한다. 다만, 차만 손괴된 것이 분명하고 도로에서의 위험방지와 원활한 소통을 위하여 필요한 조치를 한 경우에는 그러하지 아니하다.
      1. 사고가 일어난 곳
      2. 사상자 수 및 부상정도
      3. 손괴한 물건 및 손괴정도
      4. 그 밖의 조치사항 등
2) 교통사고 발생시의 조치의무는 피해자의 물적 피해 회복이 최선이다라고 볼 수는 없다.

15 [2012년 기출]

특정범죄 가중처벌 등에 관한 법률상 도주차량으로 적용할 수 <u>없는</u> 것은?

① 자전거
② 견인자동차
③ 아스팔트 살포기
④ 원동기장치자전거

해설 자전거

심화 해설

1) 특정범죄 가중처벌 등에 관한 법률 제5조의3(도주차량운전자의 가중처벌)의 대상차량은?
   ① 자동차와 원동기장치자전거
      가. 자동차 (1) 승용자동차 (2) 승합자동차 (3) 화물자동차 (4) 특수자동차 (5) 이륜자동차
      나. 건설기계 관리법 제26조 제1항 단서에 따른 자동차(10종)
         (1) 덤프트럭 (2) 아스팔트 살포기 (3) 노상안정기 (4) 콘크리트 믹서트럭 (5) 콘크리트 펌프 (6) 천공기(트럭적재식) (7) 콘크리트 믹서 트레일러 (8) 아스팔트 콘크리트 재생기 (9) 도로보수트럭 (10) 3톤 미만의 지게차
   ② 원동기장치자전거
      가. 「자동차관리법」 제3조에 따른 이륜자동차 가운데 배기량 125cc 이하(전기를 동력으로 하는 경우에는 최고정격출력 11킬로와트 이하)의 이륜자동차
      나. 그 밖에 배기량 125cc 이하(전기를 동력으로 하는 경우에는 최고정격출력 11킬로와트 이하)의 원동기를 단 차(「자전거 이용 활성화에 관한 법률」 제2조 제1호의2에 따른 전기자전거는 제외한다)
2) 자전거는 특정범죄 가중처벌 등에 관한 법률상 도주차량의 대상차량이 아님

정답 15 ①

16 [2018년 기출]

운전자가 자동차를 운전 중 골목길에 주차된 차량의 운전석 문을 충격하여 움푹 들어갔다. 이런 상황에서 피해자에게 가해자의 성명, 전화번호, 주소 등을 알려주지 않았다면 사고 자동차의 운전자는 도로교통법상 어떤 처벌을 받는가?

① 민사적 문제이기 때문에 형사처벌은 없음
② 범칙금 7만원의 통고처분
③ 20만원 이하의 벌금이나 구류 또는 과료
④ 30만원 이하의 과태료

심화 해설
자동차 운전 중 골목길 주차 차량의 운전석에 충돌하여 피해를 입히고 가해자의 인적 사항을 알려주지 않은 채 가버린 경우?
* 도로교통법 제54조 제1항(교통사고 발생시의 조치) 제2호
  - 사고발생시 피해자에게 인적 사항을 제공할 의무가 있다.
* 도로교통법 제156조의 제10호(처벌)
  - 주·정차된 차만 손괴한 것이 분명한 경우에 피해자에게 인적 사항을 제공하지 아니한 사람은 20만원 이하의 벌금이나 구류 또는 과료에 처한다.
  (범칙금 : 승합차 13만원, 승용차 12만원, 이륜차 8만원)

중요도 ●●●
주·정차 중인 차를 경미하게 손괴한 경우 20만원 이하 벌금이나 구류

17 [2014년 기출]

특정범죄 가중처벌 등에 관한 법률상 도주 차량으로 적용할 수 <u>없는</u> 것은?

① 경운기
② 화물자동차
③ 덤프트럭
④ 원동기장치자전거

해설 경운기는 도주차량 적용대상이 아님

심화 해설
1) 특정범죄 가중처벌 등에 관한 법률 제5조의3(도주차량 운전자의 가중처벌)의 대상차량은?
   ① 자동차와 원동기장치자전거
      가. 자동차는 (1) 승용자동차 (2) 승합자동차 (3) 화물자동차 (4) 특수자동차 (5) 이륜자동차
      나. 건설기계 관리법 제26조 제1항 단서에 따른 자동차(10종)
         (1) 덤프트럭 (2) 아스팔트 살포기 (3) 노상안정기 (4) 콘크리트 믹서트럭 (5) 콘크리트 펌프 (6) 천공기(트럭적재식) (7) 콘크리트 믹서 트레일러 (8) 아스팔트 콘크리트 재생기 (9) 도로보수트럭 (10) 3톤 미만의 지게차
   ② 원동기장치자전거
      가. 「자동차관리법」 제3조에 따른 이륜자동차 가운데 배기량 125cc 이하(전기를 동력으로 하는 경우에는 최고정격출력 11킬로와트 이하)의 이륜자동차
      나. 그 밖에 배기량 125cc 이하(전기를 동력으로 하는 경우에는 최고정격출력 11킬로와트 이하)의 원동기를 단 차(「자전거 이용 활성화에 관한 법률」 제2조 제1호의2에 따른 전기자전거는 제외한다)
2) 경운기는 특가법(도주차량운전자의 가중처벌) 적용 대상차량이 아님

중요도 ●●

정답 16 ③ 17 ①

18 [2016년 기출]

다음의 교통사고를 처리하는 과정에서 A에 대한 조치로 맞는 것은?

> 운전자 A는 도로상에서 피해자 B를 충격한 후 B를 의료기관에 후송은 하였으나 차량번호, 운전자 인적사항 등을 의료기관이나 B에게 알리지 아니하고 경찰관서에도 신고하지 않은 채 도주하였다가 경찰관 C가 수사하여 A를 검거하였다.

① 의료기관에 후송하였으므로 일반 교통사고로 보아 합의 또는 종합보험에 가입되었다면 공소권 없음 의견으로 송치
② 도로교통법상 신고지연으로 처리
③ 도로교통법상 신고불이행으로 형사입건
④ 특정범죄 가중처벌 등에 관한 법률 제5조의3을 적용하여 처벌

해설 도주차량운전자의 가중처벌(특가법) 적용처벌

심화 해설
1) 도주(뺑소니)사고의 성립요건

① 피해자의 사상 사실 인식(예견가능) + ② 병원 후송 등 필요한 조치 없이 + ③ 피해자를 방치한 채 사고현장을 이탈한 경우

④ 사고야기자로서 확정될 수 없는 상태를 초래한 경우
  • 부상자를 병원까지만 후송하고 도주한 경우
  • 현장 출동 경찰관에게 사고운전자가 아니하고 거짓 진술한 경우
  • 사고운전자를 바꿔 신고한 경우(범인도피죄 추가 적용)
  • 사고운전자의 연락처(전화나 명함 등)를 거짓으로 알려준 경우 등
⑤ 부상 피해자를 적극적으로 구호조치하지 않은 경우
  • 버스출발지에서 종점까지 환자를 원거리로 이송한 경우
  • 부상 피해자 중태로 응급 후송 요구됨에도 명함만 주고 간 경우
  • 어린이 부상사고에 괜찮다고 하여 그냥 가버린 경우
  • 중상 피해자 조치 없이 자차 경상자만 싣고간 경우 등

※ 위의 ④, ⑤의 경우는 최근 법원에서 도주로 인정판결 추세임

2) 피해자를 병원까지만 후송하고 신원을 밝히지 않고 계속 치료를 받을 수 있는 조치없이 가버린 경우 - 도주(뺑소니)인정 특가법 적용
  • 피해자를 병원까지만 후송하고 가해자의 신원을 밝히지 않고 계속 치료를 받을 수 있는 조치 없이 가버린 경우 도주 인정된다(대법원 판결 97도2475, 99도2869, 2004도5227, 2005도8264).

정답 18 ④

19 [2017년 기출]

특정범죄 가중처벌 등에 관한 법률 제5조의3(도주차량 운전자의 가중처벌)에 해당되지 <u>않는</u> 것은?

① 이륜자동차
② 덤프트럭
③ 트럭 적재식 천공기
④ 굴삭기

해설 굴삭기 = 건설기계

심화 해설
1) 특정범죄 가중처벌 등에 관한 법률 제5조의3(도주차량 운전자의 가중처벌)의 대상차량은?
   ① 자동차와 원동기장치자전거
      가. 자동차는 (1) 승용자동차 (2) 승합자동차 (3) 화물자동차 (4) 특수자동차 (5) 이륜자동차
      나. 건설기계 관리법 제26조 제1항 단서에 따른 자동차(10종)
         (1) 덤프트럭 (2) 아스팔트 살포기 (3) 노상안정기 (4) 콘크리트 믹서트럭 (5) 콘크리트 펌프 (6) 천공기(트럭적재식) (7) 콘크리트 믹서 트레일러 (8) 아스팔트 콘크리트 재생기 (9) 도로보수트럭 (10) 3톤 미만의 지게차
   ② 원동기장치자전거
      가. 「자동차관리법」 제3조에 따른 이륜자동차 가운데 배기량 125cc 이하(전기를 동력으로 하는 경우에는 최고정격출력 11킬로와트 이하)의 이륜자동차
      나. 그 밖에 배기량 125cc 이하(전기를 동력으로 하는 경우에는 최고정격출력 11킬로와트 이하)의 원동기를 단 차(「자전거 이용 활성화에 관한 법률」 제2조 제1호의2에 따른 전기자전거는 제외한다)
2) 굴삭기는 건설기계로 특가법(도주차량 운전자의 가중처벌) 적용대상 차량이 아님

20 [2009년 기출]

특정범죄 가중처벌 등에 관한 법률 제5조의3 도주운전자 가중처벌 중 특히 유기도주 운전죄에 관한 설명이다. 맞는 것은?

① 사고 장소에서 피해자를 이동시킨 경우에는 무조건 유기도주 운전죄에 해당한다.
② 피해자가 사망하였으나 더 이상 시체가 훼손되지 않게 하기 위하여 시체를 보도 쪽으로 옮긴 경우도 해당한다.
③ 사고 경위의 파악이나 범인의 신원파악을 어렵게 하기 위한 피해자 이동행위라면 본 죄에 해당한다.
④ 일반도주 운전죄와 유기도주 운전죄의 법정형은 동일하므로 유기 해당 여부 구별은 그 실익이 없다.

해설 사고의 경위와 신원파악을 어렵게 하기 위한 이동이면 유기죄 성립
사고경위의 파악이나 범인의 신원파악을 어렵게 하기 위해 피해자를 이동시킨 것이라면 유기도주죄가 성립된다. 그러나 초동조치 등을 함에 있어 사회통념상 이해할 수 있는 범위에서의 조치 중에 발생한 것까지 본 죄를 적용하는 것은 옳지 않다.

심화 해설 관련 판례
① 피해자를 유기하고 도주한 때란 자신의 범죄를 은폐하거나 죄증을 인멸하기 위하여 사고 장소로부터 상당한 거리 또는 발견이 용이하지 않는 곳에 이동시키고 도주한 때로 해석해야 한다(대구고법 87노518).
② 사고운전자가 피해자를 병원에 입원시키려고 돌아다니다 사고 장소로부터 옮겨지게 되어 내려놓은 채 가버린 경우 유기하고 도주한 경우에 해당하지 아니한다(서울고법 90노1955).
③ 유기하고 도주한 때라 함은 단순방치 도주에 비하여 피해자의 발견과 그 구호, 사고경위의 파악, 범인의 신원파악 등을 더 어렵게 만든 때를 말한다고 봄이 상당하므로 차도에서 인도로 옮겨 놓은 경우는 유기라고 볼 수 없다(대법원 91도1737).

정답 19 ④ 20 ③

21 [2021년 기출]

특정범죄 가중처벌 등에 관한 법률 제5조의3에 의하면 사고운전자가 피해자를 사고 장소로부터 옮겨 유기하고 도주하여 상해에 이르게 한 경우에는 (   ) 이상의 유기징역에 처한다. (   )에 알맞은 것은?

① 1년
② 2년
③ 3년
④ 5년

해설
가. 사고운전자가 피해자를 사고 장소로부터 옮겨 유기하고 도주하여 상해에 이르게 한 경우 - 유기징역 3년
나. 사고운전자가 피해자는 사고 장소로부터 옮겨 유기하고 도주하여 사망에 이르게 한 경우 - 사형, 무기 또는 5년 이상의 징역

유기도주하여 사망한 경우는 사형, 무기 또는 5년 이상의 징역

22 [2010년 기출]

교통사고로 피해자를 치사하고 도주하면서 사고운전자가 피해자를 사고 장소로부터 옮겨 유기한 경우의 처벌은?

① 사형, 무기 또는 5년 이상의 징역
② 3년 이상의 유기징역
③ 무기 또는 5년 이상의 징역
④ 1년 이상의 유기징역 또는 500만원 이상 3천만원 이하의 벌금

해설 치사·유기도주 : 사형, 무기, 5년 이상 징역
피해자를 사망에 이르게 하고 유기 후 도주하거나 유기도주 후에 피해자가 사망한 경우에는 사형, 무기 또는 5년 이상의 징역에 처한다.

심화 해설
도주(뺑소니) 사고의 유형별 적용법조와 처벌내용

번호	구 분	적용법조	처벌내용
①	사망사고 후 가해운전자의 도주	특정범죄 가중처벌 등에 관한 법률 제5의3	무기 또는 5년 이상의 징역
②	치상사고 후 가해운전자의 도주	특정범죄 가중처벌 등에 관한 법률 제5의3	1년 이상의 유기징역이나 500만원 이상 3천만원 이하의 벌금
③	가해운전자 사망사고 후 유기도주	특정범죄 가중처벌 등에 관한 법률 제5의3	사형, 무기, 또는 5년 이상의 징역
④	가해운전자 치상사고 후 유기도주	특정범죄 가중처벌 등에 관한 법률 제5의3	3년 이상의 유기징역

23 [2012년 기출]

특정범죄 가중처벌 등에 관한 법률 제5조의3에 의하면 "사고운전자가 피해자를 사고 장소로부터 옮겨 유기하고 도주한 경우, 피해자가 치상한 때에는 [   ] 이상의 유기징역에 처한다." [   ]에 알맞은 것은?

① 1년
② 2년
③ 3년
④ 4년

정답 21 ③ 22 ① 23 ③

해설 3년 이상 유기징역

심화 해설
도주(뺑소니) 사고의 유형별 적용법조와 처벌내용

번호	구 분	적용법조	처벌내용
①	사망사고 후 가해운전자의 도주	특정범죄 가중처벌 등에 관한 법률 제5의3	무기 또는 5년 이상의 징역
②	치상사고 후 가해운전자의 도주	특정범죄 가중처벌 등에 관한 법률 제5의3	1년 이상의 유기징역이나 500만원 이상 3천만원 이하의 벌금
③	가해운전자 사망사고 후 유기도주	특정범죄 가중처벌 등에 관한 법률 제5의3	사형, 무기, 또는 5년 이상의 징역
④	가해운전자 치상사고 후 유기도주	특정범죄 가중처벌 등에 관한 법률 제5의3	3년 이상의 유기징역

24 [2010년 기출]

운전자의 과실로 재물을 손괴한 후 도주하였을 때 운전자의 처벌기준은?

① 피해자의 처벌의사와 관계없이 형사처벌된다.
② 종합보험에 가입하였을 때는 형사처벌이 면제된다.
③ 피해자가 처벌을 원하지 않으면 형사처벌이 면제된다.
④ 종합보험에 가입되어 있지 않다면 피해자와 합의하면 형사처벌이 면제된다.

해설 피해자의 의사에 관계없이 형사처벌

심화 해설
1) 도로교통법 제54조 제1항(사고발생시의 조치)
   ① 차 또는 노면전차의 운전 등 교통으로 인하여 사람을 사상하거나 물건을 손괴(이하 "교통사고"라 한다)한 경우는 그 차의 운전자나 그 밖의 승무원(이하 "운전자등"이라 한다)은 즉시 정차하여 다음 각 호의 조치를 하여야 한다.
   1. 사상자를 구호하는 등 필요한 조치
   2. 피해자에게 인적사항(성명, 전화번호, 주소 등) 제공
2) 도로교통법 제148조(벌칙)
   제54조 제1항의 규정에 따른 교통사고 발생시의 조치를 하지 아니한 사람은 5년 이하의 징역이나 1천 500만원 이하의 벌금에 처한다.
3) 도로교통법 제151조(벌칙)
   차 또는 노면전차의 운전자가 업무상 필요한 주의를 게을리하거나 중대한 과실로 다른 사람의 건조물이나 그 밖의 재물을 손괴한 경우에는 2년 이하의 금고나 500만원 이하의 벌금에 처한다.

25 [2011년 기출]

운전자가 자동차를 운행 중 사고를 야기하였다. 이 때 운전자가 신고할 사항이 아닌 것은?

① 사고가 일어난 곳
② 손괴한 물건 및 손괴의 정도
③ 사상자 수 및 부상정도
④ 운전자의 종합보험 가입여부

해설 운전자의 종합보험 가입여부는 신고대상이 아니다.

교통사고 발생 뒤 경찰서에 신고할 때 신고할 사항에 대한 내용이다.

정답 24 ① 25 ④

심화 해설

1) **도로교통법 제54조 제2항(교통사고 발생시 신고 등 조치)**
   제1항의 경우 그 차 또는 노면전차의 운전자 등은 경찰공무원이 현장에 있는 때에는 그 경찰 공무원에게, 경찰공무원이 현장에 없을 때에는 가장 가까운 국가 경찰관서(지구대, 파출소 및 출장소를 포함한다)에 다음 각 호의 사항을 지체 없이 신고하여야 한다. 다만, 차 또는 노면전차만 손괴된 것이 분명하고 도로에서의 위험방지와 원활한 소통을 위하여 필요한 조치를 한 경우에는 그러하지 아니하다.
   1. 사고가 일어난 곳
   2. 사상자 수 및 부상정도
   3. 손괴한 물건 및 손괴정도
   4. 그 밖의 조치사항 등
2) **도로교통법 제154조(벌칙)**
   제54조 제2항에 따른 사고 발생시 조치상황 등의 신고를 하지 아니한 사람은 30만원 이하의 벌금이나 구류의 형으로 벌한다.

26 [2020년 기출]

도로교통법 제54조에 규정된 교통사고 신고의무와 관련된 내용 중 맞는 것은?

① 사고 운전자의 신속한 처벌과 피해 보상을 위한 규정이다.
② 물적피해 교통사고로 위험방지와 원활한 소통을 위한 조치를 하였다면 신고하지 않아도 된다.
③ 교통사고의 피해 운전자에게는 신고의무가 없다.
④ 운전자만 해당하며, 조수나 안내원 등 그 밖의 승무원은 포함되지 않는다.

해설 교통사고의 신고의무는 도로에서의 위험방지와 원활한 소통을 위하여 필요한 조치를 하였다면 신고하지 않아도 된다.

27 [2012년 기출]

도로교통법 제54조 교통사고 발생시 신고해야 할 사항으로 규정된 것이 아닌 것은?

① 교통사고 발생원인
② 손괴한 물건 및 손괴정도
③ 사고가 일어난 곳
④ 사상자 수 및 부상정도

해설 교통사고의 발생원인

심화 해설

1) **도로교통법 제54조 제2항(교통사고 발생시 신고 등 조치)**
   제1항의 경우 그 차 또는 노면전차의 운전자 등은 경찰공무원이 현장에 있는 때에는 그 경찰공무원에게, 경찰공무원이 현장에 없을 때에는 가장 가까운 국가 경찰관서(지구대, 파출소 및 출장소를 포함한다)에 다음 각 호의 사항을 지체 없이 신고하여야 한다. 다만, 차 또는 노면전차만 손괴된 것이 분명하고 도로에서의 위험방지와 원활한 소통을 위하여 필요한 조치를 한 경우에는 그러하지 아니하다.
   1. 사고가 일어난 곳
   2. 사상자 수 및 부상정도
   3. 손괴한 물건 및 손괴정도
   4. 그 밖의 조치사항 등
2) **도로교통법 제154조(벌칙)**
   제54조 제2항에 따른 사고 발생시 조치상황 등의 신고를 하지 아니한 사람은 30만원 이하의 벌금이나 구류의 형으로 벌한다.
   치사상죄인 특정범죄 가중처벌 등에 관한 법률은 적용할 수 없는 것이다.

정답 26 ② 27 ①

2 특정범죄가중처벌법의 구성요건

01 [2008년 기출]

운행 중인 버스에 올라타 이유 없이 운전자에게 시비를 걸다가 운전자를 때린 경우 적용할 수 있는 죄책은?

① 형법상 폭행죄
② 형법상 교통방해치사상죄
③ 교통사고처리 특례법상 업무상 과실 치사상죄
④ 특정범죄 가중처벌 등에 관한 법률상 자동차 운전자 폭행죄

[해설] 운전자 폭행 → 특가법상 운전자 폭행
이 법은 2007.1.3. 신설되어 2010.3.21. 시행으로 현재에 이르고 있다. 운행 중인 버스에 올라타 이유 없이 운전자에게 시비를 걸다가 운전자를 때릴 경우에 특정범죄 가중처벌 등에 관한 법률상 자동차 운전자 폭행죄로 형사처벌 된다.

[심화 해설]
특정범죄 가중처벌 등에 관한 법률 제5조의10(운행 중인 자동차 운전자에 대한 폭행 등의 가중처벌)
① 운행 중인 자동차의 운전자를 폭행하거나 협박한 사람은 5년 이하의 징역 또는 2천만원 이하의 벌금에 처한다.
② 제1항의 죄를 범하여 사람을 상해에 이르게 한 경우에는 3년 이상의 유기징역에 처하고, 사망에 이르게 한 경우에는 무기 또는 5년 이상의 징역에 처한다.

02 [2012년 기출]

운행 중인 자동차 운전자에 대한 폭력 등에 대한 가중처벌의 내용이다. 틀린 것은?

① 폭행한 자는 5년 이하의 징역 또는 2천만원 이하의 벌금
② 협박한 자는 5년 이하의 징역 또는 2천만원 이하의 벌금
③ 폭행 치상케 한 자는 3년 이상의 유기징역
④ 폭행 치사케 한 자는 7년 이상의 유기징역

[해설] 폭행 치사한 경우 : 무기 또는 5년 이상 징역

[심화 해설] 운전 중인 자동차 운전자를 폭행한 경우 처벌은?
특정범죄 가중처벌 등에 관한 법률 제5조의10(운행 중인 운전자 폭행)

구분	처벌
1. 운행 중인 차 운전자 폭행 또는 협박	5년 이하의 징역 또는 2천만원 이하의 벌금
2. 운전자 폭행·협박하여, 상해에 이르게 한 경우	3년 이상의 유기징역
3. 운전자 폭행·협박하여, 사망에 이르게 한 경우	무기 또는 5년 이상의 징역

정답 01 ④ 02 ④

03 2013년 기출

택시를 타고 가던 A가 운전이 맘에 들지 않는다고 갑자기 운전 중인 택시 운전자 B를 폭행하여 3주의 치료를 요하는 상해를 입혔다. A가 특정범죄 가중처벌 등에 관한 법률에 의거 받게 되는 처벌은?

① 1년 이상의 유기징역
② 3년 이상의 유기징역
③ 5년 이상의 유기징역
④ 7년 이상의 유기징역

해설) 3년 이상의 유기징역

심화 해설 운전 중인 자동차 운전자를 폭행한 경우 처벌은?
특정범죄 가중처벌 등에 관한 법률 제5조의10(운행 중인 운전자 폭행)

구분	처벌
1. 운행 중인 차 운전자 폭행 또는 협박	5년 이하의 징역 또는 2천만원 이하의 벌금
2. 운전자 폭행·협박하여, 상해에 이르게 한 경우	3년 이상의 유기징역
3. 운전자 폭행·협박하여, 사망에 이르게 한 경우	무기 또는 5년 이상의 징역

04 2008년 기출

특정범죄 가중처벌 등에 관한 법률 제5조의11 위험운전 치사상죄에 관한 설명이다. 맞는 것은?

① 가해운전자가 종합보험에 가입한 경우에는 공소권 없는 사고로서 불기소 처분한다.
② 위험운전 치사상죄는 증가하는 교통사고처리 특례법상 중요법규 위반행위인 10개항 사고를 낸 운전자를 엄하게 처벌하기 위하여 신설된 범죄유형이다.
③ 위험한 운전이었는지에 대한 입증은 경찰관의 사고현장에서의 주관적인 판단으로 충분하다.
④ 음주 또는 약물의 영향으로 정상적인 운전이 곤란한 상태에서 자동차를 운전하여 사람을 상해에 이르게 한 경우에 적용한다.

해설) 정상적 운전 곤란한 상태에서 자동차 운전 상해사고

심화 해설
1) 특정범죄 가중처벌 등에 관한 법률 제5조의11(위험운전 치사상죄)
   2007. 12.21. 신설 동법 조항에 따르면 음주 또는 약물의 영향으로 정상적인 운전이 곤란한 상태에서 자동차(원동기장치자전거를 포함한다)를 운전하여 사람을 상해에 이르게 한 사람에 대해 가중처벌하는 규정이다.
2) 특정범죄 가중처벌 등에 관한 법률 제5조의11(위험운전 치사상죄)

구분	처벌
음주, 약물로 정상적인 운전 곤란한 때 운전 • 상해에 이르게 한 자	• 1년 이상 15년 이하의 징역 또는 1천만원 이상 3천만원 이하 벌금
• 사망에 이르게 한 자	• 무기징역 또는 3년 이상의 유기징역

3) 위험운전 치사상 적용 기준(대검찰청 형사 제2과 – 19707. 2007.12.27.)
   ① 음주의 영향으로 정상적인 운전이 곤란한 상태는 도로교통법 제150조 제1호(음주 측정 결과 또는 위드마크공식 산출결과 혈중알코올 농도 0.05% 이상인 경우) 또는 제2호(음주측정거부)에 해당하는 운전자로서 운전자가 말하는 태도, 얼굴색, 직립보행 능력 등 운전자의 상태(현장출동 경찰관 적발 보고서, 목격자, 피해자의 진술 또는 영상녹화 등으로 입증)·교통사고 전후의 운전자의 행태 및 교통사고 발생경위 등을 종합적으로 판단

정답 03 ② 04 ④

② 전방 주시가 곤란하거나 조향 또는 제동장치 등을 조작시키나 그 힘의 조절에 관하여 자기가 의도한 대로 수행하는 것이 곤란하다고 불만한 경우에 한하여 위 규정으로 입건한다.
③ 위 규정을 적용할 경우 교통사고처리 특례법은 별도로 적용하지 않는다. 위 규정과 도로교통법상(음주운전, 측정거부, 약물운전 등)은 해당조항은 실체적 경합범으로 의율한다.

4) 문제풀이
① 종합보험에 가입되어 있더라도 기소 처분한다.
② 교통사고처리 특례법상 중과실 12개항 사고 야기자 모두를 엄하게 처벌하기 위한 법이 아닌 음주 또는 약물운전자에 대해서만 처벌하고자 한 특별조항이다.
③ 위험한 운전의 상태는 경찰관의 주관적 판단이 아닌 운전자가 말하는 태도, 얼굴색, 직립보행능력 등 운전자의 상태(현장출동 경찰관 적발 보고서, 목격자, 피해자의 진술 또는 영상녹화 등으로 입증), 교통사고 전후의 운전자의 행태 및 교통사고 발생 경위 등을 객관적으로 판단하여야 한다.

05 2021년 기출

특정범죄 가중처벌 등에 관한 법률 제5조의11(위험운전 등 치사상)에 관한 설명으로 맞지 않는 것은?

① 음주 또는 약물의 영향으로 정상적인 운전이 곤란한 상태에서 운전한 경우 적용한다.
② 이에 해당하는 교통사고가 발생하여 사람을 사망에 이르게 한 사람은 무기 또는 3년 이상의 징역에 처한다.
③ 일명 "윤창호법"으로 불리우며 음주운전에 대한 경각심을 높이고 국민 법감정에 부합하도록 최초 제정 당시보다 법정형이 상향되었다.
④ 자동차 등(원동기장치자전거 포함)이 그 범위로 규정되어 있으므로 개인형 이동장치는 해당되지 않는다.

심화 해설
특정범죄 가중처벌 등에 관한 법률 제5조의 11(위험운전 치사상)
음주 또는 약물의 영향으로 정상적인 운전이 곤란한 상태에서 자동차(원동기장치자전거를 포함된다)를 운전하여 사람을 상해에 이르게 한 사람은 1년 이상 15년 이하의 징역 또는 1천만원 이상 3천만원 이하의 벌금에 처하고 사망에 이르게 한 사람은 무기 또는 3년 이상의 징역에 처한다.
※ 자동차와 원동기장치자전거만 적용되며 개인형 이동장치는 원동기장치자전거 중 시속 25km 이하로 운행되는 행정안전부령으로 정하는 것을 말한다.

06 2016년 기출

A차량의 무리한 끼어들기에 화가 난 B차량 운전자가 A차량을 앞지르기 한 다음 A차량 앞에서 급제동을 하고 진로를 방해하여 형법 제284조의 특수협박죄(보복운전)로 입건되었다. B차량 운전자 처벌은?

① 5년 이하의 징역 또는 3천만원 이하의 벌금
② 7년 이하의 징역 또는 1천만원 이하의 벌금
③ 5년 이하의 징역 또는 1천만원 이하의 벌금
④ 7년 이하의 징역 또는 3천만원 이하의 벌금

감정을 가지고 보복 운전한 경우 특수형법이 적용되는데 그 처벌에 대한 내용이다.

정답 05 ④ 06 ②

해설 7년 이하의 징역 또는 1천만원 이하의 벌금

심화 해설
보복운전의 처벌

해당법규	처벌내용
1) 특수상해(형법 제258조의2)	1년 이상 10년 이하의 징역
2) 특수폭행(형법 제261조)	5년 이하 징역 또는 1천만원 이하 벌금
3) 특수협박(형법 제284조)	7년 이하 징역 또는 1천만원 이하 벌금
4) 특수손괴(형법 제369조)	5년 이하 징역 또는 1천만원 이하 벌금
5) 폭력행위 등 처벌에 관한 법률 위반 적용	특수폭행, 특수협박, 특수손괴로 2회 이상 징역형을 받은 사람이 보복운전을 하여 누범으로 처벌할 때 1년 이상 12년 이하 징역 등 가중처벌

07 2012년 기출

화물차를 주차하고 적재함에 적재된 토마토 상자를 운반하던 중 적재된 상자 일부가 떨어지면서 지나가던 피해자에게 상해를 입혔다. 화물차 운전자에 대한 법적용은? (판례에 따라)

① 도로교통법
② 형법
③ 교통사고처리 특례법
④ 자동차관리법

해설 형법

심화 해설 적재함 토마토 상자 운반 중 떨어져 지나던 행인 충돌 상해 사고
- 작업 중 사고 : 형법 적용 처리해야
- 교통사고처리 특례법 : 교통사고의 처리 관련 법규
- 자동차관리법 : 자동차의 안전관리관련 법규

08 2014년 기출

특정범죄 가중처벌 등에 관한 법률에 규정되지 아니한 것은?

① 도주차량 운전자의 가중처벌
② 운행 중인 자동차 운전자에 대한 폭행 등의 가중처벌
③ 위험운전 치사상
④ 중상해 치상

해설 중상해 치상

심화 해설
1) 특정범죄 가중처벌에 관한 법률

조항	법명	처벌내용
제5조의3	도주차량 운전자의 가중처벌	가. 도로교통법 제54조 제1항(위반도주한 경우) ① 치사도주 : 무기 또는 5년 이상의 징역 ② 치상도주 : 1년 이상 유기징역 500~3000만원 벌금

정답 07 ② 08 ④

제5조의3	도주차량 운전자의 가중처벌	나. 유기도주 ① 치사유기도주 : 사형, 무기 5년 이상의 징역 ② 치상유기도주 : 3년 이상 유기징역
제5조의10	운행 중인 자동차 운전자에 대한 폭행 등의 가중처벌	① 운전자를 폭행 협박 : 5년 이하 징역 2천만원 이하 벌금 ② 상해 : 3년 이상 유기징역 ③ 사망 : 무기 또는 5년 이상 징역
제5조의11	위험운전 등 치사상(주취, 약물, 정상적인 운전곤란 상태 운전)	① 상해 : 1년 이상 15년 이하의 징역 1천만원 이상 ~ 3천만원 이하 벌금 ② 사망 : 무기징역 또는 3년 이상의 유기징역

2) 중상해 차상사고의 처리
- 교통사고처리 특례법 제4조 제1항 단서 제2호
- 피해자가 신체의 상해로 인하여 생명에 대한 위험이 발생하거나 불구 또는 불치나 난치의 질병에 이르게 되면 형사입건 기소하고 합의된 경우는 불기소 처리됨

09 [2020년 기출]

다음 도로교통법령과 관련된 위법행위 중 특정범죄 가중처벌 등에 관한 법률에 규정되어 있지 않은 것은?

① 인피야기 도주차량 운전자의 가중처벌
② 술에 취한 상태에서 교통사고를 야기한 운전자의 가중처벌
③ 어린이보호구역에서의 어린이 치사상의 가중처벌
④ 보복운전 치사상의 가중처벌

해설 특가법 적용 대상 : 4가지

심화 해설
1) 도로교통법 관련 특정범죄 가중처벌 대상 : 4가지
   ① 특정범죄 가중처벌법 제5조의3 - 도주차량 운전자의 가중처벌
   ② 특정범죄 가중처벌법 제5조의10 - 운행 중인 자동차 운전자에 대한 폭행 등의 가중처벌
   ③ 특정범죄 가중처벌법 제5조의11 - 위험운전 등 치사상(음주, 마약)
   ④ 특정범죄 가중처벌법 제5조의13 - 어린이 보호구역에서 치사상의 가중처벌
2) 보복운전 치사상의 가중처벌은 일반특별형법임
   ⇒ 특수상해, 특수폭행, 특수협박, 특수손괴
   - 형법 제258조의2(특수상해)
   - 형법 제261조(특수폭행)
   - 형법 제284조(특수협박)
   - 형법 제369조(특수손괴)

정답 09 ④

10 [2020년 기출]

특정범죄 가중처벌 등에 관한 법률 제5조의13(어린이보호구역에서 어린이 치사상 가중처벌)에 대한 설명으로 틀린 것은?

① 행위 주체는 자동차 운전자이다.
② 어린이의 안전에 유의하면서 운전하여야 할 의무를 위반하여 어린이를 다치게 한 교통사고 발생 시 처벌한다.
③ 어린이가 사망하는 교통사고 발생시 운전자는 무기 또는 3년 이상의 징역에 처한다.
④ 어린이에게 상해가 발생한 교통사고를 낸 운전자는 1년 이상 15년 이하의 징역 또는 500만원 이상 3천만원 이하의 벌금에 처한다.

[해설] 어린이 보호구역 치사상사고 적용대상 : 자동차와 원동기장치자전거

심화 해설
특정범죄 가중처벌 등에 관한 법률 제5조의 13(어린이 보호구역에서 어린이 치사상 가중처벌)

적용 대상	자동차와 원동기장치 자전거 운전자
구성 요건	어린이 보호구역에서 30km/h 이하의 속도 준수하고 어린이의 안전에 유의하면서 운전하여야 할 의무를 위반한 경우
처벌 정도	• 사망 : 무기 또는 3년 이상의 징역 • 상해 : 1년 이상 15년 이하의 징역 또는 500만 원 이상 3천만 원 이하의 벌금

정답 10 ①

1차 2과목

교통사고조사론

제1장 현장조사

제2장 인적조사

제3장 차량조사

출제기준에 의한 출제빈도분석표

교통사고조사론

주요 항목	세부 항목	2021.9.5.	2020.9.20.	2019.9.22.	2018.9.16.	2017.9.24.	2016.10.23.	2015.11.8.	2014.9.28.	2013.9.15.	2012.9.16.	2011.9.25.	2010.8.29.
현장조사	① 도로의 구조적 특성 이해	2	1	2	4	3	2	2	0	3	0	4	3
	② 사고원인과 관련한 도로의 상황	0	1	1	3	1	1	1	0	0	0	2	0
	③ 사고흔적의 용어와 특성	4	6	6	3	2	3	6	5	3	5	1	4
	④ 사고현장의 측정방법	3	5	3	3	3	2	1	3	3	4	4	0
	⑤ 사고현장 사진촬영 방법	0	1	1	0	0	1	0	1	0	0	0	0
	소 계	9	14	13	13	9	9	10	9	9	9	11	7
인적조사	① 인터뷰조사의 개념	0	0	0	0	0	1	0	0	0	0	0	0
	② 인터뷰조사의 방법	2	0	0	1	0	0	1	1	0	1	1	0
	③ 인체 상해도에 대한 이해	5	2	0	2	3	3	1	2	2	2	4	4
	소 계	7	2	0	3	3	4	2	3	2	3	5	4
차량조사	① 차량관련 용어의 이해	5	4	8	4	9	10	9	10	9	8	6	9
	② 차량 내·외부 파손부위 조사방법	0	4	2	1	4	2	3	3	3	2	2	4
	③ 충격력의 작용방향 판단	4	1	1	1	0	0	0	0	1	1	1	1
	④ 차량의 구조적 결함시 특성 이해	0	0	1	2	0	0	1	0	0	2	0	0
	⑤ 차량 사진촬영 방법	0	0	0	1	0	0	0	0	1	0	0	0
	소 계	9	9	12	9	13	12	13	13	14	13	9	14
	총 계	25	25	25	25	25	25	25	25	25	25	25	25

제 1 장 현장조사

1. 도로의 구조적 특성 이해

01 [2021년 기출]

차량이 3° 오르막 도로를 진행하다 제동하여 18m의 스키드마크를 발생시킨 후 정지하였다. 마찰계수가 0.7인 도로에서 차량의 제동 전 속도를 산출하기 위해 적용해야 할 감속도는? (중력가속도 : 9.8m/s²)

① 약 6.6m/s²
② 약 7.2m/s²
③ 약 7.4m/s²
④ 약 6.4m/s²

해설) 요구하는 감속도를 산출하는데 필요한 주어진 조건은 아래와 같다.
$i = \tan\theta = \tan 3 = 0.0524$, $\mu = 0.7$, $f = \mu + i = 0.7 + 0.0524 = 0.7524$
가속도 산출방정식 $a = fg$에 위 주어진 조건을 대입하면
$a = fg = 0.7524 \times 9.8 ≒ 7.37 m/s^2 ≒ 7.4 m/s^2$

▶ 중요도 ●●●●○
● 마찰계수와 견인계수의 차이점에 관하여 정확히 알 필요가 있음

02 [2021년 기출]

다음 그림과 같은 가각부에서 곡선반경(R) 값은?

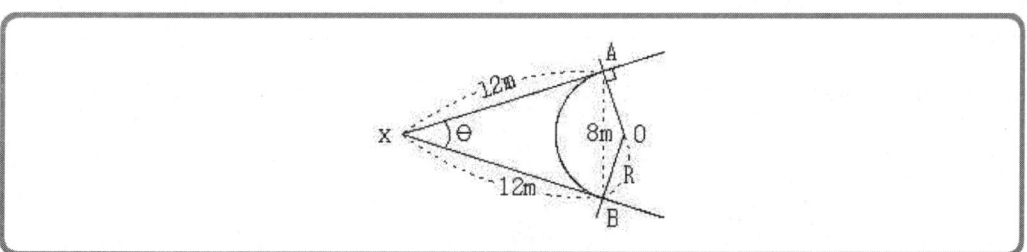

① 5.12m
② 4.94m
③ 4.24m
④ 4.00m

▶ 중요도 ●●●●●
● 곡선반경에 대한 방정식 유도과정을 익혀둘 것

정답 01 ③ 02 ③

해설

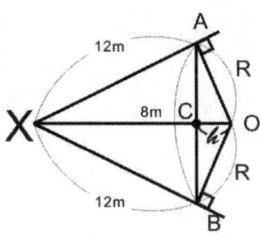

$(XA)^2 = XC^2 + AC^2$, $AO^2 = AC^2 + OC^2$

A점-B점 사이의 중심점을 C라 하면 X점-C점 사이의 길이는
$\sqrt{12^2 - 4^2} ≒ 11.3137$이 되고, 직각삼각형 $\triangle OXA$에서 피타고라스 정리를
적용하면 $12^2 + R^2 = (11.3137 + h)^2$·················(1)이 성립한다.
또한 직각삼각형 $\triangle OAC$에서 피타고라스 정리를 적용하면
$R^2 = 4^2 + h^2$························(2)가 성립한다.
(1)로부터 $R^2 = (11.3137 + h)^2 - 12^2$
$\qquad\qquad R^2 = h^2 + 22.6274h + 11.3137^2 - 12^2$
따라서 $R^2 = h^2 + 22.6274h - 16.0001$··················(3)이 성립한다.
(2)와 (3)을 연립하면 $4^2 + h^2 = h^2 + 22.6274h - 16.0001$
따라서 $22.6274h = 32.0001$
$\qquad\qquad h = 1.4142$···············(3-1)
(3-1)을 (2)에 대입하면 $R^2 = 4^2 + h^2 = 16 + (1.4142)^2 = 18.0$
$\qquad\qquad R = \sqrt{18.0} ≒ 4.24m$

03 [2020년 기출]

도로면 마찰의 기본특성을 설명한 것 중 틀린 것은?

① 동일 물체의 경우 수평도로면에서의 마찰력은 중량에 비례한다.
② 동적마찰력은 정적(정지)마찰력보다 크기가 작다.
③ 마찰력은 물체와 노면의 접촉면 크기에 비례한다.
④ 마찰력은 차량속도에 영향을 받지 않는다.

해설 마찰력은 물체와 노면의 접촉면 크기와는 상관없다.

04 [2019년 기출]

도로설계시 기초가 되는 설계기준 자동차의 최소 회전 반지름으로 맞는 것은?

① 승용자동차 : 5.0m
② 소형자동차 : 7.0m
③ 대형자동차 : 11.0m
④ 세미트레일러 : 13.0m

해설
① 승용자동차 : 6.0m
③ 대형자동차 : 12.0m
④ 세미트레일러 : 12.0m

정답 03 ③ 04 ②

05 2019년 기출

사고발생 전 승용차량은 3° 내리막 도로를 진행하다가 21m의 스키드마크를 발생시킨 후 도로변 하천으로 추락하였다. 마찰계수가 0.8인 도로에서 사고차량의 제동 전 속도를 산출하기 위해 적용해야 할 견인계수는?

① 약 0.83
② 약 0.85
③ 약 0.75
④ 약 0.77

해설 $i = \tan 3° = 0.0524$, $f = \mu \pm i = 0.8 - 0.0524 = 0.7476 ≒ 0.75$ 약 0.75

06 2018년 기출

도로의 구조·시설 기준에 관한 규칙상 보도에 대한 설명으로 가장 거리가 먼 것은?

① 보행자의 안전과 자동차 등의 원활한 통행을 위하여 필요하다고 인정되는 경우에는 도로에 보도를 설치하여야 한다.
② 보도는 연석이나 방호울타리 등의 시설물을 이용하여 차도와 분리하여야 한다.
③ 필요하다고 인정되는 지역에는 "교통안전법"에 따른 이동 편의 시설을 설치하여야 한다.
④ 지방지역의 도로에서 불가피하다고 인정되는 경우에는 보도의 유효폭은 1.5m 이상으로 할 수 있다.

해설 이동 편의 시설은 교통안전법이 아니라 "교통약자의 이동 편의 증진법"에 해당한다.

07 2018년 기출

도로의 구조·시설 기준에 관한 규칙에 의하면 앞지르기 시거는 2차로 도로에서 저속 자동차를 안전하게 앞지를 수 있는 거리로서 차로 중심선 위의 (가)높이에서 반대쪽 차로의 중심선에 있는 높이 (나)의 반대쪽 자동차를 인지하고 앞차를 안전하게 앞지를 수 있는 거리를 말한다. '가'와 '나'에 들어갈 것은?

① 가 : 1.0m, 나 : 1.2m
② 가 : 1.2m, 나 : 1.0m
③ 가 : 1.2m, 나 : 1.25m
④ 가 : 1.25m, 나 : 1.2m

해설 도로의 구조·시설 기준에 관한 규칙 제2조 제42호

정답 05 ③ 06 ③ 07 ①

08 2018년 기출

차로 폭에 대한 설명으로 **틀린** 것은?

① 차로 폭은 차선의 중심선에서 인접한 차선의 중심선까지이다.
② 지방지역 일반도로의 설계속도는 80km/h 이상일 때 차로의 최소 폭이 3.0m이다.
③ 회전차로 폭은 필요한 경우에는 2.75m 이상으로 할 수 있다.
④ 도시지역 고속도로의 최소 폭은 3.5m이다.

해설 지방지역 일반도로의 설계속도는 80km/h 이상일 때 차로의 최소 폭이 3.5m이다.

09 2018년 기출

도로의 직선부와 곡선부 사이 또는 곡선부의 큰 곡선부분에서 작은 곡선부분 사이에 설치하여 자동차가 안전하게 주행하기 위해 설치하는 것은?

① 종단경사
② 측대
③ 완화구간
④ 가속구간

해설 직선부와 곡선부 사이 또는 곡선부의 큰 곡선부분에서 작은 곡선부분 사이에 설치하는 것은 완화구간 또는 클로소이드 곡선이다.

10 2017년 기출

다음과 같은 사고가 잦은 지역에서 사고감소를 위해 도로구조상 우선 고려대상으로 가장 알맞은 것은?

> 좌로 굽은 도로에서 안전하게 선회하지 못하고 차량들이 도로를 이탈하여 우측의 가로수를 충돌하는 사고가 잦은 지역

① 종단경사 설치
② 중앙분리대 설치
③ 편경사 설치
④ 차광막 설치

해설 도로 우측으로 이탈하는 좌곡선 도로에서는 원심력을 억제시키기 위하여 도로 바깥쪽을 높여주는 편경사의 설치가 필요하다.

정답 08 ② 09 ③ 10 ③

11 2016년 기출

도로의 기하구조 중 곡선반경(R)을 구하는 공식으로 맞는 것은? (단, C : 현의 길이, M : 중앙종거)

① $R = \dfrac{C^2}{8M} + \dfrac{C}{2}$
② $R = \dfrac{C}{8M} + \dfrac{M}{2}$
③ $R = \dfrac{C^2}{8M} + \dfrac{M}{2}$
④ $R = \dfrac{M^2}{8C} + \dfrac{C}{2}$

해설 $R = \dfrac{C^2}{8M} + \dfrac{M}{2}$

> 곡선반경 산출공식은 매우 빈번하게 사용되므로 암기할 가치가 있다.

12 2016년 기출

다음은 무엇에 대한 설명인가?

> 평면곡선부를 주행하는 차량은 원심력을 받기 때문에 원심력의 영향을 적게 하기 위하여 곡선부의 횡단면에는 곡선의 안쪽으로 하향경사를 둔다.

① 평면곡선반경
② 편경사
③ 완화곡선
④ 평면곡선부의 확폭

해설 평면곡선부에서 원심력의 영향을 적게 받도록 곡선부의 횡단면의 안쪽에 하향경사를 두는데 이것을 편경사라 한다.

13 2015년 기출

경사도(구배) 측정에 대한 설명 중 **틀린** 것은?

① 교통사고와 관련된 경사도 측정에는 횡단경사, 종단경사, 편경사 측정 등이 있다.
② 경사도는 가파른 정도를 나타내는 것을 백분율(%)로 나타낸다.
③ 수평거리와 수직거리의 합으로 계산된다.
④ 클라이노메타(clinometer)로 측정할 수 있다.

해설 수평거리에 대한 수직거리의 비율로 계산된다.

정답 11 ③ 12 ② 13 ③

14 [2013년 기출]

곡선도로의 선형을 조사하였더니 현의 길이 60m, 중앙종거는 2m일 때 곡선반경은 몇 m인가?

① 206m
② 216m
③ 226m
④ 236m

해설 $R = \dfrac{C^2}{8M} + \dfrac{M}{2} = \dfrac{60^2}{8 \cdot 2} + \dfrac{2}{2} = 226m$

15 [2013년 기출]

적정 편경사를 산정하기 위해 필요한 요소가 아닌 것은 무엇인가?

① 곡선반경
② 설계속도
③ 정지시거
④ 마찰계수

해설 편경사는 가로방향의 기울기, 정지시거는 세로방향과 관련됨

16 [2013년 기출]

도로의 주요 구조부를 보호하고 고장차량 등의 비상시 이용 및 측방 여유폭을 가지므로 교통의 안전성과 쾌적성 확보를 위해 차도에 접속하여 설치하는 도로의 부분은 무엇인가?

① 길어깨
② 주정차대
③ 노상시설
④ 환경 시설대

해설 길어깨에 관한 설명이다.

17 [2011년 기출]

도로 환경적 사고원인 중 횡단면 구성요소와 관련 없는 것은?

① 폭원의 급변
② 보도폭원의 과대 또는 과소
③ 길어깨의 폭 부족 및 과다
④ 종단경사의 과다

해설 도로환경 중 횡단면의 구성요소는 차로, 길어깨, 보도, 중앙분리대 등이 있다. 종단경사는 횡단면의 구성요소가 아니다.

정답 14 ③ 15 ③ 16 ① 17 ④

2. 사고원인과 관련한 도로의 상황

01 [2020년 기출]
다음 중 차량의 속도를 계산하기 위해 마찰계수를 조사하지 않아도 되는 경우는?

① 차량이 전도된 상태로 노면을 미끄러졌을 때
② 차량이 추락하였을 때
③ 요마크(Yaw Mark) 흔적이 발생하였을 때
④ 차량이 측면방향(횡방향)으로 미끄러졌을 때

해설 차량의 추락속도 산출방정식의 대입 항목에 마찰계수는 없다.

02 [2019년 기출]
교통사고 현장에 흩뿌려진 잔존물이라고 볼 수 없는 것은?

① 자동차의 파손부품
② 보행자의 소지품
③ 오일, 냉각수, 등 액체 흔적
④ 타이어 흔적 및 노면의 패인 흔적

해설 타이어 흔적 및 노면의 패인 흔적은 흩뿌려진 것이 아니다.

03 [2018년 기출]
도로의 구분에 따른 설계기준 자동차이다. 틀린 것은?

① 고속도로 및 주간선도로 – 세미트레일러
② 국지도로 – 세미트레일러
③ 보조간선도로 – 세미트레일러 또는 대형자동차
④ 집산도로 – 세미트레일러 또는 대형자동차

해설 국지도로 - 대형자동차 또는 승용자동차

04 [2018년 기출]
곡선형태의 스키드마크에 대한 설명 중 맞지 않는 것은?

① 운전자가 핸들을 조작하면서 제동을 했을 때 나타날 수 있다.
② 횡단경사 또는 편경사에 의해 나타날 수 있다.
③ 순간적으로 제동을 풀었다가 다시 제동을 했을 때 나타날 수 있다.
④ 양쪽 바퀴에 작용하는 마찰력이 다를 때 발생할 수 있다.

해설 순간적으로 제동을 풀었다가 다시 제동을 했을 때 나타나는 것은 중간에 끊기는 갭(gap)이다.

속도 계산시 마찰계수의 사용에 관하여 알아둘 필요가 있다.

정답 01 ② 02 ④ 03 ② 04 ③

05 [2018년 기출]

가속 스카프(acceleration scuff)에 대한 설명 중 맞는 것은?

① 차량이 정지된 상태에서 급가속·급출발시 타이어가 노면에 대해 슬립(slip)하면서 헛바퀴 돌 때 나타난다.
② 자갈 위 또는 진흙, 눈 위에서는 잘 발생되지 않는다.
③ 차량이 가속되면 무게중심이 앞으로 이동하여 타이어 가장자리 흔적을 남긴다.
④ 보통의 차들은 저속에서 엔진이 천천히 돌아가고 있는 동안 순간적으로 감속할 때 나타난다.

[해설] 차량이 정지된 상태에서 급가속·급출발시 타이어가 노면에 대해 슬립(slip)하면서 헛바퀴 돌 때 나타나는 것이 가속 스카프(acceleration scuff)이다.

06 [2017년 기출]

교통사고조사와 관련된 도로부문 사항이 아닌 것은?

① 도로 소성변형 ② 도로 시설물파손
③ 도로 노면상태 ④ 도로 통행료 영수증

[해설] '도로 통행료 영수증'은 교통사고조사와 무관하다.

07 [2016년 기출]

자동차 운전 중 어두운 터널에 진입하면서 갑자기 앞이 잘 보이지 않아 사고가 발생하였다. 어떠한 현상에 의한 것인가?

① 증발현상 ② 현혹현상
③ 명순응   ④ 암순응

[해설] 자동차 운전 중 어두운 터널에 진입할 때 갑자기 앞이 잘 보이지 않는 현상을 암순응, 터널을 빠져나갈 때 눈부신 현상을 명순응이라 한다.

정답 05 ① 06 ④ 07 ④

08 2015년 기출

다음 중 수막현상에 대하여 올바르게 설명한 것은?

① 노면과 타이어의 마찰력이 커진다.
② 타이어와 노면과의 직접 접촉 부분이 많아진다.
③ 수막현상은 배수기능이 증가되어 발생한다.
④ 타이어의 트레드 마모가 심할수록 수막현상이 빈번하게 일어난다.

해설 ① 노면과 타이어의 마찰력이 작아진다.
② 타이어와 노면과의 직접 접촉 부분이 적어진다.
③ 수막현상은 배수기능이 감소되어 발생한다.

09 2011년 기출

노면조사를 할 때, 주요항목으로 볼 수 없는 것은?

① 차륜흔적의 길이
② 차륜흔적의 종류
③ 사고지점의 신호체계
④ 차량액체의 비산정도

해설 사고지점의 신호체계는 노면조사 사항이 아니다.

10 2011년 기출

인적 요인이 아닌 것은?

① 곡률반경
② 운전전략과 운전전술
③ 주취운전
④ 태도의 동기

해설 교통사고 발생요인은 인적, 차량적, 도로 환경적 요인으로 나뉜다.
운전전략과 운전전술, 주취운전, 태도의 동기 → 인적 요인
곡률반경 → 도로 환경적 요인

정답 08 ④ 09 ③ 10 ①

3 사고흔적의 용어와 특성

01 [2021년 기출]

승용차가 급제동하며 타이어 흔적을 발생시킬 때 통상적으로 전륜 타이어 흔적이 쉽게 발생되는 이유로 가장 적절한 것은?

① 승용차의 제동장치는 유압식이 아닌 에어식이기 때문
② 승용차의 무게중심은 차체 길이의 중간에 위치하기 때문
③ 무게중심이 앞쪽으로 이동하는 노즈다운 현상 때문
④ 타이어 트레드 무늬가 대형트럭과 상이하기 때문

해설 승용차가 급제동하면 무게중심이 앞쪽으로 이동하는 노즈 다운(Nose down) 현상 때문에 뒷차축보다 앞차축에 더 강한 제동력이 작용하여 뒷바퀴보다 앞바퀴 타이어에서 흔적이 더 쉽게 발생한다.

> **중요도** ◐
> pitching 현상을 유발시키는 앞 숙임 모양을 일본 문헌에서 만들어낸 용어임을 이해

02 [2021년 기출]

다음 중 요마크 반경 측정과 관련된 내용 중 잘못된 것은?

① 현의 길이 측정구간에서 차량 앞·뒤 바퀴에 의해 발생된 흔적의 간격(Offset)은 윤거의 반을 넘어야 한다.
② 요마크 시작점부터 곡선반경(R)이 일정한 구간에서 요마크 궤적 현의 길이(C)와 중앙종거(M)를 정확히 측정한다.
③ 요마크 측정지점들의 위치를 기준점으로부터 삼각법으로 정확히 측정한다.
④ 요마크가 2줄 이상 발생시 요마크 간의 간격과 교차점 등을 측정한다.

해설 차량 앞·뒤 바퀴에 의해 발생된 흔적이 겹쳐지거나 교차하는 경우에는 간격(Offset) 자체가 존재하지 않으므로 윤거와 비교하는 것은 적절치 않다.

> **중요도** ●●●●

03 [2021년 기출]

다음 중 스키드마크 길이를 통해 제동직전의 속도를 추정할 수 있는 공식으로 맞는 것은?

- f : 견인계수
- v : 제동직전 속도
- g : 중력가속도
- d : 스키드마크 길이

① $v = \sqrt{2fgd}$
② $v = \sqrt{0.5fgd}$
③ $v = \sqrt{2fd}$
④ $v = \sqrt{0.5fd}$

해설 스키드마크의 길이(d)를 사용한 제동직전의 속도추정공식은 $v = \sqrt{2fgd}$ 이다.

> **중요도** ●●●●●

정답 01 ③ 02 ① 03 ①

04 2021년 기출

노면에 나타나는 아래의 흔적 중 핸들의 조작과 가장 관련이 있는 것은?

① 요마크(Yaw Mark)
② 가속 스커프(Acceleration Scuff)
③ 플랫 타이어 마크(Flat Tire Mark)
④ 크룩(Crook)

[해설] 핸들조작에 의해 옆미끄럼이 심하게 발생한 경우 요마크가 발생하기도 한다.

중요도 ●●●●●
타이어 흔적의 종류에 대한 이해 필요

05 2020년 기출

동일차량에서 스키드마크(Skid Mark) 발생시 다음 설명 중 틀린 것은?

① 차가운 타이어고무와 역청재질은 뜨거울 때 보다 미끄러지기 쉽다. 이때 진한 흔적이 발생된다.
② 무거운 하중이 작용된 타이어는 그렇지 않은 타이어보다 지면을 많이 누른다. 따라서 무거운 하중이 작용된 타이어는 진한 흔적을 만든다.
③ 부드러운 타이어 재질은 그렇지 못한 타이어보다 미끄러질 때 스키드마크를 쉽게 발생시킨다.
④ 같은 노면과 공기압에서 좁은 홈의 타이어는 넓은 홈의 타이어보다 노면과 많은 면이 접지된다.

[해설] 타이어 고무와 도로 노면 사이에서 높은 열이 발생하면 잘 미끄러지고 타이어 재질이 녹아 노면에 찍힌다.

중요도 ●●
스키드마크의 발생 요인은 중요하다.

06 2020년 기출

교통사고 현장에서 실시하는 조사 작업이 아닌 것은?

① 현장스케치를 바탕으로 한 사고현장 도면의 컴퓨터
② 차량의 최종 정지위치 파악
③ 노면흔적 조사
④ 낙하물 촬영

[해설] 현장스케치를 바탕으로 한 사고현장 도면의 컴퓨터 CAD작업은 사무실 또는 연구실의 작업이다.

중요도 ●

07 2020년 기출

넓은 구역에 걸쳐 나타난 줄무늬가 있는 스크래치 흔적으로 폭이 다소 넓고 최대접촉지점을 파악하는데 도움을 주는 이 흔적을 무엇이라 하는가?

① 칩(Chip)
② 스크레이프(Scrape)
③ 견인시 긁힌 흔적(Towing Scratch)
④ 그루브(Groove)

[해설] 스크레이프(Scrape)에 관한 설명이다.

중요도 ●●●
노면 파인 흠집(Road scar)의 종류별 생성 요인은 반드시 이해해 두어야 한다.

정답 04 ① 05 ① 06 ① 07 ②

08 2020년 기출

타이어 흔적의 설명 중 **틀린** 것은?

① 스키드마크(Skid Mark)는 타이어가 구르며 진행될 때 발생된다.
② 요마크(Yaw Mark)는 주로 핸들조향에 의해 발생된다.
③ 가속 스커프(Acceleration Scuff)는 타이어가 회전하면서 미끄러져 발생하는 것으로 오직 구동 바퀴에서 발생된다.
④ 임프린트(Imprint)는 타이어가 구르는 상태에서 노면에 새겨지면서 발생된다.

해설) 스키드마크(Skid Mark)는 타이어가 구름을 멈춘 상태에서 진행될 때 발생된다.

타이어 흔적의 생성 요인은 자주 출제되므로 이해해 두어야 한다.

09 2020년 기출

주행중인 대형 화물차의 바퀴가 회전을 멈춘 상태에서 비어있는 화물적재함 등이 상하운동을 할 때 나타나는 타이어 흔적은?

① 충돌 스크럽(Collision Scrub)
② 크룩(Crook)
③ 갭 스키드마크(Gap Skid Mark)
④ 스킵 스키드마크(Skip Skid Mark)

해설) 스킵 스키드마크(Skip Skid Mark)에 관한 설명이다.

타이어 흔적의 종류별 정의를 이해해 두어야 한다.

10 2020년 기출

차량이 미끄러지면서 S_1 길이만큼 활주흔을 남기다 D_1 거리만큼 끊어진 후 다시 S_2 길이만큼 활주한 갭 스키드마크(Gap Skid Mark)를 발생시키고 정지했다면 속도 분석을 위해 측정할 거리는?

① $S_1 + D_1 + S_2$
② $D_1 + S_2$
③ $S_1 + S_2$
④ $S_1 + S_2 - D_1$

해설) 갭 스키드마크(Gap Skid Mark)에서 중간에 끊어진 이유는 활주가 중단되었기 때문이므로 중간의 끊긴 구간의 거리는 활주거리에 포함시키지 않는다.

정답 08 ① 09 ④ 10 ③

11 2019년 기출

노면에서 관찰되는 차량 액체 흔적에 대한 설명으로 틀린 것은?

① 냉각수 흔적은 오랫동안 남게 되므로 시일이 경과하여도 확인이 가능하다.
② 차량 액체 흔적은 차량 최종 위치를 확인하는데 유용한 자료가 되기도 한다.
③ 충돌시 파손된 라디에이터에서 나온 액체는 큰 압력으로 분출되어 쏟아지므로 충돌 지점을 나타내는 자료가 될 수 있다.
④ 냉각수, 각종 오일, 배터리 액 등이 노면에 쏟아지거나 흘러내린 흔적을 말한다.

해설 냉각수의 흔적은 오래 남지 않아 시일이 경과하면 대부분 확인이 어렵다.

12 2019년 기출

다음 중 설명이 틀린 것은?

① 요마크(Yaw Mark) : 차축과 직각으로 미끄러지면서 타이어가 구를 때 만들어지는 스커프 마크
② 가속 스커프(Acceleration Scuff) : 충분한 동력이 바퀴에 전달되어 바퀴가 급격히 도로표면에 회전할 때 만들어지는 흔적
③ 플랫 타이어 마크(Flat Tire Mark) : 타이어의 현저히 적은 공기압에 의해 타이어가 과편향되어 만들어진 스커프
④ 임프린트(Imprint) : 도로 혹은 노면에 타이어가 미끄러짐이 없이 구름 또는 회전하면서 밟고 지나간 흔적으로서 접지면의 타이어 트레드 형상이 그대로 찍혀 나타나는 흔적

해설 요마크(Yaw Mark) : 차축과 평행 또는 비스듬한 방향으로 미끄러짐과 동시에 구를 때 만들어지는 스커프 마크(Scuff Mark)의 일종

13 2019년 기출

승용차의 스키드마크에 관한 일반적인 사항 중 가장 맞는 것은?

① 브레이크가 작동하자마자 노면에 나타난다.
② 스키드마크는 끝부분보다 시작부분이 더 진하게 나타난다.
③ 앞바퀴보다 뒷바퀴에 의한 자국이 더 선명하다.
④ 스키드마크의 폭은 타이어의 트레드 폭과 같다.

해설
① 브레이크 작동 시작과 스키드마크의 시작은 약간 차이가 발생한다.
② 시작부분보다 끝부분이 더 진하게 나타난다.
③ 뒷바퀴보다 앞바퀴에 의한 자국이 더 선명하다.

정답 11 ① 12 ① 13 ④

14 [2019년 기출]

갈고리 모양으로 구부러진 타이어 흔적을 말하며, 일반적으로 충돌 전 타이어 흔적을 발생시키다 충돌로 방향이 크게 변할 때 발생되는 타이어 흔적은?

① 그루브(Groove)
② 브러사이드 마크(Broadside Mark)
③ 크룩(Crook)
④ 충돌 스크럽(Collision Scrub)

해설 크룩(Crook)에 관한 설명이다.

15 [2019년 기출]

금속물체에 의해 생성된 노면 흔적에 대한 설명으로 가장 맞는 것은?

① 스크래치(Scratch)는 대부분 큰 중량의 금속성분이 도로상에 이동하면서 나타낸 흔적이다.
② 스크래치(Scratch)는 폭이 좁게 형성되고 충돌 후 차량의 회전이나 이동경로를 판단하는데 유용하다.
③ 칩(Chips)은 길고 폭이 넓은 상태로 생성된다.
④ 찹(Chops)은 스크레이프(Scrape)보다 폭이 좁다.

해설
① 스크래치(Scratch)는 가벼운 금속성 물질이 이동한 자국이다.
③ 칩(Chips)은 짧고 깊게 폭이 좁은 상태로 생성된다.
④ 찹(chops)은 스크레이프(Scrape)보다 깊고 폭이 넓다.

16 [2018년 기출]

승용차 제동흔적의 특성을 설명한 것이다. 가장 거리가 먼 것은?

① 대부분은 전륜에 의해서 발생한다.
② 대부분은 직선형태지만, 드물게 곡선형태로 나타난다.
③ 전륜제동흔적보다 후륜제동흔적이 대체로 더 선명하다.
④ 제동흔적의 폭은 타이어 접지면의 폭과 대체로 비슷하다.

해설 제동하면 중량이 앞바퀴 쪽으로 이동하므로 후륜제동흔적보다 전륜제동흔적이 대체로 더 선명하다.

정답 14 ③ 15 ② 16 ③

17 2018년 기출

차량의 속도를 계산할 때 마찰계수가 적용되지 않는 것은?

① 차량이 전도된 상태로 노면을 미끄러졌을 때
② 차량이 추락하였을 때
③ 요마크(yaw mark) 흔적이 발생하였을 때
④ 차량이 측면방향(횡방향)으로 운동하였을 때

해설 차량의 추락속도 공식을 보면 입력요소에 마찰계수가 없다.

18 2017년 기출

교통사고 발생시 사고현장에서 발견되는 흔적들에 대한 설명이다. 적절한 설명이 아닌 것은?

① 자동차의 하체잔존물만으로도 정확한 충돌지점의 추정이 가능하다.
② 충격에 의한 심한 진동으로 하체부의 진흙 또는 흙먼지가 떨어질 수 있다.
③ 사고차량의 잔존물이 외력이 발생하지 않는 한 그 잔존물은 사고 차량이 움직이는 방향으로 움직이게 된다.
④ 사고 후 시간이 경과하면 없어지는 하체잔존물도 있다.

해설 자동차의 하체잔존물만은 수직으로 낙하하지 않기 때문에 정확한 충돌지점의 추정이 가능한 것은 아니다.

19 2017년 기출

승용차가 급제동하여 타이어 흔적을 발생시킬 때 통상적으로 전륜 타이어 흔적이 쉽게 발생되는 이유로 적절한 것은?

① 무게중심이 앞쪽으로 이동하는 노즈 다운(Nose-down)현상 때문
② 승용차의 무게중심은 차체길이의 중간에 위치하기 때문
③ 승용차의 제동장치는 유압식이 아닌 에어식이기 때문
④ 타이어 트레드 무늬가 대형트럭과 상이하기 때문

해설 앞바퀴 흔적이 잘 나타나는 것은 피칭(pitching) 현상에 의해 발생하는 노즈 다운(Nose-down) 때문이다.

정답 17 ② 18 ① 19 ①

20 [2016년 기출]

요마크(yaw mark)를 조사하는 요령으로 적절하지 않은 것은?

① 요마크가 3줄이 발생되었으면 3줄 모두 측정해야 한다.
② 타이어 흔적의 빗살무늬 각도 및 방향을 조사해야 한다.
③ 차량 무게중심 이동궤적을 재현해 낼 수 있게 측정해야 한다.
④ 시작 위치만 정확하게 측정하면 된다.

해설 시작 위치만 측정하면 차량의 이동과정을 알 수 없고 곡선반경 등도 알 수 없어 속도산출이 불가능하게 된다.

요마크의 형상, 즉 생긴 모양은 출제빈도가 꽤 높다.

21 [2016년 기출]

차량 충돌시 용기가 터지거나 넘쳐서 안에 있는 액체가 흐르는 게 아니라 큰 압력으로 분출되어 쏟아지면서 발생된 흔적으로 충돌지점을 나타내는 것은?

① 튀김(spatter)
② 방울짐(dribble)
③ 흘러내림(run off)
④ 고임(puddle)

해설 충돌지점을 나타내는 액체잔존물 흔적은 튀김(spatter)이다.

22 [2016년 기출]

다음 중 스커프마크(Scuff mark)에 해당하지 않는 것은?

① 요마크(Yaw mark)
② 스킵 스키드마크(Skip mark)
③ 플랫 타이어마크(Flat tire mark)
④ 임프린트(imprint)

해설 스킵 스키드마크(Skip mark)는 바퀴가 잠기지 않고 회전할 때 발생하는 타이어자국인 스커프마크(Scuff mark)에 해당하지 않고, 바퀴가 잠겨(locked) 회전을 멈추어 발생하는 타이어자국인 스키드마크(Skidmark)에 해당한다.

23 [2015년 기출]

사고차량의 손상된 금속물체가 큰 압력 없이 노면에 미끄러지면서 나타나거나, 금속물체가 단단한 포장노면에 가볍게 불규칙적으로 스치는 경우 좁게 나타나는 자국은?

① 가우지(gouge)
② 스크래치(scratch)
③ 견인시 긁힌 흔적(towing scratch)
④ 크룩(crook)

해설 스크래치(scratch)에 관한 설명이다.

정답 20 ④ 21 ① 22 ② 23 ②

24 2015년 기출

노면에 나타나는 타이어 흔적에 관한 사항 중 <u>틀린</u> 것은?

① 타이어와 노면의 마찰로 발생한다.
② 충돌지점에서 차량의 급속한 선회로 발생한다.
③ 바퀴가 잠기지 않아도 발생할 수 있다.
④ 제동 중에는 반드시 발생한다.

해설 급제동 중에는 반드시 발생한다.

25 2015년 기출

평탄한 도로에서 어느 차량이 요마크(yaw mark)를 발생시키면서 진행방향 도로우측으로 이탈하였다. 차량의 무게중심 궤적의 곡선반경이 200m라고 한다면 이 차량의 요마크 발생직전 속도는? (횡방향 마찰계수는 0.8)

① 약 123km/h
② 약 133km/h
③ 약 143km/h
④ 약 153km/h

해설 $v = \sqrt{\mu g R} = \sqrt{0.8 \cdot 9.8 \cdot 200} ≒ 39.60 m/s ≒ 143 km/h$

26 2015년 기출

요마크(yaw mark)의 특성이 <u>아닌</u> 것은?

① 주로 노면에 빗살무늬 형태로 발생된다.
② 일반적으로 차량의 바퀴가 잠긴 상태(lock)에서 발생된다.
③ 속도산출시 차량 무게중심 궤적의 극선반경 값을 적용한다.
④ 주로 운전자의 급 핸들 조향에 의해서 발생된다.

해설 일반적으로 차량의 바퀴의 잠긴 상태(lock)가 아닌 옆 미끄럼에 의해 발생된다.

정답 24 ④ 25 ③ 26 ②

27 2015년 기출

충돌 흔적에 대한 설명으로 가장 옳지 않은 것은?

① 충돌스크럽(collision scrub)은 타 물체와의 충돌 등으로 인해 타이어와 노면 사이에 강한 마찰력이 발생하면서 나타나는 현상으로 최대 접합시 바퀴의 위치를 나타낸다.
② 충돌스크럽은 동일방향의 충돌(충돌사고)에서는 약간 길게 직선으로 발생할 수 있다.
③ 그루브(groove)는 제동 중에 발생하는 흔적으로, 외력에 의해 차량의 운동방향이 급격히 변화하여 발생한다.
④ 크룩(crook)은 오토바이, 자전거, 보행자와의 충돌에 의해서도 발생가능하다.

해설 ③ 그루브(groove)가 아니고, 크룩(crook)을 설명한 것이다.

2012년 동일 기출문제 출제

28 2015년 기출

교통사고 현장에서 자동차가 충돌과정 중 최대 접합시 강한 충격력으로 인해 자동차의 무거운 물체가 노면에 떨어지면서 짧고 깊게 패인 홈으로서, 마치 호미로 노면을 판 것과 같이 패인 흔적은?

① 칩(chip)
② 그루브(groove)
③ 스크래치(scratch)
④ 토잉 스크래치(towing scratch)

해설 칩(chip)에 관한 설명이다.

29 2014년 기출

길이가 다른 스키드마크를 통해 속도를 분석하고자 할 때 옳게 설명한 것은?

① 무조건 평균길이를 적용한다.
② 무게 편심에 의한 것이라면 긴 것을 적용한다.
③ 시간차 제동에 의한 것이라면 긴 것을 적용한다.
④ 시간차 제동에 의한 것이라면 짧은 것을 적용한다.

해설 ① 평균길이, 긴 것, 짧은 것 중 어느 것을 적용해야 할지 경우에 따라 다르다.
③, ④ 시간차 제동에 의한 것이라면 평균길이를 적용한다.

정답 27 ③ 28 ① 29 ②

30 2014년 기출
다음 중 갭 스키드마크(Gap skidmark)의 설명으로 틀린 것은?

① 급격한 제동시 미끄러지는 불안감 때문에 운전자는 반사적으로 잠시 브레이크 페달에서 발을 떼어놓고 위험한 상황이 계속되면 다시 급하게 브레이크 페달을 밟게 되는 경우
② 급제동한 운전자의 발이 브레이크 페달을 밟는 중에 페달에서 발이 미끄러졌다가 다시 밟는 경우
③ 노면상태가 고르지 못한 도로에서 급제동할 때 차체가 반복적으로 바운싱되는 경우
④ 좀 더 빨리 정지하기 위해 운전자가 의식적으로 브레이크 페달을 펌프질하듯이 급하게 밟았다 떼었다 반복해서 밟는 경우

해설 반복적인 바운싱(bouncing)에 의해 발생하는 것은 스킵 스키드마크(Skip skidmark)이다.

● 중요도 ○○
● 갭 스키드마크와 스킵 스키드마크의 차이점과 발생원인에 대한 출제빈도가 높으므로 반드시 이해가 필요하다.

31 2014년 기출
구른 흔적(Imprint)에 관한 설명 중 틀린 것은?

① 젖은 타이어가 노면에 구르면서 나타난다.
② 타이어가 분진이 쌓인 도로나 흙 위를 지나가면서 나타난다.
③ 타이어가 회전을 멈춘 상태에서 나타난다.
④ 타이어의 트래드 패턴을 명확히 확인할 수 있다.

해설 ③ 타이어가 계속 회전하는 상태에서 나타난다.

● 중요도 ○

32 2014년 기출
스킵 스키드마크(Skip skidmark)가 발생하는 경우는?

① 자동차가 급제동하여 활주하는 과정에서 차체가 상하운동을 반복하는 경우
② 급제동을 하였다가 순간적으로 제동을 푼 후 다시 급제동을 하는 경우
③ 제동시 더블 브레이크조작을 했을 경우
④ 타이어 공기압이 낮은 상태 또는 펑크난 상태에서 급제동하는 경우

해설 스킵 스키드마크는 차체의 상하운동(bouncing) 반복에서 발생한다.

● 중요도 ○○○

정답 30 ③ 31 ③ 32 ①

33 [2013년 기출]

차량을 견인하는 과정에서 피견인차의 비정상적인 타이어에서 발생될 수 있는 흔적은 무엇인가?

① 임펜딩 스키드마크(Impending skidmark)
② 바운스 스키드마크(Bounce skidmark)
③ 토잉 스키드마크(Towing skidmark)
④ 히팅 스키드마크(Heating skidmark)

해설 토잉 스키드마크(Towing skidmark)에 관한 설명이다.

34 [2013년 기출]

급제동하던 중에 순간적으로 제동이 풀렸다가 다시 급제동이 되었을 경우 나타나는 흔적은 무엇인가?

① 플랫 타이어마크(Flat tire mark)
② 갭 스키드마크(Gap skidmark)
③ 스커프마크(Scuff mark)
④ 스킵 스키드마크(Skip skidmark)

해설 갭 스키드마크(Gap skidmark)에 관한 설명이다.

2012년 동일 기출문제 출제

정답 33 ③ 34 ②

4 사고현장의 측정방법

01 〔2021년 기출〕

편제동에 의해 차량 타이어 흔적 길이가 아래와 같을 때 이 차량의 속도 산출에 필요한 거리는?

- 좌측륜 : 5.1m
- 우측륜 : 5.7m

① 5.1m ② 5.3m
③ 5.4m ④ 5.7m

해설 편제동으로 인해 좌측바퀴와 우측바퀴의 타이어 흔적의 길이가 다르게 발생한 경우 속도산출에 사용하는 2개 길이의 산술평균값을 사용한다.

평균길이 $= \dfrac{5.1+5.7}{2} = 5.4m$

02 〔2021년 기출〕

도로의 곡선부 측정방법과 가장 거리가 먼 것은?

① 삼각법 ② 호도법
③ 혼합법 ④ 좌표법

해설 도로의 곡선부 측정은 삼각법, 좌표법, 혼합법이 있다.

03 〔2021년 기출〕

교통사고 현장조사에서 전신주, 소화전, 가로등, 신호등, 안내표지판 등과 같은 대상을 기준으로 측정할 때 이 기준점의 명칭은?

① 비고정 기준점
② 고정 기준점
③ 반(준)고정 기준점
④ 기준점의 종류와 관계없음

해설 기준 대상이 고정물체인 경우 그것을 고정 기준점이라 부른다.

정답 01 ③ 02 ② 03 ②

04 2020년 기출

자동차의 추락속도를 분석하기 위해 필요한 조사 자료가 아닌 것은?

① 추락 후 착지까지 수직 높이
② 추락 후 착지까지 수평이동 거리
③ 자동차 질량
④ 도로이탈지점 기울기

해설) 추락속도 산출 방정식은 $v = d\sqrt{\dfrac{g}{2(dG-h)}}$ 이다.
d : 추락 후 착지까지 수평이동 거리
G : 도로이탈지점 기울기
h : 추락 후 착지까지 수직 높이

정요도 ●●●
추락속도에 관한 산출방정식은 완전한 습득이 필요하다.

05 2020년 기출

위치 측정법 중 주로 코드법(Code)으로 측정하는 경우는?

① 도로연석선 및 도로끝선이 명확하지 않은 경우
② 비정규 차륜흔적에 대한 조사가 필요한 경우
③ 측점이 기준선 혹은 도로끝선으로부터 10m 이상 벗어난 경우
④ 측점이 늪지나 숲속에 위치한 경우

해설) ①, ③, ④의 경우는 삼각법에 의한 측정에 편리하다.

정요도 ●

06 2020년 기출

좌로 굽은 도로에서 차량들이 안전하게 선회하지 못하고 도로를 이탈하여 우측의 가로수와 충돌이 계속 발생되는 사고 현장을 조사시 다음 중 가장 중요한 조사 항목은?

① 편경사
② 중앙분리대 설치여부
③ 종단경사
④ 차로폭

해설) 좌커브 도로에서 차량들이 도로 우측 바깥으로 이탈하는 사고가 빈번하게 발생되면 좌곡선 통과시 횡방향 원심력이 크게 증가하고, 반면에 횡방향 구심력이 크게 감소하기 때문이다. 횡방향으로 작용하는 원심력 또는 구심력과 가장 밀접하게 관련되는 요소는 횡마찰계수로서 편경사가 가장 큰 영향을 미친다.

정요도 ●
원심력과 횡방향마찰계수의 관계에 대한 이해가 필요하다.

정답 04 ③ 05 ② 06 ①

07 2020년 기출

기준점과 기준선에 대한 설명으로 틀린 것은?

① 기준선과 기준점은 차후 사고현장에 갔을 때 누구나 확인할 수 있는 것이어야 한다.
② 고정 기준점은 삼각측정법에 적합하다.
③ 기준선은 보통 도로연석선으로 한다.
④ 신호등지주, 소화전, 교량과 고가도로 등은 비고정 기준점이다.

[해설] 신호등지주, 소화전, 교량과 고가도로 등은 비고정 기준점이 아니라 고정 기준점이다.

08 2020년 기출

오르막 도로의 정밀 도면을 보니 수평거리 1000m에 수직 높이가 70m였다. 이때 종단 경사는?

① 1%
② 3%
③ 5%
④ 7%

[해설] $i = \dfrac{높이}{수평거리} = \dfrac{70m}{1,000m} = 0.07 = 7\%$

09 2019년 기출

도로측정을 위한 기준점의 설명으로 틀린 것은?

① 고정 기준점이라 함은 기존의 표지물로서 손쉽게 접근할 수 있으며, 주로 삼각측정법에서 기준점으로 많이 활용한다.
② 비고정 기준점 활용대상은 가로등, 전신주, 안내표지판, 신호등의 지주, 소화전 등이다.
③ 고정 기준점은 이동 불가능한 고정도로시설로서 도로 가장자리가 불규칙 하거나 진흙이나 눈 등으로 덮혀 길가장자리구역선이 불분명할 때 사용된다.
④ 비고정 기준점은 대부분 교차로의 모서리에서와 같이 2개의 길가장자리구역선을 연장하여 서로 교차하는 점을 선택하여 도로상에 표시한다.

[해설] 가로등, 전신주, 안내표지판, 신호등 지주, 소화전 등은 비고정 기준점 활용대상이 아니라 고정 기준점 활용대상이다.

정답 07 ④ 08 ④ 09 ②

10 [2019년 기출]

위치 측정법 중 좌표법에 대한 설명으로 가장 틀린 것은?

① 삼각법에 비해 소요 시간이 적게 든다.
② 삼각법에 비해 교통의 소통장애를 줄일 수 있다.
③ 기준선으로부터 직각 거리를 측정하는 방법이다.
④ 로타리형 교차로와 같이 교차로의 기하구조가 불규칙한 경우에 편리하다.

해설 로타리형 교차로와 같이 교차로의 기하구조가 불규칙한 경우에 편리한 경우에 사용하기 편리한 측정법은 삼각법이다.

11 [2019년 기출]

차량의 주행특성에 관한 설명 중 틀린 것은?

① 언더 스티어링(Under Steering)은 전륜의 조향각에 의한 선회반경보다 실제 선회반경이 커지는 현상을 말하고 이 경우는 전륜의 횡활각이 후륜의 횡활각보다 크다.
② 언더 스티어링(Under Steering)은 후륜에서 발생한 회전력이 큰 경우이다.
③ 오버 스티어링(Over Steering)은 전륜의 조향각에 의한 선회반경보다 실제 선회반경이 커지는 경우를 말하고 이 경우는 후륜의 횡활각이 전륜의 횡활각보다 크다.
④ 오버 스티어링(Over Steering)은 전륜에서 발생하는 선회력이 큰 경우이다.

해설 오버 스티어링(Over Steering)은 전륜의 조향각에 의한 선회반경보다 실제 선회반경이 커지는 경우를 말하는 것이 아니라 선회반경이 작은 경우를 말한다.

12 [2018년 기출]

사고현장 도면 작성시 위치측정을 위한 비고정 기준점은?

① 교차로 모서리의 가상 교차점
② 건물의 모서리
③ 각종 표지판의 지주
④ 신호등의 지주

해설 교차로 모서리의 가상 교차점은 고정물체가 아니다.

정답 10 ④ 11 ③ 12 ①

13 2018년 기출

노면흔적 측정시 3점 이상의 측점을 필요로 하는 대상이 아닌 것은?

① 곡선으로 나타난 타이어 흔적
② 노면상의 패인 흔적
③ 직선으로 길게 발생하다가 마지막 부분에 휘어지거나 변형이 있는 타이어 흔적
④ 직선으로 발생한 갭 스키드마크

해설 노면상의 패인 흔적은 짧기 때문에 3점 이상의 측점을 필요로 하지 않는다.

14 2017년 기출

대형차량의 스키드마크(skidmark)가 아래와 같이 도로상에 현출되었을 때 속도계산에 적용할 길이 측정 부분으로 가장 적절한 것은? (단, 1, 2축은 단륜, 3, 4축은 복륜)

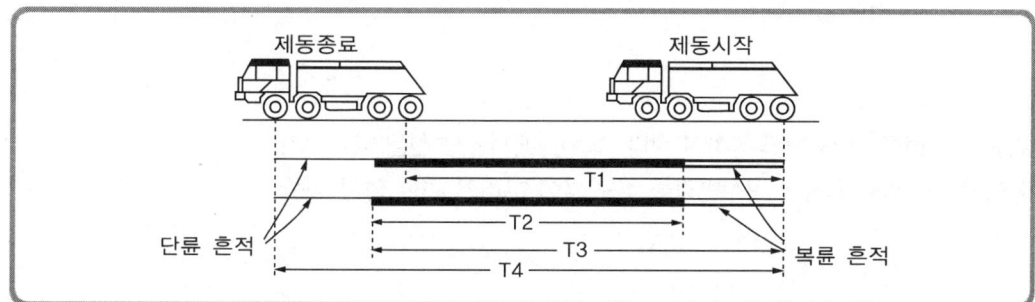

① T1
② T2
③ T3
④ T4

해설 속도계산에 적용할 스키드마크(skidmark)의 길이 측정은 자국이 발생한 구간에서 앞바퀴이든, 뒷바퀴이든 시작 지점에서 끝 지점까지의 길이이다.

속도산출에 대입할 스키드마크의 길이는 앞바퀴와 뒷바퀴의 흔적이 겹쳐졌을 때 축간거리를 제외해야 한다.

정답 13 ② 14 ①

15 2017년 기출

다음 중 교통사고 현장의 도로를 측정한 결과 그림과 같은 결과를 얻었다. 이 도로의 곡선반경은?

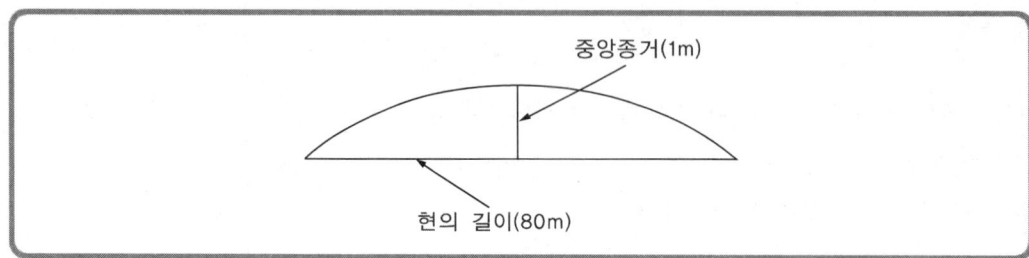

① 약 201m ② 약 396m
③ 약 801m ④ 약 996m

해설 $R = \dfrac{C^2}{8M} + \dfrac{M}{2} = \dfrac{80^2}{8 \cdot 1} + \dfrac{1}{2} = 800.5m ≒ 801m$

16 2017년 기출

오토 캐드(Auto CAD)를 이용하여 현장상황도를 작성하려 한다. 교차로에서 연석선을 표현하기 위해 직선을 긋고 가각부를 표시하기 위해 일정한 곡선반경을 갖는 호를 그리기 위한 명령어는?

① FILLET ② CHAMFER
③ TRIM   ④ OFFSET

해설 곡선부분, 둥근모서리 부분을 그리기 위한 명령어는 FILLET이다.

17 2016년 기출

위치 측정법 중 각도와 거리를 이용하여 측정하는 방법은?

① 삼각법(Triangulation) ② 좌표법(Coordinate Method)
③ 코드법(Cord Method)   ④ 폴라법(Polar Method)

해설 위치 측정법 중 각도와 거리를 이용하여 측정하는 방법은 폴라법(Polar Method)이다.

18 2016년 기출

위치측정 방법 중 삼각법과 좌표법 비교시 삼각법의 설명으로 **틀린** 것은?

① 도로경계석과 그 연장선을 기준선으로 활용한다.
② 2개의 거리측정은 각각 서로 직각으로 할 필요가 없다.
③ 기준선(reference line)이 불필요하다.
④ 측점의 방향을 지정할 필요가 없다.

해설 위치측정 방법 중 삼각법은 도로경계석과 그 연장선을 기준선으로 활용할 필요는 없다.

19 2016년 기출

교통사고 도면 작성시, 충돌위치를 파악하기 위한 일반적인 기준점에 해당하지 **않는** 것은?

① 노변 적하물
② 건물 후퇴선
③ 신호등 지주
④ 길가장자리구역선이 만나는 점

해설 노변 적하물은 고정성이 보장되지 않기 때문에 교통사고 도면 작성시, 충돌위치를 파악하기 위한 일반적인 기준점에 해당하지 않는다.

20 2015년 기출

사고현장 도면 작성시 나타내어야 할 표시사항으로 가장 중요성이 **적은** 것은?

① 도로의 등급
② 사고차량의 최종 정지위치
③ 차량 밖으로 튕겨나간 운전자의 최종위치
④ 노면에 나타난 타이어흔적 및 노면파인 흔적

해설 도로의 등급은 그다지 중요한 사항이 아니다.

21 2014년 기출

사고 결과물을 측정할 때 1점의 측정을 필요로 하는 대상은?

① 차량에 충격된 가로수 위치
② 직선으로 나타난 긴 타이어자국
③ 길게 뿌려진 파편흔적
④ 곡선으로 나타난 타이어흔적

해설 ②, ③, ④번은 1점의 측정으로는 부족하다.

정답 18 ① 19 ① 20 ① 21 ①

22 [2014년 기출]

교통사고 조사 분석 업무를 위해 현장조사 단계에서 증거물에 대한 기록을 위해 삼각측정(Triangulation)을 하려고 한다. 삼각측정법과 거리가 먼 것은?

① 삼각측정의 측정원리는 두 기준점과 각종 측정점이 삼각형을 형성하도록 하고 그 거리를 측정하는 것이다.
② 기준점의 위치는 각도가 작은 너무 납작한 형태의 삼각형이 생기지 않도록 해야 정확한 측정을 할 수 있다.
③ 도면상에 표시할 때는 측정점에서 두 기준점까지의 거리를 각각 측정하고, 이 거리를 축척에 맞추어 자와 컴퍼스를 이용하여 도면에 그린다.
④ 최소한 3개의 기준점이 필요하다.

해설 최소 2개의 기준점만으로도 충분하다.

23 [2014년 기출]

도로의 종단경사 각도(°, Degree)를 측정한 결과 5°였다. 이 도로의 경사도(백분율, %)는 얼마인가?

① 5.24% ② 8.75%
③ 6.24% ④ 7.12%

해설 $\tan 5 ≒ 0.08749 ≒ 0.0875 = \dfrac{8.75}{100} = 8.75\%$

24 [2013년 기출]

축거(Wheel base)와 윤거(Wheel width)가 각각 2.6m와 1.5m인 차량의 모든 바퀴(4바퀴)가 동시에 잠기면서 4바퀴 모두에서 스키드마크(skidmark)가 발생하였다. 이 때 앞뒤바퀴 흔적이 겹쳐 시작지점에서 끝지점까지 전체 길이가 27m로 측정되었다면, 스키드마크 발생시점의 속도를 산정하기 위해 적용할 수 있는 제동거리는?

① 29.6m ② 27m
③ 25.5m ④ 24.4m

해설 앞뒤바퀴 흔적이 겹치는 경우는 측정한 스키드마크(skidmark)의 총 길이(27m)에서 축거(2.6m)를 빼야 한다. 따라서 27m - 2.6m = 24.4m

정답 22 ④ 23 ② 24 ④

25 2011년 기출

단일 커브로의 곡선부분에서 피타고라스 정리에 의해 곡선반경 값을 구하는 공식은?

① $R^2 = (\dfrac{C}{2})^2 + (R+M)^2$

② $R^2 = (\dfrac{2}{C})^2 + (R+M)^2$

③ $R^2 = (\dfrac{M}{2})^2 + (R+C)^2$

④ $R^2 = (\dfrac{C}{2})^2 + (R-M)^2$

해설 곡선반경 값을 구하는 공식의 아래 그림에서 피타고라스 정리를 적용하면, 현(C)의 1/2은 밑변($\dfrac{C}{2}$)이 되고, 곡선반경(R)에서 중앙종거(M)을 빼면 높이($R-M$)가 되며, 빗변은 곡선반경(R)이 되는데 피타고라스 정리 (빗변)² = (밑변)² + (높이)²를 적용할 때, $R^2 = (\dfrac{C}{2})^2 + (R-M)^2$를 정리하면 곡선반경 산출공식 $R = \dfrac{C^2}{8M} + \dfrac{M}{2}$이 유도된다.

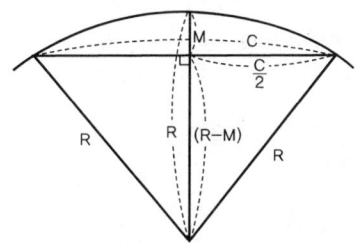

정답 25 ④

5 사고현장 사진촬영 방법

01 [2020년 기출]
다음 중 사고차량 사진촬영 방법으로 틀린 것은?

① 사진 한 장에 차량전면이 나오도록 촬영한다.
② 사진촬영시 직접충돌부분만 강조하여 촬영한다.
③ 차량전체 파손모습을 촬영한다.
④ 대상이 렌즈의 초점거리 이내에서 명확히 촬영되지 않을 경우에는 접사렌즈나 접사필터를 사용한다.

해설 사고차량에 대한 사진촬영에 있어 직접충돌부분(Contact damage) 뿐만 아니라 간접충돌부분(Induced damage)도 촬영해 두는 것이 충격의 여파를 설명하기 위하여 필요하다.

02 [2019년 기출]
사고조사시 사진촬영 방법으로 틀린 것은?

① 사고현장의 특성이 잘 나타나도록 촬영하는 것이 효과적이다.
② 흔적 및 물체에 대해 사진을 찍을 때는 가까이와 멀리서 모두 촬영한다.
③ 사고차량 촬영시 손상이 발생한 한쪽 부분만 촬영한다.
④ 사고현장이나 물체 등은 일방향이 아닌 여러 방향에서 촬영하여야 유용하다.

해설 손상이 발생한 부분과 손상이 없는 부분의 경계부분과 손상이 없는 부분도 촬영하여 손상의 전체 개요를 알 수 있게 표현해야 한다.

03 [2016년 기출]
교통사고 관련 사진촬영의 필요성에 대한 설명으로 틀린 것은?

① 교통사고 분석시 사고현장 기억의 단서가 된다.
② 법적 증거자료는 되지 않는다.
③ 항구적 보관능력과 증거불변성이 있다.
④ 교통사고 분석의 기본 자료로 활용된다.

해설 교통사고 관련 사진은 법적 증거자료도 된다.

정답 01 ② 02 ③ 03 ②

제2장 인적조사

1 인터뷰조사의 개념

01 2016년 기출

교통사고 분석시 심리적 오류에 해당하지 <u>않는</u> 것은?

① 사실과 의견을 명확히 분리시키지 않은 것
② 비약하여 결론을 짓는 것
③ 사고의 발생요인을 명확하게 구별하지 않은 것
④ 실증이나 사실을 누락시키지 않은 것

[해설] 실증이나 사실은 심리적인 항목이 아니다.

정답 01 ④

2 인터뷰조사의 방법

01 [2021년 기출]
다음 일반적인 인터뷰 조사방법 중 가장 잘못된 것은?

① 알맞은 용어를 사용하고, 의미가 같더라도 부드럽고 점잖은 느낌이 가도록 조사한다.
② 진술자의 기억능력과 관계없이 조사관의 확신에 따라 다발적으로 조사한다.
③ 조사관이 중요하게 조사하고자 하는 점을 상대방에게 감지되지 않도록 한다.
④ 여러 가지를 반복 진술케 하여 불합리한 점 또는 모순된 점을 포착한다.

해설) 진술자의 기억능력을 무시하는 것은 바람직하지 않다.

02 [2021년 기출]
교통사고 조사과정은 일반적으로 5단계로 구분된다. 2단계인 현장조사단계에 대한 설명과 가장 거리가 먼 것은?

① 승차자 보호장구 조사
② 차량과 사람의 최종위치 확인 및 측정
③ 타이어 흔적, 추락, 비행 등으로부터 속도 분석
④ 목격자 발견 및 확인

해설) 타이어 흔적, 추락, 비행 등으로부터 속도 분석은 3단계 기술적 분석에 속한다.

03 [2018년 기출]
사고차량 운전자를 인터뷰 조사할 때 바람직하지 않은 질문방법은?

① 객관적으로 질문한다.
② 추상적으로 질문한다.
③ 구체적으로 질문한다.
④ 사고 전·후 상황에 대한 질문을 한다.

해설) 추상적으로 질문하는 것은 아무런 도움이 안 된다.

04 [2014년 기출]
교통사고 관련자 인터뷰 요령으로 적합하지 않은 것은?

① 긍정적이어야 한다.
② 구체적이어야 한다.
③ 주관적이어야 한다.
④ 중립적인 자세를 지켜야 한다.

해설) 객관적이어야 한다.

정답 01 ② 02 ③ 03 ② 04 ③

05 [2011년 기출]

교통사고 조사시 질문에 의한 조사방법을 나타낸 것이다. 틀린 것은?

① 사고에 관해 무엇을 알고 있는지 단계별로 밝힌다.
② 편견없이 조사하여야 한다.
③ 질문에 대한 답변이 부족하면 논쟁도 불사한다.
④ 질문은 명확하고 특별하게 한다.

해설 질문 내용에 의한 진의를 파악하며 답변에 대해 논쟁하거나 공격적으로 응답하지 말아야 한다.

06 [2007년 기출]

면접 구술조사를 반드시 해야 할 교통사고 관련자가 아닌 것은?

① 탑승자
② 목격자
③ 부상자 가족
④ 사고차량 운전자

해설 부상자 가족은 면접 구술조사의 대상이 아니다.

정답 05 ③ 06 ③

3. 인체 상해도에 대한 이해

01 [2021년 기출]

면도칼, 칼, 유리 파편과 같은 예리한 물체에 의해 피부조직의 연결이 끊어진 손상은?

① 열창(Lacerated Wound)　② 절창(Cut Wound)
③ 좌창(Contused Wound)　④ 골절(Abrasion)

해설 절창(Cut Wound)은 피부조직의 분리이다.

상해		발생원인
창상	절창	예리한 물체(칼, 못, 유리조각, 파편 등)에 의해 베어 혈관 또는 신경과 인대가 절단되는 상처
	열창	둔기에 의하여 피부가 찢어진 상처
	결손창	피부 또는 근육이 떨어져 나가 없어진 상처
	자상	피부 또는 근육이 찔려 출혈이 발생하는 상처
	찰과상	거칠거나 딱딱한 물체의 표면에 피부 표면이 마찰하여(문질러져) 표피와 진피의 일부가 떨어져 나간 상처
좌상		물체에 끼거나 부딪쳐서 인대가 무리한 힘을 받아 과다하게 비틀어짐으로써 장애가 생기는 상처
염좌		관절 주위의 근육, 혈관, 인대가 손상되어 붓고 통증을 유발하는 상처
탈구		관절이 정상 위치에서 이탈하여 모양이 변하고 통증을 유발하는 상처
골절		뼈가 부러지는 상처

02 [2021년 기출]

역과와 같은 거대한 외력이 작용하면 외력이 작용한 부위에서 떨어진 피부가 피부할선을 따라 찢어지는 손상을 무엇이라 하는가?

① 박피손상(剝皮損傷)　② 편타손상(鞭打損傷)
③ 전도손상(轉到損傷)　④ 신전손상(伸展損傷)

해설 신전손상(伸展損傷)에 관한 설명이다.

03 [2021년 기출]

간략화 상해기준(Abbreviated Injury Scale)에 대한 설명으로 틀린 것은?

① AIS는 교통사고로 인해 상해가 발생한 각 신체부위에 대한 생명의 위험도를 분류하여 상해도로 표시한 것이다.
② AIS는 1~6 및 9의 숫자로 표시되며, 생존불능의 경우를 AIS 1로 표현한다.
③ AIS 9는 원인 및 증상을 자세히 알 수가 없어서 분류가 불가능한 경우를 의미한다.
④ AIS는 인체를 외피, 두부, 경부, 흉부, 복부, 척추, 사지의 7가지 부위로 나누어 적용한다.

해설 생존불능의 경우는 AIS 6에 해당한다.

정답 01 ② 02 ④ 03 ②

04 2021년 기출

보행자가 자동차에 충격된 후 지면에 떨어져서 나타나는 손상은?

① 편타손상(鞭打損傷)
② 신전손상(伸展損傷)
③ 전도손상(轉到損傷)
④ 역과손상(轢過損傷)

해설 전도손상(轉到損傷)에 관한 설명이다.

05 2021년 기출

보행자와 차량 간 충돌사고시 보행자의 상해 심각도(Injury Severity)에 영향을 미치는 요인 중 가장 거리가 먼 것은?

① 차량 전면부의 형태
② 보행자 신체조건
③ 충돌속도
④ 안전띠 착용 여부

해설 안전띠 착용 여부는 차내 탑승자와 관련되고, 보행자 상해는 관련 없다.

06 2020년 기출

다음 중 보행자 사고 조사로 틀린 것은?

① 자동차의 전면유리 파손부위를 조사한다.
② 보행자의 최종 정지위치는 조사할 필요가 없다.
③ 보행자와 자동차의 충돌부위를 조사한다.
④ 차체에 묻어있는 보행자의 흔적을 조사한다.

해설 보행자의 최종 정지위치는 중요한 조사항목이다.

07 2020년 기출

상해에 대한 설명 중 틀린 것은?

① 탈구란 관절의 완전한 파열이나 붕괴가 일어나 관절연골면의 접촉이 완전히 소실된 상태
② 역과창이란 자동차 등이 신체의 일부를 역과하여 발생하는데 경할 때는 피하출혈만 발생하나 중할 때는 심한 좌창 또는 사지나 두부의 절단, 골절 등을 일으키는 경우도 있다.
③ 결손창이란 외부 및 연부조직의 일부가 떨어져 나간 상태
④ 좌창이란 둔한 날을 가진 기물에 의해 생기며 그 작용이 피부의 탄력이 정도를 넘었을 때 생긴다.

해설 둔한 날을 가진 기물에 의해 생기며 그 작용이 피부의 탄력이 정도를 넘었을 때 생기는 상처는 열창이다.

정답 04 ③ 05 ④ 06 ② 07 ④

08 2018년 기출

다음 인체골격 중 하지골에 해당하지 않는 것은?

① 흉골
② 비골
③ 대퇴골
④ 경골

해설) 흉골은 상반신(상체)에 있고, 하체에 하지골이 있는데 대퇴골과 경골·비골이 있다.

09 2017년 기출

다음 인체골격 중 흉부에 해당되지 않는 것은?

① 관골(Zygomatic bone)
② 복장뼈(Sternum)
③ 흉골(Breast bone)
④ 늑골(Rib)

해설) 관골은 속칭 광대뼈로서 안면부에 해당한다.

10 2017년 기출

우리나라에서는 자동차 사고로 인한 상해 정도를 구분하기 위해 AIS-Code를 사용하고 있는데, '상해도 9'는 무엇을 의미하나?

① 상해가 가볍고 그 상해를 위한 특별한 대책이 필요 없을 때
② 생명의 위험은 적지만 상해 자체가 충분한 치료를 필요로 할 때
③ 의학적 치료의 범위를 넘어서 구명의 가능성이 불확실할 때
④ 원인 및 증상을 자세히 알 수가 없어 분류가 불가능할 때

해설) 아래 표 참조

	상해등급(AIS)	머리	흉부	사망률	HIC
1	(Minor) 경상	두통 또는 현기증	늑골 1개 골절	0.0	328
2	(Moderate) 중상(中傷)	의식불명(1시간 미만), 선형 골절	늑골 2~3개 골절, 흉부 골절	0.1~0.4	922
3	(Serious) 중상(重傷)	의식불명(1~6시간 미만), 함몰 골절	심장 타박상, 늑골 2~3개 골절 (혈 또는 기흉 존재)	0.8~2.1	1187
4	(Severe) 중태	의식불명(6~24시간 미만), 함몰 골절	늑골 양쪽 3개 이상 골절, 소 혈종	7.9~10.6	1391
5	(Critical) 빈사	의식불명(24시간 이상), 대혈종	대동맥의 심한 열상	53.1~58.4	1675
6	(Maximum Injury) 최대부상	-	-	사실상 생존하기 힘듦	
9	(unknown) 불상(不詳)				

● 상해등급 또는 상해도는 빈번하게 출제되는 것은 아니므로 암기할 필요는 없고 간단한 이해정도에 그쳐도 된다고 본다.

정답 08 ① 09 ① 10 ④

11 2016년 기출

차량 내 안전장치 중 편타손상(Whiplash Injury)을 줄이기 위한 것은?

① 전면 에어백(front airbag)
② 측면 에어백(side airbag)
③ 안전띠(seat belt)
④ 머리받침(headrest)

해설) 머리받침(headrest)은 편타손상(Whiplash Injury)을 줄이기 위한 것이다.
머리가 뒤로 꺾이면 목 부위에 강한 충격을 주어 편타손상이 발생하므로 이것을 방지하기 위하여 자동차의 설계시 등받이 시트 위에 두부후굴방지장치(Headrest)를 설치하도록 하고 있다.

12 2016년 기출

차량 내의 스티어링 휠(핸들)에 의해 상해를 입을 가능성이 가장 낮은 것은?

① 인체의 두부에서 좌상이나 표피박탈이 나타난다.
② 인체의 흉부에서 피하출혈이 나타난다.
③ 인체의 무릎에서 좌상이나 표피박탈이 나타난다.
④ 인체의 안면부에서 좌상이나 표피박탈이 나타난다.

해설) 무릎은 스티어링 휠(핸들)에 의해 상해를 입을 가능성은 거의 없다.

13 2016년 기출

둔한 날을 가진 기물에 의하여 생기며, 그 작용이 피부의 탄력정도를 넘었을 때 생기는 신체상해는?

① 절창(Cut wound)
② 염좌(Sprain)
③ 열창(Lacerated wound)
④ 자창(Stab wound)

해설) 둔한 날을 가진 기물에 의해 피부의 탄력정도를 넘은 신체상해는 열창(Lacerated wound)이다.

14 2015년 기출

다음 인체부위 구분 중 틀린 것은?

① 외피 – 전신의 표피
② 척추 – 척추, 골반골
③ 경부 – 경부, 인두후
④ 흉부 – 흉부장기, 흉곽(늑골)

해설) 척추 - 경추골, 흉추골, 요추골

정답 11 ④ 12 ③ 13 ③ 14 ②

15 [2014년 기출]

2점식 안전띠에 의한 주된 손상부위로 적합한 것은?

① 두부손상　　② 흉부손상
③ 하지손상　　④ 하복부손상

해설 2점식(허리벨트)은 어깨벨트가 없어 하복부손상 가능성이 있다.

16 [2013년 기출]

보행자가 차량에 역과되었을 경우 신체에 나타나는 현상으로 가장 거리가 먼 것은 무엇인가?

① 박피손상(Avulsion)
② 바퀴흔적(Tire mark)
③ 신전손상(Extension injury)
④ 편타손상(Whiplash injury)

해설 편타손상(Whiplash inury)은 차량끼리 충돌(주로 후미추돌)에서 승차자의 머리가 앞뒤로 흔들릴 때 발생하는 상해이다.

17 [2013년 기출]

칼, 바늘, 못과 같은 예리한 물체에 찔려서 생기는 신체 상해는 무엇인가?

① 표피박탈(Abrasions, Excoriation)
② 피하출혈(Subcutaneous hemorrhage)
③ 염좌(Sprain)
④ 자창(Stab wounds)

해설 찔려 발생한 상해는 자창, 자상이라고 한다.

18 [2011년 기출]

인체골격 중 척추에 해당하지 않는 것은?

① 추간판　　② 경추
③ 흉추　　　④ 척골

해설 척추에는 크게 경추골, 흉추골, 요추골의 3가지가 있고, 위 각 추골 사이에 추간판이 있다. 척골은 팔뚝(前腕 : 전완)을 구성하는 안쪽 뼈를 말한다(바깥쪽 뼈는 요골이라고 한다).

정답 15 ④　16 ④　17 ④　18 ④

19 [2011년 기출]

탑승자의 상해 중 안전벨트에 의한 상해의 설명으로 옳지 않은 것은?

① 경부가 전후로 과신전 및 과굴곡 되면서 경추의 탈구, 골절 및 경추손상과 주변 연조직에 손상을 일으키는 것을 말한다.
② 2점식은 하복부에 표피박탈 및 좌상을 일으킬 수 있다.
③ 3점식은 흉부좌상, 쇄골 및 늑골의 골절, 상행대동맥 및 간의 파열을 일으킬 수 있다.
④ 드물기는 하지만 안전벨트에 의하여 다양한 상해가 발생하여 심지어 치명적인 경우도 있다.

[해설] 경부가 전후로 과신전 및 과굴곡 되면서 경추의 탈구, 골절 및 경추손상과 주변 연조직에 손상을 일으키는 것은 편타성 상해(whiplash injury)로 추돌사고의 목상해를 말하는 것이다.

20 [2011년 기출]

다음 하체의 상해 중 관절이 제자리에서 이탈된 상태를 무엇이라 하나?

① 창상
② 염좌
③ 탈구
④ 좌상

[해설] 상해에 관한 표 참조

21 [2010년 기출]

교통사고시 3점식 안전띠에 의한 손상부위 중 비교적 덜 발생되는 부위는?

① 두부찰과상
② 흉부좌상
③ 늑골골절
④ 간의 파열

[해설] 두부찰과상은 안전띠와 관계없다.

22 [2010년 기출]

사망한 탑승자 중 사고 직전 운전을 했을 것으로 의심되는 손상을 입은 사람은?

① 손목이나 전박부에 골절이 있는 탑승자
② 골반 및 요추(2, 3번)에 골절이 있는 탑승자
③ 장간막의 부착부가 찢어진 탑승자
④ 복부장기가 안전띠와 척추사이에 끼어 파열된 탑승자

[해설] ① 핸들에 부딪쳐 입을 상해이다.

정답 19 ① 20 ③ 21 ① 22 ①

23 2010년 기출
표피박탈, 피하출혈, 열창 등 손상의 공통점은?

① 예기에 의한 손상
② 둔기에 의한 손상
③ 총상
④ 내부장기 손상

해설 둔기손상의 공통적 상해이다.

24 2009년 기출
둔력에 의해서 피부와 피하조직이 하방의 근막으로부터 박피되는 손상은?

① 골절손상
② 박피손상
③ 탈구손상
④ 신전손상

해설 박피손상에 관한 설명이다.

25 2009년 기출
다음은 자동차에 의한 인체손상의 해석이다. 틀린 것은?

① 제일 먼저 차체와 충돌되어 생긴 손상을 제1차 충격손상이라 한다.
② 제1차 충격손상 후 신체가 차체등에 부딪혀 생기는 손상을 전도손상이라 한다.
③ 보행자는 차체 충돌뿐만 아니라 지면에 착지하면서 상해를 입을 수 있다.
④ 차량에 역과 되어서 발생되는 손상을 역과손상이라 말한다.

해설 제1차 충격손상 후 신체가 차체 등에 부딪혀 생기는 손상을 제2차손상이라 한다.

26 2007년 기출
간략화 상해기준(AIS)의 상해도가 적절하지 않은 것은?

① 상해도 1-경상(minor)
② 상해도 3-중상(serious)
③ 상해도 5-빈사(critical)
④ 상해도 9-사망(dead)

해설 상해도 9는 불상(unknown), 즉, 원인 및 증상을 자세히 알 수가 없어 분류가 불가능한 경우가 포함된다.

정답 23 ② 24 ② 25 ② 26 ④

제3장 차량조사

1. 차량관련 용어의 이해

01 [2021년 기출]

자동차의 기본구조를 가장 바르게 설명한 것은?

① 자동차는 크게 나누어 엔진과 자동차 실내로 분류할 수 있다.
② 자동차는 크게 나누어 차체와 섀시로 분류할 수 있다.
③ 자동차는 크게 나누어 제동장치와 현가장치로 분류할 수 있다.
④ 자동차는 크게 나누어 타이어와 섀시로 분류할 수 있다.

[해설] 자동차는 크게 나누어 차체(Body)와 섀시(Chassis)로 분류되는데 차체를 제외한 부분을 섀시라고 한다. 섀시(Chassis)는 자동차를 구성하는 가장 기본이 되는 토대로, 자동차의 주행과 자동차에 가해지는 모든 하중을 감당하는 역할을 하는 구조물이다. 섀시는 골격에 해당하는 프레임과 심장에 해당하는 파워트레인, 그리고 구동축, 조향장치, 제동장치, 현가장치 등으로 이루어진다.

- 용어의 정의를 알아두면 문제들 거의 대부분을 풀 수 있다.
- 중요도 ○

02 [2021년 기출]

다음 중 용어 정의가 적절하지 않은 것은?

① 브레이크 페이드(Brake Fade) : 브레이크 장치 유압회로 내에 생기는 것으로 브레이크를 연속적으로 사용할 경우 사용액체가 증발되어 정상제동이 되지 않는 현상
② 잭 나이프(Jack Knife) : 제동시 안정성을 잃고 트랙터와 트레일러가 접혀지는 현상
③ 하이드로플래닝(Hydroplaning) : 노면과 타이어 사이에 수막이 형성되어 차량이 마치 수상스키를 타듯이 물 위를 활주하는 현상
④ 뱅킹(Banking) : 오토바이 운전자가 커브길을 돌 때 직선도로와 달리 차체를 안쪽으로 기울이면서 주행하는 현상

[해설]
• 브레이크 페이드(Brake Fade) : 긴 내리막길을 브레이크 페달에만 의지하면서 내려갈 때 드럼과 라이닝에 마찰열이 축적되어 마찰계수가 저하되면서 제동력이 현저히 감소되는 현상
• 베이퍼 록(Vapor lock) : 브레이크 장치 유압회로 내에 생기는 것으로 브레이크를 연속적으로 사용할 경우 사용액체가 증발되어 정상제동이 되지 않는 현상

- 중요도 ○○○
- 2017년 동일 기출문제 출제 "브레이크 페이드", "베이퍼 록" 혼동이 없도록 정확한 이해 필요

정답 01 ② 02 ①

03 2021년 기출

사고기록장치(Event Data Recorder)의 저장기록과 가장 관련이 없는 차량 부품은?

① 방향지시등
② 조향핸들
③ 에어백
④ 안전띠

해설 사고기록장치에 기록되는 데이터를 통해 핸들조향 여부, 에어백 및 안전띠 작동 여부 등의 파악이 가능하다.

04 2021년 기출

차량 전면에서 앞바퀴를 보았을 때 휠의 중심선과 노면에 대한 수직선이 이루는 각도를 무엇이라고 하는가?

① 캠버(Camber)
② 캐스터(Caster)
③ 토우-인(Toe-in)
④ 킹핀 경사각(Kingpin Inclination)

해설 캠버각에 관한 설명이다.
차륜정렬(Wheel alignment)의 요소는 다음과 같다.

요소	정의	기능
캠버 (Camber)	정면에서 볼 때 바퀴의 중심선과 노면에 대한 수직선이 이루는 각도	하중을 받을 때 앞바퀴가 아래로 벌어지는 것을 방지
캐스터 (Caster)	앞바퀴를 옆에서 볼 때 조향축의 중심선과 노면에 대한 수직선이 이루는 각도	조향했을 때 되돌아오는 복원력을 발생
토우인 (toe-in)	앞바퀴를 위에서 볼 때 앞쪽이 뒤쪽보다 좁게 된 것	바퀴가 벌어지는 것을 방지·미끄러짐과 타이어 마모 방지
킹핀 (king pin)	앞바퀴의 위·아래 볼 조인트의 중심을 잇는 직선과 수직선이 이루는 각도	• 핸들 조작력의 경감 • 주행 및 제동시 충격완화 • 핸들의 복원력 증대

05 2021년 기출

다음 내용에 대한 설명으로 가장 알맞은 것은?

> 자동차가 코너링할 때 목표보다 바깥쪽으로 향하려는 현상

① 오버 스티어링(Over Steering)
② 언더 스티어링(Under Steering)
③ 뉴트럴 스티어링(Neutral Steering)
④ 리버스 스티어링(Reverse Steering)

해설 언더 스티어링(Under Steering) : 자동차가 속도를 높이면 궤적반경이 저절로 커져 궤적의 바깥으로 향하려는 현상
오버 스티어링(Over Steering) : 궤적반경이 저절로 작아져 궤적의 안쪽으로 향하려는 현상

정답 03 ① 04 ① 05 ②

06 2020년 기출

차량 속도와 타이어 회전속도 간의 관계를 나타내는 것은?

① 슬립률(Slip Ratio)
② 토크(Torque)
③ 횡방향 마찰계수
④ 최대출력

해설 슬립(Slip)이란 차량의 속도가 떨어지도록 바퀴 타이어의 구름(Rolling)이 억제된 상태로 진행하는 것이다. 정상 주행중인 차량을 감속 또는 정지시키기 위하여 타이어의 회전 속도를 낮추는 방법으로 바퀴 타이어를 슬립(Slip)시킨다. 슬립률(Slip Ratio)은 차량의 주행속도에 대한 차량의 주행속도와 타이어의 회전속도의 차(差)이다.
이것을 방정식으로 쓰면 아래와 같다.

$$s = \frac{V - R\omega}{V}$$

(s : 슬립률, V : 주행속도, R : 타이어의 유효반경, ω : 타이어의 회전각속도, $R\omega$: 타이어의 회전속도)

07 2020년 기출

타이어의 특성에 관한 설명 중 틀린 것은?

① 타이어를 평판 위에 놓고 수직하중을 걸면 노면에 일정한 접지 형상을 얻을 수 있고, 이때 가로방향의 길이를 접지 길이(Contact Length)라 한다.
② 접지면의 면적을 접지면적 또는 총 접지면적(Gross Contact Area)이라 하며, 실제 접지부분의 면적 즉 접지면적에서 그루브(Groove)부분을 뺀 것을 실접지면적 또는 유효접지면적(Actual Contact Area)이라 한다.
③ 접지부의 단위면적당 걸리는 하중을 접지압이라 하고, 그 중에서 접지압을 단위면적으로 나눈 값을 일반 접지압이라 한다.
④ 보통 수직하중을 세로축에 접지길이 혹은 접지폭을 가로축으로 잡아 공기압을 변화시키면 접지폭은 어느 시점에서 더 이상 증가하지 않고 멈추게 되며, 접지길이만 증가하는 경향을 나타낸다.

해설 일반 접지압이라는 용어는 존재하지 않는다.

08 2020년 기출

자동차의 제원을 나타내는 정의 중 틀린 것은?

① 윤거 : 좌·우 타이어 접촉면의 중심에서 중심까지의 거리로 복륜은 복륜간격의 중심 간 거리
② 최소회전반경 : 자동차가 최대 조향각으로 저속회전할 때 가장 바깥쪽 바퀴의 접지면 중심이 그리는 원의 반지름
③ 램프각(Ramp Angle) : 축거의 중심점을 포함한 차체 중심면과 수직면의 가장 낮은 점에서 앞바퀴와 뒷바퀴 타이어의 바깥 둘레를 그은 선이 이루는 각도
④ 조향각 : 자동차가 방향을 바꿀 때 조향바퀴의 스핀들이 선회 이동하는 각도로 보통 최소값으로 나타냄

해설 조향각은 자동차가 방향을 바꿀 때 조향바퀴의 스핀들이 선회 이동하는 각도로 보통 최대값으로 나타냄

정답 06 ① 07 ③ 08 ④

09 2020년 기출

선회하는 자동차의 운동특성에 대한 설명 중 옳은 것은?

① 원심력은 속도와 관련 없다.
② 한계선회속도를 구하기 위한 마찰계수는 횡미끄럼마찰계수를 적용한다.
③ 안전하게 선회주행하기 위해서는 횡방향 마찰력이 원심력보다 작아야 한다.
④ 차량의 한계선회속도는 곡선반경이 클수록 낮아진다.

[해설]
① $F = \dfrac{mv^2}{R}$ 이므로 속도의 제곱에 비례한다.
② 가속도 $a = \mu g$에서 선회하는 자동차의 운동은 횡방향가속도와 관련되므로 마찰계수도 횡방향 마찰계수가 관련된다.
③ 횡방향 마찰력은 $F = ma = m\mu g$, 원심력은 $F = \dfrac{mv^2}{R}$ 인데, 원심력은 원의 바깥쪽으로 작용하는 힘이므로 원심력이 횡방향 원심력보다 작아야 원(곡선)을 벗어나지 않게 된다.
④ $\dfrac{mv^2}{R} = m\mu g$
$\dfrac{v^2}{R} = \mu g$
$v = \sqrt{\mu g R}$
차량의 한계선회속도는 곡선반경이 클수록 커진다.

10 2019년 기출

자동차가 주행할 때 노면에서 받는 진동이나 충격을 흡수하기 위해 설치된 장치는?

① 동력전달장치
② 조향장치
③ 현가장치
④ 제동장치

[해설] 노면에서 받는 진동이나 충격을 흡수하는 장치는 현가장치이다.

11 2019년 기출

사고차량 타이어의 사이드월(Sidewall)에 표기된 DOT는 아래와 같다. 타이어의 제작년월은?

```
DOT E220 872B  0703
```

① 2007년 1월
② 2007년 3월
③ 2003년 7월
④ 2003년 2월

[해설] 제조시기를 나타내는 것이다. 앞 두 숫자 '07'은 몇째주 번호, 뒤 두 숫자 '03'은 제조년도임. 2003년도 7번째주이므로 2003년 2월임.

정답 09 ② 10 ③ 11 ④

12 2019년 기출

다음 타이어의 구조에서 틀린 것은?

① 숄더(Shoulder) : 트레드와 사이드월 사이에 위치하고 구조상 고무의 두께가 가장 두껍기 때문에 주행 중 내부에서 발생하는 열을 쉽게 발산할 수 있도록 설계되어 있다.
② 사이드월(Sidewall) : 일부 승용차용 래디얼 타이어의 벨트에 위치한 특수 코드지로 주행시 벨트의 움직임을 최소화한다.
③ 비드(Bead) : 스틸 와이어에 고무를 피복한 사각 또는 육각형태의 와이어 번들로 타이어를 림에 안착하고 고정시키는 역할을 한다.
④ 이너 라이너(Inner Liner) : 튜브 대신 타이어의 안쪽에 위치하고 있는 것으로 공기의 누출을 방지한다.

해설
• 캡 플라이(Cap Ply) : 일부 승용차용 래디얼 타이어의 벨트에 위치한 특수 코드지로 주행시 벨트의 움직임을 최소화한다.
• 사이드 월(Side Wall) : 숄더 아랫부분부터 비드 사이의 고무층을 말하며 내부의 카카스를 보호하는 역할을 한다.

13 2019년 기출

다음 중 자동차의 제원에 대한 설명으로 틀린 것은?

① 전장 : 자동차의 최대 길이
② 전폭 : 자동차의 최대 높이
③ 축거 : 앞 차축의 중심에서 뒷 차축의 중심까지의 수평거리
④ 윤거 : 좌·우 타이어 접촉면의 중심에서 중심까지 거리

해설 전폭 : 자동차의 최대폭이다. 최대 높이는 전고이다.

14 2019년 기출

내륜차와 관련된 설명 중 맞는 것은?

① 선회 내측 앞바퀴와 뒷바퀴의 궤적이 같게 나타나는 특성이 있다.
② 대형 트럭의 전륜과 후륜 간 측면 보호대를 부착하는 것과 관련이 있다.
③ 선회시 뒷바퀴의 선회반경이 앞바퀴의 선회반경보다 크기 때문에 나타난다.
④ 축거가 긴 대형 차량일수록 내륜차는 작다.

해설
① 선회 내측 앞바퀴와 뒷바퀴의 궤적이 다르게 나타나서 발생한다.
③ 선회시 뒷바퀴의 선회반경이 앞바퀴의 선회반경보다 작아서 생김
④ 축거가 긴 대형 차량일수록 내륜차는 크다.

정답 12 ② 13 ② 14 ②

15 2019년 기출

급제동시 차량의 앞부분이 지면방향으로 숙여지는 현상인 노즈 다이브(Nose Dive)와 관계가 없는 것은?

① 자동차의 현가장치
② 자동차의 무게중심
③ 요마크(Yaw Mark)
④ 관성력

해설
① 앞바퀴의 현가장치가 지면을 향하여 압축된다.
② 자동차의 무게중심은 앞으로 이동한다.
④ 전방으로 진행하려던 힘이 제동력으로 제어되므로 관성력에 관계됨

16 2019년 기출

슬립률은 제동시 차량의 속도와 타이어 회전속도와의 관계를 나타내는 것으로 타이어와 노면사이의 마찰력은 슬립률에 따라 변한다. 슬립률 계산식은?

① $\dfrac{휠속(rw) - 차속(v)}{차속(v)} \times 100$

② $\dfrac{차속(v) - 휠속(rw)}{차속(v)} \times 100$

③ $\dfrac{차속(v) - 슬립각(\alpha)}{휠속(rw)} \times 100$

④ $\dfrac{차속(v) - 휠속(rw)}{슬립각(\alpha)} \times 100$

해설 슬립률 = $\dfrac{차속(v) - 휠속(rw)}{차속(v)} \times 100$

17 2019년 기출

전구의 흑화현상에 대한 설명 중 틀린 것은?

① 전구 내부에 수분이 존재할 때 흑화가 자주 발생
② 할로겐가스의 양이 필라멘트 발열량에 비하여 적을 때 온도가 높은 쪽에서 국부적으로 흑화가 발생
③ 제조공정에서 점등전압이 너무 높은 경우에 엷고 넓은 부위에 걸쳐 흑화가 발생
④ 필라멘트가 오염되었을 경우 흑화가 발생

해설 전구 내부에 수분이 존재할 때 발생하는 것은 청화현상임

정답 15 ③ 16 ② 17 ①

18 [2018년 기출]
수직축을 따라 차체가 전체적으로 상하 운동하는 진동 현상은?

① 롤링(rolling)
② 피칭(pitching)
③ 요잉(yawing)
④ 바운싱(bouncing)

해설
- 롤링(rolling)은 세로축을 따라 차체가 전체적으로 좌우 진동 현상
- 피칭(pitching)은 가로축을 따라 차체가 전체적으로 전후 진동 현상
- 요잉(yawing)은 수직축을 따라 차체가 전체적으로 좌우 진동 현상

19 [2018년 기출]
자동차 4개 바퀴에 개별적으로 회전제동력(braking torque)을 발생시켜 자동차의 자세를 유지시켜주는 장치는?

① 자동차안전성제어장치
② 타이어공기압경고장치
③ 비상자동제동장치
④ 차로이탈경고장치

해설 자동차안전성제어장치에 관한 설명이다.

20 [2018년 기출]
윤활유의 주된 기능이 아닌 것은?

① 방청작용
② 흡수작용
③ 청정작용
④ 완충작용

해설 윤활유는 흡수작용이 없다.

21 [2017년 기출]
제동시에 바퀴를 연속적으로 락(Lock)시키지 않음으로써 조향능력이 상실되지 않도록 한 안전장치는?

① 주차 브레이크
② ABS 브레이크
③ 핸드 브레이크
④ EDR 브레이크

해설 타이어 잠김(Lock) 방지와 위험 회피를 위한 급격한 스티어링 휠 조작의 위험을 회피하기 위해 개발된 것이 ABS(Anti-lock Brake System)이다.

정답 18 ④ 19 ① 20 ② 21 ②

22 2017년 기출

승용차량에서 한쪽 타이어 접지면 중심으로부터 동일축 반대쪽 타이어 접지면 중심까지의 거리를 나타내는 차량용어는?

① 전폭 ② 윤거
③ 축거 ④ 전고

해설 왼쪽과 오른쪽 양 타이어의 접지면 중심끼리의 간격을 윤거라 한다.

23 2017년 기출

사고차량의 타이어 사이드 월(옆면)에 DOT 표기가 아래와 같았다. 마지막 아라비아 숫자 네 개를 통한 제작년월은?

```
DOT A181 357B  1106
```

① 2011년 3월 ② 2011년 6월
③ 2006년 3월 ④ 2006년 11월

해설 앞 두 숫자는 몇 주차를 말하고 뒤 두 숫자는 년도를 말한다. 즉, 2006년도 11주차를 나타낸 것이므로 한 달을 4주로 하면 (11 ÷ 4) + 1 = 3...., 3월이 된다. 결국 2006년 3월에 제작된 것이다.

24 2017년 기출

차량 타이어 트레드면의 형태가 <u>아닌</u> 것은?

① 코인형(Coin Type) ② 블럭형(Block Type)
③ 리브형(Rib Type) ④ 러그형(Lug Type)

해설 차량 바퀴 타이어 트레드면의 형태는 리브형(Rib Type), 러그형(Lug Type), 블럭형(Block Type) 등이 있다.

25 2017년 기출

사고기록장치(EDR) 데이터의 필수 운행정보 항목에 해당하지 <u>않는</u> 것은?

① 자동차 속도 ② 제동페달 작동여부
③ 운전석 좌석안전띠 착용여부 ④ 이산화탄소 배출량

해설 이산화탄소 배출량은 사고기록장치(EDR) 데이터의 필수 운행정보 항목에 해당하지 않는다.

정답 22 ② 23 ③ 24 ① 25 ④

26 [2016년 기출]

타이어의 회전방향을 따라 접지면에 여러 개의 홈을 파 놓은 것으로 옆으로 잘 미끄러지지 않고 조종성 및 안정성이 우수하여 고속주행에 적합한 타이어 트레드 패턴(Tread pattern)은?

① 러그형(Lug type)
② 블록형(Block type)
③ 리브형(Rib type)
④ 스노우 패턴(Snow pattern)

해설) 리브형(Rib type)에 관한 설명이다.

27 [2016년 기출]

아래 그림에서 차량의 축간거리는?

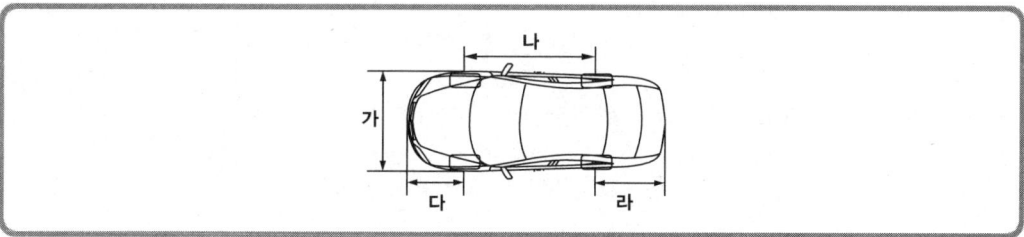

① 가
② 나
③ 다
④ 라

해설) 가는 너비(width), 나는 축간거리(축거 wheel base), 다는 앞 내민거리(front overhang), 라는 뒤 내민거리(rear overhang)라 한다.

28 [2016년 기출]

차량의 뒤쪽을 들어 올려 무게중심 위치를 파악하고자 한다. 이 때 필요 없는 사항은?

① 전륜타이어의 반경
② 수평상태에서 전륜에만 실리는 중량
③ 뒷면을 올린 상태에서 후륜축의 높이
④ 전륜 좌·우 바퀴 사이의 간격

해설) 차량의 뒤쪽을 들어 올려 무게중심 위치를 파악하고자 할 때 전륜 좌·우 바퀴 사이의 간격의 자료는 필요 없다.

정답 26 ③ 27 ② 28 ④

29 2016년 기출

자동차가 급제동하게 되면 관성력으로 인해 피칭운동을 하여 차체가 전방으로 쏠리면서 발생하는 현상은?

① 베이퍼 록 현상
② 노즈다이브 현상
③ 페이드 현상
④ 바운싱 현상

해설 차체가 앞 밑으로 쏠림은 노즈다이브(nose dive) 현상이라 한다.

30 2016년 기출

차량의 앞바퀴를 위에서 보았을 때, 앞쪽이 뒤쪽보다 좁게 되어 있는 것은?

① 캐스터
② 토우인
③ 캠버
④ 오프셋

해설 차량의 앞바퀴를 위에서 보았을 때, 앞쪽이 뒤쪽보다 좁게 되어 있는 것은 토우인(toe-in)이라 한다.

31 2016년 기출

다음은 무엇에 대한 설명인가?

> 차량이 저속으로 우회전할 때, 우측 전륜에 비해 우측 후륜의 선회반경이 작아진다.

① 내륜차
② 최소회전반경
③ 외륜차
④ 조향기어비차

해설 차량이 저속으로 우회전할 때, 우측 전륜에 비해 우측 후륜의 선회반경이 작아지는 것을 내륜차라고 한다.

32 2016년 기출

용어의 설명으로 틀린 것은?

① 앞내민거리 - 차량의 전단부로부터 앞바퀴 차축의 중심까지 거리
② 축간거리 - 뒷바퀴 차축의 중심으로부터 차량의 후단부까지의 거리
③ 도로횡단면의 구성 - 차도, 중앙분리대, 길어깨, 주정차대, 자전거 도로, 보도
④ 차로의 폭 - 차선의 중심선에서 인접한 차선의 중심선까지 거리

해설 뒷바퀴 차축의 중심으로부터 차량의 후단부까지의 거리는 뒤내민거리이고, 축간거리는 앞차축 중심과 뒷차축 중심까지의 거리이다.

정답 29 ② 30 ② 31 ① 32 ②

33 2016년 기출

대형트럭 기어가 9단에 물린 채 충돌하는 사고가 발생했다. 변속기 기어비가 1.57이고, 종감속 기어비가 2.83이었다. 타이어 반경이 0.58m이고, 엔진의 RPM이 900~2000 사이에 있다고 하면, 충돌시 대형트럭의 최소, 최대 속도범위는?

① 약 55 ~ 약 70km/h
② 약 35 ~ 약 89km/h
③ 약 45 ~ 약 99km/h
④ 약 65 ~ 약 79km/h

[해설]
$$v_{min} = \frac{\pi D n}{i \cdot f} \cdot \frac{60}{1000} = \frac{\pi(2 \cdot 0.58) \cdot 900}{1.57 \cdot 2.83} \cdot \frac{60}{1,000} ≒ 44.3 km/h$$
$$v_{max} = \frac{\pi D n}{i \cdot f} \cdot \frac{60}{1000} = \frac{\pi(2 \cdot 0.58) \cdot 2,000}{1.57 \cdot 2.83} \cdot \frac{60}{1,000} ≒ 98.4 km/h$$

중요도 ●●●
기어변속별 속도산출공식은
$$v = \frac{2\pi \cdot 타이어\ 반경 \cdot 엔진의\ RPM \cdot 60}{1000 \cdot 각\ 단의\ 기어비 \cdot 종감속\ 기어비}$$

34 2016년 기출

축간거리가 4m이고 선회 외측전륜의 최대 조향각을 30°로 하여 서행한 경우 이 승용차의 최소회전반경은? (단, 킹핀 중심선과 타이어 중심선간의 거리는 무시)

① 5m
② 8m
③ 12m
④ 16m

[해설] 최소회전반경 = $\frac{축거}{\sin 최대조향각} = \frac{4}{\sin 30°} = \frac{4}{0.5} = 8m$

중요도 ●

35 2014년 기출

조향장치 중 앞의 두 바퀴 사이에 위치한 부품으로 2점 지지방식(Double-Pivot Steering)이 가능하게 하는 부품은?

① 조향축(Steering Shaft)
② 드래그 링크(Drag Link)
③ 너클 암(Steering Knuckle Arm)
④ 타이 로드(Tie Rod)

[해설] 타이 로드(Tie Rod)이다.

중요도 ●●

정답 33 ③ 34 ② 35 ④

36 2014년 기출

아래 설명은 브레이크 시스템의 구성부품 중 어느 것에 해당하는가?

- 대형트럭이나 대형승합차에 주로 설치되는 것
- 릴레이 밸브에서 보내오는 공기압이 케이스로 유입되면 그 압력에 따라 다이어프램이 밀리크로 푸시 로드를 거쳐 브레이크 캠을 작동시켜 제동력이 발생
- 에어탱크나 에어파이프에 문제가 생겨 압축된 공기가 유출될 경우 이것의 케이스 내 압력이 낮아져 스프링의 힘에 의해 자동으로 제동력이 발생되도록 하는 기능

① 에어 콤프레셔
② 챔버
③ 압력 레귤레이터
④ 체크 밸브

해설) 챔버에 관한 설명이다.

37 2014년 기출

타이어의 트레드(Tread) 고무가 부분적으로 비늘모양으로 박리되는 현상은?

① 균열(Crack)
② 치핑(Chipping)
③ 청킹(Chunking)
④ 외상(Cut)

해설) 치핑(Chipping)에 관한 설명이다.

38 2014년 기출

주로 눈길이나 모래, 험한 산길을 안전하게 주행할 필요가 있을 때 사용하는 타이어 트레드(Tread) 패턴은?

① 리브형(Lib Type)
② 러그형(Lug Type)
③ 블록형(Block Type)
④ 비대칭형

해설) 높은 구동력을 얻으려면 블록형(Block Type)이 필요하다.

39 2014년 기출

공랭식 오토바이의 외부손상에 대한 차체 조사항목으로 옳지 않은 것은?

① 오토바이 전륜의 비틀어진 각도
② 오토바이의 변형된 축간거리 측정
③ 라디에이터 그릴의 파손상태
④ 포크(좌우)의 파손정도

해설) 오토바이에는 라디에이터 그릴이 없다.

정답 36 ② 37 ② 38 ③ 39 ③

40 2014년 기출

타이어 내부의 공기압, 하중 및 충격에 견디는 역할을 하며, 타이어에 있어 골격이 되는 중요한 부분으로 타이어 코드지로 된 포층 전체를 무엇이라 하는가?

① 트레드(Tread)
② 사이드월(Side wall)
③ 카카스(Carcass)
④ 비드(Bead)

[해설] 카카스(Carcass)에 관한 설명이다.

41 2014년 기출

풀 에어방식의 에어 브레이크를 사용하는 덤프트럭에서 브레이크 고장을 유발시키는 원인으로 볼 수 없는 것은 무엇인가?

① 과적
② 공기배관 중에 과도한 응축수 존재
③ 공기압축기의 고장
④ 베이퍼 룩(Vapor lock) 현상

[해설] 베이퍼 룩(Vapor lock) 현상은 유압브레이크장치를 장착한 차량이 내리막길에서 과도한 브레이크 사용으로 인한 마찰열 때문에 발생하는 것이므로 에어 브레이크를 사용하는 차량에서는 유발되기 어렵다.

42 2014년 기출

자동차가 Z축 방향으로 평행하게 운동하는 고유진동을 무엇이라 하나?

① 바운싱(Bouncing)
② 피칭(Pitching)
③ 롤링(Rolling)
④ 요잉(Yawing)

[해설] Z축 방향(상하 방향)으로 평행한 운동이란 차체 전체가 동시에 상하 방향으로 진동하는 것을 말한다.

43 2015년 기출

용어에 대한 설명이 바르지 못한 것은?

① 페이드(fade)현상 - 브레이크 라이닝이 끊어진 경우 발생하여 마찰계수가 저하되는 현상
② ABS 장치 - 바퀴가 잠기지 않도록 브레이크를 작동시키는 장치
③ 워터 페이드(water fade) - 브레이크 마찰면이 물에 젖어 마찰계수가 감소하여 나타나는 현상
④ 잭나이프(jack-knife) - 트랙터 트레일러 차량이 제동시 안정성을 잃고 트랙터와 트레일러가 접혀지는 현상

[해설] 페이드(fade)현상 - 계속적인 브레이크 사용에 따른 온도상승 때문에 제동 기능이 약화되는 현상

정답 40 ③ 41 ④ 42 ① 43 ①

44 2015년 기출

대형차량이 교차로 모퉁이에서 우회전 중 우후륜으로 갓길에 서있던 보행자의 발을 역과하였다면 차량의 어떤 특성 때문에 발생한 사고인가?

① 최소회전반경 ② 외륜차
③ 내륜차 ④ 롤링(rolling)

해설 곡선주행에서 앞바퀴는 충격하지 않았는데, 뒷바퀴로 충격하였다면 내륜차에 의하여 충격한 것이다. 역과도 마찬가지이다.

45 2015년 기출

다음의 현가장치 중 자동차가 선회할 때 롤링(rolling)을 감소시키고 차체의 평형성을 유지하는 기능을 하는 것은 무엇인가?

① 스프링(spring) ② 쇽 업쇼버(shock absorber)
③ 베이퍼 록(vapor lock) ④ 스테빌라이져(stabilizer)

해설 스테빌라이져(stabilizer)에 관한 설명이다.

46 2015년 기출

다음 중 오버스티어링 조향특성을 나타내는 차량은?

① 짐이 가득 실려 있는 대형트럭 ② 소형승용차
③ 짐을 싣지 않은 소형트럭 ④ 중형승용차

해설 짐이 가득 실려 있으면 뒷바퀴 쪽에 작용하는 과하중으로 인해 핸들이 회전 곡선의 내측으로 쏠려 앞바퀴의 곡선반경이 작아지게 되는 오버스티어링 조향특성을 나타내게 된다.

47 2015년 기출

자동기어가 장착되어 있지 않은 사륜오토바이나 RV차량이 작은 곡선반경인 지점을 지날 때, 발생되는 현상은?

① 피칭(pitching)
② 바운싱(bouncing)
③ 타이트코너 브레이킹(tight-corner braking)
④ 요마크(yaw mark)

해설 작은 곡선반경의 곡선궤적을 따라 진행할 때 내측바퀴와 외측바퀴의 궤적 차이를 극복하기 위한 차동기어(deffrential)의 역할에 따라 경미한 제동현상이 발생하는데, 이를 타이트코너 브레이킹이라 칭한다.

정답 44 ③ 45 ④ 46 ① 47 ③

48 2013년 기출

차량엔진 피스톤이 상사점에서 하사점으로 운동을 계속하여 흡기-압축-폭발-배기 과정을 끝마쳤을 경우 이를 무엇이라 하는가?

① 사이클(Cycle)
② 댐퍼(Damper)
③ 행정(Stroke)
④ 토우인(Toe-in)

해설 흡기-압축-폭발-배기 과정을 끝마치면 1사이클(Cycle)이다.

49 2013년 기출

타이어 손상에 대한 설명 중 틀린 것은 무엇인가?

① 분리(Separation) – 방열효과가 나쁜 숄더 부위에 응력이 집중하여 고무와 코드의 접착력이 저하됨으로써 트레드 부위 등이 분리되는 것을 말한다.
② 끌림(Running Flat) – 타이어의 공기압이 매우 낮거나 펑크 등에 의해 공기가 빠진 상태에서 주행했을 때 발생하는 손상을 말한다.
③ 파열(Rupture) – 타이어 내부의 골격인 플라이 코드가 충격에 의하여 타이어의 원주방향이나 경사방향으로 절단된 손상을 말한다.
④ 절단(Cut) – 주행 중 노면의 돌출물이나 노면상의 물체 위를 지나가면서 이들과의 접촉에 의해 타이어가 절단되는 손상을 말한다.

해설
- Cord 절단 - 타이어 내부의 골격인 플라이 코드가 충격에 의하여 타이어의 원주방향이나 경사방향으로 절단된 손상을 말한다.
- 파열(Rupture) - 타이어 내·외부의 충격으로 트레드가 "X", "Y", "L" 형태로 파열되거나 숄더가 파열되는 현상이다.

50 2013년 기출

차량의 주행특성 중 전륜의 조향각에 의한 선회반경보다 실제 선회반경이 작아지는 현상을 지칭하는 용어는 무엇인가?

① 오버스티어링
② 언더스티어링
③ 토인
④ 캠버

해설 오버스티어링에 관한 설명이다.

'오버'는 작아지고, '언더'는 커진다라는 반대개념이라고 기억해두면 쉽게 답을 찾아낼 수 있다.

정답 48 ① 49 ③ 50 ①

51 2013년 기출

조향핸들을 우측으로 최대한 조향한 상태로 서행할 때 각 바퀴가 그리는 동심원의 반경을 도식화하여 나타낸 것이다. 최소회전반경은?

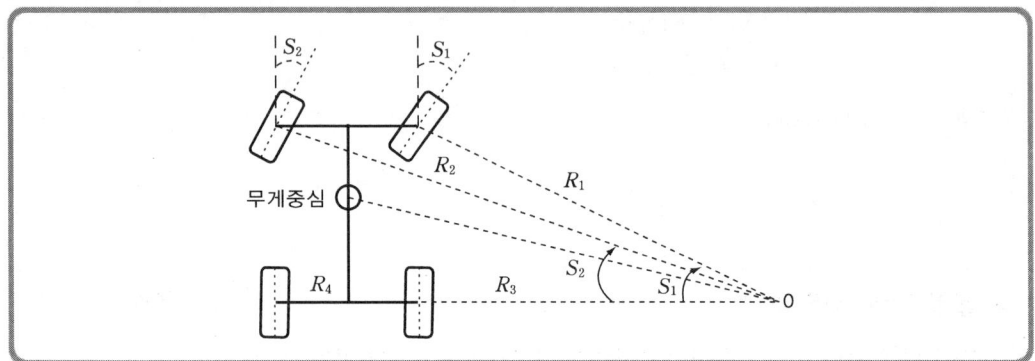

① S_1
② S_2
③ R_1
④ R_2

해설) 최소회전반경은 가장 바깥쪽바퀴가 그리는 궤적이다.

중요도 ●●●
S_1과 S_2는 앞바퀴(조향바퀴)의 조향각도이다. 반경은 아니므로 유의해야 한다.

52 2013년 기출

다음은 무엇에 대한 설명인가?

주행 중에 선회하거나 노면에 요철이 있는 경우 좌우 바퀴에 회전차가 생길 필요가 있을 때 자동적으로 회전차를 주어 원활한 주행을 할 수 있도록 하는 장치

① 유니버설조인트
② 동력분배장치
③ 차동기어
④ 등속조인트

해설) 차동기어(differential)에 관한 설명이다.

중요도 ●●
2012년 동일 기출문제 출제

53 2013년 기출

조향너클의 연장선이 뒷차축의 중심에서 만나게 하면 선회시 안쪽바퀴의 조향각이 더 크게 되어 뒷차축의 연장선상의 한 점에서 모든 바퀴가 동심원을 그리게 되는 조향원리는 무엇인가?

① 모노코크 바디(Monocoque body)
② 애커먼 장토방식(Ackerman-jean toud type)
③ 스탠딩웨이브(Standing wave)
④ 베이퍼 록(Vapor lock)

해설) 애커먼 장토방식(Ackerman-jean toud type)에 관한 설명이다.

중요도 ●●

정답 51 ④ 52 ③ 53 ②

54 2013년 기출

사고차량의 속도계 파손상태와 변속기 및 종감속 기어비를 통해 사고 당시 타이어가 1분에 690회 회전하고 있었음을 확인하였고, 사고차량 타이어의 반경은 30cm로 측정되었다. 사고 당시 차량의 진행속도는? (단, $\pi = 3.14$)

① 약 70km/h
② 약 74km/h
③ 약 78km/h
④ 약 82km/h

해설 1시간당 진행거리 = 시속 속도이고, v : 속도(km/h), n : 타이어의 1분당 회전수, r : 타이어 반경이라 하면, 타이어 둘레는 $2\pi r$이며, 타이어가 1바퀴 굴러갈 때 진행거리는 $2\pi r$(m)이므로,
$v = 60n(2\pi r) = 60 \cdot 690 \cdot 2 \cdot 3.14 \cdot 0.3 ≒ 77,998 m/h ≒ 78.0 km/h$

55 2012년 기출

다음 용어의 설명으로 바르지 <u>않은</u> 것은?

① 앞내민길이-차량의 앞면 가운데로부터 앞바퀴 차축의 중심까지 길이
② 축간길이-뒷바퀴 차축의 중심으로부터 차량의 뒷면 가운데까지 길이
③ 도로횡단면의 구성-차도, 중앙분리대, 길어깨, 주정차대, 자전거 도로, 보도
④ 차로의 폭-차선의 중심선에서 인접한 차선의 중심선까지 폭

해설 뒤내민길이에 대한 설명이다.

56 2011년 기출

휠 얼라이먼트(Wheel alignment)에서 킹핀은 옆에서 보았을 때 후방으로 기울어져 장치되어 있다. 이 기울어진 각도의 선과 노면과 수직을 이루는 선과 이루는 각도를 (　)라고 한다. (　)에 들어갈 알맞은 것은?

① 토우인(toe-in)
② 캐스터(Caster)
③ 캠버(Camber)
④ 오프셋(offset)량

해설 차륜정렬(Wheel alignment)의 요소는 다음과 같다.

요소	정의	기능
캠버 (Camber)	정면에서 볼 때 바퀴의 중심선과 노면에 대한 수직선이 이루는 각도	하중을 받을 때 앞바퀴가 아래로 벌어지는 것을 방지
캐스터 (Caster)	앞바퀴를 옆에서 볼 때 조향축의 중심선과 노면에 대한 수직선이 이루는 각도	조향했을 때 되돌아오는 복원력을 발생
토우인 (toe-in)	앞바퀴를 위에서 볼 때 앞쪽이 뒤쪽보다 좁게 된 것	바퀴가 벌어지는 것을 방지 · 미끄러짐과 타이어 마모 방지
킹핀 (king pin)	앞바퀴의 위 · 아래 볼 조인트의 중심을 잇는 직선과 수직선이 이루는 각도	• 핸들 조작력의 경감 • 주행 및 제동시 충격완화 • 핸들의 복원력 증대

정답 54 ③　55 ②　56 ②

57 [2011년 기출]

다음 중 자동차 섀시에 대한 설명으로 옳지 않은 것은?

① 엔진 – 자동차를 구동시키기 위한 동력을 발생시키는 장치이며 밸브장치, 윤활장치, 냉각장치 등으로 되어 있다.
② 동력전달장치 – 엔진의 동력을 구동바퀴까지 전달하는 여러 구성부품의 총칭이며 클러치, 변속기 등으로 되어 있다.
③ 현가장치 – 자동차의 주행방향을 바꾸기 위한 장치이며 피트먼 암, 드래그링크 등으로 되어 있다.
④ 제동장치 – 주행 중인 자동차의 속도를 낮추고 정차시키거나 정차 중인 차량의 자유이동을 방지하는 장치이다.

해설 피트먼 암, 드래그링크 등은 현가장치가 아니라 자동차의 주행방향을 바꾸기 위한 조향장치에 속한다.

58 [2011년 기출]

사고차량 타이어 측면에 "385/65R 22.5"로 표시되어 있다. 여기에서 65가 의미하는 것은?

① 단면 폭
② 휠 직경
③ 편평비
④ 제품의 강도

해설 타이어 측면의 "385/65R 22.5"는 타이어의 "단면폭/편평비R 타이어 내경"으로서 385는 단면폭(mm), 65는 편평비 $= \dfrac{\text{타이어의 높이}(H)}{\text{타이어의 단면폭}(W)} \times 100$, R은 래디알 구조, 22.5는 타이어 내경을 뜻한다.

59 [2011년 기출]

자동차 제원에 관한 설명으로 옳지 않은 것은?

① 전장(Overall length)은 부속물(범퍼, 후미등)을 포함한 최대길이를 말한다.
② 전고(Overall height)는 접지면에서 자동차의 가장 높은 부분까지의 높이를 말하는데, 막대식 안테나는 가장 낮춘 상태로 한다.
③ 윤거(Tread)는 좌우타이어 접촉면의 중심에서 중심까지의 거리이다.
④ 오버행(Overhang)은 차량의 무게중심에서 범퍼, 훅 등을 포함한 앞부분까지의 길이를 말한다.

해설 오버행(overhang)은 앞바퀴 또는 뒷바퀴의 중심에서 차량의 맨 앞 또는 맨 뒤까지의 수평거리로 앞뒤에 부착된 모든 장치를 포함

정답 57 ③ 58 ③ 59 ④

60 [2011년 기출]

주행차량은 노면으로부터의 충격 외에도 다른 힘이 동시 복합적으로 작용한다. 아래 그림은 차체진동의 종류를 나타낸 것이다. 여기서 피칭, 롤링, 서징에 대해 그림 속 숫자로 순서대로 올바르게 나열한 것은?

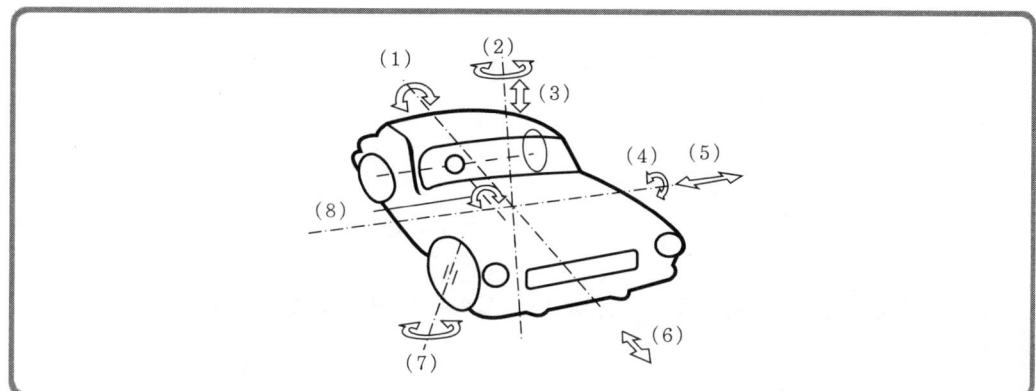

① (1), (3), (4) ② (2), (4), (3)
③ (3), (2), (6) ④ (4), (1), (6)

해설 아래 그림 및 표 참조

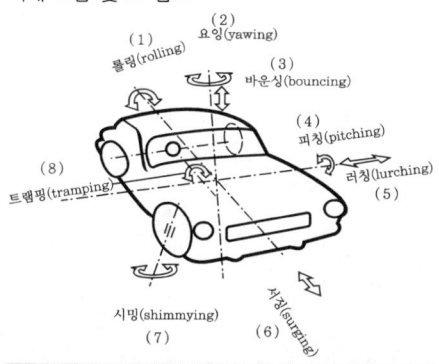

진동 주체	진동 종류	진동 형태
축을 중심으로 주위 회전	피칭(pitching)	가로축(y)을 중심으로 전후방향으로 회전
	롤링(rolling)	세로축(x)을 중심으로 좌우방향으로 회전
	요잉(yawing)	수직축(z)을 중심으로 좌우방향으로 회전
축방향을 따라 직진 이동	러칭(lurching)	가로축(y)을 따라 전체가 좌우방향으로 직진
	서징(surging)	세로축(x)을 따라 전체가 전후방향으로 직진
	바운싱(bouncing)	수직축(z)을 따라 전체가 상하방향으로 직진
앞바퀴	시밍(shimmying)	앞바퀴(조향바퀴)가 좌우 회전
일체식 차축	트램핑(tramping)	세로축에 나란한 회전축을 중심으로 좌우회전

> **중요도** ●●●
> 3축(x축, y축, z축)을 기준한 차량의 진동운동에 관한 문제는 계속적으로 출제되고 있다. 진동의 종류에 따른 진동형태에 관하여 정확히 알아둘 필요가 있다.

정답 60 ④

61 2010년 기출

자동차 운행기록계(Tacho-graph)의 기능과 역할에 해당하지 않는 것은?

① 정차시각과 시간기록
② 주행기록과 자동차의 순간속도 측정
③ 운전자의 교체상황
④ 연료 사용량 측정

해설 연료 사용량 측정은 기능과 역할에 해당하지 않는다.

62 2010년 기출

최소회전반경은 차량이 조향각을 최대로 하고, 선회하였을 때 그려지는 동심원을 말하는데, 최소회전반경의 의미로 옳은 것은?

① 차량의 내측 전륜(前輪)의 타이어 중심선이 그리는 동심원의 반경
② 차량의 외측 후륜(後輪)의 타이어 중심선이 그리는 동심원의 반경
③ 차량의 내측 후륜(後輪)의 타이어 중심선이 그리는 동심원의 반경
④ 차량의 외측 전륜(前輪)의 타이어 중심선이 그리는 동심원의 반경

해설 최소회전반경은 차량의 외측 전륜(前輪)과 관계된다.

63 2010년 기출

자동차의 앞바퀴 정렬에 관한 다음 설명 중 옳지 않은 것은?

① 토우인-앞바퀴를 위에서 보았을 때 좌우 휠 사이의 거리가 앞쪽이 뒤쪽보다 넓게 되어 있는 상태를 말한다.
② 캠버-앞바퀴를 앞에서 보면 아래보다 위쪽이 바깥쪽으로 비스듬하게 장착되어 있는데, 이 때 바퀴 중심선과 노면에 대한 수직선이 만드는 각도를 말한다.
③ 캐스터-앞바퀴를 옆에서 보았을 때 킹핀 중심선이 노면과의 수직선에 대하여 경사져 있는데 이 경사각을 캐스터라고 한다.
④ 킹핀 경사각-앞바퀴를 앞에서 보았을 때 노면과의 수직선에 대하여 킹핀의 윗부분은 내측, 아랫부분은 외측으로 경사져 있는데 이를 킹핀 경사각이라 한다.

해설 토우인-앞바퀴를 위에서 보았을 때 좌우 휠 사이의 거리가 앞쪽이 뒤쪽보다 좁게 되어 있는 상태를 말한다.

정답 61 ④ 62 ④ 63 ①

64 2010년 기출

제동장치 중 파스칼의 원리를 응용한 것은?

① 유압식 브레이크　　② 공기 브레이크
③ 주차 브레이크　　④ 기계식 브레이크

해설 유압식 브레이크에 관한 설명이다.

65 2010년 기출

타이어 구조 중 같은 속도 조건에서 타이어의 온도가 가장 낮은 구조는?

① 바이어스(튜브타입)　　② 바이어스(튜브리스)
③ 래디알(튜브타입)　　④ 래디알(튜브리스)

해설 바이어스보다 래디알, 튜브타입보다 튜브리스타입이 온도가 낮다.

66 2010년 기출

다음 중 오토바이의 구조에 대한 설명으로 올바르지 않은 것은?

① 오토바이의 엔진은 동력을 발생시키는 장치로써 기관본체, 연료장치, 윤활장치, 배기장치 등으로 구성되어 있다.
② 오토바이 엔진은 배기량, 작동방식, 냉각방식, 실린더, 실린더 배열 및 밸브 배열에 의해 여러 형태로 분류된다.
③ 오토바이 엔진의 작동방식은 크게 2사이클 기관, 4사이클 기관으로 분류할 수 있으며, 2사이클 기관은 크랭크축 2회전에 흡입, 압축, 폭발, 배기의 1사이클 과정을 완료하는 기관이다.
④ 오토바이 엔진의 밸브 배열은 I헤드형, L헤드형 등으로 분류할 수 있으며, I헤드형 기관은 흡입 및 배기밸브가 실린더 헤드에 설치되어 있고 캠축과 밸브 사이에는 푸시로드 및 태핏이 없어 고속에서 유리한 기관이다.

해설 2사이클 기관은 크랭크축 1회전에 흡입, 압축, 폭발, 배기의 1사이클 과정을 완료하는 기관이다.

오토바이(2륜차)에 관련한 문제는 출제되지 않는 년도도 많다. 출제빈도는 높지 않음을 인지하기 바란다.

정답 64 ① 65 ④ 66 ③

67 2010년 기출

자동차의 앞바퀴중심과 뒷바퀴중심 사이의 거리를 말하며 이것이 길면 차의 안정성이 좋고 짧으면 차의 회전반경이 작아서 짧게 둘 수 있다. 이것을 무엇이라 하나?

① 윤거(Tread)
② 축거(Wheel Base)
③ 전장(Overall Length)
④ 전고(Overall Height)

해설 축거(Wheel Base)에 관한 설명이다.

68 2010년 기출

자동차의 조향장치 구성품이 <u>아닌</u> 것은?

① 피트먼 암(Pitman Arm)
② 너클 암(Knuckle Arm)
③ 드래그 링크(Drag Link)
④ 캠버(Camber)

해설 캠버(Camber)는 자동차를 정면에서 보았을 때 타이어의 중심선이 연직선에서 벌어지도록 조정한 것으로 조향장치가 아니다.

69 2010년 기출

자동차가 고속 주행할 때 타이어 접지부에 열이 축적되어 변형이 나타나는 현상이며, 이 현상은 타이어 공기압이 낮은 상태에서 일정속도 이상이 되면 나타나며, 레이디얼 타이어보다 바이어스 타이어에서 더 심하게 발생한다. 이 현상을 가리키는 용어는?

① 스탠딩웨이브(standing wave)
② 하이드로 플레이닝(Hydroplaning)
③ 페이드(Fade)
④ 노킹(Knocking)

해설 스탠딩웨이브(standing wave)에 관한 설명이다.

70 2010년 기출

자동차가 급제동시 바퀴는 정지하려 하고 차체는 관성에 의해 이동하려는 성질 때문에 앞 범퍼 부분이 가라앉는 현상을 무엇이라 하나?

① 퀵 다운(Quick Down)
② 시프트 다운(Shift Down)
③ 노즈 다운(Nose Down)
④ 스텝 다운(Step Down)

해설 노즈 다운(Nose Down)현상에 관한 설명이다.

정답 67 ② 68 ④ 69 ① 70 ③

71 [2009년 기출]

도로 설계시 고려하여야 할 사항 중 소형자동차, 대형자동차, 세미 트레일러의 최소회전반경은?

① 2.5m, 6m, 12m
② 5m, 10m, 12m
③ 7m, 12m, 12m
④ 6m, 11m, 15m

[해설]

차종	최소 회전반지름
승용자동차	6.0m
소형자동차	7.0m
대형자동차	12.0m
세미 트레일러	12.0m

[중요도] ●

도로의 구조시설 기준에 관한 규칙 제5조(설계기준자동차) 제2항에 따르면 해설내용과 같이 7m, 12m, 12m가 맞다.

72 [2009년 기출]

다음은 승용차용 타이어 규격표기법(P-Metric 표기법)이다. 60은 무엇을 나타내는가?

> P205/60HR15

① 타이어 내경
② 편평비
③ 타이어 단면폭
④ 래디얼 구조

[해설] 타이어 측면에는 타이어 "P단면폭/편평비R 타이어내경"의 순으로 표시된다. "P"는 승용차의 약자, "205/60HR15"에서 205는 단면폭(mm), 60은 편평비(%), H는 최고속도 210km/h, R은 래디얼 구조, 15는 타이어내경을 뜻한다. 편평비는 $\dfrac{\text{타이어의 높이}(H)}{\text{타이어의 단면폭}(W)} \times 100$으로 산출된다.

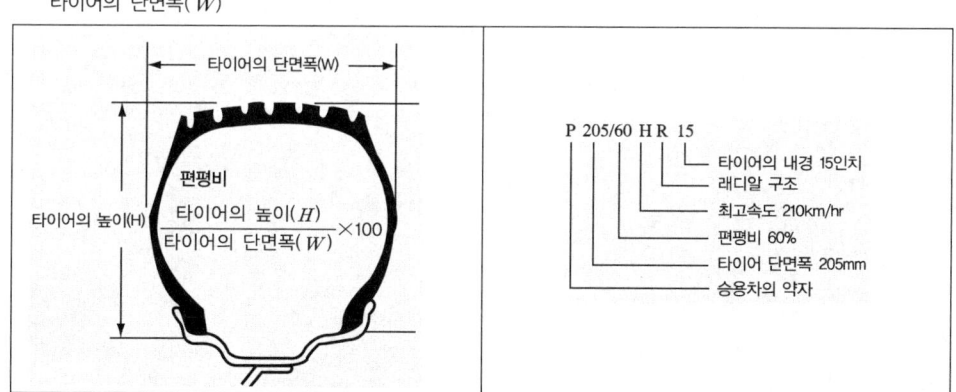

[중요도] ●●●

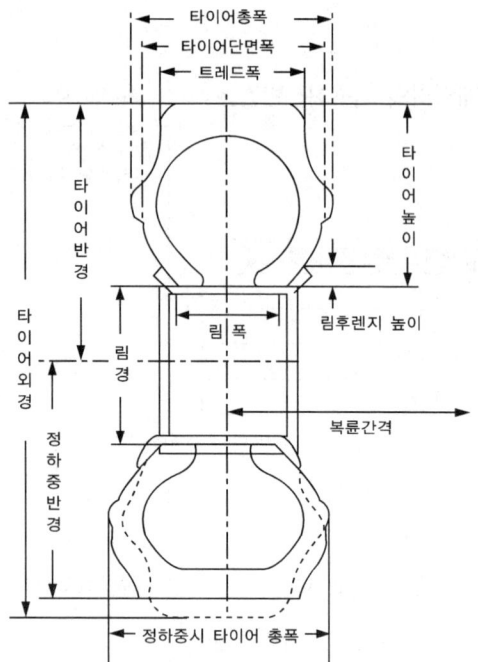

2 차량 내·외부 파손부위 조사방법

01 2020년 기출

사고차량의 조사 항목이 아닌 것은?

① 차량제원
② 차량파손상태
③ 차량가격
④ 화물적재량

해설 사고차량의 가격은 조사대상이 아니다.

02 2020년 기출

다음 중 타이어 트레드(Tread) 마모 설명 중 틀린 것은?

① 공기압이 높을 때보다 낮을 때 타이어 트레드가 마모가 크다.
② 차량 속도가 높을 때보다 낮을 때 타이어 트레드 마모가 크다.
③ 타이어에 걸리는 하중이 적을 때보다 높을 때 타이어 트레드 마모가 크다.
④ 겨울철에 비해 여름철의 타이어 트레드 마모가 크다.

해설 차량 속도가 낮을 때보다 높을 때 타이어 트레드 마모 정도가 더 심하다.

03 2020년 기출

자동차 전구의 균열로 인하여 산소가 내부로 들어갔거나 전구내부의 오염에 의하여 내부가스 성분의 연소로 발생되는 현상은?

① 흑화현상
② 백화현상
③ 청화현상
④ 황화현상

해설 백화현상에 관한 설명이다.

전구 손상을 종류별로 이해하여야 한다.

04 2020년 기출

사고 차량 정밀조사 사항 중 틀린 것은?

① 상대차의 범퍼, 번호판, 전조등 등의 형상이 임프린트(Imprint) 되었나를 확인한다.
② 타이어의 접지면(Tread)이나 옆벽(Sidewall)에 나타난 흔적이 있는가를 확인한다.
③ 차량내부의 의자, 안전벨트 변형상태와 차량기기 조작여부를 확인한다.
④ 직접손상 부위와 간접손상 부위는 구분하지 않는다.

해설 직접손상 부위와 간접손상 부위에 대한 구분은 매우 중요하다.

정답 01 ③ 02 ② 03 ② 04 ④

05 2019년 기출

다음 중 튜브리스 타이어(Tubeless Tire)의 장점이 아닌 것은?

① 공기압의 유지가 좋다.
② 못 등에 찔려도 급속한 공기누출이 없다.
③ 타이어 내부의 공기가 직접 림에 접촉되고 있기 때문에 주행 중의 열발산이 좋다.
④ 타이어의 내측과 비드부의 흠이 생기면 분리현상이 일어난다.

해설 "타이어의 내측과 비드부의 흠이 생기면 분리현상이 일어난다."는 것은 튜브리스 타이어(Tubeless Tire)의 장점이 아니라 단점에 해당한다.

06 2019년 기출

차량의 손상 부위 조사로는 파악할 수 없는 것은?

① 충격력의 작용 방향
② 충돌 지점
③ 충돌 자세
④ 충돌 수 차량의 회전 방향

해설 충돌지점은 차량의 손상 부위 조사로는 파악할 수 없다.

07 2018년 기출

다음 중 공기압 과다 또는 과하중인 상태로 운전하다가 장애물과 충돌하여 트레드가 X · Y · L의 형태로 찢겨지는 타이어 손상은?

① 코드(cord) 절단
② 비드와이어(bead wire) 절단
③ 비드파열(burst)
④ 파열(rupture)

해설 파열에 관한 설명이다.

08 2017년 기출

할로겐 분자(Br_2)의 색으로 전구내부에 할로겐가스가 너무 많을 경우 분리되어 유리벽에 증착할 때 일어나는 현상은?

① 황화현상
② 백화현상
③ 흑화현상
④ 청화현상

해설 황화현상에 관한 설명이다.

정답 05 ④ 06 ② 07 ④ 08 ①

09 2017년 기출

사고 당시 운전자 규명을 위해 조사해야 할 항목으로 관련이 <u>적은</u> 것은?

① 차량의 충돌 전·후 회전 및 진행방향
② 전조등의 손상상태
③ 탑승자들의 신체 상해부위
④ 차량 내부의 손상상태

해설 운전자의 규명은 충돌로 인해 차량이 어떤 방향으로 회전하고 이동하였으며 충격력이 어떤 방향으로 작용하여 승차자들의 신체가 어떤 방향으로 충돌 직후 이동하여 실내의 어느 부분과 충격하여 신체의 어느 부분이 다쳤는가를 대조하여야 한다. 따라서 '전조등의 손상상태'는 조사항목으로 관련이 거의 없고, 나머지 3가지는 관련이 깊다.

10 2016년 기출

차량손상은 직접손상과 간접손상으로 구분된다. 다음 중 직접손상에 해당되지 <u>않는</u> 것은?

① 전면범퍼에 각인된 상대차량의 번호판 형상
② 휀더패널에 발생된 상대차량의 타이어 흔적
③ 전륜의 후방 밀림으로 인한 도어패널의 어긋남
④ 보행자 충돌시 차량 전면유리에 발생한 방사형 파손

해설 직접손상(Contact damage)인 전륜의 후방 밀림에 따라 발생한 도어패널의 어긋남은 간접손상(Induced damage)에 해당한다.

11 2016년 기출

사고차량 제동등을 조사한 결과 전구의 필라멘트가 끊어지지는 않고 길게 늘어져 있었다. 이것으로 유추할 수 있는 것은?

① 사고 당시 제동등이 점등되어 있었을 것이다.
② 사고 당시 제동등이 소등되어 있었을 것이다.
③ 필라멘트의 수명이 다해서 길게 늘어졌을 것이다.
④ 사고 당시 제동등의 점등여부를 알 수 없다.

해설 충돌시 제동등 점등은 전구필라멘트가 끊어지지 않고 길게 늘어진다.

정답 09 ② 10 ③ 11 ①

12 [2015년 기출]

급제동할 때 볼 수 있는 현상이 아닌 것은?

① 노즈 다운(nose down) 현상이 나타난다.
② 전륜의 스키드마크(skidmark)만 남는 경우가 빈번하다.
③ 전륜의 타이어가 과중한 압력을 받아 찢어질 경우 타이어의 옆면(side wall)이 찢어지는 경우가 빈번하다.
④ 스키드마크는 고속일 때보다 저속일 때 잘 나타난다.

해설 ④ 스키드마크는 저속일 때보다 고속일 때 더 잘 나타난다.

13 [2015년 기출]

사고 당시 차량의 전구 등화상태를 판별하려 한다. 아래 내용 중 가장 옳지 않은 판단은?

① 전구가 깨어졌음에도 불구하고 필라멘트(filament)가 밝은 은빛을 띠고 있다면 전구는 점등되지 않았을 것이다.
② 필라멘트가 엉키거나 휘어졌다면 전구가 깨어지지 않았어도 점등되어 있었을 것이다.
③ 필라멘트의 끊어진 부위가 날카롭고 밝은 은빛을 띠고 있다면 전구는 점등되어 있었을 것이다.
④ 전구가 깨어졌고 필라멘트가 산화되어 텅스텐 가루만 남아있다면 전구는 점등되어 있었을 것이다.

해설 필라멘트의 끊어진 부위가 날카롭고 밝은 은빛을 띠고 있다면 전구는 비점등되어 있었을 것이다.

[전구와 필라멘트의 변형 현상과 충격 당시 점등 · 비점등 여부]

구분	점등	비점등
전구	깨지거나 깨지지 않거나 아무런 관계 없음	
필라멘트	엉킴, 휘어짐, 늘어짐, 산화로 텅스텐 가루가 남음	끊어진 부위가 날카롭고 은빛으로 빛남

※ 2012년 동일 기출문제 출제
전구의 점등, 비점등 문제와 전구 내부의 상태에 관한 현상(흑화, 청화, 백화, 황화 등)의 2가지 사항을 이해하면 문제는 대부분 풀 수 있다.

14 [2015년 기출]

주로 토우의 불량으로 나타나는 타이어의 마모형태로 리브(rib)의 한쪽이 다른 쪽보다 많이 마모되는 것은?

① 양숄더마모 ② 궤도마모
③ 익상마모 ④ 다각형마모

해설 익상마모에 관한 설명이다.

정답 12 ④ 13 ③ 14 ③

15 2014년 기출

전구의 흑화현상에 대한 설명 중 틀린 것은?

① 할로겐가스의 양이 필라멘트 발열량에 비하여 적을 때 온도가 높은 쪽에서 국부적 흑화 발생
② 전구 내부에 수분이 존재할 때 흑화가 자주 발생
③ 제조공정에서 점등전압이 너무 높은 경우에 옅고 넓은 부위에 걸쳐 흑화가 발생
④ 필라멘트가 오염되었을 경우 흑화 발생

해설 전구 내부에 산소가 들어있을 때 흑화가 자주 발생한다.

> 전구의 점등, 비점등 문제와 전구 내부의 상태에 관한 현상(흑화, 청화, 백화, 황화 등)의 2가지 사항을 이해하면 문제는 대부분 풀 수 있다.

16 2014년 기출

다음 중 차량의 간접손상에 대한 설명으로 틀린 것은?

① 충돌시 충격만으로 동일차량의 직접충돌부위가 아닌 다른 부위에 유발되는 손상이다.
② 바디(Body) 부분의 간접손상은 주로 어긋남이나 접힘, 구부러짐, 주름짐으로 나타난다.
③ 디퍼렌셜기어(Differential Gear), 유니버셜조인트(Universal Joint) 같은 것은 다른 차량과의 충돌시 직접 접촉없이 파손될 수 있다.
④ 각인흔적(Imprint)이나 러브오프(Rub Off) 등의 손상이 대표적인 간접손상이다.

해설 각인흔적(Imprint)이나 러브오프(Rub Off)는 대표적인 직접손상이다.

> 2012년 동일 기출문제 출제

17 2013년 기출

다음 중 차량 전구의 이상현상에 대한 설명으로 틀린 것은 무엇인가?

① 흑화현상 - 코일의 텅스텐이 유리 내벽에 증착할 때 일어나는 현상
② 백화현상 - 제조공정에서 점등전압이 너무 높은 경우 일어나는 현상
③ 청화현상 - 수분의 발광색으로 전구 내부에 수분이 존재할 때 할로겐 사이클이 정상적으로 작동하지 못하고 수분 사이클이 일어나는 경우에 발생
④ 황화현상 - 할로겐 분자의 색으로 전구 내부에 할로겐 가스가 너무 많을 경우 분리되어 유리벽에 증착할 때 발생

해설 백화현상 - 전구의 리크나 균열로 인하여 산소가 내부로 들어갔거나 전구내부의 오염에 의하여 내부가스 성분의 연소로 발생한다.

정답 15 ② 16 ④ 17 ②

18 2013년 기출

차량의 전면유리와 측면 창유리에 주로 사용하는 유리의 종류를 맞게 나타낸 것은 무엇인가?

① 전면 : 강화유리, 측면 : 강화유리
② 전면 : 합성유리, 측면 : 합성유리
③ 전면 : 강화유리, 측면 : 합성유리
④ 전면 : 합성유리, 측면 : 강화유리

해설 전면 : 합성유리, 측면 : 강화유리를 각각 사용한다.

19 2011년 기출

충돌 당시 등화상태를 판별하려 한다. 옳지 않은 것은?

① 필라멘트가 엉키거나 휘어졌어도 전구가 깨어지지 않았으면 비점등이다.
② 필라멘트의 끊어진 부위가 날카롭고 은빛으로 빛나면 비점등이다.
③ 전구가 깨어졌고 필라멘트가 산화되어 텅스텐가루만 남아 있으면 점등이다.
④ 전구가 깨어졌고 필라멘트가 은빛을 띠고 있으면 비점등이다.

해설 전구와 필라멘트의 변형 현상과 충격 당시 점등·비점등 여부 표 참조

20 2011년 기출

차량의 직접손상에 대한 설명 중 틀린 것은?

① 바디 판넬(Body Panel)의 긁힘, 찌그러짐과 페인트의 벗겨짐으로 알 수도 있고 타이어고무, 도로 재질, 나무껍질, 심지어 보행자 의복이나, 살점이 묻어 있는 것으로도 알 수 있다.
② 차가 정면충돌시에는 라디에이터 그릴이나 라디에이터, 펜더, 범퍼, 전조등의 손상과 더불어 전면 부분이 밀려 찌그러지는데, 그 때의 충격의 힘과 압축현상 등으로 인하여 엔진과 변속기가 뒤로 밀리면서 유니버설조인트, 디퍼렌셜이 손상될 수 있다.
③ 전조등 덮개, 바퀴의 테, 범퍼, 도어 손잡이, 기둥, 다른 고정물체 등 부딪친 물체의 찍힌 흔적에 의해서도 나타난다.
④ 직접손상은 압축되거나 찌그러지거나 금속표면에 선명하고 강하게 나타난 긁힌 자국에 의해서 가장 확실히 알 수 있다.

해설 유니버설조인트, 디퍼렌셜의 손상은 간접손상이다.

정답 18 ④ 19 ① 20 ②

21 2010년 기출

편도 2차로 한적한 도로상에서 정상적인 속도로 달리던 두 차량이 충돌하였다. 한 차량의 방향지시 등 전구가 점등된 상태에서 그 전구부위 30cm 이내에 다른 차량이 충격을 주었을 경우, 충격을 받은 전구에 관한 설명이 올바른 것은?

① 전구의 유리가 깨어지지 않고 필라멘트가 차갑다.
② 전구의 유리가 깨어지면서 필라멘트가 산화된다.
③ 전구의 유리가 깨어지지 않고 필라멘트가 날카롭게 끊어진 형태를 보인다.
④ 전구의 유리가 깨어졌지만 필라멘트의 변형은 없다.

해설) 전구와 필라멘트의 변형 현상과 충격 당시 점등·비점등 여부 표 참조

22 2010년 기출

전구의 필라멘트 조사를 통해 일반적으로 판단 가능한 사항과 거리가 먼 것은?

① 교차로에서 좌회전, 우회전 및 유턴하는 차량의 방향지시 등 작동 여부
② 후미 추돌시 뒤 차량의 브레이크 작동 여부
③ 좌·우회전 및 유턴을 위하여 선행차량이 제동하였는지 여부
④ 후진하다가 정상진행 중인 상대차량과 충돌시 앞 차량이 후진상태였는지 여부

해설) 후미 추돌시 뒤 차량의 후미등은 파손되지 않으므로 뒤 차량의 브레이크 작동 여부는 알 수 없다.

23 2010년 기출

차량의 앞창유리에 외력이 작용했을 때 다른 유리와 달리 미세한 조각으로 분리되지 않고 방사형으로 파손되는 형태로 유지하게 하는 앞창유리의 종류는?

① 강화유리
② 접합유리
③ HRR 접합유리
④ 플라스틱 유리

해설) 접합유리를 사용하고 있는 앞창유리에 관한 설명이다.

정답 21 ② 22 ② 23 ②

24 2010년 기출

차량의 직접손상 특징 중 옳지 않은 것은?

① 직접손상 부위는 차체가 아주 촘촘하게 주름 잡히면서 압축되거나 찌그러지는 형태의 소성변형과 긁힌 자국에 의해서 판단할 수 있다.
② 차량끼리 충돌 후 최대결합하면서 움직일 때 양차량의 차체가 압축되거나 찌그러지게 되면 페인트가 벗겨지거나 일정한 부분이 떨어져 원래의 금속 특유의 선명한 색깔이 나타난다.
③ 차량의 사고시 직접파손과 간접파손을 구분하는 것은 충돌과정에 있어서 충돌차량 상호간의 정확한 위치를 판정하고, 충돌과정이 두 번 이상 발생하였는지의 여부를 판단하는데 크게 도움이 된다.
④ 정면충돌에 의한 이중충돌손상은 각 차량의 전면 좌·우측 부분이 심하게 충돌한 후 각각 시계방향과 시계반대방향으로 회전하여 서로 평행한 자세로 잠시 떨어졌다가 다시 각 차량의 후면 좌·우측 끝부분이 충돌하면서 발생한다.

해설 ④번은 직각충돌에 의한 이중충돌손상의 경우를 설명한 것이다.

25 2010년 기출

사고차량에서 보이는 다음과 같은 전구의 손상 중, 점등된 상태에서 손상(Hot Shock)된 경우로 볼 수 없는 것은?

① 필라멘트의 코일부분이 불규칙하게 변형되고 산화현상이 발견된 경우
② 전구가 깨어지고 필라멘트에 전구 유리조각이 용해되어 붙어있는 경우
③ 필라멘트의 손상은 없으나, 전구유리가 깨지고, 필라멘트의 지지대 및 베이스 등이 손상된 경우
④ 필라멘트가 전구표면까지 늘어나 전구유리의 안쪽이 긁혀있고, 필라멘트가 닿은 표면이 검게 그을린 경우

해설 점등된 상태에서 손상(Hot Shock)된 경우에서는 필라멘트의 손상이 반드시 나타난다.

26 2009년 기출

전구의 흑화현상의 원인으로 맞는 것은?

① 점등 중 필라멘트의 온도상승 때문이다.
② 대기와 전구 내의 온도차이가 심하기 때문이다.
③ 전구 내 할로겐 가스가 부족하기 때문이다.
④ 코일의 텅스텐이 증발하기 때문이다.

해설
① 온도가 높은 쪽에 발생한다.
② 대기와 전구 내의 온도차이가 있으면 발생한다.
③ 할로겐 가스의 양이 필라멘트 발열량보다 적기 때문이다.

정답 24 ④ 25 ③ 26 ④

27 2009년 기출

사고차량의 타이어를 조사해보니 편측(shoulder)마모가 균일하게 심했던 것으로 조사되었을 때 차량에 어떤 문제점이 있었던 것으로 판단할 수 있나?

① 타이어와 휠의 편심 또는 구부러짐
② 공기압 과다
③ 공기압 부족
④ 휠 얼라인먼트(토우, 캠버) 불량

해설 타이어의 편측(shoulder)마모는 Wheel Alignment(토우, 캠버) 불량에 기인한다.

이상 마모 종류	발생 원인
편측 마모 (Shoulder Sepa 마모)	• Wheel Alignment(토우, 캠버) 불량 • 트레드 편측의 이상 마모 • Steel Belt 끝이 노출
숄더 마모	• 주로 캠버 • 회전부분의 불균형 • 언덕이나 커브 주행이 많은 경우
익상 마모	• 주로 토우 불량 • Rib edge에서 익상으로 마모 • Rib의 한 쪽이 다른 쪽보다 많이 마모
양숄더 마모	• 공기압 부족 • 과적재 • 언덕이나 커브 주행이 많은 경우
중앙 마모(센터 마모)	• 공기압 과다 • 구동륜 사용

rib은 갈비뼈 모양 또는 이랑 모양의 요철 부분을 뜻한다.

28 2009년 기출

충돌로 인한 차체손상을 직접손상과 간접손상으로 구분할 수 있는데 다음 중 직접손상에 해당되는 것은?

① 두 차량이 옆으로 스치면서 문짝에 나타난 러브오프(Rub-off)
② 정면충돌로 인한 충격으로 변속기가 변형된 것
③ 엇갈림 정면충돌로 인해 충돌부위가 아닌 루프판넬이 '^' 모양으로 꺾인 것
④ 정면충돌임에도 차량 뒷면의 강화유리가 파손된 것

해설 ① : 직접손상, ② ③ ④ : 간접손상

정답 27 ④ 28 ①

29 2009년 기출

충돌 후 차량의 손상범위에 영향을 미치는 요소를 올바르게 짝지어 놓은 것은?

① 힘의 크기-차량의 크기
② 차체 강도-차량의 크기
③ 힘의 크기-차체 강도
④ 충돌 후의 속도-차량의 질량

해설 차량의 손상범위에 영향을 미치는 요소는 힘의 크기와 차체 강도이다.

30 2009년 기출

충돌시 차량탑승자가 차실 내 물체와 2차 충돌로 인해 상해를 입을 수 있는 것끼리 바르게 짝지어진 것은?

가. 조향휠에 의한 손상
나. 전면유리에 의한 손상
다. 전면범퍼에 의한 손상
라. 대쉬보드에 의한 손상
마. 후드에 의한 손상

① 가, 다, 라
② 나, 라, 마
③ 가, 나, 라
④ 가, 라, 마

해설 전면범퍼와 후드는 차량 내부 부위가 아니다.

정답 29 ③ 30 ③

3 충격력의 작용방향 판단

01 2021년 기출

뉴턴의 운동법칙에서 작용과 반작용에 관한 내용 중 가장 옳지 않은 것은?

① 작용과 반작용은 물체가 정지하고 있거나 운동하고 있는 경우에도 성립한다.
② 작용과 반작용은 모든 힘에 대하여 성립하며 언제나 한 쌍으로 존재한다.
③ 작용과 반작용 관계에 있는 두 힘의 방향은 반대방향이다.
④ 작용과 반작용에 의해 생기는 가속도나 움직인 거리는 질량에 비례한다.

해설 $F=ma$에서 $a=\dfrac{F}{m}$, 따라서 가속도는 질량에 반비례한다.

02 2021년 기출

사고분석시 충격력의 주된 작용방향(PDOF)에 대한 설명으로 틀린 것은?

① 충돌시 양 차량 간에 작용하는 충격력의 방향은 동일방향으로 작용한다.
② 양 차량 간의 충격력 작용지점은 동일한 1개의 지점이다.
③ 충돌시 양 차량 간에 작용하는 충격력의 크기는 서로 같다.
④ PDOF는 사고차량들의 파손형태와 모습, 파손량 등을 통하여 판단된다.

해설 충돌시 양 차량 간에 작용하는 충격력은 서로 반대방향으로 작용한다.

03 2021년 기출

차량 내·외부의 손상형태 및 손상정도를 통해 규명하기 어려운 것은?

① 신호위반
② 탑승자의 손상정도 및 이동방향
③ 개략적인 충돌속도
④ 차량의 회전방향 및 이동거리

해설 차량 내·외부의 손상형태 및 손상정도로 신호위반을 규명할 수 없다.

정답 01 ④ 02 ① 03 ①

04 2021년 기출

다음 그림에서 벡터(Vector) 합성에 대해 잘못 표현된 그림은?

①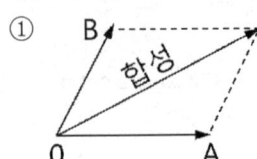
②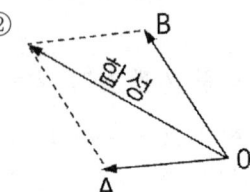
③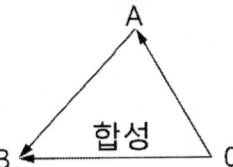
④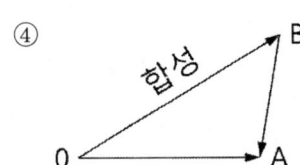

해설) ④번 그림은 아래 그림으로 고쳐야 한다.

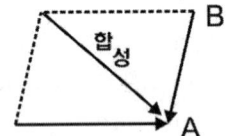

* 중요도 ●●●
* 힘의 합성, 분력에 대한 그림 이해 필요

05 2020년 기출

다음 설명 중 틀린 것은?

① 충돌시 운동에너지가 보존되는 충돌을 탄성충돌이라 한다.
② 비탄성충돌의 경우 운동에너지는 차체변형 등과 같이 다른 형태의 에너지로 전환되나 운동량은 보존된다.
③ 반발계수는 0과 1 사이의 값을 갖는다.
④ 두 물체가 충돌하여 반발되는 것은 물체의 질량에 의한다.

해설) 충돌 전후 운동량의 총합은 같다. 이를 운동량은 보존된다고 하고 운동량보존의 법칙이라 한다. 충돌로 인하여 속도가 변화하면 운동에너지는 소실되면서 다른 에너지로 바뀐다. 충돌로 인해 운동에너지가 소실되는 충돌을 비탄성(소성)충돌이라 하고, 전후 운동에너지의 변화가 없는, 즉, 운동에너지가 보존되는 충돌을 탄성충돌이라 한다.
반발계수는 완전 비탄성충돌의 경우 0, 탄성충돌의 경우 1이며, 어떤 충돌이나 0과 1 사이의 값을 갖는다.
반발계수 산출 방정식은

$$e = \frac{두\ 물체의\ 충돌\ 후\ 상대속도}{두\ 물체의\ 충돌\ 전\ 상대속도} = \frac{v_2 - v_1}{v_{10} - v_{20}}$$

(v_1, v_2 : 1차량, 2차량의 충돌 후 속도, v_{10}, v_{20} : 1차량, 2차량의 충돌 전 속도)

* 중요도 ●●●
* 탄성 충돌, 비탄성 충돌, 반발계수 등 용어는 정확한 개념을 정리해 둘 필요가 있다.

정답 04 ④ 05 ④

06 [2019년 기출]

다음 중 크기와 방향의 성질을 모두 갖는 물리량이 <u>아닌</u> 것은?

① 속력
② 운동량
③ 속도
④ 가속도

해설 속력은 방향은 갖지 않고 크기만 갖는다. 벡터가 아니라 스칼라이다.

07 [2018년 기출]

"두 물체 사이에서 작용과 반작용과 크기는 같고 방향이 반대이며, 직선상의 서로 다른 힘이 동시에 작용한다." 이것은 어느 법칙에 대한 설명인가?

① 관성의 법칙
② 작용 반작용의 법칙
③ 운동량보존의 법칙
④ 에너지보존의 법칙

해설 뉴튼의 제3법칙인 작용 반작용의 법칙에 관한 설명이다.

정답 06 ① 07 ②

4 차량의 구조적 결함시 특성 이해

01 [2019년 기출]

차량이 유압브레이크를 과도하게 사용하며 긴 내리막길을 주행하던 중 브레이크장치 유압회로 내에 브레이크액이 온도 상승으로 인해 기화되어 압력 전달이 원활하게 이루어지지 않아 제동 기능이 저하되는 현상은?

① 페이드(Fade)
② 스탠딩 웨이브(Standing Wave)
③ 베이퍼 록(Vapor Lock)
④ 파열(Burst)

해설 베이퍼록현상[Vapor Lock] : 긴 내리막길에서 브레이크를 지나치게 사용하면 차륜 부분의 마찰열 때문에 휠실린더나 브레이크 파이프 속의 오일이 기화되어 공기가 유입된 것처럼 기포가 형성된다. 이때 브레이크를 밟아도 스펀지를 밟듯이 푹푹 꺼지며 브레이크가 작동되지 않는 현상이다.

02 [2018년 기출]

타이어 트레드의 가운데보다 가장자리의 압력이 더 크거나 과적 또는 공기가 적게 주입된 타이어 상태는?

① 오버스티어(oversteer)
② 언더스티어(understeer)
③ 오버디프렉티드(overdeflected)
④ 로드홀딩(roadholding)

해설 오버디프렉티드(overdeflected)에 관한 설명이다.

03 [2018년 기출]

페이드(fade) 현상을 방지하는 방법으로 가장 옳은 것은?

① 마찰력이 작은 라이닝를 사용할 것
② 엔진브레이크를 가급적 사용하지 않을 것
③ 브레이크 드럼의 방열성을 높일 것
④ 열팽창에 의한 변형이 큰 라이닝을 사용할 것

해설 브레이크 드럼의 방열성을 높이면 페이드(fade) 현상을 방지하는데 큰 도움이 된다.

정답 01 ③ 02 ③ 03 ③

04 2015년 기출

더운 날 내리막길에서 풋 브레이크를 계속 사용하여 내려가면 브레이크의 드럼과 라이닝이 가열되고, 휠 실린더 등의 브레이크 오일이 가열되어 기포가 생기게 된다. 그 결과 기포가 스폰지와 같은 역할을 하여 브레이크 페달을 밟아도 유압이 전달되지 않아 브레이크가 잘 작동되지 않는 현상이 발생한다. 이러한 현상을 무엇이라 하는가?

① 크리프(creep)
② 베이퍼 록(vapor lock)
③ 페이드(fade)
④ 스탠딩웨이브(standing wave)

[해설] 베이퍼 록(vapor lock)에 관한 설명이다.

중요도 ●●
제동장치에 관한 이상현상의 종류와 이상상태에 관하여 정확한 이해가 반드시 필요하다. 2차시험 주관식 25점짜리에서 4개 항목~6개 항목 중 한 가지로 자주 출제된다.

05 2012년 기출

페이드(Fade) 현상을 방지하는 방법으로 가장 옳은 것은?

① 마찰계수가 작은 라이닝(Lining)을 사용할 것
② 엔진브레이크를 가급적 사용하지 않을 것
③ 드럼(Drum)의 방열성을 높일 것
④ 열팽창에 의한 변형이 큰 형상으로 할 것

[해설]
① 마찰계수가 높은 라이닝(Lining)을 사용할 것
② 엔진브레이크를 사용할 것
④ 열팽창에 의한 변형이 작은 형상으로 할 것

중요도 ●●

06 2012년 기출

다음 중 튜브리스 타이어(Tubeless Tire)의 장점과 가장 거리가 먼 것은?

① 못에 찔려도 급격히 공기가 새지 않는다.
② 튜브(Tube)가 없어 다소 가볍고 펑크발생시 수리가 상대적으로 간단하다.
③ 림(Rim)의 일부분이 타이어속의 공기와 접촉하기 때문에 주행중 방열이 잘된다.
④ 림(Rim)이 변형되더라도 공기가 새지 않는다.

[해설] 림(Rim)이 변형되면 공기가 샌다.

중요도 ●●

정답 04 ② 05 ③ 06 ④

07 2008년 기출

다음 차량 주행장치의 결함이 아닌 것은?

① 방향지시 등 결함(배선 절손, 쇼트)
② 원심력에 의한 선회궤적 이탈
③ 바퀴 휠 밸런스 불량
④ 휠 베어링의 결함

해설) 방향지시 등은 등화장치이다.

08 2008년 기출

스탠딩웨이브의 발생에 대한 서술로 옳지 않은 것은?

① 타이어의 피로가 급속하게 진행되어 타이어의 내부에 고열이 발생
② 속도가 빨라지고 진폭이 커져서 구름저항이 비정상적으로 커짐
③ 특히 고속도로에 있어서 시속 100km의 주행에서 흔하게 발생
④ 고열과 원심력으로 트레드 고무와 카카스의 밀착력 저하로 타이어 파열

해설) 시속 100km가 훨씬 넘는 고속주행에서 흔하게 발생한다.

09 2007년 기출

주행 중 계속적인 브레이크 사용에 따른 온도상승 때문에 제동 기능의 약화 현상을 무엇이라 하는가?

① 흑화현상
② 스탠딩웨이브 현상
③ 하이드로플래닝 현상
④ 페이드 현상

해설) 페이드 현상에 관한 설명이다.

10 2007년 기출

주로 캠버 불량이나 커브 주행이 빈번한 경우에 발생하는 타이어의 마모형태는?

① 숄더마모
② 중앙마모
③ 러브핀치마모
④ 국부마모

해설) 숄더마모에 관한 설명이다.

정답 07 ① 08 ③ 09 ④ 10 ①

5. 차량 사진촬영 방법

01 [2018년 기출]
사고차량을 사진촬영하는 방법으로 옳지 않은 것은?

① 차량 손상이 한 부분에만 나타나더라도 차량의 전·후·좌·우를 모두 촬영하는 것이 좋다.
② 높은 지점에서 수직으로 촬영하면 차량의 변형이나 충격방향을 확인하는데 도움이 된다.
③ 플래시를 이용하여 차량외부를 촬영하면 빛이 반사되므로 주의해야 한다.
④ 차량내부는 사진촬영할 필요가 없다.

[해설] 차량내부도 찌그러짐 또는 탑승자의 상해를 파악하는데 중요하다.

02 [2013년 기출]
타이어 흔적을 촬영하는 방법으로 틀린 것은 무엇인가?

① 한 장의 사진으로 타이어 흔적의 전체 형상을 나타낼 수 있도록 한다.
② 타이어 흔적이 긴 경우에는 연속사진을 찍어두는 것이 바람직하다.
③ 줄자를 이용하여 타이어 흔적과 함께 촬영하는 것이 좋다.
④ 타이어 흔적이 발생한 방향의 반대방향에서만 촬영하여야 한다.

[해설] 타이어 흔적의 발생 및 반대 방향의 양쪽 촬영이 바람직하다.

정답 01 ④ 02 ④

03 [2009년 기출]

아래의 내용은 교통사고 조사활동 5단계 중 어느 단계에 해당하는 내용인가?

- 미루어진 자료수집과 재현, 설명을 위한 구성
- 준비된 양식에 사실적 정보기록
- 주변 환경에 대한 기초적인 결론
- 특별한 목적의 양식에 관찰내용 기록

① 현장조사단계
② 기술적 조사
③ 사고재현
④ 원인분석

해설 기술적 조사단계에 속한다.

[교통사고 조사활동 5단계]

단계	내용
사고발생 보고	• 기초자료 수집, 교통사고, 사람, 물건 및 화물, 차량이동 등을 확인, 분류 • 의견을 배제한 명백한 사실적 정보 • 체계화된 명백한 양식사용 • 특별한 목적을 위해 사용하는 양식에 기록하기 위한 단순 사실 자료 입력 • 사고의 심각 정도에 관계없이 모든 사고를 기록
현장조사	• 사고를 조사하고 기록, 추후 유용한 추가적 정보수집 • 결론을 배제한 사실적 정보 나열 • 정밀 측정한 현장도면 기록 • 사고특성을 피해 정도와 함께 기록하고 조사
기술적 조사	• 미루어진 자료수집과 재현·설명을 위한 구성 • 준비된 양식에 사실적 정보기록 • 주변환경에 대한 기초적 결론 • 특별한 목적의 양식에 관찰내용 기록
사고재현	• 손상부위와 힘의 주방향 확인 • 충돌시 전구의 점등 여부 결정 • 사고 직전 타이어의 손상여부 • 속도추정 • 도로상의 위치, 시인성 • 운전전략과 회피전술 • 법규 위반과 운전자 확인 부상 또는 사망과정, 검시 • 특별한 목적을 위한 실험 • 사고 전·후 차량의 위치 이동
원인분석	• 사고와 부상, 차량손상 등에 영향을 준 도로나 차량결함 • 사고와 부상에 미치는 각종 특성 • 사고, 부상, 피해에 미칠 수 있는 도로, 차량, 일기조건들의 가능성 • 흥분 등 운전자의 일시적 조건과 사고영향 • 운전행동 실태가 사고에 미칠 수 있는 요인들의 가능한 모든 조합 • 운전행동이 다른 어떤 형태로 나타났을 때 사고예상 가능성

정답 03 ②

교통사고재현론

1차 3과목

제1장 탑승자 및 보행자 거동분석

제2장 차량의 속도분석 및 운동특성

제3장 충돌현상의 이해

제4장 교통사고재현 프로그램

출제기준에 의한 출제빈도분석표

교통사고재현론

주요 항목	세부 항목	2021.9.5.	2020.9.20.	2019.9.22.	2018.9.16.	2017.9.24.	2016.10.23.	2015.11.8.	2014.9.28.	2013.9.15.	2012.9.16.	2011.9.25.	2010.8.29.
탑승자 및 보행자 거동 분석	① 충돌현상에 따른 탑승자 거동의 특성	1	2	0	1	2	1	2	0	2	1	0	0
	② 사고유형별 탑승자의 운동 이해	1	2	0	1	1	0	0	0	1	0	0	0
	③ 탑승자의 상해도 이해	0	0	0	0	0	2	0	0	0	0	0	0
	④ 충돌 후 보행자의 거동 특성	0	2	0	1	1	0	1	2	2	2	2	2
	⑤ 사고유형별 보행자의 거동유형	2	0	1	1	1	0	1	1	2	2	2	2
	⑥ 보행자의 상해도 이해	1	1	0	1	3	0	1	1	0	0	0	0
	⑦ 보행자 충돌속도의 분석	1	0	0	0	1	0	1	0	0	0	0	0
	⑧ 충돌속도와 보행자 전도거리간의 관계	0	0	1	0	0	0	0	0	0	0	0	0
	소 계	6	7	2	5	9	3	6	4	7	5	4	4
차량의 속도 분석 및 운동 특성	① 충돌과정 및 방향에 따른 차량 운동특성	1	3	7	1	1	4	3	6	1	0	2	0
	② 사고유형별 차량의 속도분석	5	7	9	7	2	7	8	7	8	6	6	7
	③ 자동차의 일반적 운동특성	3	1	3	4	2	6	0	0	0	0	0	0
	④ 선회시의 자동차 운동특성	2	1	2	2	0	0	2	0	1	0	2	0
	⑤ 타이어 흔적의 종류	1	0	0	0	4	2	3	4	1	5	3	3
	⑥ 추락 및 전복시 속도분석	1	0	0	1	2	2	1	2	2	5	3	4
	소 계	13	12	21	15	11	21	17	19	13	16	16	14
충돌 현상의 이해	① 사고흔적과 차량 운동의 이해	2	1	1	1	1	0	0	1	2	0	1	2
	② 충돌시 발생되는 사고흔적의 종류 및 특성	1	1	1	1	2	1	0	0	1	4	2	0
	③ 사고유형별 충돌현상의 특성	2	3	0	2	2	0	0	0	0	0	1	0
	소 계	5	5	2	4	5	1	0	1	3	4	4	2
교통사고 재현 프로그램	① 관련용어의 이해	0	1	0	0	0	0	1	0	0	0	1	0
	② 사고재현 프로그램의 기본원리 이해	1	0	0	1	0	0	1	1	2	0	0	5
	소 계	1	1	0	1	0	0	2	1	2	0	1	5
	총 계	25	25	25	25	25	25	25	25	25	25	25	25

제1장 탑승자 및 보행자 거동분석

1. 충돌현상에 따른 탑승자 거동의 특성

01 [2021년 기출]

차량 운동상태와 탑승자 거동분석에 관한 다음의 내용 중 적절치 않은 것은?

① 최초충돌 후 차량이 어떻게 움직였는가 하는 점은 충돌 전 속도와 방향 그리고 충돌과정에 가해지는 충격력에 좌우된다.
② 머리받침대는 탑승자와의 충돌로 손상될 수 없으며, 의복에 의해 가려진 탑승자의 부상이나 충돌부위의 혈흔 등을 반드시 살펴보아야 한다.
③ 차량에 작용하는 충격력이 중심에서 편심되면 차량은 회전을 하게 되며, 탑승자는 차체의 회전과는 무관하게 충돌 전 진행방향으로 관성에 의해 이동한다.
④ 충돌로 인한 차량의 회전으로 운전자나 탑승자가 이동되면서 변속레버를 충격할 수 있다.

해설) 탑승자와의 충돌로 머리받침대(Headrest)가 손상될 수 있으므로 탑승자의 의복 안 신체부위와 충돌부위의 혈흔 등을 반드시 살펴보아야 한다.

02 [2020년 기출]

충돌시 탑승자 거동분석을 위한 차량조사 항목이 아닌 것은?

① 핸들
② 필라 및 유리창
③ 계기판 및 대시보드
④ 견인고리

해설) 견인 고리는 차량의 외부에 부착된 부품이다. 탑승자와는 관련 없다.

정답 01 ② 02 ④

03 2020년 기출

승용차가 직진 주행 중 전신주를 운전석 앞부분으로 편심 충돌하여 반시계 방향으로 회전하며 정지하였다. 이때 운전자 머리부분의 운동방향으로 맞는 것은?

① 운전자는 원래 있던 위치의 왼쪽 앞으로 이동한다.
② 운전자는 원래 있던 위치의 왼쪽 뒤로 이동한다.
③ 운전자는 원래 있던 위치의 오른쪽 앞으로 이동한다.
④ 운전자는 원래 있던 위치의 오른쪽 뒤로 이동한다.

해설 승용차 승차자의 충돌 후 신체 이동방향은 차체의 회전방향의 반대이다.

04 2018년 기출

차량 탑승자가 접촉한 차체부위는 충돌로 인하여 탑승자가 어떻게 움직였는지 알 수 있는 단서를 제공한다. 탑승자의 움직임에 관한 유용한 자료가 될 수 있는 부위끼리 짝지어진 것은?

① 운전대, 변속레버, 필러
② 좌석등받이, 사이드미러, 계기판
③ 문짝내부, 전면유리, 후드(본네트)
④ 룸미러, 차내천정, 문짝외부

해설 사이드미러, 후드(본네트), 문짝외부는 탑승자의 움직임에 관한 유용한 자료가 아니다.

05 2017년 기출

다음은 충돌시 탑승자의 운동특성을 설명한 것이다. ( ) 안에 들어갈 알맞은 말은?

> 충돌하면 차량은 급격히 운동이 변화되나, 탑승자는 (A)에 의하여 운동하던 방향으로 계속 운동하려고 한다. 탑승자의 운동방향은 차량이 심한 회전을 일으키지 않는한, 차량에 가해진 충격력 방향과 (B)방향이다.

① (A) : 작용·반작용, (B) : 반대
② (A) : 작용·반작용, (B) : 같은
③ (A) : 관성, (B) : 반대
④ (A) : 관성, (B) : 같은

해설 충돌하면 차량은 급격히 운동이 변화되나, 탑승자는 (관성)에 의하여 운동하던 방향으로 계속 운동하려고 한다. 탑승자의 운동방향은 차량이 심한 회전을 일으키지 않는한, 차량에 가해진 충격력 방향과 (반대)방향이다.

정답 03 ① 04 ① 05 ③

06 2017년 기출

충돌 후 사고차량을 조사하는 목적과 가장 거리가 먼 것은?

① 차량의 거동파악
② 탑승자의 움직임조사
③ 차량의 손상부위파악
④ 탑승자의 연령파악

해설 탑승자의 연령파악은 충돌 후 사고차량을 조사하는 목적과 관련이 없다.

07 2016년 기출

( ) 안에 가장 적당한 것끼리 짝지어진 것은?

가. 차량 충돌에서 탑승자의 운동을 이해하는데 뉴턴의 (㉠)인 (㉡)의 이해가 필요하다.
나. 충돌사고에서 탑승자의 부상을 방지하기 위해 탑승자를 차량에 구속시키려는 목적으로 (㉢)이(가) 개발된 것이다.

① ㉠ : 제1법칙, ㉡ : 가속도의 법칙,   ㉢ : 에어백
② ㉠ : 제1법칙, ㉡ : 관성의 법칙,   ㉢ : 안전띠
③ ㉠ : 제2법칙, ㉡ : 가속도의 법칙,   ㉢ : 안전띠
④ ㉠ : 제3법칙, ㉡ : 작용·반작용의 법칙, ㉢ : 에어백

해설 가. 차량 충돌에서 탑승자의 운동을 이해하는데 뉴턴의 (제1법칙)인 (관성의 법칙)의 이해가 필요하다.
나. 충돌사고에서 탑승자의 부상을 방지하기 위해 탑승자를 차량에 구속시키려는 목적으로 (안전띠)가 개발된 것이다.

뉴턴의 3법칙에 의한 현상은 심심찮게 출제되는 문제이다. 난이도가 높은 것은 아니다.

08 2015년 기출

운전자를 규명할 때 직접적인 판단기준이 되지 않는 것은?

① 상대차량의 축간 거리
② 오토바이 안장 및 커버류에 나타난 쏠린 흔적
③ 신발에 나타난 쏠린 흔적
④ 운전자 및 탑승자의 충돌 후 거동

해설 운전자 규명에 있어 가장 중요한 사항은 ④ 운전자 및 탑승자의 충돌 후 거동을 참조한다.

정답 06 ④ 07 ② 08 ①

09 [2015년 기출]

충돌시 탑승자의 움직임을 이해하기 위한 기본 원리는?

① 뉴턴의 제3법칙(작용·반작용의 법칙)
② 뉴턴의 제2법칙(가속도의 법칙)
③ 뉴턴의 제1법칙(관성의 법칙)
④ 에너지 보존의 법칙

해설 충돌에 의한 탑승자의 움직임은 뉴턴의 제1법칙(관성의 법칙)이다.

정답 09 ③

2 사고유형별 탑승자의 운동 이해

01 2021년 기출

차량충돌시 탑승자가 차내에서 방출된 여부를 판정하기 위해 필요한 조사항목과 가장 거리가 먼 것은?

① 안전띠 착용 여부
② 타이어 파손 여부
③ 유리창 파손 여부
④ 선루프 파손 여부

해설 탑승자의 차내 방출(이탈) 여부를 알려면 좌석에서부터 이탈과정에서 거쳐 갈만한 부위를 조사해야 한다. 안전띠, 유리창, 선루프 등은 탑승자의 이탈과정에서 신체와 접촉 가능성이 있는 부위로서 조사의 필요가 있다.

02 2020년 기출

고속버스 승객으로 탑승하였다가 충돌사고를 당하였다. 여러 부상 부위 중 좌석 안전띠(2점식)에 의해 발생될 수 있는 신체 부위는?

① 흉부손상
② 두부손상
③ 하복부손상
④ 하지손상

해설 허리벨트의 올바른 착용법은 골반을 감싸도록 착용하여야 하는데, 하복부에 착용하면 내장파열 등 하복부에 상해를 입을 수 있다는 점에 유의해야 한다.

03 2020년 기출

정면 충돌시 자동차 운전자 상해에 대한 설명으로 틀린 것은?

① 전면유리에 충격되어 두피열창, 두개골 골절이 발생할 수 있다.
② 안전띠 착용 여부에 관계없이 상해 정도는 비슷하다.
③ 무릎에서 좌상, 표비박탈 같은 상해가 발생 할 수 있다.
④ 운전대에 의한 흉부 및 복부 상해가 발생할 수 있다.

해설 안전띠 착용 여부와 관련성이 매우 높다.

04 2018년 기출

다중 추돌사고의 충돌 순서를 규명함에 있어 유용하지 않은 것은?

① 탑승자의 안전벨트 착용 유무
② 노즈 다운(nose down)의 발생 유무
③ 충돌차량 간 손상의 크기와 충돌 횟수
④ 사고차량 최종정지위치

해설 추돌사고에서는 탑승자의 상체가 뒤로 밀리는데 등받이로 인해 별다른 상해가 나타나지 않기 때문에 구분할 수 없어 탑승자의 안전벨트 착용 유무는 별 도움이 안 된다.

정답 01 ② 02 ③ 03 ② 04 ①

3 탑승자의 상해도 이해

01 2016년 기출

인체 상해에 관한 용어 설명이다. 맞는 단어끼리 짝지어진 것은?

> 가. 창상(創傷) 중에서 가장 경한 것으로 피부의 표피부위만 벗겨지는 상해를 말한다.
> 나. 칼, 바늘, 못 등의 예리한 것에 찔려 발생한 상해를 말한다.
> 다. 골(骨) 부착부 근처의 섬유조직이 파열된 상해를 말한다.

① 가. 찰과상, 나. 절창, 다. 타박상
② 가. 찰과상, 나. 좌창, 다. 자창
③ 가. 찰과상, 나. 결손창, 다. 타박상
④ 가. 찰과상, 나. 자창, 다. 염좌

해설
- 창상(創傷) 중에서 가장 경한 것으로 피부의 표피부위만 벗겨지는 상해 : 찰과상
- 칼, 바늘, 못 등의 예리한 것에 찔려 발생한 상해 : 자창
- 골(骨) 부착부 근처의 섬유조직이 파열된 상해 : 염좌

> 상처의 종류와 특성은 교통사고 조사론에서 출제빈도가 꽤 있는 문제이다. 정확한 이해가 필요하다.

02 2016년 기출

보행자 사고 중 골절에 관한 설명으로 틀린 것은?

① 뼈가 부러진 경우나 깨어진 경우이다.
② 골절은 근육의 손상을 전혀 수반하지 않는다.
③ 폐쇄성 골절은 부러짐과 멍, 부종이 발생하기도 한다.
④ 피부의 외상을 동반하기도 한다.

해설 골절은 대부분 근육의 손상을 수반한다.

정답 01 ④ 02 ②

4 충돌 후 보행자의 거동특성

01 [2020년 기출]

충돌 후 보행자(성인)의 거동 특성에 대한 설명으로 틀린 것은?

① 보닛형(Bonnet Type) 차량에 충돌되는 경우, 다리는 범퍼에 충돌하고 허리가 보닛의 선단에 충돌하며 머리는 전면유지에 충돌하는 경향이 있다.
② 캡오버형(Cab over Type) 차량에 충돌되는 경우, 대퇴부와 골반이 함께 차량 전면부에 충돌하여 허리가 급격하게 움직임을 멈추면서 골반에 큰 힘이 가해지는 경향이 있다.
③ 보닛형(Bonnet Type) 차량 전면부와 충돌할 때, Roof Vault 혹은 Somersault의 유형으로 거동하고 차량의 전면유리가 파손되는 경향이 있다.
④ 보닛형(Bonnet Type) 차량에 충돌되는 경우 Forward Projection 사고유형으로 거동하고, 캡오버형(Cab over Type) 차량에 충돌되는 경우 Wrap Trajection 유형으로 거동하는 경향이 있다.

해설 ④번 설명은 보닛형(Bonnet Type) 차량과 캡오버형(Cab over Type)차량의 설명이 반대로 되어 있다.

02 [2020년 기출]

승용차의 전면유리에 보행자 머리가 직접 충격된 경우 일반적인 파손형태는?

① 가로방향으로만 파손된다.
② 날카롭고 불규칙한 조각으로 파손된다.
③ 거미줄 모양의 형태로 금이 간다.
④ 조각조각나며 흩어진다.

해설 승용차 앞유리의 직접충격흔적의 모양은 방사선형 또는 거미줄 모양으로 깨지고, 차체의 비틀림에 의한 간접충격흔적은 체크무늬모양으로 갈라진다.

03 [2018년 기출]

보행자 사고와 관련하여 충돌 후 보행자의 운동특성을 바르게 설명한 것은?

① 충격력 작용점이 보행자의 무게중심과 일치할 때 보행자는 크게 회전된다.
② 충격력 작용점이 보행자의 무게중심보다 아래에 있으면 보행자는 회전되지 않고 밀려 넣어진다.
③ 충격력 작용점이 보행자의 무게중심 아래에 있으면 보행자는 회전된다.
④ 충격력 작용점과 보행자 무게중심은 보행자의 회전에 관계없다.

해설
① 충격력 작용점이 보행자의 무게중심과 일치할 때 보행자는 <u>회전되지 않고 밀려 넣어진다</u>.
② 충격력 작용점이 보행자의 무게중심보다 아래에 있으면 보행자는 <u>회전된다</u>.
④ 충격력 작용점과 보행자 무게중심은 보행자의 회전에 <u>영향을 미친다</u>.

정답 01 ④ 02 ③ 03 ③

04 2017년 기출

차 대 보행자 사고에 대한 다음 설명 중 옳지 않은 것은?

① 정면으로 충돌 당한 보행자의 운동은 충돌차량 전면범퍼 높이에 영향을 받지 않는다.
② 보행자가 착용한 신발이 노면과 마찰되어 마찰흔적이 발생되는 경우가 있는데 이 마찰흔적으로 충돌지점을 판단할 수 있다.
③ 정면으로 충돌 당한 보행자는 대부분 곧바로 충돌한 차의 충돌속도까지 가속된다.
④ 전도손상은 차량에 충격된 후 노면에 전도된 보행자에서 나타나게 된다.

해설 보행자의 충돌 후 운동은 충돌차량 전면범퍼 높이에 영향을 받는다.

05 2015년 기출

차 대 보행자 사고의 현장조사 방법에 대해 가장 바르지 않게 기술한 것은?

① 최초 낙하지점, 최종 정지위치를 모두 조사한다.
② 사고차량의 속도관련 자료를 수집한다.
③ 보행자의 소지품 낙하위치 및 종류는 조사해야 한다.
④ 사고차량의 연비를 조사한다.

해설 사고차량의 연비는 관계가 없다.

06 2014년 기출

보행자 사고재현에 대한 일반적인 사항으로 바른 것은?

① 차 대 보행자 사고시 주로 보행자가 일방적 상해를 입게 되는데 이 때 주요 쟁점사항으로는 충돌차량보다는 충돌시 보행자의 운동특성에 한정된다.
② 보행자의 상해정도와 현장의 보행자 충돌지점, 보행자 낙하지점 및 최종위치 등은 조사되어야 할 필요는 없다.
③ 보행자 사고재현의 목적은 충돌발생 후 각 흔적들을 바탕으로 충돌전 차량의 운동형태, 보행자 충돌지점, 보행자의 충돌 후 운동 등을 해석하는 데 있다.
④ 보행자 사고재현에서 보행자의 운동 상태, 유류품 등 증거 수집은 중요하지 않다.

해설 ① 차 대 보행자 사고의 주요 쟁점사항으로는 충돌차량과 충돌시 보행자의 운동특성 모두에 해당된다.
② 보행자의 상해정도와 현장의 보행자 충돌지점, 보행자 낙하지점 및 최종위치 등도 조사되어야 한다.
④ 보행자 사고재현에서 보행자의 운동 상태, 유류품 등 증거 수집은 중요하다.

정답 04 ① 05 ④ 06 ③

07 2014년 기출

성인 보행자가 직진하는 차량 전면 중앙에 충돌시 나타나는 현상이 아닌 것은?

① 차량의 범퍼와 1차적으로 충돌
② 차량의 범퍼와 1차 충돌 후 보닛(Bonnet)에 올려짐
③ 속도가 빠르면 앞유리에는 충격하지 않는다.
④ 차량의 보닛(Bonnet) 상태는 찍힌 형태이거나 우그러지면서 변형된 형태를 나타냄

해설) 속도가 빠르면 앞 유리에 충격한다.

08 2013년 기출

보행자 사고시 충격흔적에 관한 설명으로 틀린 것은 무엇인가?

① 의복에서 충격흔적을 발견할 수 있다.
② 범퍼에서 충격흔적을 찾을 수 있다.
③ 유리창에서 충격흔적을 찾을 수 있다.
④ 엔진에서 충격흔적을 찾을 수 있다.

해설) 엔진은 차체 속에 장착되므로 보행자의 충격과 관련 없다.

09 2013년 기출

차량과 보행자의 충돌 사고시 보행자의 운동특성에 대한 설명으로 틀린 것은 무엇인가?

① 보행자의 무게중심 하부를 충격하면 보행자는 차량진행 반대방향으로 회전하게 된다.
② 보행자의 무게중심 상부를 충격하면 보행자는 차량진행 방향으로 회전하게 된다.
③ 보행자의 무게중심을 향해 충격하면 보행자는 충격력이 작용한 방향으로 운동한다.
④ 충돌 후 보행자의 운동은 충격력이 작용한 위치와 밀접한 관계가 있으나, 충돌한 차량의 속도에는 전혀 영향을 받지 않는다.

해설) 충돌 후 보행자 운동은 충돌차량의 속도에도 영향을 받는다.

정답 07 ③ 08 ④ 09 ④

10 [2012년 기출]

차 대 보행자 사고시 보행자를 충돌할 당시 차량의 속도를 계산하고자 한다. 이 때 반드시 포함되어야 할 항목으로 적절치 않은 것은?

① 차량 최종 정지위치
② 보행자 최종 정지위치
③ 차량의 충돌부위
④ 보행자 연령

해설 보행자 연령은 무관하다.

11 [2012년 기출]

차량과 보행자 정면충돌시 보행자가 튕겨 날아간 직후의 속도는 다음 어느 속도에 가장 가까운가?

① 차량의 평균주행속도
② 차량의 공간평균속도
③ 차량의 충돌속도
④ 차량의 제한속도

해설 차량의 충돌속도에 가장 가깝다.

12 [2011년 기출]

보행자 충돌사고시 보행자의 2차 충격손상이란?

① 범퍼 등에 의한 1차 손상 후 머리나 상체 등이 차량의 상부나 전면에 다시 충돌하여 발생하는 손상을 의미한다.
② 차량충격으로 비행하여 지면과의 충돌로 인한 손상을 의미한다.
③ 역과손상이라고도 하며 차량하부에 의한 손상을 말한다.
④ 사고 후 즉시 발견되지 않고 일정시간이 경과한 후 발생한 손상을 말한다.

해설 보행자 충돌사고에서 2차 충격손상이란 보행자가 차량에 1차 충격된 후에 차량의 외부구조물에 2차 충격되는 것을 말한다.

정답 10 ④ 11 ③ 12 ①

13 2011년 기출

차 대 보행자 사고에 대한 설명 중 올바른 것은?

① 직립으로 보행하는 사람이 승용차와 충돌시 가장 먼저 접하게 되는 부분은 후드부이다.
② 실제 사고에서 보행자 속도를 결정하는 것은 어려우나, AASHTO에서 소개하고 있는 보행자 속도는 대략 0.75~1.83m/sec의 범주이다.
③ 성인보행자에 비해 아이는 무게중심의 높이가 낮으나, 차량범퍼 높이와는 관계없이 아이의 무게가 어른보다 작으므로 작은 속도에서도 회전이 빠르고 후드에 올려지는 경우가 잦다.
④ 보행자가 튕겨 날아간 직후의 속도는 차량의 충돌속도와 많은 차이가 발생한다.

[해설] 보행자 사고의 특성
① 직립으로 보행하는 사람은 후드형의 승용차와 충돌시 가장 먼저 접하게 되는 부분은 무릎부근과 앞범퍼이다.
③ 성인보행자에 비해 아이는 무게중심의 높이가 차량의 후드 높이보다 높지 않는 한 후드에 올려 지지 않는다.
④ 보행자는 차량의 충돌속도대로 튕겨 날아가므로 보행자의 충돌 직후 속도는 차량의 충돌속도와 같다.
② 실제 사고에서 보행자 속도를 결정하는 것은 어려우나, AASHTO에서 소개하고 있는 보행자 속도는 대략 0.75~1.83m/sec의 범주이다.

14 2010년 기출

보행자 사고의 특징이라고 볼 수 없는 것은?

① 충돌 후 보행자가 포물선을 그리며 전도된다.
② 보행자를 충격한 후 급제동할 경우에는 급제동 후의 감속도로 보행자가 전도된다.
③ 건조한 아스팔트 노면에서 인체의 마찰계수는 약 0.5~0.6 정도 내외이다.
④ 보행자의 신체는 완전탄성체가 아니다.

[해설] 보행자는 충격시 속도로 던져져 전도된다.

15 2007년 기출

60km/h로 주행 중인 승용차의 충격이 어린이의 무게중심점보다 위쪽으로 가하여진 경우 어린이의 운동 현상으로 올바른 것은?

① 상체가 승용차의 진행 전방으로 튕겨 노면에 전도된다.
② 상체가 승용차 쪽으로 회전되며 후드를 감싼다.
③ 승용차의 후드 위로 올라가 미끄러진 후 전면 유리창을 충격한다.
④ 승용차의 후드 위를 거쳐 지붕을 뛰어 넘어 승용차의 뒤쪽에 떨어진다.

[해설] ②, ③, ④는 무게중심점보다 아래를 충격한 경우에 해당하는 설명이고, ①은 무게중심점보다 위쪽을 충격한 경우이다.

● 도로교통사고감정사 이론에서 무게중심은 언제나 중요한 설명근거 자료이다.

정답 13 ② 14 ② 15 ①

5 사고유형별 보행자의 거동유형

01 2021년 기출

보행자가 충돌차량의 충돌속도까지 가속되는 경우로 보기 가장 어려운 것은?

① 보행자가 차량의 앞쪽 모서리 부분에 충격된 경우
② 보행자가 승용차의 앞쪽 중심에 충격된 경우
③ 승용차에 충격된 보행자가 보닛 위에 올려져 차량을 감싸며 전방으로 낙하한 경우
④ 전면이 편평한 차량 전면부에 충격된 보행자 신체가 접혀진 형태를 취하면서 전방으로 날아간 경우

[해설] 보행자가 차량의 앞쪽 모서리 부분에 충격된 Fender vault인 경우 보행자가 펜더 옆으로 떨어져 넘어지게 된다. 그러므로 보행자를 충격한 차량의 충격을 보행자의 신체가 모두 흡수하지 않는다. 따라서 차량의 충격속도까지 가속하지 못한다.

02 2021년 기출

차량이 제동하지 않은 상태에서 보행자와 충돌하였다. 충격점이 보행자의 무게중심보다 높고 속도가 빠르지 않을 경우 보행자의 충돌 후 이동 위치는?

① 차량하부　　　　② 후드
③ 전면범퍼　　　　④ 전면유리

[해설] 충격점이 보행자의 무게중심보다 높을 경우 차량의 진행방향의 반대방향 쪽으로 넘어지지 않고, 진행방향 쪽으로 넘어지게 된다. 따라서 충격된 보행자는 차량의 하체 밑으로 끼어들어갈 가능성이 매우 높다.

03 2019년 기출

보행자 충돌시 차량이 감속되면서 보행자가 차량의 전면에 충격된 후 후드 부분을 감싼 형태로 올려져 전방으로 낙하하는 충돌 유형은?

① Wrap Trajectory　　② Front Vault
③ Fender Vault　　　　④ Forward Projection

[해설] Wrap Trajectory에 관한 설명이다.

정답 01 ① 02 ① 03 ①

04 2018년 기출

보행자의 충돌지점을 나타내는 가장 직접적인 현장증거는?

① 보행자의 최종 전도지점
② 보행자의 신발이 떨어진 위치
③ 제동흔적의 변형지점이나 보행자의 신발 끌린 흔적
④ 사고현장에 발생한 타이어 마크의 길이

해설 보행자의 신발 끌린 흔적은 충돌직후 발생한 것이므로 충돌지점에 대한 증거자료가 될 수 있다.

05 2017년 기출

보행자 사고유형 5가지 중 넓은 의미의 Wrap trajectory 유형으로서 차량의 속도가 빠르거나 보행자의 무게중심이 높은 경우에 발생되어 충돌 후 보행자는 공중회전(공중제비)되는 형태의 사고 유형은?

① Overdeflected
② Forward Projection
③ Fender Vault
④ Somer vault

해설 Somer Vault에 관한 설명이다.

보행자의 거동유형은 해마다 반드시 출제되고 있다. 용어의 단어적 해석만으로도 동작의 개요를 알 수 있다.

06 2015년 기출

다음 차 대 보행자 사고의 증거자료에 대한 설명 중 맞는 것은?

① 보행자 충돌사고에서는 보행자 충격지점을 발견하는 것이 중요하나, 차량파편 또는 보행자 유류품의 비산위치는 중요하지 않다.
② 보행자가 차량에 정면충돌된 경우 보행자 상해에 비해 차량손상은 경미한 편이며, 전면의 범퍼나 전조등, 후드, 전면유리 등에서 대부분의 차량손상이 발견된다.
③ 라디오 안테나, 차량루프 등은 보행자가 접촉할 수 없는 부분이므로 조사하지 않아도 무방하다.
④ 차량에 의해 발생한 노면흔적은 보행자 조사만을 통해 얻을 수 있는 정보에 속한다.

해설
① 중요하지 않다. → 중요하다.
③ 접촉할 수 없는 부분이므로 조사하지 않아도 무방하다. → 접촉할 수도 있는 부분이므로 조사해야 한다.
④ 차량에 의해 발생한 노면흔적은 도로 및 차량 조사를 통해 얻을 수 있는 정보에 속한다.

정답 04 ③ 05 ④ 06 ②

07 2014년 기출

차 대 보행자 사고에서 충돌 후 보행자 운동유형은 5가지로 분류될 수 있는데, 다음 중 보행자가 차 위에서 공중회전(공중제비, 재주넘기)하는 형태에 해당하는 것은?

① Somer vault
② Forward Projection
③ Wrap Trajectory
④ Fender Vault

해설 보행자 운동유형의 5가지 유형 중 공중회전(공중제비, 재주넘기)하는 유형은 Roof Vault와 Somer vault이다.

08 2013년 기출

승용차량 전면 범퍼와 보행자 신체의 다리부분이 충돌한 후 보행자 상체가 후드(보닛) 위로 넘어지면서 차량을 감싸는 형태를 취했다가 노면에 떨어지는 충돌유형은 무엇인가?

① Wrap trajectory
② Forward projection
③ Fender vault
④ Roof vault

해설 Wrap trajectory에 관한 설명이다.

09 2013년 기출

승용차의 앞 범퍼, 전면유리, 지붕 등 3곳 이상에서 보행자의 충돌흔적이 발견되었을 경우 가장 적절한 보행자의 충돌유형은 무엇인가?

① Fender vault
② Roof vault
③ Front vault
④ Forward projection

해설 Roof vault에 관한 설명이다.

10 2007년 기출

아래 그림과 같은 보행자 사고의 유형에 해당하는 것은?

① wrap trajectory
② forward projection
③ fender vault
④ roof vault

해설 보행자가 지붕을 뛰어 넘어 승용차의 뒤쪽 노면에 떨어지는 유형의 사고는 roof vault이다.

정답 07 ① 08 ① 09 ② 10 ④

11 2012년 기출

앞부분이 캡오버(Cap Over)형태인 화물차량이 보행자 충격시 보행자 운동의 특성은?

① 보행자는 외력이 가해진 방향으로 떨어짐
② 보행자는 차체의 뒤로 넘어가 떨어짐
③ 보행자는 외력이 가해진 반대방향으로 떨어짐
④ 보행자는 차량을 감싸며 넘어감

해설) 캡오버 형(Cab-Over type)차량에 충돌된 보행자는 외력이 가해진 방향으로 날아가 떨어지는 Forward projection 운동을 한다.

12 2011년 기출

차 대 보행자 사고에서 Eubank-Height이 분류한 충돌 후 보행자 선회유형에 대한 설명으로 맞는 것은?

① wrap trajectory : 보행자가 전방으로 날아가는 형태
② fender vault : 보행자가 지붕으로 도약하여 넘어가는 형태
③ somer vault : 보행자가 차량 위에서 공중회전하는 형태
④ forward projection : 보행자가 차량을 감싸며 낙하하는 형태

해설) 아래 표 참조

보행자 충돌 종류	보행자 선회유형
wrap trajectory	보행자가 차량을 감싸며 낙하하는 형태
forward projection	보행자가 전방으로 날아가는 형태
fender vault	보행자가 펜더 옆으로 넘어가는 형태
somer vault	보행자가 차량 위에서 공중회전하는 형태
roof vault	보행자가 지붕으로 도약하여 넘어가는 형태

정답 11 ① 12 ③

13 [2011년 기출]

차량 전면이 높은 화물차와 어린이 보행자가 충돌되는 사고에서 충돌 후 보행자 운동 상황을 틀리게 설명한 것은?

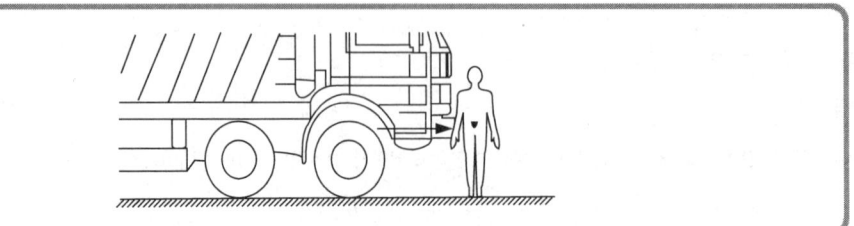

① 보행자가 차량을 감싸며 낙하하는 Wrap Trajectory 형태를 취한다.
② 보행자 무게중심 위에 힘이 작용하여, 보행자는 차량 아래로 전도된다.
③ 충돌 후에도 차량이 일정속도를 유지한다면, 보행자는 차량 하부구조물에 역과되거나 충격된다.
④ 보행자가 차량 충돌속도까지 가속되기는 어렵다.

해설 전면이 높은 화물차와 어린이 보행자가 충돌하는 위 그림의 사고는 보행자가 전방으로 날아가는 forward projection 유형에 속한다. 보행자가 차량을 감싸며 낙하하는 wrap trajectory 유형이 아니다.

14 [2010년 기출]

차 대 보행자 사고에서 Eubank & Rusty Height가 분류한 충돌시 보행자 선회유형 5가지에 해당되지 않는 것은?

① Wrap Trajectory
② Fender Vault
③ Flight & Rolling
④ Roof Vault

해설 보행자 선회유형 5가지는 ①, ②, ④ 외에도 Forward Projection, Somer Vault가 있다.

15 [2009년 기출]

차량과 보행자의 충돌과정 중 펜더넘기(Fender Vault)에 대한 설명이 아닌 것은?

① 차량 모서리 부분에 접촉됨
② 브레이크 작동시 보행자가 차량전면 모서리에 충격된 후 펜더부분으로 충격되는 경우이며, 보행자의 최종위치가 차량의 뒤쪽인지 옆쪽인지가 중요함
③ 브레이크가 작동하지 않았을 경우는 지붕 넘기와 유사하나 보행자가 차량 모서리 부분에 충격되며 후드나 펜더로 말림과 밀림 현상이 나타남
④ 차량의 속도가 20km/h 이하일 때 잘 발생함

해설 Fender Vault는 차량속도가 대략 40km/h 정도이다.

정답 13 ① 14 ③ 15 ④

16 2008년 기출

차 대 보행자 사고에서 충돌 후 보행자 운동 형태가 아닌 것은?

① Wrap Trajectory : 보행자가 전방으로 날아가는 형태
② Somer Vault : 보행자가 차량 위에서 공중회전하는 형태
③ Fender Vault : 보행자가 펜더 옆으로 넘어가는 형태
④ Roof Vault : 보행자가 지붕으로 도약하여 넘어가는 형태

해설 ①은 Forward Project에 대한 설명이다

17 2008년 기출

키 작은 어린이가 본닛형(Bonnet type) 승용차에 충격되었을 때 피해자 신체의 운동 현상에 대한 올바른 설명은?

① 차량의 후드 위로 올라가 전면 유리창에 충격된다.
② 상체는 승용차의 진행방향으로 밀려나면서 전도된다.
③ 승용차의 후드 위를 거쳐 지붕 위로 올라가 차량의 후방에 떨어진다.
④ 상체는 승용차의 진행 반대방향으로 회전되면서 후드를 감싼다.

해설 어린이는 키가 작아 신체의 무게중심 위를 충격 당한다.

정답 16 ① 17 ②

6 보행자의 상해도 이해

> 주로 상해 요인, 상해과정, 상해종류에 관한 내용이 출제된다.

01 [2021년 기출]

승용차가 앞으로 진행할 때, 전방의 보행자를 충격한 경우 일반적으로 가장 먼저 발생하는 보행자의 부상은?

① 전면 범퍼에 의한 부상
② 앞 유리창에 의한 부상
③ 전도상해
④ 역과손상

해설 승용차가 앞으로 진행(Forward)하면서 전방의 보행자를 충격하면 보행자의 신체를 최초 충격하는 승용차의 부위는 앞 범퍼이다.

02 [2020년 기출]

승용차와 보행자가 충돌시 1차 충격에서 보이는 인체상해의 특징이 아닌 것은?

① 성인은 대퇴부나 하퇴부 등 하지에서 주로 발생한다.
② 상해정도는 범퍼모양에 따라 다르다.
③ 차량하부에 의한 역과 손상이 주로 발생한다.
④ 상해정도는 차량속도에 따라 다르다.

해설 승용차와 보행자의 충돌에서는 보행자가 앞범퍼에 충돌된 후 보닛트 위로 올라 보닛트 위에서 미끄러진 후 승용차의 속도가 높으면 앞 유리창에 머리를 충격하고 승용차의 전방으로 날아가 노상에 떨어진다. 차량 하부에 의한 역과손상은 캡 오버형(Cab over type)의 차량에서 자주 나타난다.

03 [2018년 기출]

자동차사고의 표준 간이 상해도 분류 중 생명에는 지장이 없으나 어느 정도 충분한 치료를 필요로 하는 단계로 생명의 위험도가 11~30%인 것은?

① 상해도 1
② 상해도 2
③ 상해도 3
④ 상해도 4

해설

분류	상해부위와 상해형태 및 정도
상해도 1	상해가 가볍고 그 상해를 위한 특별한 대책이 필요없는 것으로 생명의 위험도가 1~10%인 것
상해도 2	생명에 지장은 없으나 어느 정도 충분한 치료를 필요로 하는 것으로 생명의 위험도가 11~30%인 것
상해도 3	생명의 위험은 적지만 상해자체가 충분한 치료를 필요로 하는 것으로 생명의 위험도가 31~70%인 것
상해도 4	상해에 의한 생명의 위험은 있으나 현재 의학적으로 적절한 치료가 이루어지면 구명의 가능성이 있는 것으로 생명의 위험도가 71~90%인 것
상해도 5	의학적 치료의 범위를 넘어서 구명의 가능성이 불확실한 것으로 생명의 위험도가 91~100%인 것
상해도 9	원인 및 증상을 자세히 알 수가 없어서 분류가 불가능한 것

정답 01 ① 02 ③ 03 ②

04 [2017년 기출]

보행자와 차량 간 충돌사고시 보행자의 상해 심각도(Injury severity)에 영향을 미치는 요인 중 가장 거리가 먼 것은?

① 차량범퍼의 높이
② 보행자 연령
③ 충돌속도
④ 운전자의 고속도로 운전경험

해설 보행자의 상해 심각도(Injury severity)는 운동역학적으로 발생하기 때문에 운전자의 운전경험과는 무관하다.

05 [2017년 기출]

도로를 횡단하던 신장 170cm의 보행자가 60km/h로 주행중이던 승용차의 전면범퍼에 충격 이후 와이퍼와 재차 충돌하여 안면부에 부상을 입었다면 어떤 손상인가?

① 범퍼손상
② 제2차 충격손상
③ 전도손상
④ 역과손상

해설 승용차 앞범퍼에 최초 충격(1차 충격)된 후 본네트로 올라가 앞유리창의 와이퍼에 2차 충격된 것은 범퍼손상, 전도손상, 역과손상에 해당되지 않는다.

06 [2017년 기출]

다음 중 차 대 보행자 충돌사고에서 보행자의 역과손상에 대한 설명으로 맞는 것은?

① 보행중인 보행자를 차체 전면부로 최초 충격되어 생긴 손상을 말한다.
② 신체가 차체의 외부구조에 다시 부딪혀 생긴 손상을 말한다.
③ 지상에 전도된 후 바퀴나 차량의 하부구조에 의해서 생긴 손상을 말한다.
④ 자동차에 충격된 후 지면이나 지상 구조물에 의해서 생긴 손상을 말한다.

해설
① 1차 충격손상이라고 한다.
② 2차 충격손상이라고 한다.
③ 역과손상이라고 한다.
④ 전도손상이라고 한다.

정답 04 ④ 05 ② 06 ③

07 2017년 기출

차 대 보행자 사고에서 설명 내용이 틀린 것은?

① 보행자는 차체의 외부구조에 1차적으로 충격을 받는다.
② 처음 충격 후 보행자의 신체가 차의 외부구조에 다시 부딪치는 것을 2차 충격이라 한다.
③ 차량 충격 후 지면에 부딪치면 전도손상이 발생한다.
④ 차량에 역과되면 전복손상이라 한다.

해설) 차량의 바퀴나 하부구조물에 의해 손상된 경우를 역과손상이라 한다.

08 2017년 기출

역과와 같은 거대한 외력이 작용하면 외력이 작용한 부위에서 떨어진 피부가 피부할선을 따라 찢어지는 손상을 무엇이라 하는가?

① 압좌손상
② 편타손상
③ 전도손상
④ 신전손상

해설) 신전손상에 관한 설명이다.

09 2015년 기출

차 대 보행자 사고에서 정면 충돌시 보행자에 의해 발생되기 어려운 손상은 무엇인가?

① 전면범퍼 손상
② 전면유리창 손상
③ 계기판 손상
④ 전조등 손상

해설) 계기판 손상은 차량 내부 승차자와 충격에 의해 발생한다.

10 2014년 기출

자동차가 서있는 보행자를 충돌시 1차 충격 손상에서 보이는 인체 상해특징이 아닌 것은?

① 역과하는 경우가 많다.
② 손상의 정도는 차량속도, 범퍼모양 등에 따라 다르다.
③ 성인은 대퇴부, 하퇴부 등 주로 하지에 상해가 발생한다.
④ 어린이는 상반신, 때로는 경부에 상해가 발생한다.

해설) 서있는 보행자의 1차 충격 손상은 역과되기 어렵다.

정답 07 ④ 08 ④ 09 ③ 10 ①

7 보행자 충돌속도의 분석

01 2021년 기출

보행자가 자동차에 충돌하여 포물선 운동을 하며 노면에 낙하하여 미끄러지다 최종 정지하였다. 이때 보행자의 전체 이동거리를 산출하는 공식은?

- v : 자동차의 충돌속도
- f : 보행자의 노면 견인계수
- h : 포물선 운동 시작 높이
- g : 중력가속도

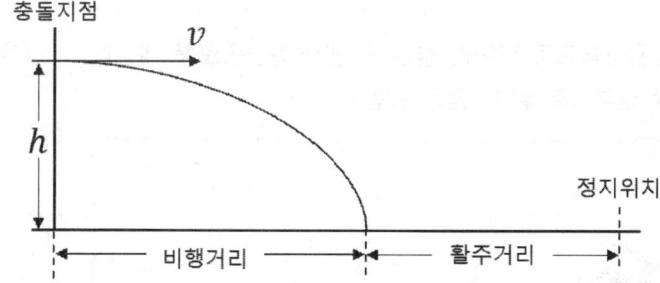

① $v \times \sqrt{\dfrac{2h}{g}} + \dfrac{v}{2gf}$

② $v \times \sqrt{\dfrac{2h}{g}} + \dfrac{v^2}{2gf}$

③ $v \times \sqrt{\dfrac{h}{g}} + \dfrac{v^2}{2gf}$

④ $v \times \sqrt{\dfrac{2h}{g}} + \dfrac{f \times v^2}{2g}$

해설 자동차에 충돌되어 수평방향으로 날아갈(튕길) 때 보행자의 속도(v_i)는 $0 m/s$, 보행자가 공중을 날아가 지면에 떨어지기까지 수직방향으로 자유 낙하하는 가속도(a)는 중력가속도 g, 소요시간(t) 동안 이동거리는 수직 낙하거리 h이다. 운동방정식 $d = v_i t + \dfrac{1}{2}at^2$에 위 조건들을 대입하면 $h = 0 \times t + \dfrac{1}{2}gt^2$로부터 $t = \sqrt{\dfrac{2h}{g}}$, 문제에서 구하려는 것은 보행자의 수평방향 이동거리 (d_1)이므로 $d_1 = vt = v \times \sqrt{\dfrac{2h}{g}}$, 노면 활주거리($d_2$)는 $d_2 = \dfrac{v^2 - (v')^2}{2fg}$에서 $v' = 0$ (정지)를 대입하면 $d_2 = \dfrac{v^2}{2fg}$, 따라서 전체 이동거리는 $v \times \sqrt{\dfrac{2h}{g}} + \dfrac{v^2}{2fg}$가 된다.

● 보행자는 충돌차량의 속도로 수평방향으로 날아가지만, 날아가는 시간은 자유낙하 시간과 같다.

정답 01 ②

02 2017년 기출

보행자 사고에서 충돌 후 보행자가 지면에 낙하하여 활주할 때 활주거리에 영향을 미치는 요소이다. 다음 중 거리가 먼 것은?

① 활주시점 속도
② 인체·노면 간 마찰계수
③ 중력가속도
④ 보행자의 상해부위

해설 $d = \dfrac{v^2}{2\mu g}$ 와 같이 활주거리에 영향을 미치는 요소는 속도, 인체와 노면 사이의 마찰계수, 중력가속도이다.

03 2015년 기출

보행자가 승용차 후드(보닛) 위에서 거의 수평방향으로 날아간 경우, 보행자 충돌속도를 계산할 수 있는 다음의 물리식이 있다. 이에 대한 설명으로 옳지 않은 것은?

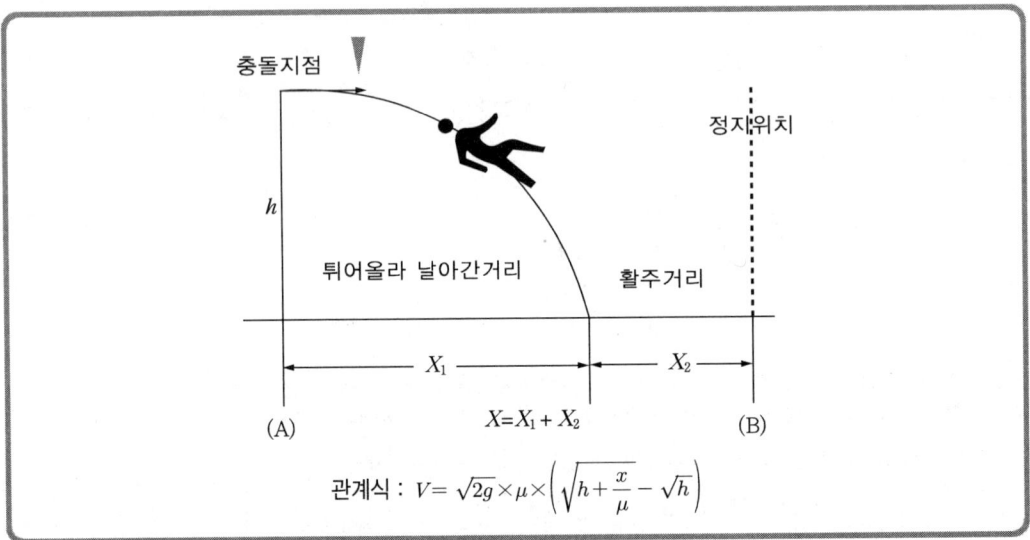

관계식 : $V = \sqrt{2g} \times \mu \times \left(\sqrt{h + \dfrac{x}{\mu}} - \sqrt{h}\right)$

① (X_1)구간에서 보행자의 수평방향으로의 운동은 등속도 운동이며, 수직방향의 운동은 자유낙하 운동이다.
② 충돌지점(A) 속도가 노면 낙하지점(B) 속도보다 크다.
③ 활주거리(X_2)는 충돌속도와 보행자-노면 간의 마찰계수에 의해 결정된다.
④ 튀어 올라 날아간 거리(X_1)가 증가할수록 활주거리(X_2)도 증가한다.

해설 충돌지점(A) 속도와 노면 낙하지점(B) 속도는 같다.

정답 02 ④ 03 ②

8 충돌속도와 보행자 전도거리간의 관계

01 2019년 기출

차량에 충돌된 보행자가 그림과 같은 형태로 운동하였다. 차량의 보행자 충돌속도를 물리적으로 계산하기 위한 공식은? (단, h = 충돌시 보행자의 무게중심 높이, $x = X_1 + X_2$, g = 중력가속도, μ = 보행자의 노면마찰계수)

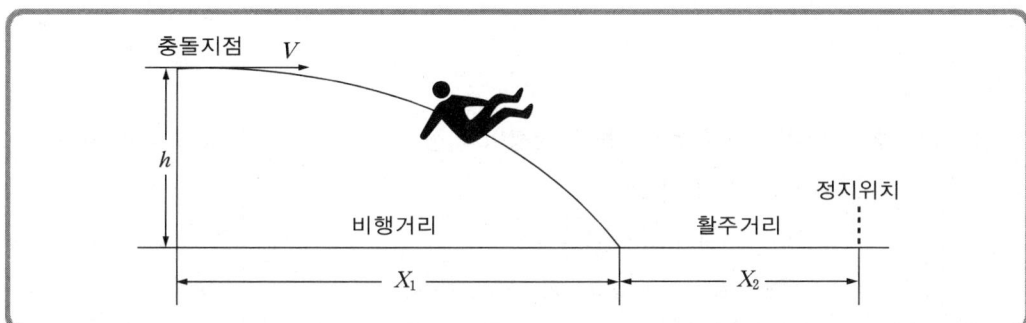

① $V = \sqrt{2g} \times \mu \times \left(\sqrt{h + \dfrac{x}{\mu}} - \sqrt{h} \right)$

② $V = \sqrt{2g} \times x \times \left(\sqrt{h + \dfrac{x}{\mu}} - \sqrt{h} \right)$

③ $V = \sqrt{2g} \times \mu \times \left(\sqrt{h + \dfrac{\mu}{x}} - \sqrt{h} \right)$

④ $V = \sqrt{2g} \times h \times \left(\sqrt{h + \dfrac{x}{\mu}} - \sqrt{x} \right)$

[해설] 관계식 : $V = \sqrt{2g} \times \mu \times \left(\sqrt{h + \dfrac{x}{\mu}} - \sqrt{h} \right)$

02 2008년 기출

보행자 사고에서 적절한 보행자의 전도거리는?

① 튕겨 날아간 거리 + 노면활주거리
② 노면활주거리 + 보행자의 중심높이
③ 노면활주거리 + 보행자가 튀어 오르는 높이
④ 보행자의 질량 + 중력가속도

[해설] 보행자의 전도거리 = 튕겨 날아간 거리 + 노면활주거리

정답 01 ① 02 ①

제2장 차량의 속도분석 및 운동특성

1. 충돌과정 및 방향에 따른 차량 운동특성

01 [2021년 기출]

차체의 회전 및 이동방향, 충돌 전·후 충돌각도 등을 분석하는데 영향이 가장 큰 항목은?

① 충돌시 반발력
② 충돌시 차량의 속도
③ 충돌시 운동에너지
④ 충격력의 방향과 크기

[해설] 충격외력의 작용방향과 크기는 충돌물체의 회전, 이동방향, 충돌각도 등을 분석하는 중요한 자료이다.

02 [2020년 기출]

승차량충돌의 과정이 맞게 나열된 것은?

① 최초접촉 − 최대접속 − 정지 − 분리
② 최초접촉 − 정지 − 최대접속 − 분리
③ 최초접촉 − 분리 − 최대접촉 − 정지
④ 최초접촉 − 최대접촉 − 분리 − 정지

[해설] 충돌과정은 최초접촉 - 최대접촉 - 분리 - 정지를 거친다.

03 [2020년 기출]

차량의 충돌 전·후 운동상황을 재현할 때 주요 고려사항이 아닌 것은?

① 차량 최종위치
② 구난차 도착위치
③ 노면 패인 흔적 발생 위치
④ 스키드마크(Skid Mark) 발생 위치

[해설] 구난차 도착위치는 사고재현시 고려사항이 아니다.

정답 01 ④ 02 ④ 03 ②

04 2020년 기출

객관적이고 과학적으로 사고원인을 분석하기 위해 차량에서 우선적으로 확인해야 할 사항이 <u>아닌</u> 것은?

① 사고영상 기록장치(Black Box)
② 디지털운행기록계(Digital Tacho Graph)
③ 사고기록장치(Event Data Recorder)
④ 휴대용 전화

해설 휴대용 전화는 우선적 확인사항이 아니다.

05 2019년 기출

다음 중 P.D.O.F(Principal Direction of Force)를 이용한 사고재현시 기본 원칙에 해당되지 않는 것은?

① 충돌시 양 차량 간에 작용하는 충격력의 크기는 서로 같다.
② 양 차량 간의 충격력 작용지점은 동일한 1개의 지점이다.
③ 사고차량들의 파손 부위와 형태, 파손량 등을 통하여 판단한다.
④ 충돌시 양 차량 간에 작용하는 충격력의 방향은 서로 같은 방향이다.

해설 충돌시 양 차량 간에 작용하는 충격력의 방향은 서로 반대 방향이다.

06 2019년 기출

충돌시 차량 회전에 가장 크게 영향을 주는 3가지 요인은 무엇인가?

① 충격력 작용시간, 충격력 작용지점, 충격력 작용방향
② 충격력 작용시간, 충격력 작용지점, 차체형태
③ 충격력 크기, 충격력 작용방향, 충격력 작용지점
④ 충격력 크기, 충격력 작용방향, 차체형태

해설 충돌시 차량 회전에 가장 큰 영향을 주는 것은 충격력의 크기, 충격력 작용방향, 충격력 작용지점이다.

07 2019년 기출

운동량과 충격량의 관계를 맞게 설명한 것은?

① 운동량의 변화는 곧 충격량이다.
② 운동량에 충격량을 더하면 충돌속도가 된다.
③ 운동량은 충격량의 제곱이다.
④ 충격량은 운동량보다 항상 크다.

해설 충격량은 운동량의 변화이다.

정답 04 ④ 05 ④ 06 ③ 07 ①

08 2019년 기출

인접한 신호 연동 교차로에서 어떤 기준 시점으로부터 녹색신호가 개시할 때까지의 시간차를 초(s) 또는 백분율(%)로 나타낸 값은?

① 주기(Cycle) ② 옵셋(Offset)
③ 시간분할(Time Split) ④ 차두시간(Headway)

해설) 옵셋(Offset)에 관한 설명이다.

09 2019년 기출

질량이 2500kg인 A차량의 속도가 30km/h이고, 질량이 1500kg인 B차량의 속도가 50km/h일 때 양 차량의 운동량은?

① A > B ② A < B
③ A = B ④ 비교할 수 없다.

해설) A : $w_a = m_a \times v_a = 2,500 \times (30/3.6) = 20,833 kgm/s$
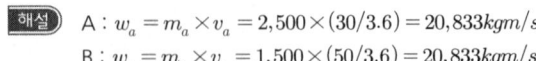
B : $w_a = m_a \times v_a = 1,500 \times (50/3.6) = 20,833 kgm/s$

10 2019년 기출

평탄한 노면의 견인계수가 0.7일 때 급제동하여 40m의 거리를 미끄러지고 정지하였다. 제동 시 속도는 얼마인가?

① 약 84km/h ② 약 94km/h
③ 약 104km/h ④ 약 114km/h

해설) $v = \sqrt{2fgd} = \sqrt{2 \times 0.7 \times 9.8 \times 40} \fallingdotseq 23.43 m/s \fallingdotseq 84 km/h$

11 2019년 기출

오토바이의 무게중심이 지면으로부터 40cm 높이에 있다가 외력의 작용 없이 기울어지기 시작하여 노면에 넘어지기까지 소요된 시간은?

① 약 0.29s ② 약 0.36s
③ 약 0.45s ④ 약 0.56s

해설) $t = \sqrt{\dfrac{2h}{g}} = \sqrt{\dfrac{2 \times 0.4}{9.8}} \fallingdotseq 0.286 sec \fallingdotseq 0.29 sec$

정답 08 ② 09 ③ 10 ① 11 ①

12 [2018년 기출]

다음과 같은 조건에서 전륜축으로부터 차량 무게중심까지의 수평거리는? (W : 차량총중량, W_1 : 전륜축 하중, W_2 : 후륜축 하중, L : 축간거리)

① $\dfrac{W_1 \times W}{L}$ ② $\dfrac{W_2 \times W}{L}$

③ $\dfrac{W_1 \times L}{W}$ ④ $\dfrac{W_2 \times L}{W}$

해설) 전륜축~무게중심까지의 거리 : $\dfrac{W_2 \times L}{W}$

후륜축~무게중심까지의 거리 : $\dfrac{W_1 \times L}{W}$

13 [2017년 기출]

추돌사고의 일반적인 특징으로 옳지 <u>않은</u> 것은?

① 추돌 차량의 운동량 전이로 앞 차량은 가속된다.
② 추돌 차량이 급제동하면서 추돌하는 일이 많아 노즈다운(Nose down) 현상의 충돌이 되기 쉽다.
③ 추돌 차량 운전자의 신체는 후방으로 이동한다.
④ 피추돌 차량 운전자는 추돌 직전 상황을 인지하지 못하는 경우가 있다.

해설) 운전자의 신체가 후방으로 이동하는 것은 추돌 차량이 아니라 피추돌 차량의 승차자이다.

14 [2016년 기출]

차량 충돌의 종류에 대한 설명으로 <u>틀린</u> 것은?

① 차량이 충돌하는 동안 서로 운동에너지를 교환하면서 충분한 충돌이 이루어지는 경우를 완전충돌이라 한다.
② 정면충돌, 추돌과 같이 무게중심을 향한 충격력에 의해 운동량을 교환하는 충돌을 완전충돌이라 한다.
③ 충돌하는 동안 양 차량 간에 서로 공통속도에 도달하지 못하는 충돌을 부분충돌이라 한다.
④ 공통속도에 도달하는 충돌을 부분충돌이라 하며, 파손된 표면이 완전하게 맞물린다.

해설) 공통속도에 도달하는 충돌을 완전충돌이라 한다.

정답 12 ④ 13 ③ 14 ④

15 2016년 기출

교통사고재현에서 사용되는 PDOF(Principal Direction Of Force)의 개념에 대한 설명을 모두 고른 것은?

> ㉠ 충돌시 양 차량 간의 충격력 크기는 서로 같다.
> ㉡ 양 차량 간의 충격력 작용점은 항상 2개 지점이다.
> ㉢ 충격력 크기는 차량의 무게와는 상관이 없다.
> ㉣ 충돌시 무거운 차량의 충격력이 반드시 크다.
> ㉤ 충돌부위를 접합한 상태에서 충돌시 양 차량 간의 힘의 방향을 표시하면 반드시 일직선으로 작용한다.
> ㉥ 충돌시 양 차량에 작용한 충격력의 방향은 서로 같은 방향이다.
> ㉦ PDOF는 충돌차량의 파손형태와 모습, 파손량 등을 통하여 추정한다.

① ㉠, ㉡, ㉢
② ㉢, ㉣, ㉦
③ ㉠, ㉤, ㉦
④ ㉣, ㉥, ㉦

[해설] PDOF(Principal Direction Of Force)의 개념
㉠ 충돌시 양 차량 간의 충격력 크기는 서로 같다.
㉡ 양 차량 간의 충격력 작용점은 항상 1점이다.
㉢ 충격력 크기는 차량의 무게와는 상관이 있다.
㉣ 충돌시 무거운 차량의 충격력이 작을 수도 있다.
㉤ 충돌부위를 접합한 상태에서 충돌시 양 차량 간의 힘의 방향을 표시하면 반드시 일직선으로 작용한다.
㉥ 충돌시 양 차량에 작용한 충격력의 방향은 서로 반대 방향이다.
㉦ PDOF는 충돌차량의 파손형태와 모습, 파손량 등을 통하여 추정한다.

> PDOP에 관한 내용을 학습할 필요가 있다.

16 2016년 기출

부분충돌에 대하여 맞게 설명한 것은?

① 충돌하는 과정에서 충돌차량과의 상대속도가 '0'되지 않고 충돌하는 차량이 계속적으로 움직이는 충돌을 말한다.
② 충돌하는 과정에서 충돌하는 차량이 충돌차량과의 상대속도가 '0'되는 충돌을 말한다.
③ 두 물체 간의 속도가 동일해지는 시점에서 운동이 순간적으로 멈춰지는 충돌을 말한다.
④ 최초 접촉위치와 최대 접촉위치가 일치하는 충돌을 말한다.

[해설]
② 부분충돌에서는 충돌차량과의 상대속도가 '0'이 되지 않는다.
③ 두 물체의 속도가 동일해지지 않고, 순간적인 멈춤이 발생하지 않는다.
④ 최초 접촉위치와 최대 접촉위치는 다르다.

정답 15 ③ 16 ①

17 2016년 기출

충돌시 차량 회전에 가장 크게 영향을 주는 3가지 요인은 무엇인가?

① 충격력 크기, 충격력 작용방향, 차체형태
② 충격력 크기, 충격력 작용방향, 충격력 작용지점
③ 충격력 작용시간, 충격력 작용지점, 차체형태
④ 충격력 작용시간, 충격력 작용지점, 충격력 작용방향

해설 충돌시 차량 회전에 큰 영향을 주는 요인은 충격력 크기, 충격력 작용방향, 충격력 작용지점이다.

18 2016년 기출

주행하는 A차량이 주차된 B차량을 충격하여 아래의 그림과 같이 충격력이 작용하였다. 충돌 후 차량의 움직임에 대한 설명으로 맞는 것은?

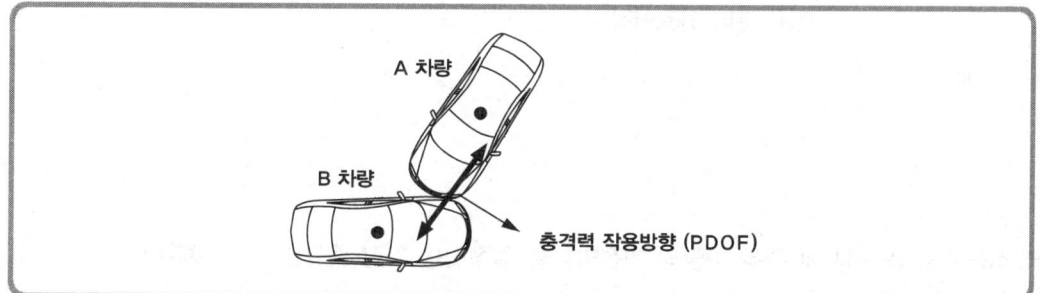

① A차량에는 충격력이 편심으로 작용하여 충돌 후 A차량은 시계 방향으로 회전한다.
② 충격력이 양 차량의 무게 중심부를 향해서 작용되므로 충돌 후 양 차량 모두 회전하지 않는다.
③ 양 차량 모두 편심된 충격력을 받지만, 충돌 후 A차량은 회전하지 않고 A차량에 충격된 B차량만 반시계 방향으로 회전한다.
④ 양 차량 모두 편심된 충격력을 받기 때문에 충돌 후 A차량은 반시계 방향으로 회전하고 B차량은 시계방향으로 회전한다.

해설 A차량은 충격력이 무게중심의 좌측으로 경유하고, B차량은 충격력이 무게중심의 우측으로 경유하기 때문에 충돌 후 A차량은 반시계 방향으로 회전하고 B차량은 시계방향으로 회전한다.

19 2015년 기출

충돌 후 자동차의 움직임에 가장 영향이 적은 요소는?

① 충돌직전 노면상태
② 충돌직전 속도
③ 충돌직전 방향
④ 충돌하는 과정에 가해지는 충격힘

해설 충돌직전 노면상태는 충돌 후 자동차의 움직임에 그다지 영향을 미치지 않는다.

정답 17 ② 18 ④ 19 ①

20 2015년 기출

차 대 오토바이(이륜차)사고에서 사고의 재구성에 필요한 사항 중 가장 거리가 먼 것은?

① 사고당시 양 차량의 속도
② 도로상에서 양 차량의 충돌지점과 물체간의 충돌위치와 방향
③ 충돌 전·후 양 차량의 운동
④ 오토바이 제조회사

해설 오토바이 제조회사는 사고의 재구성에 필요하지 않다.

21 2015년 기출

충돌시 대상물 사이에 최대 충격력이 작용하는 시점은?

① 최초 접촉시점
② 충돌 후 최종 정지시점
③ 최대 접합시점
④ 분리 완료시점

해설 최대 접합시점(maximum engagement)이다.

22 2014년 기출

차량에 가해지는 충격력의 작용방향 및 위치에 따라 차량의 회전방향을 결정짓는 가장 중요한 요소는?

① 차량의 축거
② 차량의 무게중심
③ 차량의 무게
④ 차량의 윤거

해설 무게중심을 어느 쪽으로 비껴가느냐에 따라 회전방향이 결정된다.

23 2014년 기출

차량의 충돌과 탑승자의 이동성에 대한 일반적인 설명으로 틀린 것은?

① 정면 충돌 : 양 차량 탑승자는 사고 전 주행방향으로 이동
② 정후면 추돌 : 추돌된 차량 탑승자는 후방으로 이동
③ 측면직각 충돌 : 충돌된 차량의 탑승자는 후방으로 이동
④ 정지된 차량의 측면직각 충돌 : 충돌된 차량의 탑승자는 충돌한 차량 쪽으로 이동

해설 측면직각 충돌 : 충돌된 차량의 탑승자는 충돌된 차량의 충돌 전 진행방향과 충돌차량의 충격력 방향의 합성방향으로 이동

정답 20 ④ 21 ③ 22 ② 23 ③

24 2008년 기출

다음 용어에 대한 설명 중 바르지 못한 것은?

① 크리핑(creeping)은 자동변속기 차량에서 선택레버가 D 또는 R 등 주행 가능한 위치에 있을 때 악셀을 밟지 않아도 천천히 움직이는 것이다.
② jack-knife 현상이란 연결차량에서 앞의 견인차량과 뒤의 피견인차량이 연결부위를 축으로 jack-knife 모양으로 꺾이는 것을 말한다.
③ 장벽충돌속도란 속도와 자동차 손상정도의 상관관계를 알기 위해 질량무한대의 고정 장벽에 자동차를 부딪치는 측정 시험시의 속도를 말한다.
④ 병진운동이란 옆 차량과 같은 속도로 나란히 주행하는 것을 말한다.

[해설] 병진운동이란 바퀴 타이어가 세로방향으로 구르는 것을 말하고, 반면에 조향핸들을 꺾은 영향에 의해 바퀴 타이어가 옆으로 틀어져 구르는 것은 회전운동이라고 한다.

> **중요도** ●●
> 크리핑(creeping)은 자동변속기 차량에서 발생하는 것으로 흔히 경험할 수 있는 것이며, 생소한 용어같지만 현대의 자동차 생활에서 빈번하므로 출제 가능성이 점차 높아질 것이다.

정답 24 ④

2 사고유형별 차량의 속도분석

01 2021년 기출

A차량 운전자가 전방에 사고로 정지하고 있는 B차량을 발견하고 제동하여 B차량과 충돌하지 않았다. A차량 운전자는 B차량을 최소 몇 미터 전에 발견하였는가?

- A차량 속도 : 108km/h
- 인지반응시간 : 1초
- 중력가속도 : 9.8m/s²
- 차량의 길이는 고려하지 않음
- 견인계수 : 0.8

① 68.3m
② 75.9m
③ 87.4m
④ 106.5m

 중력가속도 : 9.8m/s², 견인계수 : 0.8, 인지반응시간 : 1초의 조건하에서 108km/h 속도로 주행하는 차량의 정지거리 (= 인지반응거리 + 제동거리)에 도달하기 전에 발견하여야 한다. 즉, 사고회피를 위해 발견해야 할 최소거리이다. 이를 산출하면 아래와 같다.

$D = $ 인지반응거리(d_1) + 제동거리(d_2)

$= \dfrac{v}{3.6}t + \dfrac{v^2}{254f}$

$= \dfrac{108}{3.6} \times 1 + \dfrac{108^2}{254 \times 0.8}$

$= 30 + 57.4$

$= 87.4m$

02 2021년 기출

차량이 72km/h 속도에서 4초 동안 감속하여 정지하였다. 이때 차량이 이동한 거리는?

① 40m
② 45m
③ 50m
④ 55m

 주어진 조건은 $v_i = \dfrac{72}{3.6} = 20m/s$, $t = 4\sec$, $v_e = 0$, $d = ?$

거리 산출방정식 $d = \dfrac{t(v_i + v_e)}{2}$에 주어진 조건을 대입하면,

$d = \dfrac{4(20+0)}{2} = 40m$

정지거리=인지반응거리+제동거리

정답 01 ③ 02 ①

03 2021년 기출

차량이 5초 동안 1.2m/s² 으로 가속하여 12m/s가 되었다면 가속 전 속도는 몇 km/h인가?

① 18.9km/h
② 20.4km/h
③ 21.6km/h
④ 25.5km/h

해설 주어진 조건은 $t = 5sec$, $a = 1.2m/s^2$, $v_e = 12m/s$, $v_i = ?$
가속 전 속도 산출방정식 $v_i = v_e - at$에 위 주어진 조건을 대입하면
$v_i = v_e - at = 12 - (1.2 \times 5) = 6m/s = 21.6km/h$

04 2021년 기출

차량속도 추정에 필요한 자료에 해당되지 않는 것은?

① 제동거리
② 신체 손상부위
③ 차량 손상깊이
④ 차량 무게중심의 이동경로

해설
① 제동거리 : 견인계수와 함께 속도 추정 방정식의 대입요소이다.
③ 차량 손상깊이 : 관련 방정식에 따라 속도 추정에 사용된다.
④ 차량 무게중심의 이동경로 : 충돌 후 이동거리는 충돌직후 속도 산출의 대입요소이다.

05 2021년 기출

주행 중인 A차량(질량 2000kg)이 정지해 있던 B차량(질량 1500kg)을 완전비탄성 충돌하였다. 이후 두 차량은 붙어서 10m를 미끄러져 정지하였다. A차량의 충돌시 속도는? (충돌 후 견인계수 : 0.4, 중력가속도 : 9.8m/s²)

① 약 24km/h
② 약 32km/h
③ 약 40km/h
④ 약 56km/h

운동량 보존의 법칙 적용

해설 주어진 조건은 $m_A = 2000kg$, $m_B = 1500kg$, $V_{AB} = \sqrt{2 \times f \times g \times d_{AB}}$
운동량보존법칙 관련식 적용 $m_A v_A + m_B v_B = (m_A + m_B) \times V_{AB}$
주어진 조건 대입하면 $2000 \times v_A + 1500 \times 0 = (2000 + 1500)\sqrt{2 \times 0.4 \times 9.8 \times 10}$
$2000v_A = 3500 \times 8.85$
$v_A = \dfrac{30975}{2000}$
$v_A = 15.4875 m/s$
$v_A = 56 km/h$

정답 03 ③ 04 ② 05 ④

06 2020년 기출

견인계수 0.8의 평탄한 노면에서 보행자를 충돌하기 직전 차량의 스키드마크(Skid Mark) 길이는 20m이고, 보행자를 충돌하고 15m를 활주한 후 정지하였다. 보행자 충돌시 사고차량의 속도는? (보행자충돌로 인한 감속은 무시함)

① 12.53m/s
② 15.34m/s
③ 18.42m/s
④ 21.35m/s

 해설 $v = \sqrt{2\mu g d} = \sqrt{2 \times 0.8 \times 9.8 \times 15} ≒ 15.34 m/s$

● 중요도 ●●●
● 스키드마크에 의한 속도 산출은 가장 기본적이다.

07 2020년 기출

승용차 운전자가 50km/h 속도로 주행 중 전방의 보행자를 인지하고 제동하여 사고를 회피하기 위한 최소 정지거리는? (단, 인지반응시간 1초, 마찰계수 0.8, 중력가속도 9.8m/s²)

① 약 19.0m
② 약 26.2m
③ 약 34.4m
④ 약 43.6m

해설
$$D = d_1 + d_2 = \frac{v}{3.6}t + \frac{(v/3.6)^2}{2\mu g}$$
$$= \frac{50}{3.6}(1) + \frac{(50/3.6)^2}{2 \times 0.8 \times 9.8} ≒ 26.2m$$

● 중요도 ●●●
● 정지거리=인지반응거리+제동거리를 기억해야 한다.

08 2020년 기출

승용차가 좌선회 중 요마크(Yaw Mark) 흔적을 발생하였다. 요마크(Yaw Mark) 흔적 발생당시 주행속도는? (현의 길이 30m, 중앙종거 3.5m, 중력가속도 9.8m/s², 횡방향 견인계수 0.84를 적용)

① 약 50km/h
② 약 60km/h
③ 약 70km/h
④ 약 80km/h

 해설
$$R = \frac{C^2}{8M} + \frac{M}{2} = \frac{30^2}{8 \times 3.5} + \frac{3.5}{2} ≒ 33.89m$$
$$v = \sqrt{\mu g R} = \sqrt{0.84 \times 9.8 \times 33.89} ≒ 16.7 m/s ≒ 60 km/h$$

● 중요도 ●●●
● 곡선반경 산출법과 요마크에 의한 속도 산출에 관하여 확실하게 기억해 두어야 한다. 자주 출제된다.

정답 06 ② 07 ② 08 ②

09 2020년 기출

직진으로 도로를 주행하던 자동차가 제동에 의한 스키드마크(Skid Mark)를 생성하고 다시 좌로 굽은 형태의 요마크(Yaw Mark)를 생성한 것으로 확인되었다. 스키드마크에 의한 속도가 35km/h, 요마크에 의한 속도가 55km/h로 추정된 경우, 자동차가 스키드마크를 생성하기 직전의 속도는?

① 약 90km/h
② 약 80km/h
③ 약 75km/h
④ 약 65km/h

해설 요마크에 의한 속도는 끝 지점 속도, 스키드마크에 의한 속도는 시작지점에서 끝지점까지 진행하면서 감소된 속도로 간주하여 합성속도 산출방법으로 하면 된다.
$$V = \sqrt{(v_1)^2 + (v_2)^2} = \sqrt{35^2 + 55^2} ≒ 65km/h$$

10 2020년 기출

자동차가 72km/h로 주행하다가 급제동하여 스키드마크(Skid Mark)를 발생하고 스키드마크 끝에서 36km/h로 보행자를 충돌하였다. 스키드마크를 발생하여 미끄러진 시간은? (노면 마찰계수 0.8, 중력가속도 9.8m/s²)

① 1.18s
② 1.28s
③ 2.18s
④ 2.28s

해설 처음속도 72km/h, 나중속도 36km/h, 노면 마찰계수 0.8을 주어진 조건으로 미끄러지면서 이동하는 시간을 구하라는 문제이다. 시간 산출 방정식은 $t = \dfrac{v_e - v_i}{a}$, $a = \mu g$이므로
$$t = \dfrac{v_e - v_i}{\mu g} = \dfrac{(\frac{72}{3.6}) - (\frac{36}{3.6})}{0.8 \times 9.8} ≒ 1.28\sec$$

11 2020년 기출

자동차가 15m/s의 속도로 주행하다가 급제동하였을 때의 제동거리가 18m로 확인되었다. 인지반응시간이 0.7초일 때 자동차의 정지거리는?

① 18.5m
② 23.5m
③ 28.5m
④ 33.5m

해설 먼저 가속도를 구한 후 정지거리를 산출하여야 한다.
$$a = \dfrac{(v_e)^2 - (v_i)^2}{2d} = \dfrac{0^2 - 15^2}{2 \times 18} = -6.25 m/s^2$$
$$D = d_1 + d_2 = v_i t_1 + \dfrac{(v_i)^2}{2a} = 15 \times 0.7 + \dfrac{15^2}{2 \times 6.25} ≒ 28.5 m$$

정답 09 ④ 10 ② 11 ③

12 2020년 기출

차량이 직선도로를 주행하다가 급제동하였다. 스키드마크(Skid Mark)의 길이는 좌·우 45m로 일하고 기울기 10% 내리막길이다. 급제동 직전 속도는? (단, 모든 바퀴가 제동되었고 마찰계수는 0.8이다)

① 76.35km/h
② 89.44km/h
③ 85.45km/h
④ 92.76km/h

 해설 $v = \sqrt{254 \times (\mu - i) \times d} = \sqrt{254 \times (0.8 - 0.10) \times 45} \fallingdotseq 89.44 km/h$

13 2019년 기출

균일한 프레임 간격을 가진 블랙박스 영상에서 A지점으로부터 B지점까지 50개의 프레임이 경과하였고, A-B 구간 평균속도가 36km/h, 이동거리가 20m라면 이 영상의 프레임 레이트(Frame Rate)는 얼마인가?

① 15fps
② 20fps
③ 25fps
④ 30fps

 해설 $t = \dfrac{d}{v} = \dfrac{20m}{\left(\dfrac{36km/h}{3.6}\right)} = 2\sec,\ f_r = \dfrac{F}{t} = \dfrac{50 frame}{2\sec} = 25 fps$

14 2019년 기출

차량운전자가 전방의 위험을 인지한 후 제동하여 정지한 결과, 제동 흔적이 20m 발생했다. 정지거리는 얼마인가? (단, 인지반응시간 1초, 제동시 견인계수 0.7)

① 약 37m
② 약 50m
③ 약 60m
④ 약 80m

해설 $v = \sqrt{2fgd} = \sqrt{2 \times 0.7 \times 9.8 \times 20} \fallingdotseq 16.5 m/s$,
$D = vt + \dfrac{v^2}{2fg} = (16.57) \times 1 + \dfrac{(16.57)^2}{2 \times 0.7 \times 9.8} \fallingdotseq 36.58m \fallingdotseq 37m$

정답 12 ② 13 ③ 14 ①

15 2019년 기출

차량이 처음에 100km/h의 속도로 달리다가 견인계수 0.7로 감속하여 속도가 50km/h가 되었다면 그 동안 걸린 시간은 얼마인가?

① 약 0.53s
② 약 1.03s
③ 약 1.53s
④ 약 2.02s

해설
$a = fg = -(0.7 \times 9.8) = -6.86 m/s^2$,
$t = \dfrac{v_e - v_i}{a} = \dfrac{(100 \times /3.6) - (50/3.6)}{-6.86} = 2.02 \sec$

16 2019년 기출

평탄한 도로를 60km/h로 주행하던 차량이 급제동하여 30m 이동하고 정지하였다. 차량의 견인계수는?

① 약 0.75
② 약 0.68
③ 약 0.65
④ 약 0.47

해설
$a = \dfrac{(v_e)^2 - (v_i)^2}{2d} = \dfrac{0^2 - (60/3.6)^2}{2 \times 30} ≒ -4.63 m/s^2$,
$f = \dfrac{a}{g} = \dfrac{4.63}{9.8} ≒ 0.47$

17 2019년 기출

차량이 내리막 경사 8°인 도로를 주행하다 스키드마크를 발생하였을 때, 아래 식의 △에 들어갈 값은?

$$V = \sqrt{254 \times (\mu - \triangle) \times d} \ \ (km/h)$$

① 0.08
② 0.14
③ 0.8
④ 1.4

해설 $\tan\theta = \tan 8° = 0.14$

정답 15 ④ 16 ④ 17 ②

18 [2019년 기출]

차량이 길이 15m의 스키드마크를 발생시키고 정지하였다. 제동구간에서 평균 감속도가 6.86m/s² 로 측정되었고, 차량 진행방향으로 3% 오르막 경사가 있었다. 이에 대한 설명으로 **틀린** 것은?

① 제동구간에서 타이어와 노면 간 견인계수 값은 0.7이다.
② 경사도 3%를 각도로 환산하면 약 1.72°이다
③ 스키드마크 발생 직전 속도는 61.6km/h 정도이다.
④ 감속도는 (견인계수)×(중력가속도)로 표현된다.

해설
① $f = \dfrac{a}{g} = \dfrac{6.86}{9.8} = 0.7$
② $\tan^{-1} 0.03 = 1.72°$
③ $v_i = \sqrt{(v_e)^2 - 2ad} = \sqrt{0^2 - 2(-6.86) \times 15} ≒ 14.35\text{m/s} ≒ 51.7\text{km/h}$
④ 감속도 = 견인계수 × 중력가속도

19 [2019년 기출]

A차량이 평탄한 노면을 진행 중 수평으로 30m, 수직으로 9m 지점 아래로 추락하였다. 이때 추락속도는?

① 약 73.7km/h ② 약 75.7km/h
③ 약 77.7km/h ④ 약 79.7km/h

해설
$v = d\sqrt{\dfrac{g}{2h}} = 30\sqrt{\dfrac{9.8}{2 \times 9}} ≒ 22.1\text{m} ≒ 79.7\text{km/h}$

20 [2019년 기출]

아래 조건에서 차량의 나중속도는? (처음속도 = 25m/s, 감속도 = 5m/s², 감속하여 이동한 거리 = 20m)

① 약 20.6m/s ② 약 25.7m/s
③ 약 30.5m/s ④ 약 36.6m/s

해설
$v_e = \sqrt{(v_i)^2 + 2ad} = \sqrt{25^2 + 2 \times (-5) \times 20} ≒ 20.6\text{m/s}$

정답 18 ③ 19 ④ 20 ①

21 2019년 기출

차량의 견인계수가 0.75일 때 3.0초 동안 감속하면서 45m의 거리를 이동하였다면 처음속도는 얼마인가?

① 약 26.03m/s ② 약 28.09m/s
③ 약 30.06m/s ④ 약 34.09m/s

 해설) $a = fg = -(0.75 \times 9.8) = -7.35 m/s^2$,
$v_i = \dfrac{d}{t} - \dfrac{at}{2} = \dfrac{45}{3.0} - \dfrac{(-7.35) \times 3.0}{2} = 15 + 11.025 = 26.025 m/s$

22 2018년 기출

노면에 현의 길이가 30m이고 중앙종거가 0.65m인 요마크(yaw mark)가 발생되었다. 요마크 발생시점에서의 속도는? (단, 횡미끄럼 마찰계수 0.8, 중력가속도 9.8m/s²)

① 약 118km/h ② 약 123km/h
③ 약 128km/h ④ 약 133km/h

 해설) $R = \dfrac{C^2}{8M} + \dfrac{M}{2} = \dfrac{30^2}{8 \times 0.65} + \dfrac{0.65}{2} \fallingdotseq 173.4 m$
$v = \sqrt{127 \mu R} = \sqrt{17617.44} \fallingdotseq 133 km/h$

23 2018년 기출

차량이 100km/h 속도로 주행하다 급제동하여 정지하였다. 차량의 제동거리는? (단, 견인계수 0.6, 중력가속도 9.8m/s²)

① 약 65.6m ② 약 70.6m
③ 약 76.3m ④ 약 82.3m

해설) $a = -(fg) = -(0.6)g$, $d = \dfrac{v_e^2 - v_i^2}{2a} = \dfrac{0^2 - (100/3.6)^2}{2 \times \{-(0.6)g\}} \fallingdotseq 65.6 m$

정답 21 ① 22 ④ 23 ①

24 2018년 기출

스키드마크(skid mark)가 먼저 발생되고 연이어 요마크(yaw mark)가 발생된 경우 합성속도 산출식은? (단, v_s : 스키드마크에 의한 속도, v_y : 요마크에 의한 속도)

① $v = \sqrt{v_s + v_y}$
② $v^2 = \sqrt{v_s^2 + v_y^2}$
③ $v^2 = \sqrt{v_s + v_y}$
④ $v = \sqrt{v_s^2 + v_y^2}$

해설 $v = \sqrt{v_s^2 + v_y^2}$

25 2018년 기출

평탄한 도로를 72km/h로 등속 주행하던 차량을 급제동시켰다. 노면 마찰계수가 0.7이라면 차량이 정지하기까지의 제동시간은? (단, 중력가속도 9.8m/s²)

① 약 2.4초
② 약 2.9초
③ 약 3.4초
④ 약 3.9초

해설 $a = \mu g = 0.7g$, $t = \dfrac{v_e - v_i}{a} = \dfrac{0 - (72/3.6)}{0.7g} ≒ 2.9\text{sec}$

26 2018년 기출

평탄한 도로를 80km/h 속도로 주행하던 차량이 급제동하여 40m 이동하고 정지하였다. 차량의 견인계수는? (단, 중력가속도 9.8m/s²)

① 약 0.52
② 약 0.55
③ 약 0.58
④ 약 0.63

$a = \dfrac{v_e^2 - v_i^2}{2d} = \dfrac{0^2 - (80/3.6)^2}{2 \times 40} = -6.17\text{m/s}^2$

$a = fg$, $f = \dfrac{|a|}{g} = \dfrac{|-6.17|}{9.8} ≒ 0.63$

정답 24 ④ 25 ② 26 ④

27

108km/h 속도로 움직이던 중량 980kgf인 자동차가 브레이크에 의해 10초 동안 감속하여 72km/h로 줄어들었다. 브레이크에 의해 자동차에 작용하는 힘의 크기는? (단, 브레이크에 의한 힘을 제외한 다른 힘은 없다고 가정, 중력가속도 9.8m/s²)

① 50N
② 100N
③ 150N
④ 200N

해설
$a = \dfrac{v_e - v_i}{t} = \dfrac{(72/3.6) - (108/3.6)}{10} = \dfrac{-(36/3.6)}{10} = \dfrac{-10}{10} = -1 m/s^2$

$F = ma = (\dfrac{w}{g})a = (\dfrac{980}{9.8}) \times 1 = 100N$

28

버스의 발진가속도가 0.03g~0.12g 범위에 있다고 할 때, 정지상태에서 출발하여 30m를 진행한 버스의 속도 범위는? (단, 중력가속도 9.8m/s²)

① 약 10km/h~26km/h
② 약 15km/h~31km/h
③ 약 20km/h~36km/h
④ 약 30km/h~41km/h

해설
$v_e = \sqrt{v_i^2 + 2ad} = \sqrt{17.64} = 4.2m/s ≒ 15km/h$
$v_e = \sqrt{v_i^2 + 2ad} = \sqrt{70.56} = 8.4m/s ≒ 30km/h$

29

1초당 20개의 균일한 프레임으로 구성된 사고영상에서 A-B구간 평균속도가 27.6km/h, 이동거리가 23.0m일 때, A-B구간 프레임 수는?

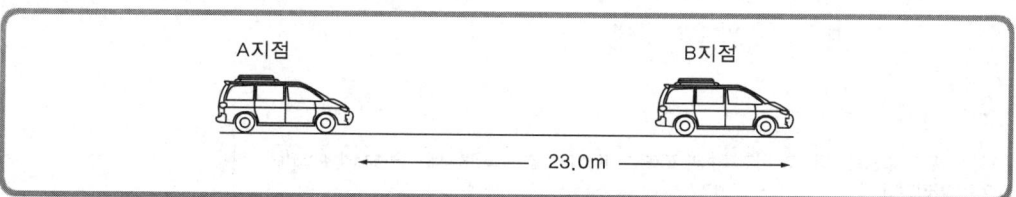

① 30 프레임
② 60 프레임
③ 153 프레임
④ 176 프레임

해설
$t = \dfrac{d}{v} = \dfrac{23.0}{(27.6/3.6)} = 3 \sec,$
$F = 소요시간(sec) \cdot 초당 프레임 수 = 3 \cdot 20 = 60 frame$

30 2017년 기출

충돌 전 요마크만을 발생시킨 차량과 스키드마크만을 발생시킨 차량 간에 충돌이 발생하였다. 노면에 발생된 타이어 흔적만으로 충돌 전 속도를 알 수 있는 차량은?

① 충돌 전 스키드마크를 발생시킨 차량
② 충돌 전 요마크를 발생시킨 차량
③ 양 차량 모두 가능
④ 양 차량 모두 불가

해설 충돌 전 스키드마크를 발생시킨 차량은 제동 시작시 속도를 알아야 충돌 전 속도를 알 수 있을 뿐 노면에 발생된 스키드마크 흔적만으로 알 수 없으나, 요마크는 곡선반경으로 요마크 발생구간의 속도를 알 수 있으므로 충돌 전 속도를 알 수 있다.

31 2016년 기출

차량이 견인계수 0.6인 도로에서 25m의 스키드마크를 남기고 정지하였다면 이 차량의 제동 전 속도는?

① 55.1km/h
② 57.3km/h
③ 59.5km/h
④ 61.7km/h

해설 $v = \sqrt{254 \cdot f \cdot d} = \sqrt{254 \cdot 0.6 \cdot 25} \fallingdotseq 61.7 km/h$

32 2016년 기출

건조한 아스팔트 노면에서 대형버스의 마찰계수 값은 일반 승용차 마찰계수 값의 얼마를 적용하는 것이 가장 적절한가?

① 약 35~55%
② 약 55~75%
③ 약 75~85%
④ 약 85~100%

해설 약 75~85%

심화 해설
일반적으로 대형트럭의 타이어는 건조한 도로에서 승용차타이어 마찰계수의 75%로 나타나고, 습한 노면에서는 승용차와 같으며, 습한 얼음판(약 30°F)에서는 약 50%로 나타난다.

정답 30 ② 31 ④ 32 ③

33 2016년 기출

차량이 길이 15m의 스키드마크를 발생시키고 정지하였다. 제동구간에서 평균 감속도가 6.86m/s²로 측정되었고, 차량 진행방향으로 3% 오르막 경사가 있었다. 이에 대한 설명으로 <u>틀린</u> 것은?

① 제동구간에서 타이어와 노면 간 견인계수 값은 0.7이다.
② 경사도 3%를 각도로 환산하면 약 1.72°이다.
③ 스키드마크 발생 직전 속도는 61.6km/h 정도이다.
④ 감속도는 (견인계수)×(중력가속도)로 표현된다.

해설
① $a = fg$, $f = \dfrac{a}{g} = \dfrac{6.86}{9.8} ≒ 0.7$
② $\tan\theta = 3\% = 0.0300$, $\theta = \tan^{-1}0.0300 ≒ 1.72°$
④ $a = fg$
③ $v = \sqrt{2ad} = \sqrt{2 \cdot 6.86 \cdot 15} ≒ 14.35 m/s ≒ 51.6 km/h$

중요도 ○○○
가속도를 이용한 견인계수 산출, 가속도와 미끄러진 거리를 이용한 속도산출은 가장 빈번하게 하는 계산문제이고, 수험생들의 대부분이 어려워하는 계산문제로서 삼각함수의 사용에 의한 것이다. 이번 기회에 삼각함수의 이해를 할 필요가 있다.

34 2016년 기출

차량이 25m/s의 속도로 주행하다 0.5g로 감속하여 32m의 거리를 이동하였을 때 속도는?
(단, 중력가속도 9.8m/s²)

① 약 57.5km/h ② 약 60.5km/h
③ 약 63.5km/h ④ 약 66.5km/h

해설 $v_e = \sqrt{(v_i)^2 + 2ad} = \sqrt{25^2 + 2(-0.5g) \cdot 32} ≒ 17.65 m/s ≒ 63.5 km/h$

중요도 ○○○

정답 33 ③ 34 ③

35 [2016년 기출]

승용차가 중앙선을 넘어가 반대편에 주차된 차량을 비스듬히 충돌하였다. 사고현장에는 주차차량을 충돌하기 전 승용차의 스키드마크 33m가 중앙선을 가로질러 나타나 있었고, 승용차의 운전석 에어백은 터져 있는 상태였다. 이에 대한 설명으로 틀린 것은?

> 가. 도로경사는 없었고, 노면마찰계수는 0.8로 확인되었다.
> 나. 승용차 운전석 에어백은 유효충돌속도 25km/h 이상에서 작동되도록 설계되었다.

① 승용차 주차차량을 충돌하는 과정에서 발생한 속도변화량이 운전석 에어백 작동 여부와 밀접한 관련이 있다.
② 승용차의 주차차량 충돌속도는 최소 25km/h 이상이었다.
③ 스키드마크 발생 길이만을 적용하여 계산된 승용차의 속도는 약 81.9km/h이다.
④ 승용차의 스키드마크 발생 전 속도는 스키드마크로 계산된 81.9km/h와 에어백 작동속도 25km/h를 더하여 106.9km/h 이상이다.

해설 승용차의 스키드마크 발생 전 속도는 스키드마크로 계산된 81.9km/h와 에어백 작동속도 25km/h를 합성하여 85.6km/h 이상이다.

36 [2016년 기출]

사고차량이 스키드마크를 최초 발생시킨 지점의 속도는?

> 사고차량은 길이 20m의 스키드마크를 발생시킨 후 스키드마크 끝지점에서 보행자를 충돌하고 10m를 더 진행한 후 정지하였다. 단, 차량이 미끄러지는 동안의 견인계수는 0.8, 보행자를 충격한 후 정지하기까지 견인계수는 0.4이다. 또한 차량은 보행자 충돌로 인해 감속되지 않는다고 가정한다.

① 71.3km/h
② 78.1km/h
③ 55.2km/h
④ 63.7km/h

해설
$(v_1)^2 = 2f_1 g d_1 = 2 \cdot 0.8 \cdot 9.8 \cdot 20 = 313.6$
$(v_2)^2 = 2f_2 g d_2 = 2 \cdot 0.4 \cdot 9.8 \cdot 10 = 78.4$
$V = \sqrt{(v_1)^2 + (v_2)^2} = \sqrt{313.6 + 78.4} = \sqrt{392} ≒ 19.8 m/s ≒ 71.3 km/h$

37 [2016년 기출]

인적 요인을 제외했을 때 평지에서 차량의 제동특성에 대한 일반적인 설명으로 맞는 것은?

① 모든 차량의 제동거리는 동일하다.
② 도로면의 마찰력이 클수록 제동거리는 늘어난다.
③ 속도가 2배이면, 제동거리도 2배로 늘어난다.
④ 차량의 중량이 무거울수록 제동거리는 늘어난다.

해설 모든 차량의 제동거리는 동일하지 않다. 도로면의 마찰력이 클수록 제동거리는 짧아진다. 속도가 2배이면, 제동거리도 4배로 늘어난다.

38 [2016년 기출]

차량이 평탄한 도로에서 바퀴가 모두 잠긴 상태로 10m 제동흔적을 발생하고 정지한 때, 제동 직전 속도는? (단, 마찰계수 0.7, 중력가속도 9.8m/s²)

① 11.7km/h
② 25.6km/h
③ 36.9km/h
④ 42.2km/h

해설 $v = \sqrt{254 \cdot \mu \cdot d} = \sqrt{254 \cdot 0.7 \cdot 10} ≒ 42.2 km/h$

39 [2015년 기출]

평탄한 노면을 주행하던 차량이 높이 7m의 낭떠러지에서 추락하였다. 추락지점에서 착지지점까지 수평거리를 측정한 결과가 15m였다면 추락시 차량의 속도는?

① 약 35km/h
② 약 40km/h
③ 약 45km/h
④ 약 50km/h

해설 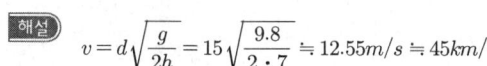 $v = d\sqrt{\dfrac{g}{2h}} = 15\sqrt{\dfrac{9.8}{2 \cdot 7}} ≒ 12.55 m/s ≒ 45 km/h$

추락의 사안에서는 기본적으로 자유낙하의 원리로부터 방정식의 유도가 성립된다. 기본적인 공식은
$h = \dfrac{1}{2}gt^2$에서 $t = \sqrt{\dfrac{2h}{g}}$ 가 되고,
$v = \dfrac{d}{t}$에 $t = \sqrt{\dfrac{2h}{g}}$ 를 대입하면
$v = d\sqrt{\dfrac{g}{2h}}$ 가 최종적으로 나온다.

40 [2015년 기출]

평탄한 도로에서 사고가 발생하였다. 사고현장에서 사고차량의 스키드마크(skid mark)가 최종 위치까지 18m 발생하였다면 사고차량의 제동직전 주행속도는? (단, 타이어와 노면의 마찰계수는 0.8, 스키드마크 이외 감속요인은 없음)

① 약 50km/h
② 약 60km/h
③ 약 70km/h
④ 약 80km/h

해설 $v = \sqrt{254 \cdot \mu \cdot d} = \sqrt{254 \cdot 0.8 \cdot 18} ≒ 60km/h$

41 [2015년 기출]

차량이 처음에 100km/h의 속도로 달리다가 견인계수 0.7로 등감속하여 속도가 50km/h가 되었다면 그 동안 걸린 시간은 얼마인가?

① 약 0.52sec
② 약 1.03sec
③ 약 1.53sec
④ 약 2.02sec

해설 $t = \dfrac{v_e - v_i}{a} = \dfrac{v_e - v_i}{-(\mu g)} = \dfrac{(50/3.6 - 100/3.6)}{-(0.7 \cdot 9.8)} ≒ 2.02\text{sec}$

42 [2015년 기출]

차량의 견인계수가 0.7일 때, 3초 동안 감속하며 50m거리를 이동하였다. 이 차량의 최초 감속 시 속도는 얼마인가?

① 약 92km/h
② 약 97km/h
③ 약 100km/h
④ 약 103km/h

해설 $v_i = \dfrac{d}{t} - \dfrac{at}{2} = \dfrac{50}{3} - \dfrac{-(0.7 \cdot 9.8) \cdot 3}{2} ≒ 26.96m/s ≒ 97km/h$

43

오토바이의 무게중심이 지면으로부터 40cm 높이에 있다가 외력의 작용 없이 기울어지기 시작하여 노면에 넘어지는 시점까지 소요된 시간은?

① 약 0.29sec ② 약 0.36sec
③ 약 0.45sec ④ 약 0.56sec

해설) $t = \sqrt{\dfrac{2h}{g}} = \sqrt{\dfrac{2 \cdot 0.4}{9.8}} \fallingdotseq 0.2857\text{sec} \fallingdotseq 0.29\text{sec}$

중요도 ●●●
자유낙하의 원리와 같으므로
$h = \dfrac{1}{2}gt^2$ 에서 $t^2 = \dfrac{2h}{g}$ 이 되어
$t = \sqrt{\dfrac{2h}{g}}$ 가 됨

44 2015년 기출

속도 5m/sec인 차량이 3m/sec²의 가속도로 달릴 때, 5초 후의 속도는 얼마인가?

① 64km/h ② 68km/h
③ 72km/h ④ 76km/h

해설) $v_e = v_i + at = 5 + 3 \cdot 5 = 20m/s = 72km/h$

중요도 ●●●

45

내리막 도로에서 노면에 20m의 스키드마크(skidmark)가 발생한 후 정지하였다. 제동시 차량의 속도는? (단, 마찰계수 0.6, 내리막 종단경사 5%)

① 약 47km/h ② 약 50km/h
③ 약 53km/h ④ 약 56km/h

해설) $v = \sqrt{254(\mu - i)d} = \sqrt{254(0.6 - 0.05) \cdot 20} \fallingdotseq 53km/h$

중요도 ●●●

46

횡단보도는 사고현장에서 차량이 급정거하여 생긴 스키드마크(skidmark)의 길이가 32m였다. 동일한 종류의 차량으로 45km/h의 속도에서 급정거한 결과 생긴 스키드마크의 길이는 14m였다. 사고차량의 초기속도는 얼마인가?

① 약 52km/h ② 약 63km/h
③ 약 68km/h ④ 약 72km/h

해설) $\mu = \dfrac{v^2}{254 \cdot d} = \dfrac{45^2}{254 \cdot 14} \fallingdotseq 0.57$, $v' = \sqrt{254\mu d} = \sqrt{254 \cdot 0.57 \cdot 32} \fallingdotseq 68.0km/h$

중요도 ●●●

정답 43 ① 44 ③ 45 ③ 46 ③

47 2014년 기출

질량이 5,000kg인 사고차량이 모든 바퀴가 완전 제동상태로 견인계수가 서로 다른 여러 구간을 통과한 후 정지하였을 때 각 구간시작점의 속도는? (단, 급제동 후 차량 진행순서는 X구간 → Y구간 → Z구간의 순서대로 진행한다)

구간	X구간	Y구간	Z구간
견인계수(f)	0.5	0.6	0.7
이동거리(m)	10	20	30

① X = 27.29m/sec, Y = 25.43m/sec, Z = 20.29m/sec
② X = 6.67m/sec, Y = 12.25m/sec, Z = 17.23m/sec
③ X = 25.43m/sec, Y = 18.29m/sec, Z = 27.29m/sec
④ X = 9.89m/sec, Y = 27.29m/sec, Z = 20.29m/sec

해설

$V_z = \sqrt{2\mu_z g d_z} = \sqrt{2 \cdot 0.7 \cdot 9.8 \cdot 30} ≒ 20.29 m/s$

$V_y = \sqrt{2\mu_y g d_y + V_z^2} = \sqrt{2 \cdot 0.6 \cdot 9.8 \cdot 20 + 20.29^2} ≒ 25.43 m/s$

$V_x = \sqrt{2\mu_x g d_x + V_y^2} = \sqrt{2 \cdot 0.5 \cdot 9.8 \cdot 10 + 25.43^2} ≒ 27.29 m/s$

중요도 ●●●
처음 속도 산출 방정식인 $V_i = \sqrt{V_e^2 + 2(\mu g)d}$ 를 활용하여 구하는 방법이다.

48 2014년 기출

사고현장에 도착해보니, 평탄한 도로상에 거의 일직선으로 스키드마크(skidmark)가 약 17m 발생한 후, 다시 급 핸들 조작으로 인해 현의 길이 30m, 중앙종거가 2m인 우로 굽은 요마크 흔적을 발견할 수 있었다. 마찰계수와 횡마찰계수를 0.7로 동일하게 적용할 경우 차량의 제동 직전 주행속도는?

① 약 70km/h ② 약 80km/h
③ 약 90km/h ④ 약 100km/h

해설

$R = \dfrac{C^2}{8M} + \dfrac{M}{2} = \dfrac{30^2}{8 \times 2} + \dfrac{2}{2} = 57.25m$,

$V_y = \sqrt{\mu g R} = \sqrt{0.7 \cdot 9.8 \cdot 57.25} ≒ 19.8 m/s$

$V_s = \sqrt{V_y^2 - 2ad} = \sqrt{19.8^2 - [2 \cdot \{-(0.7 \cdot 9.8)\} \cdot 17]} ≒ 25.0 m/s ≒ 90 km/h$

정답 47 ① 48 ③

49 2014년 기출

평탄한 도로에서 주행하던 택시가 요마크(Yaw mark)를 발생시킨 후 사고가 발생하였다. 택시의 무게중심 궤적을 조사한 결과 현의 길이가 40.1m, 중앙종거가 3m였고, 횡마찰계수가 0.95였다. 택시의 요마크 발생시 속도는?

① 40km/h
② 80km/h
③ 90.9km/h
④ 127.5km/h

해설)
$$R = \frac{C^2}{8 \times M} + \frac{M}{2} = \frac{40.1^2}{8 \times 3} + \frac{3}{2} ≒ 68.5m$$
$$V = \sqrt{\mu g R} = \sqrt{0.95 \times 9.8 \times 68.5} ≒ 25.25m/s ≒ 90.9km/h$$

50 2013년 기출

승용차가 25m/s로 주행하다가 급제동하였을 때의 제동거리가 40m라고 한다면, 위험을 느끼고 급제동하여 실제 제동이 이루어지기까지 인지반응시간이 1초라면 정지거리는?

① 38m
② 65m
③ 25m
④ 60m

해설) 공주거리 = 주행속도(m/s) × 인지반응시간(sec) = 25 × 1 = 25m, 제동거리는 40m라고 하므로, 정지거리 = 공주거리 + 제동거리 = 25 + 40 = 65m이다.

51 2013년 기출

정지거리 및 공주거리에 대한 설명 중 틀린 것은 무엇인가?

① 정지거리는 공주거리와 제동거리의 합이다.
② 공주거리는 운전자가 위험을 인지하고 급브레이크를 밟아 실제 제동력이 발생할 때까지 차량이 주행한 거리를 말한다.
③ 사고 분석시 공주거리는 통상 0.7~1.0초의 인지반응시간을 적용하여 산출한다.
④ 60km/h의 속도로 등속 주행하던 차량의 인지반응시간을 1초로 적용했을 때 공주거리는 약 13.9m이다.

해설) 60km/h시 인지반응시간 1초의 공주거리는 약 16.7m이다.

정답 49 ③ 50 ② 51 ④

52 2013년 기출

사고를 야기한 차량이 스키드마크(skidmark)와 요마크(Yaw mark)를 남기고 최종 정지하였다. 다음의 상황 중 가장 적절한 속도추정 방법은 무엇인가?

① 스키드마크가 먼저 생기고 나중에 요마크가 발생하였다면, 스키드마크와 요마크에 의한 합성속도를 구하여 사고 직전 속도를 산출한다.
② 스키드마크가 먼저 생기고 나중에 요마크가 발생하였다면, 스키드마크에 의한 속도만을 고려한다.
③ 스키드마크와 요마크에 의한 속도를 각각 산출한 후 높은 속도만을 고려한다.
④ 요마크가 먼저 생기고 나중에 스키드마크가 발생하였다면, 스키드마크와 요마크에 의한 합성속도를 구하여 요마크 발생 직전 속도를 산출한다.

해설 요마크를 활용한 산출 속도는 요마크 시작점 통과할 때의 속도이기 때문에 요마크가 먼저 발생하였을 경우에는 요마크에 의한 속도만 산출하면 되고, 요마크 이전에 스키드마크의 발생이 있다면 스키드마크도 감안하여야 한다.

53 2013년 기출

보행자가 자동차와 충돌하여 전방으로 날아가 노면에 낙하하여 10m를 미끄러진 후 최종 정지하였다. 보행자가 노면에 낙하하여 활주하기 직전 보행자의 속도는? (단, 중력가속도=9.8m/sec², 견인계수=0.45)

① 약 5.0m/s
② 약 7.3m/s
③ 약 9.4m/s
④ 약 12.5m/s

해설 $v = \sqrt{2fgd} = \sqrt{2 \cdot 0.45 \cdot 9.8 \cdot 10} ≒ 9.4 m/s$

54 2013년 기출

평탄한 도로에서 사고차량에 의해 좌측 30m, 우측 20m의 제동흔적이 발생하였고, 제동테스트 결과 사고차량은 브레이크 기능의 이상에 의한 편제동현상이 확인되었다. 사고차량의 제동 전 속도는? (단, 중력가속도=9.8m/sec², 노면마찰계수=0.8)

① 약 51.3km/h
② 약 61.3km/h
③ 약 71.3km/h
④ 약 81.3km/h

해설 $v = \sqrt{2\mu gd} = \sqrt{2 \cdot 0.8 \cdot 9.8 \cdot (\frac{30+20}{2})} ≒ 19.8 m/s ≒ 71.3 km/h$

> 편제동 현상에 의한 제동흔적의 길이 적용은 평균값을 취한다.

정답 52 ① 53 ③ 54 ③

55 2013년 기출

사고차량이 곡선반경 65m의 요마크(Yaw mark)가 발생된 후 20m 길이의 스키드마크(skidmark)를 발생시키다가 높이 20m의 절벽 아래로 추락하였다. 사고차량의 요마크 발생 직전 주행속도는? (단, 흔적발생 구간에서 종단 및 횡단경사는 없고 종·횡방향 마찰계수는 0.8이며, 측정된 요마크의 곡선반경은 차량 무게중심의 이동궤적임)

① 약 64km/h
② 약 81km/h
③ 약 95km/h
④ 약 103km/h

해설 $v = \sqrt{\mu g R} = \sqrt{0.8 \cdot 9.8 \cdot 65} ≒ 22.57 m/s ≒ 81 km/h$

56 2013년 기출

자동차의 가속 테스트실험 결과, 정지한 자동차를 61m 가속하는데 6.1sec 소요되었다. 자동차의 평균가속도는? 그리고 61m 지점을 통과하는 시점에서의 속도는?

① 약 2.5m/sec², 약 15m/sec
② 약 3.0m/sec², 약 18m/sec
③ 약 3.3m/sec², 약 20m/sec
④ 약 3.8m/sec², 약 23m/sec

해설 $a = \dfrac{2d - 2v_i t}{t^2} = \dfrac{2 \cdot 61 - 2 \cdot 0 \cdot 6.1}{6.1^2} ≒ 3.3 m/s^2$

$v_e = v_i + at = 0 + 3.3 \cdot 6.1 ≒ 20 m/sec$

57 2013년 기출

어떤 승용차가 50m의 스키드마크를 발생한 후 정지했다. 속도추정을 한 결과 스키드마크 시작점의 속도는 100km/h로 산출되었다. 그러면 스키드마크의 중간 지점인 25m 지점에서의 승용차의 속도는? (단, 스키드마크를 발생하는 과정에서의 견인계수는 변함이 없다)

① 50km/h이다.
② 50km/h 보다는 크지만, 100km/h 보다는 작다.
③ 50km/h 보다는 작지만, 0km/h 보다는 크다.
④ 견인계수가 일정하므로 속도변화는 없다.

해설 스키드마크의 길이(d)에 의한 속도 산출 공식은 $v = \sqrt{2 \cdot f \cdot g \cdot d}$ 이다. d가 50m(d_{50})인 경우와 25m(d_{25})인 경우의 속도를 비교하면 $v_{50} : v_{25} = \sqrt{2fgd_{50}} : \sqrt{2fgd_{25}} = \sqrt{50} : \sqrt{25} ≒ 7.07 : 5.0 = 1.414 : 1.0$임. 즉, 50m 지점의 속도는 25m 지점의 속도의 약 1.4배이므로 25m 지점의 속도는 100km/h 보다 낮지만, 50km/h 보다는 높다.

58 [2013년 기출]

어떤 속도로 달리던 차량이 5% 경사를 가진 내리막 도로에서 20m 길이의 스키드마크(skidmark)를 생성하고 정지하였다. 이 차량이 제동한 시점의 속도는? (단, 중력가속도 = 9.8m/sec², 노면마찰계수 = 0.8)

① 약 45.2km/h
② 약 51.7km/h
③ 약 61.7km/h
④ 약 76.8km/h

[해설] $v = \sqrt{254(\mu-i)d} = \sqrt{254 \cdot (0.8-0.05) \cdot 20} \fallingdotseq 61.7 km/h$

59 [2012년 기출]

평탄한 도로에서 사고가 발생하였다. 사고현장에서 사고차량의 스키드마크(Skidmark)가 최종위치까지 18m 발생하였다면 사고차량의 제동직전 주행속도는? (단, 타이어와 노면의 마찰계수 : 0.8, 스키드마크(Skidmark) 이외 속도감속요인은 없음)

① 약 50km/h
② 약 60km/h
③ 약 70km/h
④ 약 80km/h

[해설] $v = \sqrt{254 \cdot \mu \cdot d} = \sqrt{254 \cdot 0.8 \cdot 18} \fallingdotseq 60 km/h$

60 [2012년 기출]

종미끄럼 마찰계수(μ)가 0.8인 도로에서 현의 길이가 30m이고 중앙종거가 0.7m인 요마크(Yawmark)가 발생되었다. 요마크 발생시점에서의 속도는? (단, 횡미끄럼 마찰계수 = 0.97μ + 0.08, 중력가속도 g = 9.8m/s² 적용)

① 약 117km/h
② 약 122km/h
③ 약 127km/h
④ 약 132km/h

[해설] $\mu' = 0.97\mu + 0.08 = 0.856$, $R = \dfrac{C^2}{8M} + \dfrac{M}{2} = \dfrac{30^2}{8 \cdot 0.7} + \dfrac{0.7}{2} \fallingdotseq 161m$

$v = \sqrt{127\mu' R} = \sqrt{127 \cdot 0.856 \cdot 161} \fallingdotseq 132 km/h$

요마크에 의한 속도산출은 곡선반경의 대입이 필수적이므로 곡선반경 산출이 선행되어야 한다.

61 [2012년 기출]

2% 내리막 경사진 도로를 주행하던 차량이 급제동하여 20m의 스키드마크(Skidmark)를 발생시키고 정지하였다. 흔적발생 구간에서 견인계수 값이 0.7일 때 급제동직전 차량 진행 속도는?

① 약 47.8km/h
② 약 59.6km/h
③ 약 67.6km/h
④ 약 73.7km/h

해설 $v_b = \sqrt{254 \cdot f \cdot d}$, $v_b = \sqrt{254 \cdot 0.7 \cdot 20} = \sqrt{3556} \fallingdotseq 59.6 km/h$

62 [2012년 기출]

차량이 경사가 없는 평면구간을 100km/h의 속도로 진행하다가 견인계수 0.5로 감속하여 정지하였다. 완전히 정지하는데 필요한 거리는?

① 약 65.4m
② 약 78.7m
③ 약 89.6m
④ 약 95.4m

해설 $D = \dfrac{v^2}{2fg} = \dfrac{(100/3.6)^2}{2 \cdot 0.5 \cdot 9.8} \fallingdotseq 78.7351m \fallingdotseq 78.7m$

63 [2011년 기출]

위장하고 훈련 중인 탱크를 발견하고, 급제동하여 20m를 미끄러지고 난 후에 그 탱크를 72km/h의 속력으로 충돌하였다. 사고 장소의 견인계수는 0.7이었다. 사고 차량이 탱크를 충돌하지 않았다면 총 몇 m를 미끄러지고 정지하였겠는가? (g = 9.8m/s²)

① 30.6m
② 36.6m
③ 40.9m
④ 49.2m

해설 <조건> 미끄러진 후 충돌속도 $v_c = (72/3.6)m/s$, $d = 20m$, $f = 0.7$, 충돌이 없었을 경우 총 미끄러진 거리(l)=?
충돌속도와 견인계수를 사용하여 제동시작 속도를 구한 다음, 그 속도에 대한 제동거리를 산출한다.

ㄱ. 제동시작 속도를 산출하면 아래와 같다.

$v_i = \sqrt{v_c^2 - 2ad} = \sqrt{(\dfrac{72}{3.6})^2 - 2\{-(0.7 \cdot 9.8)\} \cdot 20} = \sqrt{674.4} \fallingdotseq 26.0 m/s$

ㄴ. 위 속도에서 충돌 없이 미끄러지는 경우의 미끄러짐 예상거리는 $l = \dfrac{v_i^2}{2fg} = \dfrac{(26.0)^2}{2 \cdot 0.7 \cdot 9.8} \fallingdotseq 49.2m$가 된다.

64 [2011년 기출]

스키드마크(skidmark)의 길이를 이용한 차량속도 추정공식은? (f : 노면마찰계수, G : 종단구배, d : 스키드마크 길이[m], R : 곡선반경[m], V : 차량속도[km/h])

① $V = \sqrt{254 \times (f \pm G) \times f}$
② $V = \sqrt{254 \times (f \pm G) \times d}$
③ $V = \sqrt{254 \times (f \pm G) \times d^2}$
④ $V = \sqrt{254 \times (f \pm G) \times R}$

해설 스키드마크(skidmark)를 이용한 차량속도 추정공식은 길이와 관계되지만, 곡선반경(R)은 관계가 없는 점을 유의해야 한다.
$V = \sqrt{254 \times (f \pm G) \times d}$ 임.

65 [2011년 기출]

어떤 승용차가 15미터의 스키드마크를 발생한 후 보행자를 충격하였고, 그 후 스키드마크를 30m 발생한 후에 멈추었다. 스키드마크를 발생할 때의 견인계수는 0.7이라 보고, 보행자를 충돌한 속력을 a라 하고, 최초 스키드마크를 발생할 때의 속력을 b라고 했을 때 a + b의 값은? (단, 승용차와 보행자의 충돌로 인한 운동량 손실은 없는 것으로 함)

① 약 162km/h
② 약 172km/h
③ 약 182km/h
④ 약 192km/h

해설 〈조건〉 스키드마크 길이 : 충돌 전 15m, 충돌 후 30m, 견인계수 : 0.7, 스키드마크 시작점 속력 : b, 보행자 충돌시 속력 : a, a + b = ?
보행자 충돌시 속력 a, 스키드마크 시작점 속력 b의 순서로 산출한다.
ㄱ. $a = \sqrt{2fgd_2} = \sqrt{2 \cdot 0.7 \cdot 9.8 \cdot 30} = \sqrt{411.6} \fallingdotseq 20.29 m/s \fallingdotseq 73 km/h$
ㄴ. $b = \sqrt{2fgD} = \sqrt{2 \cdot 0.7 \cdot 9.8 \cdot 45} = \sqrt{617.4} \fallingdotseq 24.85 m/s \fallingdotseq 89 km/h$
ㄷ. $a + b = 73 km/h + 89 km/h = 162 km/h$

66 [2011년 기출]

도로에서 달리던 버스가 장애물을 보고 급브레이크를 밟았더니 9m를 미끄러진 후 정지하였다. 급브레이크를 밟기 전 이 버스의 속도는? (단, 도로와 타이어 사이의 마찰계수는 0.8이고, 중력가속도는 10m/s²임)

① 72m/s
② 36m/s
③ 24m/s
④ 12m/s

해설 〈조건〉 $d = 9m$, $\mu = 0.8$, $g = 10 m/s^2$, 제동전 속도(v)=?
$v = \sqrt{2\mu g d} = \sqrt{2 \cdot 0.8 \cdot 10 \cdot 9} = \sqrt{144} = 12 m/s$

정답 64 ② 65 ① 66 ④

3 자동차의 일반적 운동특성

01 2021년 기출
디지털운행기록계(Digital Tacho Graph)에 대한 설명 중 틀린 것은?

① 차량의 고장코드(Diagnostic Trouble Code)가 기록된다.
② 6개월 이상 1초 단위 데이터를 기록·저장할 수 있는 기억장치이다.
③ 버스, 택시, 화물 등 사업용 차량에 표준화된 디지털운행기록계 장착이 의무화되었다.
④ 운행기록장치 내부 데이터가 인위적으로 변경되거나 삭제되지 않도록 되어 있다.

[해설] 디지털운행기록계(Tacho graph)는 고장자료를 기록하는 것이 아니다.

중요도 ●●●○

02 2021년 기출
트랙터-트레일러의 감속과정에서 발생될 수 있는 현상이라고 볼 수 없는 것은?

① 트랙터의 앞바퀴만 제동되었을 경우 트랙터와 트레일러는 일반적으로 직선방향으로 미끄러진다.
② 트랙터의 뒷바퀴만 제동되었을 경우 트랙터가 트레일러 쪽으로 접혀지는 현상이 발생된다.
③ 트레일러의 바퀴만 제동되었을 경우 트레일러 커플링을 중심으로 스핀을 하게 되는데 이것이 계속 진행되면 잭 나이프(Jack Knife)현상으로 발전할 수 있다.
④ 트랙터와 트레일러는 커플링에 의해 트레일러의 회전이 억압되어 잭 나이프(Jack Knife)현상이 발생되지 않는다.

[해설] 트랙터와 트레일러는 비정상적 감속과정에서 커플링에 의해 잭 나이프(Jack Knife)현상이 발생될 수 있다.

중요도 ●●●○
● 연결차량에 대한 이해가 선행되어야 한다.

03 2021년 기출
전륜축으로부터 차량 무게중심까지 수평거리를 구하는 공식은?

- W : 차량 총중량
- W_2 : 후륜축 하중
- W_1 : 전륜축 하중
- L : 축간거리

① $\dfrac{W_1 \times W}{L}$
② $\dfrac{W_2 \times W}{L}$
③ $\dfrac{W_1 \times L}{W}$
④ $\dfrac{W_2 \times L}{W}$

[해설] 무게중심으로부터 전륜축 또는 후륜축까지의 수평거리는 차량 총중량에 대한 각 축하중의 역비이다. 즉, 전륜축까지의 수평거리는 총중량에 대한 후륜축 중량의 비율을 축간거리에 곱한 값이고, 후륜축까지의 수평거리는 총중량에 대한 전륜축 중량의 비율을 축간거리에 곱한 값이다.

중요도 ●●●○

정답 01 ① 02 ④ 03 ④

04 [2020년 기출]

차량이 X축 방향으로 달릴 때 가로축(Y)을 기준으로 차체가 회전하는 진동은?

① 바운싱(Bouncing)   ② 피칭(Pitching)
③ 러칭(Lurching)   ④ 요잉(Yawing)

 피칭(Pitching)에 관한 설명이다.

05 [2019년 기출]

다음은 속도를 산출하기 위한 유도식이다. ( ) 안에 들어가야 할 것으로 맞는 것은?

$$\frac{1}{2}mv^2 = mf(\ )d$$

① g(중력가속도)   ② a(가속도)
③ μ(마찰계수)   ④ w(중량)

 $\frac{1}{2}mv^2 = mfgd$, ( ) 안은 ① g(중력가속도)이다.

06 [2019년 기출]

질량이 1500kg인 차량이 10m/s에서 15m/s로 가속하는데 2초가 소요되었을 때 이 차량에 작용한 힘은?

① 2720N   ② 3250N
③ 3750N   ④ 4250N

해설 $a = \dfrac{v_e - v_i}{t} = \dfrac{15-10}{2} = 2.5 m/s^2$,
$F = ma = 1500 \times 2.5 = 3,700 kgm/s^2 = 3,750N$

정답 04 ② 05 ① 06 ③

07 2019년 기출

대형차량의 제동특성에 대한 설명 중 틀린 것은?

① 대형차량의 경우 급제동시 타이어와 노면 사이에 작용하는 마찰계수는 대형차량이 갖는 하중의 분포 및 그에 따른 브레이크 시스템상의 특성, 타이어의 특성 등의 복합적인 원인으로 승용차에 비해 작다.
② 대형차량의 타이어와 노면간 마찰계수값을 결정하는 방법에는 사고차량 혹은 동종의 차량을 사고현장에서 직접 제동실험하여 결정하는 것이 가장 이상적인 방법이다.
③ 대형차량의 마찰계수는 건조한 아스팔트 노면일 경우 일반적으로 승용차 마찰계수값의 75%~85%를 적용하는 것이 타당하다.
④ 대형차량의 스키드마크는 동일 속도의 승용차 스키드마크보다 길이가 더 짧게 나타나는 경향이 있다.

해설 대형차량의 스키드마크는 동일 속도의 승용차 스키드마크보다 길이가 더 길게 나타나는 경향이 있다.

08 2018년 기출

중량 5,000kgf인 차량이 1,000kgf의 화물을 싣고 주행하고 있다. 차량이 받는 구름저항은? (단, 구름저항계수 0.013)

① 50kgf
② 68kgf
③ 78kgf
④ 80kgf

해설 $R_r = \mu W = 0.013 \times (5000+1000) = 78 \text{kgf}$

09 2018년 기출

수막현상을 예방하기 위한 주의사항이 아닌 것은?

① 저속운전을 한다.
② 마모된 타이어를 사용하지 않는다.
③ 타이어의 공기압을 낮게 한다.
④ 배수효과가 좋은 리브형 타이어를 사용한다.

해설 타이어의 공기압을 낮게 하면 트레드가 찌그러져 배수효과가 떨어져 수막현상을 예방할 수 없다.

정답 07 ④ 08 ③ 09 ③

10 [2018년 기출]

주행하던 차량이 급제동하게 되면 탑승자들은 차량 진행방향으로 쏠리는 현상이 발생한다. 이러한 현상을 설명해 줄 수 있는 운동법칙은?

① 관성의 법칙
② 후크의 법칙
③ 가속도의 법칙
④ 작용반작용의 법칙

해설 관성의 법칙 : 물체에 힘이 작용하지 않으면 정지한 물체는 계속 정지해 있고, 운동하고 있는 물체는 현재의 속도를 유지한 채 일정한 속도로 운동을 한다.

11 [2017년 기출]

차량의 무게중심을 지나는 세로방향의 축을 중심으로 차량이 좌우로 기울어지는 현상으로 차량의 전도 혹은 전복과 관련이 있는 회전운동은 무엇인가?

① Pitching
② Surging
③ Rolling
④ Yawing

해설 Rolling에 관한 설명이다.

12 [2017년 기출]

노즈다이브(Nose dive) 현상에 대한 설명 중 틀린 것은?

① 노즈다이브에 의한 전단부 하향정도(지상고 변화)는 제동력의 세기와는 무관하다.
② 노즈다이브에 의한 전단부 하향정도(지상고 변화)는 현가장치 강성이 커질수록 줄어든다.
③ 노즈다이브에 의한 전단부 하향정도(지상고 변화)는 차량의 무게중심 높이가 높을수록 증가한다.
④ 노즈다이브에 의한 관성력과 제동력의 방향은 동일하지 않다.

해설 노즈다이브에 의한 전단부 하향정도(지상고 변화)는 제동력의 세기에 따라 변화되어 관련이 있다.

정답 10 ① 11 ③ 12 ①

13 2016년 기출

물체의 충돌 현상에 대한 설명으로 틀린 것은?

① 충돌 후 운동량의 총합은 반드시 충돌 전 운동량의 총합과 같다.
② 충돌물체에 생기는 속도변화를 유효충돌속도라 한다.
③ 반발계수는 충돌 전 상대속도나 질량에 관계없이 두 물체를 구성하는 물질에 따라 결정된다.
④ 반발계수가 클수록 충돌 후 유효충돌속도가 작아진다.

[해설] 반발계수는 충돌시 상대속도에 대한 충돌 직후 상대속도의 비율로서 충돌시 상대속도와 충돌 직후 상대속도 모두 상대방 차량끼리의 속도차이인데 비하여 유효충돌속도는 상대방 차량과의 관계가 아닌 단일 차량의 충돌시와 충돌 직후의 속도 차이이므로 반발계수와 유효충돌속도는 관계가 없다.
※ "충돌 후 유효충돌속도"는 "유효충돌속도"의 용어에 대한 출제 오류로 보임. 유효충돌속도는 충돌속도와 충돌 직후 속도의 차이이므로 "충돌 후 유효충돌속도"라는 용어는 성립되지 않는다.

[중요도] ●●
● "유효충돌속도"는 빈번하게 출제되므로 정의 또는 개념을 정확히 이해할 필요가 있다. 유효충돌속도는 반발계수와 달리 서로 다른 차량끼리의 상대성은 없고, 단일 차량에서 발생하는 요인이다.

14 2007년 기출

차량의 진동 운동 중 요잉(yawing)에 관한 설명에 해당하는 것은?

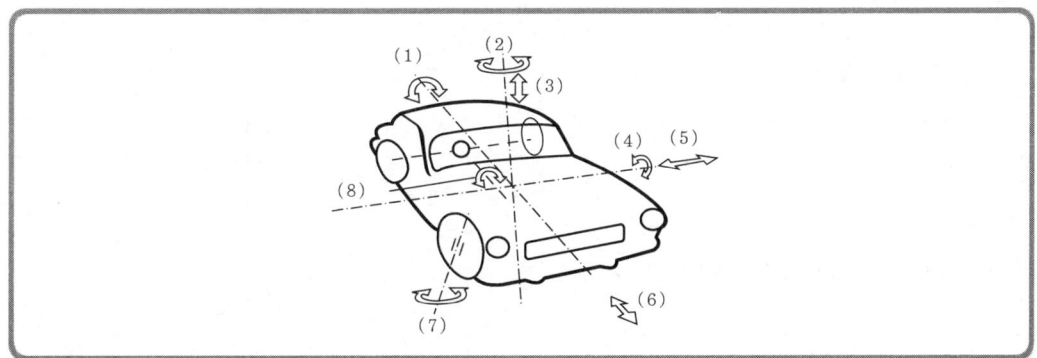

① 가로(y)축 중심, 전·후가 상·하로 진동
② 세로(x)축 중심, 좌·우가 상·하로 진동
③ 수직(z)축 중심, 전·후가 좌·우로 진동
④ 세로(x)축 중심, 전체가 전·후로 진동

[해설] 요잉은 수직축을 중심으로 전·후가 좌·우로 진동한다.

[중요도] ●●●
● 차량의 진동운동은 반드시 출제되므로 정확한 개념을 이해해두길 바란다.

정답 13 ④ 14 ③

4 선회시의 자동차 운동특성

01 [2021년 기출]

곡선반경이 102m인 커브길을 윤거 1.6m이고 무게중심이 0.5m인 차량이 선회하려 한다. 휠 리프트가 발생할 수 있는 최저속도는? (견인계수 : 0.8, 중력가속도 : 9.8m/s²)

① 약 134km/h
② 약 144km/h
③ 약 154km/h
④ 약 164km/h

해설 주어진 조건은 $R=102m, b=\dfrac{1.6m}{2}, h=0.5m, f=0.8$임.

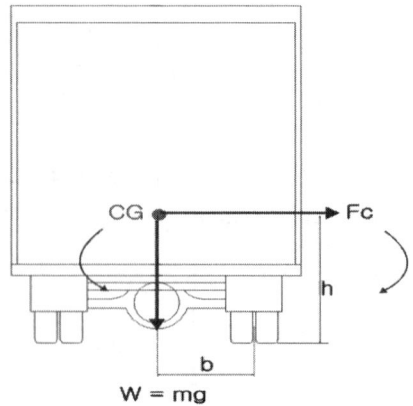

원심력 $F_c = \dfrac{m\,v^2}{R}$

차량이 곡선주행할 때 전도되지 않기 위하여 아래 조건을 만족해야 한다.

$F_c \cdot h \leq mg \cdot b$

$\dfrac{m\,v^2}{R} \cdot h \leq mg \cdot b$

$\dfrac{v^2}{R} \cdot h \leq g \cdot b$

$V = \sqrt{\dfrac{R \cdot g \cdot b}{h}}$

V : 전도되지 않기 위한 최대속도(m/s)
R : 주행궤적의 곡선반경(m)
g : 중력가속도
b : 무게중심에서 우측 또는 좌측타이어 중심까지의 거리
h : 무게중심의 지상고(m)

최저속도 산출방정식 $V = \sqrt{\dfrac{R \cdot g \cdot b}{h}}$ 에 주어진 조건을 대입하면

$V = \sqrt{\dfrac{102 \cdot 9.8 \cdot (\frac{1.6}{2})}{0.5}} = \sqrt{1599.36}$

$\fallingdotseq 39.99 m/s \fallingdotseq 144.0 km/h$

중요도 ●●●●
힘의 모멘트 이해 필요

정답 01 ②

02 2021년 기출

차량 운동특성 중 내륜차에 대한 설명으로 옳지 <u>않은</u> 것은?

① 교차로 안쪽 모서리 부분에 서있던 보행자가 회전하는 대형차의 측면에 충돌하여 뒷바퀴에 역과되는 사고가 좋은 예이다.
② 차량이 회전시, 안쪽 앞바퀴와 뒷바퀴 선회궤적의 간격을 말한다.
③ 축간거리가 클수록 내륜차도 커진다.
④ 조향핸들을 많이 돌릴수록 내륜차는 작아진다.

해설 조향핸들을 많이 돌릴수록 내륜차는 커진다.

03 2020년 기출

잭 나이프(Jack Knife) 현상에 대한 설명으로 맞는 것은?

① 차량이 급선회하여 롤링각이 증가될 경우 횡방향 가속값이 증가하여 측면으로 전도되는 현상을 말한다.
② 트랙터·트레일러가 미끄러운 노면에서 급제동을 할 경우 연결부위가 접히게 되는 현상을 말한다.
③ 진행 중인 차량이 우측으로 급선회 조작을 하여 차체 좌측이 지면으로 눌려지고 선회 내측인 우측은 차체가 들려지는 현상을 말한다.
④ 무리하게 급회전을 할 경우 타이어와 노면 사이의 마찰력보다 차량의 원심력이 더 커 타이어가 옆 방향으로 미끄러지고 뒷바퀴가 앞바퀴의 앞쪽을 지나가는 현상을 말한다.

해설 ②번이 맞는 설명이다. 연결부위가 잭 나이프처럼 꺾이는 현상을 뜻한다.

04 2019년 기출

자동차가 좌로 굽은 도로를 주행할 때, 원심력에 의해 오른쪽 갓길 바깥 방향으로 이탈하는 것을 방지하지 위해 도로 바깥 부분을 높여주는 도로의 선형구조를 무엇이라고 하는가?

① 종단경사
② 편경사
③ 횡단경사
④ 완화경사

해설 편경사에 관한 설명이다.

정답 02 ④ 03 ② 04 ②

05 [2019년 기출]

교차로에서 우회전하던 트럭이 차도 가장자리에 서있던 보행자의 발을 우측 뒷바퀴로 역과하였다. 이것을 잘 설명해주는 것은 무엇인가?

① 언더 스티어링(Under Steering) ② 롤링(Rolling)
③ 내륜차 ④ 노즈 다이브(Nose Dive)

해설 내륜차에 관한 설명이다.

06 [2018년 기출]

자동차의 앞바퀴 2개를 마치 안짱다리처럼 앞쪽을 약간 안으로 향하게 하여 주행할 때 직진성을 유지하고 핸들조작을 용이하게 하는 것은 무엇인가?

① 캠버(camber) ② 캐스터(caster)
③ 토인(toe in) ④ 킹핀 경사각(kingpin inclination)

해설 토인(toe in)에 관한 설명이다.

07 [2018년 기출]

오토바이의 경우 뒤에 사람을 승차시키면 무게중심이 뒤쪽으로 이동하여 커브를 따라 제대로 꺾지 못하고 중앙선을 넘는 경우가 있다. 이러한 원인과 관련하여 전륜의 조향각에 의한 선회반경보다 실제 선회반경이 작아지는 조향특성은?

① 역조향 ② 뱅크각
③ 오버스티어링 ④ 코너링포스

해설 오버스티어링에 관한 설명이다.

08 [2015년 기출]

차량의 최소회전반경 분석을 통해 얻을 수 없는 사항은?

① 한 바퀴의 진행궤적에 따른 다른 바퀴의 진행궤적 추적
② 최대조향각
③ 충돌 후 이동궤적
④ 내륜차

해설 최소 회전반경 분석은 충돌 전 이동궤적의 추정 가능하다.

정답 05 ③ 06 ③ 07 ③ 08 ③

09 [2015년 기출]

자동차가 우측으로 선회할 때, 선회중심에서 가장 먼 곳을 지나가는 바퀴는 어느 바퀴인가?

① 좌측 앞바퀴　　　　　　　② 우측 앞바퀴
③ 좌측 뒷바퀴　　　　　　　④ 우측 뒷바퀴

해설 우측으로 선회할 때, 선회중심에서 가장 먼 궤적의 바퀴는 좌측바깥 가장 먼 쪽이므로 좌측앞바퀴이다.

10 [2013년 기출]

오토바이가 90km/h의 속도로 곡선반경 100m인 도로를 정상적으로 선회하고자 할 때의 뱅크각은?

① 약 31.5°　　　　　　　② 약 32.5°
③ 약 33.5°　　　　　　　④ 약 34.5°

해설
$\tan\theta = \dfrac{v^2}{Rg}$, $\theta = \tan^{-1}\dfrac{v^2}{Rg} = \tan^{-1}\dfrac{(90/3.6)^2}{100 \cdot 9.8}$
$\theta = \tan^{-1} 0.6378$
∴ $\theta ≒ 32.5°$

11 [2011년 기출]

트랙터와 트레일러는 커플링에 의해 트레일러의 회전이 자유롭도록 연결되어 있어 제동을 잘못하면 조종안정성을 잃어버릴 수 있다. 다음 중 잭나이프(jack-knife)현상이 발생할 수 있는 상황끼리 올바르게 짝지워진 것은?

① 트랙터의 앞바퀴만 제동되었을 경우와 트랙터의 후륜만 제동된 경우
② 트랙터의 앞바퀴만 제동되었을 경우와 트레일러의 바퀴만 제동된 경우
③ 트랙터의 후륜만 제동된 경우와 트레일러의 바퀴만 제동된 경우
④ 트랙터의 앞바퀴만 제동되었을 경우, 트랙터의 후륜만 제동된 경우, 트레일러의 바퀴만 제동된 경우

해설
ㄱ. 차량 차체의 전후가 옆으로 틀어지는 동작을 요잉(yawing)현상이라고 하며, 트랙터·트레일러의 잭나이프(jack-knife)현상도 차체의 전후가 옆으로 틀어지는 동작에 의해 연결부인 커플링을 중심으로 트랙터와 트레일러가 꺾임으로써 발생한다.
ㄴ. 앞·뒤바퀴 중 앞바퀴만 제동된 경우에는 피칭(pitching)현상이 발생할 뿐 요잉현상은 발생하지 않지만, 뒷바퀴만 제동된 경우에는 요잉현상이 심하게 발생한다.
ㄷ. 또한 트랙터·트레일러는 뒤에서 끌려가는 트레일러를 앞에서 끄는 트랙터에 부착한 연결차량이므로 제동이 되면 트레일러에는 요잉현상이 발생함으로써 연결부인 커플링을 중심으로 잭나이프현상이 발생한다.

12 2011년 기출

자동차의 최소회전반경을 산출하는 식으로 적합한 것은? [L : 축거(m), α : 외측 차륜의 최대조향각(deg), r : 킹핀과 바퀴중심 간 거리(m)]

① $R = \dfrac{\sin\alpha}{L} + r$ ② $R = \dfrac{\sin\alpha + r}{L}$

③ $R = \dfrac{L}{\sin\alpha + r}$ ④ $R = \dfrac{L}{\sin\alpha} + r$

해설 차량의 최소회전반경 산출 방정식은 $R = \dfrac{L}{\sin\alpha} + r$ 이다.

● 중요도 ●

13 2009년 기출

편도 2차로의 도로에 요마크가 다음 그림과 같이 발생하였다. 탄젠트 옵셋방식으로 5m 구간마다 요마크의 수직거리를 측정하였으며, 각각의 측정값은 아래와 같다. 이 요마크 곡선반경의 근사치(평균값)를 구하라.

● 중요도 ●●●

● 이 문제는 2차시험 주관식에서도 25점 짜리로 유사하게 응용하여 푸는데 도움이 된다. 해설을 참조하여 익혀둘 필요가 있다.

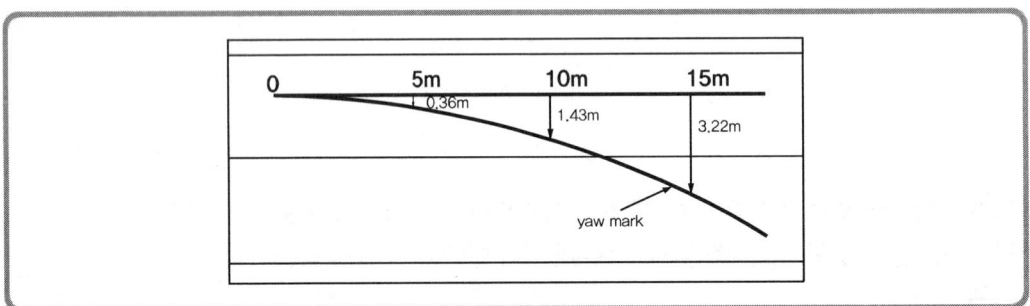

① 약 34.9m ② 약 44.8m
③ 약 50.9m ④ 약 60.8m

해설 곡선을 거꾸로 연장하여 입력요소를 찾으면 현 30m, 중앙종거 3.22m,

곡선반경은 $R = \dfrac{C^2}{8M} + \dfrac{M}{2} = \dfrac{(30)^2}{8 \cdot 3.22} + \dfrac{3.22}{2} \fallingdotseq 36.7m$. 근사치를 보기에서 고르면 약 34.9m임

근사치 $R = \dfrac{C^2}{8M} = \dfrac{(30)^2}{8 \cdot 3.22} \fallingdotseq 34.9m$

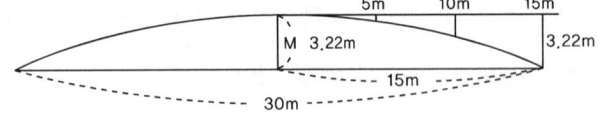

14 2009년 기출

운전자세가 흐트러지지 않고 조향 가능한 횡원심가속도를 0.3G로 가정시, 반경 50m의 곡선구간을 진행하는 차량 운전자의 자세가 흐트러지지 않고 진행할 수 있는 최대속도는? (단, 곡선구간에서 경사는 없는 것으로 전제함)

① 약 38.5km/h
② 약 43.6km/h
③ 약 61.7km/h
④ 약 71.3km/h

해설 $V_{\max} = \sqrt{\mu g R} = \sqrt{0.3 \cdot 9.8 \cdot 50} \risingdotseq 12.12 m/s \risingdotseq 43.6 km/h$

정답 14 ②

5. 타이어 흔적의 종류

01 [2021년 기출]

섀도우 스키드마크(Shadow Skid Mark)에 대한 다음 설명 중 가장 적절하지 <u>않은</u> 것은?

① 거의 직선으로 발생하고 시작점 부근에서 희미하게 발생한다.
② 대형버스나 대형트럭은 타이어 임프린트(Imprint)가 발생하는 경우가 많다.
③ 섀도우 스키드마크는 차량이 급제동시 차량의 제동률에 영향을 받는다.
④ 엷게 나타난 타이어 흔적은 모두 섀도우 스키드마크이다.

[해설] 빛깔이 연하게 나타나는 흔적 중 섀도우 스키드마크(Shadow skidmark)가 아닌 경우도 있다.

02 [2017년 기출]

요마크(Yaw mark)의 설명 중 가장 옳은 것은?

① 원심력이 타이어와 노면 간 마찰력보다 작을 때 발생한다.
② 바퀴가 순간적으로 플랫(Flat) 되면서 나타난다.
③ 요마크(Yar mark) 흔적으로 감속상태인지 가속상태인지 판단하는 것은 불가능하다.
④ 시작점에서 외측전륜궤적은 외측후륜궤적보다 안쪽에서 발생한다.

[해설]
① 원심력은 타이어와 노면 간 마찰력보다 클 때 발생한다.
② 바퀴가 순간적으로 플랫되어 나타나는 것은 플랫 타이어 자국(Flat-tire mark)이다.
③ 요마크(Yar mark) 흔적의 형상으로 감속상태인지 가속상태인지 판단 가능하다.

03 [2017년 기출]

노면에 나타나는 아래의 흔적 중 핸들의 조작과 연관성이 가장 높은 것은?

① 크룩(Crook)
② 가속 스커프(Acceleration scuff)
③ 플랫 타이어마크(Flat tire mark)
④ 요마크(Yaw mark)

[해설]
① 크룩(Crook)은 충돌지점에 나타나는 꺾인 타이어 자국이다.
② 가속 스커프(Acceleration scuff)는 급출발시 구동바퀴의 과도한 미끄러짐에 의해 발생하는 타이어 자국이다.
③ 플랫 타이어마크(Flat tire mark)는 타이어가 펑크(puncture) 또는 파열(burst)될 때 발생되는 타이어 자국이다.

정답 01 ④ 02 ④ 03 ④

04 2017년 기출

스키드마크를 활용한 속도 추정 방법으로 틀린 것은?

① 곡선 형태로 발생된 스키드마크는 무게 중심 이동거리를 적용한다.
② 직선으로 곧게 발생된 스키드마크는 후륜에서 시작하여 전륜에서 끝난 지점까지의 거리를 적용한다.
③ 스킵 스키드마크(Skip skidmark)는 흔적 시작지점에서부터 끝지점까지의 전체 길이를 적용한다.
④ 갭 스키드마크(Gap skidmark)는 발생된 총 길이 중 끊어진 부분을 제외한 길이만 적용한다.

해설 후륜에서 시작하여 전륜 끝난지점까지 측정한 거리에서 축간거리를 뺀 길이를 적용한다.

05 2017년 기출

다음 중 잘못된 설명은?

① 요마크(Yaw mark)는 횡방향으로 미끄러지면서 타이어가 구를 때 만들어지는 스커프마크(Scuff mark)의 일종이다.
② 요마크(Yaw mark)를 임펜딩 스키드(Impending skid)라고도 한다.
③ 스키드마크(skidmark)의 최대폭은 타이어 접지면의 폭이고 요마크(Yaw mark)의 최대폭은 타이어가 옆으로 미끄러질 때 타이어 접지면의 길이이다.
④ 요마크(Yaw mark)가 발생하면 주행중인 차량의 속도와 핸들조향각을 비교하였을 때 핸들조향이 진행속도에서 미끄러지지 않고 선회할 수 있는 조향각을 훨씬 초과한 상태임을 알 수 있다.

해설 임펜딩 스키드(Impending skid)는 스키드마크의 시작부분으로 요마크(Yaw mark)가 아니다.

06 2017년 기출

구동바퀴가 노면에서 헛돌며 마찰되는 경우에 발생되는 타이어 흔적은?

① 요마크(Yaw mark)
② 가속 스커프마크(Acceleration scuff mark)
③ 구른 흔적(Imprint)
④ 스키드마크(skidmark)

해설 가속 스커프마크(Acceleration scuff mark)에 관한 설명이다.

정답 04 ② 05 ② 06 ②

07 2016년 기출

편도 3차로 직선구간에서 ABS를 장착하지 않은 차량이 외부의 충격없이 급제동하여 좌·우측 앞바퀴 스키드마크가 동일한 지점에서 시작되어 점차 도로 우측으로 완만하게 휘어 발생하였다. 이와 같은 타이어 흔적의 변형을 초래한 원인으로 가장 타당한 것은?

① 스키드마크 발생과정에서 운전자의 회피조향
② 도로의 횡단(측면)경사
③ 타이어 트레드의 이상 마모
④ 브레이크의 이상

해설 좌·우측 앞바퀴 스키드마크가 동일한 지점에서 시작되어 점차 도로 우측으로 완만하게 휘어 발생하였다면 도로의 횡단(측면)경사가 타이어 흔적의 변형을 초래한 가장 큰 원인이다.

08 2016년 기출

타이어 공기압이 부족한 상태에서 급제동시 발생되는 타이어 흔적의 특징은?

① 스키드마크 잔영(skidmark shadow)이 발생하지 않는다.
② 타이어 트레드(tread) 골이 선명하게 발생하고 타이어 트레드 폭과 노면에 발생된 스키드마크의 폭이 동일하다.
③ 타이어 트레드 중앙부분에 의한 흔적은 희미하거나 발생하지 않는다.
④ 타이어 트레드 중앙부분에 의한 흔적이 짙게 발생된다.

해설 타이어 트레드 중앙부분에 의한 흔적이 희미하거나 발생하지 않는 타이어흔적은 타이어 공기압이 부족한 상태에서 발생된다.

09 2015년 기출

다음 설명 중 요마크(yaw mark)의 생성원리와 가장 관계가 깊은 것은?

① 자유낙하운동
② 원심력과 구심력
③ 에너지 보존의 법칙
④ 질량보존의 법칙

해설 요마크(yaw mark)는 곡선주행과 관련이 있으므로 ② 원심력과 구심력의 균형 문제와 관련이 있다.

정답 07 ② 08 ③ 09 ②

10 2015년 기출

스키드마크(skidmark)에 대한 특징으로 가장 관련이 없는 것은?

① 타이어가 회전을 멈춘 상태에서 미끄러진 흔적이다.
② 타이어가 회전하여 옆으로 미끄러진 흔적이다.
③ 전륜에 의하여 생성된 타이어 흔적이 일반적으로 더 진하다.
④ 보통은 2개만 발생하지만, 4개 혹은 1, 2, 3개로 다양하게 발생하기도 한다.

해설 타이어가 회전하여 옆으로 미끄러진 흔적은 요마크(yawmark)이다.

11 2015년 기출

타이어가 발생시킨 자국의 용어와 관계없는 것은?

① 요마크(yaw mark)
② 플랫타이어 자국(flat-tire mark)
③ 임프린트 자국(imprint mark)
④ 노즈 다이브(nose dive)

해설 노즈 다이브(nose dive)는 차체앞부분의 숙여짐 현상으로 차체의 거동에 관한 용어이다.

12 2014년 기출

요마크(Yaw mark)로 속도를 추정할 때 가장 필요하지 않은 자료는?

① 노면과 타이어 간의 마찰계수 값
② 중력가속도
③ 발생된 요마크의 전체길이
④ 발생된 요마크의 곡선반경

해설 발생된 요마크의 전체길이는 필요하지 않다.

13 2014년 기출

스키드마크(skidmark)에 대한 설명 중 틀린 것은?

① 운전자의 완전 제동조치에 의해 바퀴가 잠기면서 타이어와 노면간 마찰에 의해 발생되는 흔적이다.
② 승용차가 급제동시 노즈 다운(Nose Down)현상으로 인해 전륜으로만 스키드마크를 남기는 경우가 빈번하다.
③ 노면과 타이어 간 마찰이 발생되는 구간은 육안으로 식별되는 타이어 흔적이 발생된 구간뿐이다.
④ 포틀랜트 시멘트 도로 위의 스키드마크는 잘 구별되지 않으며, 역청이 없는 관계로 마찰흔적은 일반적으로 타이어 접지면의 물질로 구성되어 있다.

해설 노면과 타이어 간 마찰이 발생되지만, 타이어 흔적이 육안으로 식별되지 않는 구간도 때때로 발생한다.

정답 10 ② 11 ④ 12 ③ 13 ③

14 2013년 기출

바퀴가 회전하면서 옆으로 미끄러질 때 나타나는 타이어 흔적으로 맞는 것은 무엇인가?

① 스키드마크(skidmark)
② 요마크(Yaw mark)
③ 가속 타이어마크(Acceleration tire mark)
④ 플랫 타이어마크(Flat tire mark)

해설) 요마크(Yaw mark)에 관한 설명이다.

15 2012년 기출

구동바퀴에 강한 힘이 작용되어 적어도 구동바퀴 중 하나가 노면에서 헛도는 경우에 발생하는 타이어 끌린 자국을 무엇이라 하는가?

① 요마크(Yawmark)
② 가속 스커프마크(Acceleration Scuffmark)
③ 구른 흔적(imprint)
④ 스키드마크(Skidmark)

해설) 가속 스커프마크에 관한 설명이다.

16 2012년 기출

차량 타이어 트레드면의 형태가 아닌 것은?

① 코인형(Coin Type)
② 블록형(Block Type)
③ 리브형(Rib Type)
④ 러그형(Lug Type)

해설) 타이어의 접지면(트레드 ; tread)의 디자인은 리브형(Rib Type), 러그형(Lug Type), 리브 러그형, 블록형(Block Type) 등이 있다.

17 2012년 기출

양차량 충돌사고로 인해 발생할 수 있는 흔적으로 가장 적절치 못한 것은?

① 섀도우 스키드마크(Shadow Skidmark)
② 크룩(Crook)
③ 충돌스크럽(Collision Scrub)
④ 브로드사이드마크(Broadsidemark)

해설) 섀도우스키드마크(Shadow Skidmark)는 스키드마크의 시작부근에 발생하는 것을 지칭한다.

정답 14 ② 15 ② 16 ① 17 ①

18 2012년 기출

다음 중 스커프마크(Scuffmark)가 아닌 것은?

① 섀도우 스키드마크(Shadow Skidmark)
② 가속스커프(Acceleration Scuff)
③ 플랫 타이어마크(Flat Tiremark)
④ 요마크(Yawmark)

해설 가속스커프, 플랫 타이어마크, 요마크는 바퀴가 굴러가면서 동시에 옆 미끄럼을 하는 경우에 발생하는 타이어 흔적이다.

19 2011년 기출

다음은 충돌스크럽(Collision Scrub)에 대한 설명이다. 틀린 것은?

① 도로 혹은 노면에 타이어가 미끄러짐 없이 구름 또는 회전하면서 밟고 지나간 흔적이다.
② 굴러가던 바퀴가 충돌하면서 충돌의 힘에 의해 순간적으로 갑자기 멈춰짐으로서 만들어진다.
③ 이 자국은 20~40cm이고 길이가 3m 이내인 경우가 대부분이나 3m보다 긴 경우도 가끔 있다.
④ 이 자국은 짧게는 몇 시간, 길어야 불과 3~4일 정도 지속되는 경우가 대부분이다.

해설 도로 혹은 노면에 타이어가 미끄러짐 없이 구름 또는 회전하면서 밟고 지나간 흔적은 임프린트(Imprint)이다.

20 2011년 기출

타이어 무늬 형태 중에서 스노우타이어용으로 많이 장착하는 것은?

① 리브형
② 블록형
③ 리브러그형
④ 러그형

해설 아래 표 참조

트레드 패턴	특성 및 장착 차량 종류
리브형 (rib type)	고속주행안전성, 조종성의 요구가 강한 승용차
러그형 (lug type)	나쁜 길에서 강력한 견인력이 필요한 트럭·덤프차
블록형 (block type)	눈길, 진창길의 주행을 고려한 전후좌우의 그립성이 고르게 부여된 스노우 타이어나 래디얼 타이어
리브 러그형 (rib lug type)	고속주행안전성, 조종성이 좋은 리브형에 구동, 제동시 그립성이 좋은 러그형을 가미한 것

정답 18 ① 19 ① 20 ②

21 [2010년 기출]

가속 타이어 자국에 대한 설명으로 옳지 않은 것은?

① 일반적으로 정지하고 있다가 전속력으로 가속할 때 순간적으로 스커프 자국이 나타날 수도 있다.
② 바퀴가 강하게 헛도는 경우 진한 타이어 자국을 남기게 된다.
③ 가속 타이어 자국은 보통 처음에는 희미하게 나타나고 점차적으로 진하게 나타난다.
④ 가속 타이어 자국은 구동바퀴에 의해서 나타난다.

[해설] 가속 타이어 자국은 진하게 시작되어 점차적으로 희미하게 나타난다.

22 [2008년 기출]

다음 중 스키드마크의 종류에 속하지 않는 것은?

① 스워브 스키드마크(swerve skidmark)
② 롤링 스키드마크(rolling skidmark)
③ 스킵 스키드마크(skip skidmark)
④ 갭 스키드마크(gap skidmark)

[해설] 스키드마크는 정상 스키드마크, 스킵 스키드마크, 갭 스키드마크, 스워브 스키드마크 등이 있다.

정답 21 ③ 22 ②

6 추락 및 전복시 속도분석

01 [2021년 기출]

차량이 경사 없는 도로를 진행 중 수직으로 4m 수평으로 12m 지점 아래로 추락하였다. 추락 직전 속도는 얼마인가?

① 33.2km/h
② 47.8km/h
③ 53.6km/h
④ 73.4km/h

해설 주어진 조건은 수직낙하거리(h) = 4m, 수평이동거리(d) = 12m, 경사(G) = 0,

추락속도 산출방정식 $v = d\sqrt{\dfrac{g}{2(dG-h)}}$ 에 위 주어진 조건들을 대입,

$v = 12\sqrt{\dfrac{9.8}{2\{12 \times 0 - (-4)\}}} = 12\sqrt{\dfrac{9.8}{8}} = 12\sqrt{1.225} = 12 \times 1.107 = 13.28 m/s = 47.8 km/h$

· 자유 낙하의 개념 이해가 중요하다.
· 중요도 ●●●●

02 [2018년 기출]

주행차량의 추락속도를 계산하기 위해 필요한 항목이 <u>아닌</u> 것은?

① 추락시 이동한 수평거리
② 추락시 낙하한 수직거리
③ 추락 전 이동한 주행거리
④ 추락 전 이탈각도

해설 추락속도 산출 방정식 $v = d\sqrt{\dfrac{g}{2(dG-h)}}$ 에서 추락 전 이동한 주행거리는 대입요소가 아니다.

· 중요도 ●●

03 [2017년 기출]

어떤 차량이 1.5m 높이에서 이탈각도 없이 떨어져 수평으로 14.3m를 이동하여 착지하는 사고가 발생하였다. 이 차량의 추락직전 속도는?

① 약 73km/h
② 약 83km/h
③ 약 93km/h
④ 약 103km/h

해설 $v = d\sqrt{\dfrac{g}{2(dG-h)}} = 14.3\sqrt{\dfrac{9.8}{2\{14.3 \cdot 0 - (-1.5)\}}}$
$≒ 14.3 \cdot 1.81 m/s ≒ 25.85 m/s ≒ 93 km/h$

· 중요도 ●●●
· 하향의 경우(-) 값을 대입하는 것이 중요하다.

정답 01 ② 02 ③ 03 ③

04 2017년 기출

평탄한 길을 달리던 버스가 포장도로에서 40m를 미끄러지고, 이어서 잔디밭에서 30m를 미끄러진 후에 4m 낭떠러지 아래로 추락하였다. 조사결과 추락직전 속도는 13.28m/s로 확인되었고 포장도로의 견인계수는 0.8, 잔디밭의 견인계수는 0.45이었다. 이 버스가 포장도로에서 미끄러지는데 소요된 시간은?

① 약 0.9sec
② 약 1.49sec
③ 약 1.75sec
④ 약 2.1sec

$$v_2 = \sqrt{(v_e)^2 - 2a_e d_2} = \sqrt{13.28^2 - 2 \cdot (-0.45 \cdot 9.8) \cdot 30} \fallingdotseq 21.0 m/s$$
$$v_1 = \sqrt{(v_2)^2 - 2a_1 d_1} = \sqrt{21.0^2 - 2 \cdot (-0.8 \cdot 9.8) \cdot 40} \fallingdotseq 32.7 m/s$$
$$t = \frac{v_2 - v_1}{a_1} = \frac{21.0 - 32.7}{-0.8 \cdot 9.8} \fallingdotseq 1.49 \text{sec}$$

05 2016년 기출

두 차량이 충돌하면서 A차량 앞유리가 충돌지점에서 12m 날아갔다. A차량 앞유리의 높이가 0.6m일 때 충돌시 추정속도는? (단, 앞유리가 이탈되어 B차량이나 주변 구조물과의 접촉은 없었고, 공기저항은 무시, 중력가속도 9.8m/s²)

① 152.4km/h
② 111.7km/h
③ 123.5km/h
④ 102.6km/h

$$v = d\sqrt{\frac{g}{2h}} = 12\sqrt{\frac{9.8}{2 \cdot 0.6}} \fallingdotseq 34.3 m/s \fallingdotseq 123.5 km/h$$

06 2016년 기출

오토바이가 외력을 받지 않은 상태에서 균형을 잃고 전도될 때 소요된 시간은? (단, 오토바이의 무게중심 높이는 0.5m, 중력가속도 9.8m/s²)

① 0.32s
② 0.38s
③ 0.65s
④ 0.52s

$$h = \frac{1}{2}gt^2, \quad t = \sqrt{\frac{2h}{g}} = \sqrt{\frac{2 \cdot 0.5}{9.8}} \fallingdotseq 0.32 \text{sec}$$

정답 04 ② 05 ③ 06 ①

07 2015년 기출

100m 수직 상공에서 5kg의 돌을 자유낙하시키면 처음 떨어지기 시작한 후 2초에서 3초 사이의 1초 동안 이동한 거리는?

① 약 9.8m
② 약 15.2m
③ 약 24.5m
④ 약 29.4m

해설 d에 h, a에 g를 대입하면
$h_3 = v_i t_3 + \frac{1}{2}g(t_3)^2 = 0 \cdot 3 + \frac{1}{2} \cdot 9.8 \cdot 3^2 = 44.1m$
$h_2 = v_i t_2 + \frac{1}{2}g(t_2)^2 = 0 \cdot 2 + \frac{1}{2} \cdot 9.8 \cdot 2^2 = 19.6m$
$h_3 - h_2 = 44.1 - 19.6 = 24.5m$

08 2014년 기출

차량이 평탄한 도로를 진행하다 높이 5m 아래로 추락하여 낙하지점에서 수평으로 20m 떨어진 지점에 착지하였다면 낙하시 속도는 얼마인가?

① 20.4km/h
② 36.3km/h
③ 54.2km/h
④ 71.3km/h

해설 $v = d\sqrt{\dfrac{g}{2(dG-h)}} = 20\sqrt{\dfrac{9.8}{2\{20 \cdot 0 - (-5)\}}} ≒ 19.8m/s ≒ 71.3km/h$

h(하향높이)는 (−)값의 대입이 중요하다.

09 2013년 기출

차량이 도로를 수평으로 이탈하여 절벽 아래로 추락하였을 때 추락속도(v)와 이탈지점에서 착지지점까지 수평이동거리(d)와의 관계를 맞게 표현한 수식은 무엇인가? (단, h = 차량이 이탈한 지점과 착지 지점간의 수직높이, 중력가속도(g) = 9.8m/sec²)

① $v = d\sqrt{\dfrac{g}{h}}$
② $v = d\sqrt{\dfrac{h}{g}}$
③ $v = d\sqrt{\dfrac{2g}{h}}$
④ $v = d\sqrt{\dfrac{g}{2h}}$

해설 $h = \frac{1}{2}gt^2$에서 $t = \sqrt{\dfrac{2h}{g}}$, $v = \dfrac{d}{t} = \dfrac{d}{\sqrt{\dfrac{2h}{g}}} = d\sqrt{\dfrac{g}{2h}}$

정답 07 ③ 08 ④ 09 ④

10 2013년 기출

차량 지붕으로부터 40m 높이의 아파트 옥상에서 벽돌이 떨어져 차량 지붕이 크게 파손되었다. 이 벽돌이 자유 낙하한 경우 차량 지붕에 닿는 순간의 속도는? (단, 중력가속도 = 9.8m/sec²)

① 24m/sec
② 26m/sec
③ 28m/sec
④ 30m/sec

해설
$h = \frac{1}{2}gt^2$ 에서 $t = \sqrt{\frac{2h}{g}} = \sqrt{\frac{2 \cdot 40}{9.8}} \fallingdotseq 2.857\text{sec}$
$v_e = v_i + at = 0 + 9.8 \cdot 2.857 \fallingdotseq 28.0 m/s$

11 2012년 기출

오토바이의 무게중심이 지면으로부터 40cm 높이에 있다가 외력의 작용없이 기울기 시작하여 노면에 넘어지는 시점까지 소요된 시간은?

① 약 0.29s
② 약 0.36s
③ 약 0.45s
④ 약 0.56s

해설
$t = \sqrt{\frac{2h}{g}} = \sqrt{\frac{2 \cdot 0.4}{9.8}} \fallingdotseq 0.29\text{sec}$

정답 10 ③ 11 ①

12 2012년 기출

다음 그림과 같이 보행자 충돌사고가 발생하였다면 충돌 후 보행자가 날아간 거리(X_1)를 구하는 식을 올바르게 표현한 것은?

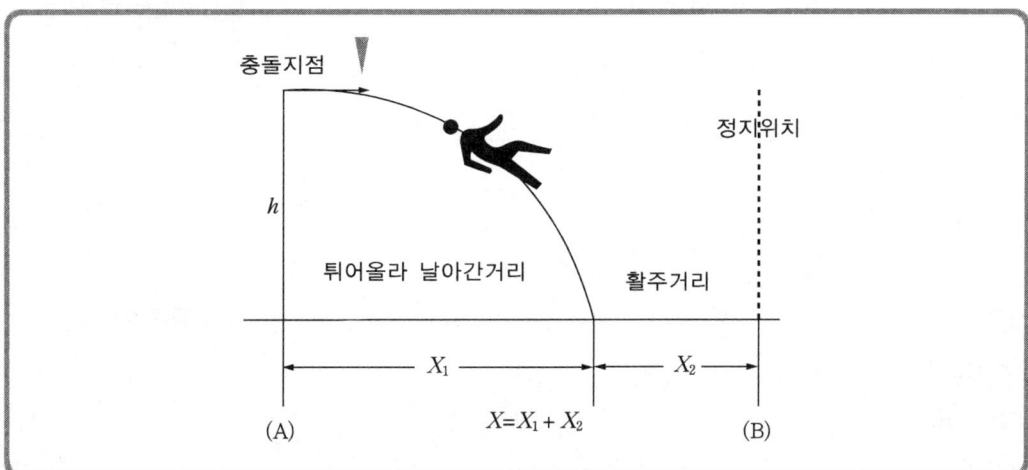

① $X_1 = v \times \sqrt{\dfrac{2h}{g}}$ ② $X_1 = v \times \sqrt{\dfrac{g}{2h}}$

③ $X_1 = g \times \sqrt{\dfrac{v}{2h}}$ ④ $X_1 = g \times \sqrt{\dfrac{2h}{v}}$

해설 $X_1 = v\sqrt{\dfrac{2h}{g}}$, $X_2 = \dfrac{v^2}{2\mu g}$

13 2012년 기출

중량 4kg의 돌을 지면으로부터 75m 높이에서 자유낙하시켰다. 이 돌이 지면과 충돌하는 순간 가지고 있던 운동에너지량은?

① $50 kg\,N \cdot m$ ② $200 kg\,N \cdot m$
③ $250 kg\,N \cdot m$ ④ $300 kg\,N \cdot m$

해설 $v = v_0 + at$로부터 $v = gt$ ⋯ (가)
$h = \dfrac{1}{2}gt^2$로부터 $t = \sqrt{\dfrac{2h}{g}}$ ⋯ (나)
따라서 물체의 지상 도달 속도는 $v = \sqrt{2gh}$ ⋯ (다)
$v = \sqrt{2gh} = \sqrt{2 \cdot 9.8 \cdot 75} = \sqrt{1470} ≒ 38.34 m/s$
$KE = \dfrac{1}{2}mv^2 = \dfrac{1}{2} \cdot \left(\dfrac{4}{9.8}\right) \cdot (38.34)^2 ≒ 300 kg\,N \cdot m$

정답 12 ① 13 ④

14 [2012년 기출]

어떤 차량이 1.5m 높이에서 이탈각도 없이 떨어져 수평으로 14.3m를 이동하여 착지하는 사고가 발생하였다. 이 차량의 추락직전 속도는?

① 약 73km/h
② 약 83km/h
③ 약 93km/h
④ 약 103km/h

해설
$$v = d\sqrt{\frac{g}{2(dG-h)}} = 14.3\sqrt{\frac{9.8}{2\{14.3 \cdot 0 - (-1.5)\}}} \fallingdotseq 25.8 m/s \fallingdotseq 93 km/h$$

하향 높이는 (-)값으로 대입해야 하는 것은 중요하다. 만일 상향하여 언덕 위로 솟구쳤다면 (+)값을 대입해야 하는 것은 물론이다.

15 [2012년 기출]

포물선운동을 이용한 공식은?

① 스키드마크(Skidmark)에 의한 속도
② 요마크(Yawmark)에 의한 속도
③ 운동량보존의 법칙에 의한 속도
④ 추락에 의한 속도

해설 추락은 수평의 등속운동과 수직의 등가속 운동의 합성운동으로 포물선운동으로 해석하여 속도를 산출한다.

16 [2011년 기출]

차량이 가로수에 충격되어 부품이 5m 전방에 최초 낙하하였다. 부품은 충돌과 동시에 차체에서 이탈되었으며 장애물에 의해 운동방해를 받지 않았다. 이 때 차량의 충돌속도는? (단, 부품의 이탈 당시 높이는 0.8m이며, 낙하위치와 차량이 서 있는 지면의 지상고 차이는 없으므로 부품의 수직낙하 거리는 0.8m임)

① 2.0m/sec
② 2.5m/sec
③ 5.5m/sec
④ 12.4m/sec

해설 〈조건〉 수평이동거리 d:5m, 수직낙하거리 h:0.8m, 충돌속도 v=?

차량의 충돌속도와 파손 부품의 자유 낙하거리와의 관계는 $v = d\sqrt{\frac{g}{2h}}$,

차량의 충돌속도는 $v = 5\sqrt{\frac{9.8}{2 \cdot 0.8}} \fallingdotseq 12.4 m/s$가 된다.

정답 14 ③ 15 ④ 16 ④

17 2011년 기출

다음 중 오토바이의 뱅크각을 구하는 수식으로 옳은 것은? [θ = 뱅크각, R = 선회반경(m), G = 중력가속도(9.8m/s²)]

① $\tan\theta = \dfrac{V^2}{RG}$ ② $\tan\theta = \dfrac{V}{RG}$

③ $\cos\theta = \dfrac{V^2}{RG}$ ④ $\tan\theta = \dfrac{V^3}{RG}$

해설 오토바이의 뱅크각 산출 방정식은 $\tan\theta = \dfrac{V^2}{RG}$ 이다.

18 2010년 기출

오토바이가 전도되는데 소요되는 시간을 구하는 공식은?

- T : 전도 소요시간
- g : 중력가속도
- h : 오토바이 무게 중심의 높이

① $T = \sqrt{\dfrac{2h}{g}}$ ② $T = \sqrt{\dfrac{h}{g}}$

③ $T = \sqrt{\dfrac{g}{2h}}$ ④ $T = \sqrt{\dfrac{g}{h}}$

해설 자유 낙하운동에서 $h = \dfrac{1}{2}gt^2$ 으로부터 $t^2 = \dfrac{2h}{g}$ $\therefore t = \sqrt{\dfrac{2h}{g}}$

19 2010년 기출

오토바이가 6m의 skidmark를 발생시킨 후 높이 3m 비탈면으로 추락하였다. 오토바이의 제동직전 속도는 얼마인가? (단, 오토바이의 제동 마찰계수는 0.55, 오토바이의 비탈면 시작점~추락지점까지의 수평이동거리는 10m, 추락직전 비탈면 시작지점의 경사는 무시, g=9.8m/s²)

① 약 50km/h   ② 약 54km/h
③ 약 58km/h   ④ 약 62km/h

해설 추락시 속도 $v_h = d\sqrt{\dfrac{g}{2h}} = 10\sqrt{\dfrac{9.8}{2\cdot 3}} \fallingdotseq 12.78 m/s$

제동직전 속도 $v_i = \sqrt{v_h^2 - 2ad} = \sqrt{(12.78)^2 - 2(-0.55\cdot 9.8)\cdot 6} \fallingdotseq 15.1 m/s \fallingdotseq 54.36 km/h$

정답 17 ① 18 ① 19 ②

20 [2010년 기출]

질량 1,000kg 자동차를 5m 높이에서 자유낙하시킬 때 지면에 떨어지는 순간의 속도는? (단, $g = 10m/s^2$임)

① 5m/s
② 10m/s
③ 15m/s
④ 20m/s

해설 <조건> 자유낙하의 높이(h)=5m, 지면도달 속도 v_e=?

지면 도달속도 $v_e = \sqrt{2gh} = \sqrt{2 \cdot g \cdot 5} = \sqrt{100} = 10m/s$

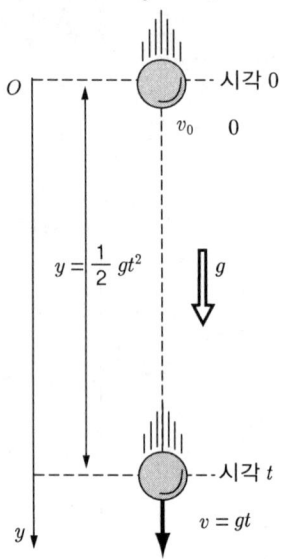

자유낙하 시작지점을 원점으로 잡고, 연직하방을 y축의 (+)방향으로 잡으면, 자유낙하운동은 등가속도 직선운동이 되므로 공식 $v = v_i + at$에서 $v_i = 0$, $a = g$가 되고, 지면 도달시의 속도 v는 $v = gt \cdots$ 1)이 된다. 낙하거리는 $y = \frac{1}{2}gt^2$로서 y를 h로 바꿔 쓰면 $h = \frac{1}{2}gt^2$가 되는데, 이를 t로 바꿔쓰면 $t = \sqrt{\frac{2h}{g}} \cdots$ 2), 2)를 1)에 대입하면 속도와 낙하거리의 관계는 $v = \sqrt{2gh} \cdots$ 3)이 성립한다.

정요도 ●●●

이 문제를 해결하기 위하여 자유낙하 원리를 통한 방정식 유도 절차를 이해하면 낙하, 추락에 관한 어떤 문제든 풀이가 가능하다. 해설을 참조하여 이해하기 바란다. 이것은 또한 2차시험의 주관식 25점 문제에도 출제 가능성이 있는 것으로 보인다.

정답 20 ②

21 [2010년 기출]

중량이 1,400kg이고 축간거리가 2.4m이며 질량중심의 높이가 1.1m, 윤간거리 1.4m인 차량이 도로커브반경이 70m인 곳을 회전하다가 전도되었다. 커브를 회전한 속도가 얼마 이상이었는가? (단, g = 9.8m/s²)

① 75.2km/h
② 83.9km/h
③ 90.7km/h
④ 101.3km/h

해설 〈조건〉 질량중심높이 $h=1.1m$, 윤간거리 $b=1.4m$, 곡선반경 $R=70m$에서 회전하다가 전도된다. 횡전도시 최소속도 $V=?$

$V_{min} = \sqrt{\dfrac{R \cdot g \cdot b}{h}}$ (b : 윤거, h : 차량의 질량중심높이, R : 곡선반경)이므로

$V = \sqrt{\dfrac{70 \cdot 9.8 \cdot (1.4 \cdot \dfrac{1}{2})}{1.1}} ≒ 20.9 m/s ≒ 75.2 km/h$

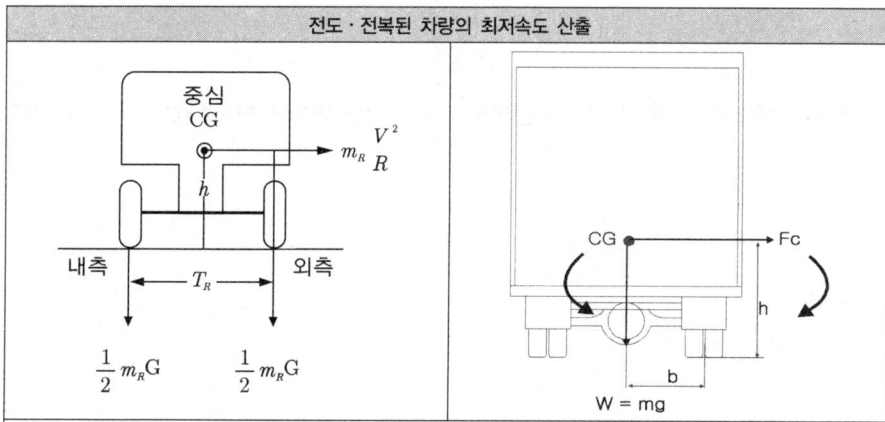

전도・전복된 차량의 최저속도 산출

자동차의 곡선 주행시 전도는 아래 식과 같이 차체를 내측으로 되돌리려는 모멘트보다 차체를 바깥으로 쓰러뜨리려는 모멘트(moment)가 클 때 성립함

$F_c \cdot h \leq mg \cdot b$

원심력 $F_c = \dfrac{mV^2}{R}$ 이므로 $\dfrac{mV^2}{R} \cdot h \leq mg \cdot b$

정리하면 $V = \sqrt{\dfrac{R \cdot g \cdot b}{h}}$ 이 됨

여기서, V : 전도시 최저속도(m/s), b : 윤거의 1/2, h : 무게중심의 높이(m), g : 중력가속도, R : 주행궤적의 곡선반경

● 중요도 ●●●
● 모멘트의 원리를 이해하면 방정식 유도가 가능하고 공식을 외우지 않아도 찾아낼 수 있다.

정답 21 ①

22 `2009년 기출`

자동차의 플립(Flip)에 의한 속도추정은 $v = \dfrac{11.27d}{\sqrt{d-h}}(km/h)$의 수식을 이용한다. 이 수식을 이용한 속도 분석시 유의사항으로 올바르지 <u>못한</u> 설명은? (단, v : 추락 전 속도, d : 수평이동 거리, g : 중력가속도, h : 수직높이)

① 이륙지점의 기울기는 고려하지 않는다.
② 위 식에 의해 추정된 속도는 최대속도(maxium speed)이다.
③ 이륙이전의 감속된 속도성분을 벡터 합성하여 사고 전 속도를 구한다.
④ 착지이후 이동 상태는 속도 추정시 고려하지 않는다.

해설 추정된 속도는 최대속도와 관련 없다.

23 `2008년 기출`

차량이 평탄노면에서 6m 아래의 낭떠러지로 추락하여 수평으로 10m 이동하면서 착지하였다. 차량의 추락시 주행속도는?

① 14.4m/s ② 12.8m/s
③ 11.1m/s ④ 9.0m/s

해설 $V = d\sqrt{\dfrac{g}{2(dG-h)}} = 10\sqrt{\dfrac{9.8}{2\{10 \cdot 0 - (-6)\}}} = 10\sqrt{\dfrac{9.8}{2 \cdot 6}} \fallingdotseq 9.0 m/s$

24 `2008년 기출`

내리막 경사가 6%인 노면을 주행하던 차량이 5m 아래로 떨어져 수평으로 12m 이동한 후 착지하였다면, 추락직전 자동차의 속도는?

① 36km/h ② 46km/h
③ 49km/h ④ 52km/h

해설 $V = d\sqrt{\dfrac{g}{2(dG-h)}} = 12\sqrt{\dfrac{9.8}{2\{12 \cdot (-0.06) - (-5)\}}} \fallingdotseq 12.8 m/s \fallingdotseq 46 km/h$

25 2008년 기출

무게중심의 높이가 0.95m, 윤간거리 1.8m인 중량 14ton의 트럭이 곡선반경 60m의 궤적을 따라 회전하다가 전도되었다. 커브를 회전한 최저속도는? (단, g=9.8m/s²)

① 75.2km/h
② 81.4km/h
③ 82.9km/h
④ 85.0km/h

해설

$$V = \sqrt{\frac{R \cdot g \cdot b}{h}} = \sqrt{\frac{60 \cdot 9.8 \cdot (\frac{1.8}{2})}{0.95}} \fallingdotseq 23.6 m/s \fallingdotseq 85.0 km/h$$

26 2007년 기출

6m 높이의 수평노면에서 차량이 도로 아래로 추락하여 12m 거리만큼 수평 이동한 후 착지한 경우 추락할 때 차량의 속도는?

① 16.8m/s
② 14.8m/s
③ 12.8m/s
④ 10.8m/s

해설 <조건> 수직낙하거리(h) : 6m, 수평이동거리(d) : 12m, 차량의 추락시 속도(v)=?

$$v = d\sqrt{\frac{g}{2h}} = 12\sqrt{\frac{9.8}{2 \cdot 6}} \fallingdotseq 10.8 m/s$$

27 2007년 기출

노면의 하향기울기가 3.4°인 도로에서 2.4m 아래의 논바닥으로 추락하여 수평으로 7m 이동하여 착지한 경우 추락시 차량의 속도는?

① 25km/h
② 30km/h
③ 35km/h
④ 40km/h

해설
ㄱ. $G = -\tan 3.4° = -0.06$ (∵ 하향기울기이므로)

ㄴ. $V = d\sqrt{\frac{g}{2(dG-h)}} = 7\sqrt{\frac{9.8}{2\{7 \cdot (-\tan 3.4°) - (-2.4)\}}}$

$= 7\sqrt{\frac{9.8}{2\{7 \cdot (-0.0594) + 2.4\}}} = 7\sqrt{\frac{9.8}{2(1.9842)}} \fallingdotseq 11.0 m/s \fallingdotseq 40 km/h$

정답 25 ④ 26 ④ 27 ④

28 [2007년 기출]

지상 10m 높이에서 공을 10m/s의 속도로 수평방향으로 던졌을 때 수평이동거리와 지면 도달 시간은?

① 약 0.3초, 9.8m
② 약 1초, 10m
③ 약 1.4초, 12m
④ 약 1.4초, 14.3m

해설 〈조건〉 높이(h) : 10m, 추락 속도(v) : $10m/s$, 낙하시간(t), 수평이동거리(d)=?

$$t = \sqrt{\frac{2h}{g}} = \sqrt{\frac{2 \cdot 10}{9.8}} ≒ 1.4\text{sec}, \quad d = v\sqrt{\frac{2h}{g}} = 10 \cdot \sqrt{\frac{2 \cdot 10}{9.8}} = 14.3m$$

정답 28 ④

제3장 충돌현상의 이해

1. 사고흔적과 차량 운동의 이해

01 [2021년 기출]

요마크 줄무늬 모양이 차축과 평행하지 않고 상당한 예각을 이루며, 우커브 경우 좌측 상향 형태를, 좌커브 경우 우측 상향 형태를 이루는 요마크 발생시 차량의 운동상태는?

① 등속상태 ② 감속상태
③ 가속상태 ④ 알 수 없음

해설 마크 줄무늬 모양은 다음과 같다.

구분	우커브	좌커브
등속	차축에 평행	차축에 평행
감속	좌측 상향	우측 상향
가속	우측 상향	좌측 상향

중요도 ●●●●
흔적의 생성방향을 그림으로 연상하면 쉽게 이해된다.

02 [2021년 기출]

다음 중 차량이 충돌한 후 최종 정지할 때까지 차량의 궤적을 추적하는 데 가장 유용한 자료는?

① 차량 내부 파손상태 ② 충돌 후 탑승자의 이동상황
③ 냉각수 흘린 흔적 ④ 탑승자의 부상정도

해설 냉각수 흘린 흔적은 차량의 파손에 따라 발생할 수 있는 결과이므로 차량의 이동궤적을 알 수 있는 자료가 된다.

중요도 ●●●●

03 [2020년 기출]

A승용차가 후진하다가 주차된 B승용차와 가벼운 충돌이 발생하였다. 이때 충돌여부를 판단하기 위한 조사방법이 <u>아닌</u> 것은?

① 손상 부위에 대한 지상고 비교 ② 손상 흔적의 방향성 비교
③ 상호 부착된 도료의 색상 및 성분 비교 ④ A승용차의 발진가속 실험

해설 발진가속 실험은 전면부 충돌과 관련된다.

중요도 ●●

정답 01 ② 02 ③ 03 ④

04 2019년 기출

장착기준에서 분류하고 있는 사고기록장치(EDR)의 필수 운행정보 항목에 해당하는 것은?

① 엔진회전수
② ABS 작동여부
③ 조향핸들각도
④ 운전석 좌석안전띠 착용여부

해설 운전석 좌석안전띠 착용 여부

05 2018년 기출

120km/h 속도로 좌 커브 도로를 주행하던 차량이 핸들의 과대 조작으로 인해 차체가 좌측으로 회전되며 발생시킨 타이어 흔적의 형태와 줄무늬 모양에 대한 설명으로 옳은 것은?

① 제동페달이나 가속페달을 밟지 않은 경우 줄무늬 모양은 차량의 차축과 거의 직각으로 발생된다.
② 가·감속 상태에 관계없이 줄무늬 모양은 차축과 평행하게 발생한다.
③ 가속하면서 미끄러지는 경우 줄무늬 모양은 좌측하향 형태가 된다.
④ 감속하면서 미끄러지는 경우 줄무늬 모양은 우측상향 형태가 된다.

해설
① 제동페달이나 가속페달을 밟지 않은 경우 줄무늬 모양은 차량의 차축과 평행하게 발생된다.
② 가·감속 상태에 따라 줄무늬 모양은 서로 다른 방향으로 발생한다.
③ 가속하면서 미끄러지는 경우 줄무늬 모양은 좌측상향 형태가 된다.

06 2017년 기출

사고 현장에 발생한 노면 스크래치(Scratch)에 대한 설명으로 거리가 가장 먼 것은?

① 일반적으로 폭이 좁고 얕게 나타난다.
② 차량의 충돌 후 진행방향을 파악하는데 유용하다.
③ 흔적의 생성지점을 최대 충돌지점으로 추정해야 한다.
④ 큰 압력 없이 금속물체가 도로상을 가볍게 긁으며 이동한 흔적이다.

해설 스크래치(Scratch)의 발생지점으로 최대 충격(Maximum engagement) 지점을 가늠할 수 없다.

정답 04 ④ 05 ④ 06 ③

07 2014년 기출

추락 교통사고현장의 조사방법으로 볼 수 없는 것은?

① 이탈지점이 평지인지 아닌지를 확인해야 한다.
② 이탈지점과 추락지점의 수직거리를 측정한다.
③ 추락이전 제동 여부도 조사할 필요가 있다.
④ 이탈지점의 수평거리는 조사할 필요가 없다.

해설) 이탈하여 이동한 수평거리를 알아야 속도산출이 가능하다.

08 2013년 기출

요마크(Yaw mark)에 대한 설명 중 맞는 것은 무엇인가?

① 흔적이 발생하기 시작한 부분은 진하고 끝부분으로 갈수록 옅어진다.
② 시작점에서는 전륜궤적이 후륜궤적의 바깥쪽에 발생한다.
③ 선회방향 내측 타이어에 의한 흔적이 가장 진하게 나타난다.
④ 발생시작 부분은 간격이 좁고 점차 간격이 넓어지는 것이 일반적이다.

해설)
① 흔적이 발생하기 시작한 부분은 희미하고 끝부분으로 갈수록 진하다.
② 시작점에서는 전륜궤적이 후륜궤적의 안쪽에 발생한다.
③ 선회방향 외측 타이어에 의한 흔적이 가장 진하게 나타난다.

09 2013년 기출

요마크의 내부 줄무늬 모양이 대부분 차량의 차축과 거의 평행을 이루었다. 이 때 차량의 속도 변화는 어떻게 되는가?

① 차량이 가속되면서 미끄러지는 상태
② 속도변화 없이 자연스럽게 회전하면서 미끄러지는 상태
③ 차량이 감속되면서 미끄러지는 상태
④ 줄무늬 형태만으로 차량의 속도 변화를 판단할 수 없다.

해설) [요마크의 줄무늬 모양과 차량의 속도변화의 관계]
• 곡선의 진행방향 바깥쪽을 향함 : 감속
• 곡선의 진행방향 안쪽을 향함 : 가속
• 차축축과 평행 : 속도변화 없음

정답 07 ④ 08 ④ 09 ②

10 [2011년 기출]

교통사고재현을 위해 충돌 전 상황을 파악하는 것에 해당하지 <u>않는</u> 것은?

① 주행방향 파악
② 주행속도 및 감속도
③ 운전자 시야 및 운행저해 요소
④ 탑승자의 운동특성

해설
- 충돌 전 상황 : 주행방향(사고 장소, 도로형태의 감안 포함), 차량간의 상대적 위치 및 진행방향, 시야 장해 여부 및 운전행위 등
- 충돌상황 : 충돌시 자세(충돌각도), 충격힘의 방향, 핸들조작 여부
- 충돌 후 상황 : 차량의 파손, 승차자의 부상, 도로상의 흔적 등

11 [2010년 기출]

자동차가 충돌과정에서 최대접촉시 강한 충격력으로 인해 자동차의 무거운 물체가 노면에 떨어지면서 짧고 깊게 파인 홈으로 마치 도끼처럼 찍은 것과 같이 파인 흔적은?

① 칩(Chip)
② 그루브(Groove)
③ 가우지 마크(Gouge mark)
④ 스크래치(Scratch)

해설 칩(Chip)에 관한 설명이다.

12 [2010년 기출]

다음 차량의 바퀴흔적 중에서 주행 중 교통사고를 야기한 차량에 대한 속도 산출의 활용도가 가장 <u>떨어지는</u> 것은?

① 임프린트(Imprint)
② 스키드마크(SkidMark)
③ 요마크(YawMark)
④ 스킵 스키드마크(Skip SkidMark)

해설 임프린트(Imprint)는 미끄럼자국이 아니므로 속도산출 불능이다.

정답 10 ④ 11 ① 12 ①

2 충돌시 발생되는 사고흔적의 종류 및 특성

01 2021년 기출

차량 A-필라가 구부러지면서 간접 충격에 의해 전면유리도 함께 손상되었다. 전면유리에서 볼 수 있는 가장 전형적인 파손형태는?

① 일정한 형태를 띠지 않음
② 나선상 균열
③ 거미줄 모양의 방사상 균열
④ 평행 또는 바둑판 모양의 사선상 균열

해설 전면 유리창의 가장 전형적인 파손상태는 간접충격에 의한 평행 또는 바둑판 모양의 사선상 균열이다.

중요도 ●●●●

02 2020년 기출

차량의 최대 접합시 노면에 나타나는 흔적으로 틀린 것은?

① 충돌 스크럽(Collision Scrub)
② 크룩(Crook)
③ 가우지 마크(Gouge Mark)
④ 견인시 긁힌 흔적(Towing Scratch)

해설 견인시 긁힌 흔적(Towing Scratch)은 사고 이후 현장을 정리하는 단계에서 발생한다.

중요도 ●●
· 충돌에 관련된 노면 흔적은 자주 출제되는 문제이다.

03 2019년 기출

요마크(Yaw Mark)로 속도를 산출할 때 가장 필요하지 <u>않은</u> 자료는?

① 요마크의 전체길이
② 요마크의 곡선반경
③ 노면과 타이어 간의 횡방향 마찰계수
④ 중력가속도

해설 요마크(Yaw Mark)로 산출할 때 ② 요마크의 곡선반경, ③ 횡방향 마찰계수, ④ 중력가속도는 필수 자료이다.

중요도 ●●

04 2018년 기출

노면에 발생한 흔적에 대한 설명 중 가장 옳은 내용은?

① 플랫 타이어 마크는 타이어가 평행하게 미끄러지며 구를 때 발생한다.
② 갭 스키드마크는 대형화물차량에 화물을 적재하지 않고 주행하다가 급제동하면 발생한다.
③ 스킵 스키드마크는 속도계산시 흔적의 떨어진 구간도 미끄러진 거리에 포함시킨다.
④ 요마크는 흔적의 발생 길이를 근거로 속도로 계산한다.

해설 ① 가속 스커프는 타이어가 평행하게 미끄러지며 구를 때 발생한다.
② 스킵 스키드마크는 대형화물차량에 화물을 적재하지 않고 주행하다가 급제동하면 발생한다.
④ 요마크는 흔적의 <u>곡선반경</u>을 근거로 속도로 계산한다.

중요도 ●

정답 01 ④ 02 ④ 03 ① 04 ③

05 2017년 기출

충돌로 인한 액체흔적이 아닌 것은?

① 튀김(Spatter)
② 방울짐(Dribble)
③ 스크래치(Scratch)
④ 고임(Puddle)

해설 스크래치(Scratch)는 노면 파인흔적으로서 액체흔적이 아니다.

06 2017년 기출

차량의 충돌과정에서 금속성 물체가 노면과 접촉하면서 발생되는 패인 흔적 혹은 긁힌 흔적의 종류가 아닌 것은?

① Scrape
② Towing scratch
③ Groove
④ Chops

해설 Towing scratch는 견인과정에서 발생한 흔적이다.

07 2016년 기출

불규칙한 도로노면에서 주행하는 차량이나, 적재물이 없는 화물차가 제동할 때 자주 발생하는 흔적은?

① 갭 스키드마크(gap skidmark)
② 스킵 스키드마크(skip skidmark)
③ 가속 스커프(acceleration scuff)
④ 임프린트(Imprint)

해설 스킵 스키드마크(skip skidmark)는 단속(斷續 ; 끊어짐과 이어짐)이 이어지는 스키드마크로서 주로 불규칙한 도로노면을 주행하는 차량 또는 빈 화물차가 제동할 때 자주 발생하는 흔적이다.

08 2013년 기출

교통사고 현장에서 볼 수 있는 노면 패인 흔적 중 날카로우며 끝이 뾰족한 금속물체가 큰 압력으로 노면에 접촉할 때 생성되며, 마치 호미로 노면을 판 것 같이 짧고 깊게 패인 흔적은 무엇인가?

① 그루브(Groove)
② 찹(Chop)
③ 스크래치(Scratch)
④ 칩(Chip)

해설 칩(Chip)에 관한 설명이다.

정답 05 ③ 06 ② 07 ② 08 ④

09 2012년 기출

차량의 충돌 이후 최종 정지위치에서 주로 발견되는 것으로 차량에서 경사진 바닥으로 액체가 떨어져 고이지 않고 흐를 때 주로 나타나는 현상은?

① 튀김(Spatter)
② 방울짐(Dribble)
③ 흘러내림(Run Off)
④ 고임(Puddle)

해설 충돌의 충격으로 차량의 액체잔존물이 경사노면에 떨어지면 흘러내림(Run off)으로 나타난다.

10 2012년 기출

교통사고 현장에 흩뿌려진 잔존물이라고 볼 수 <u>없는</u> 것은?

① 차량의 파손부품
② 승객의 소지품
③ 오일, 냉각수 등 액체 노면흔적
④ 타이어흔적 및 노면의 패인 흔적

해설 타이어흔적 및 노면의 패인 흔적은 흩뿌려진 잔존물이 아니다.

11 2012년 기출

노면손상 흔적으로 크게 가우지마크(Gouge Mark)와 스크래치(Scratch)로 구분할 수 있는데 다음 중 가우지마크의 종류로 볼 수 <u>없는</u> 것은?

① 칩(Chip)
② 그루브(Groove)
③ 찹(Chop)
④ 스크레이프(Scrape)

해설 가우지마크(Gouge Mark)의 종류는 칩(Chip), 찹(Chop), 그루브(Groove)가 있고, 스크래치(Scratch)의 종류는 스크래치(Scratch), 스크레이프(Scrape)가 있다.

정답 09 ③ 10 ④ 11 ④

12 2011년 기출

사고현장에서 충돌지점을 직접적으로 판단하기에 가장 적합하지 <u>않은</u> 것은?

① 스크래치(Scratch)
② 충돌스크럽(Collision Scrub)
③ 크룩(Crook)
④ 튀김(Spatter)

해설
- 충돌스크럽(Collision Scrub) : 충돌의 충격으로 바퀴 타이어가 노면에 심하게 문질러져 발생하는 타이어 흔적
- 크룩(Crook) : 충돌로 인해 급격하게 꺾인 타이어 흔적
- 튀김(Spatter) : 충돌로 인해 강한 압력을 받은 용기가 터지거나 넘쳐 액체가 분출되어 노면 또는 차량에 떨어지거나 묻는 액체 흔적
- 칩(Chip) : 마치 도끼로 판 것처럼 짧고 깊게 파인 흔적
- <u>스크래치(scratch) : 큰 압력 없는 상태로 미끄러진 금속체에 의해 단단한 포장노면에 불규칙적으로 가볍고 좁게 나타난 긁힌 자국</u>

13 2011년 기출

다음 중 충돌지점으로 선정할 수 있는 근거자료끼리 올바르게 나열된 것은?

① 비산된 파편물, 스크레이프, 액체흔(dribble type)
② 스크래치(scratch), 액체흔(tracking type), 파편물 낙하지점
③ 충돌스크럽, 크룩, 칩(chip)
④ 충돌스크럽, 액체흔(puddle type), 크룩

해설 충돌지점 흔적을 나열하면 다음과 같다.
- 타이어 흔적 → 충돌스크럽(Collision Scrub), 크룩(Crook)
- 노면파인 흔적 → 칩(Chip)
- 액체잔존물 흔적 → 튀김(Spatter)

정답 12 ① 13 ③

14 2009년 기출

사망사고 직후 사고현장 초동조사에 임했을 때 도로상에는 몇 개의 가우지마크(Gouge Mark)와 타이어 흔적이 있었으며, 액체흔은 발견되지 않았다. 몇일 후 유족측에서 사고와 유관한 고임(Puddle)형태의 액체흔 존재를 강하게 주장하며 이 흔적부근이 충돌지점임을 주장하고 있다. 이에 대한 적절한 판단을 기술한 것은?

① 고임형태의 액체흔은 충돌지점을 나타내는 중요한 근거자료이므로, 기존의 조사내용을 무시해야 한다.
② 고임형태의 액체흔은 충돌 후 양차량이 분리되면서 정지위치로 이동할 때 방울방울 떨어지며 발생된 흔적이므로 기존에 조사된 노면흔적과 정합되는지 판단하여야 한다.
③ 고임형태의 액체흔적은 대개 차량 정지위치에서 나타나며, 충돌지점 부근에서는 주로 튀김(Spatter)형태의 액체흔이 나타나므로 유족측이 제시한 흔적위치를 충돌지점으로 판단할 수 없으나 다른 흔적과의 연관성을 고려해야 한다.
④ 고임형태의 액체흔적은 경사진 노면에 차량이 정지되어 액체가 흘러내림으로써 발생되므로, 기존에 조사된 차량 정지위치를 무시하여야 한다.

해설 고임형태는 차량 정지위치에 나타나고, 튀김(Spatter)형태는 충돌지점 부근에 나타난다.

15 2008년 기출

휠 리프트(Wheel lift)에 관한 올바른 설명은?

① 화물을 적재하지 않은 대형 화물차량이 급제동을 할 경우 많이 발생한다.
② 차체가 땅으로 끌리면서 발생하는 타이어자국을 말한다.
③ 강한 충격 때문에 상대 물체의 모양이 똑같이 찍힌 직접손상의 흔적이다.
④ 차량이 급선회시 선회외측 바퀴가 지면에서 떠오르는 경우를 말한다.

해설 휠 리프트에 대한 설명으로 무게중심이 높은 차량의 경우에는 비교적 횡가속도 값이 낮은 경우 나타나고 무게중심이 낮은 승용차량에서는 횡가속도 값이 높은 경우 발생한다.

16 2007년 기출

충돌스크럽에 관한 설명 중 옳지 않은 것은?

① 일반적으로 추돌사고시에는 약간 길게 직선으로 나타난다.
② 일반적으로 정면충돌사고에서 뭉개지면서 짧고 굵게 구부러진 모양이다.
③ 타 물체와 충돌로 인한 외력작용에 의해 충돌지점에 생성된다.
④ 차량제동이 걸려 바퀴가 잠길 때 생성된다.

해설 차량제동이 걸려 바퀴가 잠길 때 생성되는 것은 스키드마크이다.

정답 14 ③ 15 ④ 16 ④

3 사고유형별 충돌현상의 특성

01 2021년 기출

고정장벽 충돌에 의해 파손된 차량의 소성변형량에 대해 바르게 설명한 것은?

① 소성변형량은 유효충돌속도에 비례한다.
② 소성변형량은 충돌속도에 반비례한다.
③ 소성변형량은 탄성변형량과 같다.
④ 소성변형량은 간접손상의 정도이다.

해설 ① 소성변형량은 충돌로 파손되어 우그러진 정도이고, 유효충돌속도는 충돌에 기여(작용)한 만큼의 속도이므로 소성변형량은 유효충돌속도에 비례한다.
② 소성변형량은 충돌속도와 상관성이 없다.
③ 소성변형량은 영구변형이고, 탄성변형량은 일시적으로 변형되었다가 다시 복구되는 것이므로 다르다.
④ 소성변형량은 직접손상의 정도이다.

중요도 ●●●●
소성과 탄성에 대한 용어의 정의를 먼저 이해할 필요가 있다.

02 2021년 기출

차량이 15km/h로 정지상태의 보행자를 충돌한 A 경우와 보행자가 15km/h로 정차상태의 차량을 충돌한 B 경우, 보행자의 운동량 변화량에 대해 바르게 설명한 것은?

- 차량 질량 : 2000kg
- 보행자 질량 : 100kg
- 보행자와 차량의 충돌은 완전비탄성충돌

① A 경우가 1.5배 높다.   ② A 경우가 2배 높다.
③ B 경우가 2배 높다.   ④ A, B 경우가 같다.

해설 A경우 : $100\{0-(-15)\} = 1500 kg\,m/s$,
B경우 : $100(15-0) = 1500 kg\,m/s$, A 경우와 B 경우 같다.

중요도 ●●●●
이동에 대한 방향을 고려하여 +, - 부호를 정확히 해야 한다.

03 2020년 기출

충격력의 작용방향(P.D.O.F.)을 나타내는 방법 2가지는?

① 각도법, 삼각측정법   ② 각도법, 시계눈금법
③ 시계눈금법, 벡터법   ④ 시계눈금법, 삼각측정법

해설 충격력의 작용방향은 각도법, 시계눈금법으로 표현한다.

중요도 ●

정답 01 ① 02 ④ 03 ②

04 2020년 기출

뒷차가 앞차를 추돌한 사고의 일반적인 특징으로 틀린 것은?

① 추돌 차량의 운동량 전이로 앞 차량은 가속된다.
② 추돌 차량이 급제동하면서 추돌하는 경우가 많아 노즈다운(Nose Down) 현상의 추돌이 되기 쉽다.
③ 추돌 차량 운전자의 신체는 후방으로 이동한다.
④ 피추돌 차량 운전자는 추돌 직전 상황을 인식하지 못하는 경우가 있다.

해설) 추돌 차량 운전자가 아니라 피추돌 차량의 신체가 후방으로 이동한다.

05 2020년 기출

차 대 보행자 사고에서 보행자의 반발계수 근사값은?

① 0
② 1
③ 2
④ 3

해설) 차 대 보행자의 충돌에서 보행자는 차량의 속력으로 날아갈 뿐 보행자의 신체가 반발하지 않는다. 완전비탄성충돌에 가깝다. 따라서 반발계수는 거의 0에 가깝다.

● 반발계수와 탄성. 비탄성 충돌은 언제나 상호관련성이 있다.

06 2018년 기출

충돌과정을 3가지로 분류할 때 이에 속하지 않는 것은?

① 최초 접촉(first contact)
② 최대 맞물림(maximum engagement)
③ 복원(restitution)
④ 분리(separation)

해설) 복원(restitution)은 충돌과정과 관련 없다.

07 2018년 기출

주행하던 차량이 고정물체를 충격한 경우 고정물체가 받는 힘의 방향은?

① 차량 진행 반대방향
② 차량 진행 반대방향에서 진행방향으로 이동
③ 차량 진행방향
④ 차량 진행방향에서 반대방향으로 이동

해설) 고정물체는 충격 작용방향으로 힘을 받는다.

정답 04 ③ 05 ① 06 ③ 07 ③

08 2014년 기출

진행 중인 차량간의 충돌현상에 대한 설명으로 바르지 못한 것은?

① 차량의 충격력작용 방향은 차량의 진행방향과 항상 같지는 않게 된다.
② 상대적으로 느리게 움직이고 혹은 가벼운 차량은 상대차량보다 충돌에 의한 충격영향을 항상 더 적게 받게 된다.
③ 사고시 어느 차가 일방적으로 충격력을 작용시켰다기보다는 상호작용하는 것이다.
④ 전면 직각 충돌시 사고 차량들이 회전되면서 후미부위간의 2차 충돌이 발생되는 경우가 있다.

해설) 상대적으로 느리게 움직이고 혹은 가벼운 차량은 상대차량보다 충돌에 의한 충격영향을 항상 더 크게 받게 된다.

09 2014년 기출

충돌 후 자동차의 운동특성에 대한 설명이다. 이에 해당하지 않는 것은?

① 충격력의 정도 및 작용방향에 따라 충돌 후 차량의 속도나 방향이 변화된다.
② 정면충돌하는 경우 충돌 후 충돌차량의 속도는 감소한다.
③ 추돌 후 앞 차량의 속도가 가속되는 경우도 있다.
④ 충돌 후 속도의 변화량은 충돌차량의 형상에 따라 결정된다.

해설) 충돌 후 속도 변화량의 결정은 충돌차량의 형상과 관계없다.

10 2012년 기출

차량간 충돌시 나타나는 역학적인 충돌특성에 대한 설명 중 바르지 않은 것은?

① 충돌은 운동량을 서로 교환하는 현상이다.
② 충돌은 반발현상을 수반하지 않는다.
③ 충돌시 작용하는 힘은 충격힘과 마찰력의 합력이다.
④ 충격력은 상대충돌속도 방향으로 작용한다.

해설) 충돌은 반발현상을 수반한다.

정답 08 ② 09 ④ 10 ②

제4장 교통사고재현 프로그램

1 관련용어의 이해

01 [2020년 기출]

교통사고재현 컴퓨터 프로그램을 이용한 사고분석의 목적을 맞게 설명한 것은?

① 장소적·경제적·시간적 제약으로 인해 실제 사고상황과 유사한 상황을 재현하여 교통사고원인을 규명하고자 함이다.
② 교통사고상황을 단순히 동영상으로 구현하기 위한 것이다.
③ 사고차량의 성능, 강도, 연비 등 차량의 특성만을 분석하기 위한 것이다.
④ 실제 사고상황을 쉽게 재현하여 당해 교통사고 가해자를 조속히 처벌하기 위함이다.

해설 ①번 설명이 맞는다. 시뮬레이션이라고도 부르는데, 예측되는 사고 상황의 수 값을 반복 입력하여 출력되는 결과가 사고 상황과 가장 유사한 상황을 당시의 상황이라고 결론 내는 재현 분석방법이다.

02 [2015년 기출]

다음 중 윈도우즈를 기반으로 활용할 수 있는 충돌 환경 변수로 EES(Equivalent Energy Speed)를 기본으로 하는 3D 형식이며 고정장벽 충돌실험, 보행자 및 추락 전도사고, 오토바이 사고 등의 사고재현이 가능한 교통사고재현 프로그램은?

① PC-CRASH
② 3D-MAX
③ AUTOCAD
④ PC-RECT

해설 PC-CRASH에 관련한 설명이다.

03 [2011년 기출]

PC-CRASH에서는 차량측면의 Impact에 따른 파손을 두 단계로 구분하였다. 올바르게 짝지어진 것은?

① EES와 EBS
② 최초접촉 및 최대접합
③ 부분충돌 및 정면충돌
④ 압축과 복원

해설 PC-CRASH에서는 차량측면의 impact에 따른 파손의 두 단계 : 압축과 복원
EES : 등가에너지속력, EBS : 장벽충돌환산속도

정답 01 ① 02 ① 03 ④

2 사고재현 프로그램의 기본원리 이해

01 [2021년 기출]
교통사고 분석을 위한 컴퓨터 시뮬레이션 작업순서로 맞는 것은?

① 프로그램 구동 → 기초자료 입력 → 변동자료 입력 → 결과 출력
② 프로그램 구동 → 변동자료 입력 → 기초자료 입력 → 결과 출력
③ 기초자료 입력 → 프로그램 구동 → 변동자료 입력 → 결과 출력
④ 변동자료 입력 → 기초자료 입력 → 프로그램 구동 → 결과 출력

해설 프로그램을 구동시킨 후 기초자료 입력, 변동자료 입력 후 결과를 출력한다.

2018년 동일 기출문제 출제

02 [2014년 기출]
컴퓨터를 사용하여 사고당시 조건을 근거로 수학적 계산을 통하여 사고상황을 예측하는 것을 무엇이라 하는가?

① 애니메이션(Animation)
② 시뮬레이션(Simulation)
③ 리컨스트럭션(Reconstruction)
④ 일러스트레이션(Illustration)

해설 시뮬레이션(Simulation)에 관한 설명이다.

03 [2013년 기출]
사고재현 프로그램을 통해 얻을 수 있는 결과가 아닌 것은 무엇인가?

① 사고차량의 사고 전 속도
② 최종정지위치
③ 충돌 후 이동경로
④ 사고당시 신호운영체계

해설 사고당시 신호운영체계는 사고재현 프로그램을 통해 얻을 수 없다.

정답 01 ① 02 ② 03 ④

04 2010년 기출

사고재현 프로그램의 하나인 PC-CRASH에는 차량을 설정하는 항목이 있어 가능한한 정확한 데이터를 확보하여 입력하여야 한다. 다음 항목 중 재설정을 하지 않아도 시뮬레이션 결과에 큰 영향을 주지 <u>않는</u> 것은?

① 차량 제원
② 서스펜션의 강도
③ 탑승자와 화물의 무게
④ 차량 형태

해설 차량 제원, 탑승자와 화물의 무게, 차량 형태는 대체로 시뮬레이션 결과에 영향을 주지만 서스펜션의 강도는 해당하지 않는다.

05 2010년 기출

PC-CRASH 복원계수(Coefficient of restitution)에 대한 설명으로 올바르지 <u>못한</u> 것은?

① 복원(Restitution)은 충돌시 차체가 압축되었다가 복원되는 단계를 정의한 것이다.
② 차체의 소성변형이 클수록 복원계수는 낮아지게 된다.
③ 완전소성충돌일 경우 복원계수는 0에 근접한다.
④ 복원계수의 디폴트(Default)값은 0.5로 설정되어져 있다.

해설 복원계수의 디폴트(Default)값은 0.1~0.15가 기본이다.

06 2007년 기출

사고재현 프로그램 PC-CRASH에 관한 다음 설명 중 <u>잘못된</u> 것은?

① 오스트리아의 Dr. Steffan에 의해 처음 개발되어 사용되고 있다.
② EBS(Equivalent Barrier Speed)를 충돌환경변수로 작성된 것이다.
③ 프로그램에서 차량끼리의 충돌시 복원계수는 대체로 0.1~0.15가 기본값으로 설정되어 있으나, 0.1~0.3의 범위까지 다양하게 적용할 수 있다.
④ 차량의 제원은 자료에 따라 입력하되, 전륜축에서 무게중심까지의 거리는 계산하여 입력한다.

해설 EBS는 EDC의 EDVAP 또는 HVE 프로그램의 변수이고, PC-CRASH는 EES(Equivalent Energy Speed)를 변수로 한다.

정답 04 ② 05 ④ 06 ②

07 2015년 기출

신호체계의 종류 중 유사한 교통행태를 갖는 교차로들을 가로축 또는 지역별로 교차로군을 편성하여 각 교차로의 군별, 시간대별로 발생이 예상되는 교통형태에 따라 신호주기, 현시분할, 오프셋을 작성하여 운영자가 해당시간대에 계획된 신호시간 데이터를 지정하여 운영하는 방식은?

① 정주기 방식(Fixed time mode)
② 시간제어 방식(Tod mode)
③ 교통대응 방식(Auto mode)
④ 교통감응 방식(Actuated mode)

해설 시간제어 방식(TOD mode)이다.

08 2013년 기출

어떤 기준값으로부터 녹색등화가 켜질 때까지의 시간차를 초(sec), 또는 %로 나타낸 값으로 연동신호 교차로간의 녹색등화가 켜지기까지의 시간차를 무엇이라 하는가?

① 옵셋(Offset)
② 시간분할(Time split)
③ 차두시간(Headway)
④ 주기(Cycle)

해설 옵셋(Offset)에 관한 설명이다.

09 2010년 기출

인적요인 자료 중 사고관련자가 아닌 것은?

① 운전자
② 경찰관
③ 동승자
④ 목격자

해설 경찰관은 조사관으로서 사고관련자에 포함되지 않는다.

정답 07 ② 08 ① 09 ②

10 2010년 기출

신호체계의 종류 중 유입하는 교통량에 따라 녹색신호시간을 자율적으로 조절하는 방식으로, 보통 교차로 유입부에 설치된 검지기를 사용하여 신호시간을 산출하는 방식은?

① 정주기 방식
② 시간제어 방식
③ 교통대응 방식
④ 교통감응 방식

[해설] 교통감응 방식에 관한 설명이다.

11 2010년 기출

차량의 제동거리 산출시 필요한 변수가 아닌 것은?

① 속도
② 중력가속도
③ 노면과 타이어 간의 종방향 견인계수
④ 인지반응시간

[해설] 인지반응시간은 공주거리 산출에 필요하다.

정답 10 ④ 11 ④

차량운동학

제1장 기초물리학

제2장 운동역학

제3장 마찰계수 및 견인계수

출제기준에 의한 출제빈도분석표

차량운동학

주요 항목	세부 항목	시행 년월일											
		2021. 9.5.	2020. 9.20.	2019. 9.22.	2018. 9.16.	2017. 9.24.	2016. 10.23.	2015. 11.8.	2014. 9.28.	2013. 9.15.	2012. 9.16.	2011. 9.25.	2010. 8.29.
기초 물리학	① 벡터와 스칼라의 이해	2	7	3	3	1	2	2	3	4	4	4	4
	② 속도, 가속도의 이해	10	6	6	7	8	6	5	9	4	7	10	8
	소 계	12	13	9	9	9	8	7	12	8	11	14	12
운동 역학	① 운동량과 충격량의 이해	7	4	4	4	7	7	6	5	5	6	8	2
	② 일과 에너지의 관계 이해	5	3	7	4	1	3	5	3	4	3	1	2
	소 계	12	7	11	8	8	10	11	8	9	9	9	4
마찰 계수 및 견인 계수	① 마찰계수 및 견인계수의 정의	0	3	1	3	6	5	5	4	5	5	1	6
	② 사고사례별 견인계수의 산출 및 적용	1	2	2	2	0	2	2	1	3	0	1	3
	③ 사고유형별 속도분석	0	0	2	2	2	0	0	0	0	0	0	0
	소 계	1	5	5	7	8	7	7	5	8	5	2	9
	총 계	25	25	25	25	25	25	25	25	25	25	25	25

제1장 기초물리학

1. 벡터와 스칼라의 이해

> 벡터와 스칼라 관련한 출제문제는 벡터·스칼라의 정의와 뉴턴의 운동 법칙을 이해하면 모두 풀 수 있다.

01 [2021년 기출]

다음 중 스칼라량은?

① 속도
② 가속도
③ 힘
④ 질량

해설
- 벡터 : 크기와 방향을 갖는 양, 예) 속도, 가속도, 힘, 운동량 등
- 스칼라 : 크기만을 갖는 양, 예) 질량, 에너지, 시간, 관성모멘트 등

02 [2021년 기출]

이륜차 충돌시 운전자는 충격으로 이륜차에서 이탈한 경우 충돌 전 이륜차 진행방향으로 운동하게 된다. 적용되는 원리는?

① 운동량 보존의 법칙
② 관성의 법칙
③ 작용·반작용의 법칙
④ 가속도의 법칙

해설 관성의 법칙 : 외부에서 힘을 가하지 않는 한 정지물체는 언제나 계속 정지하고 운동물체는 현재의 속도로 계속 움직인다.

03 [2020년 기출]

자동차 A가 스키드마크(Skid Mark)를 발생하며 자동차 B와 충돌하는 과정에 대한 설명이 아닌 것은?

① Newton의 제1법칙이 작용한다.
② Newton의 제2법칙이 작용한다.
③ Newton의 제3법칙이 작용한다.
④ 운동량 보존의 법칙만 작용한다.

해설 Newton의 제1법칙인 관성의 법칙, 주행하던 속도대로 진행하려는 관성 때문에 구르던 바퀴 타이어가 회전을 멈추어 미끄러짐으로써 스키드마크를 발생시킨다.
Newton의 제2법칙인 가속도의 법칙, 제동력이라는 힘을 사용하여 스키드마크를 발생시키는 급제동을 함으로써 감속도를 발생시켰다.
Newton의 제3법칙인 작용·반작용의 법칙은 충돌하는 서로 다른 두 물체 사이에 작용과 반작용이 작용하는 것인 바, 자동차 A와 자동차 B가 충돌하였으므로 이 법이 성립한다.

정답 01 ④ 02 ② 03 ④

04 2020년 기출

자동차 A는 서쪽 방향으로 40km/h, 자동차 B는 동쪽 방향으로 100km/h, 자동차 C는 동쪽 방향으로 50km/h로 달리고 있다. 다음 설명 중 맞는 것은? [단, 동쪽 방향을 (+), 서쪽 방향을 (−)로 한다]

① A에서 보면 C의 속도는 −120km/h이다.
② C에서 보면 B의 속도는 −20km/h이다.
③ B에서 보면 A의 속도는 −140km/h이다.
④ C에서 보면 A와 B의 운동방향은 같다.

해설
① A에서 보면 C의 속도는 40-(-80) = +120km/h이다.
② C에서 보면 B의 속도는 100-(+80) = +20km/h이다.
③ B에서 보면 A의 속도는 -40-(+100) = -140km/h이다.
④ C에서 보면 A와 B의 운동방향은 반대방향이다.

05 2020년 기출

자유낙하운동에 대한 설명으로 맞는 것은?

① 어떤 물체가 수직 상방향으로 내던져지는 운동을 자유낙하운동이라고 한다.
② 수평으로 내던져지는 물체의 운동 중 수평방향으로 이동하는 운동을 자유낙하운동이라고 한다.
③ 초기속도가 0인 상태에서 낙하하는 것을 말하며, 등속운동이다.
④ 중력만을 받아서 낙하하는 것을 말하며, 공기의 저항을 무시할 경우의 가속도를 중력가속도라고 말한다.

해설
① 수직하방으로 떨어지는 운동을 자유낙하운동이라고 한다.
② 수평으로 내던져지는 물체의 운동 중 수직방향으로 떨어지는 운동을 자유낙하운동이라 하고, 수평방향으로 이동하는 운동은 등속운동이다.
③ 자유낙하운동은 최초속도가 0인 상태에서 낙하하는 것인데, 낙하하면서 중력에 의해 점차 속도가 높아지므로 등가속운동이다.

자유낙하운동 개념의 주요 key word는 중력, 가속도, 수직하방임을 기억하면 관련 원리문제, 방정식문제를 모두 쉽게 해결할 수 있다.

06 2020년 기출

버스가 갑자기 출발하거나 급제동시 승객이 넘어지는 현상과 관련된 법칙은?

① 관성의 법칙
② 상대속도 법칙
③ 질량불변의 법칙
④ 운동량 보존의 법칙

해설 원래의 움직임 상태를 계속 유지하려는 성질이 관성의 법칙이다. 갑자기 출발하거나 급제동시 승객이 넘어지는 현상은 원래의 주행 또는 정지상태를 유지하려다가 발생하는 현상이다.

정답 04 ③ 05 ④ 06 ①

07 2020년 기출

물체의 빠르기만을 나타낼 때에는 (ⓐ)를(을) 사용하고, 빠르기와 운동방향을 나타낼 때에는 (ⓑ)를(을) 사용한다. ⓐ,ⓑ에 맞는 것은?

① ⓐ - 힘, ⓑ - 속도
② ⓐ - 힘, ⓑ - 속력
③ ⓐ - 속력, ⓑ - 속도
④ ⓐ - 속도, ⓑ - 속력

해설 빠르기만은 속력이고, 방향까지 포함된 것이 속도이다.

08 2020년 기출

질량 15kg의 돌을 지면으로 부터 50m 높이에서 자유낙하시켰다. 그 돌이 낙하되어 지면과 충돌한 속도는?

① 약 10.1 m/s
② 약 22.1 m/s
③ 약 28.3 m/s
④ 약 31.3 m/s

해설 $v_e = \sqrt{(v_i)^2 + 2ad}$ 에서 자유낙하이므로
v_e는 지상도달속도, v_i는 출발속도(0), d는 수직으로 추락한 높이이므로 h, a는 중력가속도 g, 그래서 $v_e = \sqrt{2gh}$ 가 됨.
$v_e = \sqrt{2gh} = \sqrt{2 \times 9.8 \times 50} ≒ 31.3 m/s$

09 2020년 기출

높이가 h (m)인 지점에서 자동차가 낙하하여 바닥에 도달할 때 까지 걸리는 시간을 산출하는 공식으로 맞는 것은?

① $\sqrt{2gh}$
② $\sqrt{\dfrac{2g}{h}}$
③ $\sqrt{\dfrac{h}{2g}}$
④ $\sqrt{\dfrac{2h}{g}}$

해설 $h = \dfrac{1}{2}gt^2$에서 $t^2 = \dfrac{2h}{g}$, $t = \sqrt{\dfrac{2h}{g}}$

10 2019년 기출

다음 중 오토바이의 뱅크각을 구하는 수식은?

$$\left[\begin{array}{ll} \theta = 뱅크각(°), & R = 선회반경(m) \\ G = 중력가속도(m/s^2), & V = 속도(m/s) \end{array}\right]$$

① $\tan\theta = \dfrac{V^2}{RG}$ ② $\tan\theta = \dfrac{V}{RG}$

③ $\cos\theta = \dfrac{V^2}{RG}$ ④ $\cos\theta = \dfrac{V}{RG}$

해설) $\tan\theta = \dfrac{V^2}{RG}$

11 2019년 기출

뉴턴의 운동법칙 중 1, 2, 3 법칙이 아닌 것은?

① 가속도의 법칙 ② 관성의 법칙
③ 작용·반작용의 법칙 ④ 구심력의 법칙

해설) 1 법칙 : 관성의 법칙, 2 법칙 : 가속도의 법칙, 3 법칙 : 작용반작용 법칙

12 2019년 기출

다음 내용 중 맞는 것은?

① 속력은 벡터량이다.
② 속도는 스칼라량이다.
③ 속력은 물체의 빠르기와 운동방향을 함께 나타낸 물리량이다.
④ 속도는 물체의 빠르기뿐만 아니라 운동방향을 함께 나타낸 물리량이다.

해설) 속도는 크기만 있고, 속도는 크기(빠르기)와 운동방향이 모두 있다.

정답 10 ① 11 ④ 12 ④

13 2018년 기출

속도에 대한 설명이다. 알맞은 것을 고르시오.

① 단위시간 동안 물체의 빠르기 변화를 나타내는 스칼라량이다.
② 단위시간 동안 물체의 이동거리를 나타내는 스칼라량이다.
③ 질량과 가속도의 곱으로 표현되는 벡터량이다.
④ 물체의 빠르기와 운동방향을 함께 나타내는 벡터량이다.

해설
① 가속도에 대한 설명으로 벡터량이다.
② 속력에 대한 설명이다.
③ 힘에 대한 설명이다.

14 2018년 기출

벡터의 3요소가 아닌 것은?

① 질량
② 작용점
③ 크기
④ 방향

해설 벡터의 3요소 : 작용점, 크기, 방향

15 2018년 기출

물리량과 단위가 맞는 것은?

① 운동량 : kgf
② 일 : J
③ 힘 : N·m
④ 에너지 : kg·m/s

해설 운동량 : mv(kg·m/s), 힘 : N, 에너지 : kg·m^2/s^2

16 2017년 기출

다음 내용 중 옳은 설명은?

① 속력은 벡터이다.
② 속도는 스칼라이다.
③ 속력은 물체의 빠르기와 운동방향을 함께 나타낸 물리량이다.
④ 속도는 물체의 빠르기뿐만 아니라 운동방향을 함께 나타낸 물리량이다.

해설 속도는 벡터이고, 속력은 스칼라이다. 속도는 물체의 빠르기뿐만 아니라 운동방향을 함께 나타낸 물리량이다.

정답 13 ④ 14 ① 15 ② 16 ④

17 [2016년 기출]

자동차가 임의의 기준점에서 북쪽으로 100km 진행하고, 그 다음에 동쪽으로 200km 진행했다. 자동차가 그 기준점에서 진행한 변위의 크기는?

① 약 $100km$
② 약 $150km$
③ 약 $224km$
④ 약 $300km$

해설 $v = \sqrt{x^2 + y^2} = \sqrt{200^2 + 100^2} = \sqrt{40,000 + 10,000} ≒ 224km$

18 [2015년 기출]

관성(inertia)에 관한 설명 중 **틀린** 것은?

① 관성은 뉴턴의 운동 제1법칙과 관련 있다.
② 관성력의 방향은 가속도방향과 반대방향이다.
③ 관성력의 크기는 물체의 질량과 속도의 곱과 같다.
④ 관성은 물체가 현재의 운동 상태를 계속 유지하려는 성질이다.

해설 물체는 가속되는 방향과 반대방향으로 힘을 받는 것처럼 느낀다. 이를 관성력이라고 한다.

19 [2015년 기출]

스칼라량에 속하는 것은?

① 힘
② 속도
③ 운동량
④ 에너지

해설 에너지는 크기만 있고, 방향은 없다. 따라서 스칼라이다.

20 [2014년 기출]

시내버스에 탑승하여 서있는 승객이 급정차시 주행방향으로 넘어지는 것은 어떤 원리 때문인가?

① 충격력
② 관성력
③ PDOF
④ 작용 · 반작용

해설 물체에 외부에서 힘이 작용하지 않으면, 정지하고 있는 물체는 계속 정지해 있고, 운동하고 있는 물체는 계속 운동하는 것이 관성이다.

정답 17 ③ 18 ③ 19 ④ 20 ②

21 2014년 기출

뉴턴의 운동 제2법칙에 관한 설명이 아닌 것은?

① 물체의 힘이 작용할 때 물체에는 힘의 방향으로 가속도가 생긴다.
② 첫 번째 물체가 두 번째 물체에 힘을 가하면 두 번째 물체도 첫 번째 물체에 힘을 가하게 되는 것을 말한다.
③ 질량 m인 물체에 힘 F가 작용할 때 생기는 가속도는 $a = \dfrac{F}{m}$ 이다.
④ 가속도의 크기 a는 힘의 크기 F에 비례하고 질량 m에 반비례한다.

해설 ②번 설명은 작용·반작용의 법칙에 관한 설명이다.

22 2014년 기출

어떤 물체를 밀게 되면 그 힘은 반드시 미는 방향의 반대방향으로 반력을 받는다는 물리법칙은?

① 관성의 법칙
② 뉴턴의 운동 제2법칙
③ 곡선반경
④ 작용·반작용의 법칙

해설 작용·반작용의 법칙에 관한 설명이다.

23 2014년 기출

다음 중 벡터량이 아닌 것은?

① 길이
② 속도
③ 가속도
④ 힘

해설 길이는 크기는 있으나, 방향을 가지지 않으므로 스칼라이다.

정답 21 ② 22 ④ 23 ①

24 `2013년 기출`

크기가 30인 힘 F가 수평(X축)과 30°의 각으로 어느 물체의 한 점에 작용하고 있다. 이 힘 F의 X축 성분과 Y축 성분은 얼마인가?

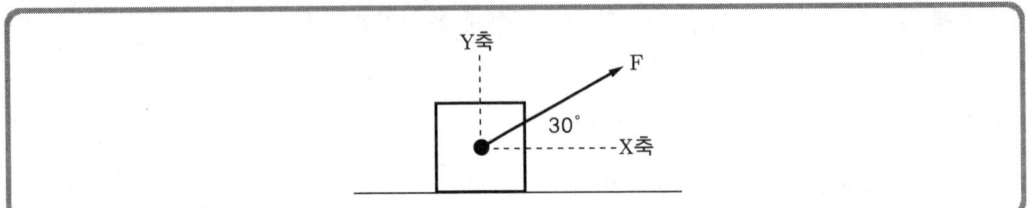

① X축 성분 : 약 26, Y축 성분 : 15
② X축 성분 : 약 15, Y축 성분 : 26
③ X축 성분 : 약 16, Y축 성분 : 12
④ X축 성분 : 약 26, Y축 성분 : 13

- X축 성분 : $F \cdot \cos 30° \fallingdotseq 30 \cdot 0.8660 \fallingdotseq 26$
- Y축 성분 : $F \cdot \sin 30° = 30 \cdot 0.5000 = 15$

> 벡터의 분력은 삼각함수의 적용이라 할 수 있으므로 삼각함수의 이해가 먼저 필요하다.

25 `2013년 기출`

원점에서 $x=2$, $y=4$에 이르는 벡터와 $x=0$, $y=-2$에 이르는 벡터의 합성 벡터는?

① $x=0$, $y=2$ ② $x=2$, $y=2$
③ $x=0$, $y=6$ ④ $x=2$, $y=6$

 $X = x_1 + x_2 = 2 + 0 = 2$, $Y = y_1 + y_2 = 4 + (-2) = 2$

26 `2013년 기출`

다음 물리량 중에서 벡터(vector)에 해당되는 것은?

① 질량   ② 운동량
③ 운동에너지   ④ 탄성계수

- 스칼라(scalar) : 질량, 운동에너지, 탄성계수
- 벡터(vector) : 운동량(mv)은 스칼라와 벡터의 곱은 벡터에 해당한다.

27 2012년 기출

교통사고시 탑승자의 거동을 분석하려고 할 때 적용되는 법칙으로 가장 적절한 것은?

① 운동량보존의 법칙
② 엔트로피증가의 법칙
③ 에너지보존의 법칙
④ 관성의 법칙

해설 탑승자의 거동은 관성의 법칙으로 설명이 용이하다.

28 2012년 기출

두 개의 점 P, Q의 공간좌표가 P(2, 1, 3), Q(5, −3, 3)일 때, 벡터 $\overrightarrow{PQ}$의 크기는?

① 5
② 3
③ 6
④ 8

해설 $\overrightarrow{PQ} = \sqrt{(x_p - x_q)^2 + (y_p - y_q)^2 + (z_p - z_q)^2}$
$= \sqrt{(2-5)^2 + \{1-(-3)\}^2 + (3-3)^2} = \sqrt{25} = 5$

29 2012년 기출

뉴턴의 운동법칙 중 1, 2, 3법칙이 <u>아닌</u> 것은?

① 원심력의 법칙
② 관성의 법칙
③ 작용·반작용의 법칙
④ 가속도의 법칙

해설 뉴턴의 운동 제1법칙 : 관성의 법칙, 제2법칙 : 가속도의 법칙, 제3법칙 : 작용·반작용의 법칙

30 2011년 기출

버스가 갑자기 정지할 때 승객이 앞으로 넘어지려는 현상과 관련 있는 운동법칙은?

① 작용·반작용의 법칙
② 가속도의 법칙
③ 관성의 법칙
④ 힘의 법칙

해설 뉴턴의 운동 3법칙 : 관성의 법칙, 가속도 법칙, 작용·반작용의 법칙
ㄱ. 관성의 법칙 : 외력이 작용하지 않는한 정지해 있던 물체는 계속 정지해 있으려 하고, 이동하던 물체는 계속 같은 이동상태를 유지하려는 성질을 말한다(예 : 차량이 갑자기 정지하면 승객은 앞으로 쓰러진다).
ㄴ. 가속도의 법칙 : 물체에 힘이 작용하면 가속도가 발생한다. 가속도는 힘의 크기에 비례하고 질량에 반비례한다.
ㄷ. 작용·반작용의 법칙 : 두 물체가 충돌하면 크기가 같고 방향이 반대인 힘이 서로 작용된다.

정답 27 ④ 28 ① 29 ① 30 ③

31 2011년 기출

자동차가 평탄한 길을 따라 동쪽으로 30km를 간 다음 교차점에서 북쪽으로 40km를 가서 정차하였다. 이 자동차의 합성변위를 구하시오.

① 북동쪽 30km
② 북동쪽 40km
③ 북동쪽 50km
④ 북동쪽 70km

해설 〈조건〉 수평성분 30km, 수직성분 40km, 합성속도=?
동쪽을 향한 30km는 밑변(a)에 해당하고, 북쪽을 향한 40km는 높이(b)에 해당하므로 두 요소를 합성하면 변위(위치변화)는 빗변(c)에 해당함. 따라서 삼각함수법으로 합성하여 풀면 아래와 같이 북동쪽 50km이다.
합성속도 $(c) = \sqrt{a^2+b^2} = \sqrt{30^2+40^2} = \sqrt{2500} = 50km$

32 2010년 기출

다음 그림에서 두 힘의 합력과 합력의 각도를 구하시오. (단, 두 힘의 각은 90°)

```
            70N
             ↑
             └──→ 130N
```

① 수평과 65.6°의 각도로 152.8N
② 수평과 65.6°의 각도로 147.6N
③ 수평과 28.3°의 각도로 152.8N
④ 수평과 28.3°의 각도로 147.6N

해설 〈조건〉 $F_y = 70N$, $F_x = 130N$ 〈산출 요구값〉 힘의 합력 F, 각도 $\theta = ?$

$F = \sqrt{F_x^2 + F_y^2} = \sqrt{70^2 + 130^2} = \sqrt{21800} ≒ 147.6N$
$\tan\theta = \dfrac{수직력}{수평력} = \dfrac{70}{130} ≒ 0.5385$
$\therefore \tan^{-1}0.5385 = \theta,\ \theta ≒ 28.3°$

33 2009년 기출

질량이 1,000kg인 자동차에 힘 F를 가했을 때 자동차가 $3m/s^2$으로 가속되었다. 같은 힘을 질량이 600kg인 자동차에 가할 때 이 자동차의 가속도는 얼마인가?

① $3m/s^2$
② $5m/s^2$
③ $7m/s^2$
④ $9m/s^2$

해설 $F = m_1 a_1 = 1000 \cdot 3 = 3000N,\ a_2 = \dfrac{F}{m_2} = \dfrac{3000}{600} = 5m/s^2$

정답 31 ③ 32 ④ 33 ②

2. 속도, 가속도의 이해

01 2021년 기출

5m/s의 속도로 달리던 차량이 2m/s²의 가속도로 t초 동안 가속하였더니 15m/s의 속도가 되었다. 이 차량이 가속하는 동안 주행한 거리는?

① 20m
② 30m
③ 40m
④ 50m

해설 $d = \dfrac{(v_e)^2 - (v_i)^2}{2a} = \dfrac{15^2 - 5^2}{2 \times 2} = 50m$

※ 출제항목 '속도, 가속도'는 운동방정식을 암기하여 사용하여야 풀 수 있으므로 공식 암기가 먼저 필요하다.

중요도 ●●●●●

02 2021년 기출

질량이 15kg인 돌을 2초 동안 자유낙하시켰을 때 낙하거리는? (중력가속도 : 9.8m/s²)

① 9.8m
② 19.6m
③ 29.4m
④ 39.2m

해설 자유낙하는 정지된 물체를 일정 높이에서 아래로 떨어뜨리는 것이므로 처음속도는 0이므로 $v_i = 0$, 질량 $m = 15kg$, 2초 동안 $t = 2sec$를 활용한 방정식은 $d = v_i t + \dfrac{1}{2}at^2$이다. 낙하거리 d는 결국 지상으로부터의 높이 h가 되므로 d를 h로 대체하고, 수직낙하에서 가속도 a는 중력가속도 g이므로 $d = v_i t + \dfrac{1}{2}at^2$는 고쳐 쓰면 $h = v_i t + \dfrac{1}{2}at^2 = 0 \times t + \dfrac{1}{2} \times g \times t^2 = \dfrac{1}{2}gt^2$이 된다. $g = 9.8m/s^2$, $t = 2$를 대입하면 $h = \dfrac{1}{2} \times 9.8 \times 2^2 = 19.6m$가 된다.

중요도 ●●●●
※ 자유낙하시 처음 속도는 0임

03 2021년 기출

108km/h의 속도로 주행하는 차량이 있다. -2m/s²의 가속도로 5초 동안 이동한 거리는?

① 50m
② 100m
③ 125m
④ 150m

해설 주어진 조건은 $v_i = 108km/h = (108/3.6)m/s = 30m/s$, $a = -2m/s^2$, $t = 5sec$. v_i, a, t가 주어진 경우 d에 대한 산출 방정식은 $d = v_i t + \dfrac{1}{2}at^2$이다. 따라서 $d = 30 \times 5 + \dfrac{1}{2}(-2) \times 5^2 = 125m$이다.

중요도 ●●●●●

정답 01 ④ 02 ② 03 ③

04 2021년 기출

차량의 중량이 55000N, 제동직전 속도가 78km/h, 견인력이 38400N일 때 정지거리는? (중력가속도 : 9.8m/s²)

① 21.7m
② 29.9m
③ 34.3m
④ 66.9m

해설

주어진 조건은 $v_i = (\frac{78}{3.6})m/s$, $w = 55000N$, $F = 38400N$

우선 가속도 산출식 $a = \frac{F}{m} = \frac{F}{(\frac{w}{g})} = F \times \frac{g}{w}$에 주어진 조건을 대입하면 $a = 38400 \times \frac{9.8}{55000} ≒ -6.8422 m/s^2$,

최종 산출 요구는 제동거리이므로 제동거리 산출식 $d = \frac{(v_e)^2 - (v_i)^2}{2a}$에 주어진 조건을 대입하면

$$d = \frac{(0)^2 - (\frac{78}{3.6})^2}{2 \times (-6.8422)} ≒ 34.3m$$

중요도 ●●●●●

● 제동의 경우는 감속(마이너스 가속), 감속이므로 대입 수치의 부호는 (-)로 해야 한다.

05 2021년 기출

차량이 정지 후 출발하여 100m를 일정한 가속도로 6초만에 달린다고 한다. 다음 중 사실과 다른 것은?

① 평균 가속도의 크기는 약 $5.56 m/s^2$이다.
② 100m 지점의 속력은 약 33.4m/s이다.
③ 출발 3초 후 속력은 약 16.7m/s이다.
④ 출발 3초 후에는 50m와 100m 사이의 지점에 위치한다.

해설 주어진 조건은 정지 후 출발 $v_i = 0m/sec$, 이동거리 $d = 100m$임.

① $t = 6sec$, 가속도는 산출방정식 $a = \frac{2d - 2v_i t}{t^2}$, 조건들을 대입하면 $a = \frac{2 \times 100 - 2 \times 0 \times 6}{6^2} ≒ 5.56 m/s^2$, 사실에 맞다.

② $d = 100m$일 경우 v_e는 산출방정식 $v_e = \sqrt{(v_i)^2 + 2ad}$로부터 $v_e = \sqrt{(v_i)^2 + 2ad} = \sqrt{0^2 + 2 \times 5.56 \times 100} ≒ 33.35 m/s$, 사실에 맞다.

③ $t = 3sec$ 후 속력은 $v_e = v_i + at = 0 + 5.56 \times 3 ≒ 16.7 m/s$, 사실과 일치한다.

④ $t = 3sec$인 경우 이미 앞에서 주어진 v_i, a가 조건일 때 d의 산출방정식은 $d = v_i t + \frac{1}{2} at^2$이다. 조건들을 대입하면

$d = 0 \times 3 + \frac{1}{2} \times 5.56 \times 3^2 = 25.02m$이다. 25.02m는 출발 3초 후의 진행거리 25.02m는 50m에 도달하지 못한 위치이므로 사실과 다르다.

중요도 ●●●●●

정답 04 ③ 05 ④

06 [2021년 기출]

차량이 2초 동안 7.84m/s² 로 감속하여 정지하였다. 이 차량의 감속직전 속도는?

① 약 45.45km/h   ② 약 56.45km/h
③ 약 65.45km/h   ④ 약 76.45km/h

해설 주어진 조건 $t=2sec$, $a=-7.84m/s^2$, $v_e=0m/s$
감속직전속도(v_i)는 산출방정식 $v_i = v_e - at$로부터 $v_i = 0 - \{(-7.84) \times 2\} = 15.68 m/s ≒ 56.45 km/h$

07 [2021년 기출]

차량이 0.2g의 가속도로 5초 동안 등가속한 결과 15m/s가 되었다. 가속하기 전 차량의 속도는? (중력가속도 : 9.8m/s²)

① 3.2m/s   ② 4.3m/s
③ 5.2m/s   ④ 5.7m/s

해설 주어진 조건 $a=0.2 \times 9.8 m/s^2$, $t=5sec$, $v_e=15m/s$
v_i는 산출방정식 $v_i = v_e - at = 15 - \{(0.2 \times 9.8) \times 5\} = 5.2 m/s$

08 [2021년 기출]

질량이 2kg인 물체를 밀어서 10m/s²의 가속도가 발생하였다. 질량 5kg인 물체에 같은 힘을 작용하면 발생하는 가속도는?

① 2m/s²   ② 3m/s²
③ 4m/s²   ④ 5m/s²

해설 주어진 조건은 $m_1=2kg$, $a=10m/s^2$, $F=m_1 a_1 = 2 \times 10 = 20N$
$F=m_2 a_2$에서 $a_2 = \dfrac{F}{m_2} = \dfrac{20}{5} = 4m/s^2$

09 [2021년 기출]

질량 2000kg의 차량이 20m/s로 진행하던 중 1600N의 제동력이 5초 동안 작용하였을 때 속도는?

① 16m/s   ② 17m/s
③ 18m/s   ④ 19m/s

정답 06 ② 07 ③ 08 ③ 09 ①

해설) 주어진 조건은 $m=2000kg$, $v_i=20m/s$, $F=1600N$, $a=\dfrac{F}{m}=-(\dfrac{1600}{2000})=-0.8m/s^2$, $t=5\sec$이고, 요구한 답은 $v_e=?$임. 산출방정식은 $v_e=v_i+at$에 주어진 조건을 대입하면, $v_e=v_i+at=20+\{(-0.8)\times5\}=16m/s$

10 2021년 기출

80km/h로 등속 운동하는 차량이 76m를 이동하는데 걸리는 시간은?

① 3.42초
② 5.56초
③ 11.11초
④ 22.22초

해설) $t=\dfrac{d}{v}=\dfrac{76}{80/3.6}=3.42\sec$

11 2020년 기출

차량의 견인계수가 0.8일 때 100m 거리를 감속하여 정지하였다. 처음속도는?

① 약 125km/h
② 약 135km/h
③ 약 143km/h
④ 약 151km/h

해설) 주어진 조건 : a, f, d
$a=fg=-(0.8)\times9.8=-7.84m/s^2$
$v_i=\sqrt{(v_e)^2-2ad}=\sqrt{0^2-2\times(-7.84)\times100}\fallingdotseq39.6m/s=143km/h$

※ 견인계수와 가속도의 관계를 정확히 알아야 한다.

12 2020년 기출

120km/h로 주행하던 차량이 등감속하여 5초 후의 속도가 24km/h였다. 이 차량의 감속도와 5초간 이동거리는?

① 약 $5.33m/s^2$, 약 100m
② 약 $5.33m/s^2$, 약 110m
③ 약 $4.07m/s^2$, 약 100m
④ 약 $4.07m/s^2$, 약 110m

해설) 주어진 조건 : $v_i=120km/h\fallingdotseq33.33m/s$, $t=5\sec$,
$v_e=24km/h\fallingdotseq6.66m/s$
$a=\dfrac{v_e-v_i}{t}=\dfrac{6.66-33.33}{5}\fallingdotseq5.33m/s^2$
$d=v_it+\dfrac{1}{2}at^2=33.33\times5+\dfrac{1}{2}\times(-5.33\times5^2)\fallingdotseq100m$

※ 기본 운동방정식을 완전히 익혀 두어야 한다.

정답 10 ① 11 ③ 12 ①

13 2020년 기출

처음속도가 20m/s · 나중속도가 30m/s이고, 소요시간이 5초일 때 가속도는?

① 0.5m/s² ② 1m/s²
③ 2m/s² ④ 4m/s²

해설) $a = \dfrac{v_e - v_i}{t} = \dfrac{30-20}{5} = 2m/s^2$

14 2020년 기출

자동차의 처음속도가 15m/s이고, 가속도 1m/s²로 움직인다면, 10초 동안 이동거리는?

① 50m ② 150m
③ 155m ④ 200m

해설) 주어진 조건 : $v_i = 15m/s$, $a = 1m/s^2$, $t = 10 sec$, $d = ?$
$d = v_i t + \dfrac{1}{2}at^2 = 15 \times 10 + \dfrac{1}{2} \times 1 \times 10^2 = 200m$

15 2020년 기출

등속으로 달리던 차량이 감속도 6.86m/s²로 2.7초 동안 감속했더니 정지되었다. 이 차량의 감속직전 속도는?

① 약 54.45km/h ② 약 66.68km/h
③ 약 72.45km/h ④ 약 90.68km/h

해설) 주어진 조건 : $a = -6.86m/s^2$, $t = 2.7sec$, $v_e = 0$, $v_i = ?$
$v_i = v_e - at = 0 - (-6.86) \times 2.7 = 18.522m/s ≒ 66.68km/h$

16 2020년 기출

모든 바퀴가 정상적으로 제동되는 질량 1500kg인 차량이 평탄하고 젖은 노면에서 25m 미끄러지면서 18750J의 에너지를 소비하고 정지했다면 마찰계수는?

① 약 0.05 ② 약 0.06
③ 약 0.5 ④ 약 0.6

● 운동에너지 방정식을 알아두어야 한다.

정답 13 ③ 14 ④ 15 ② 16 ①

해설
$$E_k = \frac{1}{2}mv^2, \ v_b = \sqrt{\frac{2E_k}{m}} = \sqrt{\frac{2 \times 18,750}{1,500}} = 5m/s$$
$$a = \frac{(v_e)^2 - (v_b)^2}{2d} = \frac{0 - 5^2}{2 \times 25} = 0.5 m/s^2$$
$$a = \mu g 에서 \ \mu = \frac{a}{g} = \frac{0.5}{9.8} ≒ 0.05$$

17 2019년 기출

어떤 운전자가 고속도로를 120km/h로 주행하던 중 과속단속장비를 보고 10m/s²으로 등감속하여 90km/h의 속도로 과속단속장비를 통과하였을 때, 감속된 구간에서의 차량 진행거리는 얼마인가?

① 약 315m ② 약 31.5m
③ 약 24.3m ④ 약 12.1m

해설
$$d = \frac{(v_e)^2 - (v_i)^2}{2a} = \frac{(\frac{90}{3.6})^2 - (\frac{120}{3.6})^2}{2(-10)} = 24.3m$$

18 2019년 기출

A와 B의 중간지점에 C가 있다. A에서 C까지의 속력은 5m/s이고, C에서 B까지의 속력은 20m/s이다. A에서 B까지의 평균속력은?

① 8m/s ② 12.58m/s
③ 58m/s ④ 6.58m/s

 $t_1 = \frac{d}{5}, \ t_2 = \frac{d}{20}, \ V = \frac{D}{T} = \frac{d+d}{t_1 + t_2} = \frac{2d}{\frac{d}{2} + \frac{d}{20}} = \frac{2d}{\frac{4d+d}{20}} = \frac{2d \cdot 20}{5d} = 8m/s$

19 2019년 기출

차량이 경사가 없는 구간을 10km/h의 속도로 진행하다가 견인계수 0.5로 감속하여 정지하였다. 완전히 정지하는데 필요한 거리는?

① 약 65.4m ② 약 78.7m
③ 약 89.6m ④ 약 95.4m

 $d = \frac{v^2}{254f} = \frac{100^2}{254 \times 0.5} ≒ 78.7m$

20 [2019년 기출]

90km/h로 주행하던 차량이 1.5m 높이에서 이탈각도 없이 추락하는 사고가 발생하였다. 이 차량이 수평으로 이동한 거리는?

① 약 9.83m
② 약 11.83m
③ 약 13.83m
④ 약 15.83m

해설) $v = d\sqrt{\dfrac{g}{2h}}$, $d = v\sqrt{\dfrac{2h}{g}} = \left(\dfrac{90}{3.6}\right)\sqrt{\dfrac{2 \times 1.5}{9.8}} = 13.83m$

21 [2019년 기출]

등가속도 직선운동에 관한 설명으로 맞는 것은?

① 속도가 일정한 운동이다.
② 가속도의 방향과 크기가 일정한 운동이다.
③ 속도와 가속도가 일정한 운동이다.
④ 가속도의 크기가 높아졌다 낮아졌다 하는 운동이다.

해설) 등가속도란 가속 정도가 일정한 것을 말한다.

22 [2019년 기출]

5% 내리막 도로를 주행하던 차량이 급제동하여 20m의 스키드마크(Skid Mark)를 발생시키고 정지하였다. 흔적발생 구간에서 견인계수 값이 0.7일 때 급제동 직전 차량 진행속도는?

① 약 57.6km/h
② 약 59.6km/h
③ 약 61.6km/h
④ 약 63.6km/h

해설) $v = \sqrt{254(f-i)d} = \sqrt{254 \times (0.7 - 0.05) \times 20} ≒ 57.46\text{km/h}$

정답 20 ③ 21 ② 22 ②

23 2018년 기출

승용차가 정지 후 출발하여 42km/h에 도달하는데 5.5초 걸렸다. **틀린** 것은?

① 평균가속도는 약 $2.1m/s^2$이다
② 평균가속도를 적용하였을 때 5.5초 동안 이동거리는 약 32m이다.
③ 평균가속도를 적용하였을 때 출발한 지 3초 후 속도는 약 32.5km/h이다.
④ 평균가속도를 적용하였을 때 출발 3초 후 진행한 거리는 약 9.5m이다.

해설

① $a = \dfrac{v_e - v_i}{t} = \dfrac{(\frac{42}{3.6}) - 0}{5.5} ≒ 2.1m/s^2$

② $d = v_i t^2 + \dfrac{1}{2} at^2 = 0 \times 5.5^2 + \dfrac{1}{2} \times 2.1 \times 5.5^2 ≒ 31.8 ≒ 32m$

③ $v_e = v_i + at = 0 + 2.1 \times 3 = 6.3[m/s] = 22.68[km/h]$

④ $d = v_i t^2 + \dfrac{1}{2} at^2 = 0 \times 3^2 + \dfrac{1}{2} \times 2.1 \times 3^2 ≒ 9.44m ≒ 9.5m$

24 2018년 기출

자동차 속도를 25km/h에서 55km/h로 일정하게 가속하는데 30초가 걸렸다. 자전거 속도를 정지 상태에서 30km/h까지 일정하게 가속하는데 30초가 걸렸다. 다음 중 옳은 것은?

① 약 $0.28m/s^2$으로 자동차와 자전거의 가속도가 같았다.
② 약 $0.83m/s^2$으로 자동차와 자전거의 가속도가 같았다.
③ 자동차 가속도는 약 $2.6m/s^2$, 자전거 가속도는 약 $0.83m/s^2$ 이다.
④ 자동차 가속도는 약 $3.32m/s^2$, 자전거 가속도는 약 $2.67m/s^2$ 이다.

해설

$a_1 = \dfrac{v_{e1} - v_{i1}}{t_1} = \dfrac{(55/3.6) - (25/3.6)}{30} = 0.28 m/s^2$, $a_2 = \dfrac{v_{e2} - v_{i2}}{t_2} = \dfrac{(30/3.6) - 0}{30} = 0.28 m/s^2$

25 2018년 기출

평탄한 일직선 노면 위를 달리던 차량이 4.9m 낭떠러지 아래로 추락하였다. 차량이 추락하는데 걸린 시간은? (단, 중력가속도 $9.8m/s^2$, 공기저항 무시)

① 1.0초
② 2.0초
③ 2.8초
④ 3.2초

해설

$t = \sqrt{\dfrac{2h}{g}} = \sqrt{\dfrac{2 \times 4.9}{9.8}} = 1.0 sec$

정답 23 ③ 24 ① 25 ①

26 2018년 기출

다음과 같은 상황에서 A차량의 제동직전 속도는 얼마인가?

- A차량이 주행 중 급정지하여 스키드마크가 30m 발생
- 같은 장소에서 A차량과 같은 종류인 B차량으로 50km/h 속도에서 급정지한 결과 스키드마크가 20m 발생
- A차량과 B차량은 견인계수 또는 감속도가 같음
- 중력가속도 $9.8m/s^2$

① 약 57.4km/h ② 약 61.2km/h
③ 약 68.2km/h ④ 약 75.4km/h

 해설

$$a_1 = \frac{(v_{e1})^2 - (v_{i1})^2}{2d_1} = \frac{0^2 - (50/3.6)^2}{2 \times 20} \fallingdotseq -4.82 m/s^2$$

$$v_i = \sqrt{(v_e)^2 - 2a_2 d_2} = \sqrt{0^2 - \{-(4.82) \times 30\}} \fallingdotseq 17.0 m/s \fallingdotseq 61.2 km/h$$

27 2018년 기출

정지하고 있던 차량이 $1.5m/s^2$ 등가속도로 출발하여 80km/h 속도에 도달했을 때 주행한 거리는?

① 약 45.9m ② 약 55.2m
③ 약 80.0m ④ 약 164.6m

 해설

$$d = \frac{(v_e)^2 - (v_i)^2}{2a} = \frac{(80/3.6)^2 - 0^2}{2 \times 1.5} \fallingdotseq 164.6 [m]$$

28 2018년 기출

정지하고 있던 차량이 출발하여 12m를 4초 만에 진행하였다. 차량의 평균가속도는?

① $1.0m/s^2$ ② $1.5m/s^2$
③ $2.0m/s^2$ ④ $2.5m/s^2$

 해설

$$a = \frac{2d - 2v_i t}{t^2} = \frac{2 \times 12 - 2 \times 0 \times 4}{4^2} = \frac{24}{16} = 1.5 m/s^2$$

정답 26 ② 27 ④ 28 ②

29 2018년 기출

차량이 90km/h로 주행하다가 전방에 교통경찰이 서 있는 것을 보고 등감속하여 72km/h로 줄였다. 속도를 줄이는데 걸린 시간은 얼마인가? (단, 가속도 $-4.9m/s^2$)

① 약 0.56초
② 약 1.02초
③ 약 1.45초
④ 약 1.83초

 $t = \dfrac{v_e - v_i}{a} = \dfrac{(72/3.6) - (90/3.6)}{-4.9} ≒ 1.02[\sec]$

30 2017년 기출

사고차량이 3초 동안 감속하면서 60m를 주행하였다면 처음속도는? (단, 견인계수는 0.6)

① 11.18m/s
② 18.83m/s
③ 15.64m/s
④ 28.82m/s

 $v_i = \dfrac{d}{t} - \dfrac{at}{2} = \dfrac{60}{3} - \dfrac{(-0.6 \cdot 9.8) \cdot 3}{2} = 20 + 8.82 = 28.82 m/s$

31 2017년 기출

차량이 처음에 100km/h의 속도로 달리다가 견인계수 0.7로 감속하여 속도가 50km/h가 되었다면 그동안 걸린 시간은 얼마인가? (단, 중력가속도 $9.8m/s^2$)

① 약 0.53sec
② 약 1.03sec
③ 약 1.53sec
④ 약 2.02sec

 $t = \dfrac{v_e - v_i}{a} = \dfrac{(50/3.6) - (100/3.6)}{-(0.7 \cdot 9.8)} ≒ 2.02\sec$

32 2017년 기출

등가속도 직선운동에 관한 설명으로 옳은 것은?

① 속도가 일정한 운동이다.
② 속도가 불규칙하게 가속하는 것으로 증가만 한다.
③ 가속도의 방향과 크기가 일정한 운동이다.
④ 가속도의 크기가 높아지거나 낮아지는 운동이다.

해설) 등가속도 직선운동은 가속도의 방향과 크기가 일정하다.

정답 29 ② 30 ④ 31 ④ 32 ③

33 2017년 기출

등속으로 달리던 차량을 감속도 6.86m/s² 로 2.7초 동안 감속했더니 정지되었다. 이 차량의 감속직전 속도는?

① 약 54.45km/h
② 약 66.68km/h
③ 약 72.45km/h
④ 약 90.68km/h

해설 $v_i = v_e - at = 0 - \{-(6.86) \cdot 2.7\} = 18.522 m/s \fallingdotseq 66.68 km/h$

34 2017년 기출

어떤 운전자가 고속도로를 120km/h로 주행하던 중 과속단속 장비를 보고 10m/s² 으로 등감속하여 90km/h의 속도로 과속 단속장비를 통과하였을 때, 감속된 구간에서의 차량 진행거리는 얼마인가?

① 약 315m
② 약 31.5m
③ 약 24.3m
④ 약 12.1m

해설 $d = \dfrac{(v_e)^2 - (v_i)^2}{2a} = \dfrac{(90/3.6)^2 - (120/3.6)^2}{2 \cdot (-10)} \fallingdotseq 24.3 m$

35 2017년 기출

2% 내리막 도로를 주행하던 차량이 급제동하여 20m의 스키드마크(skidmark)를 발생시키고 정지하였다. 흔적발생 구간에서 견인계수 값이 0.7일 때 급제동 직전 차량 진행 속도는?

① 약 47.8km/h
② 약 59.6km/h
③ 약 67.6km/h
④ 약 73.7km/h

해설 $v = \sqrt{2fgd} = \sqrt{2 \cdot 0.7 \cdot 9.8 \cdot 20} \fallingdotseq 16.57 m/s \fallingdotseq 59.6 km/h$

정답 33 ② 34 ③ 35 ②

36 [2017년 기출]

A와 B의 중간지점에 C가 있다. A에서 C지점까지의 속도는 5m/s이고, C에서 B까지의 속도는 20m/s이다. A에서 B까지의 평균속도는?

① 8m/s
② 12.5m/s
③ 5m/s
④ 6.5m/s

해설) $t_1 = \dfrac{d}{5}$, $t_2 = \dfrac{d}{20}$, $V = \dfrac{D}{T} = \dfrac{d+d}{t_1+t_2} = \dfrac{2d}{\dfrac{d}{5}+\dfrac{d}{20}} = \dfrac{2d}{\dfrac{4d+d}{20}} = \dfrac{2d \cdot 20}{5d} = 8m/s$

37 [2017년 기출]

보행자가 최단거리로 도로를 횡단하고자 한다. 도로의 폭이 7.3m이고 보행속도가 1.4m/s라면 필요한 시간은?

① 약 5.2sec
② 약 5.7sec
③ 약 6.7sec
④ 약 7.7sec

해설) $t = \dfrac{d}{v} = \dfrac{7.3}{1.4} ≒ 5.2\text{sec}$

38 [2017년 기출]

80km/h의 속도로 직진 주행중인 자동차가 3초 후에 100km/h가 되었다면 3초 동안 자동차가 주행한 거리는 얼마인가? (단, 가속도 값은 소수 셋째자리에서 반올림)

① 약 45.8m
② 약 59.4m
③ 약 67.5m
④ 약 75.1m

해설) $d = \dfrac{t(v_i+v_e)}{2} = \dfrac{3 \cdot (\dfrac{80}{3.6}+\dfrac{100}{3.6})}{2} ≒ 75m$

● 평균은 산출하는 요소를 각각 전체 조건을 적용해야 한다.
즉, 평균속도 = $\dfrac{\text{전체이동거리}}{\text{전체소요시간}}$ 이다.

정답 36 ① 37 ① 38 ④

39 2017년 기출

직각교차로에서 A차량은 45km/h의 속도로 동쪽에서 서쪽으로, B차량은 67.5km/h의 속도로 남쪽에서 북쪽으로 각각 등속으로 주행하다가 직각으로 충돌했다. 충돌지점은 정지선으로부터 A차량은 25m, B차량은 30m를 교차로 내로 진입한 지점이다. 어느 차량이 정지선을 몇 초 먼저 통과하였는가?

① A차량이 0.2초 먼저 통과했다.   ② B차량이 0.2초 먼저 통과했다.
③ A차량이 0.4초 먼저 통과했다.   ④ B차량이 0.4초 먼저 통과했다.

$t_1 = \dfrac{d_1}{v_1} = \dfrac{25}{45/3.6} = 2\sec$, $t_2 = \dfrac{d_2}{v_2} = \dfrac{30}{67.5/3.6} ≒ 1.6\sec$

$\Delta t = t_1 - t_2 = 2 - 1.6 = 0.4\sec$

[정답] A차량이 0.4초 먼저 통과했다.

40 2016년 기출

차량이 제동을 시작하여 아스팔트 도로를 30m 미끄러진 후 콘크리트 도로를 15m 미끄러지고 정지하였다. 차량이 제동되기 전 속도는? (단, 제동 이전 감속은 무시, 아스팔트 도로의 견인계수 : 0.8, 콘크리트 도로의 견인계수 : 0.4, 중력가속도 9.8m/s²)

① 87.3km/h   ② 78.1km/h
③ 84.3km/h   ④ 85.5km/h

$(V_1)^2 = 2f_1 g d_1 = 2 \cdot 0.8 \cdot 9.8 \cdot 30 = 470.4$
$(V_2)^2 = 2f_2 g d_2 = 2 \cdot 0.4 \cdot 9.8 \cdot 15 = 117.6$
$V_b = \sqrt{(V_1)^2 + (V_2)^2} = \sqrt{470.4 + 117.6} = \sqrt{588} ≒ 24.3m/s ≒ 87.3km/h$

41 2016년 기출

질량이 2,000kg인 A차량이 견인계수가 0.75인 노면에서 20m를 미끄러지며 정지하고 있던 질량 1,200kg인 B차량을 추돌하였다. 추돌 후 두 차량이 한덩어리로 견인계수 0.6인 노면을 10m 미끄러지며 정지하였다. 손상된 차체를 장벽충돌 환산속도로 평가하면 A차량 전면손상은 7m/s, B차량 후미손상은 8m/s였다. 사고 전 A차량이 미끄러지기 시작할 때의 속도는? (단, 중력가속도 9.8m/s²)

① 39.2km/h   ② 78.4km/h
③ 85.9km/h   ④ 99.3km/h

해설 • 사고 직전 A차량의 에너지 : 두 차량의 손상에너지 + 두 차량이 미끄러질 때 소모에너지

A차량의 손상에너지 $= \dfrac{1}{2} m_a v_a'{}^2 = \dfrac{1}{2} \times 2{,}000 \times 7^2 = 49{,}000 J$

정답 39 ③   40 ①   41 ③

B차량의 손상에너지 = $\frac{1}{2}m_b v_b'^2 = \frac{1}{2} \times 1{,}200 \times 8^2 = 38{,}400 J$

AB차량의 소모에너지 = $(m_a + m_b)f_2 g d_2 = (2{,}000 + 1{,}200) \times 0.6 \times 9.8 \times 10 = 188{,}160 J$

사고 직전 A차량의 에너지(E_a) = $275{,}560 J$

- A차량의 충돌시 속도 $V_A = \sqrt{\dfrac{2E_a}{m_a}} = \sqrt{\dfrac{2 \times 275{,}560}{2{,}000}} = 16.6 m/s$
- 제동 시작 속도 = $\sqrt{16.2^2 + 2fgd} = \sqrt{16.2^2 + 2 \cdot 0.75 \cdot 9.8 \cdot 20} ≒ 23.8 m/s ≒ 85.92 km/h$

42 2016년 기출

차량이 $1.5 m/s^2$의 가속도로 6초 동안 가속하여 속도가 15m/s가 되었다면 처음 속도는 몇 km/h인가?

① $21.6 km/h$ ② $23.6 km/h$
③ $25.6 km/h$ ④ $27.6 km/h$

해설) $v_i = v_e - at = 15 - 1.5 \cdot 6 = 6 m/s = 21.6 km/h$

43 2016년 기출

질량을 무시할 수 있는 도르래의 한 쪽에는 질량 4kg, 다른 쪽에는 질량 6kg이 연결되어 있다. 6kg의 물체가 정지상태로 출발하여 8m 아래의 지면에 닿는 순간의 가속도는? (단, 중력가속도 $10 m/s^2$)

① $8 m/s^2$ ② $6 m/s^2$
③ $4 m/s^2$ ④ $2 m/s^2$

해설) 한쪽이 하강하면 다른 쪽은 상승하므로 실제로 작용하는 질량은 하강물체(6kg)에서 상승물체(4kg)을 뺀 $m = m_1 - m_2 = 6 - 4 = 2 kg$이 된다.
따라서 $a = \dfrac{F}{m} = \dfrac{mg}{m_1 + m_2} = \dfrac{2 \cdot 10}{4 + 6} = 2 m/s^2$

44 2016년 기출

18km/h로 진행하던 자동차가 $0.5 m/s^2$으로 감속하여 정지하였다면, 감속을 시작하여 정지하기까지 주행한 거리는?

① $10 m$ ② $15 m$
③ $20 m$ ④ $25 m$

해설) $d = \dfrac{v_e^2 - v_i^2}{2a} = \dfrac{0^2 - (18/3.6)^2}{2 \cdot 0.5} = 25 m$

정답 42 ① 43 ④ 44 ④

45 2016년 기출

차량이 60km/h로 주행하다 급정지하여 미끄러진 거리가 20m일 때 이 차량의 감속도는?

① $4.7m/s^2$
② $5.8m/s^2$
③ $6.9m/s^2$
④ $8.0m/s^2$

해설 $a = \dfrac{v_e^2 - v_i^2}{2d} = \dfrac{(60/3.6)^2 - 0^2}{2 \cdot 20} \fallingdotseq 6.9m/s^2$

46 2015년 기출

다음 관계식에서 가속도(a)를 계산하는 식과 거리가 <u>먼</u> 것은? (a : 가속도, d : 거리, t : 시간, v_i : 최초속도, v_e : 최종속도)

① $a = \dfrac{V_e - V_i}{t}$
② $a = t \cdot \dfrac{V_e + V_i}{2}$
③ $a = \dfrac{2d - 2V_i t}{t^2}$
④ $a = \dfrac{V_e^2 - V_i^2}{2d}$

해설 ② $a = t \cdot \dfrac{V_e + V_i}{2} \to d = t \cdot \dfrac{V_e + V_i}{2}$

47 2015년 기출

어떤 자동차의 최대 브레이크 성능은 $-5m/sec^2$이다. 이 자동차가 20m/sec로 주행 중, 브레이크가 작동을 시작하여 완전히 멈출 때까지 이동한 최소거리(d)와 최소시간(t)은?

① d = 40m, t = 4sec
② d = 40m, t = 8sec
③ d = 80m, t = 4sec
④ d = 80m, t = 8sec

해설 $d = \dfrac{v_e^2 - v_i^2}{2a} = \dfrac{0^2 - 20^2}{2(-5)} = 40m$, $t = \dfrac{v_e - v_i}{a} = \dfrac{0 - 20}{-5} = 4.0sec$

정답 45 ③ 46 ② 47 ①

48 [2015년 기출]

승용차량이 보행자를 보고 급제동하여 61m를 미끄러지고 정지되었다. 조사결과 견인계수는 0.8이었다. 사고차량이 제동된 이후 처음 1초 동안 미끄러진 거리는 몇 m인가?

① 약 13m
② 약 25m
③ 약 27m
④ 약 36m

$v_i = \sqrt{v_e^2 - 2ad} = \sqrt{0^2 - 2\{-(0.8 \cdot 9.8) \cdot 61\}} \fallingdotseq 30.93 m/s$

$d_1 = v_i t_1 + \frac{1}{2} a t_1^2 = 30.93 \cdot 1 + \frac{1}{2}\{-(0.8 \cdot 9.8)\} \cdot 1^2 \fallingdotseq 27.01 m$

49 [2015년 기출]

운전자 H씨는 보행자를 발견하고 바로 급제동하여 27m를 미끄러지다 보행자를 54km/h의 속도로 충돌하였다. 사고차량의 운전자가 보행자를 발견한 지점은 충돌지점으로부터 후방 몇 m지점인가? (단, 인지반응시간은 1초, 견인계수는 0.85, 제동 전 등속운동)

① 약 36m
② 약 44m
③ 약 53m
④ 약 90m

$v_i = \sqrt{v_e^2 - 2ad} = \sqrt{(54/3.6)^2 - 2\{-(0.85 \cdot 9.8) \cdot 27\}} \fallingdotseq 26.0 m/s$

$v_i = \sqrt{v_e^2 - 2ad} = \sqrt{(54/3.6)^2 - 2\{-(0.85 \cdot 9.8) \cdot 27\}} \fallingdotseq 26.0 m/s$

$d_b = \frac{(v_e)^2 - (v_i)^2}{2a} = \frac{(54/3.6)^2 - 26.0^2}{2 \cdot (-0.85 \cdot 9.8)} \fallingdotseq 27.1 m$

$d_r = v_i t_p = 26.0 \cdot 1.0 = 26.0$

$D = d_r + d_b = 26 + 27 = 53 m$

50 [2015년 기출]

다음 중 맞는 설명은?

① 속도는 물체의 빠르기와 진행방법을 나타낸다.
② 가속도의 크기는 작용한 힘의 크기에 반비례하고, 물체의 질량에 비례한다.
③ 속도는 물체의 빠르기만을 나타내는 물리량이다.
④ 속력은 크기와 방향을 가지고 있는 물리량이다.

해설 ② 가속도의 크기는 작용한 힘의 크기에 비례하고, 물체의 질량에 반비례한다.
③ 속력은 물체의 빠르기만을 나타내는 물리량이다.
④ 속도는 크기와 방향을 가지고 있는 물리량이다.

정답 48 ③ 49 ③ 50 ①

51 2014년 기출

속도 50km/h로 주행하던 차량이 감속도 5m/s²으로 감속하였을 때 1초 동안 주행한 거리는?

① 9.3m
② 11.4m
③ 13.5m
④ 15.6m

 $d = v_i t + \frac{1}{2}at^2 = (\frac{50}{3.6}) \cdot 1 + \frac{1}{2}(-5) \cdot 1^2 \fallingdotseq 11.4m$

52 2014년 기출

종단경사 +5%인 오르막 도로를 속도 60km/h로 주행하는 차량이 급제동하였을 경우 제동거리는? (단, 노면마찰계수는 0.65)

① 15.8m
② 18.0m
③ 20.2m
④ 22.4m

 $d = \frac{v^2}{254 \cdot f} = \frac{v^2}{254 \cdot (\mu+i)} = \frac{60^2}{254 \cdot (0.65+0.05)} \fallingdotseq 20.2m$

53 2014년 기출

속도 50km/h로 주행하는 차량이 5m/s²으로 감속할 때 감속 2초 후의 차량속도는? (단, 감속 동안의 감속도는 일정하다)

① 14km/h
② 17km/h
③ 20km/h
④ 23km/h

 $v_e = v_i + at = (\frac{50}{3.6}) + (-5) \cdot 2 \fallingdotseq 3.89m/s \fallingdotseq 14km/h$

정답 51 ② 52 ③ 53 ①

54 [2014년 기출]

운동특성을 나타내는 용어가 바르게 기술된 것은?

① 평균속도 : 주어진 시간 동안 이동한 전체거리
② 변위 : 물체가 운동할 때 기준점에서 그 위치의 변화
③ 가속도 : 시간에 대한 운동물체의 위치 변화율
④ 평균가속도 : 물체가 운동할 때 기준점에서 그 속도의 변화

[해설] ① 평균속도 : 이동 중 총소요시간에 대한 전체 이동거리의 비율
③ 가속도 : 단위시간에 대한 운동물체의 속도 변화율
④ 평균가속도 : 일정 시간차($t_1 - t_2$)에 대한 속도 변화($v_1 - v_2$)율

55 [2014년 기출]

야간에 조명이 전혀 없는 평탄한 지방도를 하향등을 켜고 시속 80km로 주행하던 차량이, 도로 위에 낙하되어있던 바위를 충격하는 사고가 발생되었다. 아래와 같은 조건 하에 바위를 충격하지 않고 정지할 수 있는 진행 가능한 최고속도는?

1) 전조등이 비추는 범위는 바위가 전방 40m 이내에 있을 때 인지 가능
2) 운전자의 위험인지반응시간은 1초
3) 급제동에 따른 타이어와 노면 간 마찰계수는 0.8
4) 운전자의 회피조향은 없는 것으로 봄

① 약 62km/h   ② 약 66km/h
③ 약 70km/h   ④ 약 74km/h

[해설] $D = d_1 + d_2 = \dfrac{v}{3.6} \cdot t + \dfrac{v^2}{254 \cdot \mu}$

4) $\dfrac{74}{3.6} \cdot 1 + \dfrac{74^2}{254 \cdot 0.8} \fallingdotseq 48m$

3) $\dfrac{70}{3.6} \cdot 1 + \dfrac{70^2}{254 \cdot 0.8} \fallingdotseq 44m$

2) $\dfrac{66}{3.6} \cdot 1 + \dfrac{66^2}{254 \cdot 0.8} \fallingdotseq 40m$

1) $\dfrac{62}{3.6} \cdot 1 + \dfrac{62^2}{254 \cdot 0.8} \fallingdotseq 36m$

정답 54 ② 55 ②

56 2014년 기출

테스트 결과 정지상태의 차량이 시속 100Km까지 도달하는 최단시간이 일정하게 6.94초, 최고속도는 항상 시속 250km이다. 이 차량이 정지상태에서 출발하여 1km를 주행하는데 소요되는 최단시간은? (단, 테스트 한 발진가속도를 이용하여 최고속도까지 주행이 가능한 것으로 봄)

① 약 14.4초
② 약 23.1초
③ 약 26.5초
④ 약 29.3초

해설
$a = \dfrac{v_e - v_i}{t_i} = \dfrac{(100/3.6) - 0}{6.94} \fallingdotseq 4.00 m/s^2$, $t_m = \dfrac{v_m - v_i}{a} = \dfrac{(250/3.6) - 0}{4.00} \fallingdotseq 17.36 \text{sec}$

$d_1 = \dfrac{v_e^2 - v_i^2}{2a} \fallingdotseq 603m$, $d_2 = D - d_1 = 1000 - 603 = 397m$, $t_2 = \dfrac{d_2}{v_m} = \dfrac{397}{250/3.6} \fallingdotseq 5.72 \text{sec}$

$T = t_m + t_2 = 17.36 + 5.72 = 23.08 \text{sec} \fallingdotseq 23.1 \text{sec}$

중요도 ●●●
구간으로 구분할 수 있는 경우는 그림을 그려 주어진 조건을 그림에 적어 넣은 후 어떤 방정식을 사용할 것인가를 결정하고 주어진 조건을 대입하여 산출한다.

57 2014년 기출

스포츠카를 60km/h의 등속으로 운전하여 시화방조제를 건너갔다가 90km/h의 등속으로 되돌아왔다. 왕복 주행한 평균속력은 얼마인가?

① 72km/h
② 75km/h
③ 80km/h
④ 82km/h

해설
$V_a = \dfrac{d_1 + d_2}{t_1 + t_2} = \dfrac{D + D}{\dfrac{D}{60} + \dfrac{D}{90}} = \dfrac{2D}{\dfrac{3D + 2D}{180}} = 2D \cdot \dfrac{180}{5D} = 72 km/h$

중요도 ●●●
평균을 구할 때는 대입요소에 대하여 전체구간의 값을 대입해야 한다.
속력 = $\dfrac{거리}{시간}$ 이므로 거리는 전체거리를, 시간도 전체시간을 구하여 대답해야 한다.

58 2014년 기출

승용차를 25m/s로 등속 운전하여 3시간을 진행하면 몇 km를 진행할 수 있는가?

① 75km
② 90km
③ 150km
④ 270km

해설
$d = vt =$ 시속 × 소요시간 = (초속 × 3.6) × 소요시간
$d = (25 \times 3.6) \times 3 = 270 km$

중요도 ●●

정답 56 ② 57 ① 58 ④

59 [2014년 기출]

등속으로 달리던 자동차를 2초 동안 8.5m/s²의 감속도로 감속했더니 이 때 25m를 이동하였다. 이 차량이 2초 동안 감속하고 남은 속도는?

① 14.4km/h ② 21km/h
③ 51.84km/h ④ 75.6km/h

해설
$$v_i = \frac{d}{t} - \frac{at}{2} = \frac{25}{2} - \frac{-8.5 \cdot 2}{2} = 21 m/s$$
$$v_e = v_i + at = 21 + (-8.5 \cdot 2) = 4 m/s = 14.4 km/h$$

60 [2014년 기출]

질량이 1,000kg인 물체가 45m 높이에서 자유낙하하였다. 지면에 도달하였을 때의 속도는?
(이 때 공기저항 등 외력의 작용은 무시함)

① 29.7m/s ② 22.4m/s
③ 20.2m/s ④ 12.4m/s

해설
$$v_e = \sqrt{v_i^2 + 2ad} = \sqrt{0^2 + 2(g) \cdot h} = \sqrt{2gh}$$
$$v_e = \sqrt{2gh} = \sqrt{2 \cdot 9.8 \cdot 45} \fallingdotseq 29.7 m/s$$

61 [2014년 기출]

80km/h로 달리던 차가 급제동하여 40m 길이의 스키드마크를 낸 후 다른 차량과 충돌하였다. 이 도로는 평지구간이며, 마찰계수는 0.5일 때 충돌 순간의 속도는 얼마인가? (단, g = 9.8m/s²)

① 31.3km/h ② 33.6km/h
③ 36.3km/h ④ 40km/h

해설
$$v_e = \sqrt{v_i^2 + 2ad} = \sqrt{(80/3.6)^2 + 2(-0.5 \cdot 9.8) \cdot 40}$$
$$v_e \fallingdotseq 10.1 m/s \fallingdotseq 36.3 km/h$$

정답 59 ① 60 ① 61 ③

62 2014년 기출

35m/s로 주행하던 차량이 2.3초 동안 제동하여 64.95m를 감속하면서 이동하였다. 얼마의 견인계수로 감속하였는가? (중력가속도 9.8m/s²)

① 0.5
② 0.6
③ 0.7
④ 0.8

[해설]
$$a = \frac{2d - 2v_i t}{t^2} = \frac{2 \cdot 64.95 - 2 \cdot 35 \cdot 2.3}{2.3^2} \fallingdotseq -5.88 m/s^2$$
$$a = fg, \quad f = \frac{a}{g} = \frac{5.88}{9.8} \fallingdotseq 0.6$$

'견인계수' 또는 '마찰계수'라는 용어가 나오면 「감속」을 떠올리고, $a = fg$ 또는 $a = \mu g$ 라는 방정식을 생각해야 한다.

63 2014년 기출

사고차량은 전방에 신호대기 차량을 뒤늦게 발견하고 급제동하여 20m를 미끄러진 후에 신호대기로 서있는 덤프트럭을 54km/h의 속력으로 충돌하였다. 사고 장소의 견인계수는 0.8이었다. 사고차량이 덤프트럭과 충돌이 없었다고 가정하면, 급제동 시작지점으로부터 1.5초 동안 미끄러진 거리는 얼마인가? (g=9.8m/s²)

① 13m
② 17m
③ 26m
④ 34m

[해설]
$$v_i = \sqrt{v_e^2 - 2ad} = \sqrt{(54/3.6)^2 - 2(-0.8 \cdot 9.8) \cdot 20} \fallingdotseq 23.2 m/s$$
$$d = v_i t + \frac{1}{2}at^2 = 23.2 \cdot 1.5 + \frac{1}{2} \cdot (-0.8 \cdot 9.8) \cdot 1.5^2 \fallingdotseq 26m$$

64 2014년 기출

10m/s의 속력으로 달리던 차가 황색신호가 점등되는 것을 보고 급제동하여 0.8초 후에 정지하였다. 이 때 자동차의 감속도는 얼마인가?

① −4.4m/s²
② −6.5m/s²
③ −7.8m/s²
④ −12.5m/s²

[해설]
$$a = \frac{v_e - v_i}{t} = \frac{0 - 10}{0.8} = -12.5 m/s^2$$

65 2014년 기출

시속 36km로 달리던 차량이 앞서 가던 차량을 추월하기 위하여 5초 동안 가속하였더니 90km/h가 되었다. 이 차량의 가속도는 얼마인가?

① $1m/s^2$
② $2m/s^2$
③ $3m/s^2$
④ $4m/s^2$

 $a = \dfrac{v_e - v_i}{t} = \dfrac{(90/3.6) - (36/3.6)}{5} = 3.0 m/s^2$

66 2014년 기출

100km/h 속도의 차량이 $-6m/s^2$의 감속도로 제동하고 있다. 이 차량이 완전히 정지할 때까지 이동한 거리는 얼마인가?

① 52.5m
② 64.3m
③ 75.8m
④ 83.5m

 $d = \dfrac{v_e^2 - v_i^2}{2a} = \dfrac{0^2 - (100/3.6)^2}{2 \cdot (-6)} ≒ 64.3m$

67 2013년 기출

100km/h의 속도로 주행하던 차량이 $0.8g$의 감속도로 60km/h까지 등감속하였다면 감속되는 동안 소요된 시간은? (단, 중력가속도=$9.8m/sec^2$)

① 약 1.42sec
② 약 2.09sec
③ 약 2.45sec
④ 약 3.09sec

 $t = \dfrac{v_e - v_i}{a} = \dfrac{(100/3.6) - (60/3.6)}{0.8 \cdot 9.8} ≒ 1.42sec$

68 2013년 기출

자동차가 40km/h로 2시간, 50km/h로 1시간, 20km/h로 30분 이동하였다면, 평균속력은?

① 31.4km/h
② 40km/h
③ 45km/h
④ 55km/h

해설 $V_a = \dfrac{D_1 + D_2 + D_3}{T} = \dfrac{v_1 t_1 + v_2 t_2 + v_3 t_3}{t_1 + t_2 + t_3} = \dfrac{40 \cdot 2 + 50 \cdot 1 + 20 \cdot 0.5}{2 + 1 + 0.5} = \dfrac{80 + 50 + 10}{3.5} = \dfrac{140}{3.5} = 40km/h$

정답 65 ③ 66 ② 67 ① 68 ②

69 2013년 기출

중력가속도에 대한 설명으로 **틀린** 것은 무엇인가?

① 지표면을 향하는 모든 낙하운동은 등속도 운동이다.
② 중력가속도는 지구의 중심을 향한다.
③ 중력가속도는 장소에 따라 다소 차이가 있으나, 통상 $9.8 m/sec^2$을 사용한다.
④ 무게는 질량과 중력가속도의 곱과 같다.

해설 지표면을 향하는 낙하운동은 수직 낙하운동이므로 등속도 운동이 아닌 <u>등가속도운동</u>이다.

70 2013년 기출

신호등이 없는 교차로에서 A차량은 동쪽에서 서쪽으로 90km/h의 속도, B차량은 남쪽에서 북쪽으로 135km/h의 속도로 각각 등속으로 주행하다가 충돌했다. 교차로 정지선으로부터 충돌지점까지 진입거리는 A차량이 25m, B차량이 30m일 때 양 차량의 교차로 진입상황으로 맞는 것은 무엇인가?

① A차량이 정지선을 통과할 때 B차량은 정지선으로부터 7.5m 후방에 위치하였다.
② A차량이 정지선을 통과할 때 B차량은 정지선으로부터 10m 후방에 위치하였다.
③ B차량이 정지선을 통과할 때 A차량은 정지선으로부터 7.5m 전방에 위치하였다.
④ B차량이 정지선을 통과할 때 A차량은 정지선으로부터 10m 전방에 위치하였다.

해설 $t_A = \dfrac{d_A}{v_A} = \dfrac{25}{90/3.6} = 1.0 \sec$, $t_B = \dfrac{d_B}{v_B} = \dfrac{30}{135/3.6} = 0.8 \sec$

따라서 B차량이 0.2초(=1.0초−0.8초) 늦게 진입했으므로 B차량의 0.2초 동안 진행거리는
$d_{0.2} = vt = (135/3.6) \cdot 0.2 = 7.5 m$임. 즉 A차량이 일시정지선 통과할 때 B차량은 일시정지선 후방 7.5m 지점을 통과하고 있었다.

71 2012년 기출

보행자가 1.2m/s의 일정한 속도(v)로 10m의 거리(d)를 쉬지 않고 걸었다. 소요된 시간(t)은?

① 약 8.3s
② 약 9.7s
③ 약 10.3s
④ 약 11.2s

해설 $t = \dfrac{d}{v} = \dfrac{10}{1.2} ≒ 8.3 s$

정답 69 ① 70 ① 71 ①

72 [2012년 기출]

72km/h의 속도로 신호교차로에 접근하던 차량이 교차로 정지선에 정지하였다. 제동시간이 3초라면 제동거리는?

① 20m ② 30m
③ 40m ④ 50m

해설 $v_i = 72km/h = 20m/s$, $v_e = 0$, $t = 3\text{sec}$, $d = \dfrac{t(v_i + v_e)}{2} = \dfrac{3(20+0)}{2} = 30m$

73 [2012년 기출]

차량이 처음에 100km/h의 속도로 주행하다가 견인계수 0.8로 감속하여 속도가 60km/h가 되었다면 그동안 소요된 시간은? (단, g = 9.8m/s²)

① 약 1.42s ② 약 2.09s
③ 약 2.45s ④ 약 3.09s

해설 $t = \dfrac{v_e - v_i}{a(=-fg)} = \dfrac{60/3.6 - 100/3.6}{-0.8 \cdot 9.8} \fallingdotseq 1.42\text{sec}$

74 [2012년 기출]

다음 차량의 제동 후 이동한 거리는? (처음속도 = 100km/h, 최종속도 = 0km/h, 견인계수 = 0.6)

① 약 65.6m ② 약 63.3m
③ 약 76.3m ④ 약 82.3m

해설 $d = \dfrac{v_e^2 - v_i^2}{2a} = \dfrac{0 - (100/3.6)^2}{2(-0.6 \cdot 9.8)} \fallingdotseq 65.6m$

75 2012년 기출

운전자 H씨는 보행자를 발견하고 바로 급제동하여 27m를 미끄러지다가 보행자를 54km/h의 속력으로 충돌하였다. 사고 장소의 견인계수는 0.85이었다. 사고차량의 운전자가 보행자를 발견한 지점은 충돌지점으로부터 후방 몇 m지점인가? (단, 지각(인지)반응시간 1초, $g=9.8m/s^2$)

① 약 36m
② 약 44m
③ 약 53m
④ 약 90m

 처음 속도($v_i = \sqrt{v_e^2 - 2ad_2}$)를 먼저 구한 후 거리($D = d_1 + d_2 = v_i \cdot t_1 + d_2$)를 산출한다.

$$v_i = \sqrt{v_e^2 - 2fgd_2} = \sqrt{(15.0)^2 - 2 \cdot \{-(0.85) \cdot 9.8\} \cdot 27}$$
$$= \sqrt{(15.0)^2 - 2 \cdot \{-(0.85) \cdot 9.8\} \cdot 27} = \sqrt{674.82} ≒ 26.0 m/s$$
$$D = d_1 + d_2 = v_i \cdot t_1 + d_2 = 26.0 \cdot 1.0 + 27 = 53.0m$$

76 2012년 기출

다음 내용 중 맞는 것은?

① 속도는 물체의 빠르기와 진행방향을 나타낸다.
② 가속도의 크기는 작용 힘의 크기에 반비례하고, 물체의 질량에 비례한다.
③ 속도는 물체의 빠르기만을 나타내는 물리량이다.
④ 속력이란 시간에 대한 운동물체의 위치 변화율이다.

해설 ② 가속도의 크기는 작용한 힘의 크기에 비례하고, 물체의 질량에 반비례한다.
③ 속력은 물체의 빠르기만을 나타내는 물리량이다.
④ 가속도란 시간에 대한 운동물체의 위치 변화율이다.

77 2012년 기출

120km/h로 주행하던 차량이 등감속하여 5초 후의 속도가 24km/h였다. 이 차량의 감속도와 5초간 이동된 거리는?

① 약 $-5.33m/s^2$, 약 100m
② 약 $-4.57m/s^2$, 약 110m
③ 약 $-4.07m/s^2$, 약 100m
④ 약 $-1.33m/s^2$, 약 110m

 $a = \dfrac{v_e - v_i}{t} = \dfrac{(24-120)/3.6}{5} ≒ -5.33m/s^2$,

이동거리 $d = \dfrac{t(v_i + v_e)}{2} = \dfrac{5 \cdot (120+24)/3.6}{2} ≒ 100m$

78 [2012년 기출]

평탄한 길을 달리던 버스가 포장도로에서 40m를 미끄러지고, 이어서 잔디밭에서 30m를 미끄러진 후에 4m 낭떠러지 아래로 추락하였다. 조사결과 추락직전 속도는 13.28m/s로 확인되었고 포장도로의 견인계수는 0.8, 잔디밭의 견인계수는 0.45이었다. 이 버스가 포장도로에서 미끄러지는데 소요된 시간은?

① 약 0.9초 ② 약 1.49초
③ 약 1.75초 ④ 약 2.1초

해설
- 두 번째 노면 처음속도 = 첫 번째 노면 나중속도 :
$$v_{2i} = \sqrt{(v_{2e})^2 - 2a_2 d_2} = \sqrt{(v_{2e})^2 - 2(-f_2 g) d_2} = \sqrt{13.28^2 - 2\{-(0.45) \cdot 9.8\} \cdot 30} \fallingdotseq 21.0 m/s$$
- 첫 번째 노면 처음속도 :
$$v_{1i} = \sqrt{(21.0)^2 - 2(-0.8 \cdot 9.8) \cdot 40} \fallingdotseq 32.7 m/s, \quad t = \frac{v_e - v_i}{a} = \frac{21.0 - 32.7}{-0.8 \cdot 9.8} \fallingdotseq 1.49 \text{sec}$$

79 [2012년 기출]

정지하고 있던 차량이 출발하여 등가속으로 일직선상의 12m구간을 4초 만에 통과하였다. 이 차량의 가속도는?

① $1 m/s^2$ ② $1.5 m/s^2$
③ $2 m/s^2$ ④ $2.5 m/s^2$

해설
$$a = \frac{2d - 2v_i t}{t^2}, \quad a = \frac{2 \cdot 12 - 2 \cdot 0 \cdot 4}{4^2} = 1.5 m/s^2$$

80 [2012년 기출]

70km/h로 달리는 차량이 급제동하여 스키드마크(Skidmark)를 남기고 정지하였다. 이 때 감속도와 스키드마크의 길이는 각각 얼마인가? (단, 흔적 발생구간의 견인계수는 0.5, 중력가속도 g = 9.8m/s²)

① $-4.9 m/s^2$, 약 38.6m ② $-4.9 m/s^2$, 약 46.8m
③ $-5.9 m/s^2$, 약 38.6m ④ $-5.9 m/s^2$, 약 46.8m

해설
$$a = -fg = -(0.5 \cdot 9.8) = -4.9 m/s^2, \quad d = \frac{V^2}{2fg} = \frac{(70/3.6)^2}{2 \cdot 0.5 \cdot 9.8} \fallingdotseq 38.6m$$

정답 78 ② 79 ② 80 ①

81 2012년 기출

어떤 운전자가 고속도로를 120km/h로 주행하던 중 과속단속카메라를 보고 10m/s² 으로 감속하여 90km/h의 속도로 카메라를 통과하였을 때, 감속된 구간에서의 차량 진행거리는?

① 약 315m
② 약 31.5m
③ 약 24.3m
④ 약 12.1m

해설
$$d = \frac{v_e^2 - v_i^2}{2a} = \frac{(90/3.6)^2 - (120/3.6)^2}{2(-10)} \fallingdotseq 24.3m$$

82 2011년 기출

자동차가 10km/h 속도에서 30m를 4초 동안 가속 주행한다고 할 경우의 가속도는?

① 0.74m/sec²
② 2.36m/sec²
③ 3.24m/sec²
④ 6.56m/sec²

해설
〈조건〉 $v_i = (\frac{10}{3.6})m/s$, $d = 30m$, $t = 4\text{sec}$, 가속도$(a)=?$

$$a = \frac{2d - 2v_i t}{t^2} = \frac{2 \cdot 30 - 2(\frac{10}{3.6}) \cdot 4}{4^2} \fallingdotseq 2.36m/s^2$$

83 2011년 기출

승용차가 50m의 스키드마크를 발생한 후 정지했다. 이 경우 스키드시 견인계수를 0.8로 보면, 스키드 시작점에서 중간지점인 25m 지점까지의 시간을 구하면?

① 약 0.5sec
② 약 1.0sec
③ 약 1.5sec
④ 약 2.0sec

해설 〈조건〉 $a = fg = -(0.8 \cdot 9.8) = -7.84m/s^2$, $d = 25m$, 스키드 길이 $= 50m$, 시간 t

ㄱ. $v_i = \sqrt{(v_0)^2 - 2aD} = \sqrt{(0)^2 - 2 \cdot (-7.84) \cdot 50} = \sqrt{784} \fallingdotseq 28.0 m/s$

ㄴ. 중간지점 속도 $v_c = \sqrt{(v_0)^2 - 2ad} = \sqrt{(0)^2 - 2 \cdot (-7.84) \cdot 25} \fallingdotseq 19.8 m/s$

ㄷ. 25m 진행 중 소요시간 $t = \frac{v_e - v_i}{a} = \frac{19.8 - 28.0}{-7.84} \fallingdotseq 1.0\text{sec}$

정답 81 ③ 82 ② 83 ②

84

중량 2,000kg인 차량이 60km/h의 속도로 달리다가 제동하여 정지하였다. 주행저항을 무시하며, 감속시 타이어와 노면마찰계수를 0.5라 할 때 20km/h에 도달하는 동안 주행한 거리는?

① 약 25m ② 약 27m
③ 약 29m ④ 약 31m

해설 〈조건〉 $v_i = 60km/h = 16.7m/s$, $v_e = 20km/h ≒ 5.6m/s$, 소요시간(d)=?

$$a = \mu g = -(0.5 \cdot 9.8) = -4.9m/s^2, \quad d = \frac{v_e^2 - v_i^2}{2 \cdot a} = \frac{(5.6)^2 - (16.7)^2}{2 \cdot (-4.9)} ≒ 25m$$

85

경사없이 평탄한 편도1차로 도로를 시속 70km로 진행하던 차량이 도로를 횡단하는 보행자를 충격하는 사고가 있었다. 보행자 충돌 전에 16m의 스키드마크가 발생되었고, 사고지점 노면마찰계수 값이 0.8일 때, 사고차량의 보행자 충돌속도는?

① 약 35.5km/h ② 약 40.6km/h
③ 약 57.0km/h ④ 약 61.2km/h

해설 〈조건〉 $v_i = (70/3.6)m/s$, $a = \mu g = -(0.8 \cdot 9.8) = -7.84m/s^2$, $d = 16m$, 최종속도(v_e)=?

최종속도 산출 공식은 $v_e = \sqrt{v_i^2 + 2ad}$ 이므로
$$v_e = \sqrt{(70/3.6)^2 + 2(-7.84)(16)} = \sqrt{127.21} ≒ 11.3m/s ≒ 40.6km/h$$

86

차량이 처음에 80km/h의 속도로 주행하다가 견인계수 0.7로 감속하여 결국 정지하였다면 그 동안 주행한 거리는? (단, $g = 9.8m/s^2$)

① 33.67m ② 35.99m
③ 37.89m ④ 40.56m

해설 〈조건〉 $v_i = (80/3.6)m/s$, $v_e = 0m/s$, $a = fg = -(0.7 \cdot 9.8) = -6.86m/s^2$, 주행거리($d$)=?

$$d = \frac{v_e^2 - v_i^2}{2a} = \frac{0^2 - (80/3.6)^2}{2(-6.86)} ≒ 35.99m$$

87 2011년 기출

차량의 견인계수가 0.75일 때 2초 동안 감속하면서 40m의 거리를 이동하였다. 처음속도는 얼마인가?

① 약 27.4m/sec
② 약 29.4m/sec
③ 약 31.4m/sec
④ 약 32.4m/sec

해설 〈조건〉 $d=40m$, $t=2\text{sec}$, $a=fg=-(0.75 \cdot 9.8)=-7.35m/s^2$, 최초속도($v_i$)=?

$$v_i = \frac{d}{t} - \frac{at}{2} = \frac{40}{2} - \frac{(-7.35)(2)}{2} \fallingdotseq 27.4m/s$$

88 2011년 기출

운전자 K씨는 전방에 고장난 차량을 뒤늦게 발견하고 급제동하여 36m를 미끄러지고 난 후에 고장으로 서있는 차량을 36km/h의 속력으로 충돌하였다. 견인계수가 0.85일 경우 사고차량이 최초에 미끄러지기 시작할 때의 속력을 구하시오. (단, $g=9.8m/s^2$)

① 54km/h
② 95.2km/h
③ 103.4km/h
④ 142.2km/h

해설 〈조건〉 $d=36m$, $v_e=(36/10)m/s$, $f=0.85$, 처음속도(v_i)=?

$a=fg$, $a=-(0.85 \cdot 9.8)=-8.33m/s^2$, 처음속도 산출 공식은 $v_i=\sqrt{v_e^2-2ad}$,

$$v_i = \sqrt{v_e^2 - 2ad} = \sqrt{(\frac{36}{3.6})^2 - 2(-8.33) \cdot 36} = \sqrt{699.76} \fallingdotseq 26.45m/s \fallingdotseq 95.2km/h$$

89 2011년 기출

정지해 있던 오토바이가 2m/s²의 일정한 가속도로 운동하여 100m만큼 이동한 순간부터 −1m/s²의 일정한 가속도로 운동하여 속도가 10m/s가 되었다. 그동안 오토바이의 평균 속력은 얼마인가?

① 10.3m/s
② 12.5m/s
③ 16.3m/s
④ 20.5m/s

해설 〈조건〉 $v_i=0m/s$, $a_1=2m/s^2$, $d_1=100m$, $a_2=-1m/s^2$, $v_{e2}=10m/s$ 가속도가 다른 두 구간의 각 평균속력을 산출한 후 재차 평균한다.

- 가속 종료 속력 $v_r = \sqrt{v_i^2 + 2ad_1} = \sqrt{0^2 + 2 \cdot 2 \cdot 100} = 20m/s$
- 가속 중 평균속력 $v_a = \frac{v_i + v_r}{2} = \frac{0+20}{2} = 10m/s$
- 감속 중 평균속력 $v_b = \frac{v_r + v_e}{2} = \frac{20+10}{2} = 15m/s$
- 전체 평균속력 = $\frac{\text{가속 중 평균속력} + \text{감속 중 평균속력}}{2}$
- 전체 평균속력 $V = \frac{v_a + v_b}{2} = \frac{10+15}{2} = 12.5m/s$

등가속운동 중의 평균속력산출은 처음속력(v_i)과 나중속력(v_e)의 평균이다. 가속도가 다른 경우는 각각 구간의 평균속력에 대한 평균값이다.

정답 87 ① 88 ② 89 ②

90 2011년 기출

노면마찰계수가 0.8인 도로에서 100km/h로 달리던 차량의 제동거리는 얼마인가? (단, 중력가속도 g = 9.8m/s²)

① 98.4m
② 75.6m
③ 49.2m
④ 38.2m

해설 〈조건〉 $\mu = 0.8$, $V = (100/3.6)m/s$, 제동거리(d) = ?

제동거리 $d = \dfrac{v^2}{2\mu g} = \dfrac{(100/3.6)^2}{2 \cdot 0.8 \cdot 9.8} \fallingdotseq 49.2m$

91 2011년 기출

처음에 일정한 속력으로 달리고 있던 차가 12초 동안에 1m/s²의 비율로 가속하였다. 이 차가 12초 동안에 주행한 거리가 192m라고 하면 가속되기 시작할 때의 속력은 얼마인가?

① 10m/sec
② 12m/sec
③ 19.2m/sec
④ 20m/sec

해설 〈조건〉 $a = 1m/s^2$, $d = 192m$, $t = 12\sec$, 처음속도(v_i) = ?

$v_i = \dfrac{d}{t} - \dfrac{at}{2}$ 이므로 $v_i = \dfrac{192}{12} - \dfrac{1 \cdot 12}{2} = 10m/s$

92 2011년 기출

어떤 오토바이가 158km/h의 속력으로 서에서 동으로 달리고 있고, 어떤 승용차는 92km/h의 속력으로 동에서 서로 달리고 있다. 이 순간 두 자동차의 거리는 160m이다. 만약 그 속도를 그대로 유지한다면, 두 자동차가 만나는 시간은?

① 약 2.3초 후
② 약 2.8초 후
③ 약 3.3초 후
④ 약 3.8초 후

해설 〈조건〉 $v_1 = 158km/h$, $v_2 = 92km/h$, $D = 160m$, 조우시간(t) = ?

두 차량 속력 합 $V = v_1 + v_2 = 158km/h + 92km/h = 250km/h \fallingdotseq 69.4m/s$

두 차량의 조우까지 접근 소요시간 $t = \dfrac{D}{V} = \dfrac{160}{69.4} \fallingdotseq 2.3\sec$

정답 90 ③ 91 ① 92 ①

93 [2011년 기출]

운전자 Y씨는 전방주시 태만으로 위험을 뒤늦게 발견하고 급제동하여 34m를 미끄러지고 난 후에 교각을 54km/h의 속력으로 충돌하였다. 사고 장소의 견인계수가 0.85일 경우 사고차량이 최초에 미끄러지기 시작하여 충돌할 때까지 걸린 시간을 구하시오.

① 1.80초
② 1.57초
③ 3.38초
④ 3.66초

해설 〈조건〉 $d=34m$, $v_e=(54/3.6)m/s$, $f=0.85$, 소요시간(t)=?

감속 중 소요시간 산출을 위한 요소 중 주어지지 않았으므로 처음 속도(v_i)를 먼저 구한 다음으로 소요시간을 산출한다.

ㄱ. 처음 속도 $v_i = \sqrt{v_e^2 - 2ad} = \sqrt{(54/3.6)^2 - 2\{-(0.85 \cdot 9.8)\} \cdot 34} ≒ 28.1 m/s$

ㄴ. 미끄러짐 소요시간 $t = \dfrac{v_e - v_i}{a} = \dfrac{(\dfrac{54}{3.6}) - (28.13)}{-(0.85 \cdot 9.8)} ≒ 1.57 \sec$

94 [2011년 기출]

자동차가 정지상태에서 6m/s² 가속도로 움직인다. 처음 1초 동안에 이동하는 거리는?

① 3m
② 6m
③ 18m
④ 36m

해설 〈조건〉 $v_i = 0$, $a = 6m/s^2$, $t = 1\sec$, 거리(d)=?

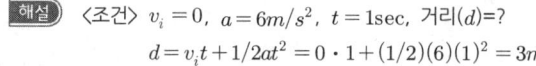
$d = v_i t + 1/2 at^2 = 0 \cdot 1 + (1/2)(6)(1)^2 = 3m$

95 [2011년 기출]

어떤 스쿨버스가 80km/h의 속력으로 주행 중 도로위에 있는 낙하물을 발견했다. 그 순간 스쿨버스와 낙하물의 거리는 65m, 인지반응시간은 1.0sec, 스쿨버스의 제동시 견인계수를 0.65라 할 때 버스가 낙하물을 충돌하기 전에 정지할 수 있는가? 정지할 수 있다면 낙하물과의 남은 거리를 구하고, 정지하지 못한다면 낙하물과의 충돌속력을 각각 구하라.

① 정지한다, 4m
② 정지한다, 26.2m
③ 충돌한다, 4km/h
④ 충돌한다, 26.2km/h

해설 〈조건〉 $v_i = 80km/h ≒ 22.2m/s$, 충돌예상물체와의 이격거리 65m, 인지반응시간 1.0sec, 견인계수 0.65, 정지거리(d) = ?

ㄱ. 정지거리(D)=인지반응거리(등속운동)d_1 + 제동거리(감속운동)d_2,

$D = \dfrac{v_i}{t} + \dfrac{v_i^2}{2fg} = \dfrac{22.2}{1.0} + \dfrac{(22.2)^2}{2 \cdot 0.65 \cdot 9.8} ≒ 22.2 + 38.7 ≒ 61m$가 된다.

ㄴ. 여유거리 $65m - 61m = 4m$를 남겨두고 정지 가능하다.

정답 93 ② 94 ① 95 ①

96 [2011년 기출]

어느 지점을 지날 때 5m/sec의 속도로 달리던 자동차가 20초 후에 6m/sec의 속도가 되었다. 이 자동차의 가속도는?

① $1m/s^2$
② $0.05m/s^2$
③ $0.08m/s^2$
④ $1.5m/s^2$

해설 〈조건〉 $v_i = 5m/s$, $v_e = 6m/s$, $t = 20\sec$ 가속도$(a)=?$

$$a = \frac{v_e - v_i}{t} = \frac{6-5}{20} = 0.05 m/s^2$$ 가 산출된다.

97 [2010년 기출]

오토바이의 발진가속실험을 통해 다음과 같은 실험식을 얻을 수 있었다.
$x = 0.13v^2 + 0.30v - 0.29$ {x : 주행거리(m), v : 목표지점 도달시의 속도(m/s)} 여기서, 정지 후 목표지점까지의 주행거리가 24m일 때 목표지점 도달시의 속도는?

① 약 35.2km/h
② 약 40.2km/h
③ 약 45.2km/h
④ 약 50.2km/h

해설 실험식에 주행거리를 대입하면 $24 = 0.13v^2 + 0.30v - 0.29$, 정리하면 $0.13v^2 + 0.30v - 24.29 = 0$,

위 2차방정식을 풀면 $v = \dfrac{-0.30 \pm \sqrt{0.30^2 - 4 \cdot 0.13 \cdot (24.29)}}{2 \cdot 0.13} ≒ 12.56 m/s ≒ 45.23 km/h$

98 [2010년 기출]

평탄한 수평노면 위에서 자동차가 움직이고 있다. 자동차의 위치는 시간에 따라 $x = -4t + 2t^2$의 식과 같이 변한다. 처음 1초 동안 자동차는 서쪽방향(−)으로 움직이고 그 후는 동쪽방향(+)으로 움직일 때, 1초에서 3초까지의 평균 속도는?

① 2m/s
② 4m/s
③ 6m/s
④ 8m/s

해설 〈조건〉 시간과 자동차 위치의 관계식 : $x = -4t + 2t^2$

1초에서 3초까지의 평균속도 $v_a = ?$

- 1초 후 위치 : $x_1 = -4t_1 + 2(t_1)^2 = -4 \cdot 1 + 2 \cdot 1^2 = -2$
- 3초 후 위치 : $x_3 = -4t_3 + 2(t_3)^2 = -4 \cdot 3 + 2 \cdot 3^2 = 6$
- 1초 후 위치와 3초 후 위치의 변위 : $d_{1-3} = 6 - (-2) = 8m$

∴ 평균속도 : $v = \dfrac{d_{1-3}}{t_{1-3}} = \dfrac{8}{2} = 4m/s$

정답 96 ② 97 ③ 98 ②

99 2010년 기출

화물차가 15m/sec의 일정한 속도로 진행하여 정지선을 통과하는 시점과 동시에 그 옆 차로에 정지하고 있던 승용차가 1.25/sec²의 가속도로 출발할 경우 승용차가 화물차를 추월하는 시점은 출발 후 몇 초 이후인가?

① 출발 21sec 이후부터
② 출발 24sec 이후부터
③ 출발 27sec 이후부터
④ 출발 30sec 이후부터

해설 〈조건〉 화물차 : 15m/s의 일정한 속도로 진행하여 정지선 통과, 승용차 : 옆 차로에 정지 상태에서 1.25/sec²의 가속도로 출발, 출발 후 몇 초 이후에 승용차가 화물차를 추월하는가?

ㄱ. 화물차의 진행거리 $d_1 = v_1 t = 15 \cdot t$

승용차의 진행거리 $d_2 = v_{2i} t + \frac{1}{2} a_2 t^2 = 0 \cdot t + \frac{1}{2} \cdot 1.25 \cdot t^2 = 0.625 t^2$

ㄴ. 승용차의 화물차 추월은 $d_2 \geq d_1$를 만족하는 시간 t의 값이므로,
$0.625^2 t \geq 15t$, $0.625t \geq 15$ ∴ $t \geq 24\text{sec}$

100 2010년

자동차가 일직선상을 등가속도 운동할 때 처음속도는 30m/s이고, 10초 후의 속도가 40m/s일 때 10초 동안 진행한 거리는?

① 300m
② 350m
③ 400m
④ 450m

해설 〈조건〉 $v_i = 30m/s$, $v_e = 40m/s$, $t = 10\text{sec}$, 이동거리 $d = ?$

이동거리 $d = \frac{t(v_i + v_e)}{2}$ 이므로 $d = \frac{10(30+40)}{2} = 350m$이다.

101 2010년

#1차량이 주차 중인 #2차량을 충돌한 후 두 차량이 한덩어리가 된 상태로 함께 23m를 미끄러지고 정차하였다. 조사결과 충돌 후 한덩어리가 된 상태의 견인계수가 0.5로 나타났다. 사고당시 #1차량의 중량은 1,800kg, #2차량 중량은 1,350kg이었다. 충돌 직후 두 차량의 속도는 얼마인가? (단, $g = 9.8m/s^2$)

① 54km/h
② 72km/h
③ 90km/h
④ 108km/h

해설 〈조건〉 $f = 0.5$, $v_e = 0m/s$, $d = 23m$, 처음속도 $V = ?$

일정 견인계수로 미끄러져 정지한 경우 처음속도(시속)의 산출 공식은 $V = \sqrt{254\mu d}\,(km/h)$이므로
$V = \sqrt{254 \cdot 0.5 \cdot 23} ≒ 54.0 km/h$가 된다.

정답 99 ② 100 ② 101 ①

다른 방법으로 공식 $v_i = \sqrt{v_e^2 - 2ad} = \sqrt{v_e^2 - 2(fg)d}$ 를 사용하여도 된다.
$v_i = \sqrt{0^2 - 2\{-(0.5 \cdot 9.8)\} \cdot 23} ≒ 15.0m/s ≒ 54km/h$ 가 된다.

102 2010년

90km/h로 달리던 차량을 급제동하였더니 39.86m를 미끄러지고 정지하였다. 이 차량은 몇 초간 미끄러지고 정지하였는가? (단, $g = 9.8m/s^2$)

① t = 3.92초
② t = 3.19초
③ t = 3.0초
④ t = 2.83초

해설 〈조건〉 $v_i = (90/3.6)m/s$, $v_e = 0m/s$, $d = 39.86m$, 시간 $t = ?$

소요시간의 산출 공식 $t = \dfrac{v_e - v_i}{a}$의 대입 요소 중 문제에서 주어지지 않은 가속도 (a)를 산출 공식

$a = \dfrac{v_e^2 - v_i^2}{2d}$에 의해 먼저 구한 후 소요시간($t$)을 산출한다.

$a = \dfrac{v_e^2 - v_i^2}{2d} = \dfrac{0^2 - (90/3.6)^2}{2 \cdot 39.86} ≒ -7.84m/s^2$

$t = \dfrac{v_e - v_i}{a} = \dfrac{0 - (90/3.6)}{-7.84} ≒ 3.19\text{sec}$

103 2010년

72km/h로 달리던 차량을 2.5초 동안만 브레이크를 밟았더니 36m를 이동하였다. 이 자동차가 2.5초 동안 감속하고 남은 속도는 얼마인가?

① v = 31.68km/h
② v = 64.66km/h
③ v = 66.63km/h
④ v = 96.77km/h

해설 〈조건〉 $v_i = (72/3.6)m/s$, $t = 2.5\text{sec}$, $d = 36m$, 나중속도 $v_e = ?$

나중속도의 산출 공식 $v_e = v_i + at$의 대입 요소 중 문제에서 주어지지 않은 가속도 (a)를 산출 공식

$a = \dfrac{2d - 2v_i t}{t^2}$에 의해 먼저 구한 후 나중속도($v_e$)를 산출한다.

$a = \dfrac{2d - 2v_i t}{t^2} = \dfrac{2 \cdot 36 - 2 \cdot (72/3.6) \cdot 2.5}{2.5^2} ≒ -4.48m/s^2$

$v_e = v_i + at = (72/3.6) + (-4.48) \cdot 2.5 ≒ 8.8m/s ≒ 31.68km/h$

정답 102 ② 103 ①

104 [2010년]

어떤 오토바이가 0km/h에서 97km/h로 가속하는데 6.7sec 걸렸다. 이 경우 오토바이의 평균 가속도의 크기는? (단, $g = 9.8m/s^2$)

① 약 $0.31g$
② 약 $0.41g$
③ 약 $0.51g$
④ 약 $0.61g$

해설 〈조건〉 $v_i = 0km/h$, $v_e = (97/3.6)m/s$, $t = 6.7sec$ 가속도 a를 g의 비율로 표시

$a = \dfrac{v_e - v_i}{t}$ 에 의해 가속도 산출 후 9.8로 나눈다.

$a = \dfrac{v_e - v_i}{t} = \dfrac{(97/3.6) - 0}{6.7} ≒ 4.02m/s^2$

$a = 4.02m/s^2 = 0.41 \cdot 9.8m/s^2 = 0.41g$

2009년 동일 기출문제 출제

105 [2010년]

시속 72km/h로 달리던 차량을 3초동안 브레이크를 밟았더니 36m를 이동하였다. 이 자동차는 3초 동안에 평균 얼마의 감속도로 속도를 줄여 나아갔는가?

① $a = -5.33m/s^2$
② $a = -6.67m/s^2$
③ $a = -15.33m/s^2$
④ $a = -16.67m/s^2$

해설 〈조건〉 $v_i = (72/3.6)m/s$, $t = 3sec$, $d = 36m$, $a=?$

가속도 산출 공식은 $a = \dfrac{2d - 2v_i t}{t^2}$ 이므로 $a = \dfrac{2d - 2v_i t}{t^2} = \dfrac{2 \cdot 36 - 2 \cdot (72/3.6) \cdot 3}{3^2} ≒ -5.33m/s^2$

106 [2009년]

차량이 120km/h의 속도로 주행하다가 견인계수 0.8로 감속하여 20km/h가 되었다면 감속하는데 걸린 시간은?

① 3.54sec
② 4.27sec
③ 5.09sec
④ 6.67sec

해설 $a = \mu g = -(0.8 \cdot 9.8) = -7.84m/s^2$,

$t = \dfrac{v_e - v_i}{a} = \dfrac{(20/3.6) - (120/3.6)}{-7.84} ≒ 3.54sec$

정답 104 ② 105 ① 106 ①

제2장 운동역학

1 운동량과 충격량의 이해

01 2021년 기출

정지 중인 질량 30kg의 A물체를 질량 10kg인 B물체가 20m/s로 충돌하여 맞물린 상태로 이동했다. 충돌 직후 두 물체의 속도는? (일차원상의 완전비탄성충돌로 간주)

① 5m/s
② 6m/s
③ 7m/s
④ 8m/s

해설 주어진 조건은 $m_A=30kg$, $v=0\sec$, $m_B=10kg$, $v_B=20m/s$, 산출해야 할 것은 V_{AB}이다. 산출에 이용할 방정식은 $m_Av_A+m_Bv_B=(m_A+m_B)V_{AB}$이다. 조건들을 방정식에 각각 대입하면 $30\times0+10\times(+20)=(30+10)\times V_{AB}$ $V_{AB}=\frac{200}{40}=+5m/s$, B차량의 충돌 전 속도는 +방향이고, V_{AB}도 +로 산출되었다는 것은 B차량의 진행방향과 같은 방향이라는 의미를 나타내준다.

● 중요도 ●●●●●
● 충격량 방정식을 정확히 익혀 두어야 한다.

02 2021년 기출

차량의 정면충돌 사고에서 고속으로 충돌할수록 가까워지는 충돌유형은?

① 완전탄성충돌
② 탄성변형충돌
③ 완전비탄성충돌
④ 탄성변형에 가까운 충돌

해설 정면충돌사고에서 속도가 낮을수록 탄성충돌에 가깝고, 이에 반하여 속도가 높을수록 비탄성충돌에 가깝다.

● 중요도 ●●

03 2021년 기출

충격량과 같은 물리량은?

① 힘
② 운동량의 변화량
③ 일률
④ 운동에너지

해설 충격량은 충격외력과 충격외력의 작용시간의 곱인 운동량의 변화량이다.

● 중요도 ●●●

정답 01 ① 02 ③ 03 ②

04 2021년 기출

질량 30kg의 정지된 물체에 크기와 방향이 일정한 힘을 3초 동안 작용시켰더니 물체의 속도가 10m/s가 되었다. 이 힘의 크기는?

① 30N
② 40N
③ 80N
④ 100N

해설 주어진 조건은 $m=30kg$, $t=3\sec$, $v_1=0m/s$, $v_{10}=10m/s$, $F=?$
여기서, m : 충격을 받은 물체의 질량(kg)
F : 충격에 작용한 힘, 충격외력
t : 충격작용시간($\sec$)
v_1 : 충격시 속도(m/s)
v_{10} : 충격직후 속도(m/s)
충격량은 운동량의 변화량(=충격외력×충격외력이 작용된 시간)이고, 운동량의 변화량은 충격을 받은 물체의 질량에 속도의 변화량(충격직후의 속도-충격시 속도)을 곱한 값이다. 이상의 원리를 방정식으로 나타내면 $F \times t = m(v_{10}-v_1)$로 쓸 수 있다. 위 방정식에 주어진 조건들을 대입하면, $F \times 3 = 30(10-0)$, $F=100N$

05 2021년 기출

질량 1200kg의 A차량이 주차중인 질량 1500kg의 B차량과 충돌하여 두 차량이 함께 20m 미끄러져 정지하였다. 미끄러질 때의 견인계수를 0.5라 할 때 A차량의 충돌 전 속도는? (완전비탄성충돌로 간주)

① 70.5km/h
② 92.7km/h
③ 113.4km/h
④ 131.5km/h

해설 미끄럼에 의한 충돌 후 속도 V_{AB}의 산출방정식과 충돌에 대한 운동량보존의 법칙은 아래와 같다.
㉠ $V_{AB}=\sqrt{2fgd}$ (f : 견인계수, g : 중력가속도 $9.8m/s^2$, d : 미끄러진 거리 m)
$m_A v_A + m_B v_B = (m_A+m_B)V_{AB}$ (m_A : A차량의 질량, m_B : B차량의 질량, v_A : A차량의 충돌시 속도, v_B : B차량의 충돌시 속도, V_{AB} : 충돌직후 속도)
㉡ 충돌직후 두 차량의 속도 $V_{AB} = \sqrt{2fgd} = \sqrt{2 \times 0.5 \times 9.8 \times 20} = 14m/s$
㉢ 운동량 보존 법칙 $m_A v_A + m_B v_B = (m_A+m_B)V_{AB}$에 주어진 조건을 대입,
$1200 \times v_B + 1500 \times 0 = (1200+1500) \times 14$
$v_B = \dfrac{2700 \times 14}{1200} = 31.5 m/s = 113.4 km/h$

06 2021년 기출

질량 1500kg의 차량이 15m/s의 속도로 고정벽에 충돌한 후 반대방향으로 3m/s의 속도로 튀어 나왔다. 차량의 충격량은?

① 10000Ns
② 22000Ns
③ 27000Ns
④ 50000Ns

해설 충격량 $= m(v_{10}-v_1) = 1500\{15-(-3)\} = 1500kg \times 18m/s = 27000Ns$

정답 04 ④ 05 ③ 06 ③

07 2021년 기출

질량이 5000kg인 A차량과 질량이 2500kg인 B차량이 평탄한 수평 노면에서 서로 정반대 방향으로 주행하다 정면충돌한 후 한 덩어리로 이동해 정지하였다. 충돌속도는 A차량과 B차량이 각각 20m/s이었다. 충돌 직후 두 차량은 어느 방향으로 얼마의 속도로 이동하는가? (일차원상의 완전비탄성충돌로 간주)

① A차량의 진행방향으로 24km/h로
② B차량의 진행방향으로 24km/h로
③ A차량의 진행방향으로 10km/h로
④ B차량의 진행방향으로 10km/h로

해설
$m_1 v_{10} + m_2 v_{20} = (m_1 + m_2) V$
$5,000 \times 20 + 2,500 \times (-20) = (5,000 + 2,500) V$
$100,000 + (-50,000) = 7,500 V$
$50,000 = 7,500 V$
$V = 6.67 m/s$
$V = 24 km/h$
B차량은 마이너스(-)인데, V는 플러스(+)이므로 A차량의 진행방향으로 24km/h 이동한 것이다.

중요도 ●●●●●
진행방향에 따라 +, - 부호를 정확히 해야 함

08 2020년 기출

질량 1000kg의 자동차가 30m/s의 속도로 벽에 수직으로 충돌한 후 10m/s의 속도로 수직으로 튀어 나왔다. 벽이 자동차에 가한 충격량은?

① 20000N·s
② 30000N·s
③ 40000N·s
④ 50000N·s

해설 충격량은 운동량의 변화량이다. 즉, 충돌 전 운동량과 충돌 후 운동량의 차(差)이다.
$mv_{10} - mv_1 = m(v_{10} - v_1) = 1,000\{30 - (-10)\} = 1,000 \times 40$
$= 40,000 Ns$

중요도 ●●
충격량 방정식을 정확히 익혀 두어야 한다.

09 2020년 기출

35m/s의 속도로 달리면 질량 2000kg 차량에 반대방향으로 1000N의 힘을 8초간 준 후의 속도는?

① 31m/s
② 24m/s
③ 21m/s
④ 14m/s

해설
$m(v - v') = F \times t$
$2,000(35 - v') = 1,000 \times 8$
$35 - v' = \frac{1,000}{2,000} \times 8$
$v' - 35 = -4$
$v' = 31 m/s$

중요도 ●●

정답 07 ① 08 ③ 09 ①

10 2020년 기출

50km/h로 수직암벽을 충돌한 차량이 2km/h로 튕겨 나왔다. 반발계수는?

① 0.5
② 0.4
③ 0.04
④ 0.02

해설 반발계수는 충돌 두 물체의 충돌 전 상대속도에 대한 충돌 후 상대속도의 비율이다.
방정식으로 나타내면,
$e = \dfrac{v_2' - v_1'}{v_1 - v_2}$, 여기서 1은 충돌 차량, 2는 수직암벽이고,
v_1, v_1'은 충돌 전, 후 충돌차량의 속도, v_2, v_2'는 충돌 전, 후 수직암벽의 속도이다.
$e = \dfrac{0-(-2)}{50-0} = \dfrac{2}{50} = 0.04$

중요도 ●●

반발계수의 정의를 식으로 옮길 수 있어야 한다.

11 2020년 기출

정지중인 질량 40kg의 A물체를 질량 10kg인 B물체가 10m/s로 충돌하여 맞물린 상태로 이동했다. 충돌 직후 두 물체의 속도는? (단, 충돌시에 두 물체 모두 손상이 일어나지 않았으며, 충돌 전후 일직선으로 이동한다.)

① 2m/s
② 3m/s
③ 4m/s
④ 5m/s

해설 운동량 보존법칙을 적용하여
$m_1 v_1 + m_2 v_2 = m_1 v_1' + m_2 v_2'$
$40 \times 0 + 10 \times 10 = (40+10)V$
$50V = 100$
$V = 2m/s$

중요도 ●●

운동량보존법칙의 산출식을 이해하여야 한다.

12 2019년 기출

반지름이 4m인 원둘레 위를 10m/s로 등속운동하는 질량 5kg의 물체가 있다. 이 물체에 작용하는 구심력은 몇 N인가?

① 125N
② 100N
③ 150N
④ 200N

해설 $E_r = \dfrac{mv^2}{r} = \dfrac{5 \times 10^2}{4} = 125 kgm/s^2 = 125N$

중요도 ●●●

정답 10 ③ 11 ① 12 ①

13 [2019년 기출]

질량 800kg인 자동차의 속도가 20m/s일 때 자동차의 운동량은?

① 8000kg·m/s
② 16000kg·m/s
③ 24000kg·m/s
④ 36000kg·m/s

해설) 운동량 = 질량 × 속도 = 800 × 20 = 16000kg·m/s

14 [2019년 기출]

반발계수의 값으로 맞는 것은?

$$\begin{bmatrix} v_1 : 1차량\ 충돌\ 전\ 속도,\ v_1' : 1차량\ 충돌\ 후\ 속도 \\ v_2 : 2차량\ 충돌\ 전\ 속도,\ v_2' : 2차량\ 충돌\ 후\ 속도 \end{bmatrix}$$

① $e = \dfrac{v_2 - v_1}{v_1 - v_2}$
② $e = \dfrac{v_2 - v_1}{v_1' - v_2'}$
③ $e = \dfrac{v_2 - v_1}{v_1 + v_2}$
④ $e = \dfrac{v_2' - v_1'}{v_1 - v_2}$

해설) $e = \dfrac{v_2' - v_1'}{v_1 - v_2}$

15 [2019년 기출]

지상 5m에서 질량 1000kg인 자동차자 자유낙하되어 튕겨남 없이 지면에 떨어졌을 때 중력에 의하여 물체가 받는 충격량은? (단, 중력가속도는 10m/s² 임)

① 5000N·s
② 10000N·s
③ 15000N·s
④ 20000N·s

해설) $v_h = \sqrt{2gh} = \sqrt{2 \times 10 \times 5} = 10m/s$, $W = m(v_h - v_i) = 1000(10 - 0) = 10000 kgm/s = 10000 Ns$

16 2018년 기출

다음 설명 중 틀린 것은?

① 운동에너지는 완전탄성 충돌인 경우에 보존된다.
② 운동에너지는 비탄성 충돌인 경우에 보존되지 않는다.
③ 두 물체의 충돌 전 후 운동량의 합은 완전탄성 충돌인 경우에도 보존된다.
④ 두 물체의 충돌 전 후 운동량의 합은 비탄성 충돌인 경우에 보존되지 않는다.

해설 운동에너지는 비탄성충돌에서는 보존되지 않고 완전탄성 충돌에서만 보존되며, 운동량은 비탄성충돌이든 완전탄성 충돌이든 언제나 보존된다.

17 2018년 기출

운동량과 단위가 같은 물리량은?

① 운동에너지
② 위치에너지
③ 충격량
④ 일

해설 운동량 : $kg \cdot m/s$, 운동에너지 : $kg \cdot m^2/s^2$, 위치에너지 : $kg \cdot m^2/s^2$
충격량 : $\Delta P = m\Delta v = m(v'-v)$ 이므로 $kg \cdot m/s$, 일 : $kg \cdot m^2/s^2$

18 2018년 기출

중량 980kgf인 자동차가 36km/h로 벽에 정면충돌한 후 반대방향으로 18km/h로 튀어나온 경우 자동차의 충격량은?

① 500Ns
② 1,500Ns
③ 1,800Ns
④ 3,000Ns

해설 $\Delta P = F\Delta t = m\Delta v = m(v'-v)$

$\Delta P = m(v'-v) = (\frac{w}{g})(v'-v) = (\frac{980}{9.8})\left[(\frac{36}{3.6}) - \left\{-(\frac{18}{3.6})\right\}\right] = 100 \times 15 = 1500 kgs = 1500 Ns$

정답 16 ④ 17 ③ 18 ②

19 2018년 기출

두 차량이 충돌한 상황에 대한 설명으로 옳은 것은?

① 정면으로 충돌했을 때에만 운동량은 보존된다.
② 반발계수가 0인 경우 운동량 및 운동에너지는 보존된다.
③ 반발계수가 1인 경우 운동량 및 운동에너지는 보존된다.
④ 정면으로 충돌하여 반발계수가 0.15일 경우, 운동에너지와 운동량은 보존된다.

[해설] 완전탄성충돌에는 운동에너지와 운동량은 보존된다. 반발계수가 1이면 완전탄성충돌이다.

20 2017년 기출

중량이 2,500kg인 A자동차가 동쪽방향에서 서쪽방향인 180°로 주행 중 남서방향에서 북동방향 50°로 주행 중인 중량 3,500kg인 B차량과 충돌하였다. 충돌 후 A차량은 북서 100°로 10m/s의 속도로 이동하여 최종정지하였고, B차량은 북서 120°로 10m/s의 속도로 이동한 후 최종 정지하였다. 충돌 전 B차량의 속도는 얼마인가?

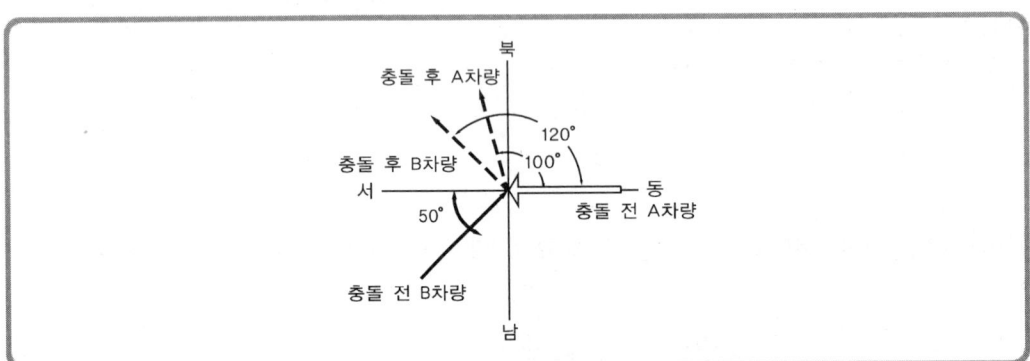

① B차량 : 약 10.5m/s
② B차량 : 약 15.7m/s
③ B차량 : 약 20.5m/s
④ B차량 : 약 32.8m/s

[해설]
$$v_{10} = \frac{w_1 v_1 \cos\theta_1 + w_2 v_2 \cos\theta_2}{w_1 \cos\theta_{10}}$$
$$= \frac{2,500 \cdot 10 \cdot \cos 100° + 3,500 \cdot 10 \cdot \cos 120°}{2,500 \cdot \cos 180°}$$
$$= \frac{-4,341 - 17,500}{-2,500} ≒ 8.74 m/s$$

$$v_{20} = \frac{w_1 v_1 \sin\theta_1 + w_2 v_2 \sin\theta_2 - w_1 v_{10} \sin\theta_{10}}{w_2 \sin\theta_{20}}$$
$$= \frac{2,500 \cdot 10 \cdot \sin 100° + 3,500 \cdot 10 \cdot \sin 120° - 2,500 \cdot 8.74 \cdot \sin 180°}{3,500 \cdot \sin 50°}$$
$$= \frac{24,620 + 30,311 + 2,500 \cdot v_{10} \cdot 0}{2,681} ≒ 20.5 m/s$$

중요도 ●●

중요도 ●●●

2차원 충돌의 속도산출 문제는 첫째, #1차량의 충돌 진행 방향을 가로축(x)에 일치시키고, 둘째 접근각과 방출각을 동(E)쪽 방향으로부터 좌표축의 4분면 각도산정방향(반시계방향)으로 각도를 산정하여 대입하며, 셋째, #1차량의 충돌 전 속도(v_{10})를 먼저 공식에 대입하고, 뒤이어 #2차량의 충돌전 속도(v_{20})를 산출하는 순서로 한다.

21 [2017년 기출]

에어백이 장착된 차량과 장착되지 않은 동종의 차량이 같은 상황에서 충돌했다면 운전자에게 미치는 영향에 있어서 에어백 장착 차량의 차이점을 설명한 것 중 잘못된 것은?

① 운전자와 차체 간 충돌시간을 길게 함
② 운동량의 변화는 동일함
③ 충격량은 동일함
④ 충격력은 동일함

해설) 충돌시간이 길어지면 충격량이 커지고, 충격량이 커지더라도 운동량의 변화와 충격량은 동일하다. 그러나 충격력이 동일하면 충격은 다르지 않다.

22 [2017년 기출]

고정장벽 충돌에 의해 파손된 차량의 소성변형량에 대해 올바르게 설명한 것은?

① 소성변형량은 유효충돌속도에 비례한다.
② 소성변형량은 충돌속도에 반비례한다.
③ 소성변형량은 탄성변형량과 같다.
④ 소성변형량은 간접손상의 정도이다.

해설) 소성변형량은 유효충돌속도와 관련이 있지 충돌속도와 간접손상은 관련이 없고, 탄성변형량은 변형 자체가 없다.

23 [2017년 기출]

충격량과 충돌지속시간을 설명한 것 중에서 틀린 것은?

① 운동량의 변화량이 충격량이다.
② 충격량의 단위는 N·s이다.
③ 일반적인 차량간의 충돌시간은 약 0.1~0.2초이다.
④ 콘크리트벽과 같은 강도가 높은 것에 충돌하면 충돌시간이 길어진다.

해설) 콘크리트벽과 같은 강도가 높은 것에 충돌하면 충돌시간은 일정하다.

정답 21 ④ 22 ① 23 ④

24 [2017년 기출]

다음 중 운동량에 대한 설명 중 **틀린** 것은?

① 운동량은 크기와 방향을 가지는 벡터이다.
② 질량이 m_1, m_2($m_1 > m_2$)인 두 자동차가 동일한 속도로 주행할 때 m_1인 자동차의 운동량이 더 크다.
③ 어떤 물체가 받은 충격량은 운동량의 변화량과 같다.
④ 운동량은 일정시간 동안 물체에 주어진 힘의 총량이다.

해설 일정시간 동안 물체에 주어진 힘의 총량은 운동량이 아닌 충격량이다.

25 [2017년 기출]

50km/h로 수직암벽을 충돌한 차량이 2km/h로 튕겨 나왔다. 반발계수를 구하시오.

① 0.5
② 0.4
③ 0.04
④ 0.02

해설 반발계수 = $\dfrac{\text{충돌 직후 반발속력}}{\text{충돌시 속력}} = \dfrac{2}{50} = 0.04$

26 [2017년 기출]

완전탄성충돌에 관한 설명으로 옳은 것은?

① 반발계수가 1인 경우를 말하며 에너지손실이 없다.
② 반발계수가 0인 경우에 운동에너지가 보존된다.
③ 반발계수의 값이 2일 때를 말한다.
④ 반발계수의 값이 0일 때를 말한다.

해설 완전탄성충돌은 반발계수가 1로서 에너지손실이 없고 운동에너지가 보존되며, 완전소성충돌은 반발계수가 0으로서 에너지손실이 100%이고 운동에너지를 완전히 잃어버린다.

27 [2017년 기출]

질량 1,000kg의 자동차가 25m/s에서 30m/s로 속도가 변할 때 충격량은?

① 5,000N·s
② 55,000N·s
③ 2,500N·s
④ 30,000N·s

해설 $P = m(v_e - v_i) = 1,000 \cdot (30 - 25) = 5,000 N \cdot s$

정답 24 ④ 25 ③ 26 ① 27 ①

28 2017년 기출

35m/s의 속도로 달리던 질량 2,000kg인 차량에 반대방향으로 1,000N의 힘을 8초간 준 후의 속도는 얼마인가?

① 31m/s
② 24m/s
③ 21m/s
④ 14m/s

해설 $m(v_1 - v_2) = F \cdot t$
$2,000 \cdot (35 - v_2) = 1,000 \cdot 8$, $v_2 = 31m/s$

29 2017년 기출

지상 5m되는 곳에서 질량 1,000kg인 자동차가 자유 낙하되어 튕겨남이 없이 지면에 떨어졌을 때 중력에 의하여 물체가 받는 충격량은? (단, 중력가속도는 10m/s²임)

① 5000N·s
② 10,000N·s
③ 15,000N·s
④ 20,000N·s

해설 $v = \sqrt{2gh} = \sqrt{2 \cdot 10 \cdot 5} = 10m/s$
$P = m(v - v_1) = 1,000 \cdot (10 - 0) = 10,000 N \cdot s$

30 2016년 기출

고가도로 위에서 운전자의 실수로 질량 800kg인 차량이 5m 아래 수직으로 튕김 없이 떨어졌다. 차량이 받은 충격량은? (단, 중력가속도 10m/s²)

① 4,000kg·m/s
② 6,000kg·m/s
③ 8,000kg·m/s
④ 10,000kg·m/s

해설 $v = \sqrt{2gh} = \sqrt{2 \cdot 10 \cdot 5} = 10m/s$
$P = mv = 800 \cdot 10 = 8,000 kg \cdot m/s$

31 2016년 기출

운동량에 대한 설명으로 맞는 것은?

① 물체의 질량과 속도를 곱한 양
② 물체의 질량과 속도를 나눈 양
③ 물체의 질량과 속도를 뺀 양
④ 물체의 질량과 속도에 질량을 다시 곱한 값

해설 운동량 = 질량·속도 = $m \cdot v$

32 2016년 기출

반발계수의 값으로 맞는 것은? (v_1 : #1차량 충돌 전 속도, v_1' : #1차량 충돌 후 속도, v_2 : #2차량 충돌 전 속도, v_2' : #2차량 충돌 후 속도)

① $e = \dfrac{v_2 - v_1}{v_1 - v_2} = \dfrac{v_1' + v_2'}{v_1 + v_2}$

② $e = \dfrac{v_2 - v_1}{v_1' - v_2'} = \dfrac{v_2' - v_1'}{v_1' + v_2'}$

③ $e = \dfrac{v_2 - v_1}{v_1 + v_2} = \dfrac{v_1' - v_2'}{v_1' + v_2'}$

④ $e = \dfrac{v_2' - v_1'}{v_1 - v_2} = \dfrac{v_1' - v_2'}{v_1 - v_2}$

해설 반발계수 = $\dfrac{\text{충돌 직후 상대속도}}{\text{충돌시 상대속도}} = \dfrac{|v_1' - v_2'|}{v_1 - v_2}$

33 2016년 기출

질량 1,000kg인 자동차가 언덕에서 20m/s의 속도로 아래로 떨어져 지면에 충돌한 후 3m/s의 속도로 튀어 올랐다. 자동차의 충격량은?

① 17,000kg · m/s
② 23,000kg · m/s
③ 47,000kg · m/s
④ 60,000kg · m/s

해설 $P = m(v - v') = 1,000 \cdot \{20 - (-3)\} = 1,000 \cdot 23 = 23,000 kg \cdot m/s$

34 2016년 기출

질량이 1,000kg인 자동차가 동쪽으로 10m/s의 속도로 진행하다가 서쪽으로 15m/s의 속도로 진행하는 질량 2,000kg인 자동차와 정면으로 충돌하였다. 충돌 직후 두 자동차의 방향과 운동량의 합은? (단, 충돌로 인한 에너지 감소량은 없고 1차원상의 충돌이다)

① 동쪽으로, 20,000kg · m/s
② 서쪽으로, 20,000kg · m/s
③ 동쪽으로, 30,000kg · m/s
④ 서쪽으로, 30,000kg · m/s

해설 $m_1 v_1 = 1,000 \cdot 10 = 10,000 kg \cdot m/s$, $m_2 v_2 = 2,000 \cdot (-15) = -30,000 kg \cdot m/s$
m_2의 운동량이 더 크므로 m_2의 진행방향인 서쪽으로, 운동량의 합은 $|10,000 + (-30,000)| = 20,000 kg \cdot m/s$

정답 32 ④ 33 ② 34 ②

35 2015년 기출

72km/h의 속도로 움직이던 질량 400kg인 오토바이가 브레이크에 의해 10초 동안 감속하여 57.6km/h로 감속되었다. 이 때 오토바이 운동량 변화의 크기는? (단, 브레이크에 의한 힘을 제외한 다른 힘은 없음)

① 1,000kgm/sec
② 1,200kgm/sec
③ 1,400kgm/sec
④ 1,600kgm/sec

해설 $P = mv_e - mv_i = m(v_e - v_i) = 400 \cdot (72/3.6 - 57.6/3.6) ≒ 1,600 kg \cdot m/s$

36 2015년 기출

유효충돌속도가 높을수록 반발계수와 소성변형에 대한 설명 중 알맞은 것은?

① 반발계수와 소성변형은 모두 증가한다.
② 반발계수와 소성변형은 모두 낮아진다.
③ 반발계수는 낮아지고 소성변형은 증가한다.
④ 반발계수는 높아지고 소성변형은 낮아진다.

해설 반발계수는 낮아지고 소성변형은 증가한다.

37 2015년 기출

운동량(momentum)과 충격량(impulse)의 관계를 바르게 설명한 것은?

① 충격량은 운동량보다 항상 크다.
② 운동량은 충격량의 제곱이다.
③ 운동량에 충격량을 더하면 충돌속도가 된다.
④ 운동량의 변화는 곧 충격량이다.

해설 운동량의 변화량=충격량

38 2015년 기출

충격력에 대한 다음 설명으로 가장 옳지 않은 것은?

① 양차량 간의 충격력 작용지점은 동일하다.
② 충돌시 양차량 간에 작용하는 충격력의 크기는 서로 다르다.
③ 충돌시 양차량 간에 작용하는 충격력의 방향은 서로 반대방향이다.
④ 충격력은 양차량의 파손형태, 파손량 등을 통하여 판단된다.

해설 충돌시 양차량 간에 작용하는 충격력의 크기는 서로 같다.

정답 35 ④ 36 ③ 37 ④ 38 ②

39

질량 1,500kg인 차량이 6m/sec로 주행하고 있다. 운동량은 얼마인가?

① 250kgm/sec
② 900kgm/sec
③ 2,500kgm/sec
④ 9,000kgm/sec

해설 $mv = 1,500 \cdot 6 = 9,000 kgm/sec$

40 2015년 기출

4,500kg인 #1차량과 3,000kg인 #2차량이 수평 노면위에서 충돌한 후 한덩어리가 되어 충돌 전 #1차량이 진행한 방향과 동일한 방향으로 20m를 이동하여 정지하였다. 충돌할 때 #2차량은 정지해 있었고 충돌 후 이동할 때 견인계수가 0.5이었다면 #1차량이 #2차량을 충돌한 속도는 얼마인가? (단, 1차원상의 충돌임)

① 약 23.3km/h
② 약 50.4km/h
③ 약 72.0km/h
④ 약 84.0km/h

해설 $m_1 v_1 + m_2 v_2 = (m_1 + m_2) V$
$4,500 v_1 + 3,000 \cdot 0 = (4,500 + 3,000) \cdot \sqrt{254 \cdot 0.5 \cdot 20}$
$v_1 = \dfrac{7,500}{4,500} \cdot 50.4 ≒ 84.0 km/h$

41 2015년 기출

10m/sec의 속도로 움직이고 있는 중량 5톤의 화물차에 동일방향으로 15m/sec의 속도로 중량 3톤의 화물차가 추돌하여 같이 붙어있는 상태로 이동을 하였다. 추돌직후 속도는?

① 약 3.13m/sec
② 약 6.26m/sec
③ 약 11.88m/sec
④ 약 8.26m/sec

해설 $m_1 v_1 + m_2 v_2 = (m_1 + m_2) V$
$3,000 \cdot 15 + 5,000 \cdot 10 = (3,000 + 5,000) V$
$V = \dfrac{45,000 + 50,000}{8,000} ≒ 11.875 ≒ 11.87 m/s$

정답 39 ④ 40 ④ 41 ③

42 2014년 기출

다음은 충돌현상에 대한 역학적 특성을 설명한 것이다. 괄호 안에 들어갈 적당한 말끼리 짝지어진 것은?

- 충돌은 (가)을(를) 서로 교환하는 현상이며, 반발현상을 수반한다.
- 충돌은 (나)의 일부를 소성변형 에너지로 소모하는 현상이다.
- 무게중심에서 벗어난 편심충돌은 운동량 교환과 함께 운동량이 (다)으로(로) 변한다.

① (가) 운동량, (나) 위치에너지, (다) 충격력
② (가) 운동량, (나) 운동에너지, (다) 각운동량
③ (가) 운동에너지, (나) 운동량, (다) 충격력
④ (가) 운동에너지, (나) 충격력, (다) 위치에너지

[해설]
- 충돌은 (운동량)을 서로 교환하는 현상이며, 반발현상을 수반한다.
- 충돌은 (운동에너지)의 일부를 소성변형 에너지로 소모하는 현상이다.
- 무게중심에서 벗어난 편심충돌은 운동량 교환과 함께 운동량이 (각운동량)으로 변한다.

43 2014년 기출

질량이 2,500kg인 A차량의 속도가 30km/h이고, 질량이 1,500kg인 B차량의 속도가 50km/h일 때 양 차량의 운동량은?

① A > B
② A < B
③ A = B
④ 비교할 수 없다.

[해설]
$P_A = m_a v_a = 2500 \cdot 30 = 75000 kg \cdot km/h$
$P_B = m_b v_b = 1500 \cdot 50 = 75000 kg \cdot km/h$
$\therefore P_A = P_B$

44 2014년 기출

A차량이 견인계수 0.65인 상태로 스키드마크를 발생하며 25m를 미끄러진 후, 신호대기로 정지한 B차량을 충돌하였다. 충돌의 결과로 B차량은 견인계수 0.3인 상태로 A차량 진행방향과 같은 방향으로 18m 미끄러진 후 정지하였고, A차량은 견인계수 0.65인 상태로 충돌 전과 같은 방향으로 5m 미끄러진 후 정지하였다. 이 경우 A차량의 충돌 속도는 얼마인가? (단, A차량과 B차량의 질량은 각각 1,500kg, 1,000kg이다)

① 약 43.4km/h
② 약 45.8km/h
③ 약 48.8km/h
④ 약 53.4km/h

정답 42 ② 43 ③ 44 ④

해설) $m_1v_1 + m_2v_2 = m_1(\sqrt{2f_1gd_1}) + m_2(\sqrt{2f_2gd_2})$
$1500v_1 + 1000 \cdot 0 = 1500(\sqrt{2 \cdot 0.65 \cdot 9.8 \cdot 5}) + 1000(\sqrt{2 \cdot 0.3 \cdot 9.8 \cdot 18})$
$1500v_1 = 1500 \cdot 28.7 + 1000 \cdot 37.0$
$v_1 ≒ 53.4 km/h$

45 [2014년 기출]

운동하는 두 물체가 충돌하였을 때 작용과 반작용의 힘이 상호작용하여 충돌 전·후 운동량의 합이 같다는 물리법칙은?

① 작용·반작용의 법칙
② 가속도의 법칙
③ 에너지보존의 법칙
④ 운동량보존의 법칙

해설) 운동량보존의 법칙에 관한 설명이다.

46 [2014년 기출]

질량이 1,000kg인 승용차가 질량 5,000kg인 정지해있는 버스와 충돌하여, 승용차와 버스가 한덩어리가 되어 5m/s의 속력으로 움직였다. 충돌 전 승용차의 속력은 얼마인가?

① 30m/s
② 25m/s
③ 20m/s
④ 15m/s

해설) $m_1v_1 + m_2v_2 = (m_1 + m_2)V$
$1000v_1 + 5000 \cdot 0 = (1000 + 5000) \cdot 5$
$v_1 = \frac{6000 \cdot 5}{1000} = 30 m/s$

47 [2014년 기출]

비탄성충돌에 대한 설명으로 맞는 것은?

① 반발계수의 값이 1보다 크거나 같을 때를 말한다.
② 두 물체가 하나가 되어서 운동하며 열에너지로 변하는 것을 말한다.
③ 반발계수의 값이 0보다 크고 1보다 작을 때를 말한다.
④ 반발계수의 값이 0일 때를 말하며, 열에너지의 일부가 운동에너지로 변한다.

해설) ① 어떤 충돌도 반발계수는 1보다 크지 않다.
② 두 물체가 하나로 되어 운동하는 것은 소성충돌이다.
④ 반발계수가 0인 경우는 소성충돌(완전비탄성충돌)이다.

정답 45 ④ 46 ① 47 ③

48 2013년 기출

아래 그림과 같이 A차량이 B차량을 추돌하여 두 차량이 일체가 되어 이동한 후 최종 정지하였다. 사고 상황에 대한 설명으로 <u>틀린</u> 것은 무엇인가?

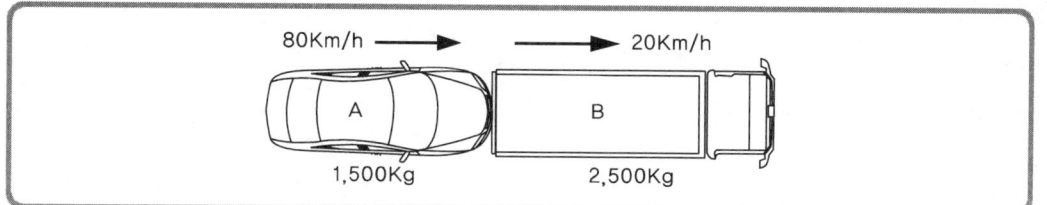

① 두 차량의 충돌 후 공통속도는 30km/h
② A차량의 경우 37.5km/h로 고정벽에 충돌한 것과 같은 손상을 당함
③ B차량이 받는 유효충돌속도는 22.5km/h
④ 두 차량의 상대충돌속도는 60km/h

[해설] $m_1 : 1,500kg$, $m_2 : 2,500kg$, $v_1 : 80km/h$, $v_2 : 20km/h$
$m_1v_1 + m_2v_2 = (m_1 + m_2)V$
$1,500 \cdot 80 + 2,500 \cdot 20 = (1,500 + 2,500) \cdot V$
$V = \dfrac{120,000 + 50,000}{1,500 + 2,500} = 42.5km/h$ (두 차량의 공통속도)

- A차량의 고정벽 충돌환산속도 : $(80 - 42.5)km/h = 37.5km/h$
- B차량의 유효충돌속도 : $(42.5 - 20)km/h = 22.5km/h$
- 두 차량의 상대충돌속도 : $(80 - 20)km/h = 60km/h$

49 2013년 기출

질량 1,500kg인 차량이 6m/sec로 주행하고 있다. 운동량은 얼마인가?

① 250kg · m/sec
② 900kg · m/sec
③ 2,500kg · m/sec
④ 9,000kg · m/sec

[해설] 운동량 $= mv = 1,500 \cdot 6 = 9,000 kg \cdot m/s$

정답 48 ① 49 ④

50 2013년 기출

질량 2,000kg인 자동차가 서쪽에서 동쪽으로 20m/sec의 속도로 주행 중 질량이 1,000kg이고 20m/sec의 속도로 마주보고 오는 자동차와 정면충돌한 후 일체가 되어 운동하였다. 충돌 후 양차량의 운동방향 및 속도는?

① 동쪽방향, 약 6.67m/sec
② 서쪽방향, 약 6.67m/sec
③ 동쪽방향, 약 13.2m/sec
④ 서쪽방향, 약 13.2m/sec

해설
$m_1 v_1 + m_2 v_2 = (m_1 + m_2) V$
$2,000 \cdot 20 + 1,000 \cdot (-20) = (2,000 + 1,000) V$
$V = \dfrac{40,000 - 20,000}{3,000} \fallingdotseq 6.67 m/s$

51 2013년 기출

정지하고 있던 질량 1,000kg인 물체가 중력에 의해 아래로 자유 낙하한다. 5초 후 이 물체의 운동량은? (단, 중력가속도=9.8m/sec², 공기저항 무시)

① 49,000kg · m/sec
② 29,000kg · m/sec
③ 4,900kg · m/sec
④ 2,900kg · m/sec

해설
$v_e = v_i + at = 0 + g \cdot 5 = 49.0 m/s$
$P = mv = 1,000 \cdot 49.0 = 49,000 kg \cdot m/s$

52 2013년 기출

유효충돌속도에 관한 설명으로 맞는 것은 무엇인가?

① 충돌 후 양차량이 어느 순간 같은 속도가 되는데, 그 순간의 속도를 의미한다.
② 충돌시 차량에 발생하는 속도 변화이다.
③ 양차량 간의 상대적인 속도차이다.
④ 유효충돌속도는 차량의 중량과 관련이 없다.

해설
① 충돌 중 양차량이 순간적으로 같게 되는 속도를 공통속도라고 한다.
③ 차량끼리의 상대적 속도차이는 상대속도, 상대충돌속도라고 부른다.
④ 유효충돌속도는 상대충돌속도와 두 충돌차량의 합에 대한 질량의 역성비의 곱이므로 중량과 밀접한 관련이 있다.

(유효충돌속도 = $\dfrac{상대차량의\ 중량}{당해차량의\ 중량 + 상대차량의\ 중량} \times 상대충돌속도$)

유효충돌속도는 개념정의에 있어 한가지의 경우만 있는 것이 아니다.

53 2012년 기출

충격력에 대한 다음 설명으로 가장 옳지 <u>않은</u> 것은?

① 충격력이 작용한 방향은 차량 탑승자의 이동방향으로도 판단할 수 있다.
② 충돌시 양차량 간에 작용하는 충격력의 크기는 서로 같다.
③ 충격력의 방향은 최초 충돌시의 충격힘 방향과 항상 같다.
④ 충돌시 양차량 간에 작용하는 충격력의 방향은 서로 반대방향이다.

> **해설** ① 충격력의 작용 방향과 차량 탑승자 이동방향은 서로 반대이다.
> ③ 충격력의 방향은 최초 충돌시 보다 <u>최대 충돌시</u>의 충격힘 방향과 같다.
> ②와 ④는 뉴턴의 제3법칙인 작용·반작용의 법칙을 설명한 것이다.

54 2012년 기출

충돌시 대상물 사이에 최대 충격력이 작용하는 위치는?

① 최초 충돌지점
② 충돌 후 최종위치
③ 최대 충돌지점
④ 최초 충돌과 최대 충돌지점 모두

> **해설** 최대 충격력은 최대 충돌지점에서 작용한다.

55 2012년 기출

차 대 보행자 사고에서 보행자 인체 반발계수의 근사값은?

① 0
② 1
③ 2
④ 3

> **해설** $e = \dfrac{v_2 - v_1}{v_{10} - v_{20}} = \dfrac{\text{보행자 충돌 후 속도} - \text{차량 충돌 후 속도}}{\text{차량 충돌속도} - \text{보행자 충돌속도}}$ 에서 보행자와 차량의 충돌 후 속도는 거의 같으므로 반발계수는 0이 된다.

반발계수는 두 충돌물체 사이에 있어 충돌 전 상대속도에 대한 충돌 후 상대속도의 비율이다.

56 2012년 기출

72km/h의 속도로 움직이던 질량 400kg인 오토바이가 브레이크에 의해 10초 동안 감속하여 57.6km/h로 줄어들었다. (단, 브레이크에 의한 힘을 제외한 다른 힘은 없음) 이 때 오토바이의 운동량 변화의 크기는?

① 1,000kg·m/s
② 1,200kg·m/s
③ 1,400kg·m/s
④ 1,600kg·m/s

정답 53 ③ 54 ③ 55 ① 56 ④

해설 속도변화 $\Delta V = v_e - v_i = \frac{72}{3.6} - \frac{57.6}{3.6} = 4.0 m/s$

운동량 변화 $m(v_e - v_i) = m \cdot \Delta V = 400 \cdot 4 = 1600 kg \cdot m/s$

57 2012년 기출

추돌사고의 일반적인 특징으로 옳지 않은 것은?

① 두 차량의 탄성력으로 앞 차량은 가속된다.
② 뒤 차량이 급제동하면서 추돌하는 일이 많아 노즈 다운(Nose Down)현상의 충돌이 되기 쉽다.
③ 승용차 간의 추돌에서 반발계수는 정면충돌의 경우보다 현저히 크다.
④ 앞 차량 운전자는 추돌당시 상황을 인지하지 못하는 경우가 많다.

해설 승용차 간 추돌의 반발계수는 정면충돌보다 약간 크다.

58 2012년 기출

35m/s의 속도로 달리던 질량 2,000kg 차량에 반대방향으로 1,000N의 힘을 8초간 준 후의 속도는?

① 31m/s
② 24m/s
③ 21m/s
④ 14m/s

해설 $F = ma = m\frac{\Delta v}{\Delta t} = m\frac{(v_e - v_i)}{\Delta t}$, $F = m\frac{v_e - v_i}{\Delta t}$, $-1,000 = 2,000 \cdot \frac{v_e - 35}{8}$

∴ $v_e = (\frac{-1,000 \cdot 8}{2000}) + 35 = 31 m/s$

59 2012년 기출

질량 m_1, m_2인 두 물체가 v_1, v_2의 속도로 서로 완전비탄성 충돌을 할 경우 충돌 후 속도는?

① $\frac{m_1 m_2}{m_1 v_1 + m_2 v_2}$
② $\frac{m_1 + m_2}{m_1 v_1 + m_2 v_2}$
③ $\frac{m_1 v_1 + m_2 v_2}{m_1 + m_2}$
④ $\frac{m_1 v_1 + m_2 v_2}{m_1 m_2}$

해설 완전비탄성(소성) 충돌은 두 물체가 충돌 후 맞물린 채 이동하므로 충돌 후 속도는 똑같다. 운동량 보존법칙에 따라 $m_1 v_1 + m_2 v_2 = (m_1 + m_2) V$가 성립한다. 따라서 충돌 후 속도는 $V = \frac{m_1 v_1 + m_2 v_2}{m_1 + m_2}$가 된다.

정답 57 ③ 58 ① 59 ③

60 2012년 기출

10m/s의 속도로 움직이고 있는 중량 5톤의 열차에 동일방향으로 15m/s의 속도로 중량 3톤의 열차가 접근하여 연결되었다. 연결 후의 속도는?

① 약 3.13m/s
② 약 6.26m/s
③ 약 11.88m/s
④ 약 8.26m/s

해설
$m_1 v_{10} + m_2 v_{20} = (m_1 + m_2) V$
$3000 \cdot 15 + 5000 \cdot 10 = (3000 + 5000) V$
$\therefore V = \dfrac{45000 + 50000}{8000} ≒ 11.88 m/s$

61 2011년 기출

A차량은 100km/h의 속도이고 B차량은 60km/h로 주행하다가 정면충돌하였다. 상대반발속도(두 차량의 충돌 직후의 속도 차)가 40km/h일 때의 반발계수는?

① 0
② 0.25
③ 0.5
④ 1

해설 〈조건〉 반대방향 속력 $100km/h$, $60km/h$, 반발속도$=40km/h$, 반발계수$(e)=?$,
반발계수 산출 공식은 $e = \dfrac{상대반발속도}{상대충돌속도}$ 이므로 $e = \dfrac{40}{100-(-60)} = \dfrac{40}{160} = 0.25$ 이다.

반발계수는 충돌 전 속도차이에 대한 충돌 후 속도차이의 비율이다. '상대'란 의미는 '차이'라는 뜻이다.

62 2011년 기출

중량이 800kg 승용차가 72km/h로 달릴 때의 운동량과 중량이 2.4톤인 트럭의 운동량이 같을 때 트럭의 속도는?

① 24km/h
② 34km/h
③ 44km/h
④ 54km/h

해설 〈조건〉 승용차의 중량 및 속도 : $w_A = 800kg$, $v_A = 72km/h$, 트럭의 중량 : $w_B = 2400kg$, 양차의 운동량이 같게 될 트럭의 속도$(v_B)=?$
$w_A v_A = w_B v_B$ 에서 $800 \cdot 72 = 2400 \cdot v_B$
$\therefore v_B = \dfrac{800 \cdot 72}{2400} = 24 km/h$

정답 60 ③ 61 ② 62 ①

63 [2011년 기출]

아래와 같이 동종의 차량이 정면충돌하는 사고가 발생하였다. 두 차량의 손상정도와 충돌 후 두 차량의 이동 방향에 대하여 옳게 설명한 것은?

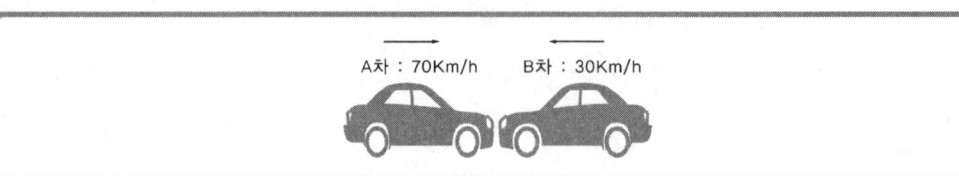

① A차 손상이 더 크며, 충돌 후 A차 진행방향으로 함께 이동한다.
② B차 손상이 더 크며, 충돌 후 A차 진행방향으로 함께 이동한다.
③ B차 손상이 더 크며, 충돌 후 B차 진행방향으로 함께 이동한다.
④ 두 차량 손상은 거의 같으며, 충돌 후 A차 진행방향으로 함께 이동한다.

해설 이동방향과 손상에 관하여 아래 표 참조

$mv_{10} + mv_{20} = (m+m)V$ $70m - 30m = 2mV$ $40m = 2mV$ $V = 20km/h$	손상 ⇔ 충돌 전·후의 속도변화 A차 : 70-20=50km/h B차 : 20-(-30)=50km/h 충돌 전·후의 속도변화가 같다.
충돌 후 운동량이 큰 차량(A차)의 충돌 전 진행방향으로 이동	손상은 거의 같다.

요점 ○○○
손상 정도는 유효충돌속도, 즉 충돌 전·후의 속도 변화의 크기에 비례한다. 이 문제는 위와 같은 개념을 알고 있는지를 테스트하는 것이다. 따라서 이 문제를 풀기 위하여는 A차·B차의 유효충돌속도를 각각 산출해 봄으로써 알 수 있다.

64 [2011년 기출]

운동량(momentum)과 충격량(impulse)에 대해 바르게 설명한 것은?

① 운동량에서 충격량을 빼면 충돌속도이다.
② 운동량과 충격량의 합이 충돌속도이다.
③ 운동량과 충격량의 곱이 충돌속도이다.
④ 운동량의 변화량과 충격량은 같다.

해설 충격량은 충돌 전·후 운동량의 변화량이다. 운동량의 변화가 크면 충격량이 큰 것이다.

요점 ○

65 [2011년 기출]

운동량 보존의 법칙을 적용할 시 가장 고려하지 <u>않아도</u> 되는 사항은?

① 차량의 질량과 탑승자의 질량
② 충돌 당시 기온
③ 충돌 전후 방향
④ 충돌 전후 속력

해설 운동량 보존의 법칙의 요소는 충돌 두 물체의 질량과 충돌 전·후 속도(속력과 방향)이며, 충돌 당시 기온은 고려 대상이 아니다.

요점 ○

정답 63 ④ 64 ④ 65 ②

66 [2011년 기출]

한 차량이 30m 거리를 미끄러져 주차한 차량과 충돌하였으며 충돌 후 양차량이 한덩어리가 되어 15m 미끄러져 정지하였다. 양차량의 무게가 동일할 때 주행차량의 제동직전 속도는? (단, $f = 0.6$)

① 약 101km/h
② 약 110km/h
③ 약 117km/h
④ 약 120km/h

해설 〈조건〉 충돌 전·후 미끄러진 거리 $d_1 = 30m$, $d_2 = 15m$, $f = 0.6$, 양차량은 무게 동일, 제동직전 속도(v_b)=?
먼저 충돌 직후 속도를 구한 후 운동량보존 법칙을 적용하여 충돌속도를 산출한 다음,
처음속도 ($v_i = \sqrt{v_e^2 - 2ad}$)으로 제동 속도를 구한다.

ㄱ. 충돌 직후 속도는 $V = \sqrt{2\mu g d_2} = \sqrt{2 \cdot 0.6 \cdot 9.8 \cdot 15} ≒ 13.3 m/s$
ㄴ. 1차원 운동량보존 법칙을 적용하면 $wv_{10} + wv_{20} = (w+w)V$ 성립
$wv_{10} + w \cdot 0 = (w+w)(13.3)$ 그러므로 충돌시 속도(v_{10})는 $26.6m/s$임
ㄷ. 충돌전 30m 미끄러졌으므로 식 $v_b = \sqrt{(v_{10})^2 - 2ad_1}$를 적용함
∴ $v_b = \sqrt{(26.6)^2 - 2\{-(0.6 \cdot 9.8)\} \cdot 30} ≒ 32.6 m/s ≒ 117 km/h$

중요도 ●●●

이런 문제도 간단한 그림을 그린 후 공식을 적용하면 오류를 범하지 않고 용이하게 풀 수 있다. 이런 유형의 문제는 계속 출제되고 있다.

67 [2011년 기출]

평탄한 수평 노면 위에서 중량이 각각 5,000kg인 #1차량과 #2차량이 서로 정 반대방향으로 주행하다 정면충돌한 후 한덩어리가 되어 이동 정차하였다. 충돌속도는 #1차량이 40m/s, #2차량이 20m/s이었다면 충돌 직후 두 차량은 어느 쪽으로 얼마의 속력으로 이동하는가?

① #1차량의 진행방향으로 10m/s로
② #2차량의 진행방향으로 10m/s로
③ #1차량의 진행방향으로 20m/s로
④ #2차량의 진행방향으로 20m/s로

해설 〈조건〉 $w_1 = w_2 = 5000kg$, $v_{10} = 40m/s$, $v_{20} = -20m/s$, 충돌 직후 속도(V)=?
ㄱ. 1차원 운동량보존 법칙을 적용하면 $wv_{10} + wv_{20} = (w+w)V$ 성립
ㄴ. 주어진 조건들을 대입하여 산출하면 아래와 같다.
$5000 \cdot (40) + 5000 \cdot (-20) = (5000 + 5000)V$
$100,000 = 10,000 V$
∴ $V = 10m/s$ (1차량 진행방향)

중요도 ●●

정답 66 ③ 67 ①

68 2011년 기출

평면선상에서 외력의 작용없이 자전거와 트럭이 정면 충돌하였을 때, 다음 설명 중 옳은 것은? (단, 자전거의 무게 < 트럭의 무게)

① 자전거가 받은 충격량이 트럭이 받은 충격량보다 더 크다.
② 자전거의 운동량 변화가 트럭의 운동량 변화보다 더 크다.
③ 자전거와 트럭에 작용하는 힘의 크기와 방향은 서로 같다.
④ 자전거와 트럭의 운동량 변화의 합은 0이다.

 ㄱ. 두 물체가 수평노면에서 일직선상으로 충돌할 때 두 물체의 충격량과 운동량의 변화량은 같다. 충돌 전후의 속도 변화로 발생한 운동량의 변화가 충격량이다. ($F \cdot t = m(v_1 - v_{10})$)
ㄴ. 자전거와 트럭의 질량이 크게 다르더라도 정면충돌한 두 물체는 충돌로 인해 각각 받은 충격량이나 운동량 변화의 크기는 똑같고 방향만 서로 반대방향이 된다. 따라서 두 충돌한 물체의 운동량변화의 합은 0이다.

$m_1 v_{10} + m_2 v_{20} = m_1 v_1 + m_2 v_2$
$m_1 v_{10} - m_1 v_1 = m_2 v_2 - m_2 v_{20}$
$m_1 (v_{10} - v_1) = m_2 (v_2 - v_{20})$
#1의 운동량 변화 = #2의 운동량 변화
#1의 충격량 = #2의 충격량
$P_1 = P_2 \quad \therefore P_1 - P_2 = 0$

69 2010년 기출

운동량 벡터를 좌표계 그림(Diagram)으로 분석했다. #1차량의 중량은 3,200kg이었고 축척의 비는 1cm = 20,000kg · km/h이다. 그림에서 측정결과 #1차량 운동량의 길이가 5.6cm라면 이 차량의 속도는 얼마인가?

① 35km/h
② 52.5km/h
③ 70km/h
④ 62.5km/h

중량=3,200kg, 축척비 1cm=20,000kg·km/h, 운동량 5.6cm일 때 속도 $v = ?$
운동량(mv)은 112,000kg·km/h이므로 $1 : 20,000 = 5.6 : mv$, $mv = 112,000 kg \cdot km/h$
$\therefore v = \dfrac{112,000}{3,200} = 35 km/h$

70 2010년 기출

질량 2,000kg의 승합차가 120km/h로 달리면서 80km/h로 앞서 달리던 질량 1,500kg의 승용차를 추돌하였다. 반발계수가 0.2일 때 충돌 후 승합차와 승용차의 속도는?

① 승합차 약 99km/h, 승용차 약 107km/h
② 승합차 약 101km/h, 승용차 약 109km/h
③ 승합차 약 105km/h, 승용차 약 113km/h
④ 승합차 약 107km/h, 승용차 약 115km/h

해설 〈조건〉 $m_1 = 2000kg$, $v_{10} = 120km/h$, $m_2 = 1500kg$, $v_{20} = 80km/h$, $e = 0.2$, v_1, $v_2 = ?$
조건에서 반발계수가 존재하고, 운동량보존 법칙이 성립한다.

$$e = \frac{상대반발속도}{상대충돌속도} = \frac{v_2 - v_1}{v_{10} - v_{20}} = \frac{v_2 - v_1}{120 - 80} = 0.2 \therefore v_2 = v_1 + 8 \cdots (1)$$

$2000 \cdot 120 + 1500 \cdot 80 = 2000 \cdot v_1 + 1500 \cdot v_2 \cdots (2)$
$(1) \rightarrow (2)\ 240,000 + 120,000 = 2000v_1 + 1500(v_1 + 8)$
$360,000 = (2000 + 1500)v_1 + 12,000$
$3500v_1 = 348,000$
$v_1 \fallingdotseq 99km/h \cdots (3)$
$(3) \rightarrow (1)\ v_2 \fallingdotseq 107km/h$

71 2009년 기출

무게가 같은 두 대의 차량이 같은 속도로 직각충돌을 했다면 충돌시 상호간 작용된 힘의 방향은?

① 동일한 각(약 20도 내외)을 유지하고 비슷한 거리로 이동
② 동일한 각(약 30도 내외)을 유지하고 비슷한 거리로 이동
③ 동일한 각(약 35도 내외)을 유지하고 비슷한 거리로 이동
④ 동일한 각(약 45도 내외)을 유지하고 비슷한 거리로 이동

해설 무게·속도가 같으면 충돌 후 변화방향 및 이동거리도 같다.

정답 70 ① 71 ④

72 2009년 기출

두 물체의 충돌에 대한 설명으로 맞는 것은?

① 두 차량의 충돌은 운동에너지가 보존되지 않는 비탄성충돌이다.
② 충돌하는 물체들의 반발하는 정도를 나타내는 반발계수는 -1에서 1 사이의 값을 갖는다.
③ 반발계수가 0일 때의 충돌을 완전 탄성충돌이라 한다.
④ 일반적으로 자동차의 충돌시 반발계수는 1 이상의 값을 갖는다.

해설) ② 충돌 물체의 반발 정도인 반발계수는 0에서 1 사이의 값이다.
③ 반발계수가 0일 때의 충돌을 완전 소성충돌이라 한다.
④ 일반적으로 자동차의 충돌시 반발계수는 0에 가까운 값이다.

73 2009년 기출

A차량의 속도가 120km/h, B차량의 속도가 40km/h로 주행하다가 정면충돌하였다. 양차량의 운동량의 교환이 완료될 때의 공통속도가 80km/h일 때의 A차의 유효충돌속도는?

① 40km/h
② 50km/h
③ 60km/h
④ 80km/h

해설) 유효충돌속도 = |충돌속도-공통속도| = |120-80| = 40km/h

74 2009년 기출

PDOF(principle direction of force)를 이용한 사고 재현시 기본원칙에 해당되지 <u>않는</u> 것은?

① 충돌시 양차량 간에 작용하는 충격력의 크기는 서로 같다.
② 양차량 간 충격력의 작용지점은 동일한 1개의 지점이다.
③ 충돌시 양차량 간에 작용하는 충격력의 방향은 서로 동일방향이다.
④ PDOF의 방향은 최대 접합시 작용하는 충격력의 방향이며, 최초 충돌시의 충격력의 방향과 다르다.

해설) 충돌시 양차량 사이의 충격력 방향은 서로 <u>반대방향</u>이다.

75 2009년 기출

물체의 질량에 속도를 곱한 것을 무엇이라 하는가?

① 에너지
② 운동량
③ 거리
④ 시간

해설) P(운동량) = 질량(m) · 속도(v)

정답 72 ① 73 ① 74 ③ 75 ②

76 2009년 기출

운동량 보존법칙을 사용하여 속도분석을 할 때 필요한 자료이다. 이에 해당하지 않는 것은?

① 충돌지점까지의 각 차량의 접근경로
② 충돌 후 각 차량의 이동경로
③ 사고차량의 윤거 및 축거에 관한사항
④ 각 차량의 사고당시 중량(적재하중, 탑승자 체중등 포함)

 사고차량의 윤거 및 축거는 운동량 보존법칙을 사용한 속도 분석에 필요한 자료가 아니다.

77 2009년 기출

한 차량이 50m 거리를 미끄러져 주차한 차량과 충돌하였으며 충돌 후 양차량이 한덩어리가 되어 18m 미끄러져 정지하였다. 양차량의 질량이 동일할 때 주행차량의 미끄러지기 직전속도는? (단, 마찰계수는 0.6)

① 145.8km/h ② 136.4km/h
③ 123.9km/h ④ 118.2km/h

해설) $mv_{10} + mv_{20} = (m+m)V$, $mv_{10} + m \cdot 0 = 2m(\sqrt{2\mu gd})$
$mv_{10} = 2m(\sqrt{2 \cdot 0.6 \cdot 9.8 \cdot 18})$, $v_{10} \fallingdotseq 29.1 m/s$
$v_b = \sqrt{(v_{10})^2 - 2aD} = \sqrt{(29.1)^2 - 2\{-(0.6 \cdot 9.8)\} \cdot 50} \fallingdotseq 37.9 m/s \fallingdotseq 136.4 km/h$

78 2009년 기출

질량 2,000kg의 승합차가 120km/h로 달리면서 80km/h로 앞서 달리던 질량 1,500kg의 승용차를 추돌하였다. 반발계수가 0.2일 때 추돌 후 승합차와 승용차의 속도는?

① 승합차 약 99km/h, 승용차 약 107km/h
② 승합차 약 101km/h, 승용차 약 109km/h
③ 승합차 약 105km/h, 승용차 약 113km/h
④ 승합차 약 107km/h, 승용차 약 115km/h

해설) $\frac{v_2 - v_1}{v_{10} - v_{20}} = e$, $\frac{v_2 - v_1}{120 - 80} = 0.2$, $v_2 = v_1 + 8 \cdots$ (1)
$2000 \cdot 120 + 1500 \cdot 80 = 2000v_1 + 1500v_2$ 로부터
$360,000 = 2000v_1 + 1500v_2 \cdots$ (2)
(1) → (2) $2000v_1 + 1500(v_1 + 8) = 360,000$ 로부터
$3500v_1 = 348,000$ ∴ $v_1 = 99km/h$, $v_2 = 107km/h$

정답 76 ③ 77 ② 78 ①

79 2009년 기출

반발계수 산정식으로 올바른 것은?

① $\dfrac{A\text{의 충돌 후 속도} - B\text{의 충돌 후 속도}}{A\text{의 충돌 전 속도} - B\text{의 충돌 전 속도}}$

② $\dfrac{B\text{의 충돌 후 속도} - A\text{의 충돌 후 속도}}{A\text{의 충돌 전 속도} - B\text{의 충돌 전 속도}}$

③ $\dfrac{B\text{의 충돌 전 속도} - B\text{의 충돌 후 속도}}{A\text{의 충돌 전 속도} - A\text{의 충돌 후 속도}}$

④ $\dfrac{A\text{의 충돌 전 속도} - B\text{의 충돌 후 속도}}{B\text{의 충돌 전 속도} - B\text{의 충돌 후 속도}}$

해설 $\dfrac{v_2 - v_1}{v_{10} - v_{20}} = \dfrac{B\text{의 충돌 후 속도} - A\text{의 충돌 후 속도}}{A\text{의 충돌 전 속도} - B\text{의 충돌 전 속도}}$

80 2008년 기출

50km/h로 주행 중인 #1차량(중량 1,500kg)과 반대방향 40km/h로 주행 중인 #2차량(중량 1,200kg)이 정면충돌하였을 경우 #1, #2차량의 유효충돌속도는?

① #1차량 : 8km/h, #2차량 : 2km/h
② #1차량 : 40km/h, #2차량 : 50km/h
③ #1차량 : 50km/h, #2차량 : 40km/h
④ #1차량 : 70km/h, #2차량 : 20km/h

해설 유효충돌속도는 상대충돌속도(양차량의 충돌속도 차 : $V = v_{10} - v_{20}$)에 양차량 중량의 합에 대한 역구성비이므로 다음과 같이 산출함.

$V = v_{10} - v_{20} = \{50 - (-40)\} = 90 km/h$

- #1차량의 유효충돌속도 : $v_{e1} = \dfrac{w_2}{w_1 + w_2}(V) = \dfrac{1200}{1500 + 1200}(90) \fallingdotseq 40 km/h$

- #2차량의 유효충돌속도 : $v_{e2} = \dfrac{w_1}{w_1 + w_2}(V) = \dfrac{1500}{1500 + 1200}(90) \fallingdotseq 50 km/h$

81

다음 차량의 운동과 충돌에 관한 물리법칙의 설명 중 바르지 못한 것은?

① 운동에너지와 일의 양은 같다고 볼 수 있다.
② 운동량의 변화와 충격력은 같다.
③ 반발계수는 두 충돌 물체 사이의 속도차이와 관련이 있다.
④ 유효충돌속도는 상대충돌속도 및 중량비율과 직접 관련 된다.

해설 운동량의 변화 = 충격량(충격력×힘의 작용시간)

82

충격량에 관하여 바르게 설명한 것은?

① 물체에 작용한 힘에 대하여 항상 반대방향으로 작용한다.
② 물체에 작용한 힘에 힘의 작용시간을 곱한 값과 같다.
③ 속도의 제곱에 해당하며, 벡터이다.
④ 힘이 작용된 물체에 발생하는 운동량 변화의 제곱이다.

해설 충격량 = 운동량 변화 = 충격력×작용시간

정답 81 ② 82 ②

2 일과 에너지의 관계 이해

01 2021년 기출

질량 10kg의 물체를 30°의 경사면을 따라 10m 끌어 올렸을 때 이 물체의 위치에너지 증가량은 얼마인가? (중력가속도 : 9.8m/s²)

① 100J ② 981J
③ 490J ④ 500J

 해설 $E_h = mgh = mg \times (\sin 30° \times 10) = 10 \times 9.8 \times (0.5 \times 10) = 490 kgm = 490J$

02 2021년 기출

중량이 1800N인 차량이 두 노면에서 연속하여 미끄러진 후에 정지하였다. 견인계수가 0.8인 첫 번째 노면에서 25m를 미끄러졌고, 견인계수가 0.45인 두 번째 노면에서는 18m를 미끄러졌다. 이 차량이 첫 번째 노면에서 처음 미끄러지기 시작할 때 가지고 있던 에너지량은?

① 18000J ② 32400J
③ 45000J ④ 50580J

해설 $E_T = E_A + E_B = f_1 w d_1 + f_2 w d_2$
$= 0.8 \times 1800 \times 25 + 0.45 \times 1800 \times 18$
$= 36,000 + 14,580$
$= 50,580J$

03 2021년 기출

중량이 1500N인 차량의 견인력이 99.5N일 때 감속도는? (중력가속도 : 9.8m/s²)

① 0.65m/s² ② 1.25m/s²
③ 2.41m/s² ④ 4.41m/s²

 해설 $F = ma = (\frac{w}{g})a$
$\therefore a = F(\frac{g}{w}), \ a = 99.5(\frac{9.8}{1,500}) = 0.65 m/s^2$

질량과 중량의 관계에 대한 정확한 이해 필요

정답 01 ③ 02 ④ 03 ①

04 [2021년 기출]

중량이 1500N인 승용차가 견인계수 0.7인 첫 번째 노면에서 23m를 미끄러지고, 견인계수가 0.4인 두 번째 노면에서 32m를 연속하여 미끄러진 후 교량 난간을 36km/h의 속도로 충돌하고 정지하였다. 첫 번째 노면에서 미끄러지기 시작할 때 가지고 있던 에너지량은? (중력가속도 : 9.8m/s²)

① 18000J
② 24150J
③ 41619J
④ 51003J

해설 주어진 조건은 $w=1500N$, $f_1=0.7$, $d_1=23m$, $f_2=0.4$, $d_2=32m$

미끄럼 에너지(Sliding energy)의 총량에 대한 산출방정식은 $W_s=E_s=f_1wd_1+f_2wd_2+\frac{1}{2}(\frac{w}{g})v^2$이다. 주어진 조건들을 대입하면 $E_s=0.7\times1500\times23+0.4\times1500\times32+\frac{1}{2}\times1500\times(\frac{36}{3.6})^2=51003J$

05 [2021년 기출]

중량이 1500N인 차량이 30m/s의 속도로 주행하고 있다. 이 차량의 운동에너지는?

① 675000J
② 54326J
③ 784890J
④ 68878J

 $E_k=\frac{1}{2}mv^2=\frac{1}{2}(\frac{w}{g})v^2=\frac{1}{2}(\frac{1500}{9.8})\times30^2 ≒ 68878J$

06 [2020년 기출]

운동하는 물체는 그 물체가 정지할 때까지 다른 물체에 일을 할 수 있는 에너지를 가지고 있는데 이 에너지를 무엇이라고 하는가?

① 전기에너지
② 위치에너지
③ 화학에너지
④ 운동에너지

해설 운동에너지에 관한 설명이다.

07 [2020년 기출]

질량이 1kg인 물체의 운동에너지가 1J이라면 물체의 속도는?

① 약 0.31m/s
② 약 0.41m/s
③ 약 1.31m/s
④ 약 1.41m/s

해설 $E_k = \frac{1}{2}mv^2,\ v^2 = \frac{2E_k}{m},\ v = \sqrt{\frac{2E_k}{m}}$

$v = \sqrt{\frac{2 \times 1}{1}} = \sqrt{2} ≒ 1.414 m/s^2$

08 2020년 기출

5N의 힘을 A물체에 작용시켰더니 8m/s²의 가속도가 생기고, B물체에 같은 힘을 작용시켰더니 24m/s²의 가속도가 생겼다. 두 물체를 같이 묶었을 때, 이 힘에 의한 가속도는?

① 5m/s²   ② 6m/s²
③ 7m/s²   ④ 8m/s²

해설 $F = ma$에서 $m = \frac{F}{a}$,

$m_A = \frac{5N}{8m/s^2} = \frac{15}{24}kg,\ m_B = \frac{5N}{24m/s^2} = \frac{5}{24}kg$

$m_A + m_B = \frac{15}{24}kg + \frac{5}{24}kg = \frac{20}{24}kg$

$a_{AB} = \frac{F}{m_{AB}} = \frac{5N}{(\frac{20}{24}kg)} = 6m/s^2$

※ 수학적 식으로 표현하는 능력을 배양해야 한다.

09 2019년 기출

어떤 물체에 300N의 힘을 가하여 힘의 방향과 동일 직선상으로 25m를 이동시켰다. 이때 한 일의 양은 얼마인가?

① 300N·m   ② 3750N·m
③ 7500N·m   ④ 15000N·m

해설 $W = F \times d = 300 \times 25 = 7,500 Nm$

10 2019년 기출

에너지에 대한 설명으로 맞는 것은?

① 운동에너지는 속도의 제곱에 비례한다.
② 운동에너지는 무게에 반비례하는 운동이다.
③ 위치에너지는 높이의 제곱에 비례하는 운동이다.
④ 운동에너지는 일정한 힘이 얼마나 오랫동안 작용했는가를 나타내는 것이다.

해설 운동에너지 방정식 $E = \frac{1}{2}mv^2$, 속도의 제곱에 비례한다.

정답 08 ② 09 ③ 10 ①

11 2019년 기출

다음 내용 중 맞는 것은?

① 중량은 장소에 따라 변하지 않는다.
② 질량은 장소에 따라 변하지 않는다.
③ 중량은 질량을 중력가속도 값으로 나눈 값과 같다.
④ 질량은 중량을 중력가속도 값으로 곱한 값과 같다.

해설 중력가속도는 장소에 따라 변한다. 질량은 장소에 따라 변하지 않는다.
$w = mg$, 중량 = 질량×중력가속도

12 2019년 기출

용수철의 한쪽 끝에 붙어있는 물체를 5N의 힘으로 10mm를 당겼을 경우 용수철의 탄성계수는 얼마인가?

① 500
② 550
③ 600
④ 650

해설 $F = kx, \ k = \dfrac{F}{x} = \dfrac{5}{0.01} = 500$

13 2019년 기출

5N의 힘을 질량 m_1에 작용시켰더니 8m/s²의 가속도가 생기고, 질량 m_2에 같은 힘을 작용시켰더니 24m/s²의 가속도가 생겼다. 두 물체를 같이 묶었을 때, 이 힘에 의한 가속도는 얼마나 되겠는가?

① 5m/s²
② 6m/s²
③ 7m/s²
④ 8m/s²

해설
$m_1 = \dfrac{F}{a_1} = \dfrac{5}{8}, \ m_2 = \dfrac{F}{a_1} = \dfrac{5}{24}$

$a = \dfrac{F}{m_1 + m_2} = \dfrac{5}{\dfrac{5}{8} + \dfrac{5}{24}} = \dfrac{5}{\dfrac{15+5}{24}} = \dfrac{5 \times 24}{20} = 6 m/s^2$

정답 11 ② 12 ① 13 ②

14 [2019년 기출]

차량이 원운동시 받는 원심력과 관련한 내용 중 맞는 것은?

① 선회반경에 비례한다.
② 속도의 제곱에 비례하여 증가한다.
③ 질량이 클수록 원심력은 감소한다.
④ 속도가 증가할수록 원심력은 감소한다.

해설) $F_r = m\dfrac{v^2}{r}$, 질량에 비례, 속도의 제곱에 비례, 선회반경에 반비례한다.

15 [2019년 기출]

운동에너지(KE)의 수식으로 맞는 것은? [m : 질량(kg), v : 속도(m/s)]

① $KE = \dfrac{1}{2}m$
② $KE = \dfrac{1}{2}v$
③ $KE = \dfrac{1}{2}mv$
④ $KE = \dfrac{1}{2}mv^2$

해설) $KE = \dfrac{1}{2}mv^2$

16 [2018년 기출]

질량 200kg인 차량이 30m/s 속도로 운동하다가 정지해 있는 질량 400kg인 차량을 정면으로 추돌한 후 한 덩어리가 되어 운동하였다. 충돌로 인해 손실된 운동에너지는?

① 20,000J
② 30,000J
③ 50,000J
④ 60,000J

해설) $m_1 v_1 + m_2 v_2 = (m_1 + m_2)V$
$200 \times 30 + 400 \times 0 = (200 + 400)V$
$V = \dfrac{6000}{600} = 10\text{m/s}$

충돌 전 에너지: $\dfrac{1}{2}m_1(v_1)^2 + \dfrac{1}{2}m_2(v_2)^2 = \dfrac{1}{2} \times 200 \times 30^2 + \dfrac{1}{2} \times 400 \times 0^2 = 90000J$

충돌 후 에너지: $\dfrac{1}{2}(m_1 + m_2)V^2 = \dfrac{1}{2}(400 + 200)(10)^2 = 30000J$

손실된 에너지 : 충돌 전 에너지 – 충돌 후 에너지 = $90000J - 30000J = 60000J$

정답 14 ② 15 ④ 16 ④

17 2018년 기출

중량 1,600kgf인 차량이 78,700J의 운동에너지를 갖고 있다. 이 운동에너지를 갖기 위한 차량의 속도는 얼마인가? (단, 중력가속도 9.8m/s²)

① 약 111.8km/h
② 약 144.3km/h
③ 약 130.7km/h
④ 약 124.5km/h

해설

$\frac{1}{2}mv^2 = E_k$

$\frac{1}{2}(\frac{w}{g})v^2 = E_k$

$\frac{1}{2}(\frac{1600}{9.8})v^2 = 78,700$

$v = \sqrt{\frac{78,700 \times 2 \times 9.8}{1600}}$

$v = \sqrt{964.075}$

$v ≒ 31.05 \text{m/s}$

$v ≒ 111.8 \text{km/h}$

18 2018년 기출

중량 1,000kgf인 차량이 72km/h로 주행하고 있다. 차량의 운동에너지는? (단, 중력가속도 9.8m/s²)

① 약 2,041J
② 약 20,408J
③ 약 40,816J
④ 약 144,000J

해설

$E_k = \frac{1}{2}mv^2 = \frac{1}{2}(\frac{w}{g})v^2 = \frac{1}{2}(\frac{1000}{9.8})(\frac{72}{3.6})^2 = 20,408J$

19 2018년 기출

질량이 300kg인 차량이 15m/s에서 35m/s로 가속하는데 5초가 걸렸을 때 차량에 작용한 힘은?

① 1,000N
② 800N
③ 1,500N
④ 1,200N

해설

$F = ma = m(\frac{v_e - v_i}{t}) = 300(\frac{35-15}{5}) = 300(4) = 1200kg = 1200N$

20 2017년 기출

질량 1,500kg인 자동차가 10m/s로 운동하고 있을 때 운동방향으로 일을 해 주었더니 자동차의 속도가 2배로 빨라졌다. 이 때 해준 일의 크기는 얼마인가?

① 15,000J
② 150,000J
③ 225,000J
④ 350,000J

$$\frac{1}{2} \cdot 1{,}500 \cdot 10^2 + W = \frac{1}{2} \cdot 1{,}500 \cdot 20^2$$
$$W = \frac{1}{2} \cdot 1{,}500 \cdot (20^2 - 10^2) = 225{,}000 J$$

21 2016년 기출

수평면 위에 질량 1,000kg인 자동차가 정지해 있고, 이 자동차에 수평으로 일정한 크기의 힘을 5초 동안 준 결과 자동차의 속도가 10m/s가 되었다. 힘이 한 일은? (단, 중력가속도 10m/s² 이고, 수평면과 물체 사이의 마찰계수는 0.5이다)

① 150kJ
② 175kJ
③ 200kJ
④ 250kJ

$$a = \frac{v_e - v_i}{t} = \frac{10-0}{5} = 2m/s^2, \ d = v_i t + \frac{1}{2}at^2 = 0 \cdot 5 + \frac{1}{2} \cdot 2 \cdot 5^2 = 25m$$
$$W_1 = F \cdot d = ma \cdot d = m \cdot fg \cdot d = 1{,}000 \cdot 0.5 \cdot 10 \cdot 25 = 125{,}000 J = 125 kJ$$
$$E_k = \frac{1}{2}m(v_e)^2 = \frac{1}{2} \cdot 1{,}000 \cdot 10^2 = 50{,}000 kg \cdot m^2/s^2 = 50 kJ$$
$$W_T = W_1 + E_k = 50 + 125 = 175 kJ$$

이 문제는 속도·가속도 항목의 운동방정식 관련 2가지 공식을 적용하여 산출한 후, 일·에너지 항목에도 2가지 공식을 적용하여 다시 합하는 5가지 공식을 사용해야만 최종답을 선택할 수 있다. 이런 문제는 거의 주관식 25점 정도의 난이도이다.

22 2016년 기출

질량이 2,000kg인 차량이 45,000kg·m²/s²의 운동에너지를 가지고 운동할 때 속도는?

① 14.3km/h
② 16.8km/h
③ 20.5km/h
④ 24.1km/h

$$E_k = \frac{1}{2}mv^2, \ v = \sqrt{\frac{2E_k}{m}} = \sqrt{\frac{2 \cdot 45{,}000}{2{,}000}} = \sqrt{45} \fallingdotseq 6.7 m/s \fallingdotseq 24.1 km/h$$

정답 20 ③ 21 ② 22 ④

23 [2016년 기출]

질량 1,200kg인 차량이 100km/h의 속도로 평지를 주행하고 있다. 이 차량을 멈추는데 필요한 에너지의 양은?

① 232kJ
② 463kJ
③ 926kJ
④ 568kJ

해설 $E_k = \frac{1}{2}mv^2 = \frac{1}{2} \cdot 1,200 \cdot (100 \div 3.6)^2 ≒ 462,963J ≒ 463kJ$

24 [2015년 기출]

동일한 물체의 속도가 2배가 되면 운동에너지는 몇 배가 되는가?

① 0.5배
② 2배
③ 4배
④ 8배

해설 $E_1 = \frac{1}{2}mv^2$ $E_2 = \frac{1}{2}m(2v)^2 = \frac{1}{2}m \cdot 4v^2 = 4 \cdot (\frac{1}{2}mv^2)$ ∴ 4배

25 [2015년 기출]

질량 800kg인 자동차와 1,600kg인 자동차를 차량정비소에서 각각 2.5m 높이만큼 들어 올린다. 1,600kg인 자동차를 들어 올릴 때 필요한 일의 양은, 800kg인 자동차를 들어 올릴 때 필요한 일의 양의 몇 배인가?

① 1배
② 0.5배
③ 2배
④ 1.5배

해설 위치에너지의 양은 $E_h = mgh$로서 질량이 2배인 물체를 움직이는데 필요한 일의 양은 m, g, h 각각의 요소에 비례한다. 따라서 질량이 2배인 물체를 끌어 올리는데 필요한 일의 양은 2배이다.

26 [2015년 기출]

질량이 800kg인 자동차가 수평한 지면위에 정지해 있다. 지면과 타이어의 마찰계수가 0.6이라면, 수평으로 4,000N의 힘을 가할 때 생기는 마찰력은?

① 1,000N
② 2,000N
③ 3,000N
④ 4,000N

해설 마찰력은 물체에 힘을 가할 때 작용하는 힘에 대하여 거스르는(역행하는) 힘이다. 따라서 가해지는 힘과 마찰력은 같다.

정답 23 ② 24 ③ 25 ③ 26 ④

27 2015년 기출

질량이 1,900kg인 차량이 45m/sec의 속도로 주행하고 있다. 이 차량을 멈추는데 소모되는 에너지의 양은 얼마인가?

① 89,690kg중m
② 196,301kg중m
③ 67,343kg중m
④ 96,650kg중m

 $E = \frac{1}{2}mv^2 = \frac{1}{2} \cdot 1,900 \cdot 45^2 = 1,923,750 kg \cdot m/s^2 \cdot m ≒ 196,301 kg중m$

28 2015년 기출

질량이 1,000kg인 자동차가 30m/sec로 주행하던 중 40m/sec로 주행하던 자동차(질량 1,500kg)와 직각으로 충돌한 후 두 자동차가 붙어서 35m/sec로 이동하였다. 이 때 충돌로 인해 손실된 에너지는 얼마인가?

① 1,250J
② 118,750J
③ 125,000J
④ 237,500J

충돌 전 에너지	충돌 직후 에너지
$E_1 : \frac{1}{2}m_1v_1^2 = \frac{1}{2} \cdot 1,000 \cdot 30^2 = 450,000 J$ $E_2 : \frac{1}{2}m_2v_2^2 = \frac{1}{2} \cdot 1,500 \cdot 40^2 = 1,200,000 J$ $E_T : 1,650,000 J$	$E_T' = \frac{1}{2}(m_1+m_2)V^2$ $= \frac{1}{2}(1,000+1,500) \cdot 35^2$ $= 1,531,250 J$
$E_T - E_T' = 1,650,000 - 1,531,250 = 118,750 J$	

29 2015년 기출

에너지에 대한 설명 중 틀린 것은?

① 운동에너지는 운동량에 반비례한다.
② 일의 양은 물체의 운동에너지 변화량과 같다.
③ 운동에너지는 질량에 비례하고 속도의 제곱에 비례한다.
④ 에너지의 단위는 일과 같은 단위를 사용한다.

해설) 운동에너지와 운동량은 비례, 반비례 관계 모두 아니다.

정답 27 ② 28 ② 29 ①

30 2014년 기출

운동에너지에 대한 설명으로 옳은 것은?

① 자동차가 주행 중에는 에너지가 변형되지 않으며 질량에 반비례하는 운동을 말한다.
② 자동차의 운동이 에너지로 변형될 때에는 미끄러지지 않으며 높이의 제곱에 비례하는 운동이다.
③ 운동하는 물체는 정지할 때까지 다른 물체에 일을 할 수 있으며, 운동하고 있는 물체가 가지는 에너지를 말한다.
④ 자동차가 주행 중 위치에너지가 변형됨을 말하며 힘의 작용시간을 나타내는 것이다.

해설) ① 운동에너지는 자동차의 주행 중 변하지 않으며, 질량에 비례한다.
② 자동차가 운동 중 미끄러지면 마찰 열에너지로 변하며, 높이에 비례한다.
④ 자동차의 주행 중 위치에너지는 변형되지 않으며, 힘의 작용시간은 충격량과 관계된다.

31 2014년 기출

질량이 1,000kg인 자동차가 곡선반경이 500m인 곡선부를 72km/h로 주행할 때, 자동차에 작용하는 원심력의 크기는?

① 800N
② 1,250N
③ 28.8N
④ 40N

해설) 원심력 $\dfrac{mv^2}{R} = \dfrac{1000 \cdot (72/3.6)^2}{500} = 800 kg \cdot m/s^2 = 800N$

32 2013년 기출

중량 3,000kg인 자동차가 첫 번째 노면을 30m 미끄러지고, 이어 두 번째 노면을 10m 미끄러진 후 8m/sec 속도로 가로수를 충돌하였다. 사고차량의 급제동 전 보유 에너지는 얼마인가? (단, 첫 번째 노면의 견인계수 = 0.8, 두 번째 노면의 견인계수 = 0.4)

① 약 93,795.9N·m
② 약 71,234.3N·m
③ 약 43,854.2N·m
④ 약 22,341.5N·m

$W = W_1 + W_2 + E_k = f_1 w_1 d_1 + f_2 w_2 d_2 + 1/2 \cdot mv^2$
$= 0.8 \cdot 3,000 \cdot 30 + 0.4 \cdot 3,000 \cdot 10 + 1/2 \cdot (3,000/9.8) \cdot 8^2 = 93,795.9 N \cdot m$

33 [2013년 기출]

중량 1,500kg인 차량이 견인계수 0.7인 곳에서 29m를 미끄러지고 정지하였다. 이 차량이 한 일은?

① 20.3J
② 1,050J
③ 30,450J
④ 5,850J

 일(W)=견인계수(f)·중량(w)·이동거리(d)
$W = 0.7 \cdot 1,500 \cdot 29 = 30,450J$

34 [2013년 기출]

질량 1,500kg인 자동차가 30m/s 속도로 달릴 때 운동에너지는?

① 675kJ
② 22.5kJ
③ 225kJ
④ 67.5kJ

 $E = \frac{1}{2}mv^2 = \frac{1}{2} \cdot 1500 \cdot 30^2 = 675,000J = 675kJ$

35 [2013년 기출]

중량 2,000kg인 차량이 견인계수 0.8인 노면에서 35m를 미끄러지고 정지하였다. 이 차량이 미끄러지기 시작할 때 가지고 있던 에너지는?

① 약 20,000N·m
② 약 27,000N·m
③ 약 45,000N·m
④ 약 56,000N·m

 $E = fwd = 0.8 \cdot 2,000 \cdot 35 = 56,000 N \cdot m$

36 [2012년 기출]

질량이 2,500kg인 차량이 10m/s에서 20m/s로 가속하는데 8초가 걸렸을 때 이 차량에 작용한 힘은?

① 2,098N
② 2,567N
③ 2,976N
④ 3,125N

 $a = \frac{v_e - v_i}{t} = \frac{20-10}{8} = 1.25 m/s^2$, $F = ma = 2500 \cdot 1.25 = 3125N$

37 [2012년 기출]

#1차량(중량 1,500kg)이 #2차량(중량 1,200kg)의 후미를 추돌한 사고가 발생하였다. 추돌전 #2차량은 정지되어 있었고, 추돌 후 두 차량은 견인계수 0.75로 13m를 함께 미끄러지고 정지하였다. 추돌시에 손상된 차체의 변형량을 장벽충돌 환산속도로 평가한 결과 #1차량의 전면손상은 8m/s, #2차량의 후미손상은 9m/s이었다. #1차량이 #2차량을 추돌하기 시작할 때 가지고 있던 에너지량은? (단, $g = 9.8\text{m/s}^2$)

① 약 $23,000 kg$중 $\cdot m$
② 약 $36,182 kg$중 $\cdot m$
③ 약 $46,289 kg$중 $\cdot m$
④ 약 $52,450 kg$중 $\cdot m$

[해설] 추돌 후 속도($V = \sqrt{2 \cdot 0.75 \cdot 9.8 \cdot 13} ≒ 13.82 m/s$), 장벽충돌환산속도($\Delta v_1 = 8 m/s$)으로부터 #1의 추돌시작 속도 $v_{10} = V + \Delta v ≒ 13.82 + 8 = 21.82 m/s$

#1의 추돌시작시 에너지량 $KE_1 = \frac{1}{2} m_1 (v_{10})^2 = \frac{1}{2} \cdot 1500 \cdot 21.82^2 ≒ 357,084 kg \cdot m/s^2 \cdot m = 36437 kg$중 $\cdot m$

중요도 ●●●

반복적으로 출제되는 문제이다. 미끄러진 경우 속도, 장벽충돌환산속도, 운동에너지 등 3가지를 차례로 공식 사용해야 하는 경우이고, 또 다시 출제 가능성이 매우 높은 유형이므로 잘 이해하여야 한다.

38 [2012년 기출]

중량이 1,000kg되는 차량이 72km/h로 주행하고 있다. 이 차량의 운동에너지는?

① 약 $2,041 kgN \cdot m$
② 약 $20,408 kgN \cdot m$
③ 약 $40,816 kgN \cdot m$
④ 약 $144,000 kgN \cdot m$

[해설]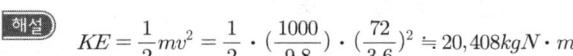

중요도 ●

이 문제의 답은 단위가 kg중 $\cdot m$가 아니라 $N \cdot m$가 되어야 한다. 2012년 출제당시에는 단위를 매기는데 혼동이 있었던 것으로 본다. 최근에는 이와 같은 문제는 출제되지 않는다.

39 [2012년 기출]

질량 2,000kg인 차량이 30m/s의 속력으로 운동하다가 정지해 있는 질량 4,000kg인 차량을 정면으로 추돌한 후 한덩어리가 되어 운동하였다. 충돌 때 손실된 에너지는?

① 200,000J
② 300,000J
③ 500,000J
④ 600,000J

[해설] 충돌 후 속도를 구한 후 운동에너지 값을 비교함

$$V = \frac{m_1 v_{10} + m_2 v_{20}}{m_1 + m_2} = \frac{2000 \cdot 30 + 4000 \cdot 0}{2000 + 4000} = 10 m/s$$

$$KE_1 - KE_{1+2} = \frac{1}{2} \cdot 2000 \cdot 30^2 - \frac{1}{2} \cdot (2000 + 4000) \cdot 10^2 = 900,000 J - 300,000 J = 600,000 J$$

중요도 ●●●

정답 37 ② 38 ② 39 ④

40 [2011년 기출]

어떤 오토바이가 뒷타이어만 잠긴 채(견인계수=0.35)로 22.2m를 미끄러지고, 그 다음에 두 타이어 모두 잠긴 채(견인계수=0.88)로 10.7m 미끄러진 후, 옆으로 넘어진 채(견인계수=0.50)로 27.1m를 미끄러진 후 정지하였다. 최초 뒷타이어만 잠기기 직전의 속도는?

① 약 58.4km/h
② 약 68.4km/h
③ 약 78.4km/h
④ 약 88.4km/h

 〈조건〉 첫번째 미끄러짐 : 견인계수 0.35, 미끄러짐 거리 22.2m, 두번째 미끄러짐 : 견인계수 0.88, 미끄러짐 거리 10.7m, 세번째 미끄러짐 : 견인계수 0.50, 미끄러짐 거리 27.1m, 세번째 미끄러짐 후 정지, 최초 뒷타이어만 잠기기 직전의 속도(V)=?
세 가지 미끄러짐의 경우를 각각 속도 산출하여 합성

ㄱ. $v_1 = \sqrt{2f_1 g d_1} = \sqrt{2 \cdot 0.35 \cdot 9.8 \cdot 22.2} = \sqrt{152.29}$

ㄴ. $v_2 = \sqrt{2f_2 g d_2} = \sqrt{2 \cdot 0.88 \cdot 9.8 \cdot 10.7} = \sqrt{184.55}$

ㄷ. $v_3 = \sqrt{2f_3 g d_3} = \sqrt{2 \cdot 0.50 \cdot 9.8 \cdot 27.1} = \sqrt{265.58}$

ㄹ. 위에서 v_1, v_2, v_3를 합성하면 아래와 같이 88.4km/h가 산출된다.
$V = \sqrt{v_1^2 + v_2^2 + v_3^2} = \sqrt{152.29 + 184.55 + 265.58} ≒ 24.5 m/s ≒ 88.4 km/h$

41 [2010년 기출]

중량이 15,680kg인 차량이 노면마찰계수가 0.5인 수평 노면 위에서 25m를 미끄러진 후 18km/h로 교량의 머리돌과 충돌하였다. 이 차량이 처음 미끄러지기 시작할 때 약 얼마의 에너지를 가지고 있었는가? (단, $g = 9.8 m/s^2$)

① 196,000kg·m/s²·m
② 200,000kg·m/s²·m
③ 216,000kg·m/s²·m
④ 259,000kg·m/s²·m

 〈조건〉 $w = 15,680 kg$, $f = 0.5$, $d = 25m$, $v_c = (\frac{18}{3.6}) m/s$, 에너지의 총합 E_T=?

- 미끄러지는 동안 일 $W = f \cdot w \cdot d = 0.5 \cdot 15,680 \cdot 25 = 196,000 kg \cdot m/s^2 \cdot m$
- 충돌시 운동에너지 $E_c = \frac{1}{2}(\frac{w}{g})v_c^2 = \frac{1}{2}(\frac{15,680}{9.8})(\frac{18}{3.6})^2 ≒ 20,000 kg \cdot m/s^2 \cdot m$
- 에너지의 총합 $E_T = W + E_c = 196,000 + 20,000 = 216,000 kg \cdot m/s^2 \cdot m$

이런 문제는 주관식에서 출제되는 유형과 같다. 여기서 오류를 범하여 수험생들이 틀리는 경우는 질량·중량의 수치를 잘못 대입하여 발생한다. 혼동이 없길 바란다.

정답 40 ④ 41 ③

42 2010년 기출

에너지에 대한 설명으로 맞는 것은?

① 운동에너지는 속도의 제곱에 비례한다.
② 운동에너지는 무게에 반비례하는 운동이다.
③ 위치에너지는 높이의 제곱에 비례하는 운동이다.
④ 운동에너지는 일정한 힘이 얼마나 오랫동안 작용했는가를 나타내는 것이다.

해설
② 운동에너지는 무게에 비례하는 운동이다.
③ 위치에너지는 높이에 비례하는 운동이다.
④ 운동에너지는 일정한 힘이 얼마의 거리를 이동했나를 나타낸다.

2009년 동일 기출문제 출제

43 2009년 기출

정지하고 있던 중량 2,000kg중인 자동차가 가속하여 15km/h의 속도가 되었다면 자동차의 운동에너지는 얼마인가? (단, 중력가속도 $g = 9.8m/s^2$)

① 9,432.5N·m
② 17,361.1N·m
② 27,654.2N·m
④ 32,542.8N·m

해설 $E = \frac{1}{2}mv^2 = \frac{1}{2} \cdot 2000 \cdot (\frac{15}{3.6})^2 ≒ 17361.1 N \cdot m$

정답 42 ① 43 ②

제3장 마찰계수 및 견인계수

1. 마찰계수 및 견인계수의 정의

01 2020년 기출

자동차 주행시 구름저항계수가 가장 낮은 노면상황은?

① 정비가 잘된 비포장 길
② 새로 자갈을 배포한 도로
③ 자갈이 있는 점토질의 도로
④ 평탄한 아스팔트포장로

해설 구름저항계수는 주행시 회전하는 타이어와 노면 사이에서 발생하는 것은 마찰이 발생하고 그에 따른 마찰저항이 구름저항이 되므로 상태가 양호한 노면에서 구름저항계수는 낮다. 따라서 제시된 조건 중 가장 양호한 노면은 평탄한 아스팔트포장로이다.

02 2020년 기출

회전운동을 하고 있는 차량에 작용하는 원심력의 크기를 나타낸 식은? [F : 원심력, m : 질량(kg), v : 속도(m/s), r : 회전반경(m)]

① $F = m \times \dfrac{v}{r}$
② $F = m \times \dfrac{v^2}{r}$
③ $F = m \times \dfrac{v^2}{r^2}$
④ $F = m \times \dfrac{v}{r^2}$

해설 원심력은 질량에 비례, 속도의 제곱에 비례, 회전반경에 반비례한다.

03 2020년 기출

교통사고 감정에서 활용되는 마찰계수와 관련이 없는 것은?

① 노면과 타이어 간의 마찰계수
② 전도하여 미끄러질 때의 마찰계수
③ 차량과 차량 간의 마찰계수
④ 조향장치와 바퀴 간의 마찰계수

해설 조향장치와 바퀴 간의 마찰계수는 교통사고 감정에 아무런 의미가 없다.

정답 01 ④ 02 ② 03 ④

04 [2019년 기출]

차량이 주행하다 제동을 걸지 않고 클러치가 끊겨 있는 상태에서의 마찰계수는?

① 최대감속계수
② 구름저항계수
③ 활주마찰계수
④ 급제동계수

해설 구름저항계수에 대한 설명이다.

05 [2018년 기출]

모든 바퀴가 정상적으로 제동되는 중량 1,500kgf인 차량이 평탄하고 젖은 노면에서 25m 미끄러지면서 18,750J의 운동에너지를 소비하고 정지했다면 마찰계수가 얼마인가?

① 0.5
② 0.6
③ 0.7
④ 0.8

해설
$E = \frac{1}{2}mv^2 = \frac{1}{2}(\frac{w}{g})v^2$ 로 부터

$v = \sqrt{\frac{2gE}{w}} = \sqrt{\frac{2 \times 9.8 \times 18,750}{1,500}}$

$v ≒ 15.65 \text{m/s}^2$, $\mu = \frac{v^2}{2gd} = \frac{15.65^2}{2 \times 9.8 \times 25} ≒ 0.5$

06 [2018년 기출]

차량의 중량이 5,500kgf이고, 견인력이 3,840N일 때 견인계수는? (단, 중력가속도 9.8m/s²)

① 약 0.7
② 약 0.8
③ 약 0.9
④ 약 1.0

해설 $F = \mu N = \mu mg$, $\mu = \frac{F}{w} = \frac{3840}{5500} ≒ 0.7$

정답 04 ② 05 ① 06 ①

07 2018년 기출

A차량의 브레이크 밟기 전 속도는?

- A차량 타이어와 도로 사이의 견인계수는 0.9
- A차량 운전자가 장애물을 발견하고 급브레이크를 밟아 제동상태로 2m 진행하고 정지
- 중력가속도 9.8m/s²
- A차량의 모든 바퀴는 정상적으로 제동

① 약 1.8m/s ② 약 5.9m/s
③ 약 16.4m/s ④ 약 21.3m/s

해설) $v = \sqrt{2\mu gd} = \sqrt{2 \times 0.9 \times 9.8 \times 2} = \sqrt{35.28} ≒ 5.9\text{m/s}$

08 2017년 기출

차량이 65km/h로 경사가 없는 도로를 주행하다 급정지하여 25m의 미끄럼흔적을 남겼을 때, 이 도로 노면의 마찰계수는?

① 약 0.45 ② 약 0.56
③ 약 0.67 ④ 약 0.78

해설) $\mu = \dfrac{v^2}{2gd} = \dfrac{(65/3.6)^2}{2 \cdot 9.8 \cdot 25} ≒ 0.67$

$v^2 = 2\mu gd$를 변형하여 활용한다.

09 2017년 기출

다음 중 차량 주행저항의 종류가 아닌 것은?

① 구름저항 ② 등판저항(기울기저항)
③ 소음저항 ④ 공기저항

해설) 소음저항은 차량 주행저항이 아니다.

10 2017년 기출

자동차 타이어가 락(Lock)되지 않은 상태에서 타이어가 구르면서 발생되는 저항 마찰계수는?

① 최대감속계수 ② 구름저항계수
③ 활주마찰계수 ④ 급제동계수

해설) 구름저항계수에 관한 설명이다.

정답 07 ② 08 ③ 09 ③ 10 ②

11 2017년 기출

트레드 홈이 없는 경주용 타이어의 마찰계수에 관한 설명이 옳은 것은?

① 건조한 상태에서 일반 타이어에 비해 높은 마찰계수를 나타내나 젖은 노면 상태에서는 오히려 마찰계수가 낮아진다.
② 건조한 상태에서 일반 타이어에 비해 낮은 마찰계수를 나타내나 젖은 노면 상태에서는 오히려 마찰계수가 높아진다.
③ 건조한 상태 및 젖은 노면 상태에서 일반 타이어에 비해 낮은 마찰계수를 나타낸다.
④ 건조한 상태 및 젖은 노면 상태에서 일반 타이어에 비해 높은 마찰계수를 나타낸다.

해설 트레드 홈이 없는 경주용 타이어는 건조한 상태에서 일반 타이어에 비해 높은 마찰계수를 나타내나 젖은 노면 상태에서는 오히려 마찰계수가 낮아진다.

12 2017년 기출

슬립비에 관한 설명으로 가장 옳은 것은?

① 슬립비와 마찰계수는 상호 관련이 없다.
② 타이어가 노면에 미끄러지지 않고 회전하는 상태에서의 슬립비는 "0(영)"이다.
③ 제동하지 않은 상태에서의 차량속도와 타이어의 원주속도는 항상 다르다.
④ 차량의 제동과 슬립비는 상호 관련이 없다.

해설 ① 슬립비와 마찰계수는 상호 관련이 있다.
③ 제동하지 않은 상태에서의 차량속도와 타이어의 원주속도는 항상 같다.
④ 차량의 제동과 슬립비는 상호 관련이 있다.

13 2017년 기출

어떤 차량이 내리막경사가 5%인 도로를 72km/h로 주행하다가 갑자기 제동한 결과 40m 전방에 정지하였다. 이 때 노면과 타이어 사이의 마찰계수는?

① 약 0.35
② 약 0.48
③ 약 0.56
④ 약 0.67

해설 $\mu = \dfrac{v^2}{2gd} + i = \dfrac{(72/3.6)^2}{2 \cdot 9.8 \cdot 40} + 0.05 ≒ 0.56$

경사노면에서 마찰계수와 속도와의 관계에서 경사도(i) 적용하는 문제는 빈번하게 출제된다. $v^2 = 2(\mu - i)gd$ 를 변형하여 활용할 줄 알아야 문제를 풀 수 있다.

14 2016년 기출

'슬립률 0%'가 의미하는 것은?

① 바퀴가 잠겨 전혀 회전하지 않는 상태
② 바퀴가 노면에 미끄럼 없이 회전하는 상태
③ 출발시 차량의 앞부분이 들릴 확률이 0%인 경우
④ 교통사고 발생확률이 0%인 경우

해설 바퀴가 완전히 잠겨 전혀 회전하지 않는 상태는 '슬립률 100%'이고, 바퀴가 노면에 미끄럼 없이 회전하는 상태는 '슬립률 0%'이다.

중요도 ●●

15 2017년 기출

수평면 위에 물체를 놓고 점차 경사지게 하였다. 접촉면의 마찰계수가 0.3이라면 경사도가 얼마를 초과할 경우 미끄러지기 시작하는가?

① 약 $12.5°$
② 약 $15.4°$
③ 약 $16.7°$
④ 약 $18.6°$

해설
$$W\sin\theta - \mu W\cos\theta \geq 0$$
$$W(\sin\theta - \mu\cos\theta) \geq 0$$
$$\sin\theta - \mu\cos\theta \geq 0$$
$$\sin\theta \geq \mu\cos\theta$$
$$\frac{\sin\theta}{\cos\theta} \geq \mu$$
$$\tan\theta \geq 0.3$$
$$\theta \geq \tan^{-1}0.3$$
$$\theta \geq 16.7°$$

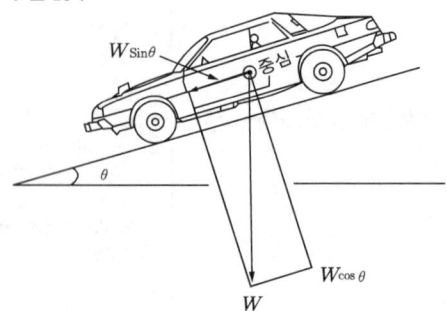

중요도 ●●●

중력질량(중량)을 분력하는 원리에 의해 중량을 경사도에 따른 하향 마찰력($W\sin\theta$)과 경사노면에 대한 수직분력($W\cos\theta$)으로 삼각함수를 사용하여 나눈다. 미끄러지기 시작한다는 조건을 식으로 적용하고, $\frac{\sin\theta}{\cos\theta} = \tan\theta$ 를 사용하여 경사도(θ) 값을 산출한다. 이런 유형은 2차시험 주관식에서 25점 문제로 자주 출제된다.

정답 14 ② 15 ③

16 [2016년 기출]

80km/h로 진행하던 차량이 급제동하여 31.49m를 미끄러지고 정지하였다. 이 차량의 견인계수는? (단, 중력가속도 9.8m/s²)

① 0.6
② 0.7
③ 0.8
④ 0.9

해설 $v = \sqrt{254fd}$, $f = \dfrac{v^2}{254d} = \dfrac{80^2}{254 \cdot 31.49} ≒ 0.8$

17 [2016년 기출]

회전운동을 하고 있는 차량에 작용하는 원심력 F의 크기를 맞게 나타낸 식은? (m : 차량의 질량, v : 차량의 속도, r : 회전반경)

① $F = m\dfrac{v^2}{r^2}$
② $F = m\dfrac{v}{r^2}$
③ $F = m\dfrac{v^2}{r}$
④ $F = m\dfrac{v}{r}$

해설 원심력은 속도의 제곱에 비례하고, 곡선반경에 반비례한다.

18 [2016년 기출]

A차량이 60km/h로 급제동한 결과 스키드마크 길이가 30m 발생하였다. 같은 곳에서 스키드마크 길이가 40m 발생한 경우 제동직전 속도는? (단, 중력가속도 9.8m/s²)

① $63.7 km/h$
② $65.7 km/h$
③ $69.2 km/h$
④ $76.4 km/h$

해설 $f = \dfrac{v_1^2}{254 \cdot d_1} = \dfrac{60^2}{254 \cdot 30} ≒ 0.472$
$v_2 = \sqrt{254 \cdot f \cdot d_2} = \sqrt{254 \cdot 0.472 \cdot 40} ≒ 69.2 km/h$

19 [2015년 기출]

속도 60km/h로 주행하던 차량이 제동하여 25m 미끄러진 뒤 정지하였을 때 이 도로의 노면 마찰계수는? (소수점 셋째자리에서 반올림)

① 0.45　　　　　② 0.57
③ 0.69　　　　　④ 0.81

 $a = \dfrac{V_e^2 - V_i^2}{2d} = \dfrac{0^2 - (60/3.6)^2}{2 \cdot 25} \approx 5.56 m/s$, $a = \mu g$, $\mu = \dfrac{a}{g} = \dfrac{5.56}{9.8} \approx 0.57$

$a = \mu g$는 1, 2차시험에서 수십번 활용하게 된다.

20 [2015년 기출]

평탄한 노면에 정지해 있는 질량 800kg인 자동차에 수평으로 5,000N의 힘을 주었더니 움직이기 시작하였다. 자동차 타이어와 지면 사이의 최대 정지마찰계수는?

① 약 0.64　　　　② 약 0.68
③ 약 0.70　　　　④ 약 0.80

 $F = ma$ ∴ $a = \dfrac{F}{m} = \dfrac{5,000}{800} = 6.25 m/s^2$

$a = \mu g$ ∴ $\mu = \dfrac{a}{g} = \dfrac{6.25}{9.8} \approx 0.64$

21 [2015년 기출]

차량이 곡선의 주행차로를 선회하기 위한 조건은?

① 횡방향마찰력(mfg) < 원심력($m\dfrac{v^2}{r}$)

② 횡방향마찰력(mfg) < 원심력($m\dfrac{v}{r}$)

③ 횡방향마찰력(mfg) ≥ 원심력($m\dfrac{v}{r}$)

④ 횡방향마찰력(mfg) ≥ 원심력($m\dfrac{v^2}{r}$)

 횡방향마찰력(mfg)은 원심력($m\dfrac{v^2}{r}$)보다 크거나 같아야 한다.

정답　19 ②　20 ①　21 ④

22 [2015년 기출]

마찰을 설명한 것 중 틀린 것은?

① 정적마찰은 수평 노면상에서 물체가 막 미끄러지기 시작할 때의 마찰이다.
② 동적마찰은 물체가 미끄러지기 시작한 후에 적용된다.
③ 구름마찰은 차량이 제동하지 않고 바퀴가 구르고 있을 때 발생하는 저항력이다.
④ 동적마찰은 정적마찰보다 크다.

해설 동적마찰은 정적마찰보다 작다.

23 [2015년 기출]

경사도 5%의 오르막길에서 마찰계수 값이 0.6이라면 견인계수 값은 얼마인가?

① 0.65　　　　　　　　　② 0.55
③ 0.60　　　　　　　　　④ 0.70

해설 $f = \mu + i = 0.6 + 0.05 = 0.65$

24 [2014년 기출]

자동차가 곡선부를 선회시 원심력과 관련이 없는 것은?

① 자동차의 질량　　　　　② 주행속도
③ 선회곡선반경　　　　　④ 선회시간

해설 $F = m\dfrac{v^2}{R}$ 이므로 질량, 주행속도, 선회곡선반경과 관련이 있다.

25 [2014년 기출]

미끄럼마찰에 대한 설명 중 옳지 않은 것은?

① 마찰력은 무게에 비례한다.
② 동적마찰력은 정적마찰력보다 작다.
③ 마찰력은 접지면적에 비례한다.
④ 마찰력은 속도가 높을 때 약간 낮아진다.

해설 마찰력은 접지면적과 관계없다.

정답 22 ④　23 ①　24 ④　25 ③

26 [2014년 기출]

제동시 차량의 속도와 타이어의 회전속도와의 관계를 나타내는 것으로 타이어와 노면 사이의 마찰력은 슬립률에 따라 변한다. 슬립률 계산식으로 바른 것은?

① $\dfrac{차속(V)-휠속(rw)}{차속(V)} \times 100$

② $\dfrac{휠속(rw)-차속(V)}{차속(V)} \times 100$

③ $\dfrac{차속(V)-슬립각(\phi)}{휠속(rw)} \times 100$

④ $\dfrac{차속(V)-휠속(rw)}{슬립각(\phi)} \times 100$

해설 슬립률 계산식 : $\dfrac{차속(V)-휠속(rw)}{차속(V)} \times 100$

27 [2014년 기출]

다음은 마찰력에 대한 설명이다. 틀린 것은?

① 최대 정지 마찰력은 수직항력에 비례한다.
② 힘을 가하여도 물체가 정지하고 있을 때 물체에 작용하는 마찰력을 정지마찰력이라 한다.
③ 마찰력은 외력이 작용하여 이동하는 중에 최대값을 갖는다.
④ 최대 정지마찰력은 정지마찰력 중 가장 큰 값이다.

해설 마찰력은 외력이 작용하여 이동을 시작할 때 최대값을 갖는다.

28 [2014년 기출]

7%의 상향경사 도로에서 미끄럼 실험을 실시하였다. 그 결과 50km/h의 속력에서 급제동하였더니 12.3m를 미끄러지고 정지하였다. 이 차량의 견인계수는?

① 0.7   ② 0.8
③ 0.9   ④ 1.0

해설 $d = \dfrac{v^2}{2(\mu \pm i)g}, \ \mu \pm i = f = \dfrac{v^2}{2gd}, \ f = \dfrac{(50/3.6)^2}{2 \cdot 9.8 \cdot 12.3} \fallingdotseq 0.80$

$a = \mu g$와 $f = \mu \pm i$의 식을 상기한다. 자주 사용되는 방정식이다.

29 2014년 기출

어떤 자동차가 북쪽으로 100km 움직이고, 그 다음에 동쪽으로 200km 움직였다. 자동차가 움직인 변위의 방향은? (단, 방향은 정동쪽을 0도, 정북쪽을 90도 정서쪽을 180도, 정남쪽을 270도로 한다)

① 약 63도
② 약 27도
③ 약 243도
④ 약 207도

 $\tan\theta = \dfrac{100}{200} = 0.5$, $\theta = \tan^{-1} 0.5 ≒ 27°$

30 2013년 기출

아래의 그림에서 경사도(θ)는 얼마인가?

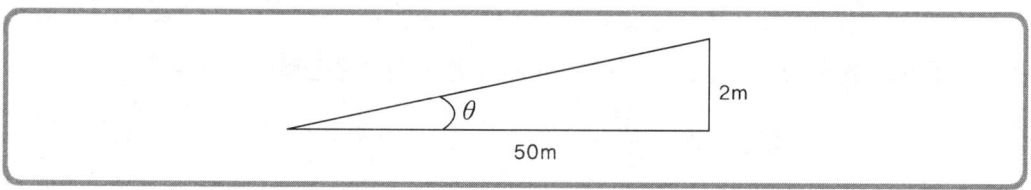

① 약 1.7°
② 약 2.0°
③ 약 2.3°
④ 약 2.6°

 $\tan\theta = \dfrac{2}{50} = 0.04$, $\theta = \tan^{-1} 0.04$, $\theta ≒ 2.29° ≒ 2.3°$

31 2013년 기출

마찰력에 대한 설명 중 틀린 것은 무엇인가?

① 마찰력은 물체의 무게에 비례한다.
② 정지마찰력은 운동마찰력보다 크다.
③ 접촉 면적이 크면 마찰력도 커진다.
④ 마찰력은 대기온도 변화에 따라 크게 변하지 않는다.

해설
① 차량의 무게의 증가에 따라 수평면의 마찰력도 증가한다.
② 미끄러지는데 필요한 동적마찰력(운동마찰력)은 정지마찰력 보다 작다.
③ 미끄러지는 노면의 접촉 면적과 마찰력은 관계가 없다.
④ 마찰력은 대기온도 변화에 따라 변하지 않는다.

정답 29 ② 30 ③ 31 ③

32 2013년 기출

주행하고 있는 차량의 후륜부에만 제동력이 작용할 경우 차체가 회전하는 현상이 발생하는데 이에 관한 설명 중 맞는 것은 무엇인가?

① 전륜부에는 제동력과 코너링 포스가 작용하지 않기 때문이다.
② 코너링 포스가 전륜부와 후륜부 모두에 동시적으로 작용하기 때문이다.
③ 후륜부에는 코너링 포스가 작용하지 않고 제동력만 작용하며, 코너링 포스가 전륜부에만 작용하기 때문이다.
④ 후륜부에 작용하는 제동력의 편심 작용에 의하여 차체의 회전이 발생하며 코너링 포스의 작용과는 무관하다.

해설) 전륜부에는 코너링 포스만 작용하고, 후륜부에는 제동력만 작용하기 때문에 차체가 회전한다.

33 2013년 기출

견인계수와 견인력 및 중량과의 관계로 옳은 것은? (단, f : 견인계수, w : 중량, F : 견인력)

① $f = \dfrac{w}{F}$
② $f = F \times \dfrac{W}{2}$
③ $f = F \times w$
④ $f = \dfrac{F}{w}$

해설) 견인계수 = $\dfrac{견인력}{중량(수직방향작용력)}$, $f = \dfrac{F}{w}$

34 2013년 기출

수평면 위에 있는 중량 30kgf의 물체에 수평력을 작용하여 움직이게 하려면 얼마의 힘이 필요한가? (단, 정지마찰계수 = 0.5)

① 9kgf
② 15kgf
③ 30kgf
④ 35kgf

해설) $f = \dfrac{F}{w}$, $F = f \cdot w = 0.5 \cdot 30 = 15 kgf$

정답 32 ③ 33 ④ 34 ②

35 2013년 기출

구름저항과 노면상태에 관한 설명으로 맞는 것은 무엇인가?

① 비포장 노면에 비해 정리가 잘된 포장 노면의 경우 구름저항 계수가 더 높다.
② 비포장 노면에 비해 정리가 잘된 포장 노면의 경우 구름저항 계수가 더 낮다.
③ 비포장 노면과 정리가 잘된 포장 노면의 구름저항 계수는 같다.
④ 구름저항 계수는 타이어 상태에만 관련되고 노면상태와는 상관없다.

해설 ① 비포장 노면보다 질 좋은 포장 노면의 구름저항 계수가 더 낮다.
③ 비포장 노면과 정리가 잘된 포장 노면의 구름저항 계수는 다르다.
④ 구름저항 계수는 노면상태와 상관성이 높다.

36 2012년 기출

'슬립률이 0%'라고 하는 의미를 정확하게 설명하는 것은?

① 바퀴 속도가 0으로 완전히 로크(Lock)된 상태
② 바퀴와 노면 사이가 미끄럼없이 완전하게 회전하는 상태
③ 출발시 차량의 앞부분이 들릴 확률이 0%인 경우
④ 교통사고 발생확률이 0%인 경우

해설 완전 슬립은 100% 슬립으로 로크(Lock)된 상태이고, 슬립률 0%이면 전혀 미끄럼 없이 완전하게 회전하는 상태이다.

37 2012년 기출

경사도(구배) 측정에 대한 설명 중 틀린 것은?

① 교통사고와 관련된 경사도 측정에는 횡단경사, 종단경사, 편경사 및 법면경사도 측정 등이 있다.
② 경사도는 가파른 정도를 나타내는 것으로 백분율(%)로 나타낸다.
③ 수평거리와 수직거리의 합으로 계산된다.
④ 클라이노메타(Clinometer)로 측정할 수 있다.

해설 수평거리에 대한 수직거리의 비율로 계산된다.

정답 35 ② 36 ② 37 ③

38 [2012년 기출]
오토바이의 운행특성이 아닌 것은?

① 커브길에서의 주행이나 좌우회전 주행시에는 회전하려는 쪽으로 차체를 기울여서 주행해 간다.
② 4륜 차량에 비하여 차량무게가 가벼워 뒷 좌석에 사람을 동승시켰을 경우 균형을 잡기가 힘들다.
③ 오토바이는 비교적 가볍기 때문에 급브레이크를 잡더라도 별다른 어려움 없이 쉽게 정지할 수 있다.
④ 동승자의 탑승여부에 따라 무게중심의 변화가 쉽게 올 수 있다.

해설 가벼워도 급브레이크를 잡는 경우 정지하는데 어려움이 있다.

39 [2012년 기출]
곡선로를 선회하는 차량의 운동특성에 대해 바르게 설명한 것은?

① 안전하게 선회하기 위해서는 원심력보다 횡마찰력이 커야 한다.
② 한계선회속도는 곡선반경이 클수록 작아진다.
③ 한계선회속도는 곡선반경이 작을수록 커진다.
④ 차량 주행속도와는 관계없다.

해설 ②, ③, ④ 한계선회속도는 곡선반경이 클수록 커진다.

40 [2012년 기출]
마찰을 설명한 것 중 틀린 것은?

① 정적마찰은 수평 노면상에서 물체가 막 미끄러지기 시작할 때의 마찰이다.
② 동적마찰은 물체가 미끄러지기 시작한 후에 적용된다.
③ 구름마찰은 차량이 제동하지 않고 바퀴가 구르고 있을 때 발생하는 저항력이다.
④ 경계마찰은 차량이 주행 중에 발생되는 노면과 바퀴에 발생되는 마찰이다.

해설 경계마찰은 고체끼리의 마찰 접촉면에 흡착하여 형성된 기체나 액체의 분자층에 의해 발생하는 것이다.

정답 38 ③ 39 ① 40 ④

41 2012년 기출

어떤 차량이 내리막경사가 5%인 도로를 72km/h로 주행하다가 갑자기 제동한 결과 40m 전방에 정지하였다. 이 때 노면과 타이어 사이의 마찰계수는? (단, $g = 9.8m/s^2$)

① 약 0.35
② 약 0.48
③ 약 0.56
④ 약 0.67

해설 $\mu = f - i = \dfrac{v^2}{2gd}$, $f = \dfrac{v^2}{2gd} + i = \dfrac{20^2}{2 \cdot 9.8 \cdot 40} + 0.05 ≒ 0.51 + 0.05 = 0.56$

42 2012년 기출

대형차량의 제동 상황과 마찰계수에 관한 설명 중 <u>틀린</u> 것은?

① 운동에너지는 질량에 비례하므로 동일한 속도에서 대형차량의 운동에너지는 소형차량에 비해 크다.
② 대형차량의 경우 중량에 따른 과대관성으로 인해 동일한 속도에서 제동시 소형차량에 비해 제동거리가 길어질 수 있다.
③ 제동거리의 증가로 인해 스키드마크(Skidmark)를 근거로 한 속도분석에 있어 마찰계수를 보정하여야 하며 과대관성으로 인해 마찰계수를 소형차량보다 높게 적용한다.
④ 제동이란 상황은 운동에너지를 열에너지로 전환시켜 차량을 정지시키는 물리적인 운동 상황이다.

해설 대형차량의 마찰계수는 소형차량보다 낮게 적용한다.

43 2012년 기출

원심력과 속도의 관계를 맞게 설명한 것은?

① 속도와 무관하다.
② 속도에 정비례한다.
③ 속도에 반비례한다.
④ 속도의 제곱에 비례한다.

해설 원심력(F) : $\dfrac{mv^2}{r}$ 이므로 속도의 제곱에 비례한다.

정답 41 ③ 42 ③ 43 ④

44 2011년 기출

타이어의 회전속도와 차량의 주행속도와의 관계를 나타내는 슬립비(Slip Ratio)에 관한 설명이다. **틀린** 설명은? (λ : 슬립비, ω : 타이어의 각속도, R : 타이어 반경, V : 차량 주행속도)

① 타이어가 완전히 락(lock)된 경우 슬립비는 1이다.
② 슬립비가 증가할수록 마찰계수도 선형으로 증가한다.
③ $\lambda = \dfrac{V - Rw}{V}$
④ 슬립비가 0.2~0.3일 때 노면 마찰계수가 최고에 이르고 이후 감소된다.

해설 슬립비는 0.2~0.3에서 최고 정점에 도달한 후 점차로 감소한다. 마찰계수는 선형으로 증가하는 것이 아니다.

45 2010년 기출

마찰의 기본개념에 대한 설명 중 **틀린** 것은?

① 최대정지마찰력은 수직항력에 비례한다.
② 최대정지마찰력은 접촉면의 성질에 관계있고 접촉면의 크기에만 관계한다.
③ 힘을 가하여도 물체가 정지하고 있으면 끄는 힘과 정지마찰력의 크기는 같다.
④ 마찰은 두 개의 표면사이의 접촉면에서 운동을 방해하는 힘이라고 말할 수 있다.

해설 최대정지 마찰력은 접촉면의 크기에 관계없고 접촉면의 성질에만 관계한다.

46 2010년 기출

중량 1.5ton의 차량이 5m/s²의 일정한 감속도로 10m 미끄러지는 동안 한 일의 양은? (단, $g = 9.8 \text{m/s}^2$)

① 6,959N·m
② 7,306N·m
③ 7,653N·m
④ 8,000N·m

해설 $f = \dfrac{a}{g} = \dfrac{5}{9.8} ≒ 0.51$, $W = f \cdot w \cdot d = 0.51 \cdot 1500 \cdot 10 = 7653 N \cdot m$

정답 44 ② 45 ② 46 ③

47 2010년 기출

도로의 원곡선구간에서 편경사 4%, 최대속도 60km/h일 때, 최소곡선반경은? (단, 횡방향 마찰계수는 0.15)

① 약 163m
② 약 153m
③ 약 149m
④ 약 139m

해설 〈조건〉 $i = 4\% = 0.04$, $V = 60km/h ≒ 16.7m/s$, $\mu = 0.15$, 곡선반경 $R = ?$

$$V = \sqrt{(\mu+i)gR}, \quad R = \frac{V^2}{(\mu+i)g} = \frac{(60/3.6)^2}{(0.15+0.04) \cdot 9.8} ≒ 149m$$

48 2010년 기출

코너링 포스(Cornering force)에 관한 설명이다. 틀린 것은?

① 접지하중이 증가할수록 높아진다.
② 타이어의 종류에 따라 달라진다.
③ 노면의 상태에 따라 달라진다.
④ 슬립비의 증가와는 상관없다.

해설 슬립비의 증가와 관계된다.

49 2010년 기출

구름저항 계수에 관한 설명 중 옳은 것은?

① 타이어 공기압과 구름저항 계수는 상관없다.
② 타이어 공기압이 높으면 구름저항 계수는 감소한다.
③ 타이어 공기압이 낮으면 구름저항 계수는 감소한다.
④ 구름저항 계수는 정상 공기압 상태에서는 약 0.1 정도이다.

해설 ① 타이어 공기압과 구름저항 계수는 관계가 있다.
③ 타이어 공기압이 낮으면 구름저항 계수는 증가한다.
④ 구름저항 계수는 정상 공기압 상태에서 약 0.01 정도이다.

50 2010년 기출

요마크(Yaw mark)에 의한 속도추정 공식으로 맞는 것은?

① $\sqrt{2\mu rg}$
② $\sqrt{2\mu mrg}$
③ $\sqrt{\mu rg}$
④ $\sqrt{\mu mrg}$

해설 요마크(Yaw mark)에 의한 속도추정 공식: $V = \sqrt{\mu rg}$

정답 47 ③ 48 ④ 49 ② 50 ③

51 2009년 기출

차량의 회전하는 바퀴와 노면 사이에서 발생하는 저항은?

① 구름저항
② 제동저항
③ 점도저항
④ 마찰저항

해설 회전하는 바퀴, 즉 제동하지 않은 바퀴와 노면 사이에서 발생하는 저항을 구름저항(free rolling resistance)이라고 한다.

52 2009년 기출

48km/h 이상의 속도에서 제동시 대형 차량의 마찰계수와 소형 차량의 마찰계수의 관계는? (단, 건조한 노면이다)

① 대형 차량의 마찰계수가 소형 차량에 비해 높다.
② 대형 차량의 마찰계수가 소형 차량에 비해 낮다.
③ 대형 차량의 마찰계수는 소형 차량과 거의 같다.
④ 젖은 노면에서만 대형 차량의 마찰계수가 소형 차량에 비해 높다.

해설 일반적으로 대형트럭의 타이어는 건조한 노면에서 승용차타이어 마찰계수의 75%로 나타나고, 습한 노면에서는 승용차와 대략 같으며, 습한 얼음판(약 30°F)에서는 약 50%로 나타난다.

53 2008년 기출

(　) 안에 들어갈 적당한 말은?

> (　)의 방향과 무게중심점의 위치에 따라 차량에 회전모멘트가 발생되기 때문에 차량 단독으로 주행 중 원심력에 의한 요마크 발생과 역학적으로 다르다.

① 바퀴
② 차체
③ 미끄러짐
④ 힘

해설 힘의 방향과 무게중심점의 위치에 따라 차량에 회전모멘트 발생

정답 51 ① 52 ② 53 ④

2. 사고사례별 견인계수의 산출 및 적용

01 2021년 기출

무게중심의 위치가 앞축으로부터 뒤로 1.3m, 지상으로부터 위로 0.6m 지점에 있고, 축간거리가 2.6m이며, 전륜의 견인계수가 0.8, 후륜의 견인계수가 0.01일 때, 차량 전체의 견인계수는?

① 0.40
② 0.49
③ 0.79
④ 0.80

중요도 ○○
대입 요소에 대한 정확한 이해를 한 후 풀어야 한다.

해설

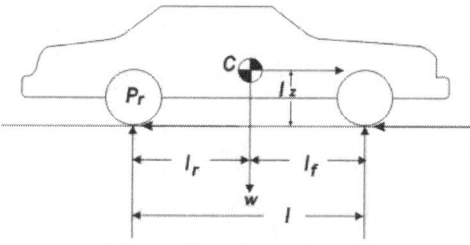

$$f_R = \frac{f_f - x_f(f_f - f_r)}{1 - z(f_f - f_r)}$$

f_R : 차량 전체의 견인계수
f_f = 앞차축의 견인계수, f_r = 뒤차축의 견인계수
$x_f = \dfrac{\text{앞차축에서 질량 중심까지의 거리}(l_f)}{\text{축거}(l)}(m)$
l_f = 질량 중심으로부터 앞차축까지의 거리(m), l_z = 질량 중심의 높이(m)
$z = \dfrac{\text{질량 중심의 거리}(l_z)}{\text{축거}(l)}(m)$
l = 축간거리(m)

주어진 조건을 차량 전체의 견인계수 산출방정식 $f_R = \dfrac{f_f - x_f(f_f - f_r)}{1 - z(f_f - f_r)}$ 에 대입

$f_f = 0.8,\ f_r = 0.01,\ l = 2.6,\ l_f = 1.3,\ x_f = \dfrac{l_f}{l} = \dfrac{1.3}{2.6} = 0.5,\ Z = \dfrac{l_z}{l} = \dfrac{0.6}{2.6} = 0.23,$

$f_R = \dfrac{f_f - x_f(f_f - f_r)}{1 - Z(f_f - f_r)} = \dfrac{0.8 - 0.5(0.8 - 0.01)}{1 - 0.23(0.8 - 0.01)} = \dfrac{0.405}{0.8183} = 0.4949$

02

타이어와 노면의 마찰계수가 0.7일 때, 이 노면에서 4륜구동 자동차와 후륜구동 자동차의 이론적인 최대 가속도는? (하중은 앞바퀴에 60%, 뒷바퀴에 40%가 배분되고, 구름저항은 무시)

① $3.86m/s^2$, 약 $1.74m/s^2$
② $4.86m/s^2$, 약 $2.14m/s^2$
③ $5.86m/s^2$, 약 $2.44m/s^2$
④ $6.86m/s^2$, 약 $2.74m/s^2$

해설
- 4륜 구동자동차 : $f_R = \dfrac{0.7 \times 4}{4} = 0.7$
- 후륜 구동자동차 : $f_r = \dfrac{0.7 \times 4 \times 0.4}{4} = 0.28$
- 4륜 자동차의 가속도 : $a_R = 0.7 \times 9.8 = 6.86 m/s^2$
- 후륜 자동차의 가속도 : $a_r = 0.28 \times 9.8 ≒ 2.74 m/s^2$

03

A차량의 브레이크 밟기 전 속도는?

> ㉠ A차량 운전자가 장애물을 발견하고 브레이크를 밟아 제동상태로 2m 진행하고 정지
> ㉡ A차량의 모든 바퀴는 정상적으로 제동, 견인계수는 0.9

① 약 $1.84m/s^2$
② 약 $5.94m/s^2$
③ 약 $16.44m/s^2$
④ 약 $21.34m/s^2$

해설 $v = \sqrt{2fgd} = \sqrt{2 \times 0.9 \times 9.8 \times 2} ≒ 5.94 m/s$

04

어떤 차량이 내리막 경사가 5%인 도로를 72km/h로 주행하다가 갑자기 제동한 결과 40m 전방에 정지하였다. 이때 노면과 타이어 사이의 마찰계수는?

① 약 0.35
② 약 0.48
③ 약 0.56
④ 약 0.67

해설 $f - i = \dfrac{v^2}{254d}$, $f = \dfrac{v^2}{254d} + i = \dfrac{72^2}{254 \times 40} + 0.05 = 0.56$

05 [2019년 기출]

견인계수와 견인력 및 중량의 관계를 맞게 나타낸 것은? (단, f : 견인계수, F : 견인력, w : 중량)

① $F = fw$
② $F = \dfrac{f}{w}$
③ $F = \dfrac{f}{2} + w$
④ $2F = f + w$

[해설] 견인력 = 견인계수 × 중량

06 [2018년 기출]

모든 바퀴가 정상적으로 제동되는 자동차가 오르막 경사가 3%인 도로에서 스키드마크를 18m 발생시키고 정지하였다. 경사를 고려할 때 자동차의 제동직전 속도는? (단, 마찰계수 0.8, 중력 가속도 $9.8m/s^2$)

① 약 54.8km/h
② 약 61.6km/h
③ 약 70.3km/h
④ 약 84.6km/h

[해설] $v = \sqrt{2(\mu+i)gd} = \sqrt{2(0.8+0.03)(9.8)(18)} = \sqrt{292.824} ≒ 17.11m/s ≒ 61.6km/h$

07 [2018년 기출]

다음 중 알맞지 <u>않은</u> 것은?

① 운동에너지는 질량에 비례하므로 동일한 속도에서 대형차량의 운동에너지는 소형차량에 비해 크다.
② 대형차량은 급제동시 과대 중량으로 인한 관성력 증가로 인해 같은 속도에서 제동시 승용차에 비해 제동거리가 길어질 수 있다.
③ 대형차량의 마찰계수는 건조한 아스팔트 노면인 경우 승용차 마찰계수 값의 125~135%를 적용하는 것이 타당하다.
④ 차륜 제동흔적을 이용하여 차량의 제동 전 속도를 추정하는 방법은 에너지 보존의 법칙을 이용하여 유도할 수 있다.

[해설] ③ 대형차량의 마찰계수는 건조한 아스팔트 노면인 경우 승용차 마찰계수 값의 <u>75~85%</u>를 적용하는 것이 타당하다.

정답 05 ① 06 ② 07 ③

08 [2016년 기출]

중량 2,000kg인 차량이 급제동하여 미끄러질 때 축 하중을 측정한 결과 앞바퀴에는 각각 600kg, 뒷바퀴에는 각각 400kg의 하중이 작용하였다. 앞축 바퀴 견인계수는 각각 0.8, 뒷축 바퀴 견인계수는 각각 0.01인 경우 급제동 구간에서의 합성 견인계수는?

① 0.88
② 0.80
③ 0.48
④ 0.40

해설) $f_R = \dfrac{w_f \cdot f_f + w_r \cdot f_r}{w_T} = \dfrac{1,200 \cdot 0.8 + 800 \cdot 0.01}{2,000} = \dfrac{968}{2,000} = 0.484$

09 [2016년 기출]

급제동시 승용차 전륜 견인계수가 0.8이고, 후륜 견인계수가 0.5이면 전체 견인계수는? (단, 급제동시 무게배분은 전륜 70%, 후륜 30%를 적용)

① 0.76
② 0.71
③ 0.66
④ 0.61

해설) $f_{all} = \dfrac{f_f \cdot (0.7w) + f_r \cdot (0.3w)}{0.7w + 0.3w} = \dfrac{0.8 \cdot 0.7w + 0.5 \cdot 0.3w}{w} = \dfrac{0.56w + 0.15w}{w} = 0.71$

10 [2015년 기출]

대형차량의 급제동시 마찰계수는 일반적으로 건조한 노면에서 승용차량 마찰계수의 얼마 정도를 적용하는가?

① 약 45~55%
② 약 75~85%
③ 약 100%
④ 약 110~120%

해설) 약 75~85%이다.

정답 08 ③ 09 ② 10 ②

11

급제동시 승용차의 견인계수가 0.7이고, 전륜의 마찰계수가 0.8이라면, 후륜의 마찰계수는 얼마인가? (단, 급제동시 무게배분은 전륜 75%, 후륜 25%)

① 약 0.6
② 약 0.5
③ 약 0.4
④ 약 0.3

해설
$$f_R = \frac{\mu_f \cdot w_f + \mu_r \cdot w_r}{w_T}$$
$$\therefore \mu_r = \frac{f_R \cdot w_T - \mu_f \cdot w_f}{w_r} = \frac{0.7 \cdot 1.0 - 0.8 \cdot 0.75}{0.25} = 0.4$$

12

차량이 노면에서 미끄러질 때 감속도가 6.9m/sec²이었다면 견인계수는 얼마인가?

① 0.5
② 0.7
③ 0.8
④ 0.9

해설 $a = fg$, $f = \dfrac{a}{g} = \dfrac{6.9}{9.8} \fallingdotseq 0.7$

13

중량 2,000kgf인 자동차를 노면과 수평으로 끌어 당겼더니 견인력이 1,320kgf이었다. 이 차량이 90km/h로 주행하다가 급제동하여 정지하기까지 소요되는 시간은? (단, 중력가속도 = 9.8m/sec²)

① 약 2.83초
② 약 3.87초
③ 약 4.23초
④ 약 5.32초

해설
견인계수 = 견인력/중량
$$\therefore f = \frac{F}{w} = \frac{1,320}{2,000} = 0.66, \quad a = fg = -(0.66 \cdot 9.8)m/s^2$$
$$t = \frac{v_e - v_i}{a} = \frac{0 - (90/3.6)}{-(0.66 \cdot 9.8)} \fallingdotseq 3.87 \text{sec}$$

정답 11 ③ 12 ② 13 ②

14 [2013년 기출]

5% 내리막길을 주행하던 차량이 급제동하여 미끄러지다가 보행자를 충돌하였다. 이 차량으로 같은 장소에서 반대방향으로 제동실험을 실시한 결과 60km/h의 속도에서 20.25m를 미끄러지고 정지하였다. 이 차량이 5% 내리막길에서 제동하여 미끄러질 때 감속도는? (단, 중력가속도 = 9.8m/sec²)

① 약 5.88m/sec²
② 약 7.35m/sec²
③ 약 7.84m/sec²
④ 약 8.33m/sec²

해설 마찰계수를 μ, 내리막길의 견인계수를 f_1, 오르막길(제동실험)의 견인계수를 f_2라 하면,

$f_2 = \dfrac{v^2}{2gd} = \dfrac{(60/3.6)^2}{2 \cdot 9.8 \cdot 20.25} \fallingdotseq 0.70$

$f_2 = \mu + i, \ \mu = f_2 - i = 0.70 - 0.05 = 0.65$

$f_1 = \mu - i = 0.65 - 0.05 = 0.60$

$a = fg = -(0.60 \cdot 9.8) = -5.88 m/sec^2$

● 중요도 ●●●
● 제동실험 결과가 조건으로 주어지고 새로운 조건으로 답을 구하는 문제에서는 주어진 조건의 제동실험결과에 의한 견인계수를 구한 다음 새로운 조건의 견인계수를 구하여 답을 내면 된다.

정답 14 ①

3 사고유형별 속도분석

01 2019년 기출

평탄한 일직선의 도로에서 주행하던 택시가 보행자를 피하려고 급조향(핸들조정)하여 낭떠러지로 추락하였다. 사고조사 결과 추락하기 전에 요마크(Yaw Mark)가 나타났는데, 택시의 중심궤적(호)을 측정하였더니 현의 길이가 40m, 현의 중앙에서 호까지의 수직거리가 2m였다. 택시의 중심궤적 반경은?

① 40m
② 80m
③ 94m
④ 101m

해설 $R = \dfrac{C^2}{8M} + \dfrac{M}{2} = \dfrac{40^2}{8 \times 2} + \dfrac{2}{2} = 101m$

02 2019년 기출

차량의 무게중심을 지나는 세로(길이)방향의 축을 중심으로 차량이 좌우로 기울어지는 현상으로 차량의 전도 혹은 전복과 관련이 있는 회전운동은 무엇인가?

① 바운싱(Bouncing)
② 서징(Surging)
③ 롤링(Rolling)
④ 시밍(Shimmying)

해설 세로방향의 축을 중심으로 차량이 좌우로 기울어지는 현상을 롤링(Rolling)이라고 한다.

03 2018년 기출

자동차의 선회는 원심력과 깊은 관련이 있다. 다음 중 원심력과 관련이 먼 것은?

① 선회곡선 반경
② 타이어 반경
③ 자동차의 질량
④ 주행속도

해설 원심력 방정식 $F = \dfrac{mV^2}{R}$

정답 01 ④ 02 ③ 03 ②

04 [2018년 기출]

차량의 제동거리에 운전자의 인지반응시간 동안 차량이 주행한 거리인 공주거리를 합해서 산출한 거리를 무엇이라고 하는가?

① 인지반응거리
② 앞지르기거리
③ 정지거리
④ 가속거리

해설 정지거리=인지반응거리+제동거리

05 [2017년 기출]

차량이 커브도로에서 정상 선회하지 못하고 횡방향으로 미끄러지며 도로를 이탈하였다. 이 때 차량이 횡방향으로 미끄러지기 직전의 임계속도를 구하는 올바른 식은? (m = 차량의 중량, v = 차량의 속도, r = 곡선반경, μ = 마찰계수, g = 중력가속도)

① $m\dfrac{v^2}{r} = \mu g$
② $\dfrac{v^2}{r} = \mu m g$
③ $m\dfrac{v^2}{r} = \mu m g$
④ $m\dfrac{v^2}{r} = \mu m$

해설 곡선도로에서 선회임계(한계)속도 산출 공식은 원심력 = 마찰력(구심력)의 개념에서 유도된다.
따라서 원심력 $m\dfrac{v^2}{r}$ = 마찰력(구심력)$\mu m g$이다.

06 [2017년 기출]

차 대 차 사고에서 차량 속도 분석 방법과 관련이 없는 것은?

① 운동량 보존의 법칙
② 에너지 보존의 법칙
③ 라플라스(Laplace)의 법칙
④ 충격량

해설 라플라스(Laplace)의 법칙은 물방울 같은 구(球)에서 내외의 압력차 관계에서 발생하는 것으로 차량 속도 분석 방법과 관련이 없다.

정답 04 ③ 05 ③ 06 ③

1차
도로교통사고감정사

수험서의 NO.1 서울고시각

편저자약력

강성모
- 동국대학교 대학원 안전공학과 교통안전 전공 공학박사
- 미국 노스웨스턴대 Traffic Institute 교통사고조사·재현 과정 수료
- 성균관대학교 행정대학원 교통행정 전공 졸업 (석사)
  (교통사고공학, 교통공학, 자동차공학 이수)
- 홍익대학교 공과대학 도시계획과 졸업 (학사)
  (교통공학 및 측량학 이수)
- 사단법인 한국교통문제연구원 근무 (연구원)
- 교통안전진흥공단 연구부 근무 (연구원)
- 한국교통학회 연구실장
- 교통사고조사기술원 원장
- 동국대학교 교통안전연구소 교통사고분석실장
- 동국대학교 부설 안전솔루션센터 전문연구원

- (현) 교통사고 감정공학연구소 소장

- 교통사고감정경력 : 서울고등법원, 서울중앙지법 등 각급 법원감정

강의
- 도로교통안전관리공단 사고조사기술지원요원을 상대로 강의
- 보험연수원, 자동차공제조합 등 보상직원을 상대로 강의
- 교통안전공단 교통사고분석가 과정 「교통사고조사분석」 강의
- 교통안전공단 공무원 도로안전진단 과정 「도로안전진단사례」 강의
- 부산동의공업대학 자동차과 강사 「자동차사고공학」 강의
- 동국대학교 자연과학대학 강사 「교통안전공학」 강의
- 한국체육대학교 안전관리학과 강사 「교통안전관리」 강의
- 인천교통연수원·경기교통연수원 초빙강사
- 경기대학교 대학원 도시·교통공학과 「교통사고해석」 강사
- 자격증/공무원 대표 에듀윌 동영상 강의
- 법무부 보호관찰소 준법운전 강의(2017년~현재)

저서 및 자격
- 교통사고진상규명실무시리즈(전4권) / 1992년 법률신문사 출판부
- 교통사고 원인분석과 해결의 법률지식 / 1999년 청림출판사
- 교통사고조사론·교통사고재현론·차량운동학·교통사고분석서 작성 실무 /
  서울고시각·경찰공제회·에듀윌 각 출판사, 2007년, 2011년
- 교통사고분석사(3-02-00001호) 자격 취득
- 국가공인 도로교통사고감정사(01-08-01226) 자격 취득

이상두
- 경찰임용
- 서울강남경찰서 교통사고조사반장 근무
- 서울지방경찰청 교통사고조사반장 근무
- 경찰청 교통안전과 교통이의조사담당 근무
- 퇴직(경감)
- 교통정보연구소장

강의
- (현) 경찰학교 교통실무 강사
  원광디지털대학교 경찰학과 외래교수
- 한국체육대학교 안전관리학과 겸임교수
- 동양대학교 자동차학부 겸임교수

저서 및 자격
- 교통사고조사 실무편람 (상·하)
- 교통사고 유형별판례집 (상·하)
- 자동차 생활백과
- 자가운전자를 위한 오너백과
- 교통사고 조사론
- 교통사고 총판례집
- 교통안전 관리론
- 버스 안전운전교본
- 택시 안전운전교본
- 교통사고조사 처리요령 상·중·하 (15판)

도로교통사고 감정사 1차 기출문제집

인쇄일 2022년 6월 20일
발행일 2022년 6월 25일

공편자 강성모·이상두
발행인 김용관
발행처 ㈜서울고시각
주 소 서울시 영등포구 양평로 157 투웨니퍼스트밸리 10층 1008호
대표전화 02.706.2261
상담전화 02.706.2262~6 | FAX 02.711.9921
인터넷서점·동영상강의 www.edu-market.co.kr
E-mail gosigak@gosigak.co.kr
표지디자인 이세정
편집디자인 나인북
편집·교정 최규오

ISBN 978-89-526-4248-6
정 가 31,000원

저자와의 협의하에 인지생략

- 이 책에 실린 내용에 대한 저작권은 서울고시각에 있으므로 함부로 복사·복제할 수 없습니다.